高等数学同步辅导

（下册）

李秀敏　刘秀君　等　编

清华大学出版社
北京

内 容 简 介

本书是与同济大学数学教研室编写的《高等数学》（第七版）相配套的辅导教材，可供使用该教材的师生参考.

本书分为上、下册，内容编排与教材编写顺序一致. 上册包括函数与极限、导数与微分、中值定理与导数的应用、不定积分、定积分、定积分的应用，下册包括空间解析几何与向量代数、多元函数微分法及其应用、重积分、曲线积分与曲面积分、无穷级数和常微分方程.

每节的内容包括教学基本要求、答疑解惑、经典例题解析和习题选解. 每章后有总习题选解和总复习. 上册书末附有常用公式和三套期末考试模拟试卷及其参考答案，下册书末附有三套期末考试模拟试卷及其参考答案和三套数学竞赛试卷.

图书在版编目(CIP)数据

高等数学同步辅导. 下册/李秀敏等编.—2 版.—北京：清华大学出版社，2019
ISBN 978-7-302-52585-1

Ⅰ. ①高… Ⅱ. ①李… Ⅲ. ①高等数学–高等学校–教学参考资料 Ⅳ. ①O13

中国版本图书馆 CIP 数据核字(2019)第 042958 号

责任编辑： 佟丽霞 陈 明
封面设计： 傅瑞学
责任校对： 刘玉霞
责任印制： 刘海龙

出版发行： 清华大学出版社
网 址：http://www.tup.com.cn, http://www.wqbook.com
地 址：北京清华大学学研大厦 A 座 邮 编：100084
社 总 机：010-62770175 邮 购：010-62786544
投稿与读者服务：010-62776969, c-service@tup.tsinghua.edu.cn
质量反馈：010-62772015, zhiliang@tup.tsinghua.edu.cn
印 刷 者： 北京富博印刷有限公司
装 订 者： 北京市密云县京文制本装订厂
经 销： 全国新华书店
开 本： 185mm × 260mm **印 张：** 19.25 **字 数：** 469 千字
版 次： 2015 年 2 月第 1 版 2019 年 3 月第 2 版 **印 次：** 2019 年 3 月第 1 次印刷
定 价： 45.00 元

产品编号：082406-01

前　　言

本书是根据同济大学数学教研室主编的《高等数学》（第七版）（以下简称为主教材）编写而成的配套辅导教材，可以作为使用该教材的学生同步学习的参考书，也可以供讲授该课程的教师作为教学参考资料.

作为一本与主教材既密切相关，又相对独立的辅导书，在编写时，我们注意把握以下基本原则：对主教材已有的知识尽量不作机械的罗列和重复，重在梳理和总结；按题型分类选配例题，以便于学生较快地掌握解题思路；注重基本概念和基本方法的训练，忌贪全求难；习题解答补充了主教材之外的典型题目，可供课堂教学及习题课练习使用.

本书按照主教材的章节顺序编排内容，便于学生同步学习使用. 各章包括每节的基本内容、总习题选解和总复习. 每节的基本内容包括以下几个部分：

教学基本要求　主要根据教育部《工科类本科数学基础课程教学基本要求》而确定，体现了对学生学习相关知识的要求层次.

答疑解惑　汇集了学生们在学习本节内容时经常产生的疑惑，这些问题通常具有一定的普遍性，常与某些概念有关. 通过对这些问题的分析和解答，不仅能使学生澄清认识，而且往往对教学内容进行了适当的扩充，进而促使学生作深入的思考.

经典例题解析　这部分的例题是多年从事教学工作的老师在教学中反复使用的例题，是对教材中例题的重要补充，通过按题型分类讲解的方式，使学生强化对教学基本要求的理解，让学习更有针对性. 附于例题之后的注解可以帮助学生总结解题规律，丰富解题经验.

习题选解　对主教材中的部分习题给出了较为详细的解答，此外对补充的习题也给出了解答. 在总习题选解部分，对有代表性的习题给出了解答. 鉴于主教材书后给出了习题答案，为避免重复，本书补充了相当数量的典型练习题并给出解答，同时对主教材的重要题目给出了详细的解题步骤.

每章后的总复习包含了本章的重点、难点、综合练习题和参考答案. 这些内容对每章的知识进行了概括、总结、综合和提高，有助于学生从总体上掌握每章相对独立的知识体系.

在本书最后附有三套期末考试模拟试卷及其参考答案，供学生检验自己的学习效果，了解本课程期末考试的题型、题量和难度.

为了使读者通过使用本书获得更好的学习效果，我们提出以下三点建议. 第一，在阅读本书之前，先仔细阅读主教材的相关内容，带着问题再看本书. 第二，对本书中所列的例题和习题，要先自己动手解答，然后再看书中的分析和解答. 第三，每学完一节或一章后，要用自己的语言进行总结和归纳，化被动接受为主动思考.

参加本书编写的主要有刘秀君（教学基本要求和每章的总复习部分）、周正迁（答疑解惑部分）、李秀敏（经典例题解析部分）、屈玲玲（第一章至第四章习题选解和总习题选解）、王静（第五章至第八章习题选解和总习题选解）和杨英（第九章至第十二章习题选解和总习题选解）. 本书的编写得到了河北科技大学理学院数学系全体老师的大力支持，在试用过程中，老师们提出了许多中肯的意见和建议，在此一并致以诚挚的谢意.

由于编者水平所限，书中不妥之处在所难免，恳请读者批评指正.

编　者

2018 年 4 月

目　　录

第七章　空间解析几何与向量代数

第一节　空间直角坐标系

一、教学基本要求

1. 掌握空间直角坐标系和空间点的直角坐标的概念.
2. 掌握空间两点间的距离公式.

二、答疑解惑

在空间直角坐标系中，xOy 坐标面上方点的坐标有何特征？

答　过 xOy 坐标面上方的点作垂直于 z 轴的平面，与 z 轴的交点一定在 z 轴的正半轴上，其竖坐标大于零，故在空间直角坐标系中，在 xOy 坐标面上方的点 $M\ (x,y,z)$ 的竖坐标 z 一定大于零.

三、经典例题解析

题型　空间直角坐标的概念

例 1　指出下列各点所在的坐标面或坐标轴：$A(-2,1,0)$，$B(0,-1,3)$，$C(1,0,0)$，$D(0,-1,0)$.

解　$A(-2,1,0)$ 在 xOy 坐标面上，$B(0,-1,3)$ 在 yOz 坐标面上，$C(1,0,0)$ 在 x 轴上，$D(0,-1,0)$ 在 y 轴上.

例 2　求点 $A(1,2,3)$ 分别关于（1）各坐标面；（2）各坐标轴；（3）坐标原点的对称点的坐标.

解（1）点 $A(1,2,3)$ 关于 xOy 坐标面的对称点为 $(1,2,-3)$，关于 yOz 坐标面的对称点为 $(-1,2,3)$，关于 zOx 坐标面的对称点为 $(1,-2,3)$；（2）点 $A(1,2,3)$ 关于 x 轴的对称点为 $(1,-2,-3)$，关于 y 轴的对称点为 $(-1,2,-3)$，关于 z 轴的对称点为 $(-1,-2,3)$；（3）点 $A(1,2,3)$ 关于坐标原点的对称点为 $(-1,-2,-3)$.

例 3　求点 $A(4,-2,-3)$ 到 xOy 坐标面及 y 轴的距离.

解　点 A 到 xOy 坐标面的距离即为点 A 的竖坐标的绝对值，即点 A 到 xOy 坐标面的距离为 3；过点 A 作垂直于 xOy 坐标面的直线 AB，垂足为点 B，过点 B 再作垂直于 y 轴的直线 BC，垂足为点 C，于是直线 AC 垂直于 y 轴，即线段 AC 的长度为点 A 到 y 轴的距离，而在直角三角形 ABC 中，$|AC|=\sqrt{|AB|^2+|BC|^2}=\sqrt{3^2+4^2}=5$，于是点 A 到 y 轴的距离为 5.

四、习题选解

1．求点 $(-2,3,-5)$ 分别关于下列条件对称点的坐标：（1）xOy坐标面；（2）y轴；（3）坐标原点.

解　（1）关于 xOy 坐标面的对称点为 $(-2,3,5)$；（2）关于 y 轴的对称点为 $(2,3,5)$；（3）关于坐标原点的对称点为 $(2,-3,5)$.

2．求点 $A(4,-3,5)$ 到坐标原点 $O(0,0,0)$，z 轴及 xOz 坐标面的距离.

解　到坐标原点 $O(0,0,0)$ 的距离为 $d_1=\sqrt{4^2+(-3)^2+5^2}=5\sqrt{2}$，到 z 轴的距离为 $d_2=\sqrt{4^2+(-3)^2}=5$，到 xOz 坐标面的距离为 $d_3=3$.

3．在 yOz 坐标面上，求与 $A(3,1,2)$，$B(4,-2,-2)$，$C(0,5,1)$ 三点等距离的点.

解　设所求点的坐标为 $(0,y,z)$，因为该点到 $A(3,1,2)$，$B(4,-2,-2)$，$C(0,5,1)$ 三点的距离相等，所以 $(z-1)^2+(y-5)^2=(z+2)^2+(y+2)^2+4^2$，并且 $(z-1)^2+(y-5)^2=(z-2)^2+(y-1)^2+3^2$，解得 $y=1$，$z=-2$，所以该点的坐标为 $(0,1,-2)$.

4. 在空间直角坐标系中，指出下列各点所在的卦限：$A(1,-2,3)$，$B(2,3,-4)$，$C(2,-3,-4)$，$D(-2,-3,1)$.

解　$A(1,-2,3)$ 在第四卦限，$B(2,3,-4)$ 在第五卦限，$C(2,-3,-4)$ 在第八卦限，$D(-2,-3,1)$ 在第三卦限.

5．求点 (a,b,c) 分别关于（1）各坐标面；（2）各坐标轴；（3）坐标原点的对称点.

解　（1）关于 xOy 面的对称点为 $(a,b,-c)$，关于 yOz 面的对称点为 $(-a,b,c)$，关于 xOz 面的对称点为 $(a,-b,c)$；

（2）关于 x 轴的对称点为 $(a,-b,-c)$，关于 y 轴的对称点为 $(-a,b,-c)$，关于 z 轴的对称点为 $(-a,-b,c)$；

（3）关于坐标原点的对称点为 $(-a,-b,-c)$.

6．试证明以 $A(4,1,9)$，$B(10,-1,6)$，$C(2,4,3)$ 三点为顶点的三角形是等腰直角三角形.

证明　由空间直角坐标系中两点距离公式得三角形三条边长分别为

$$AB=\sqrt{(4-10)^2+(1+1)^2+(9-6)^2}=7,\quad AC=7,\quad BC=7\sqrt{2}.$$

显然有 $AB=AC=7, AB^2+AC^2=BC^2$，所以此三角形不仅是等腰的还是直角的，即为等腰直角三角形.

第二节　向量及其加减法　向量与数的乘法

一、教学基本要求

1. 理解向量的概念.
2. 掌握向量的线性运算.
3. 理解向量的几何表示.

二、答疑解惑

1．任何向量都有确定的方向吗？

答　应当说，任何非零向量都有确定的方向，而零向量的方向是任意的.

2．设向量$\boldsymbol{a}$，$\boldsymbol{b}$均为非零向量，它们满足什么条件，可以使下面的式子成立?

（1）$|\boldsymbol{a}+\boldsymbol{b}|=|\boldsymbol{a}-\boldsymbol{b}|$；　（2）$|\boldsymbol{a}+\boldsymbol{b}|<|\boldsymbol{a}-\boldsymbol{b}|$；　（3）$|\boldsymbol{a}-\boldsymbol{b}|=|\boldsymbol{a}|+|\boldsymbol{b}|$.

答　（1）由向量加、减法的平行四边形法则可知，在以向量$\boldsymbol{a}$，$\boldsymbol{b}$为邻边的平行四边形中，$|\boldsymbol{a}+\boldsymbol{b}|$，$|\boldsymbol{a}-\boldsymbol{b}|$都表示平行四边形两条对角线的长度. 若两条对角线的长度相等，则该平行四边形应是矩形，故当$\boldsymbol{a}$，$\boldsymbol{b}$垂直时，$|\boldsymbol{a}+\boldsymbol{b}|=|\boldsymbol{a}-\boldsymbol{b}|$.

（2）根据前面的讨论可知，当$(\widehat{\boldsymbol{a},\boldsymbol{b}})>\frac{\pi}{2}$时，$|\boldsymbol{a}+\boldsymbol{b}|<|\boldsymbol{a}-\boldsymbol{b}|$成立.

（3）根据向量减法的三角形法则知，一般来说，$|\boldsymbol{a}-\boldsymbol{b}|<|\boldsymbol{a}|+|\boldsymbol{b}|$，仅当$(\widehat{\boldsymbol{a},\boldsymbol{b}})=\pi$时，才有$|\boldsymbol{a}-\boldsymbol{b}|=|\boldsymbol{a}|+|\boldsymbol{b}|$.

3．向量之间可以比较大小吗？

答　不能. 向量是既有大小，又有方向的量，无所谓大小. 但是，向量的模是一个实数，所以说，两个向量可以比较它们模的大小.

4．下列式子的几何意义是什么?（1）$\boldsymbol{a}+\boldsymbol{b}+\boldsymbol{c}=\boldsymbol{0}$；（2）$\boldsymbol{c}=\lambda\boldsymbol{a}+\mu\boldsymbol{b}$，其中$\lambda,\mu$为实数.

答　根据多个向量相加的法则，（1）表示当三个向量$\boldsymbol{a},\boldsymbol{b},\boldsymbol{c}$依次首尾相接时，第三个向量的终点与第一个向量的起点相接，所以（1）表示或是三个向量共线，或是以三个向量为边构成一个三角形.

（2）表示向量$\boldsymbol{c}$可由向量$\boldsymbol{a}$与$\boldsymbol{b}$经线性运算得到（也称$\boldsymbol{c}$能由$\boldsymbol{a}$与$\boldsymbol{b}$线性表示），因此，当$\boldsymbol{a}$与$\boldsymbol{b}$不平行时，$\boldsymbol{c}$平行于$\boldsymbol{a},\boldsymbol{b}$确定的平面，即$\boldsymbol{a},\boldsymbol{b},\boldsymbol{c}$共面；当$\boldsymbol{a}$与$\boldsymbol{b}$平行时，$\boldsymbol{c}$平行于$\boldsymbol{a},\boldsymbol{b}$.

三、经典例题解析

题型　有关向量的运算问题

例1　设$\boldsymbol{u}=\boldsymbol{a}+\boldsymbol{b}-\boldsymbol{c}$，$\boldsymbol{v}=2\boldsymbol{b}-\boldsymbol{a}+\boldsymbol{c}$，试用$\boldsymbol{a},\boldsymbol{b},\boldsymbol{c}$表示$3\boldsymbol{u}-2\boldsymbol{v}$.

解　$3\boldsymbol{u}-2\boldsymbol{v}=3(\boldsymbol{a}+\boldsymbol{b}-\boldsymbol{c})-2(2\boldsymbol{b}-\boldsymbol{a}+\boldsymbol{c})=5\boldsymbol{a}-\boldsymbol{b}-5\boldsymbol{c}$.

例2　已知非零向量$\boldsymbol{a}$和$\boldsymbol{b}$，求一个向量$\boldsymbol{c}$，使之平分向量$\boldsymbol{a}$和$\boldsymbol{b}$之间的夹角.

解　因为向量$\boldsymbol{a}$和$\boldsymbol{b}$为非零向量，所以其单位向量$\boldsymbol{a}^0$，$\boldsymbol{b}^0$存在，且$\boldsymbol{a}^0=\frac{\boldsymbol{a}}{|\boldsymbol{a}|}$，$\boldsymbol{b}^0=\frac{\boldsymbol{b}}{|\boldsymbol{b}|}$. 以$\boldsymbol{a}^0$，$\boldsymbol{b}^0$为邻边所生成的平行四边形是一个菱形，这个菱形的对角线平分对角，于是可取$\boldsymbol{c}=\boldsymbol{a}^0+\boldsymbol{b}^0=\frac{\boldsymbol{a}}{|\boldsymbol{a}|}+\frac{\boldsymbol{b}}{|\boldsymbol{b}|}$.

例3　在四边形$ABCD$中，$\overrightarrow{AB}=\boldsymbol{a}+2\boldsymbol{b}$，$\overrightarrow{BC}=-4\boldsymbol{a}-\boldsymbol{b}$，$\overrightarrow{CD}=-5\boldsymbol{a}-3\boldsymbol{b}$，证明四边形$ABCD$为梯形.

分析　利用向量关系证明四边形$ABCD$中的一组对边互相平行，则可知四边形$ABCD$为梯形.

证明　在四边形$ABCD$中，$\overrightarrow{AD}=\overrightarrow{AB}+\overrightarrow{BC}+\overrightarrow{CD}=(\boldsymbol{a}+2\boldsymbol{b})+(-4\boldsymbol{a}-\boldsymbol{b})+(-5\boldsymbol{a}-3\boldsymbol{b})=-8\boldsymbol{a}-2\boldsymbol{b}=2\overrightarrow{BC}$，所以向量$\overrightarrow{AD}\parallel\overrightarrow{BC}$，即四边形$ABCD$中的一组对边$AD$和$BC$互相平行，于是四边形$ABCD$为梯形.

例 4　设$\triangle ABC$的边AB被点M和N三等分，已知$\overrightarrow{CM}=\boldsymbol{m}$，$\overrightarrow{CN}=\boldsymbol{n}$，求$\overrightarrow{CA}$，$\overrightarrow{CB}$.

解　将CM延长到D，使得$|\overrightarrow{MD}|=|\overrightarrow{CM}|$，连接$AD$, ND，则$ACND$是平行四边形. 因此有$\overrightarrow{CA}+\overrightarrow{CN}=\overrightarrow{CD}=2\overrightarrow{CM}$，即$\overrightarrow{CA}=2\boldsymbol{m}-\boldsymbol{n}$. 同理可得$\overrightarrow{CB}=2\boldsymbol{n}-\boldsymbol{m}$.

四、习题选解

1．如果平面上一个四边形的对角线互相平分，试用向量证明它是平行四边形.

解　如图 7-1 所示，点M为对角线AC与BD的交点，则$\overrightarrow{AM}=\overrightarrow{MC}$，$\overrightarrow{BM}=\overrightarrow{MD}$，因为$\overrightarrow{AB}=\overrightarrow{AM}+\overrightarrow{MB}=\overrightarrow{MC}+\overrightarrow{DM}=\overrightarrow{DC}$，所以$\overrightarrow{AB}\,/\!/\,\overrightarrow{DC}$且$|\overrightarrow{AB}|=|\overrightarrow{DC}|$，于是四边形$ABCD$是平行四边形.

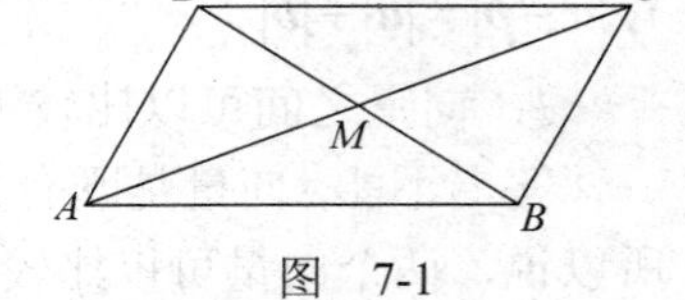

图　7-1

2．设$\boldsymbol{u}=\boldsymbol{a}-\boldsymbol{b}+2\boldsymbol{c}$，$\boldsymbol{v}=-\boldsymbol{a}+3\boldsymbol{b}-\boldsymbol{c}$，试用$\boldsymbol{a},\boldsymbol{b},\boldsymbol{c}$表示$2\boldsymbol{u}-3\boldsymbol{v}$.

解　$2\boldsymbol{u}-3\boldsymbol{v}=2(\boldsymbol{a}-\boldsymbol{b}+2\boldsymbol{c})-3(-\boldsymbol{a}+3\boldsymbol{b}-\boldsymbol{c})=5\boldsymbol{a}-11\boldsymbol{b}+7\boldsymbol{c}$.

第三节　向量的坐标

一、教学基本要求

1. 理解向量在坐标轴上的投影.
2. 理解向量的坐标.
3. 掌握向量的模与方向余弦的坐标表达式.
4. 掌握单位向量的坐标表达式.

二、答疑解惑

1．如何确定一个向量？

答　确定向量通常有两种方法，一是依据向量既有大小又有方向的特点，分别求出它的大小（模）和方向（方向角或方向余弦）；二是求出向量的三个坐标，不妨设为a_x,a_y,a_z，即可写出向量$\boldsymbol{a}=\{a_x,a_y,a_z\}$.

2．怎样求向量的坐标？

答　求向量的坐标，要根据已知的条件，采取不同的方法.

（1）若已知向量$\boldsymbol{a}$按基本单位向量的分解式，即$\boldsymbol{a}=a_x\boldsymbol{i}+a_y\boldsymbol{j}+a_z\boldsymbol{k}$，则$\boldsymbol{a}=\{a_x,a_y,a_z\}$.

（2）若已知向量的起点坐标$M_1(x_1,y_1,z_1)$和终点坐标$M_2(x_2,y_2,z_2)$，则$\overrightarrow{M_1M_2}=\{x_2-x_1, y_2-y_1,z_2-z_1\}$.

（3）若已知向量$\boldsymbol{a}$的模和方向角α,β,γ，则$\boldsymbol{a}=\{|\boldsymbol{a}|\cos\alpha,|\boldsymbol{a}|\cos\beta,|\boldsymbol{a}|\cos\gamma\}$.

（4）若已知$\boldsymbol{a}$平行于$\boldsymbol{b}=\{b_x,b_y,b_z\}$，则$\boldsymbol{a}=\{\lambda b_x,\lambda b_y,\lambda b_z\}$，其中数$\lambda$由$\boldsymbol{a}$的模和方向确定.

（5）根据向量的运算性质确定.

三、经典例题解析

题型　有关向量的坐标问题

例 1　已知向量 $\boldsymbol{a}$ 的模为 3，且其方向角为 $\alpha=\gamma=60^\circ$，$\beta=45^\circ$，求向量 $\boldsymbol{a}$.

解　根据已知条件，可得向量 $\boldsymbol{a}$ 的方向余弦为 $\cos\alpha=\dfrac{1}{2}$，$\cos\beta=\dfrac{\sqrt{2}}{2}$，$\cos\gamma=\dfrac{1}{2}$，于是

$$\boldsymbol{a}=a_x\boldsymbol{i}+a_y\boldsymbol{j}+a_z\boldsymbol{k}=|\boldsymbol{a}|\cos\alpha\boldsymbol{i}+|\boldsymbol{a}|\cos\beta\boldsymbol{j}+|\boldsymbol{a}|\cos\gamma\boldsymbol{k}=\frac{3}{2}\boldsymbol{i}+\frac{3\sqrt{2}}{2}\boldsymbol{j}+\frac{3}{2}\boldsymbol{k}.$$

例 2　从点 $A(2,-1,7)$ 沿着向量 $\boldsymbol{a}=3\boldsymbol{i}+5\boldsymbol{j}-2\boldsymbol{k}$ 的方向取 $|\overrightarrow{AB}|=\sqrt{38}$，求点 B 的坐标.

解　设点 B 的坐标为 (x,y,z)，则向量 $\overrightarrow{AB}=\{x-2,\ y+1,\ z-7\}$. $\boldsymbol{a}=3\boldsymbol{i}+5\boldsymbol{j}-2\boldsymbol{k}$ 的一个方向向量为 $\boldsymbol{s}=\{3,\ 5,\ -2\}$，于是向量 $\overrightarrow{AB}$ 和向量 $\boldsymbol{s}$ 互相平行且方向一致，可得 $\dfrac{x-2}{3}=\dfrac{y+1}{5}=\dfrac{z-7}{-2}$. 令 $\dfrac{x-2}{3}=\dfrac{y+1}{5}=\dfrac{z-7}{-2}=k(k>0)$，则

$$|\overrightarrow{AB}|=\sqrt{(x-2)^2+(y+1)^2+(z-7)^2}=\sqrt{(3k)^2+(5k)^2+(-2k)^2}=\sqrt{38},$$

解得 $k=1$，于是 $x=3k+2=5$，$y=5k-1=4$，$z=-2k+7=5$，所以点 B 的坐标为 $(5,4,5)$.

例 3　求与向量 $\boldsymbol{a}=\boldsymbol{i}+3\boldsymbol{j}-2\boldsymbol{k}$ 平行的单位向量.

解　与向量 $\boldsymbol{a}$ 平行的向量有无数多个，但与 $\boldsymbol{a}$ 平行的单位向量只有两个，它们是 $\pm\boldsymbol{a}^0=\pm\dfrac{\boldsymbol{a}}{|\boldsymbol{a}|}=\pm\dfrac{1}{\sqrt{14}}\{1,3,-2\}$，其中 $|\boldsymbol{a}|=\sqrt{a_x^2+a_y^2+a_z^2}=\sqrt{1^2+3^2+(-2)^2}=\sqrt{14}$.

四、习题选解

1．已知 $A(1,0,2)$，$B(4,5,10)$，$C(0,3,1)$，$D(2,-1,6)$ 和 $\boldsymbol{m}=5\boldsymbol{i}+\boldsymbol{j}-4\boldsymbol{k}$，求：（1）向量 $\boldsymbol{a}=4\overrightarrow{AB}+3\overrightarrow{CD}-\boldsymbol{m}$ 在三个坐标轴上的投影及分向量；（2）$\boldsymbol{a}$ 的模；（3）$\boldsymbol{a}$ 的方向余弦；（4）与 $\boldsymbol{a}$ 平行的两个单位向量.

解　（1）$\overrightarrow{AB}=\{3,5,8\}$，$\overrightarrow{CD}=\{2,-4,5\}$，$\boldsymbol{a}=4\overrightarrow{AB}+3\overrightarrow{CD}-\boldsymbol{m}=\{13,7,51\}$，所以 $\boldsymbol{a}$ 在三个坐标轴上的投影分别为 $a_x=13$，$a_y=7$，$a_z=51$，在三个坐标轴上的分向量分别为 $a_x\boldsymbol{i}=13\boldsymbol{i}$，$a_y\boldsymbol{j}=7\boldsymbol{j}$，$a_z\boldsymbol{k}=51\boldsymbol{k}$.

（2）$|\boldsymbol{a}|=\sqrt{13^2+7^2+51^2}=\sqrt{2819}$.

（3）$\cos\alpha=\dfrac{13}{\sqrt{2819}}$，$\cos\beta=\dfrac{7}{\sqrt{2819}}$，$\cos\gamma=\dfrac{51}{\sqrt{2819}}$.

（4）与 $\boldsymbol{a}$ 平行的两个单位向量为 $\dfrac{1}{\sqrt{2819}}\{13,7,51\}$ 与 $-\dfrac{1}{\sqrt{2819}}\{13,7,51\}$.

2．已知 $A(2,-1,7)$，$B(4,5,-2)$，线段 AB 交 xOy 面于点 P，且 $\overrightarrow{AP}=\lambda\overrightarrow{PB}$，求 λ 的值.

解　设点 $P(x,y,0)$，则 $\overrightarrow{AP}=\{x-2,y+1,-7\}$，$\overrightarrow{PB}=\{4-x,5-y,-2\}$，又因为

$\overrightarrow{AP}=\lambda\overrightarrow{PB}$，可得$\begin{cases}x-2=\lambda(4-x),\\ y+1=\lambda(5-y),\\ -7=\lambda(-2),\end{cases}$解得$\lambda=\dfrac{7}{2}$.

3．一个向量的终点在点$B(2,-1,7)$，它在x轴、y轴和z轴上的投影依次为4，-4和7，求这个向量的起点A的坐标.

解 设$A(x,y,z)$，则$\overrightarrow{AB}=\{2-x,-1-y,7-z\}$，由题意知$\overrightarrow{AB}=\{4,-4,7\}$，解得$x=-2$，$y=3$，$z=0$，于是点$A$的坐标是$(-2,3,0)$.

4．设向量$\boldsymbol{a}$的模为4，它与u轴的夹角为$60°$，求$\boldsymbol{a}$在u轴上的投影.

解 $\mathrm{Prj}_u\boldsymbol{a}=|\boldsymbol{a}|\cos 60°=4\times\dfrac{1}{2}=2$.

5．设向量的方向余弦分别满足（1）$\cos\alpha=0$；（2）$\cos\beta=1$；（3）$\cos\alpha=\cos\beta=0$，问这些向量与坐标轴或坐标面的关系如何？

解 （1）此向量垂直于x轴，平行于yOz坐标面.

（2）此向量指向与y轴正方向一致，垂直于xOz坐标面.

（3）此向量平行于z轴，垂直于xOy坐标面.

第四节 数量积 向量积 混合积

一、教学基本要求

1. 熟练掌握用坐标表达式进行向量的数量积与向量积的运算.

2. 掌握两个向量夹角的求法.

3. 熟练掌握两个向量互相垂直、平行的条件.

二、答疑解惑

1．设$\boldsymbol{a}\neq\boldsymbol{0}$，$\boldsymbol{a}\cdot\boldsymbol{b}=\boldsymbol{a}\cdot\boldsymbol{c}$，或$\boldsymbol{a}\times\boldsymbol{b}=\boldsymbol{a}\times\boldsymbol{c}$，那么$\boldsymbol{b}=\boldsymbol{c}$成立吗?

答 在数量积和向量积的运算中，这种消去律不成立．$\boldsymbol{a}\cdot\boldsymbol{b}=\boldsymbol{a}\cdot\boldsymbol{c}$等价于$\boldsymbol{a}\cdot(\boldsymbol{b}-\boldsymbol{c})=0$，因此只要$\boldsymbol{b}-\boldsymbol{c}$与$\boldsymbol{a}$垂直就有$\boldsymbol{a}\cdot\boldsymbol{b}=\boldsymbol{a}\cdot\boldsymbol{c}$，但是$\boldsymbol{b}-\boldsymbol{c}$与$\boldsymbol{a}$垂直不一定有$\boldsymbol{b}-\boldsymbol{c}=\boldsymbol{0}$．例如$\boldsymbol{a}=\{1,0,1\}$，$\boldsymbol{b}=\{1,1,0\}$，$\boldsymbol{c}=\{0,1,1\}$，则$\boldsymbol{a}\cdot\boldsymbol{b}=\boldsymbol{a}\cdot\boldsymbol{c}=1$，显然$\boldsymbol{b}\neq\boldsymbol{c}$.

$\boldsymbol{a}\times\boldsymbol{b}=\boldsymbol{a}\times\boldsymbol{c}$等价于$\boldsymbol{a}\times(\boldsymbol{b}-\boldsymbol{c})=\boldsymbol{0}$，因此只要$\boldsymbol{b}-\boldsymbol{c}$与$\boldsymbol{a}$共线，就有$\boldsymbol{a}\times\boldsymbol{b}=\boldsymbol{a}\times\boldsymbol{c}$．但是$\boldsymbol{b}-\boldsymbol{c}$与$\boldsymbol{a}$共线不一定有$\boldsymbol{b}-\boldsymbol{c}=\boldsymbol{0}$．例如$\boldsymbol{a}=\{1,0,1\},\boldsymbol{b}=\{1,1,0\},\boldsymbol{c}=\{0,1,-1\}$，则$\boldsymbol{a}\times\boldsymbol{b}=\boldsymbol{a}\times\boldsymbol{c}=\{-1,1,1\}$，显然$\boldsymbol{b}\neq\boldsymbol{c}$.

2．若向量$\boldsymbol{a}$与$\boldsymbol{b}$都是单位向量，那么$\boldsymbol{a}\times\boldsymbol{b}$也是单位向量吗？

答 不一定．由于$\boldsymbol{a}\times\boldsymbol{b}$是个向量，只有当$|\boldsymbol{a}\times\boldsymbol{b}|=1$时，它才是单位向量，但是$|\boldsymbol{a}\times\boldsymbol{b}|=|\boldsymbol{a}||\boldsymbol{b}|\sin(\widehat{\boldsymbol{a},\boldsymbol{b}})$，所以当向量$\boldsymbol{a}$与$\boldsymbol{b}$都是单位向量且它们相互垂直时，$\boldsymbol{a}\times\boldsymbol{b}$才是单位向量.

3．以下等式成立吗？为什么？

（1）$\boldsymbol{a}(\boldsymbol{a}\cdot\boldsymbol{b})=|\boldsymbol{a}|^2\boldsymbol{b}$；　　　　（2）$|\boldsymbol{a}\cdot\boldsymbol{b}|^2=|\boldsymbol{a}|^2\cdot|\boldsymbol{b}|^2$.

答　在一般情况下，以上二式都不对.

（1）的左端是与$\boldsymbol{a}$平行的向量，而右端是与$\boldsymbol{b}$平行的向量. 只有当$\boldsymbol{a}=\boldsymbol{b}$时，（1）才成立.

（2）的左端$|\boldsymbol{a}\cdot\boldsymbol{b}|^2=\left(|\boldsymbol{a}||\boldsymbol{b}|\cos(\widehat{\boldsymbol{a},\boldsymbol{b}})\right)^2=|\boldsymbol{a}|^2\cdot|\boldsymbol{b}|^2\cdot\cos^2(\widehat{\boldsymbol{a},\boldsymbol{b}})$，而右端却没有$\cos^2(\widehat{\boldsymbol{a},\boldsymbol{b}})$，所以只有当$\boldsymbol{a}/\!/\boldsymbol{b}$时，（2）才成立.

4．数量积的主要用途有哪些？

答　（1）求向量的模：$|\boldsymbol{a}|=\sqrt{\boldsymbol{a}\cdot\boldsymbol{a}}$.

（2）求两个向量的夹角：当$\boldsymbol{a}\neq\boldsymbol{0},\boldsymbol{b}\neq\boldsymbol{0}$时，$(\widehat{\boldsymbol{a},\boldsymbol{b}})=\arccos\dfrac{\boldsymbol{a}\cdot\boldsymbol{b}}{|\boldsymbol{a}||\boldsymbol{b}|}$.

（3）求一个向量在另一个向量上的投影：$\mathrm{Prj}_{\boldsymbol{a}}\boldsymbol{b}=\dfrac{\boldsymbol{a}\cdot\boldsymbol{b}}{|\boldsymbol{a}|}=\boldsymbol{a}^0\cdot\boldsymbol{b}$.

特别地，向量$\boldsymbol{a}$在直角坐标系中的坐标为：$a_x=\mathrm{Prj}_{\boldsymbol{i}}\boldsymbol{a}=\boldsymbol{a}\cdot\boldsymbol{i}$；$a_y=\mathrm{Prj}_{\boldsymbol{j}}\boldsymbol{a}=\boldsymbol{a}\cdot\boldsymbol{j}$；$a_z=\mathrm{Prj}_{\boldsymbol{k}}\boldsymbol{a}=\boldsymbol{a}\cdot\boldsymbol{k}$.

（4）向量$\boldsymbol{a}$与$\boldsymbol{b}$垂直的充分必要条件是$\boldsymbol{a}\cdot\boldsymbol{b}=0$或$a_xb_x+a_yb_y+a_zb_z=0$.

5．向量积的主要用途有哪些？

答　（1）求与两个非共线向量$\boldsymbol{a}$与$\boldsymbol{b}$同时垂直的向量$\boldsymbol{s}$，可取$\boldsymbol{s}=\boldsymbol{a}\times\boldsymbol{b}$或$\boldsymbol{s}=\boldsymbol{b}\times\boldsymbol{a}$.

（2）求由两个非共线向量$\boldsymbol{a}$, $\boldsymbol{b}$所确定的平面的法向量$\boldsymbol{n}$，可取$\boldsymbol{n}=\boldsymbol{a}\times\boldsymbol{b}$.

（3）求以向量$\boldsymbol{a}$, $\boldsymbol{b}$为邻边的平行四边形的面积：$S=|\boldsymbol{a}\times\boldsymbol{b}|$.

（4）给定不共线的三点A,B,C，求点C到直线AB的距离：$d=\dfrac{|\overrightarrow{AB}\times\overrightarrow{AC}|}{|\overrightarrow{AB}|}$.

（5）向量$\boldsymbol{a}$与$\boldsymbol{b}$平行（即共线）的充分必要条件是$\boldsymbol{a}\times\boldsymbol{b}=\boldsymbol{0}$或$\dfrac{a_x}{b_x}=\dfrac{a_y}{b_y}=\dfrac{a_z}{b_z}$.

三、经典例题解析

题型　有关向量的数量积与向量积的运算

例 1　填空：（1）设向量$\boldsymbol{a}=\{3,2,1\}$，$\boldsymbol{b}=\left\{2,\dfrac{4}{3},k\right\}$，若$\boldsymbol{a}$与$\boldsymbol{b}$垂直，则$k=$________；若$\boldsymbol{a}$与$\boldsymbol{b}$平行，则$k=$________.（2）设$|\boldsymbol{a}|=3$，$|\boldsymbol{b}|=4$，且$\boldsymbol{a}$与$\boldsymbol{b}$垂直，则$|(\boldsymbol{a}+\boldsymbol{b})\times(\boldsymbol{a}-\boldsymbol{b})|=$________.

解　（1）应分别填$-\dfrac{26}{3}$和$\dfrac{2}{3}$. 因为若$\boldsymbol{a}$与$\boldsymbol{b}$垂直，则$\boldsymbol{a}\cdot\boldsymbol{b}=0$，即$3\cdot2+2\cdot\dfrac{4}{3}+1\cdot k=0$，从而解得$k=-\dfrac{26}{3}$；若$\boldsymbol{a}$与$\boldsymbol{b}$平行，则对应坐标成比例，即$\dfrac{3}{2}=\dfrac{2}{\frac{4}{3}}=\dfrac{1}{k}$，从而解得$k=\dfrac{2}{3}$.

（2）应填24．因为 $(a+b)\times(a-b)=a\times a-a\times b+b\times a-b\times b=b\times a-a\times b=2(b\times a)$，注意到已知向量 a 与 b 垂直，故

$$\left|(a+b)\times(a-b)\right|=2|b\times a|=2|a||b|\sin\frac{\pi}{2}=2\times3\times4\times1=24.$$

例2　求向量 $a=3i+j+2k$ 在向量 $b=i-2j+2k$ 上的投影.

解　向量 a 在向量 b 上的投影为 $\mathrm{Prj}_b a=\dfrac{a\cdot b}{|b|}=\dfrac{3\times1+1\times(-2)+2\times2}{\sqrt{1^2+(-2)^2+2^2}}=\dfrac{5}{3}$.

例3　求向量 b，使得它与向量 $a=2i-j+2k$ 平行，且 $a\cdot b=-18$．

解　设向量 b 的坐标为 $\{x,y,z\}$，由已知可得 $a\cdot b=2x-y+2z=-18$，又因为向量 b 和 a 平行，所以令 $\dfrac{x}{2}=\dfrac{y}{-1}=\dfrac{z}{2}=k$，则 $x=2k,\ y=-k,\ z=2k$，将它们代入到 $2x-y+2z=-18$ 中，得到 $k=-2$．于是 $x=-4,\ y=2,\ z=-4$，所以向量 b 的坐标为 $\{-4,2,-4\}$．

例4　已知向量 a，b，c 两两垂直，且 $|a|=1$，$|b|=2$，$|c|=3$，求向量 $d=a+b+c$ 的模和它与向量 b 的夹角 θ．

解　$|d|^2=d\cdot d=(a+b+c)\cdot(a+b+c)=|a|^2+|b|^2+|c|^2+2a\cdot b+2b\cdot c+2c\cdot a=14$，所以 $|d|=\sqrt{14}$．又

$$\cos\theta=\frac{d\cdot b}{|d||b|}=\frac{(a+b+c)\cdot b}{|d||b|}=\frac{a\cdot b+b\cdot b+c\cdot b}{|d||b|}=\frac{4}{\sqrt{14}\times2}=\frac{2}{\sqrt{14}},$$

故 $\theta=\arccos\dfrac{2}{\sqrt{14}}$．

例5　已知 $|a|=2$，$|b|=5$，$|c|=7$，并且 $a+b+c=\mathbf{0}$，计算 $a\cdot b+b\cdot c+c\cdot a$ 和 $a\times b+b\times c+c\times a$ 的值.

解　因为 $a+b+c=\mathbf{0}$，所以 $a+b=-c$，又因为 $|a|+|b|=|c|=|-c|=|a+b|$，所以向量 a 与向量 b 同向，向量 a 与向量 c 反向，向量 b 也与向量 c 反向，于是

$$a\cdot b+b\cdot c+c\cdot a=2\times5\cos0+5\times7\cos\pi+7\times2\cos\pi=10-35-14=-39.$$

进一步地，$|a\times b|=|a||b|\sin0=0$，$|b\times c|=|b||c|\sin\pi=0$，$|c\times a|=|c||a|\sin\pi=0$，因此

$$a\times b=b\times c=c\times a=\mathbf{0},$$

所以 $a\times b+b\times c+c\times a=\mathbf{0}$．

例6　若 $|a|=\sqrt{3}$，$|b|=1$，且 a 和 b 的夹角 $\theta=\dfrac{\pi}{6}$，求:（1）向量 $a+b$ 和 $a-b$ 的夹角；（2）以向量 $a+2b$ 和 $a-3b$ 为邻边的平行四边形的面积.

解　（1）设向量 $a+b$ 和 $a-b$ 的夹角为 α，则 $\cos\alpha=\dfrac{(a+b)\cdot(a-b)}{|a+b||a-b|}$. 由题设可知

$$|a|^2=3,\ |b|^2=1,\ a\cdot b=|a||b|\cos(\widehat{a,b})=\sqrt{3}\times1\times\cos\frac{\pi}{6}=\frac{3}{2},\ |a+b|^2=|a|^2+|b|^2+2a\cdot b=7,$$

即 $|a+b|=\sqrt{7}$．$|a-b|^2=|a|^2+|b|^2-2a\cdot b=1$，即 $|a-b|=1$．

又因为 $(\boldsymbol{a}+\boldsymbol{b})\cdot(\boldsymbol{a}-\boldsymbol{b})=\boldsymbol{a}\cdot\boldsymbol{a}-\boldsymbol{b}\cdot\boldsymbol{b}=|\boldsymbol{a}|^2-|\boldsymbol{b}|^2=2$，所以 $\cos\alpha=\dfrac{2}{\sqrt{7}}$，即 $\alpha=\arccos\dfrac{2}{\sqrt{7}}$.

（2）所求平行四边形的面积为

$$|(\boldsymbol{a}+2\boldsymbol{b})\times(\boldsymbol{a}-3\boldsymbol{b})|=|-5(\boldsymbol{a}\times\boldsymbol{b})|=5|\boldsymbol{a}\times\boldsymbol{b}|=5|\boldsymbol{a}||\boldsymbol{b}|\sin\frac{\pi}{6}=\frac{5\sqrt{3}}{2}.$$

注　平行四边形的面积是由向量积的模的几何意义得到的，在这里向量积 $(\boldsymbol{a}+2\boldsymbol{b})\times(\boldsymbol{a}-3\boldsymbol{b})$ 的模 $|(\boldsymbol{a}+2\boldsymbol{b})\times(\boldsymbol{a}-3\boldsymbol{b})|$ 表示以向量 $\boldsymbol{a}+2\boldsymbol{b}$ 和 $\boldsymbol{a}-3\boldsymbol{b}$ 为邻边的平行四边形的面积.

例 7　证明：（1）若 $\boldsymbol{a}\times\boldsymbol{b}=\boldsymbol{c}\times\boldsymbol{d}$，$\boldsymbol{a}\times\boldsymbol{c}=\boldsymbol{b}\times\boldsymbol{d}$，则 $\boldsymbol{a}-\boldsymbol{d}$ 与 $\boldsymbol{b}-\boldsymbol{c}$ 共线；（2）$|\boldsymbol{a}\times\boldsymbol{b}|^2+(\boldsymbol{a}\cdot\boldsymbol{b})^2=|\boldsymbol{a}|^2|\boldsymbol{b}|^2$.

证明　（1）要证两个向量共线，即证两个向量平行，亦即证 $(\boldsymbol{a}-\boldsymbol{d})\times(\boldsymbol{b}-\boldsymbol{c})=\boldsymbol{0}$. 因为

$$(\boldsymbol{a}-\boldsymbol{d})\times(\boldsymbol{b}-\boldsymbol{c})=\boldsymbol{a}\times\boldsymbol{b}-\boldsymbol{a}\times\boldsymbol{c}-\boldsymbol{d}\times\boldsymbol{b}+\boldsymbol{d}\times\boldsymbol{c}=\boldsymbol{a}\times\boldsymbol{b}-\boldsymbol{b}\times\boldsymbol{d}+\boldsymbol{b}\times\boldsymbol{d}-\boldsymbol{c}\times\boldsymbol{d}=\boldsymbol{0},$$

所以 $\boldsymbol{a}-\boldsymbol{d}$ 与 $\boldsymbol{b}-\boldsymbol{c}$ 共线.

（2）设向量 $\boldsymbol{a}$ 和 $\boldsymbol{b}$ 的夹角为 θ，因为 $|\boldsymbol{a}\times\boldsymbol{b}|^2=|\boldsymbol{a}|^2|\boldsymbol{b}|^2\sin^2\theta$，$(\boldsymbol{a}\cdot\boldsymbol{b})^2=|\boldsymbol{a}|^2|\boldsymbol{b}|^2\cos^2\theta$，所以

$$|\boldsymbol{a}\times\boldsymbol{b}|^2+(\boldsymbol{a}\cdot\boldsymbol{b})^2=|\boldsymbol{a}|^2|\boldsymbol{b}|^2\sin^2\theta+|\boldsymbol{a}|^2|\boldsymbol{b}|^2\cos^2\theta=|\boldsymbol{a}|^2|\boldsymbol{b}|^2.$$

例 8　已知向量 $\overrightarrow{M_1M_2}=\boldsymbol{a}$，$\overrightarrow{M_1M_3}=\boldsymbol{b}$，且两个向量的夹角为 θ. 过点 M_2 作线段 M_1M_3 所在的直线的垂线，垂足为点 D. （1）证明 $\triangle M_1M_2D$ 的面积等于 $\dfrac{|\boldsymbol{a}\cdot\boldsymbol{b}||\boldsymbol{a}\times\boldsymbol{b}|}{2|\boldsymbol{b}|^2}$；（2）求向量 $\boldsymbol{a}$ 和 $\boldsymbol{b}$ 的夹角 θ 为何值时，$\triangle M_1M_2D$ 的面积取得最大值？

解　（1）设 $\triangle M_1M_2D$ 的面积为 S，则 $S=\dfrac{1}{2}|\overrightarrow{M_1D}|\cdot|\overrightarrow{M_2D}|=\dfrac{1}{2}|\boldsymbol{a}||\cos\theta||\boldsymbol{a}|\sin\theta=\dfrac{1}{4}|\boldsymbol{a}|^2|\sin 2\theta|$. 又因为 $|\boldsymbol{a}\cdot\boldsymbol{b}|=|\boldsymbol{a}||\boldsymbol{b}||\cos\theta|$，$|\boldsymbol{a}\times\boldsymbol{b}|=|\boldsymbol{a}||\boldsymbol{b}|\sin\theta$，所以

$$\frac{|\boldsymbol{a}\cdot\boldsymbol{b}||\boldsymbol{a}\times\boldsymbol{b}|}{2|\boldsymbol{b}|^2}=\frac{|\boldsymbol{a}|^2|\boldsymbol{b}|^2\sin\theta|\cos\theta|}{2|\boldsymbol{b}|^2}=\frac{1}{4}|\boldsymbol{a}|^2|\sin 2\theta|=S.$$

（2）由 $S(\theta)=\dfrac{1}{4}|\boldsymbol{a}|^2|\sin 2\theta|$，可得当 $\theta=\dfrac{\pi}{4}$ 或 $\theta=\dfrac{3\pi}{4}$ 时，$\triangle M_1M_2D$ 的面积取得最大值.

四、习题选解

1. 判断题：

（1）若 $\boldsymbol{a}\cdot\boldsymbol{b}=0$，则 $\boldsymbol{a}=\boldsymbol{0}$ 或 $\boldsymbol{b}=\boldsymbol{0}$.　（　）

（2）若 $\boldsymbol{a}\times\boldsymbol{b}=\boldsymbol{0}$，则 $\boldsymbol{a}=\boldsymbol{0}$ 或 $\boldsymbol{b}=\boldsymbol{0}$.　（　）

（3）若 $\boldsymbol{a}\cdot\boldsymbol{b}=\boldsymbol{a}\cdot\boldsymbol{c}$，则 $\boldsymbol{b}=\boldsymbol{c}$.　（　）

（4）若 $\boldsymbol{a}\neq\boldsymbol{0},\boldsymbol{b}\neq\boldsymbol{0}$ 且 $\boldsymbol{a}\times\boldsymbol{c}=\boldsymbol{b}\times\boldsymbol{c}$，则 $\boldsymbol{a}=\boldsymbol{b}$.　（　）

（5）若 $\boldsymbol{a}^0,\boldsymbol{b}^0$ 均是单位向量，则 $\boldsymbol{a}^0\times\boldsymbol{b}^0$ 也是单位向量.　（　）

（6）若 $\boldsymbol{a},\boldsymbol{b},\boldsymbol{c}$ 均为非零向量，并且 $\boldsymbol{a}=\boldsymbol{b}\times\boldsymbol{c},\boldsymbol{b}=\boldsymbol{c}\times\boldsymbol{a},\boldsymbol{c}=\boldsymbol{a}\times\boldsymbol{b}$，则 $\boldsymbol{a},\boldsymbol{b},\boldsymbol{c}$ 相互垂直且均为单位向量.　（　）

（7）$\boldsymbol{a}\cdot\boldsymbol{b}=|\boldsymbol{a}||\boldsymbol{b}|\cos(\widehat{\boldsymbol{a},\boldsymbol{b}}),\boldsymbol{a}\times\boldsymbol{b}=|\boldsymbol{a}||\boldsymbol{b}|\sin(\widehat{\boldsymbol{a},\boldsymbol{b}})$. （ ）

（8）若 $\boldsymbol{a},\boldsymbol{b}$ 均为单位向量，且 $\boldsymbol{a}\times\boldsymbol{b}=\boldsymbol{0}$，则 $\boldsymbol{a}\cdot\boldsymbol{b}=1$. （ ）

解 （1）×； （2）×； （3）×； （4）×； （5）×； （6）√； （7）×； （8）×.

2．求向量 $\boldsymbol{a}=\{4,-3,4\}$ 在向量 $\boldsymbol{b}=\{2,2,1\}$ 上的投影.

解 $\mathrm{Prj}_{\boldsymbol{b}}\boldsymbol{a}=\dfrac{\boldsymbol{a}\cdot\boldsymbol{b}}{|\boldsymbol{b}|}=2$.

3．设 $\boldsymbol{a}=3\boldsymbol{i}-\boldsymbol{j}-2\boldsymbol{k}$，$\boldsymbol{b}=\boldsymbol{i}+2\boldsymbol{j}-\boldsymbol{k}$，求：（1）$\boldsymbol{a}\cdot\boldsymbol{b}$ 及 $\boldsymbol{a}\times\boldsymbol{b}$；（2）$(-2\boldsymbol{a})\cdot3\boldsymbol{b}$ 及 $\boldsymbol{a}\times2\boldsymbol{b}$；（3）$\boldsymbol{a}$ 与 $\boldsymbol{b}$ 夹角的余弦.

解 （1）$\boldsymbol{a}\cdot\boldsymbol{b}=3\times1+(-1)\times2+(-2)\times(-1)=3$，$\boldsymbol{a}\times\boldsymbol{b}=\begin{vmatrix}\boldsymbol{i}&\boldsymbol{j}&\boldsymbol{k}\\3&-1&-2\\1&2&-1\end{vmatrix}=5\boldsymbol{i}+\boldsymbol{j}+7\boldsymbol{k}$.

（2）$(-2\boldsymbol{a})\cdot3\boldsymbol{b}=(-6)\boldsymbol{a}\cdot\boldsymbol{b}=-18$，$\boldsymbol{a}\times2\boldsymbol{b}=2(\boldsymbol{a}\times\boldsymbol{b})=2(5\boldsymbol{i}+\boldsymbol{j}+7\boldsymbol{k})=10\boldsymbol{i}+2\boldsymbol{j}+14\boldsymbol{k}$.

（3）$\cos(\widehat{\boldsymbol{a},\boldsymbol{b}})=\dfrac{\boldsymbol{a}\cdot\boldsymbol{b}}{|\boldsymbol{a}||\boldsymbol{b}|}=\dfrac{3}{2\sqrt{21}}$.

4．已知 $\overrightarrow{OA}=\boldsymbol{i}+3\boldsymbol{k}$，$\overrightarrow{OB}=\boldsymbol{j}+3\boldsymbol{k}$，求 $\triangle OAB$ 的面积.

解 因为 $\overrightarrow{OA}\times\overrightarrow{OB}=\begin{vmatrix}\boldsymbol{i}&\boldsymbol{j}&\boldsymbol{k}\\1&0&3\\0&1&3\end{vmatrix}=-3\boldsymbol{i}-3\boldsymbol{j}+\boldsymbol{k}$，所以

$$S_{\triangle OAB}=\frac{1}{2}|\overrightarrow{OA}\times\overrightarrow{OB}|=\frac{1}{2}\sqrt{9+9+1}=\frac{\sqrt{19}}{2}.$$

5．试用向量证明直径所对的圆周角是直角.

证明 如图 7-2 所示，给定一个圆 O，$\angle AMB$ 是直径 AB 所对的圆周角. 因为

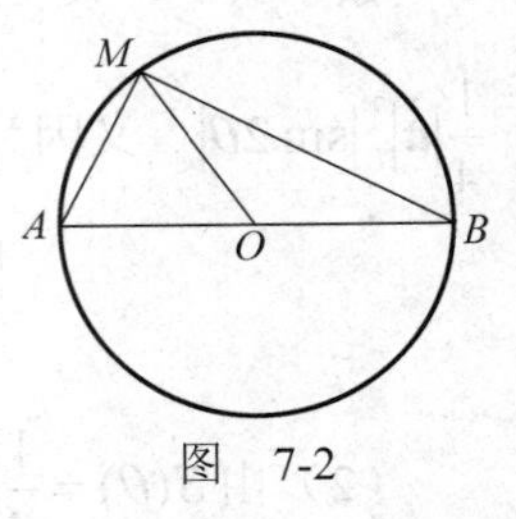

图 7-2

$$\overrightarrow{MA}\cdot\overrightarrow{MB}=(\overrightarrow{OA}-\overrightarrow{OM})\cdot(\overrightarrow{OB}-\overrightarrow{OM})=(-\overrightarrow{OB}-\overrightarrow{OM})\cdot(\overrightarrow{OB}-\overrightarrow{OM})$$
$$=-|\overrightarrow{OB}|^2+|\overrightarrow{OM}|^2=0,$$

所以 $\angle AMB$ 是直角.

6．设 $\boldsymbol{a}$，$\boldsymbol{b}$，$\boldsymbol{c}$ 为单位向量，且满足 $\boldsymbol{a}+\boldsymbol{b}+\boldsymbol{c}=\boldsymbol{0}$，求 $\boldsymbol{a}\cdot\boldsymbol{b}+\boldsymbol{b}\cdot\boldsymbol{c}+\boldsymbol{c}\cdot\boldsymbol{a}$.

解 由 $\boldsymbol{a}+\boldsymbol{b}+\boldsymbol{c}=\boldsymbol{0}$ 得 $\boldsymbol{a}=-(\boldsymbol{b}+\boldsymbol{c})$，$\boldsymbol{b}=-(\boldsymbol{c}+\boldsymbol{a})$，$\boldsymbol{c}=-(\boldsymbol{a}+\boldsymbol{b})$，所以

$$2(\boldsymbol{a}\cdot\boldsymbol{b}+\boldsymbol{b}\cdot\boldsymbol{c}+\boldsymbol{c}\cdot\boldsymbol{a})=\boldsymbol{b}\cdot(\boldsymbol{a}+\boldsymbol{c})+\boldsymbol{a}\cdot(\boldsymbol{c}+\boldsymbol{b})+\boldsymbol{c}\cdot(\boldsymbol{a}+\boldsymbol{b})$$
$$=\boldsymbol{b}\cdot(-\boldsymbol{b})+\boldsymbol{a}\cdot(-\boldsymbol{a})+\boldsymbol{c}\cdot(-\boldsymbol{c})=-3,$$

所以

$$\boldsymbol{a}\cdot\boldsymbol{b}+\boldsymbol{b}\cdot\boldsymbol{c}+\boldsymbol{c}\cdot\boldsymbol{a}=-\frac{3}{2}.$$

7．已知 $M_1(1,-1,2)$，$M_2(3,3,1)$ 和 $M_3(3,1,3)$. 求与 $\overrightarrow{M_1M_2}$，$\overrightarrow{M_2M_3}$ 同时垂直的单位向量.

解 $\overrightarrow{M_1M_2}=\{2,4,-1\}$，$\overrightarrow{M_2M_3}=\{0,-2,2\}$，$\boldsymbol{a}=\overrightarrow{M_1M_2}\times\overrightarrow{M_2M_3}=\{6,-4,-4\}$，所求单

位向量为

$$a^0=\frac{\pm a}{|a|}=\pm\left\{\frac{3}{\sqrt{17}},-\frac{2}{\sqrt{17}},-\frac{2}{\sqrt{17}}\right\}.$$

8．设 $\boldsymbol{a}=\{3,5,-2\},\boldsymbol{b}=\{2,1,4\}$，问 λ 与 μ 有怎样的关系，能使得 $\lambda\boldsymbol{a}+\mu\boldsymbol{b}$ 与 z 轴垂直？

解　$\lambda\boldsymbol{a}+\mu\boldsymbol{b}=\{3\lambda+2\mu,5\lambda+\mu,-2\lambda+4\mu\}$，$z$ 轴的单位向量为 $\boldsymbol{n}=\{0,0,1\}$，因为两向量垂直，所以 $(\lambda\boldsymbol{a}+\mu\boldsymbol{b})\cdot\boldsymbol{n}=0$, 即 $-2\lambda+4\mu=0,\lambda=2\mu$.

9．已知向量 $\boldsymbol{a}=2\boldsymbol{i}-3\boldsymbol{j}+\boldsymbol{k}$，$\boldsymbol{b}=\boldsymbol{i}-\boldsymbol{j}+3\boldsymbol{k}$，$\boldsymbol{c}=\boldsymbol{i}-2\boldsymbol{j}$，计算：（1）$(\boldsymbol{a}\cdot\boldsymbol{b})\boldsymbol{c}-(\boldsymbol{a}\cdot\boldsymbol{c})\boldsymbol{b}$；（2）$(\boldsymbol{a}+\boldsymbol{b})\times(\boldsymbol{b}+\boldsymbol{c})$；（3）$(\boldsymbol{a}\times\boldsymbol{b})\cdot\boldsymbol{c}$.

解　（1）$(\boldsymbol{a}\cdot\boldsymbol{b})\boldsymbol{c}-(\boldsymbol{a}\cdot\boldsymbol{c})\boldsymbol{b}=8(\boldsymbol{c}-\boldsymbol{b})=\{0,-8,-24\}$.

（2）$(\boldsymbol{a}+\boldsymbol{b})\times(\boldsymbol{b}+\boldsymbol{c})=\begin{vmatrix}\boldsymbol{i}&\boldsymbol{j}&\boldsymbol{k}\\3&-4&4\\2&-3&3\end{vmatrix}=\{0,-1,-1\}$；

（3）$(\boldsymbol{a}\times\boldsymbol{b})\cdot\boldsymbol{c}=\begin{vmatrix}2&-3&1\\1&-1&3\\1&-2&0\end{vmatrix}=2$.

第五节　曲面及其方程

一、教学基本要求

1. 理解曲面方程的概念.
2. 掌握以坐标轴为旋转轴的旋转曲面方程及母线平行于坐标轴的柱面方程.

二、答疑解惑

1．曲面方程 $F(x,y,z)=0$ 与 $z=f(x,y)$ 是否等价？

答　由曲面方程 $F(x,y,z)=0$ 有时并不能解出 $z=f(x,y)$，例如圆柱面方程 $x^2+y^2=1$ 就不能写成 $z=f(x,y)$ 的形式.

2．柱面方程是否一定是不完全的三元方程？

答　不一定. 一般情况下，不完全的三元方程表示母线平行于坐标轴的柱面，而柱面的母线不一定平行于坐标轴. 例如，方程 $2x-y+4z-7=0$ 表示一个平面，平面当然可以认为是柱面，但它却是一个三元完全方程.

3．曲面也有参数方程吗？

答　有. 曲线的参数方程是单参数的方程，而曲面的参数方程通常是形如

$$x=x(s,t),y=y(s,t),z=z(s,t)\quad(\alpha\leqslant s\leqslant\beta,\gamma\leqslant t\leqslant\delta)$$

的双参数方程. 当固定 $t=t_0$ 时，方程 $x=x(s,t_0)=x(s),y=y(s,t_0)=y(s),z=z(s,t_0)=z(s)$ 就是曲面上的一条曲线，而当固定 $s=s_0$ 时就得到另一个参数 t 变化时所产生的曲线，从这个角度来说，曲面可以看做是上述任何一个单参数曲线束构成的图形.

三、经典例题解析

题型一 求曲面方程

例 1 求到 z 轴和 xOy 坐标面的距离之比等于常数 k $(0<k<+\infty)$ 的点的轨迹.

解 设动点为 $M(x,y,z)$，则点 M 到 z 轴的距离为 $\sqrt{x^2+y^2}$，到 xOy 坐标面的距离为 $|z|$，依题意得 $\dfrac{\sqrt{x^2+y^2}}{|z|}=k$，即 $x^2+y^2=k^2z^2$ 为所求的点的轨迹方程.

例 2 求过点 $A(1,2,-4)$，$B(1,-3,1)$ 和 $C(2,2,3)$，且球心在 xOy 坐标面上的球面方程.

解 因为球心在 xOy 坐标面上，所以设球心坐标为 $(a,b,0)$. 因为它到点 $A(1,2,-4)$ 和到点 $B(1,-3,1)$ 的距离相等，所以 $(a-1)^2+(b-2)^2+(0+4)^2=(a-1)^2+(b+3)^2+(0-1)^2$，解得 $b=1$. 类似可得 $a=-2$. 故球面方程为 $(x+2)^2+(y-1)^2+z^2=26$.

题型二 求旋转曲面方程

例 3 求 zOx 坐标面上的直线 $x=2z$ 绕着 z 轴旋转一周所得的曲面方程.

解 直线 $x=2z$ 上的点 $M_0(x_0,y_0,z)$ 到 z 轴的距离的平方为 $x_0^2+y_0^2=4z^2$，于是曲面上任意点 $M(x,y,z)$ 的坐标满足方程 $x^2+y^2=4z^2$.

例 4 曲面 $4x^2-3y^2+4z^2=36$ 是如何旋转产生的？

解 该曲面可以看作是由 xOy 坐标面上的曲线 $4x^2-3y^2=36$ 绕 y 轴旋转一周，或者 yOz 坐标面上的曲线 $-3y^2+4z^2=36$ 绕 y 轴旋转一周产生的.

题型三 求柱面方程

例 5 求以 z 轴为母线，经过点 $A(4,2,2)$ 和点 $B(6,-3,7)$ 的圆柱面方程.

解 设以 z 轴为母线的圆柱面方程为 $(x-a)^2+(y-b)^2=R^2$，因为点 $A(4,2,2)$ 和 $B(6,-3,7)$ 都在圆柱面上，所以 $(4-a)^2+(2-b)^2=R^2$ 并且 $(6-a)^2+(-3-b)^2=R^2$，又因为所求圆柱面过 z 轴，所以点 $(0,0,0)$ 也在圆柱面上，即 $(0-a)^2+(0-b)^2=R^2$，也就是 $a^2+b^2=R^2$，联立方程组 $\begin{cases}(4-a)^2+(2-b)^2=R^2,\\(6-a)^2+(-3-b)^2=R^2,\\a^2+b^2=R^2,\end{cases}$ 解得 $a=\dfrac{25}{8},b=-\dfrac{5}{4},R^2=\dfrac{725}{64}$，从而所求圆柱面的方程为 $\left(x-\dfrac{25}{8}\right)^2+\left(y+\dfrac{5}{4}\right)^2=\dfrac{725}{64}$.

四、习题选解

1．求以点 $(1,3-2)$ 为球心，且通过坐标原点的球面方程.

解 $R=\sqrt{1^2+3^2+(-2)^2}=\sqrt{14}$，球面方程为 $(x-1)^2+(y-3)^2+(z+2)^2=14$.

2．求与坐标原点 O 及点 $(2,3,4)$ 的距离之比为 $1:2$ 的点的全体所组成的曲面的方程. 它表示怎样的曲面？

解　设该曲面上的任意一点为$M(x,y,z)$，由题意得$\dfrac{\sqrt{x^2+y^2+z^2}}{\sqrt{(x-2)^2+(y-3)^2+(z-4)^2}}=\dfrac{1}{2}$，即

$$\left(x+\frac{2}{3}\right)^2+(y+1)^2+\left(z+\frac{4}{3}\right)^2=\frac{116}{9},$$

它表示一个球面，球心为点$\left(-\dfrac{2}{3},-1,-\dfrac{4}{3}\right)$，半径等于$\dfrac{2}{3}\sqrt{29}$.

3．将xOy坐标面上的双曲线$4x^2-9y^2=36$分别绕x轴、y轴旋转一周，求所形成的旋转曲面的方程.

解　绕x轴：$4x^2-9(y^2+z^2)=36$；绕y轴：$4(x^2+z^2)-9y^2=36$.

4．将yOz坐标面上的抛物线$y^2=5z$分别绕y轴及z轴旋转一周，求所生成的旋转曲面的方程.

解　绕y轴：$y^2=5\sqrt{x^2+z^2}$；绕z轴：$x^2+y^2=5z$.

5．画出下列各方程所表示的曲面：

（1）$\left(x-\dfrac{a}{2}\right)^2+y^2=\left(\dfrac{a}{2}\right)^2$（$a>0$）；（2）$-\dfrac{x^2}{4}+\dfrac{y^2}{9}=1$；（3）$y^2-z=0$；（4）$x=2$.

解　（1）准线是xOy坐标面上的圆，其圆心在点$\left(\dfrac{a}{2},0\right)$，半径等于$\dfrac{a}{2}$，母线平行于$z$轴的圆柱面，如图7-3所示；

（2）准线是xOy坐标面上的双曲线，母线平行于z轴的双曲柱面，如图7-4所示；

（3）准线是yOz坐标面上的抛物线，母线平行于x轴的抛物柱面，如图7-5所示；

（4）与x轴交点为$(2,0,0)$，平行于yOz坐标面的平面，如图7-6所示.

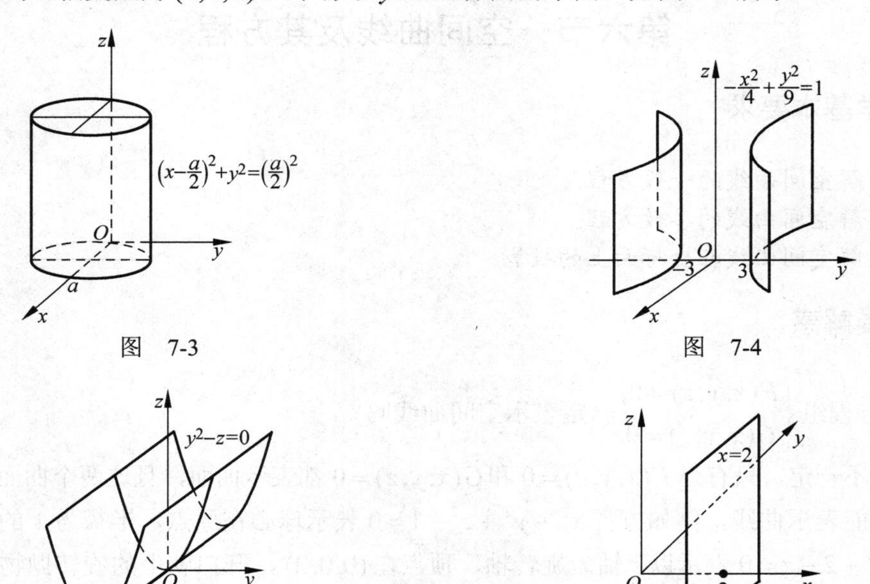

图　7-3

图　7-4

图　7-5

图　7-6

6．指出下列各方程在平面解析几何与空间解析几何中分别表示什么几何图形？

（1）$x=2$；　（2）$y=x+1$；　（3）$x^2+y^2=4$．

解

方程	平面解析几何中	空间解析几何中
$x=2$	平行于 y 轴的直线	平行于 yOz 坐标面的平面
$y=x+1$	斜率为 1 的直线	平行于 z 轴的平面
$x^2+y^2=4$	圆心在原点，半径为 2 的圆	母线平行于 z 轴的圆柱面

7．说明下列旋转曲面是怎样形成的：

（1）$\frac{x^2}{4}+\frac{y^2}{9}+\frac{z^2}{9}=1$；　（2）$x^2-\frac{y^2}{4}+z^2=1$；　（3）$x^2-y^2-z^2=1$．

解　（1）是由 xOy 坐标面上的椭圆 $\frac{x^2}{4}+\frac{y^2}{9}=1$ 绕着 x 轴旋转一周，或是由 xOz 坐标面上的椭圆 $\frac{x^2}{4}+\frac{z^2}{9}=1$ 绕着 x 轴旋转一周而形成的.

（2）是由 xOy 坐标面上的双曲线 $x^2-\frac{y^2}{4}=1$ 绕着 y 轴旋转一周，或是由 yOz 坐标面上的双曲线 $z^2-\frac{y^2}{4}=1$ 绕着 y 轴旋转一周而形成的.

（3）是由 xOy 坐标面上的双曲线 $x^2-y^2=1$ 绕着 x 轴旋转一周，或是由 xOz 坐标面上的双曲线 $x^2-z^2=1$ 绕着 x 轴旋转一周而形成的.

第六节　空间曲线及其方程

一、教学基本要求

1. 了解空间曲线的一般方程.
2. 了解空间曲线的参数方程.
3. 了解空间曲线在坐标面上的投影.

二、答疑解惑

1．方程组 $\begin{cases}F(x,y,z)=0,\\G(x,y,z)=0\end{cases}$ 一定表示空间曲线吗？

答　不一定，只有当 $F(x,y,z)=0$ 和 $G(x,y,z)=0$ 都表示曲面，且这两个曲面相交时，方程组才能表示曲线，例如方程 $x^2+y^2+z^2-1=0$ 表示球心在原点，半径为 1 的球面，方程 $x^2+y^2+2-z=0$ 表示以 z 轴为旋转轴，顶点在 $(0,0,2)$，开口朝上的旋转抛物面，这两个曲面是不相交的，所以方程组 $\begin{cases}x^2+y^2+z^2-1=0,\\x^2+y^2+2-z=0\end{cases}$ 不表示任何曲线.

2．怎样求立体在坐标面上的投影区域？

答　求立体在坐标面上的投影区域时，要把立体看作由某些（对该坐标面）单层曲面以及母线垂直于该坐标面的柱面所围成. 所以，只要求出这些单层曲面的边界曲线（即这些曲面的交线）在该坐标面上的投影曲线，即可得出立体的投影区域. 需要注意的是立体在坐标面上的投影区域是平面区域，是由不等式确定的.

3．由两个曲面围成的立体在坐标面上的投影区域就是这两个曲面的交线在该坐标面上的投影曲线所围成的平面区域吗？

答　不一定. 例如由球面 $x^2+y^2+(z-2)^2=4$ 及平面 $z=1$ 所围的 $z\geqslant 1$ 部分，该立体在 xOy 坐标面上的投影区域是 $x^2+y^2\leqslant 4$，而这个球面与平面的交线在 xOy 坐标面上的投影所围成的区域是 $x^2+y^2\leqslant 3$.

三、经典例题解析

题型一　求空间曲线方程

例 1　将空间曲线的一般方程 $\begin{cases}x^2+y^2+z^2=R^2,\\ y+z=R\end{cases}$ 化为参数方程.

解　将 $z=R-y$ 代入 $x^2+y^2+z^2=R^2$ 中，得到 $x^2+y^2+(R-y)^2=R^2$，即 $\dfrac{x^2}{\left(\dfrac{R}{\sqrt{2}}\right)^2}+\dfrac{\left(y-\dfrac{R}{2}\right)^2}{\left(\dfrac{R}{2}\right)^2}=1$. 令 $x=\dfrac{R}{\sqrt{2}}\cos\theta$，$y=\dfrac{R}{2}(1+\sin\theta)$，代入方程 $y+z=R$ 中，得 $z=\dfrac{R}{2}(1-\sin\theta)$.

题型二　求投影曲线方程

例 2　求曲面 $z=2x^2+3y^2$ 与 $z=4-2x^2-5y^2$ 的交线在 xOy 坐标面上的投影.

解　联立 $\begin{cases}z=2x^2+3y^2,\\ z=4-2x^2-5y^2,\end{cases}$ 消去 z 得到 $x^2+2y^2=1$，故所求的投影曲线为 $\begin{cases}x^2+2y^2=1,\\ z=0.\end{cases}$

例 3　立体 Ω 位于第一卦限，且由曲面 $z=x^2+2y^2$ 和平面 $z=1$ 及 $x=0,\ y=0$ 所围成，求此立体在 xOy 坐标面上的投影区域.

解　联立 $\begin{cases}z=x^2+2y^2,\\ z=1,\end{cases}$ 消去 z 得到 $x^2+2y^2=1$，于是立体 Ω 在 xOy 坐标面上的投影区域为 $x^2+2y^2\leqslant 1,\ x\geqslant 0,\ y\geqslant 0$.

四、习题选解

1．求母线平行于 z 轴且通过曲线 Γ ：$\begin{cases}x^2+y^2+z^2=9,\\ x+z=1\end{cases}$ 的柱面方程及 Γ 在 xOy 坐标面上的投影方程.

解 由$\begin{cases}x^2+y^2+z^2=9,\\x+z=1\end{cases}$消去 z 得 $x^2+y^2+(1-x)^2=9$，于是投影柱面方程是 $2x^2-2x+y^2=8$，所以曲线在 xOy 坐标面上的投影方程是$\begin{cases}2x^2-2x+y^2=8,\\z=0.\end{cases}$

2．将曲线$\begin{cases}x^2+y^2+z^2=9,\\y=x\end{cases}$的一般方程化为参数方程.

解 将 $y=x$ 代入 $x^2+y^2+z^2=9$，可知 $\dfrac{x^2}{\frac{9}{2}}+\dfrac{z^2}{9}=1$．令 $x=\dfrac{3}{2}\sqrt{2}\cos\theta$，$0\leqslant\theta\leqslant2\pi$，则 $z=3\sin\theta$．又 $y=x=\dfrac{3}{2}\sqrt{2}\cos\theta$，所以该曲线的参数方程是$\begin{cases}x=\dfrac{3}{2}\sqrt{2}\cos\theta,\\y=\dfrac{3}{2}\sqrt{2}\cos\theta,\\z=3\sin\theta,\end{cases}$ $0\leqslant\theta\leqslant2\pi$.

3．求由上半球面 $z=\sqrt{a^2-x^2-y^2}$，柱面 $x^2+y^2-ax=0$ 及平面 $z=0$ 所围成的立体在 xOy 坐标面和 xOz 坐标面上的投影.

解 $z=\sqrt{a^2-x^2-y^2}$ 与 $x^2+y^2-ax=0$ 的交线方程为$\begin{cases}\left(x-\dfrac{a}{2}\right)^2+y^2=\dfrac{a^2}{4},\\z=\sqrt{a^2-x^2-y^2},\end{cases}$于是立体在 xOy 坐标面上的投影区域为$\begin{cases}\left(x-\dfrac{a}{2}\right)^2+y^2\leqslant\dfrac{a^2}{4},\\z=0;\end{cases}$在 xOz 坐标面上的投影为 xOz 坐标面内的四分之一圆$\begin{cases}x^2+z^2\leqslant a^2,\\y=0\end{cases}$（$x\geqslant0$，$z\geqslant0$）.

4．求旋转抛物面 $z=x^2+y^2$（$0\leqslant z\leqslant4$）在三个坐标面上的投影.

解 在 xOy 坐标面上的投影为$\begin{cases}x^2+y^2\leqslant4,\\z=0;\end{cases}$在 yOz 坐标面上的投影为$\begin{cases}y^2\leqslant z\leqslant4,\\x=0;\end{cases}$在 xOz 坐标面上的投影为$\begin{cases}x^2\leqslant z\leqslant4,\\y=0.\end{cases}$

第七节 平面及其方程

一、教学基本要求

1. 熟练掌握平面的点法式方程和一般方程.
2. 会讨论平面之间的位置关系.

二、答疑解惑

1. 平面的一般方程 $Ax+By+Cz+D=0$ 含有 4 个常数 A,B,C,D，为确定平面的方程，所给的条件必须能够列出 4 个方程，是这样吗？

答　不是. 由于常数 A,B,C 不能同时为零，例如 $A\neq 0$，这时 $Ax+By+Cz+D=0$ 与 $x+\frac{B}{A}y+\frac{C}{A}z+\frac{D}{A}=0$ 表示同一平面，如记 $B'=\frac{B}{A},C'=\frac{C}{A},D'=\frac{D}{A}$，则方程 $x+B'y+C'z+D'=0$ 只含有 3 个常数，故只需 3 个条件便可确定平面的方程.同理，在求平面的法向量 $\boldsymbol{n}=\{A,B,C\}$ 时，只需列出 A,B,C 满足的两个方程即可.

2．如何确定平面的法向量？

答　确定平面的法向量是建立平面方程的关键，平面的法向量 $\boldsymbol{n}$ 的确定要根据不同的条件采用不同的方法，常见的有以下几种情形：

（1）若平面 Π 垂直于一已知直线（方向向量为 $\boldsymbol{s}$），则取 $\boldsymbol{n}=\boldsymbol{s}$.

（2）若平面 Π 与已知平面 $Ax+By+Cz+D=0$ 平行，则取 $\boldsymbol{n}=\{A,B,C\}$.

（3）若平面 Π 过三点 A,B,C，则取 $\boldsymbol{n}=\overrightarrow{AB}\times\overrightarrow{AC}$.

（4）若平面 Π 与不平行的两条直线（或两个向量）平行，则取 $\boldsymbol{n}=\boldsymbol{s}_1\times\boldsymbol{s}_2$，其中 $\boldsymbol{s}_1,\boldsymbol{s}_2$ 分别是两条直线的方向向量.

（5）若平面 Π 过 A,B 两点，且与一直线（或向量）平行，则当直线的方向向量（或向量）$\boldsymbol{s}$ 与 $\overrightarrow{AB}$ 不平行时，则取 $\boldsymbol{n}=\boldsymbol{s}\times\overrightarrow{AB}$.

（6）若平面 Π 过一直线（方向向量为 $\boldsymbol{s}$）和直线外一点 M，则取 $\boldsymbol{n}=\boldsymbol{s}\times\overrightarrow{M_0M}$（其中 M_0 是直线上一点）.

（7）若已知点 $M_0(x_0,y_0,z_0)$ 在平面 Π 上的投影点为 $M_1(x_1,y_1,z_1)$，则取 $\boldsymbol{n}=\{x_1-x_0,y_1-y_0,z_1-z_0\}$.

（8）若平面 Π 平行于一直线（方向向量为 $\boldsymbol{s}$）且与另一平面 Π_1（法向量为 $\boldsymbol{n}_1$）垂直，则取 $\boldsymbol{n}=\boldsymbol{s}\times\boldsymbol{n}_1$.

三、经典例题解析

题型一　求平面方程

例 1　求经过原点 O 和点 $A(6,-3,2)$，且与平面 $4x-y+2z-8=0$ 垂直的平面方程.

解法一　设所求平面的法向量为 $\boldsymbol{n}$，则可取 $\boldsymbol{n}=\overrightarrow{OA}\times\{4,-1,2\}=\{-4,-4,6\}$，或者取 $\boldsymbol{n}=\{2,2,-3\}$. 由点法式方程，可得所求平面方程为 $2(x-0)+2(y-0)-3(z-0)=0$，化简得 $2x+2y-3z=0$.

解法二　因为所求的平面过原点，故可设平面方程为 $Ax+By+Cz=0$，又点 A 在平面上，故 $6A-3B+2C=0$，且 $\{A,B,C\}\cdot\{4,-1,2\}=4A-B+2C=0$，联立方程组 $\begin{cases}6A-3B+2C=0,\\4A-B+2C=0,\end{cases}$ 解得 $A=B$，$C=-\frac{3B}{2}$，再代入到 $Ax+By+Cz=0$ 中，得到 $Bx+By-\frac{3B}{2}z=0$，消去 B 得到所求平面的方程为 $2x+2y-3z=0$.

注 求平面方程的关键是求平面的法向量，然后写出平面的点法式方程，这是最基本的方法.解法二是利用了平面的一般方程形式.

例 2 求通过点 $A(3,0,0)$ 和 $B(0,0,1)$ 且与 xOy 坐标面的夹角为 $\frac{\pi}{3}$ 的平面方程.

解 设所求平面在 y 轴上的截距为 b，则其截距式方程为 $\frac{x}{3}+\frac{y}{b}+z=1$，其法向量 $\boldsymbol{n}=\left\{\frac{1}{3},\frac{1}{b},1\right\}$. 因为所求平面与 xOy 坐标面的夹角为 $\frac{\pi}{3}$，并且 xOy 坐标面的法向量为 $\boldsymbol{k}=\{0,0,1\}$，所以 $\cos\frac{\pi}{3}=\frac{|\boldsymbol{n}\cdot\boldsymbol{k}|}{|\boldsymbol{n}||\boldsymbol{k}|}=\frac{1}{\sqrt{\frac{1}{9}+\frac{1}{b^2}+1}}=\frac{1}{2}$，解得 $b=\pm\frac{3}{\sqrt{26}}$，代入所求的平面方程并化简得 $x+\sqrt{26}y+3z-3=0$ 或者 $x-\sqrt{26}y+3z-3=0$.

注 两个平面的夹角就是它们的法向量的夹角，通常指锐角或直角.

例 3 求由平面 $x+2y-z-1=0$ 和 $x+2y+z+1=0$ 所构成的二面角的平分面的方程.

解 设 $M(x,y,z)$ 是所求平面上的任意一点，则点 M 到两个已知平面的距离相等，从而

$$\frac{|x+2y-z-1|}{\sqrt{1^2+2^2+(-1)^2}}=\frac{|x+2y+z+1|}{\sqrt{1^2+2^2+1^2}},$$

即 $x+2y-z-1=\pm(x+2y+z+1)$，故得到两个平面 $x+2y=0$ 和 $z+1=0$.

题型二 两个平面间的位置关系问题

例 4 分别在下列条件下确定 l, m, n 的值：

（1）使 $(l-3)x+(m+1)y+(n-3)z+8=0$ 和 $(m+3)x+(n-9)y+(l-3)z-16=0$ 表示同一平面；（2）使 $2x+my+3z-5=0$ 与 $lx-6y-6z+2=0$ 表示两张互相平行的平面；（3）使 $lx+y-3z+1=0$ 与 $7x-2y-z=0$ 表示两张互相垂直的平面.

解 （1）当 $\frac{l-3}{m+3}=\frac{m+1}{n-9}=\frac{n-3}{l-3}=\frac{8}{-16}$ 时，两个方程表示同一平面，解上述三元方程组得 $l=\frac{7}{9},\ m=\frac{13}{9},\ n=\frac{37}{9}$，此时两平面重合.

（2）当 $\frac{2}{l}=\frac{m}{-6}=\frac{3}{-6}\neq\frac{-5}{2}$ 时，两平面平行，解得 $m=3,\ l=-4$.

（3）当 $7l+(-2)\times1+(-1)\times(-3)=0$ 时，两平面互相垂直，解得 $l=-\frac{1}{7}$.

四、习题选解

1．一平面过点 $(1,0,-1)$ 且平行于向量 $\boldsymbol{a}=\{2,1,1\}$ 和 $\boldsymbol{b}=\{1,-1,0\}$，求：（1）平面的点法式方程；（2）平面的一般方程；（3）平面的截距式方程；（4）平面的一个单位法向量.

解 （1）平面的法向量为 $\boldsymbol{n}=\boldsymbol{a}\times\boldsymbol{b}=\begin{vmatrix}\boldsymbol{i} & \boldsymbol{j} & \boldsymbol{k}\\ 2 & 1 & 1\\ 1 & -1 & 0\end{vmatrix}=\{1,1,-3\}$，所以平面的点法式方程为 $(x-1)+(y+0)-3(z+1)=0$.

（2）平面的一般方程为 $x+y-3z-4=0$.

（3）平面的截距式方程为 $\frac{x}{4}+\frac{y}{4}+\frac{z}{-\frac{4}{3}}=1$.

（4）平面的一个单位法向量为 $\boldsymbol{n}^0=\frac{1}{\sqrt{11}}\{1,1,-3\}$.

2．按下列条件求平面方程：

（1）平行于 xOz 坐标面且经过点 $(2,-5,3)$；（2）通过 z 轴和点 $(-3,1,-2)$；（3）平行于 x 轴且经过两点 $A(4,0,-2)$ 和 $B(5,1,7)$；（4）平面过点 $(5,-7,4)$，且在 x，y，z 三个轴上截距相等.

解　（1）由于所求平面平行于 xOz 坐标面，所以可设法向量为 $\boldsymbol{n}=\{0,1,0\}$，于是所求平面方程为 $0\cdot(x-2)+1\cdot(y+5)+0\cdot(z-3)=0$，即 $y+5=0$.

（2）由所给条件可知，所求平面的法向量 $\boldsymbol{n}=\{0,0,1\}\times\{-3,1,-2\}=\{-1,-3,0\}$，所求平面方程为 $x+3y=0$.

（3）因为 $\overrightarrow{AB}=\{1,1,9\}$，所以所求平面法向量为 $\boldsymbol{n}=\{1,0,0\}\times\{1,1,9\}=\{0,-9,1\}$，由点法式得所求平面方程为 $9y-z=2$.

（4）设所求平面方程为 $\frac{x}{a}+\frac{y}{a}+\frac{z}{a}=1$.因为平面过点 $(5,-7,4)$，所以 $a=2$，于是所求平面方程为 $x+y+z=2$.

3．求过点 $M(1,2,1)$ 且与两平面 $x+y=0$ 和 $5y+z=0$ 都垂直的平面方程.

解　由已知条件可知，该平面的法向量为 $\boldsymbol{n}=\{1,1,0\}\times\{0,5,1\}=\{1,-1,5\}$，由点法式得平面方程为 $x-y+5z=4$.

4．求点 $M(1,2,1)$ 到平面 $x+2y+2z-10=0$ 的距离.

解　$d=\frac{|Ax_0+By_0+Cz_0+D|}{\sqrt{A^2+B^2+C^2}}=\frac{|1+4+2-10|}{\sqrt{1+4+4}}=1$.

5．求过点 $(3,0,-1)$ 且与平面 $3x-7y+5z-12=0$ 平行的平面方程.

解　由已知条件可知，所求平面的法向量为 $\boldsymbol{n}=\{3,-7,5\}$，由点法式得平面方程为 $3(x-3)-7(y-0)+5(z+1)=0$，即 $3x-7y+5z-4=0$.

6．求过三点 $A(1,1,-1)$，$B(-2,-2,2)$ 和 $C(1,-1,2)$ 的平面方程.

解　因为 $\overrightarrow{AB}=\{-3,-3,3\}$，$\overrightarrow{AC}=\{0,-2,3\}$，所以所求平面的法向量为 $\boldsymbol{n}=\overrightarrow{AB}\times\overrightarrow{AC}=\{-3,9,6\}$，由点法式得所求平面方程为 $x-3y-2z=0$.

第八节　空间直线及其方程

一、教学基本要求

1. 熟练掌握直线的一般方程、对称式方程和参数式方程.
2. 会讨论直线与直线，直线与平面之间的位置关系.

二、答疑解惑

1．设有直线 $L_1:\begin{cases}x=2t,\\y=-3+3t,\\z=4t\end{cases}$ 和 $L_2:\begin{cases}x=1+t,\\y=-2+t,\\z=2+2t,\end{cases}$ 如果这两条直线相交，那么交点处的三个坐标必须相等，即 $\begin{cases}2t=1+t,\\-3+3t=-2+t,\\4t=2+2t\end{cases}$ 必须有解，由第一式可解出 $t=1$，而第二式要成立必须 $t=\dfrac{1}{2}$，所以这个方程组为矛盾方程组，从而这两条直线不相交. 这个结论对吗？

答　这个结论不正确，事实上这两条直线在点 $(0,-3,0)$ 相交. 造成错误结论的原因在于 L_1 与 L_2 是两条不同的直线，t 是它们各自的参数，并不具有特定的联系. 而上述做法却将两条直线的参数看成了相等的参数. 正确的做法是 L_1 与 L_2 相交的充分必要条件为 $\begin{cases}2t=1+u,\\-3+3t=-2+u,\\4t=2+2u\end{cases}$ 有解，而这对于本题是成立的. $t=0,u=-1$ 就可使三个方程都成立，故 L_1 与 L_2 的交点为 $(0,-3,0)$.

2．怎样求直线 L 外一点 $M_1(x_1,y_1,z_1)$ 到直线 L 的距离 d？

答　主要有以下三种方法.

方法一　先确定点 M_1 在直线 L 上的投影（垂足）M_0，再求这两点之间的距离 d. 设 $M_1(x_1,y_1,z_1)$ 为直线 L 外一点，直线的参数方程是 $\begin{cases}x=x_0+mt,\\y=y_0+nt,\\z=z_0+pt,\end{cases}$ 过点 M_1 作与 L 垂直的平面 Π，其方程为 $m(x-x_1)+n(y-y_1)+p(z-z_1)=0$，将 L 的参数方程代入平面 Π 的方程，解出 t，再将 t 的值代入 L 的参数方程，得到直线与平面的交点 M_0，该点即为点 M_1 在直线 L 上的投影（垂足），M_0 到 M_1 的距离就是点 M_1 到直线 L 的距离 d.

方法二　先求点 $M_1(x_1,y_1,z_1)$ 到直线 L 上任意一点 $M(x,y,z)$ 的距离的平方

$$d^2(t)=(x_0+mt-x_1)^2+(y_0+nt-y_1)^2+(z_0+pt-z_1)^2,$$

然后求 $d^2(t)$ 的最小点 t_0 和对应的最小值 d^2，最小点 t_0 所对应的直线上的点即为 M_1 在 L 上的投影（垂足），d^2 就是点 M_1 到直线 L 的距离的平方.

方法三　公式法（见教材 432 页习题 14）.

3．如何求两条异面直线之间的距离？

答　设 L_1 与 L_2 是两条异面直线，直线 L_1 的方向向量为 $\boldsymbol{s}_1$，且经过点 M_1，直线 L_2 的方向向量为 $\boldsymbol{s}_2$，经过点 M_2. 两条异面直线间的距离是它们公垂线上两垂足之间的距离. 由于公垂线与这两条直线均垂直，故公垂线的方向向量可取 $\boldsymbol{s}=\boldsymbol{s}_1\times\boldsymbol{s}_2$，于是两条异面直线的距离可由下面的公式计算：

$$d=|\operatorname{Prj}_{\boldsymbol{s}}\overrightarrow{M_1M_2}|=\frac{|\overrightarrow{M_1M_2}\cdot(\boldsymbol{s}_1\times\boldsymbol{s}_2)|}{|\boldsymbol{s}_1\times\boldsymbol{s}_2|}.$$

例如，求直线$L_1:\dfrac{x+1}{1}=\dfrac{y}{1}=\dfrac{z-1}{2}$与直线$L_2:\dfrac{x}{1}=\dfrac{y+1}{3}=\dfrac{z-2}{4}$之间的距离.

取 $M_1(-1,0,1)$，$M_2(0,-1,2)$，则 $\overrightarrow{M_1M_2}=\{1,-1,1\}$，$\boldsymbol{s}_1\times\boldsymbol{s}_2=\{-2,-2,2\}$，$d=\dfrac{|-2+2+2|}{\sqrt{(-2)^2+(-2)^2+2^2}}=\dfrac{\sqrt{3}}{3}$.

4．试问平面束方程$A_1x+B_1y+C_1z+D_1+\lambda(A_2x+B_2y+C_2z+D_2)=0$是否包含所有过直线$\begin{cases}A_1x+B_1y+C_1z+D_1=0,\\A_2x+B_2y+C_2z+D_2=0\end{cases}$的平面？

答　不是. 该平面束中并不包含平面$A_2x+B_2y+C_2z+D_2=0$，因此，在利用平面束方程解题时应对平面$A_2x+B_2y+C_2z+D_2=0$是否也符合题意加以讨论，以确定$A_2x+B_2y+C_2z+D_2=0$是否为所求平面.

如果将平面束的方程写成$\mu(A_1x+B_1y+C_1z+D_1)+\lambda(A_2x+B_2y+C_2z+D_2)=0$的形式，就可以包含所有过直线$\begin{cases}A_1x+B_1y+C_1z+D_1=0,\\A_2x+B_2y+C_2z+D_2=0\end{cases}$（$\mu,\lambda$是任意实数）的平面，这种双参数的平面束方程比单参数情形应用更广泛.

5．平面束方程有哪些主要应用？

答　（1）求过平面Π_1与Π_2的交线L以及L外一点M_0的平面方程.

可将点M_0的坐标代入平面束方程，得到一组μ,λ的值，从而得到过L以及M_0的平面方程.

（2）求过平面Π_1与Π_2的交线L，并与平面Π_3垂直的平面.

由于平面束的法向量与Π_3的法向量垂直，令它们的数量积为零，可以确定一组μ,λ的值，从而得到欲求平面的法向量，然后在L上任取一点，即可得到平面的点法式方程.

三、经典例题解析

题型一　求空间直线方程

例 1　求经过点$A(2,-3,0)$，且与直线$L:\begin{cases}4x-y-z-2=0,\\x+y+z-5=0\end{cases}$平行的直线方程，并说明它的位置特点.

解　直线L的方向向量为$\boldsymbol{s}=\begin{vmatrix}\boldsymbol{i}&\boldsymbol{j}&\boldsymbol{k}\\4&-1&-1\\1&1&1\end{vmatrix}=\{0,-5,5\}$. 由于所求直线与$L$平行，故$\boldsymbol{s}$也是所求直线的方向向量，利用点向式写出直线方程为$\dfrac{x-2}{0}=\dfrac{y+3}{-5}=\dfrac{z-0}{5}$，即$\begin{cases}x=2,\\y+z+3=0,\end{cases}$此直线平行于$yOz$坐标面.

例 2　求过点$M(1,-2,3)$且与x轴和y轴的夹角分别为$\dfrac{\pi}{4}$与$\dfrac{\pi}{3}$的直线方程.

解 问题的关键是求直线的方向向量$\{\cos\alpha,\cos\beta,\cos\gamma\}$，这里$\alpha=\dfrac{\pi}{4},\ \beta=\dfrac{\pi}{3}$. 于是由$\cos^2\alpha+\cos^2\beta+\cos^2\gamma=1$，得到$\cos\gamma=\pm\dfrac{1}{2}$，故直线的方向向量为$\left\{\dfrac{\sqrt{2}}{2},\dfrac{1}{2},\pm\dfrac{1}{2}\right\}$，于是所求直线方程为

$$\frac{x-1}{\sqrt{2}}=\frac{y+2}{1}=\frac{z-3}{1} \quad 和 \quad \frac{x-1}{\sqrt{2}}=\frac{y+2}{1}=\frac{z-3}{-1}$$

例 3 求过点$A(2,-3,4)$且和y轴垂直相交的直线方程.

解法一 过点A且与y轴垂直的平面为$0\cdot(x-2)+1\cdot(y+3)+0\cdot(z-4)=0$，即$y=-3$，这个平面与$y$轴的交点为$B(0,-3,0)$，则由$A,B$两点确定的直线方程$\dfrac{x-2}{2}=\dfrac{y+3}{0}=\dfrac{z-4}{4}$即为所求.

解法二 所求的直线在过点A且与y轴垂直的平面上，还在点A及y轴组成的平面上. 由解法一可知过点A且与y轴垂直的平面为$y=-3$，点A及y轴组成的平面的法向量为$\{0,1,0\}\times\overrightarrow{OA}=4\boldsymbol{i}-2\boldsymbol{k}$，故其方程为$4\cdot(x-2)+0\cdot(y+3)+(-2)\cdot(z-4)=4x-2z=0$，因而所求的直线方程为$\begin{cases}2x-z=0,\\ y=-3.\end{cases}$

例 4 求直线$L:\dfrac{x-1}{1}=\dfrac{y}{1}=\dfrac{z-1}{-1}$在平面$\Pi: x-y+2z-1=0$上的投影直线$L_0$的方程.

解法一 用点向式求L_0. 将直线L的参数方程$\begin{cases}x=1+t,\\ y=t,\\ z=1-t\end{cases}$代入平面$\Pi$的方程中，得$t=1$，则直线$L$与平面$\Pi$的交点为$A(2,1,0)$. 取直线$L$上的一点$B_1(1,0,1)$，假设$B_1$在平面$\Pi$上的投影点的坐标为$B_2(a,b,c)$，则通过$B_1$和$B_2$两点的直线的方向向量为$\overrightarrow{B_1B_2}=\{a-1,b,c-1\}$，又因为平面$\Pi$的法向量为$\boldsymbol{n}=\{1,-1,2\}$，所以$\boldsymbol{n}/\!/\overrightarrow{B_1B_2}$，于是$\dfrac{1}{a-1}=\dfrac{-1}{b}=\dfrac{2}{c-1}$，即$\begin{cases}b=1-a,\\ c=2a-1,\end{cases}$再将$B_2(a,1-a,2a-1)$代入到平面$\Pi$的方程中，得$a=\dfrac{2}{3},b=\dfrac{1}{3},c=\dfrac{1}{3}$，即点$B_2$的坐标为$\left(\dfrac{2}{3},\dfrac{1}{3},\dfrac{1}{3}\right)$，则$\overrightarrow{AB_2}=\left\{-\dfrac{4}{3},-\dfrac{2}{3},\dfrac{1}{3}\right\}$，于是通过$A$和$B_2$两点的直线方程为$\dfrac{x-2}{-\frac{4}{3}}=\dfrac{y-1}{-\frac{2}{3}}=\dfrac{z}{\frac{1}{3}}$，即$\dfrac{x-2}{4}=\dfrac{y-1}{2}=\dfrac{z}{-1}$，这就是所求直线$L_0$的方程.

解法二 用交面式求L_0，其中一个平面为Π，另一平面Π_1用点法式来求. 设Π_1过L且垂直于Π，所以点$M_0(1,0,1)$在Π_1上，且$\boldsymbol{n}_1=\{1,1,-1\}\times\{1,-1,2\}=\boldsymbol{i}-3\boldsymbol{j}-2\boldsymbol{k}$，由此可得$\Pi_1$的方程为$1\cdot(x-1)+(-3)\cdot(y-0)+(-2)\cdot(z-1)=0$，即$x-3y-2z+1=0$，从而所求投影直线$L_0$的方程为$\begin{cases}x-y+2z-1=0,\\ x-3y-2z+1=0.\end{cases}$

解法三　用平面束方程求解平面 Π_1 的方程. 由于直线 L 的方程可写成 $\begin{cases} x-y-1=0, \\ y+z-1=0, \end{cases}$ 故经过 L 的平面束方程为 $x-y-1+\lambda(y+z-1)=0$，即 $x+(\lambda-1)y+\lambda z-(\lambda+1)=0$，在其中求出一个平面 Π_1，使它与平面 Π 垂直. 令平面束的法向量与平面 Π 的法向量互相垂直，即 $\{1,\lambda-1,\lambda\}\cdot\{1,-1,2\}=1-(\lambda-1)+2\lambda=0$，解得 $\lambda=-2$，于是平面 Π_1 的方程为 $x-3y-2z+1=0$，从而所求投影直线 L_0 的方程为 $\begin{cases} x-y+2z-1=0, \\ x-3y-2z+1=0. \end{cases}$

题型二　直线与直线、直线与平面的位置关系问题

例 5　判定下列各组直线的位置关系：

（1）$L_1: \dfrac{x-1}{2}=\dfrac{y}{3}=\dfrac{z}{4}$ 与 $L_2: \dfrac{x-3}{2}=\dfrac{y-3}{3}=\dfrac{z-4}{4}$；

（2）$L_1: \dfrac{x+1}{4}=\dfrac{y-2}{3}=\dfrac{z-4}{1}$ 与 $L_2: \dfrac{x-2}{2}=\dfrac{y+1}{-3}=\dfrac{z-3}{2}$.

解　（1）因为 L_1 和 L_2 的方向向量的对应坐标成比例，且 L_1 上的点 $(1,0,0)$ 满足 L_2 的方程，因此，L_1 和 L_2 重合.

（2）因为 L_1 和 L_2 的方向向量的对应坐标不成比例，故 L_1 与 L_2 不平行，但不平行不一定相交. 事实上，L_1 上的点 $P_1(-1,2,4)$，L_2 上的点 $P_2(2,-1,3)$ 构成的向量 $\overrightarrow{P_1P_2}=\{3,-3,-1\}$ 不在由 L_1 和 L_2 确定的平面上，即 $\overrightarrow{P_1P_2}\cdot(\boldsymbol{s}_1\times\boldsymbol{s}_2)=\{3,-3,-1\}\cdot(\{4,3,1\}\times\{2,-3,2\})=\{3,-3,-1\}\cdot\left\{\begin{vmatrix} 3 & 1 \\ -3 & 2 \end{vmatrix},-\begin{vmatrix} 4 & 1 \\ 2 & 2 \end{vmatrix},\begin{vmatrix} 4 & 3 \\ 2 & -3 \end{vmatrix}\right\}\neq 0$，故 L_1 与 L_2 是既不平行也不相交的异面直线.

例 6　直线 $\dfrac{x-1}{1}=\dfrac{y-5}{-2}=\dfrac{z+8}{1}$ 和直线 $\begin{cases} x-y=6, \\ 2y+z=3 \end{cases}$ 的夹角等于多少？

解　两条直线的夹角是指它们的方向向量不超过 $\dfrac{\pi}{2}$ 的夹角. 因为直线 $\dfrac{x-1}{1}=\dfrac{y-5}{-2}=\dfrac{z+8}{1}$ 的方向向量为 $\boldsymbol{s}_1=\{1,-2,1\}$，直线 $\begin{cases} x-y=6, \\ 2y+z=3 \end{cases}$ 的方向向量为 $\boldsymbol{s}_2=\{-1,-1,2\}$，所以这两条直线的夹角余弦为 $\cos\theta=\dfrac{|\boldsymbol{s}_1\cdot\boldsymbol{s}_2|}{|\boldsymbol{s}_1||\boldsymbol{s}_2|}=\dfrac{|1\times(-1)+(-2)\times(-1)+1\times 2|}{\sqrt{1^2+(-2)^2+1^2}\sqrt{1^2+1^2+(-2)^2}}=\dfrac{1}{2}$，于是这两条直线的夹角 $\theta=\dfrac{\pi}{3}$.

例 7　确定 k,m 的值，使得（1）直线 $\dfrac{x-1}{4}=\dfrac{y+2}{3}=\dfrac{z}{1}$ 与平面 $kx+3y-5z+1=0$ 平行；（2）直线 $\begin{cases} x=2t+2, \\ y=-4t-5, \\ z=3t-1 \end{cases}$ 与平面 $kx+my+6z-7=0$ 垂直.

解　（1）要使题中的直线与平面平行，须直线的方向向量与平面的法向量垂直，

即 $\{4,3,1\}\cdot\{k,3,-5\}=4\cdot k+3\cdot 3+1\cdot(-5)=0$，且直线上的点 $(1,-2,0)$ 不在平面上，即 $k\cdot 1+3\cdot(-2)-5\cdot 0+1\neq 0$，解得 $k=-1$ 为所求.

（2）要使直线与平面垂直，须直线的方向向量与平面的法向量平行，即 $\frac{2}{k}=\frac{-4}{m}=\frac{3}{6}$，故 $k=4, m=-8$ 为所求.

四、习题选解

1．用对称式方程及参数方程表示直线 $\begin{cases}x-y+z=1,\\2x+y+z=4.\end{cases}$

解　直线的方向向量为 $\boldsymbol{s}=\{1,-1,1\}\times\{2,1,1\}=\{-2,1,3\}$，找直线上一个定点 $(1,1,1)$，得直线方程的对称式为 $\frac{x-1}{-2}=\frac{y-1}{1}=\frac{z-1}{3}$. 令 $\frac{x-1}{-2}=\frac{y-1}{1}=\frac{z-1}{3}=t(t\in\mathbf{R})$，得直线的参数式方程为 $\begin{cases}x=1-2t,\\y=1+t,\\z=1+3t.\end{cases}$

2．求过点 $(0,2,4)$ 且与两平面 $x+2z=1$ 和 $y-3z=2$ 平行的直线方程.

解　由题意得直线的方向向量为 $\boldsymbol{s}=\{1,0,2\}\times\{0,1,-3\}=\{-2,3,1\}$，于是所求直线方程为 $\frac{x}{-2}=\frac{y-2}{3}=\frac{z-4}{1}$.

3．求过点 $A(3,1,-2)$ 且通过直线 $\frac{x-4}{5}=\frac{y+3}{2}=\frac{z}{1}$ 的平面方程.

解　由 $B(4,-3,0)$ 是直线上一点，得平面内的一个向量 $\overrightarrow{AB}=\{1,-4,2\}$，故所求平面的一个法向量为 $\boldsymbol{n}=\{5,2,1\}\times\{1,-4,2\}=\{8,-9,-22\}$，于是所求平面方程为 $8x-9y-22z-59=0$.

4．求点 $A(-1,2,0)$ 在平面 $x+2y-z+1=0$ 上的投影.

解　假设投影点坐标为 $A'(x,y,z)$，所给平面的法向量 $\boldsymbol{n}=\{1,2,-1\}$，于是 $\boldsymbol{n}\parallel\overrightarrow{AA'}$，所以 $\frac{x+1}{1}=\frac{y-2}{2}=\frac{z}{-1}$，即 $\begin{cases}x=-z-1,\\y=-2z+2,\end{cases}$ 代入 $x+2y-z+1=0$ 中，解得 $x=-\frac{5}{3},y=\frac{2}{3},z=\frac{2}{3}$，即投影点为 $A'\left(-\frac{5}{3},\frac{2}{3},\frac{2}{3}\right)$.

5．设 M_0 是直线 L 外一点，M 是直线 L 上任意一点，且直线的方向向量为 $\boldsymbol{s}$，试证：点 M_0 到直线 L 的距离 $d=\frac{|\overrightarrow{M_0M}\times\boldsymbol{s}|}{|\boldsymbol{s}|}$.

证明　由向量积的几何意义可知，向量 $\overrightarrow{M_0M}$ 与直线的方向向量 $\boldsymbol{s}$ 的向量积的模等于以这两个向量为邻边的平行四边形的面积. 而此平行四边形的面积又等于方向向量的模乘以点 M_0 到直线 L 的距离，所以 $|\overrightarrow{M_0M}\times\boldsymbol{s}|=|\boldsymbol{s}|\cdot d$，即 $d=\frac{|\overrightarrow{M_0M}\times\boldsymbol{s}|}{|\boldsymbol{s}|}$.

6．求点$P(3,-1,2)$到直线$L:\begin{cases}x+y-z+1=0,\\2x-y+z-4=0\end{cases}$的距离.

解 取$\boldsymbol{n}_1=\{1,1,-1\}$，$\boldsymbol{n}_2=\{2,-1,1\}$，则$L$的方向向量$\boldsymbol{s}=\boldsymbol{n}_1\times\boldsymbol{n}_2=\{0,-3,-3\}$，取$L$上点$P_0(1,-2,0)$，则$d=\dfrac{|\overrightarrow{PP_0}\times\boldsymbol{s}|}{|\boldsymbol{s}|}=\dfrac{3}{2}\sqrt{2}$.

7．求直线$L:\begin{cases}2x-4y+z=0,\\3x-y-2z-9=0\end{cases}$在平面$4x-y+z=1$上的投影直线的方程.

解 设过L的平面束为$2x-4y+z+\lambda(3x-y-2z-9)=0$，即$(2+3\lambda)x-(4+\lambda)y+(1-2\lambda)z-9\lambda=0$，

令$\boldsymbol{n}_1=\{2+3\lambda,-4-\lambda,1-2\lambda\}$，$\boldsymbol{n}_2=\{4,-1,1\}$，则$\boldsymbol{n}_1\perp\boldsymbol{n}_2$，所以$4(2+3\lambda)+4+\lambda+1-2\lambda=0$，于是$\lambda=-\dfrac{13}{11}$，即投影平面方程为$17x+31y-37z-117=0$，于是所求投影直线为$\begin{cases}17x+31y-37z-117=0,\\4x-y+z-1=0.\end{cases}$

8．求过点$M(1,0,1)$且平行于平面$\Pi:3x+y+3z-1=0$，又与直线$L:\dfrac{x+1}{2}=\dfrac{y-1}{3}=\dfrac{z}{1}$相交的直线方程.

解 L的一般方程为$\begin{cases}x-2z+1=0,\\y-3z-1=0,\end{cases}$过$L$的平面束为$x-2z+1+\lambda(y-3z-1)=0$，该平面束过点$M$时，$\lambda=0$，即$x-2z+1=0$. 由于过点$M(1,0,1)$且平行于$\Pi:3x+y+3z-1=0$的平面方程是$3x+y+3z-6=0$，于是所求直线的一般式方程为$\begin{cases}3x+y+3z-6=0,\\x-2z+1=0.\end{cases}$

9．求过两点$M_1(3,-2,1)$和$M_2(-1,0,2)$的直线方程.

解 由题意得直线的方向向量为$\boldsymbol{s}=\overrightarrow{M_1M_2}=\{-4,2,1\}$，点向式直线方程为$\dfrac{x-3}{-4}=\dfrac{y+2}{2}=\dfrac{z-1}{1}$.

10．求直线$L_1:\begin{cases}5x-3y+3z-9=0,\\3x-2y+z-1=0\end{cases}$与直线$L_2:\begin{cases}2x+2y-z+23=0,\\3x+8y+z-18=0\end{cases}$的夹角余弦.

解 直线L_1的一个方向向量为 $\boldsymbol{s}_1=\{5,-3,3\}\times\{3,-2,1\}=\{3,4,-1\}$，直线$L_2$的一个方向向量为$\boldsymbol{s}_2=\{2,2,-1\}\times\{3,8,1\}=\{10,-5,10\}$，所以两直线的夹角余弦为 $\cos\theta=\dfrac{|\boldsymbol{s}_1\cdot\boldsymbol{s}_2|}{|\boldsymbol{s}_1|\cdot|\boldsymbol{s}_2|}=0$.

11．求直线$L:\begin{cases}x+y+3z=0,\\x-y-z=0\end{cases}$与平面$\Pi:x-y-z+1=0$的夹角.

解 直线的方向向量为$\boldsymbol{s}=\{1,1,3\}\times\{1,-1,-1\}=\{2,4,-2\}$，平面的法向量为$\boldsymbol{n}=\{1,-1,-1\}$，所以直线与平面的夹角正弦为$\sin\theta=\dfrac{|\boldsymbol{n}\cdot\boldsymbol{s}|}{|\boldsymbol{n}|\cdot|\boldsymbol{s}|}=0$，即$\theta=0$.

12．求过点$(1,2,1)$而与两直线$\begin{cases}x+2y-z+1=0,\\x-y+z-1=0\end{cases}$和$\begin{cases}2x-y+z=0,\\x-y+z=0\end{cases}$平行的平面方程.

解　两条直线的方向向量分别为$\boldsymbol{s}_1=\{1,2,-1\}\times\{1,-1,1\}=\{1,-2,-3\}$，$\boldsymbol{s}_2=\{2,-1,1\}\times\{1,-1,1\}=\{0,-1,-1\}$．由题意得所求平面的法向量为$\boldsymbol{n}=\{1,-2,-3\}\times\{0,-1,-1\}=\{-1,1,-1\}$，所以平面方程为$x-y+z=0$.

第九节　二 次 曲 面

一、教学基本要求

掌握椭球面、抛物面和双曲面的方程及其图形.

二、答疑解惑

1．常用的二次曲面有哪些？

答　常用的二次曲面有球面、椭球面、旋转抛物面、圆锥面和柱面.这些曲面在三重积分和曲面积分中会经常用到，应当熟悉这些曲面的方程和图形.

2．怎样根据方程研究曲面的形状？

答　由曲面的方程研究曲面的图形，一般可从以下几个方面着手：

（1）由曲面的方程讨论曲面上点的坐标x,y,z的取值范围，以此确定曲面所在的空间范围；

（2）研究曲面的对称性，设曲面的方程为$F(x,y,z)=0$，若$F(-x,y,z)=F(x,y,z)$，则曲面关于yOz坐标面对称，其他情形类似；

（3）讨论曲面与坐标轴及坐标面的关系；

（4）用坐标面或与坐标面平行的平面截所给的曲面，研究截痕曲线的形状及变化情况.

三、经典例题解析

题型　有关几类常见二次曲面方程问题

例 1　指出下列方程在平面解析几何中和空间解析几何中分别表示什么图形：

（1）$y=5$；（2）$x^2+y^2=9$；（3）$x^2-y^2=9$.

解　（1）$y=5$在平面解析几何中表示平行于x轴的一条直线，在空间解析几何中表示与xOz坐标面平行的平面.

（2）$x^2+y^2=9$在平面解析几何中表示圆心在原点，半径为3的圆，在空间解析几何中表示母线平行于z轴，准线为$\begin{cases}x^2+y^2=9,\\z=0\end{cases}$的圆柱面.

（3）$x^2-y^2=9$在平面解析几何中表示以x轴为实轴，y轴为虚轴的双曲线，在空间解析几何中表示母线平行于z轴，准线为$\begin{cases}x^2+y^2=9,\\z=0\end{cases}$的双曲柱面.

例 2 已知椭圆抛物面的顶点在原点，xOy 坐标面和 xOz 坐标面是它的两个对称面，并且此椭圆抛物面过点 $(6,1,2)$ 与 $\left(1,-\dfrac{1}{3},-1\right)$，求此椭圆抛物面的方程.

解 因为所求的椭圆抛物面关于 xOy 坐标面对称，所以将 $-z$ 换成 z 后椭圆抛物面的方程不变，类似地，将 $-y$ 换成 y 后椭圆抛物面的方程也不变. 又椭圆抛物面过原点，所以可设此椭圆抛物面的方程为 $\dfrac{y^2}{2p}+\dfrac{z^2}{2q}=x$（$p$ 和 q 同号），将已知点 $(6,1,2)$ 和 $\left(1,\dfrac{1}{3},-1\right)$ 分别代入到此椭圆抛物面方程中，得 $\dfrac{1}{p}+\dfrac{4}{q}=12$ 和 $\dfrac{1}{9p}+\dfrac{1}{q}=2$，解联立方程组 $\begin{cases}\dfrac{1}{p}+\dfrac{4}{q}=12,\\ \dfrac{1}{9p}+\dfrac{1}{q}=2,\end{cases}$ 得 $p=\dfrac{5}{36},q=\dfrac{5}{6}$，代入椭圆抛物面方程中，得 $18y^2+3z^2=5x$，这就是所求椭圆抛物面的方程.

例 3 画出下列方程所表示的图形：

（1）$x^2+z^2=R^2$；（2）$\begin{cases}z=\sqrt{4-x^2-y^2},\\ x-y=0\end{cases}$ $(x\geqslant 0,y\geqslant 0)$；（3）$z=\dfrac{x^2}{4}+\dfrac{y^2}{9}$.

解 （1）表示圆柱面，如图 7-7 所示；（2）表示球面与平面的交线，如图 7-8 所示；（3）表示椭圆抛物面，如图 7-9 所示.

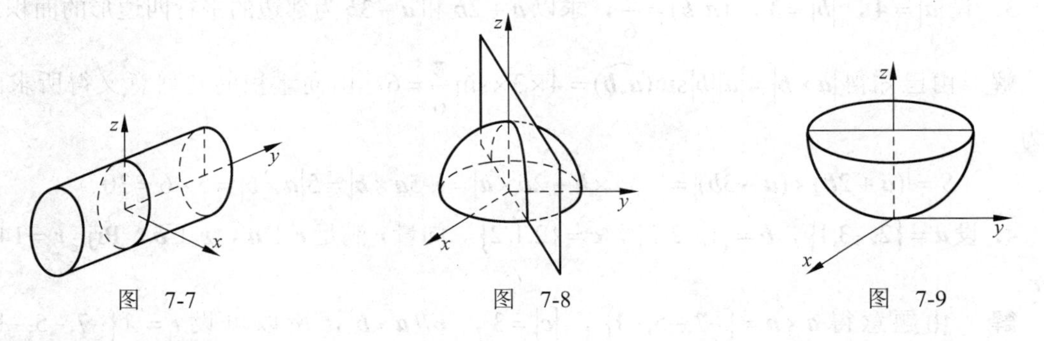

图 7-7 图 7-8 图 7-9

四、习题选解

1．求曲线 $\begin{cases}y^2+z^2-2x=0,\\ z=3\end{cases}$ 在 xOy 坐标面上的投影曲线的方程，并指出原曲线是什么曲线.

解 将 $z=3$ 代入 $y^2+z^2-2x=0$ 得 $y^2=2x-9$，所以曲线在 xOy 坐标面上的投影曲线方程为 $\begin{cases}y^2=2x-9,\\ z=0,\end{cases}$ 并且原曲线是一条位于平面 $z=3$ 上的抛物线.

2．指出下列各方程组所表示的曲线：

（1）$\begin{cases} x^2+4y^2+9z^2=36, \\ y=1; \end{cases}$　　（2）$\begin{cases} y^2+z^2-4x+8=0, \\ y=4. \end{cases}$

解　（1）消去 y 得 $x^2+9z^2=32$，即 $\dfrac{x^2}{32}+\dfrac{z^2}{\frac{32}{9}}=1$，所以原方程组表示的是一个椭圆.

（2）消去 y 得 $z^2-4x+24=0$，即 $z^2=4(x-6)$，所以原方程组表示的是一条抛物线.

总习题七选解

1．已知$\triangle ABC$的顶点为 $A(3,2,-1)$，$B(5,-4,7)$ 和 $C(-1,1,2)$，求从顶点 C 所引中线的长度.

解　顶点 C 所对的边的中点为 $D(4,-1,3)$，所以从顶点 C 所引中线的长度为 $d=|\overrightarrow{CD}|=\sqrt{30}$.

2．设 $(\boldsymbol{a}+3\boldsymbol{b})\perp(7\boldsymbol{a}-5\boldsymbol{b})$，$(\boldsymbol{a}-4\boldsymbol{b})\perp(7\boldsymbol{a}-2\boldsymbol{b})$，求 $(\widehat{\boldsymbol{a},\boldsymbol{b}})$.

解　由 $(\boldsymbol{a}+3\boldsymbol{b})\perp(7\boldsymbol{a}-5\boldsymbol{b})$ 得 $(\boldsymbol{a}+3\boldsymbol{b})\cdot(7\boldsymbol{a}-5\boldsymbol{b})=0,$ 于是 $7|\boldsymbol{a}|^2+16\boldsymbol{a}\cdot\boldsymbol{b}-15|\boldsymbol{b}|^2=0$，由 $(\boldsymbol{a}-4\boldsymbol{b})\perp(7\boldsymbol{a}-2\boldsymbol{b})$ 得 $(\boldsymbol{a}-4\boldsymbol{b})\cdot(7\boldsymbol{a}-2\boldsymbol{b})=0,$ 于是 $7|\boldsymbol{a}|^2-30\boldsymbol{a}\cdot\boldsymbol{b}+8|\boldsymbol{b}|^2=0$.

由此可以得出 $|\boldsymbol{a}|=|\boldsymbol{b}|$，$|\boldsymbol{b}|^2=2\boldsymbol{a}\cdot\boldsymbol{b}$，所以 $\cos(\widehat{\boldsymbol{a},\boldsymbol{b}})=\dfrac{\boldsymbol{a}\cdot\boldsymbol{b}}{|\boldsymbol{a}||\boldsymbol{b}|}=\dfrac{1}{2},$ 于是 $(\widehat{\boldsymbol{a},\boldsymbol{b}})=\dfrac{\pi}{3}$.

3．设 $|\boldsymbol{a}|=4$，$|\boldsymbol{b}|=3$，$(\widehat{\boldsymbol{a},\boldsymbol{b}})=\dfrac{\pi}{6}$，求以 $\boldsymbol{a}+2\boldsymbol{b}$ 和 $\boldsymbol{a}-3\boldsymbol{b}$ 为邻边的平行四边形的面积.

解　由已知得 $|\boldsymbol{a}\times\boldsymbol{b}|=|\boldsymbol{a}||\boldsymbol{b}|\sin(\widehat{\boldsymbol{a},\boldsymbol{b}})=4\times3\times\sin\dfrac{\pi}{6}=6.$ 由向量积的几何意义得所求面积为

$$S=|(\boldsymbol{a}+2\boldsymbol{b})\times(\boldsymbol{a}-3\boldsymbol{b})|=|-3\boldsymbol{a}\times\boldsymbol{b}+2\boldsymbol{b}\times\boldsymbol{a}|=|-5\boldsymbol{a}\times\boldsymbol{b}|=5|\boldsymbol{a}\times\boldsymbol{b}|=5\times6=30.$$

4．设 $\boldsymbol{a}=\{2,-3,1\}$，$\boldsymbol{b}=\{1,-2,3\}$，$\boldsymbol{c}=\{2,1,2\}$，向量 $\boldsymbol{r}$ 满足 $\boldsymbol{r}\perp\boldsymbol{a}$，$\boldsymbol{r}\perp\boldsymbol{b}$，$\text{Prj}_{\boldsymbol{c}}\boldsymbol{r}=14$，求 $\boldsymbol{r}$.

解　由题意得 $\boldsymbol{a}\times\boldsymbol{b}=\{-7,-5,-1\}$，$|\boldsymbol{c}|=3$，$\boldsymbol{r}/\!/\boldsymbol{a}\times\boldsymbol{b}$，所以可设 $\boldsymbol{r}=\lambda\{-7,-5,-1\}$（$\lambda\in\mathbf{R}$），由 $\text{Prj}_{\boldsymbol{c}}\boldsymbol{r}=14$ 可知 $\dfrac{\boldsymbol{r}\cdot\boldsymbol{c}}{|\boldsymbol{c}|}=14$，即 $-21\lambda=42$，于是 $\lambda=-2$，所以 $\boldsymbol{r}=\{14,10,2\}$.

5．设一平面垂直于平面 $z=0$，并通过从点 $(1,-1,1)$ 到直线 $\begin{cases} y-z+1=0, \\ x=0 \end{cases}$ 的垂线，求此平面方程.

解　因为直线 $\begin{cases} y-z+1=0, \\ x=0 \end{cases}$ 的方向向量为 $\boldsymbol{s}=\begin{vmatrix} \boldsymbol{i} & \boldsymbol{j} & \boldsymbol{k} \\ 0 & 1 & -1 \\ 1 & 0 & 0 \end{vmatrix}=\{0,-1,-1\}$，所以过点 $(1,-1,1)$ 与直线 $\begin{cases} y-z+1=0, \\ x=0 \end{cases}$ 垂直的平面方程为 $(-1)\cdot(y+1)+(-1)\cdot(z-1)=0$，即 $y+z=0$.

联立$\begin{cases} y-z+1=0, \\ x=0, \\ y+z=0, \end{cases}$ 得垂足为$\left(0,-\dfrac{1}{2},\dfrac{1}{2}\right)$. 因为所求平面垂直于平面$z=0$，所以可设其方程为$Ax+By+D=0$. 因为平面过点$(1,-1,1)$及垂足为$\left(0,-\dfrac{1}{2},-\dfrac{1}{2}\right)$，所以$\begin{cases} A-B+D=0, \\ -\dfrac{1}{2}B+D=0, \end{cases}$ 解得$A=D$，$B=2D$，从而所求平面方程为$x+2y+1=0$.

6．求过点$A(-1,0,4)$且平行于平面$\Pi:3x-4y+z-10=0$，又与直线$L:\dfrac{x+1}{1}=\dfrac{y-3}{1}=\dfrac{z}{2}$相交的直线方程.

解 过点A且平行于平面Π的平面Π_1的方程为

$$3(x+1)-4y+(z-4)=0 \quad 即 \quad 3x-4y+z-1=0.$$

由题意，所求直线在平面Π_1上，且与直线L相交，而直线L与平面Π_1的交点为$(15,19,32)$，所求直线过点$(-1,0,4)$与$(15,19,32)$，所以其方向向量$\boldsymbol{s}=\{16,19,28\}$，于是所求直线方程为$\dfrac{x+1}{16}=\dfrac{y}{19}=\dfrac{z-4}{28}$.

7．已知点$A(1,0,0)$及点$B(0,2,1)$，试在z轴上求一点C，使$\triangle ABC$的面积最小.

解 所求点在z轴上，设其坐标为$C(0,0,z)$，则$\triangle ABC$的面积$S_{\triangle ABC}=\dfrac{1}{2}|\overrightarrow{AB}\times\overrightarrow{AC}|$.

因为$\overrightarrow{AB}\times\overrightarrow{AC}=\begin{vmatrix} \boldsymbol{i} & \boldsymbol{j} & \boldsymbol{k} \\ -1 & 2 & 1 \\ -1 & 0 & z \end{vmatrix}=\{2z,\ \ z-1,\ \ 2\}$，所以

$$S_{\triangle ABC}=\frac{1}{2}\sqrt{(2z)^2+(z-1)^2+2^2}=\frac{1}{2}\sqrt{5z^2-2z+5}=\frac{1}{2}\sqrt{5\left[\left(z-\frac{1}{5}\right)^2+\frac{24}{25}\right]},$$

当$z=\dfrac{1}{5}$时，$\triangle ABC$的面积最小，于是点C的坐标为$\left(0,0,\dfrac{1}{5}\right)$.

8．求锥面$z=\sqrt{x^2+y^2}$与柱面$z^2=2x$所围立体在三个坐标面上的投影.

解 在$\begin{cases} z=\sqrt{x^2+y^2}, \\ z^2=2x \end{cases}$中消去$z$得$2x=x^2+y^2$，即$(x-1)^2+y^2=1$，所以该立体在$xOy$坐标面上的投影为$\begin{cases} (x-1)^2+y^2\leqslant 1, \\ z=0. \end{cases}$ 在$\begin{cases} z=\sqrt{x^2+y^2}, \\ z^2=2x \end{cases}$中消去$x$，得$4z^2=z^4+4y^2$，即$\left(\dfrac{z^2}{2}-1\right)^2+y^2=1$，所以该立体在$yOz$坐标面上的投影为$\begin{cases} \left(\dfrac{z^2}{2}-1\right)^2+y^2\leqslant 1\ (z\geqslant 0), \\ x=0, \end{cases}$ 在xOz坐标面上的投影为$\begin{cases} x\leqslant z\leqslant\sqrt{2x}, \\ y=0. \end{cases}$

第七章总复习

一、本章重点

1．向量的概念

空间解析几何的基本方法是坐标法和向量法，也就是将基本的几何对象——点、向量和数组之间建立一一对应关系，再将几何图形与函数（或方程）之间建立关系，从而确立两种数学对象——空间形式和数量之间的密切联系，而向量是建立这种联系的重要工具之一. 要重点领会向量的概念和向量的运算，两个向量的垂直和平行与这两个向量的数量积及向量积的关系. 本章讨论的向量都是自由向量，即对于大小相等、方向相同的向量，不管它们的起点在什么位置，都看作是相等的向量.

2．向量的运算

向量的运算分为线性运算和代数运算两部分. 线性运算有向量的加法、减法和数乘运算，而代数运算有向量的数量积和向量积. 向量的数量积，其结果是一个数量，而向量积的结果是一个向量.用数量积可求得两个向量的夹角，也可求得一个向量在另一个向量上的投影. 根据向量积的定义，两个向量的向量积的模恰为以这两个向量为邻边的平行四边形的面积，这就是向量积的几何意义，可利用它来求平行四边形或三角形的面积.

3．空间平面

空间平面方程有点法式方程、一般方程和截距式方程. 已知平面上的一个点和它的一个法向量，就可以写出它的点法式方程. 对于平面的法向量，只要是与这个平面垂直的任何非零向量都可作为该平面的法向量，因此平面的法向量不是唯一的，但它们彼此平行.平面与三元一次方程相对应，任何一个平面的方程都是三元一次方程，而任何一个三元一次方程所表示的图形一定是平面.

4．空间直线

空间直线方程有对称式方程、一般方程和参数方程. 已知直线上的一个点和它的一个方向向量，就可以写出它的对称式方程. 反过来，从直线的对称式方程中，即可看出直线过哪一个点，方向向量是什么，从而就知道了直线的位置. 类似于平面的法向量的性质，直线的方向向量也不是唯一的.

5．二次曲面

由三元二次方程表示的曲面称为二次曲面. 球面、椭球面、柱面、锥面、抛物面和旋转曲面等都是常用的二次曲面.

二、本章难点

1．在平面的一般方程 $Ax+By+Cz+D=0$ 中，要掌握当常数 A,B,C,D 分别或部分为零时的一些特殊方程，以及其图形位置有什么特征.

2．在直线的对称式方程 $\dfrac{x-x_0}{m}=\dfrac{y-y_0}{n}=\dfrac{z-z_0}{p}$ 中，m,n,p 可以部分为零，但不能全

为零. 如方程为 $\dfrac{x-x_0}{0}=\dfrac{y-y_0}{n}=\dfrac{z-z_0}{p}$ 时，应理解为 $\begin{cases} x=x_0, \\ \dfrac{y-y_0}{n}=\dfrac{z-z_0}{p}. \end{cases}$ 又如方程为 $\dfrac{x-x_0}{0}=\dfrac{y-y_0}{0}=\dfrac{z-z_0}{p}$ 时，应理解为 $\begin{cases} x=x_0, \\ y=y_0. \end{cases}$

3．讨论空间曲面的形状时，常采用截痕法，即用坐标面和平行于坐标面的平面与该曲面相截，考查其交线的形状，就能看出曲面的大致形状.

三、综合练习题

基 础 型

1．设 $|\boldsymbol{p}|=2$，$|\boldsymbol{q}|=3$，$(\widehat{\boldsymbol{p},\boldsymbol{q}})=\dfrac{\pi}{3}$，$\boldsymbol{a}=3\boldsymbol{p}-4\boldsymbol{q}$，$\boldsymbol{b}=\boldsymbol{p}+2\boldsymbol{q}$，求以 $\boldsymbol{a}$，$\boldsymbol{b}$ 为邻边的平行四边形的面积 S.

2．设 $\boldsymbol{a}$，$\boldsymbol{b}$，$\boldsymbol{c}$ 两两成 $\dfrac{\pi}{3}$ 角，且 $|\boldsymbol{a}|=4$，$|\boldsymbol{b}|=2$，$|\boldsymbol{c}|=6$，求 $|\boldsymbol{a}+\boldsymbol{b}+\boldsymbol{c}|$.

3．设 $\boldsymbol{a}$ 和 $\boldsymbol{b}$ 为非零向量，且 $|\boldsymbol{b}|=1$，$(\widehat{\boldsymbol{a},\boldsymbol{b}})=\dfrac{\pi}{4}$，求 $\lim\limits_{x\to 0}\dfrac{|\boldsymbol{a}+x\boldsymbol{b}|-|\boldsymbol{a}|}{x}$.

4．已知单位向量 $\overrightarrow{OA}$ 与三个坐标轴正向夹角相等，且夹角为钝角，B 点是点 $M(1,-3,2)$ 关于点 $N(-1,2,1)$ 的对称点，求 $\overrightarrow{OA}\times\overrightarrow{OB}$.

提 高 型

1．求两个平面 $\Pi_1: x+y-z-1=0$ 与 $\Pi_2: 2x+y-z-2=0$ 所构成的二面角的平分面 Π 的方程.

2．在一切过直线 $L:\begin{cases} x+y+z+1=0, \\ 2x+y+z=0 \end{cases}$ 的平面中，求出与原点的距离最大的平面.

3．设直线 $L_1:\begin{cases} x+y+b=0, \\ x+ay-z-3=0 \end{cases}$ 在平面 Π 上，而平面 Π 经过点 $P(1,-2,5)$ 且垂直于直线 $L_2:\dfrac{x-3}{2}=\dfrac{y-1}{-4}=\dfrac{z-2}{-1}$，求 a，b 的值.

4．设球面 $x^2+y^2+z^2=9$ 与平面 $x+z=1$ 的交线在 xOy 坐标面上的投影曲线为 L，求曲线 L 在点 $P(2,-2,0)$ 处的切线方程.

四、综合练习题参考答案

基 础 型

1．**解** $S=|\boldsymbol{a}\times\boldsymbol{b}|=|(3\boldsymbol{p}-4\boldsymbol{q})\times(\boldsymbol{p}+2\boldsymbol{q})|=|6\boldsymbol{p}\times\boldsymbol{q}-4\boldsymbol{q}\times\boldsymbol{p}|=10|\boldsymbol{p}\times\boldsymbol{q}|=10|\boldsymbol{p}||\boldsymbol{q}|\sin(\widehat{\boldsymbol{p},\boldsymbol{q}})=10\times 2\times 3\times\dfrac{\sqrt{3}}{2}=30\sqrt{3}.$

2．**解**　因为 $|\boldsymbol{a}+\boldsymbol{b}+\boldsymbol{c}|^2=|\boldsymbol{a}|^2+|\boldsymbol{b}|^2+|\boldsymbol{c}|^2+2\boldsymbol{a}\cdot\boldsymbol{b}+2\boldsymbol{a}\cdot\boldsymbol{c}+2\boldsymbol{b}\cdot\boldsymbol{c}=100$, 所以 $|\boldsymbol{a}+\boldsymbol{b}+\boldsymbol{c}|=10$.

3．**解**　$\lim\limits_{x\to0}\dfrac{|\boldsymbol{a}+x\boldsymbol{b}|-|\boldsymbol{a}|}{x}=\lim\limits_{x\to0}\dfrac{|\boldsymbol{a}+x\boldsymbol{b}|^2-|\boldsymbol{a}|^2}{x\left(|\boldsymbol{a}+x\boldsymbol{b}|+|\boldsymbol{a}|\right)}=\lim\limits_{x\to0}\dfrac{|\boldsymbol{a}|^2+2x\boldsymbol{a}\cdot\boldsymbol{b}+x^2|\boldsymbol{b}|^2-|\boldsymbol{a}|^2}{x\left(|\boldsymbol{a}+x\boldsymbol{b}|+|\boldsymbol{a}|\right)}$

$$=\lim_{x\to0}\frac{2\boldsymbol{a}\cdot\boldsymbol{b}+x|\boldsymbol{b}|^2}{|\boldsymbol{a}+x\boldsymbol{b}|+|\boldsymbol{a}|}=\frac{2\boldsymbol{a}\cdot\boldsymbol{b}}{2|\boldsymbol{a}|}=|\boldsymbol{b}|\cos(\widehat{\boldsymbol{a},\boldsymbol{b}})=\frac{\sqrt{2}}{2}.$$

4．**解**　设 $\overrightarrow{OA}$ 与三个坐标轴正向夹角分别为 α,β,γ，则 $\overrightarrow{OA}=\{\cos\alpha,\cos\beta,\cos\gamma\}$，由 $\cos^2\alpha+\cos^2\beta+\cos^2\gamma=1$ 及 α,β,γ 为钝角可知，$\cos\alpha=\cos\beta=\cos\gamma=-\dfrac{\sqrt{3}}{3}$，故 $\overrightarrow{OA}=\left\{-\dfrac{\sqrt{3}}{3},-\dfrac{\sqrt{3}}{3},-\dfrac{\sqrt{3}}{3}\right\}$.

又设 $B(x,y,z)$ 是点 $M(1,-3,2)$ 关于点 $N(-1,2,1)$ 的对称点，则 $N(-1,2,1)$ 是 MB 的中点，于是 $-1=\dfrac{1+x}{2}$，$2=\dfrac{-3+y}{2},1=\dfrac{2+z}{2}$，解得 $x=-3,y=7,z=0$, $\overrightarrow{OB}=\{-3,7,0\}$，所以 $\overrightarrow{OA}\times\overrightarrow{OB}=\left\{\dfrac{7\sqrt{3}}{3},\sqrt{3},-\dfrac{10\sqrt{3}}{3}\right\}$.

提　高　型

1．**解**　设所求平面 Π 的方程为 $(x+y-z-1)+\lambda(2x+y-z-2)=0$, 即

$$(1+2\lambda)x+(1+\lambda)y-(1+\lambda)z-(1+2\lambda)=0.$$

由 Π 与 Π_1 的夹角等于 Π 与 Π_2 的夹角可得 $|4\lambda+3|=\sqrt{2}|3\lambda+2|$，解得 $\lambda=\pm\dfrac{\sqrt{2}}{2}$，于是平面 Π 的方程为

$$\left(1\pm\sqrt{2}\right)x+\left(1\pm\frac{\sqrt{2}}{2}\right)y-\left(1\pm\frac{\sqrt{2}}{2}\right)z-\left(1\pm\sqrt{2}\right)=0.$$

2．**解**　设过直线 L 的平面束为 $x+y+z+1+\lambda(2x+y+z)=0$，即

$$(1+2\lambda)x+(1+\lambda)y+(1+\lambda)z+1=0.$$

现要求 $d^2=\dfrac{1}{(1+2\lambda)^2+(1+\lambda)^2+(1+\lambda)^2}$ 最大，即 $f(\lambda)=(1+2\lambda)^2+2(1+\lambda)^2=6\left(\lambda+\dfrac{2}{3}\right)^2+\dfrac{1}{3}$ 最小，所以 $\lambda=-\dfrac{2}{3}$，故所求平面为 $x-y-z-3=0$.

3．**解**　设平面 Π 的方程为 $Ax+By+Cz+D=0$，其法向量 $\boldsymbol{n}=\{A,B,C\}$，直线 L_1 的方向向量为 $\boldsymbol{s}_1=\{1,1,0\}\times\{1,a,-1\}=\{-1,1,a-1\}$，直线 L_2 的方向向量为 $\boldsymbol{s}_2=\{2,-4,-1\}$.

因为 $P(1,-2,5)$ 在 Π 上，所以 $A-2B+5C+D=0$，因为 $\Pi\perp L_2$，所以 $\boldsymbol{n}//\boldsymbol{s}_2$，于是 $\dfrac{A}{2}=\dfrac{B}{-4}=\dfrac{C}{-1}=\lambda$，故 $A=2\lambda,B=-4\lambda,C=-\lambda$，代入上式得 $\lambda=-\dfrac{D}{5}$，再代入平面 Π 的方程得 $2x-4y-z-5=0$.

在直线 L_1 上取一点 $P_0(-b,0,-b-3)$，代入平面 Π 的方程得 $b=-2$.

因为 $\boldsymbol{s}_1\perp\boldsymbol{s}_2$，所以 $\boldsymbol{s}_1\cdot\boldsymbol{s}_2=-2-4-(a-1)=0$, 故 $a=-5$.

4．**解**　在交线方程 $\begin{cases}x^2+y^2+z^2=9,\\x+z=1\end{cases}$ 中消去 z 得交线在 xOy 坐标面上的投影曲线 L 的方程

$$\begin{cases}2x^2+y^2-2x=8,\\z=0.\end{cases}$$

在函数方程 $2x^2+y^2-2x=8$ 两边对 x 求导得 $4x+2yy'-2=0$，则曲线 L 在点 $P(2,-2,0)$ 处的切线斜率为

$$k=y'\big|_P=\frac{1-2x}{y}\bigg|_{\substack{x=2\\y=-2}}=\frac{3}{2},$$

故所求的切线方程为 $\begin{cases}y-(-2)=\dfrac{3}{2}(x-2),\\ z=0,\end{cases}$ 即 $\begin{cases}3x-2y-10=0,\\ z=0.\end{cases}$

第八章　多元函数微分法及其应用

第一节　多元函数的基本概念

一、教学基本要求

1. 理解二元函数的概念，了解多元函数的概念.
2. 了解二元函数的极限与连续性的概念.
3. 了解有界闭区域上连续函数的性质.

二、答疑解惑

1．在二重极限的定义中，可以用方形去心邻域$\mathring{V}(P_0,\delta)=\{(x,y)\,|\,|x-x_0|<\delta,|y-y_0|<\delta,(x,y)\neq(x_0,y_0)\}$代替圆形去心邻域$\mathring{U}(P_0,\delta)=\left\{(x,y)\,|\,0<\sqrt{(x-x_0)^2+(y-y_0)^2}<\delta\right\}$吗？

答　可以. 用方形去心邻域$\mathring{V}(P_0,\delta)$与圆形去心邻域$\mathring{U}(P_0,\delta)$定义的二重极限是等价的.这是因为在极限的定义中，我们所关心的只是对于任意给定的$\varepsilon>0$，是否存在$P_0(x_0,y_0)$的去心邻域，使得当(x,y)在这个邻域内时，有$|f(x,y)-A|<\varepsilon$，至于这个去心邻域是圆形还是方形的并不重要.

2．有人说"$\mathbf{R}^2$中的集合，不是开集就是闭集"，这种说法对吗?

答　不对. 例如集合$D=\left\{(x,y)\,|\,x^2+y^2\leqslant1,x\geqslant0\right\}\cup\left\{(x,y)\,|\,x^2+y^2<1,x<0\right\}$既不是开集，也不是闭集.

3．判定二重极限不存在时，常用哪些方法?

答　根据二重极限的定义，极限$\lim\limits_{\substack{x\to x_0\\y\to y_0}}f(x,y)$存在，要求点$P(x,y)$以任何方式趋向于$P_0(x_0,y_0)$时，$f(x,y)$有相同的极限.因此判定二重极限不存在，常用以下方法：

（1）选取一种$P\to P_0$的方式，例如，通过P_0的一条曲线，按此方式极限$\lim\limits_{P\to P_0}f(x,y)$不存在，则极限$\lim\limits_{\substack{x\to x_0\\y\to y_0}}f(x,y)$就不存在. 例如$\lim\limits_{\substack{x\to0\\y\to0}}\dfrac{1-\cos(x^2+y^2)}{xy^2(x^2+y^2)}$，因为

$$\lim_{\substack{x\to0\\y=x}}\frac{1-\cos(x^2+y^2)}{xy^2(x^2+y^2)}=\lim_{x\to0}\frac{1-\cos2x^2}{2x^5}=\lim_{x\to0}\frac{2\sin^2x^2}{2x^5}=\lim_{x\to0}\frac{1}{x}$$

不存在，所以极限$\lim\limits_{\substack{x\to0\\y\to0}}\dfrac{1-\cos(x^2+y^2)}{xy^2(x^2+y^2)}$不存在.

（2）找出两种方式$P\in L_1,P\in L_2$（L_1,L_2为过P_0的两条不同的曲线），使得$\lim\limits_{P\to P_0}f(x,y)=A_1(P\in L_1),\lim\limits_{P\to P_0}f(x,y)=A_2(P\in L_2)$，且$A_1\neq A_2$，则极限$\lim\limits_{P\to P_0}f(x,y)$不存在.

例如 $f(x,y)=\dfrac{xy}{x+y}$，当 $P(x,y)$ 沿 x 轴（$y=0$）趋于 $O(0,0)$ 时，有 $\lim\limits_{\substack{x\to 0\\y=0}}\dfrac{xy}{x+y}=\lim\limits_{x\to 0}0=0$，但是当 $P(x,y)$ 沿过原点的抛物线 $y=x^2-x$ 趋于 $O(0,0)$ 时，$\lim\limits_{\substack{x\to 0\\y=x^2-x}}f(x,y)=\lim\limits_{x\to 0}\dfrac{x(x^2-x)}{x+(x^2-x)}=\lim\limits_{x\to 0}\dfrac{x^3-x^2}{x^2}=-1$，故 $\lim\limits_{\substack{x\to 0\\y\to 0}}f(x,y)$ 不存在.

（3）选取 $P\to P_0$ 的方式为一条通过 P_0 的曲线族 $y=y(x,k)$，使按此方式求得的极限值随着 k 的不同而不同，即 $\lim\limits_{P\to P_0}f(x,y)=A(k)$，从而极限 $\lim\limits_{P\to P_0}f(x,y)$ 不存在.

例如 $f(x,y)=\dfrac{xy}{x^2+y^2}$，若点 $P(x,y)$ 沿过原点的直线 $y=kx$ 趋于 $O(0,0)$ 时，$\lim\limits_{\substack{x\to 0\\y=kx}}\dfrac{kx^2}{x^2+k^2x^2}=\dfrac{k}{1+k^2}$，其结果与 k 有关，即点 $P(x,y)$ 沿不同的直线 $y=kx$ 趋于 $O(0,0)$ 时，极限不同，因此 $\lim\limits_{\substack{x\to 0\\y\to 0}}f(x,y)$ 不存在.

三、经典例题解析

题型一　求多元函数的定义域

例 1　确定下列各函数的定义域，并画出其图形（只对平面情形），指出它是开区域还是闭区域，以及是否是有界区域.

（1）$z=\ln(-x-y)$；　　（2）$z=\arccos\dfrac{x}{x+y}$；

（3）$z=\sqrt{25-x^2-y^2-z^2}+\dfrac{1}{\sqrt{1+\sqrt{x^2+y^2+z^2-4}}}$.

分析　求较复杂的多元函数的定义域，要先写出其构成中各简单函数的定义域，再联立解不等式组，即可求得该函数的定义域.

解（1）要使函数有意义，须 $-x-y>0$，即 $x+y<0$，所以函数的定义域为 $D:x+y<0$. 先画出边界曲线 $x+y=0$，$x+y<0$ 对应的区域是边界线的下方区域，但不包括直线 $x+y=0$，它是开区域且是无界区域，如图 8-1 所示.

（2）要使函数有意义，须 $-1\leqslant\dfrac{x}{x+y}\leqslant 1$，且 $x+y\neq 0$，分两种情况讨论如下：

当 $x+y>0$ 时，解不等式 $-1\leqslant\dfrac{x}{x+y}\leqslant 1$，得到 $\begin{cases}y\geqslant -2x,\\y\geqslant 0,\end{cases}$ 当 $(x,y)\neq(0,0)$ 时，上述不等式组蕴涵不等式 $x+y>0$；

当 $x+y<0$ 时，解不等式 $-1\leqslant\dfrac{x}{x+y}\leqslant 1$，得到 $\begin{cases}y\leqslant -2x,\\y\leqslant 0,\end{cases}$ 当 $(x,y)\neq(0,0)$ 时，上述不等式组蕴涵不等式 $x+y<0$.

因此，定义域为

$$D=\{(x,y)|(x,y)\neq(0,0),\ y\geqslant -2x,\ y\geqslant 0\}\cup\{(x,y)|(x,y)\neq(0,0),\ y\leqslant -2x,\ y\leqslant 0\}.$$

其图形是由直线 $y=-2x$，$y=0$ 所围成的阴影部分，它包含除原点外的边界，由于定义域包含了它的边界，所以它不是开区域，又不含边界点（原点），所以它也不是闭区域，而此区域是无界区域，如图 8-2 所示.

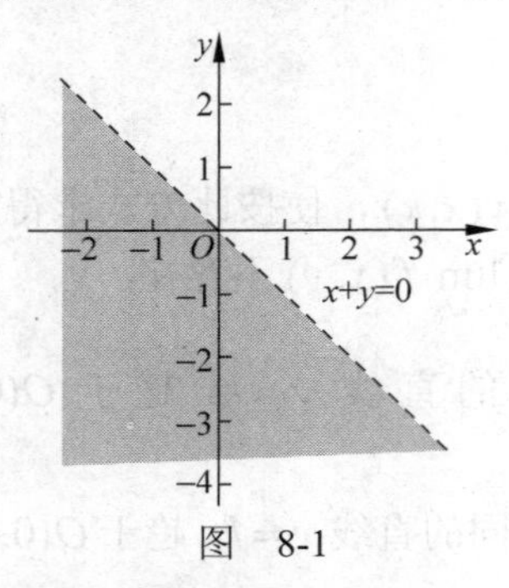

图　8-1

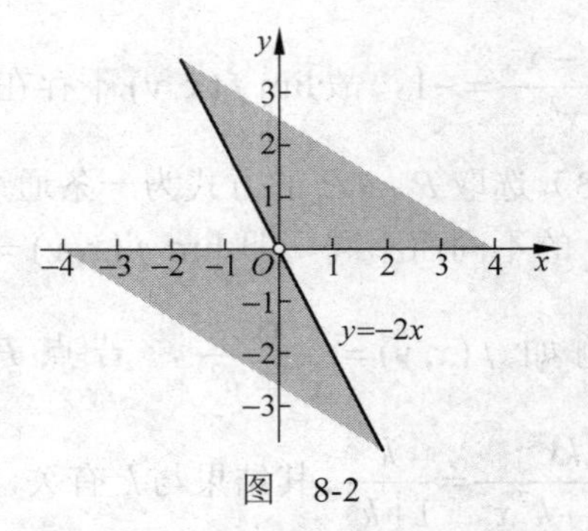

图　8-2

（3）要使函数有意义，须满足 $4\leqslant x^2+y^2+z^2\leqslant 25$，它是以原点为球心，半径分别是 5 与 2 的球面所围成的部分，且包含全部边界曲面，因此定义域 D 是闭区域，且是有界区域.

题型二　二元函数极限的几种求法

方法一　利用定义验证二元函数的极限为常数 A（A 为事先给出的或已找出的常数）

例 2　证明函数 $f(x,y)=\begin{cases} x\sin\dfrac{1}{y}+y\sin\dfrac{1}{x}, & x\neq 0, y\neq 0, \\ 0, & x=0, y\neq 0 或 x\neq 0, y=0 \end{cases}$ 在点 $(0,0)$ 处存在极限，且极限值为 0.

证明　当 $x\neq 0,\ y\neq 0$ 时，$|f(x,y)-0|=\left|x\sin\dfrac{1}{y}+y\sin\dfrac{1}{x}-0\right|\leqslant |x|+|y|$.

对任给的 $\varepsilon>0$，取 $\delta=\dfrac{\varepsilon}{2}$，则当 $0<\sqrt{(x-0)^2+(y-0)^2}<\delta$ 时，$|x|<\dfrac{\varepsilon}{2}, |y|<\dfrac{\varepsilon}{2}$，所以

$$|f(x,y)-0|\leqslant |x|+|y|<\frac{\varepsilon}{2}+\frac{\varepsilon}{2}=\varepsilon.$$

当 $x=0, y\neq 0$ 或 $x\neq 0, y=0$ 时，也有 $|f(x,y)-0|=|0-0|<\varepsilon$，故 $\lim\limits_{\substack{x\to 0\\ y\to 0}} f(x,y)=0$.

方法二　利用二元函数的性质求极限

例 3　求极限 $\lim\limits_{\substack{x\to 1\\ y\to 0}}\dfrac{1-x+xy}{x^2+y^2}$.

解　因为 $\dfrac{1-x+xy}{x^2+y^2}$ 是初等函数，点 $(1,0)$ 是它的连续点，所以

$$\lim_{\substack{x\to 1\\ y\to 0}}\frac{1-x+xy}{x^2+y^2}=\left.\frac{1-x+xy}{x^2+y^2}\right|_{\substack{x=1\\ y=0}}=\frac{1-1+1\times 0}{1^2+0^2}=0.$$

方法三　利用两个重要极限求极限

二元函数的两个重要极限分别是一元函数中两个重要极限的推广. 两个重要极限为

$$\lim_{u(x,y)\to 0}\frac{\sin u(x,y)}{u(x,y)}=1,\quad \lim_{u(x,y)\to 0}[1+u(x,y)]^{\frac{1}{u(x,y)}}=\mathrm{e}.$$

例 4　求极限 $\lim\limits_{\substack{x\to 0\\ y\to 0}}\dfrac{(2+x)\sin(xy)}{xy}$.

解　$\lim\limits_{\substack{x\to 0\\ y\to 0}}\dfrac{(2+x)\sin(xy)}{xy}=\lim\limits_{\substack{x\to 0\\ y\to 0}}(2+x)\cdot\lim\limits_{\substack{x\to 0\\ y\to 0}}\dfrac{\sin(xy)}{xy}=(2+0)\times 1=2$.

方法四　利用无穷小量与有界变量的乘积仍为无穷小量的性质求极限

例 5　求极限 $\lim\limits_{\substack{x\to 0\\ y\to 0}}\left(x^2+\sin y\right)\sin\left(\dfrac{1}{x+y}\right)\arctan\left(\dfrac{1}{x+y}\right)$.

解　因为 $\lim\limits_{\substack{x\to 0\\ y\to 0}}\left(x^2+\sin y\right)=0$，且当 $(x,y)\to(0,0)$ 时，$\left|\sin\left(\dfrac{1}{x+y}\right)\right|\leqslant 1$，$\left|\arctan\left(\dfrac{1}{x+y}\right)\right|\leqslant\dfrac{\pi}{2}$，所以根据无穷小量与有界变量的乘积仍为无穷小量的性质可知，原极限等于零.

方法五　利用无穷小等价代换求极限

一元函数中的等价无穷小的概念可以推广到二元函数，当 $u(x,y)\to 0$ 时，二元函数中常见的等价无穷小有

（1）$\sin u(x,y)\sim u(x,y)$；（2）$1-\cos u(x,y)\sim\dfrac{u^2(x,y)}{2}$；（3）$\tan u(x,y)\sim u(x,y)$；

（4）$\ln[1+u(x,y)]\sim u(x,y)$；（5）$\mathrm{e}^{u(x,y)}-1\sim u(x,y)$；（6）$a^{u(x,y)}-1\sim u(x,y)\ln a$；

（7）$\arcsin u(x,y)\sim u(x,y)$；（8）$\arctan u(x,y)\sim u(x,y)$；（9）$\sqrt[n]{1+u(x,y)}-1\sim\dfrac{u(x,y)}{n}$.

同一元函数一样，需要注意的是，无穷小等价代换只能在乘法和除法中应用.

例 6　求下列各极限：

（1）$\lim\limits_{\substack{x\to 0\\ y\to 0}}\dfrac{\sqrt{1+x+y}-1}{x+y}$；（2）$\lim\limits_{\substack{x\to 0\\ y\to 0}}\dfrac{\ln\left[1+x(x^2+y^2)\right]}{x^2+y^2}$；（3）$\lim\limits_{\substack{x\to\frac{1}{2}\\ y\to\frac{1}{2}}}\dfrac{\tan\left(x^2+2xy+y^2-1\right)}{x+y-1}$.

解　（1）原式 $=\lim\limits_{\substack{x\to 0\\ y\to 0}}\dfrac{\frac{x+y}{2}}{x+y}=\dfrac{1}{2}$.

（2）原式 $=\lim\limits_{\substack{x\to 0\\ y\to 0}}\dfrac{x(x^2+y^2)}{x^2+y^2}=\lim\limits_{x\to 0}x=0$.

（3）注意到 $\lim\limits_{\substack{x\to\frac{1}{2}\\ y\to\frac{1}{2}}}\left(x^2+2xy+y^2-1\right)=0$，所以

$$原式=\lim_{\substack{x\to\frac{1}{2}\\ y\to\frac{1}{2}}}\frac{x^2+2xy+y^2-1}{x+y-1}=\lim_{\substack{x\to\frac{1}{2}\\ y\to\frac{1}{2}}}\frac{(x+y-1)(x+y+1)}{x+y-1}=\lim_{\substack{x\to\frac{1}{2}\\ y\to\frac{1}{2}}}(x+y+1)=2.$$

方法六　利用变量代换法求极限

例 7　求极限 $\lim\limits_{\substack{x\to 0\\ y\to 0}}\dfrac{\sqrt{x^2+y^2}-\sin\sqrt{x^2+y^2}}{\left(x^2+y^2\right)^{3/2}}$.

解　令 $\sqrt{x^2+y^2}=t$，则当 $(x,y)\to(0,0)$ 时，有 $t\to 0$，因此利用洛必达法则得

$$\text{原式}=\lim_{t\to 0}\frac{t-\sin t}{t^3}=\lim_{t\to 0}\frac{1-\cos t}{3t^2}=\lim_{t\to 0}\frac{\frac{1}{2}t^2}{3t^2}=\frac{1}{6}.$$

注　通过变量代换，将二元函数的极限转化为一元函数的极限来计算. 一般地，多元函数的不定式不能直接使用洛必达法则求极限.

方法七　利用恒等变形法求极限

例 8　求极限 $\lim\limits_{\substack{x\to 0\\ y\to 0}}\dfrac{2-\sqrt{xy+4}}{xy}$.

解　原式 $=\lim\limits_{\substack{x\to 0\\ y\to 0}}\dfrac{\left(2-\sqrt{xy+4}\right)\left(2+\sqrt{xy+4}\right)}{xy\left(2+\sqrt{xy+4}\right)}=-\lim\limits_{\substack{x\to 0\\ y\to 0}}\dfrac{xy}{xy\left(2+\sqrt{xy+4}\right)}=-\dfrac{1}{4}$.

注　此题也可以作变量代换，令 $t=xy$ 化为一元函数的极限.

方法八　利用夹逼准则求极限

例 9　求极限 $\lim\limits_{\substack{x\to +\infty\\ y\to +\infty}}\left(\dfrac{xy}{x^2+y^2}\right)^x$.

解　因为 $x^2+y^2\geqslant 2|x||y|$，所以 $0\leqslant\left|\dfrac{xy}{x^2+y^2}\right|\leqslant\dfrac{1}{2}$，从而当 $x>0$，$y>0$ 时，有 $0\leqslant\left(\dfrac{xy}{x^2+y^2}\right)^x\leqslant\left(\dfrac{1}{2}\right)^x$，而 $\lim\limits_{\substack{x\to +\infty\\ y\to +\infty}}\left(\dfrac{1}{2}\right)^x=0$，于是由夹逼准则可得 $\lim\limits_{\substack{x\to +\infty\\ y\to +\infty}}\left(\dfrac{xy}{x^2+y^2}\right)^x=0$.

题型三　讨论极限是否存在

例 10　讨论极限 $\lim\limits_{\substack{x\to 0\\ y\to 0}}\dfrac{\ln(1+x^2)}{x^2y}$ 是否存在.

解　选取路径 $y=x$，则 $\lim\limits_{\substack{x\to 0\\ y\to 0}}\dfrac{\ln(1+x^2)}{x^2y}=\lim\limits_{\substack{x\to 0\\ y=x}}\dfrac{\ln(1+x^2)}{x^3}=\lim\limits_{x\to 0}\dfrac{x^2}{x^3}=\lim\limits_{x\to 0}\dfrac{1}{x}=\infty$，所以原极限不存在.

注　根据二元函数极限的定义不难得知，判断二元函数极限不存在的方法：一是当动点 (x,y) 以两种不同的路径趋于点 (x_0,y_0) 时，函数 $f(x,y)$ 趋于不同的极限值；二是选取一种路径，动点 (x,y) 按此路径趋于点 (x_0,y_0) 时，函数 $f(x,y)$ 的极限不存在.

题型四　讨论多元函数的连续性

例 11　讨论函数 $f(x,y)=\begin{cases}\dfrac{x^2y}{x^4+y^2}, & (x,y)\neq(0,0),\\ 0, & (x,y)=(0,0)\end{cases}$ 在点 $(0,0)$ 处的连续性.

分析　讨论函数的连续性，首先需要求函数在点 $(0,0)$ 处的极限.

解　当动点 (x,y) 沿着抛物线 $y=kx^2$ 趋于 $(0,0)$ 时，有 $\lim\limits_{\substack{x\to 0\\ y=kx^2}} f(x,y)=\lim\limits_{\substack{x\to 0\\ y=kx^2}}\dfrac{kx^4}{x^4(1+k^2)}=\dfrac{k}{1+k^2}$，因为极限值与 k 有关，所以二元函数 $f(x,y)$ 在点 $(0,0)$ 处的极限不存在，当然函数 $f(x,y)$ 在点 $(0,0)$ 处不连续.

四、习题选解

1．判断题：

（1）如果一元函数 $f(x_0,y)$ 在 y_0 处连续，$f(x,y_0)$ 在 x_0 处连续，那么二元函数 $f(x,y)$ 在 $P_0(x_0,y_0)$ 点处连续；（　）

（2）若对任意的 $\varepsilon>0$，存在 δ_1，$\delta_2>0$，使得当 $|x-x_0|<\delta_1$，$|y-y_0|<\delta_2$，且 $(x,y)\neq(x_0,y_0)$ 时有 $|f(x,y)-A|<\varepsilon$，则 $\lim\limits_{\substack{x\to x_0\\ y\to y_0}} f(x,y)=A$；（　）

（3）函数 $z=\dfrac{y^4-4x^2}{y^2-2x}$ 的不连续点是 $(0,0)$.（　）

解　（1）×；（2）√；（3）×.

2．设 $f\left(x+y,\dfrac{y}{x}\right)=x^2-y^2$，求 $f(x,y)$.

解　设 $u=x+y,v=\dfrac{y}{x}$，则 $x=\dfrac{u}{1+v}$，$y=\dfrac{uv}{1+v}$，原方程变为 $f(u,v)=\dfrac{u^2}{(1+v)^2}-\dfrac{u^2v^2}{(1+v)^2}=\dfrac{u^2(1+v)(1-v)}{(1+v)^2}=\dfrac{u^2(1-v)}{(1+v)}$，所以 $f(x,y)=\dfrac{x^2(1-y)}{1+y}$.

3．求下列各函数的定义域，并画出（1）、（2）、（3）定义域的草图.

（1）$z=\ln(y^2-2x+1)$；（2）$z=\dfrac{1}{\sqrt{x+y}}+\dfrac{1}{\sqrt{x-y}}$；（3）$z=\ln(y-x^2)\sqrt{x^2-4x+y^2}$；

（4）$u=\sqrt{\arcsin\dfrac{x^2+y^2}{z}}$；（5）$u=\sqrt{R^2-x^2-y^2-z^2}+\dfrac{1}{\sqrt{x^2+y^2+z^2-r^2}}(R>0,r>0)$.

解（1）由 $y^2-2x+1>0$ 得 $y^2>2x-1$，所以定义域为 $D=\left\{(x,y)\middle|y^2>2x-1\right\}$，如图 8-3 所示.

（2）$D=\left\{(x,y)\middle|x+y>0\text{且}x-y>0\right\}$，如图 8-4 所示.

（3）由 $\begin{cases}y-x^2>0,\\ x^2-4x+y^2\geqslant 0\end{cases}$ 得 $\begin{cases}y>x^2,\\ (x-2)^2+y^2\geqslant 4,\end{cases}$ $D=\left\{(x,y)\middle|y>x^2,(x-2)^2+y^2\geqslant 4\right\}$，如图 8-5 所示.

（4）由 $0\leqslant\dfrac{x^2+y^2}{z}\leqslant 1$ 得 $x^2+y^2\leqslant z$ 且 $z\neq 0$，所以 $D=\left\{(x,y,z)\middle|x^2+y^2\leqslant z,z\neq 0\right\}$.

（5）由 $\begin{cases} R^2 - x^2 - y^2 - z^2 \geqslant 0, \\ x^2 + y^2 + z^2 - r^2 > 0 \end{cases}$ 得 $r^2 < x^2 + y^2 + z^2 \leqslant R^2$，所以 $D = \left\{(x,y,z) \middle| r^2 < x^2 + y^2 + z^2 \leqslant R^2\right\}$.

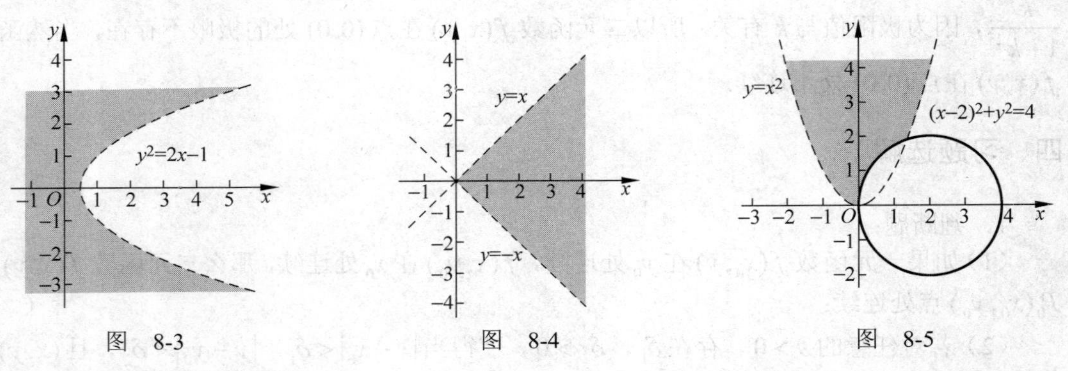

图 8-3　　图 8-4　　图 8-5

4．计算下列各极限：

（1）$\lim\limits_{\substack{x\to 1\\ y\to 0}} \dfrac{\ln(x+\mathrm{e}^y)}{\sqrt{x^2+y^2}}$；（2）$\lim\limits_{\substack{x\to 0\\ y\to 0}} \dfrac{xy}{\sqrt{xy+1}-1}$；（3）$\lim\limits_{\substack{x\to 0\\ y\to 0}} \dfrac{1-\cos(x^2+y^2)}{(x^2+y^2)\mathrm{e}^{x^2y^2}}$.

解　（1）因为 $f(x,y) = \dfrac{\ln(x+\mathrm{e}^y)}{\sqrt{x^2+y^2}}$ 是二元初等函数，而且 $(1,0)$ 是其定义区域内的一点，因此函数在此点连续，由连续定义可知 $\lim\limits_{\substack{x\to 1\\ y\to 0}} \dfrac{\ln(x+\mathrm{e}^y)}{\sqrt{x^2+y^2}} = f(1,0) = \ln 2$.

（2）原式 $= \lim\limits_{\substack{x\to 0\\ y\to 0}} \dfrac{xy(\sqrt{xy+1}+1)}{(xy+1)-1} = \lim\limits_{\substack{x\to 0\\ y\to 0}} (\sqrt{xy+1}+1) = 2$.

（3）原式 $= \lim\limits_{\substack{x\to 0\\ y\to 0}} \dfrac{\dfrac{(x^2+y^2)^2}{2}}{(x^2+y^2)\mathrm{e}^{x^2y^2}} = \lim\limits_{\substack{x\to 0\\ y\to 0}} \dfrac{x^2+y^2}{2\mathrm{e}^{x^2y^2}} = 0$（等价无穷小代换）.

5．证明下列各极限不存在：

（1）$\lim\limits_{\substack{x\to 0\\ y\to 0}} \dfrac{x^2+xy}{x^2+y^2}$；（2）$\lim\limits_{\substack{x\to 0\\ y\to 0}} \dfrac{xy^2}{x^2+y^4}$.

证明　（1）设动点 (x,y) 沿直线 $y = kx$ 趋于 $(0,0)$，则 $\lim\limits_{\substack{x\to 0\\ y=kx\to 0}} \dfrac{x^2+xy}{x^2+y^2} = \lim\limits_{x\to 0} \dfrac{x^2+kx^2}{x^2+k^2x^2} = \dfrac{1+k}{1+k^2}$，显然极限值随着 k 的不同而变化，即动点 (x,y) 沿不同的方向趋向于 $(0,0)$ 时极限不同，故极限不存在.

（2）设动点 (x,y) 沿曲线 $x = ky^2$ 趋于 $(0,0)$，则 $\lim\limits_{\substack{x=ky^2\to 0\\ y\to 0}} \dfrac{xy^2}{x^2+y^4} = \lim\limits_{y\to 0} \dfrac{ky^4}{k^2y^4+y^4} = \dfrac{k}{1+k^2}$，显然极限值随着 k 的不同而变化，故极限不存在.

6．证明函数 $f(x,y)=\begin{cases}\dfrac{xy}{\sqrt{x^2+y^2}}, & (x,y)\neq(0,0),\\ 0, & (x,y)=(0,0)\end{cases}$ 在全平面连续.

证明　当 $(x,y)\neq(0,0)$ 时，函数显然连续；

当 $(x,y)=(0,0)$ 时，因为 $2xy\leqslant x^2+y^2$，即 $xy\leqslant\dfrac{1}{2}(x^2+y^2)$，所以

$$0\leqslant\left|\frac{xy}{\sqrt{x^2+y^2}}\right|\leqslant\frac{1}{2}\frac{x^2+y^2}{\sqrt{x^2+y^2}}=\frac{1}{2}\sqrt{x^2+y^2},$$

而 $\lim\limits_{\substack{x\to0\\y\to0}}\dfrac{1}{2}\sqrt{x^2+y^2}=0$，由夹逼准则可知 $\lim\limits_{\substack{x\to0\\y\to0}}\left|\dfrac{xy}{\sqrt{x^2+y^2}}\right|=0$，从而 $\lim\limits_{\substack{x\to0\\y\to0}}\dfrac{xy}{\sqrt{x^2+y^2}}=0=f(0,0)$，即函数在 $(0,0)$ 点连续. 综上所述，函数在全平面连续.

7．函数 $z=\dfrac{y^2+2x}{y^2-2x}$ 在何处是间断的？

解　因为函数是二元初等函数，它在曲线 $y^2-2x=0$ 上是无定义的，所以抛物线 $y^2-2x=0$ 上的各点都是函数的间断点，函数在 xOy 坐标面上其他点处均连续.

第二节　偏　导　数

一、教学基本要求

1. 理解二元函数偏导数的概念.
2. 掌握函数偏导数的计算方法.
3. 会求函数的高阶偏导数.

二、答疑解惑

1．怎样求函数 $z=f(x,y)$ 在点 (x_0,y_0) 处的偏导数？

答　常用的方法有以下两种：

（1）先求出偏导函数，然后再将该点的值代入，即 $f_x(x_0,y_0)=f_x(x,y)\Big|_{\substack{x=x_0\\y=y_0}}$ 及 $f_y(x_0,y_0)=f_y(x,y)\Big|_{\substack{x=x_0\\y=y_0}}$.

（2）先将其余自变量的值代入函数表达式，使函数成为一元函数，求导后再将对函数求偏导数的自变量值代入，即 $f_x(x_0,y_0)=\dfrac{\mathrm{d}f(x,y_0)}{\mathrm{d}x}\Big|_{x=x_0}$ 及 $f_y(x_0,y_0)=\dfrac{\mathrm{d}f(x_0,y)}{\mathrm{d}y}\Big|_{y=y_0}$ 如题型一中的例 1.

2．设 $f(x,y)=\begin{cases}\dfrac{xy}{x^2+y^2}, & x^2+y^2\neq0,\\ 1, & x^2+y^2=0,\end{cases}$ 按偏导数的定义，易推得 $f_x(0,0),f_y(0,0)$ 均不

存在，但是如果先将 $y=0$ 代入 $f(x,y)$，得 $f(x,0)=0$，那么 $f_x(0,0)=\left.\dfrac{\mathrm{d}}{\mathrm{d}x}f(x,0)\right|_{x=0}=0$，究竟哪个结果对？

答 按偏导数的定义，得出 $f_x(0,0)$ 不存在的结论是对的.第二种方法的错误之处在于"$f(x,0)=0$"，将 $y=0$ 代入 $f(x,y)$ 得到的 $f(x,0)$ 的表达式应为 $f(x,0)=\begin{cases}0, & x\neq 0,\\ 1, & x=0.\end{cases}$ 由于 $f(x,0)$ 是分段函数，讨论 $f_x(x,0)$ 的存在性及计算 $f_x(x,0)$ 应按导数的定义进行.

3．二元函数在某点存在偏导数与连续有无联系？

答 一元函数可导必连续，然而对于多元函数，偏导数存在与连续之间没有必然的联系. 也就是说，多元函数的偏导数存在但函数未必连续，函数连续但偏导数未必存在. 例如二元函数 $f(x,y)=\begin{cases}\dfrac{xy}{x^2+y^2}, & x^2+y^2\neq 0,\\ 0, & x^2+y^2=0\end{cases}$ 在点 $(0,0)$ 处的两个偏导数均存在且等于零，但由于极限 $\lim\limits_{(x,y)\to(0,0)}f(x,y)$ 不存在，因而函数在点 $(0,0)$ 处不连续；二元函数 $g(x,y)=\sqrt{x^2+y^2}$ 在点 $(0,0)$ 连续，但极限 $\lim\limits_{\Delta x\to 0}\dfrac{g(0+\Delta x,0)-g(0,0)}{\Delta x}=\lim\limits_{\Delta x\to 0}\dfrac{|\Delta x|}{\Delta x}$ 不存在，即 $g_x(0,0)$ 不存在. 同理 $g_y(0,0)$ 也不存在.

三、经典例题解析

题型一 计算简单函数的偏导数

例 1 已知 $f(x,y)=x+(y-1)\arcsin\sqrt{\dfrac{x}{y}}$，求 $f_x\left(\dfrac{1}{2},1\right)$.

分析 本题既可以用求导公式直接求出 $f_x(x,y)$，然后将 $x=\dfrac{1}{2}$， $y=1$ 代入，也可以用偏导数的定义直接求 $f_x\left(\dfrac{1}{2},1\right)$，还可以转化成一元函数求之.

解法一 先求偏导函数.

因为 $f_x(x,y)=1+(y-1)\dfrac{1}{\sqrt{1-x/y}}\cdot\dfrac{1}{2}\sqrt{\dfrac{y}{x}}\cdot\dfrac{1}{y}=1+\dfrac{y-1}{2\sqrt{x}\sqrt{y-x}}$，所以 $f_x\left(\dfrac{1}{2},1\right)=1$.

解法二 利用定义直接求 $f_x\left(\dfrac{1}{2},1\right)$.

因为 $f_x\left(\dfrac{1}{2},1\right)=\lim\limits_{\Delta x\to 0}\dfrac{f\left(\dfrac{1}{2}+\Delta x,1\right)-f\left(\dfrac{1}{2},1\right)}{\Delta x}=\lim\limits_{\Delta x\to 0}\dfrac{\dfrac{1}{2}+\Delta x-\dfrac{1}{2}}{\Delta x}=1$，所以 $f_x\left(\dfrac{1}{2},1\right)=1$.

解法三 由已知，先将 $y=1$ 代入到原函数，得 $f(x,1)=x$，所以 $f_x\left(\dfrac{1}{2},1\right)=1$.

注 由偏导数的定义可知，若求函数 $z=f(x,y)$ 对 x 的偏导数 f_x，只需将 y 看做常数，即将 $z=f(x,y)$ 看做 x 的一元函数，再按照一元函数的求导法则求之即可.

题型二 求分段函数的偏导数

例 2 设函数 $f(x,y)=\begin{cases} x\ln(x^2+y^2), & (x,y)\neq(0,0), \\ 0, & (x,y)=(0,0), \end{cases}$ 求 $\dfrac{\partial z}{\partial x}$，$\dfrac{\partial z}{\partial y}$.

解 当 $(x,y)\neq(0,0)$ 时，$f(x,y)=x\ln(x^2+y^2)$，由偏导数公式，可求得

$$\frac{\partial z}{\partial x}=\ln(x^2+y^2)+\frac{2x^2}{x^2+y^2},\quad \frac{\partial z}{\partial y}=\frac{2xy}{x^2+y^2}.$$

下面用定义求 $f_x(0,0)$ 和 $f_y(0,0)$. 因为

$$f_x(0,0)=\lim_{\Delta x\to 0}\frac{f(0+\Delta x,0)-f(0,0)}{\Delta x}=\lim_{\Delta x\to 0}\frac{(\Delta x)\ln\left[(\Delta x)^2+0^2\right]-0}{\Delta x}=-\infty,$$

$$f_y(0,0)=\lim_{\Delta y\to 0}\frac{f(0,0+\Delta y)-f(0,0)}{\Delta y}=\lim_{\Delta y\to 0}\frac{0\cdot\ln\left[0^2+(\Delta y)^2\right]-0}{\Delta y}=0,$$

所以 $f_x(0,0)$ 不存在，而 $f_y(0,0)=0$.

注 对于分段函数，分界点处的偏导数一定要用定义来求. 同样，当用公式求出的偏导数在所给的点处无定义，而恰好又要求所给点处的偏导数时，也要用定义来求.

例 3 设 $f(x,y)=\sqrt[3]{x^5-y^3}$，求 $f_x(0,0)$.

解 $f_x(x,y)=\dfrac{1}{3}\dfrac{1}{\sqrt[3]{\left(x^5-y^3\right)^2}}\cdot 5x^4$. 由于 $f_x(x,y)$ 在点 $(0,0)$ 处无定义，所以要用偏导数的定义来求，即 $f_x(0,0)=\lim\limits_{\Delta x\to 0}\dfrac{f(0+\Delta x,0)-f(0,0)}{\Delta x}=\lim\limits_{\Delta x\to 0}\dfrac{\sqrt[3]{(\Delta x)^5-0^3}-0}{\Delta x}=0$，所以 $f_x(0,0)=0$.

题型三 二元函数的偏导数与连续的关系问题

例 4 设 $f(x,y)=|x|+|y|$，证明函数在点 $(0,0)$ 处连续，但偏导数不存在.

证明 因为 $\lim\limits_{\substack{x\to 0\\ y\to 0}}f(x,y)=0=f(0,0)$，所以函数在点 $(0,0)$ 处连续，但是

$$\lim_{\Delta x\to 0}\frac{f(0+\Delta x,0)-f(0,0)}{\Delta x}=\lim_{\Delta x\to 0}\frac{|\Delta x|}{\Delta x},\quad \lim_{\Delta y\to 0}\frac{f(0+\Delta y,0)-f(0,0)}{\Delta y}=\lim_{\Delta y\to 0}\frac{|\Delta y|}{\Delta y},$$

上面的两个极限都不存在，所以函数在点 $(0,0)$ 处的两个偏导数都不存在.

例 5 设 $f(x,y)=\begin{cases} \dfrac{x^2y}{x^4+y^4}, & (x,y)\neq(0,0), \\ 0, & (x,y)=(0,0), \end{cases}$ 证明 $f(x,y)$ 在点 $(0,0)$ 处的偏导数存在，但不连续.

证明 因为 $f_x(0,0)=\lim\limits_{\Delta x\to 0}\dfrac{f(0+\Delta x,0)-f(0,0)}{\Delta x}=\lim\limits_{\Delta x\to 0}\dfrac{\dfrac{(\Delta x)^2\cdot 0}{(\Delta x)^4+0}-0}{\Delta x}=0$,

$$f_y(0,0)=\lim_{\Delta y\to 0}\frac{f(0,0+\Delta y)-f(0,0)}{\Delta y}=\lim_{\Delta y\to 0}\frac{\dfrac{(\Delta y)\cdot 0}{(\Delta y)^4+0}-0}{\Delta y}=0,$$

所以函数在点$(0,0)$处的偏导数存在，且$f_x(0,0)=f_y(0,0)=0$. 由于当(x,y)沿着$y=x$趋向于点$(0,0)$时，$\lim\limits_{\substack{x\to 0\\ y=x}}\dfrac{x^2y}{x^4+y^4}=\lim\limits_{x\to 0}\dfrac{x^3}{x^4+x^4}=\infty\neq f(0,0)=0$，所以函数在点$(0,0)$处不连续.

注 二元函数的偏导数与连续之间没有必然的联系.

题型四 求高阶偏导数

例 6 设函数$F(x,y)=\int_0^{xy}\dfrac{\sin t}{1+t^2}\mathrm{d}t$，则$\left.\dfrac{\partial^2 F}{\partial x^2}\right|_{\substack{x=0\\ y=2}}=$______.

解 应填 4. 因为$F(x,y)=\int_0^{xy}\dfrac{\sin t}{1+t^2}\mathrm{d}t$，所以$\dfrac{\partial F}{\partial x}=y\dfrac{\sin xy}{1+x^2y^2}$，

$$\frac{\partial^2 F}{\partial x^2}=y\frac{y\cos xy\cdot(1+x^2y^2)-2xy^2\sin xy}{(1+x^2y^2)^2},$$

故

$$\left.\frac{\partial^2 F}{\partial x^2}\right|_{\substack{x=0\\ y=2}}=4.$$

注 二元函数$z=f(x,y)$的二阶偏导数共有四个，即$\dfrac{\partial^2 z}{\partial x^2}$，$\dfrac{\partial^2 z}{\partial y^2}$，$\dfrac{\partial^2 z}{\partial x\partial y}$，$\dfrac{\partial^2 z}{\partial y\partial x}$. 若二阶混合偏导数$\dfrac{\partial^2 z}{\partial x\partial y}$，$\dfrac{\partial^2 z}{\partial y\partial x}$都连续，则二者相等.

四、习题选解

1. 选择题：

（1）二元函数$f(x,y)=\begin{cases}\dfrac{xy}{x^2+y^2}, & x^2+y^2\neq 0,\\ 0, & x^2+y^2=0\end{cases}$在点$(0,0)$处（ ）.

（A）连续，偏导数存在　（B）连续，偏导数不存在

（C）不连续，偏导数存在　（D）不连续，偏导数不存在

（2）函数$f(x,y)$在点(x_0,y_0)处的偏导数存在是$f(x,y)$在该点连续的（ ）.

（A）充分条件，但不是必要条件　（B）必要条件，但不是充分条件

（C）充分必要条件　（D）既不是充分条件，也不是必要条件

（3）存在函数$f(x,y)$，使得下列形式成立的是（ ）.

（A）$\dfrac{\partial f}{\partial x}=2x-y$，$\dfrac{\partial f}{\partial y}=2x-y$　（B）$\dfrac{\partial f}{\partial x}=2x-y$，$\dfrac{\partial f}{\partial y}=2y-x$

（C）$\dfrac{\partial f}{\partial x}=2x^2y$，$\dfrac{\partial f}{\partial y}=2xy^2$　（D）$\dfrac{\partial f}{\partial x}=x-y$，$\dfrac{\partial f}{\partial y}=x+y$

解 （1）（C）；（2）（D）；（3）（B）.

2. 求下列各函数的偏导数：

（1）$z=x^3y-xy^3$；（2）$s=\dfrac{u^2+v^2}{uv}$；（3）$z=(1+xy)^y$；（4）$u=x^{\frac{y}{z}}$.

解 （1）$\dfrac{\partial z}{\partial x}=3x^2y-y^3$，$\dfrac{\partial z}{\partial y}=x^3-3xy^2$.

（2）$s=\dfrac{u}{v}+\dfrac{v}{u}$，$\dfrac{\partial s}{\partial u}=\dfrac{1}{v}-\dfrac{v}{u^2}$，$\dfrac{\partial s}{\partial v}=-\dfrac{u}{v^2}+\dfrac{1}{u}$.

（3）$z=\mathrm{e}^{y\ln(1+xy)}$，$\dfrac{\partial z}{\partial x}=y(1+xy)^{y-1}\cdot y=y^2(1+xy)^{y-1}$，

$$\frac{\partial z}{\partial y}=\mathrm{e}^{y\ln(1+xy)}\cdot\left[\ln(1+xy)+\frac{xy}{1+xy}\right]=(1+xy)^y\left[\ln(1+xy)+\frac{xy}{1+xy}\right].$$

（4）$\dfrac{\partial u}{\partial x}=\dfrac{y}{z}x^{\frac{y}{z}-1}$，$\dfrac{\partial u}{\partial y}=\dfrac{1}{z}x^{\frac{y}{z}}\ln x$，$\dfrac{\partial u}{\partial z}=-\dfrac{y}{z^2}x^{\frac{y}{z}}\ln x$.

3．求下列各函数在指定点处的偏导数：

（1）$f(x,y)=\ln\left(x+\dfrac{y}{2x}\right)$，求 $f_y(1,0)$；（2）$z=(x+y)^{xy}$，求 $\left.\dfrac{\partial z}{\partial x}\right|_{\substack{x=1\\y=1}}$ 和 $\left.\dfrac{\partial z}{\partial y}\right|_{\substack{x=1\\y=0}}$.

解 （1）因为 $f(1,y)=\ln\left(1+\dfrac{y}{2}\right)=\ln(2+y)-\ln 2$，所以 $f_y(1,y)=\dfrac{1}{2+y}$，$f_y(1,0)=\dfrac{1}{2}$.

（2）因为 $z=\mathrm{e}^{xy\ln(x+y)}$，所以

$$\frac{\partial z}{\partial x}=\mathrm{e}^{xy\ln(x+y)}\left[y\ln(x+y)+\frac{xy}{x+y}\right]=(x+y)^{xy}\left[y\ln(x+y)+\frac{xy}{x+y}\right],$$

$$\frac{\partial z}{\partial y}=\mathrm{e}^{xy\ln(x+y)}\left[x\ln(x+y)+\frac{xy}{x+y}\right]=(x+y)^{xy}\left[x\ln(x+y)+\frac{xy}{x+y}\right],$$

于是

$$\left.\frac{\partial z}{\partial x}\right|_{\substack{x=1\\y=1}}=2\left(\ln 2+\frac{1}{2}\right)=2\ln 2+1,\quad \left.\frac{\partial z}{\partial y}\right|_{\substack{x=1\\y=0}}=0.$$

4．求下列各函数的高阶偏导数：

（1）设 $z=x^4+y^4-4x^2y^2$，求 $\dfrac{\partial^2 z}{\partial x^2}$，$\dfrac{\partial^2 z}{\partial x\partial y}$；

（2）设 $f(x,y)=x^2\arctan\dfrac{y}{x}-y^2\arctan\dfrac{x}{y}$，求 $\dfrac{\partial^2 f}{\partial x\partial y}$；

（3）$z=x\ln(xy)$，求 $\dfrac{\partial^3 z}{\partial x^2\partial y}$ 和 $\dfrac{\partial^3 z}{\partial x\partial y^2}$.

解 （1）$\dfrac{\partial z}{\partial x}=4x^3-8xy^2$，$\dfrac{\partial^2 z}{\partial x^2}=12x^2-8y^2$，$\dfrac{\partial^2 z}{\partial x\partial y}=-16xy$.

（2）$$\frac{\partial f}{\partial x}=2x\arctan\frac{y}{x}+x^2\cdot\frac{-\dfrac{y}{x^2}}{1+\left(\dfrac{y}{x}\right)^2}-y^2\cdot\frac{\dfrac{1}{y}}{1+\left(\dfrac{x}{y}\right)^2}=2x\arctan\frac{y}{x}-y,$$

$$\frac{\partial^2 f}{\partial x\partial y}=2x\cdot\frac{\dfrac{1}{x}}{1+\left(\dfrac{y}{x}\right)^2}-1=\frac{x^2-y^2}{x^2+y^2}.$$

（3）$\dfrac{\partial z}{\partial x}=\ln(xy)+x\cdot\dfrac{y}{xy}=\ln(xy)+1$，$\dfrac{\partial^2 z}{\partial x^2}=\dfrac{y}{xy}=\dfrac{1}{x}$，$\dfrac{\partial^3 z}{\partial x^2\partial y}=0$，$\dfrac{\partial^2 z}{\partial x\partial y}=\dfrac{x}{xy}=\dfrac{1}{y}$，

$\dfrac{\partial^3 z}{\partial x\partial y^2}=-\dfrac{1}{y^2}$.

5．曲线$\begin{cases} z=\dfrac{x^2+y^2}{4} \\ y=4 \end{cases}$，在点$(2,4,5)$处的切线对于$x$轴的倾角是多少？

解　因为$\dfrac{\partial z}{\partial x}=\dfrac{x}{2}$，所以曲线在点$(2,4,5)$处的切线的斜率$k=1$，于是对$x$轴的倾角为$\dfrac{\pi}{4}$.

第三节　全微分及其应用

一、教学基本要求

1. 理解全微分的概念.
2. 了解全微分存在的必要与充分条件.

二、答疑解惑

怎样判定函数$z=f(x,y)$在点(x_0,y_0)处是否可微？

答　常用的方法有两种：

第一种方法是直接使用可微的定义验证，具体步骤如下：

（1）求全增量$\Delta z=f(x_0+\Delta x,y_0+\Delta y)-f(x_0,y_0)$；

（2）写出线性增量$A\cdot\Delta x+B\cdot\Delta y$，其中$A=f_x'(x_0,y_0),B=f_y'(x_0,y_0)$；

（3）考查极限$\lim\limits_{\substack{\Delta x\to 0\\ \Delta y\to 0}}\dfrac{\Delta z-(A\cdot\Delta x+B\cdot\Delta y)}{\sqrt{(\Delta x)^2+(\Delta y)^2}}$，若该极限为0，则函数$z=f(x,y)$在点$(x_0,y_0)$处可微，否则不可微.

第二种方法是检验函数$z=f(x,y)$的两个偏导数$z_x=f_x(x,y)$与$z_y=f_y(x,y)$在点(x_0,y_0)处是否连续，如果这两个偏导数在点(x_0,y_0)处都连续，则函数$z=f(x,y)$在点(x_0,y_0)处可微.

对于多元初等函数，在其定义区域内处处有任意阶的连续偏导数，所以多元初等函数在其定义区域内处处可微. 对于多元非初等函数，则需检验各个偏导数是否连续. 注意这只是一个充分条件，不是可微的必要条件，因为偏导数不连续，也可能可微.

三、经典例题解析

题型一　求函数的全微分

例 1　求下列各函数的全微分：

（1）$z=x^2+y^3-2xy$，且$\mathrm{d}x=0.1,\ \mathrm{d}y=1$，求$\mathrm{d}z\big|_{(1,2)}$；（2）$z=\arctan\dfrac{y}{x}$，求$\mathrm{d}z$；

（3）$u=x^3+y^3+z^3-3xyz$，求 $\mathrm{d}z$．

解 （1）因为 $\left.\dfrac{\partial z}{\partial x}\right|_{(1,2)}=\left.(2x-2y)\right|_{(1,2)}=-2$，$\left.\dfrac{\partial z}{\partial y}\right|_{(1,2)}=\left.(3y^2-2x)\right|_{(1,2)}=10$，所以 $\left.\mathrm{d}z\right|_{(1,2)}=\left.\left(\dfrac{\partial z}{\partial x}\mathrm{d}x+\dfrac{\partial z}{\partial y}\mathrm{d}y\right)\right|_{(1,2)}=-2\mathrm{d}x+10\mathrm{d}y$，因此当 $\mathrm{d}x=0.1,\ \mathrm{d}y=1$ 时，$\left.\mathrm{d}z\right|_{(1,2)}=-0.2+10=9.8$．

（2）$\mathrm{d}z=\dfrac{\partial z}{\partial x}\mathrm{d}x+\dfrac{\partial z}{\partial y}\mathrm{d}y=\dfrac{-y}{x^2+y^2}\mathrm{d}x+\dfrac{x}{x^2+y^2}\mathrm{d}y=\dfrac{-y\mathrm{d}x+x\mathrm{d}y}{x^2+y^2}$．

（3）$\mathrm{d}u=\dfrac{\partial u}{\partial x}\mathrm{d}x+\dfrac{\partial u}{\partial y}\mathrm{d}y+\dfrac{\partial u}{\partial z}\mathrm{d}z=(3x^2-3yz)\mathrm{d}x+(3y^2-3zx)\mathrm{d}y+(3z^2-3yx)\mathrm{d}z$．

题型二 讨论二元函数的可微性、连续性与偏导数之间的关系

例 2 如果函数 $f(x,y)$ 在点 $(0,0)$ 处连续，那么下列命题正确的是（　　）．

（A）若极限 $\lim\limits_{\substack{x\to0\\y\to0}}\dfrac{f(x,y)}{|x|+|y|}$ 存在，则 $f(x,y)$ 在点 $(0,0)$ 处可微

（B）若极限 $\lim\limits_{\substack{x\to0\\y\to0}}\dfrac{f(x,y)}{x^2+y^2}$ 存在，则 $f(x,y)$ 在点 $(0,0)$ 处可微

（C）若 $f(x,y)$ 在点 $(0,0)$ 处可微，则极限 $\lim\limits_{\substack{x\to0\\y\to0}}\dfrac{f(x,y)}{|x|+|y|}$ 存在

（D）若 $f(x,y)$ 在点 $(0,0)$ 处可微，则极限 $\lim\limits_{\substack{x\to0\\y\to0}}\dfrac{f(x,y)}{x^2+y^2}$ 存在

解 应选（B）．直接法．因为函数 $f(x,y)$ 在点 $(0,0)$ 处连续，若极限 $\lim\limits_{\substack{x\to0\\y\to0}}\dfrac{f(x,y)}{x^2+y^2}$ 存在，则 $f(0,0)=\lim\limits_{\substack{x\to0\\y\to0}}f(x,y)=0$．考查极限 $\lim\limits_{\substack{x\to0\\y\to0}}\dfrac{f(x,y)}{x^2+y^2}=\lim\limits_{\substack{x\to0\\y\to0}}\dfrac{f(x,y)-f(0,0)}{\sqrt{x^2+y^2}}\cdot\dfrac{1}{\sqrt{x^2+y^2}}$ 存在，由于 $\lim\limits_{\substack{x\to0\\y\to0}}\dfrac{1}{\sqrt{x^2+y^2}}=\infty$，故必有 $\lim\limits_{\substack{x\to0\\y\to0}}\dfrac{f(x,y)-f(0,0)}{\sqrt{x^2+y^2}}=0$，所以函数 $f(x,y)$ 在点 $(0,0)$ 处可微，且 $f'_x(0,0)=f'_y(0,0)=0$．

排除法．对于（A），取函数 $f(x,y)=|x|+|y|$，满足题设条件，但函数 $f(x,y)=|x|+|y|$ 在点 $(0,0)$ 处不可微（其原因是点 $(0,0)$ 处的偏导数不存在）．对于（C）、（D），取函数 $f(x,y)=1$，满足题设条件，但 $\lim\limits_{\substack{x\to0\\y\to0}}\dfrac{1}{|x|+|y|}$ 和 $\lim\limits_{\substack{x\to0\\y\to0}}\dfrac{1}{x^2+y^2}$ 都不存在．

注 函数在某一点偏导数存在推不出函数在该点可微．

例 3 设 $f(x,y)=\sqrt{|xy|}$，证明函数在点 $(0,0)$ 处连续且偏导数存在，但不可微．

证明 因为 $f(0,0)=\sqrt{0\times0}=0$，$\lim\limits_{\substack{x\to0\\y\to0}}f(x,y)=\lim\limits_{\substack{x\to0\\y\to0}}\sqrt{|xy|}=0=f(0,0)$，所以函数 $f(x,y)$

在点 $(0,0)$ 处连续. 又因为 $f_x(0,0)=\lim\limits_{\Delta x\to 0}\dfrac{f(0+\Delta x,0)-f(0,0)}{\Delta x}=\lim\limits_{\Delta x\to 0}\dfrac{\sqrt{|\Delta x\cdot 0|}}{\Delta x}=0$，同理 $f_y(0,0)=0$，所以函数在点 $(0,0)$ 处偏导数存在. 进一步地，$\Delta z=f(0+\Delta x,0+\Delta y)-f(0,0)=\sqrt{|\Delta x\Delta y|}$，$\lim\limits_{\rho\to 0+0}\dfrac{\Delta z-f_x(0,0)\cdot\Delta x-f_y(0,0)\cdot\Delta y}{\rho}=\lim\limits_{\rho\to 0+0}\dfrac{\sqrt{|\Delta x\Delta y|}}{\rho}$，其中 $\rho=\sqrt{(\Delta x)^2+(\Delta y)^2}$，若取路径 $\Delta y=k\cdot\Delta x$，则 $\lim\limits_{\rho\to 0+0}\dfrac{\sqrt{|\Delta x\Delta y|}}{\rho}=\lim\limits_{\substack{\Delta x\to 0\\ \Delta y=k\cdot\Delta x\to 0}}\dfrac{\sqrt{k(\Delta x)^2}}{\sqrt{(1+k^2)(\Delta x)^2}}=\sqrt{\dfrac{k}{1+k^2}}\neq 0$，因此函数 $f(x,y)$ 在点 $(0,0)$ 处不可微.

例 4　设函数 $f(x,y)=\begin{cases}\left(x^2+y^2\right)\sin\dfrac{1}{\sqrt{x^2+y^2}}, & (x,y)\neq(0,0),\\ 0, & (x,y)=(0,0),\end{cases}$ 试讨论:（1）函数 $f(x,y)$ 在点 $(0,0)$ 处偏导数是否存在?（2）函数 $f(x,y)$ 在点 $(0,0)$ 处是否可微?（3）函数 $f(x,y)$ 的偏导数在点 $(0,0)$ 处是否连续?

解　（1）因为 $f_x\left(0,0\right)=\lim\limits_{x\to 0}\dfrac{f(x,0)-f(0,0)}{x}=\lim\limits_{x\to 0}\dfrac{x^2\sin\dfrac{1}{\sqrt{x^2}}}{x}=0$，

$$f_y\left(0,0\right)=\lim_{y\to 0}\frac{f(0,y)-f(0,0)}{y}=\lim_{y\to 0}\frac{y^2\sin\dfrac{1}{\sqrt{y^2}}}{y}=0,$$

所以 $f(x,y)$ 在点 $(0,0)$ 处的两个偏导数都存在.

（2）因为 $\lim\limits_{\rho\to 0+0}\dfrac{\Delta z-f_x\left(0,0\right)\Delta x-f_y\left(0,0\right)\Delta y}{\rho}=\lim\limits_{\rho\to 0+0}\dfrac{\left[\left(\Delta x\right)^2+\left(\Delta y\right)^2\right]\sin\dfrac{1}{\sqrt{\left(\Delta x\right)^2+\left(\Delta y\right)^2}}}{\rho}=\lim\limits_{\rho\to 0+0}\dfrac{\rho^2\sin\dfrac{1}{\rho}}{\rho}=\lim\limits_{\rho\to 0+0}\rho\sin\dfrac{1}{\rho}=0$，所以 $f(x,y)$ 在点 $(0,0)$ 处可微.

（3）因为 $f_x(x,y)=\begin{cases}2x\sin\dfrac{1}{\sqrt{x^2+y^2}}-\dfrac{x}{\sqrt{x^2+y^2}}\cos\dfrac{1}{\sqrt{x^2+y^2}}, & (x,y)\neq(0,0),\\ 0, & (x,y)=(0,0),\end{cases}$

$$f_y(x,y)=\begin{cases}2y\sin\dfrac{1}{\sqrt{x^2+y^2}}-\dfrac{y}{\sqrt{x^2+y^2}}\cos\dfrac{1}{\sqrt{x^2+y^2}}, & (x,y)\neq(0,0),\\ 0, & (x,y)=(0,0),\end{cases}$$

而 $\lim\limits_{\substack{x\to 0\\ y\to 0}}f_x(x,y)$ 与 $\lim\limits_{\substack{x\to 0\\ y\to 0}}f_y(x,y)$ 都不存在，所以 $f_x\left(x,y\right)$ 与 $f_y\left(x,y\right)$ 在点 $(0,0)$ 处不连续.

注　此题说明，偏导数不连续的点，全微分也可能存在. 偏导数连续只是可微的充分条件.

四、习题选解

1．判断题：

（1）若函数 $f(x,y)$ 在点 (x_0,y_0) 处连续，则 $f_x(x_0,y_0)$，$f_y(x_0,y_0)$ 存在；（　）

（2）若 $f_x(x_0,y_0)$，$f_y(x_0,y_0)$ 存在，则 $f(x,y)$ 在点 (x_0,y_0) 处连续；（　）

（3）若 $f(x,y)$ 在点 (x_0,y_0) 处可微，则 $f(x,y)$ 在 (x_0,y_0) 处连续；（　）

（4）若 $f_x(x,y)$，$f_y(x,y)$ 在点 (x_0,y_0) 处连续，则 $f(x,y)$ 在点 (x_0,y_0) 处也连续；（　）

（5）若 $f(x,y)$ 在点 (x_0,y_0) 处可微，则 $f_x(x,y)$ 与 $f_y(x,y)$ 在点 (x_0,y_0) 处连续．（　）

解　（1）错误．函数在某点连续，不能推出函数在该点的两个偏导数存在．

（2）错误．函数在某点的两个偏导数存在，不能推出函数在该点连续．

（3）正确．若 $f(x,y)$ 在点 (x_0,y_0) 处可微，则由微分的定义可知

$$\Delta z = f(x_0+\Delta x, y_0+\Delta y) - f(x_0,y_0) = A\Delta x + B\Delta y + o(\rho),$$

从而 $\lim\limits_{\substack{\Delta x\to 0\\ \Delta y\to 0}} \Delta z = 0$，即 $\lim\limits_{\substack{\Delta x\to 0\\ \Delta y\to 0}} f\left(x_0+\Delta x, y_0+\Delta y\right) = f\left(x_0,y_0\right)$．因此函数 $z=f\left(x,y\right)$ 在点 (x_0,y_0) 处连续．

（4）正确．若 $f_x\left(x,y\right), f_y\left(x,y\right)$ 在点 (x_0,y_0) 处连续，则函数在该点可微，因此函数在该点也连续．

（5）错误．函数 $f\left(x,y\right)$ 在点 (x_0,y_0) 处可微可推出函数在该点的偏导数存在，但不能推出偏导数在该点连续．

2．求下列各函数的全微分：

（1）$z = xy + \dfrac{x}{y}$；（2）$z=\sin(x\cos y)$；（3）$u = x^{yz}$．

解　（1）因为 $\dfrac{\partial z}{\partial x} = y + \dfrac{1}{y}$，$\dfrac{\partial z}{\partial y} = x - \dfrac{x}{y^2}$，所以 $\mathrm{d}z = \dfrac{\partial z}{\partial x}\mathrm{d}x + \dfrac{\partial z}{\partial y}\mathrm{d}y = \left(y+\dfrac{1}{y}\right)\mathrm{d}x + \left(x-\dfrac{x}{y^2}\right)\mathrm{d}y$．

（2）因为 $\dfrac{\partial z}{\partial x} = \cos(x\cos y)\cdot\cos y$，$\dfrac{\partial z}{\partial y} = \cos(x\cos y)\cdot(-x\sin y)$，所以

$$\mathrm{d}z = \frac{\partial z}{\partial x}\mathrm{d}x + \frac{\partial z}{\partial y}\mathrm{d}y = \cos(x\cos y)\left(\cos y\mathrm{d}x - x\sin y\mathrm{d}y\right);$$

（3）因为 $\dfrac{\partial u}{\partial x} = x^{yz-1}\cdot yz$，$\dfrac{\partial u}{\partial y} = x^{yz}\cdot\ln x\cdot z$，$\dfrac{\partial u}{\partial z} = x^{yz}\cdot\ln x\cdot y$，所以

$$\mathrm{d}u = \frac{\partial u}{\partial x}\mathrm{d}x + \frac{\partial u}{\partial y}\mathrm{d}y + \frac{\partial u}{\partial z}\mathrm{d}z = x^{yz}\left(\frac{yz}{x}\mathrm{d}x + z\ln x\mathrm{d}y + y\ln x\mathrm{d}z\right).$$

3．求函数 $z=\ln(1+x^2+y^2)$ 当 $x=1$，$y=2$ 时的全微分．

解 因为 $\left.\frac{\partial z}{\partial x}\right|_{\substack{x=1\\y=2}}=\left.\frac{2x}{1+x^2+y^2}\right|_{\substack{x=1\\y=2}}=\frac{1}{3}$，$\left.\frac{\partial z}{\partial y}\right|_{\substack{x=1\\y=2}}=\left.\frac{2y}{1+x^2+y^2}\right|_{\substack{x=1\\y=2}}=\frac{2}{3}$，所以

$$\left.\mathrm{d}z\right|_{\substack{x=1\\y=2}}=\frac{1}{3}\mathrm{d}x+\frac{2}{3}\mathrm{d}y.$$

4．求函数 $z=\mathrm{e}^{xy}$ 当 $x=1$，$y=1$，$\Delta x=0.15$，$\Delta y=0.1$ 时的全微分.

解 因为 $\frac{\partial z}{\partial x}=y\mathrm{e}^{xy}$，$\frac{\partial z}{\partial y}=x\mathrm{e}^{xy}$，$\mathrm{d}z=\mathrm{e}^{xy}(y\mathrm{d}x+x\mathrm{d}y)$，所以当 $x=1$，$y=1$，$\Delta x=0.15$，$\Delta y=0.1$ 时，$\mathrm{d}z=0.25\mathrm{e}$.

第四节 多元复合函数的求导法则

一、教学基本要求

1. 掌握具体的复合函数的一阶和二阶偏导数的求法.
2. 会求比较简单的含有抽象复合函数的一阶和二阶偏导数.

二、答疑解惑

1. 设 $z=f(x,y)=\begin{cases}\frac{x|y|}{\sqrt{x^2+y^2}}, & x^2+y^2\neq 0,\\ 0, & x^2+y^2=0,\end{cases}$ 又 $x=t,y=t$，求 $\left.\frac{\mathrm{d}z}{\mathrm{d}t}\right|_{t=0}$. 下面的解法对吗？为什么？

由于 $f_x(0,0)=f_y(0,0)=0$，所以根据复合函数的求导法则，有

$$\left.\frac{\mathrm{d}z}{\mathrm{d}t}\right|_{t=0}=f_x(0,0)\cdot\left.\frac{\mathrm{d}x}{\mathrm{d}t}\right|_{t=0}+f_y(0,0)\cdot\left.\frac{\mathrm{d}y}{\mathrm{d}t}\right|_{t=0}=0.$$

答 上面的解法不对，因为该解法用的复合函数求导公式 $\left.\frac{\mathrm{d}z}{\mathrm{d}t}\right|_{t=0}=f_x(0,0)\cdot\left.\frac{\mathrm{d}x}{\mathrm{d}t}\right|_{t=0}+f_y(0,0)\cdot\left.\frac{\mathrm{d}y}{\mathrm{d}t}\right|_{t=0}$ 成立的条件是函数的两个偏导数 $f_x(x,y),f_y(x,y)$ 在点 $(0,0)$ 处连续，且 $x=x(t),y=y(t)$ 在 $t=0$ 处可导，而这里 $f_x(x,y),f_y(x,y)$ 在点 $(0,0)$ 处并不连续，因而导致错误的结果. 正确的解法是把 $x=t,y=t$ 直接代入函数 $f(x,y)$ 的表达式中，得 $z=f(t,t)=\frac{t}{\sqrt{2}},\left.\frac{\mathrm{d}z}{\mathrm{d}t}\right|_{t=0}=\frac{1}{\sqrt{2}}$.

2．设 $u=f(x,xy,xyz)$，其中 f 是可微函数，下面求偏导数的方法是否正确？

令 $v=xy,w=xyz$，则 $\frac{\partial u}{\partial x}=\frac{\partial u}{\partial x}+\frac{\partial u}{\partial v}\cdot\frac{\partial v}{\partial x}+\frac{\partial u}{\partial w}\cdot\frac{\partial w}{\partial x}=\frac{\partial u}{\partial x}+\frac{\partial u}{\partial v}\cdot y+\frac{\partial u}{\partial w}\cdot yz$，即 $\frac{\partial u}{\partial v}\cdot y+\frac{\partial u}{\partial w}\cdot yz=0$，所以 $\frac{\partial u}{\partial x}$ 不存在.

答　不正确. 上述方法虽然应用了复合函数的求导法则，但是应当注意等号左端的 $\frac{\partial u}{\partial x}$ 与右端的 $\frac{\partial u}{\partial x}$ 具有不同的意义. 左端的 $\frac{\partial u}{\partial x}$ 是把复合函数 $f(x,xy,xyz)$ 中的 y,z 看作不变的量而对 x 求偏导数，右端的 $\frac{\partial u}{\partial x}$ 是把 $f(x,v,w)$ 中的 v,w 看作常量而对 x 求偏导数，但实际上 v,w 也是 x 的函数.正因如此，为了加以区别，通常把右端的 $\frac{\partial u}{\partial x}$ 记作 $\frac{\partial f}{\partial x}$，它表示函数 f 对第一个变量 x 求偏导数. 本题的正确解法如下：

令 $v=xy,w=xyz$，则 $\frac{\partial u}{\partial x}=\frac{\partial f}{\partial x}+\frac{\partial f}{\partial v}\cdot\frac{\partial v}{\partial x}+\frac{\partial f}{\partial w}\cdot\frac{\partial w}{\partial x}=\frac{\partial f}{\partial x}+\frac{\partial f}{\partial v}\cdot y+\frac{\partial f}{\partial w}\cdot yz$.

3．对抽象的多元复合函数，在求二阶偏导数时应特别注意什么？

答　在求复合函数的二阶偏导数时，应当特别注意一阶偏导数的复合结构与原来函数的复合结构是相同的，在具体的计算过程中，最易出错的地方就在这里.以下面的情况为例：

设 $z=f(u,v),u=u(x,y),v=v(x,y)$，其中 $f(u,v)$ 具有二阶连续的偏导数，$u(x,y)$ 与 $v(x,y)$ 的二阶偏导数均存在，求 $\frac{\partial^2 z}{\partial x^2}$.

由于 $\frac{\partial z}{\partial x}=f_u(u,v)\frac{\partial u}{\partial x}+f_v(u,v)\frac{\partial v}{\partial x}$，所以在求复合函数的二阶偏导数时，关键是如何求 $\frac{\partial}{\partial x}f_u(u,v)$ 和 $\frac{\partial}{\partial x}f_v(u,v)$，为此必须弄清一阶偏导数 $f_u(u,v)$ 和 $f_v(u,v)$ 的结构，与自变量 x,y 的关系.显然它们仍是复合函数，且其复合结构与 $f(u,v)$ 一样，所以

$$\frac{\partial}{\partial x}f_u(u,v)=f_{uu}(u,v)\frac{\partial u}{\partial x}+f_{uv}(u,v)\frac{\partial v}{\partial x}，\quad \frac{\partial}{\partial x}f_v(u,v)=f_{vu}(u,v)\frac{\partial u}{\partial x}+f_{vv}(u,v)\frac{\partial v}{\partial x}.$$

因此
$$\frac{\partial^2 z}{\partial x^2}=f_{uu}\left(\frac{\partial u}{\partial x}\right)^2+2f_{uv}\frac{\partial u}{\partial x}\cdot\frac{\partial v}{\partial x}+f_{vv}\left(\frac{\partial v}{\partial x}\right)^2+f_u\frac{\partial^2 u}{\partial x^2}+f_v\frac{\partial^2 v}{\partial x^2}.$$

在对多元抽象复合函数求导时，常常以中间变量的位置次序作为下角标来表明抽象函数关于这个中间变量的偏导数，这样既简便又不易出错，例如在上面的问题中，记 $f_u=f_1'$，$f_v=f_2'$，$f_{uu}=f_{11}''$，$f_{uv}=f_{12}''$，$f_{vu}=f_{21}''$，$f_{vv}=f_{22}''$. 而且当 $f(u,v)$ 具有二阶连续偏导数时，$f_{12}''=f_{21}''$.

三、经典例题解析

题型一　计算多元复合函数的偏导数

例 1　求下列各函数的偏导数：

（1）$z=\frac{x\cos y}{y\cos x}$；（2）$z=\left(x^2+y^2\right)\mathrm{e}^{\frac{xy}{x^2+y^2}}$.

解　（1）设 $u=x\cos y,\ v=y\cos x$，则 $z=\frac{u}{v}$，于是

$$\frac{\partial z}{\partial x}=\frac{\partial z}{\partial u}\frac{\partial u}{\partial x}+\frac{\partial z}{\partial v}\frac{\partial v}{\partial x}=\frac{1}{v}\cos y+\frac{u}{v^2}y\sin x=\frac{\cos y\left(\cos x+x\sin x\right)}{y\cos^2 x},$$

$$\frac{\partial z}{\partial y}=\frac{\partial z}{\partial u}\frac{\partial u}{\partial y}+\frac{\partial z}{\partial v}\frac{\partial v}{\partial y}=\frac{-1}{v}x\sin y-\frac{u}{v^2}\cos x=\frac{-x\cos x\left(y\sin y+\cos y\right)}{y^2\cos^2 x};$$

（2）设 $u=x^2+y^2$，$v=xy$，则 $z=u\mathrm{e}^{\frac{v}{u}}$，于是

$$\frac{\partial z}{\partial x}=\frac{\partial z}{\partial u}\frac{\partial u}{\partial x}+\frac{\partial z}{\partial v}\frac{\partial v}{\partial x}=\left(\mathrm{e}^{\frac{v}{u}}+\frac{-v}{u}\mathrm{e}^{\frac{v}{u}}\right)2x+\mathrm{e}^{\frac{v}{u}}y=\left(2x+y-\frac{2x^2y}{x^2+y^2}\right)\mathrm{e}^{\frac{xy}{x^2+y^2}},$$

$$\frac{\partial z}{\partial y}=\frac{\partial z}{\partial u}\frac{\partial u}{\partial y}+\frac{\partial z}{\partial v}\frac{\partial v}{\partial y}=\left(2y+x-\frac{2y^2x}{x^2+y^2}\right)\mathrm{e}^{\frac{xy}{x^2+y^2}}.$$

题型二　计算带有抽象函数的复合函数的偏导数

例 2　设 f 可微，且 $\omega=f\left(x,x^2,x^3\right)$，求 $\frac{\mathrm{d}\omega}{\mathrm{d}x}$.

分析　函数 ω 有三个中间变量和一个自变量，因此这里是求函数 ω 对自变量 x 的全导数.

解　设 $u=x$，$v=x^2$，$t=x^3$，则

$$\frac{\mathrm{d}\omega}{\mathrm{d}x}=\frac{\partial f}{\partial u}\frac{\mathrm{d}u}{\mathrm{d}x}+\frac{\partial f}{\partial v}\frac{\mathrm{d}v}{\mathrm{d}x}+\frac{\partial f}{\partial t}\frac{\mathrm{d}t}{\mathrm{d}x}=f_1'\cdot(x)'+f_2'\cdot\left(x^2\right)'+f_3'\cdot\left(x^3\right)'=f_1'+2xf_2'+3x^2f_3'.$$

例 3　设函数 $z=f\left(u,y\right)$，$u=x\mathrm{e}^y$，其中 f 具有二阶连续的偏导数，求 $\frac{\partial^2 z}{\partial x\partial y}$.

解　这里的 z 是 x, y 的二元函数，所以

$$\frac{\partial z}{\partial x}=f_u\cdot\mathrm{e}^y,\quad \frac{\partial^2 z}{\partial x\partial y}=\mathrm{e}^y\cdot f_u+\mathrm{e}^y\left(f_{uu}\cdot\frac{\partial u}{\partial y}+f_{uy}\cdot 1\right)=\mathrm{e}^y\left(f_u+x\mathrm{e}^y f_{uu}+f_{uy}\right).$$

四、习题选解

1．设 $z=u^2\ln v$，$u=\frac{x}{y}$，$v=3x-2y$，求 $\frac{\partial z}{\partial x}$，$\frac{\partial z}{\partial y}$.

解　$$\frac{\partial z}{\partial x}=\frac{\partial z}{\partial u}\cdot\frac{\partial u}{\partial x}+\frac{\partial z}{\partial v}\cdot\frac{\partial v}{\partial x}=\frac{2u\ln v}{y}+\frac{3u^2}{v}=\frac{2x}{y^2}\ln(3x-2y)+\frac{3x^2}{y^2(3x-2y)},$$

$$\frac{\partial z}{\partial y}=\frac{\partial z}{\partial u}\cdot\frac{\partial u}{\partial y}+\frac{\partial z}{\partial v}\cdot\frac{\partial v}{\partial y}=2u\ln v\cdot\left(-\frac{x}{y^2}\right)+\frac{u^2}{v}\cdot(-2)=-\frac{2x^2}{y^3}\ln(3x-2y)-\frac{2x^2}{y^2(3x-2y)}.$$

2．设 $z=\mathrm{e}^{x-2y}$，而 $x=\sin t$，$y=t^3$，求 $\frac{\mathrm{d}z}{\mathrm{d}t}$.

解　$$\frac{\mathrm{d}z}{\mathrm{d}t}=\frac{\partial z}{\partial x}\cdot\frac{\mathrm{d}x}{\mathrm{d}t}+\frac{\partial z}{\partial y}\cdot\frac{\mathrm{d}y}{\mathrm{d}t}=\mathrm{e}^{x-2y}\cdot\cos t+\mathrm{e}^{x-2y}\cdot(-2)\cdot 3t^2=\mathrm{e}^{\sin t-2t^3}(\cos t-6t^2).$$

3．设 $u=\frac{\mathrm{e}^{ax}(y-z)}{a^2+1}$，$y=a\sin x$，$z=\cos x$，求 $\frac{\mathrm{d}u}{\mathrm{d}x}$.

解　$$\frac{\mathrm{d}u}{\mathrm{d}x}=\frac{\partial u}{\partial x}+\frac{\partial u}{\partial y}\cdot\frac{\mathrm{d}y}{\mathrm{d}x}+\frac{\partial u}{\partial z}\cdot\frac{\mathrm{d}z}{\mathrm{d}x}=\frac{\mathrm{e}^{ax}(y-z)}{a^2+1}\cdot a+\frac{\mathrm{e}^{ax}}{a^2+1}\cdot a\cos x+\frac{-\mathrm{e}^{ax}}{a^2+1}\cdot(-\sin x)$$

$$=\frac{(a^2+1)\mathrm{e}^{ax}\sin x}{a^2+1}=\mathrm{e}^{ax}\sin x.$$

4．设$u=(x-y)^z$，而$z=x^2+y^2$，求$\frac{\partial u}{\partial x}$，$\frac{\partial u}{\partial y}$.

解　$\frac{\partial u}{\partial x}=z(x-y)^{z-1}+(x-y)^z\ln(x-y)\cdot 2x=(x-y)^{x^2+y^2}\left[2x\ln(x-y)+\frac{x^2+y^2}{x-y}\right]$，

$\frac{\partial u}{\partial y}=z(x-y)^{z-1}\cdot(-1)+(x-y)^z\ln(x-y)\cdot 2y=(x-y)^{x^2+y^2}\left[2y\ln(x-y)+\frac{x^2+y^2}{y-x}\right]$.

5．求下列各函数的一阶偏导数（其中f具有一阶连续的偏导数）：

（1）$u=f(x^2-y^2,\mathrm{e}^{xy})$；（2）$u=f\left(\frac{x}{y},\frac{y}{z}\right)$；（3）$u=f(x,xy,xyz)$.

解　（1）设$w=x^2-y^2$，$v=\mathrm{e}^{xy}$，则$u=f(w,v)$，于是

$$\frac{\partial u}{\partial x}=\frac{\partial f}{\partial w}\frac{\partial w}{\partial x}+\frac{\partial f}{\partial v}\frac{\partial v}{\partial x}=2x\frac{\partial f}{\partial w}+y\mathrm{e}^{xy}\frac{\partial f}{\partial v}=2xf_1'+y\mathrm{e}^{xy}f_2'，$$

$$\frac{\partial u}{\partial y}=\frac{\partial f}{\partial w}\frac{\partial w}{\partial y}+\frac{\partial f}{\partial v}\frac{\partial v}{\partial y}=-2y\frac{\partial f}{\partial w}+x\mathrm{e}^{xy}\frac{\partial f}{\partial v}=-2yf_1'+x\mathrm{e}^{xy}f_2'.$$

（2）$\frac{\partial u}{\partial x}=f_1'\cdot\frac{1}{y}=\frac{1}{y}f_1'$，$\frac{\partial u}{\partial y}=f_1'\cdot\left(-\frac{x}{y^2}\right)+f_2'\cdot\frac{1}{z}=-\frac{x}{y^2}f_1'+\frac{1}{z}f_2'$，$\frac{\partial u}{\partial z}=f_2'\cdot\left(-\frac{y}{z^2}\right)=-\frac{y}{z^2}f_2'$.

（3）$\frac{\partial u}{\partial x}=f_1'+yf_2'+yzf_3'$，$\frac{\partial u}{\partial y}=xf_2'+xzf_3'$，$\frac{\partial u}{\partial z}=xyf_3'$.

6．设$z=f(x^2+y^2)$，其中f具有二阶导数，求$\frac{\partial^2 z}{\partial x^2}$，$\frac{\partial^2 z}{\partial x\partial y}$及$\frac{\partial^2 z}{\partial y^2}$.

解　$\frac{\partial z}{\partial x}=2xf'$，$\frac{\partial^2 z}{\partial x^2}=2f'+2xf''\cdot 2x=2f'+4x^2f''$，$\frac{\partial^2 z}{\partial x\partial y}=2xf''\cdot 2y=4xyf''$，

$\frac{\partial z}{\partial y}=2yf'$，$\frac{\partial^2 z}{\partial y^2}=2f'+2yf''\cdot 2y=2f'+4y^2f''$.

7．设$z=f(2x-y,y\sin x)$，求$\frac{\partial^2 z}{\partial x\partial y}$，其中$f$具有二阶连续的偏导数.

解　$\frac{\partial z}{\partial x}=2f_1'+y\cos xf_2'$，

$$\frac{\partial^2 z}{\partial x\partial y}=2\left(-f_{11}''+\sin xf_{12}''\right)+\cos xf_2'+y\cos x\left(-f_{21}''+\sin xf_{22}''\right)$$

$$=-2f_{11}''+(2\sin x-y\cos x)f_{12}''+y\sin x\cos xf_{22}''+\cos xf_2'.$$

8．设$z=f(2x-y)+g(x,xy)$，其中$f(x)$二阶可导，$g(u,v)$具有连续的二阶偏导数，求$\frac{\partial^2 z}{\partial x\partial y}$.

解　$\frac{\partial z}{\partial x}=2f'+g_1'+yg_2'$，$\frac{\partial^2 z}{\partial x\partial y}=-2f''+xg_{12}''+g_2'+xyg_{22}''$.

第五节　隐函数的求导公式

一、教学基本要求

1. 会求由一个方程所确定的隐函数的一阶和二阶偏导数.

2. 了解由两个方程构成的方程组所确定的隐函数的一阶偏导数.

二、答疑解惑

1．求由方程（或方程组）所确定的隐函数的偏导数时，有哪些方法？

答　通常有三种方法：一是在所给的方程（或方程组）两端对某个变量求导数或偏导数（直接法），再解出欲求的导数或偏导数；二是利用隐函数的求导公式（公式法）；三是利用全微分. 应当注意这三种方法的区别. 方法一是将函数 $z=z(x,y)$ 代入方程 $F(x,y,z)=0$ 以后，在等式 $F(x,y,z(x,y))=0$ 的两端分别对 x 和 y 求偏导数，此时要把 $F(x,y,z)$ 中的 z 视为 x 和 y 的函数.方法二是利用 $\frac{\partial z}{\partial x},\frac{\partial z}{\partial y}$ 与 F_x,F_y,F_z 之间的联系进行计算，在计算 F_x,F_y,F_z 时，$F(x,y,z)$ 中的 x,y,z 都视为自变量.方法三则应用多元函数全微分的表达式，当求出函数的全微分 $\mathrm{d}z=\frac{\partial z}{\partial x}\mathrm{d}x+\frac{\partial z}{\partial y}\mathrm{d}y$ 后，便同时得到了两个一阶偏导数 $\frac{\partial z}{\partial x},\frac{\partial z}{\partial y}$.

2．求隐函数的二阶偏导数，用什么方法比较简便？

答　以 $F(x,y,z)=0$ 所确定的隐函数 $z=z(x,y)$ 为例进行讨论.假设 $F(x,y,z)$ 具有二阶连续的偏导数，求隐函数的二阶偏导数，常用方法有以下两种.

方法一　先求出一阶偏导数 $\frac{\partial z}{\partial x}=-\frac{F_x}{F_z}$　$(F_z\neq 0)$，再对 x 求偏导数得

$$\frac{\partial^2 z}{\partial x^2}=\frac{\partial}{\partial x}\left(-\frac{F_x}{F_z}\right)=-\frac{F_z\cdot\frac{\partial}{\partial x}F_x-F_x\cdot\frac{\partial}{\partial x}F_z}{F_z^2}=-\frac{F_z\cdot\left(F_{xx}+F_{xz}\frac{\partial z}{\partial x}\right)-F_x\cdot\left(F_{zx}+F_{zz}\frac{\partial z}{\partial x}\right)}{F_z^2}$$

$$=-\frac{F_{xx}F_z^2-2F_xF_zF_{xz}+F_{zz}F_x^2}{F_z^3}.$$

类似地，可求得 $\frac{\partial^2 z}{\partial x\partial y}$ 及 $\frac{\partial^2 z}{\partial y^2}$.

方法二　直接对原方程两端求导两次，将 z 看作 x,y 的二元函数.

对 x 求导一次得 $F_x+F_z\frac{\partial z}{\partial x}=0$, 其中 F_x,F_z 与 x,y,z 有关.

在上式中，将 z 看作 x,y 的二元函数，再次对 x 求导得 $F_{xx}+2F_{xz}\cdot\frac{\partial z}{\partial x}+F_{zz}\cdot\left(\frac{\partial z}{\partial x}\right)^2+F_z\cdot\frac{\partial^2 z}{\partial x^2}=0$, 解得

$$\frac{\partial^2 z}{\partial x^2}=-\frac{F_{xx}+2F_{xz}\cdot\frac{\partial z}{\partial x}+F_{zz}\left(\frac{\partial z}{\partial x}\right)^2}{F_z}=-\frac{F_{xx}F_z^2+2F_xF_zF_{xz}+F_{zz}F_x^2}{F_z^3}.$$

在一般情况下，利用方法二，可以避免商的求导运算，所以比较简便. 特别是在求指定点(x_0,y_0)处的二阶导数时，只需将(x_0,y_0,z_0)代入以上结果即可得出$\left.\frac{\partial z}{\partial x}\right|_{(x_0,y_0)}$与$\left.\frac{\partial^2 z}{\partial x^2}\right|_{(x_0,y_0)}$.

类似地，可求得其他几个二阶偏导数.

3．设有三元函数$u=xe^{2z}\sin\frac{\pi y}{2}$和三元方程$x^2+2y+z-3=0$.

（1）在方程中将z确定为x,y的函数，求$\left.\frac{\partial u}{\partial x}\right|_{(1,1,0)}$；（2）在方程中将$y$确定为$x,z$的函数，求$\left.\frac{\partial u}{\partial x}\right|_{(1,1,0)}$. 两个计算结果为什么不同?

答　（1）如果将z确定为x,y的函数，那么x,y是自变量，z,u是函数，根据复合函数微分法及隐函数微分法可求得$\left.\frac{\partial u}{\partial x}\right|_{(1,1,0)}=-3$.

（2）如果将y确定为x,z的函数，则x,z是自变量，y,u是函数，根据复合函数微分法及隐函数微分法可求得$\left.\frac{\partial u}{\partial x}\right|_{(1,1,0)}=1$.

为什么会有不同的结果？这是因为在（1）和（2）中$\left.\frac{\partial u}{\partial x}\right|_{(1,1,0)}$有不同的含义. 在计算$\left.\frac{\partial u}{\partial x}\right|_{(1,1,0)}$时保持$y=1$不变就有$u=xe^{2(1-x^2)}$，于是$\left.\frac{\partial u}{\partial x}\right|_{(1,1,0)}=\frac{d}{dx}\left[xe^{2(1-x^2)}\right]\Big|_{x=1}=-3$. 在（2）中将$u$作为$x,z$的二元函数，根据偏导数定义，计算$\left.\frac{\partial u}{\partial x}\right|_{(1,1,0)}$时保持$z=0$不变，这时可以得到$u=x\sin\frac{\pi\left(3-x^2\right)}{4}$，于是$\left.\frac{\partial u}{\partial x}\right|_{(1,1,0)}=\frac{d}{dx}\left[x\sin\frac{\pi(3-x^2)}{4}\right]\Bigg|_{x=1}=1$. 因此这两个结果不同是合理的. 这个例子说明当问题涉及多个变量的隐函数求导时，一定要明确哪些是自变量.

三、经典例题解析

题型一　计算由一个方程所确定的隐函数的导数或偏导数

例 1　设$z=z(x,y)$由方程$\frac{x}{z}=e^{y+z}$所确定，求$\frac{\partial^2 z}{\partial x\partial y}$.

分析　求一阶偏导数时可用三种方法：直接法，公式法，全微分法.

解法一　直接法. 方程的两边对x求偏导数，得$\frac{z-x\frac{\partial z}{\partial x}}{z^2}=e^{y+z}\cdot\frac{\partial z}{\partial x}$，所以$\frac{\partial z}{\partial x}=\frac{z}{x\left(1+z\right)}$.

同理，方程的两边对 y 求偏导数，得 $-\dfrac{x\dfrac{\partial z}{\partial y}}{z^2}=\mathrm{e}^{y+z}\left(1+\dfrac{\partial z}{\partial y}\right)$，所以 $\dfrac{\partial z}{\partial y}=-\dfrac{z}{1+z}$.

解法二　公式法. 令 $F(x,y,z)=\dfrac{x}{z}-\mathrm{e}^{y+z}$，则 $F_x=\dfrac{1}{z}$，$F_y=-\mathrm{e}^{y+z}$，$F_z=-\dfrac{x}{z^2}-\mathrm{e}^{y+z}$，所以

$$\frac{\partial z}{\partial x}=-\frac{F_x}{F_z}=\frac{z}{x(1+z)},\quad \frac{\partial z}{\partial y}=-\frac{F_y}{F_z}=-\frac{z}{1+z}.$$

解法三　全微分法. 在方程两边求微分得 $\dfrac{z\mathrm{d}x-x\mathrm{d}z}{z^2}=\mathrm{e}^{y+z}(\mathrm{d}y+\mathrm{d}z)$，所以 $\mathrm{d}z=\dfrac{z}{x(1+z)}\mathrm{d}x-\dfrac{z}{1+z}\mathrm{d}y$，故 $\dfrac{\partial z}{\partial x}=\dfrac{z}{x(1+z)}$，$\dfrac{\partial z}{\partial y}=-\dfrac{z}{1+z}$.

注 1　直接法是利用复合函数求导法，在求导过程中，要注意 z 是 x, y 的函数，因此在求偏导数时，z 只对 x 或对 y 求偏导数，然后解出 $\dfrac{\partial z}{\partial x}$ 或者 $\dfrac{\partial z}{\partial y}$.

注 2　用公式法时，x, y, z 要看作是相互独立的自变量.

注 3　全微分法是利用全微分形式的不变性进行计算.在求微分时，要把 x, y, z 的地位看作是相同的（都是自变量），然后表示成 z 的微分 $\mathrm{d}z=\dfrac{\partial z}{\partial x}\mathrm{d}x+\dfrac{\partial z}{\partial y}\mathrm{d}y$，这样，就可以同时求出 $\dfrac{\partial z}{\partial x}$ 和 $\dfrac{\partial z}{\partial y}$.

在求二阶偏导数时，将 $\dfrac{\partial z}{\partial x}=\dfrac{z}{x(1+z)}$ 两边对 y 求偏导数，得到

$$\frac{\partial^2 z}{\partial x\partial y}=\frac{1}{x}\cdot\frac{\dfrac{\partial z}{\partial y}(1+z)-z\dfrac{\partial z}{\partial y}}{(1+z)^2}=\frac{\dfrac{\partial z}{\partial y}}{x(1+z)^2}=-\frac{z}{x(1+z)^3}.$$

例 2　设函数 $z=z(x,y)$ 由方程 $f(x,xy,x+z)=0$ 所确定，f 具有一阶连续的偏导数，求 $\dfrac{\partial z}{\partial x}$，$\dfrac{\partial z}{\partial y}$.

解法一　直接法. 方程 $f(x,xy,x+z)=0$ 的两边对 x 求偏导数（注意到 z 是 x，y 的函数），得 $f_1'+yf_2'+f_3'\cdot\left(1+\dfrac{\partial z}{\partial x}\right)=0$，所以 $\dfrac{\partial z}{\partial x}=-\dfrac{f_1'+yf_2'+f_3'}{f_3'}$. 同理可得 $\dfrac{\partial z}{\partial y}=-\dfrac{xf_2'}{f_3'}$.

解法二　公式法. 设 $F(x,y,z)=f(x,xy,x+z)$，则

$$F_x=f_1'+f_2'\cdot y+f_3'\cdot 1=f_1'+yf_2'+f_3',\quad F_y=f_2'\cdot x=xf_2',\quad F_z=f_3'\cdot 1=f_3',$$

所以

$$\frac{\partial z}{\partial x}=-\frac{F_x}{F_z}=-\frac{f_1'+yf_2'+f_3'}{f_3'},\quad \frac{\partial z}{\partial y}=-\frac{F_y}{F_z}=-\frac{xf_2'}{f_3'}.$$

注　本题也可以用全微分法求解.

题型二　计算由方程组所确定的隐函数的导数或偏导数

例 3　设 $y=y(x)$，$z=z(x)$ 是由方程 $z=xf(x+y)$ 和 $F(x,y,z)=0$ 所确定的函数，其中 f 和 F 分别具有一阶连续导数和一阶连续偏导数，求 $\dfrac{\mathrm{d}z}{\mathrm{d}x}$.

解　分别在 $z=xf(x+y)$ 和 $F(x,y,z)=0$ 的两端对 x 求导，得 $\begin{cases}\dfrac{\mathrm{d}z}{\mathrm{d}x}=f+x\left(1+\dfrac{\mathrm{d}y}{\mathrm{d}x}\right)f',\\ F_x+F_y\dfrac{\mathrm{d}y}{\mathrm{d}x}+F_z\dfrac{\mathrm{d}z}{\mathrm{d}x}=0,\end{cases}$

整理后得 $\begin{cases}xf'\dfrac{\mathrm{d}y}{\mathrm{d}x}+\dfrac{\mathrm{d}z}{\mathrm{d}x}=f+xf',\\ F_y\dfrac{\mathrm{d}y}{\mathrm{d}x}+F_z\dfrac{\mathrm{d}z}{\mathrm{d}x}=-F_x,\end{cases}$ 由此解得

$$\frac{\mathrm{d}z}{\mathrm{d}x}=\frac{(f+xf')F_y-xf'F_x}{F_y+xf'F_z}\quad (F_y+xf'F_z\neq 0).$$

例 4　已知方程组 $\begin{cases}x=-u^2+v+z,\\ y=u+vz,\end{cases}$ 求 $\dfrac{\partial u}{\partial x}$，$\dfrac{\partial v}{\partial x}$，$\dfrac{\partial u}{\partial z}$.

分析　这里的方程组确定了两个三元函数 $u=u(x,y,z)$，$v=v(x,y,z)$，x,y,z 是自变量.

解法一　直接法. 视 u,v 为 x,y,z 的函数，在方程组两边分别对 x 求偏导数得 $\begin{cases}1=-2u\dfrac{\partial u}{\partial x}+\dfrac{\partial v}{\partial x},\\ 0=\dfrac{\partial u}{\partial x}+z\dfrac{\partial v}{\partial x},\end{cases}$ 解得 $\dfrac{\partial u}{\partial x}=-\dfrac{z}{1+2zu}$，$\dfrac{\partial v}{\partial x}=\dfrac{1}{1+2zu}$.

再由原方程组两边对 z 求偏导数，得 $\begin{cases}0=-2u\dfrac{\partial u}{\partial z}+\dfrac{\partial v}{\partial z}+1,\\ 0=\dfrac{\partial u}{\partial z}+z\dfrac{\partial v}{\partial z}+v,\end{cases}$ 化简为 $\begin{cases}2u\dfrac{\partial u}{\partial z}-\dfrac{\partial v}{\partial z}=1,\\ \dfrac{\partial u}{\partial z}+z\dfrac{\partial v}{\partial z}=-v,\end{cases}$ 解得 $\dfrac{\partial u}{\partial z}=\dfrac{z-v}{1+2zu}$.

解法二　全微分法. 将方程组两边微分得 $\begin{cases}\mathrm{d}x=-2u\mathrm{d}u+\mathrm{d}v+\mathrm{d}z,\\ \mathrm{d}y=\mathrm{d}u+z\mathrm{d}v+v\mathrm{d}z,\end{cases}$ 解得 $\mathrm{d}u=\dfrac{-z\mathrm{d}x+\mathrm{d}y+(z-v)\mathrm{d}z}{1+2zu}$，从而 $\dfrac{\partial u}{\partial x}=-\dfrac{z}{1+2zu}$，$\dfrac{\partial u}{\partial z}=\dfrac{z-v}{1+2zu}$.

类似地，由 $\mathrm{d}v=\dfrac{\mathrm{d}x+2u\mathrm{d}y-(1+2uv)\mathrm{d}z}{1+2zu}$ 得 $\dfrac{\partial v}{\partial x}=\dfrac{1}{1+2zu}$.

四、习题选解

1．设 $\sin y+\mathrm{e}^x-xy^2=0$，求 $\dfrac{\mathrm{d}y}{\mathrm{d}x}$.

解　令 $F(x,y)=\sin y+\mathrm{e}^x-xy^2$，则 $F_x=\mathrm{e}^x-y^2$，$F_y=\cos y-2xy$，所以

$$\frac{\mathrm{d}y}{\mathrm{d}x}=-\frac{F_x}{F_y}=\frac{y^2-\mathrm{e}^x}{\cos y-2xy}.$$

2．设$\frac{x}{z}=\ln\frac{z}{y}$，求$\frac{\partial z}{\partial x}$及$\frac{\partial z}{\partial y}$.

解　令$F(x,y,z)=\frac{x}{z}-\ln\frac{z}{y}=\frac{x}{z}-\ln z+\ln y$，则$F_x=\frac{1}{z}$，$F_y=\frac{1}{y}$，$F_z=-\frac{x}{z^2}-\frac{1}{z}$，所以

$$\frac{\partial z}{\partial x}=-\frac{F_x}{F_z}=\frac{z}{x+z}，\quad \frac{\partial z}{\partial y}=-\frac{F_y}{F_z}=\frac{z^2}{y(x+z)}.$$

3．设$x=x(y,z)$，$y=y(x,z)$，$z=z(x,y)$都是由方程$F(x,y,z)=0$所确定的具有连续偏导数的函数，证明：$\frac{\partial x}{\partial y}\cdot\frac{\partial y}{\partial z}\cdot\frac{\partial z}{\partial x}=-1$.

解　利用隐函数求偏导数的公式$\frac{\partial x}{\partial y}=-\frac{F_y}{F_x}$，$\frac{\partial y}{\partial z}=-\frac{F_z}{F_y}$，$\frac{\partial z}{\partial x}=-\frac{F_x}{F_z}$得

$$\frac{\partial x}{\partial y}\cdot\frac{\partial y}{\partial z}\cdot\frac{\partial z}{\partial x}=\left(-\frac{F_y}{F_x}\right)\cdot\left(-\frac{F_z}{F_y}\right)\cdot\left(-\frac{F_x}{F_z}\right)=-1.$$

4．设$\mathrm{e}^z-xyz=0$，求$\frac{\partial^2 z}{\partial x^2}$.

解　令$F(x,y,z)=\mathrm{e}^z-xyz$，则$F_x=-yz$，$F_z=\mathrm{e}^z-xy$，所以$\frac{\partial z}{\partial x}=-\frac{F_x}{F_z}=\frac{yz}{\mathrm{e}^z-xy}$，

$$\frac{\partial^2 z}{\partial x^2}=\frac{y\frac{\partial z}{\partial x}\left(\mathrm{e}^z-xy\right)-yz\left(\mathrm{e}^z\frac{\partial z}{\partial x}-y\right)}{(\mathrm{e}^z-xy)^2}=\frac{2y^2z\mathrm{e}^z-2xy^3z-y^2z^2\mathrm{e}^z}{(\mathrm{e}^z-xy)^3}.$$

5．求由下列方程组所确定的函数的导数或偏函数：

（1）设$\begin{cases}z=x^2+y^2,\\ x^2+2y^2+3z^2=20,\end{cases}$求$\frac{\mathrm{d}y}{\mathrm{d}x}$，$\frac{\mathrm{d}z}{\mathrm{d}x}$；（2）设$\begin{cases}x=\mathrm{e}^u+u\sin v,\\ y=\mathrm{e}^u-u\cos v,\end{cases}$求$\frac{\partial u}{\partial x}$，$\frac{\partial v}{\partial y}$.

解　（1）由方程组可以确定两个一元函数$y=y(x)$，$z=z(x)$，在两个方程的两边同时对x求导得

$$\begin{cases}\frac{\mathrm{d}z}{\mathrm{d}x}=2x+2y\frac{\mathrm{d}y}{\mathrm{d}x},\\ 2x+4y\frac{\mathrm{d}y}{\mathrm{d}x}+6z\frac{\mathrm{d}z}{\mathrm{d}x}=0,\end{cases}\quad 即\begin{cases}2y\frac{\mathrm{d}y}{\mathrm{d}x}-\frac{\mathrm{d}z}{\mathrm{d}x}=-2x,\\ 2y\frac{\mathrm{d}y}{\mathrm{d}x}+3z\frac{\mathrm{d}z}{\mathrm{d}x}=-x.\end{cases}$$

在$J=6yz+2y\neq 0$的情况下，解方程组得

$$\frac{\mathrm{d}y}{\mathrm{d}x}=\frac{\begin{vmatrix}-2x & -1\\ -x & 3z\end{vmatrix}}{\begin{vmatrix}2y & -1\\ 2y & 3z\end{vmatrix}}=-\frac{x(6z+1)}{2y(3z+1)}，\quad \frac{\mathrm{d}z}{\mathrm{d}x}=\frac{\begin{vmatrix}2y & -2x\\ 2y & -x\end{vmatrix}}{\begin{vmatrix}2y & -1\\ 2y & 3z\end{vmatrix}}=\frac{x}{3z+1}.$$

（2）由方程组可以确定两个二元函数$u=u(x,y)$，$v=v(x,y)$，在两个方程的两边同时对x求偏导数得

$$\begin{cases} e^u \dfrac{\partial u}{\partial x} + \sin v \dfrac{\partial u}{\partial x} + u\cos v \dfrac{\partial v}{\partial x} = 1, \\ e^u \dfrac{\partial u}{\partial x} - \cos v \dfrac{\partial u}{\partial x} + u\sin v \dfrac{\partial v}{\partial x} = 0, \end{cases} \text{即} \begin{cases} (e^u + \sin v)\dfrac{\partial u}{\partial x} + u\cos v \dfrac{\partial v}{\partial x} = 1, \\ (e^u - \cos v)\dfrac{\partial u}{\partial x} + u\sin v \dfrac{\partial v}{\partial x} = 0. \end{cases}$$

解方程组得 $\dfrac{\partial u}{\partial x} = \dfrac{\begin{vmatrix} 1 & u\cos v \\ 0 & u\sin v \end{vmatrix}}{\begin{vmatrix} e^u + \sin v & u\cos v \\ e^u - \cos v & u\sin v \end{vmatrix}} = \dfrac{\sin v}{e^u(\sin v - \cos v) + 1}$.

同理得 $\dfrac{\partial v}{\partial y} = \dfrac{e^u + \sin v}{u[e^u(\sin v - \cos v) + 1]}$.

6．设 $\varPhi(u,v)$ 具有连续偏导数，证明由方程 $\varPhi(cx - az, cy - bz) = 0$ 所确定的函数 $z = f(x,y)$ 满足 $a\dfrac{\partial z}{\partial x} + b\dfrac{\partial z}{\partial y} = c$.

解　方程两边同时对 x 和 y 求偏导数得

$$\varPhi_1'\left(c - a\frac{\partial z}{\partial x}\right) + \varPhi_2'\left(-b\frac{\partial z}{\partial x}\right) = 0，\ \varPhi_1'\left(-a\frac{\partial z}{\partial y}\right) + \varPhi_2'\left(c - b\frac{\partial z}{\partial y}\right) = 0,$$

于是 $\dfrac{\partial z}{\partial x} = \dfrac{c\varPhi_1'}{a\varPhi_1' + b\varPhi_2'}$，$\dfrac{\partial z}{\partial y} = \dfrac{c\varPhi_2'}{a\varPhi_1' + b\varPhi_2'}$，所以 $a\dfrac{\partial z}{\partial x} + b\dfrac{\partial z}{\partial y} = \dfrac{ac\varPhi_1'}{a\varPhi_1' + b\varPhi_2'} + \dfrac{bc\varPhi_2'}{a\varPhi_1' + b\varPhi_2'} = c$.

第六节　微分法在几何上的应用

一、教学基本要求

1. 了解曲线的切线和法平面，并会求它们的方程.
2. 了解曲面的切平面与法线，并会求它们的方程.

二、答疑解惑

1．能否用空间曲线的切向量和曲面的法向量的求法来求平面曲线的切向量和法向量？

答　可以. 只需将平面曲线 L 视为空间曲线 $\varGamma$: $\begin{cases} \varphi(x,y) = 0, \\ z = 0 \end{cases}$ 的特殊情形，由空间曲线的一般方程的切向量的求法，$\boldsymbol{n}_1 = \{0,0,1\}$，$\boldsymbol{n}_2 = \{\varphi_x, \varphi_y, 0\}$，则 $\boldsymbol{n}_1 \times \boldsymbol{n}_2 = \{-\varphi_y, \varphi_x, 0\}$ 为该曲线的切向量，从而在 xOy 坐标面上，曲线 $\varphi(x,y) = 0$ 的切向量是 $\boldsymbol{T} = \{-\varphi_y, \varphi_x\}$.

另外，可视 $\varphi(x,y) = 0$ 为母线平行于 z 轴的空间柱面，对于 $z_0 = 0$，在 $M_0(x_0, y_0, 0)$ 处的法向量为 $\boldsymbol{n} = \{\varphi_x, \varphi_y, 0\}$，故在 xOy 坐标面上的曲线 $L: \varphi(x,y) = 0$ 的法向量为 $\boldsymbol{n} = \{\varphi_x, \varphi_y\}$. 在此 $\boldsymbol{n} \cdot \boldsymbol{T} = 0$，显然 $\boldsymbol{T} \perp \boldsymbol{n}$.

2．如何确定曲面上某点指定方向的法向量？

答　设曲面 Σ 的方程为 $F(x,y,z)=0$，则 Σ 在点 $M_0(x_0,y_0,z_0)$ 处的法向量是 $\boldsymbol{n}=\pm\left\{F_x,F_y,F_z\right\}_{M_0}$．若要求曲面在 M_0 处的法向量指向上侧，即该法向量与 z 轴正向的夹角小于 $\dfrac{\pi}{2}$，则应该在 $F_z(M_0)>0$ 时取 $\boldsymbol{n}=\left\{F_x,F_y,F_z\right\}_{M_0}$，而在 $F_z(M_0)<0$ 时取 $\boldsymbol{n}=\left\{-F_x,-F_y,-F_z\right\}_{M_0}$，这样可以保证法向量 $\boldsymbol{n}$ 在 z 轴的投影为正，即 $\boldsymbol{n}$ 是指向上侧的．若要求曲面在点 M_0 处指向下侧的法向量，可作类似的讨论．

三、经典例题解析

题型一　求空间曲线的切线与法平面方程

例 1　求曲线 $x=\cos t,\ y=\sin t,\ z=2t$ 在 $t=\dfrac{\pi}{4}$ 处的切线方程与法平面方程．

解　$\left.\dfrac{\mathrm{d}x}{\mathrm{d}t}\right|_{t=\frac{\pi}{4}}=-\sin t\Big|_{t=\frac{\pi}{4}}=-\dfrac{\sqrt{2}}{2}$，$\left.\dfrac{\mathrm{d}y}{\mathrm{d}t}\right|_{t=\frac{\pi}{4}}=\cos t\Big|_{t=\frac{\pi}{4}}=\dfrac{\sqrt{2}}{2}$，$\left.\dfrac{\mathrm{d}z}{\mathrm{d}t}\right|_{t=\frac{\pi}{4}}=2$，代入切线方程

$\dfrac{x-x_0}{\left.\dfrac{\mathrm{d}x}{\mathrm{d}t}\right|_{t_0}}=\dfrac{y-y_0}{\left.\dfrac{\mathrm{d}y}{\mathrm{d}t}\right|_{t_0}}=\dfrac{z-z_0}{\left.\dfrac{\mathrm{d}z}{\mathrm{d}t}\right|_{t_0}}$，其中 $x_0=\cos t\Big|_{t=\frac{\pi}{4}}=\dfrac{\sqrt{2}}{2},\ y_0=\sin t\Big|_{t=\frac{\pi}{4}}=\dfrac{\sqrt{2}}{2},\ z_0=2t\Big|_{t=\frac{\pi}{4}}=\dfrac{\pi}{2}$，得

切线方程为 $\dfrac{x-\dfrac{\sqrt{2}}{2}}{-\dfrac{\sqrt{2}}{2}}=\dfrac{y-\dfrac{\sqrt{2}}{2}}{\dfrac{\sqrt{2}}{2}}=\dfrac{z-\dfrac{\pi}{2}}{2}$，法平面方程为 $-\dfrac{\sqrt{2}}{2}x+\dfrac{\sqrt{2}}{2}y+2z-\pi=0$．

注　当空间曲线由 $y=y(x),\ z=z(x)$ 给出时，可将 x 作为参数，则切线方程为 $\dfrac{x-x_0}{1}=\dfrac{y-y_0}{\left.\dfrac{\mathrm{d}y}{\mathrm{d}x}\right|_{P_0}}=\dfrac{z-z_0}{\left.\dfrac{\mathrm{d}z}{\mathrm{d}x}\right|_{P_0}}$，对应的法平面方程为 $(x-x_0)+\left.\dfrac{\mathrm{d}y}{\mathrm{d}x}\right|_{P_0}(y-y_0)+\left.\dfrac{\mathrm{d}z}{\mathrm{d}x}\right|_{P_0}(z-z_0)=0$．

例 2　求球面 $x^2+y^2+z^2=\dfrac{9}{4}$ 与椭球面 $3x^2+(y-1)^2+z^2=\dfrac{17}{4}$ 的交线上对应于点 $x=1$ 处的切线方程与法平面方程．

解　当 $x=1$ 时，可解得 $y=\dfrac{1}{2},\ z=\pm1$．本题可看作是由曲面 $x^2+y^2+z^2=\dfrac{9}{4}$ 及 $3x^2+(y-1)^2+z^2=\dfrac{17}{4}$ 确定了两个函数 $y=y(x),\ z=z(x)$．在以上两个方程的两边分别对 x 求导得 $\begin{cases}2x+2y\dfrac{\mathrm{d}y}{\mathrm{d}x}+2z\dfrac{\mathrm{d}z}{\mathrm{d}x}=0,\\ 6x+2(y-1)\dfrac{\mathrm{d}y}{\mathrm{d}x}+2z\dfrac{\mathrm{d}z}{\mathrm{d}x}=0,\end{cases}$ 解得 $\dfrac{\mathrm{d}y}{\mathrm{d}x}=2x,\ \dfrac{\mathrm{d}z}{\mathrm{d}x}=\dfrac{-2xy-x}{z}$，切向量为 $\boldsymbol{T}=\left\{1,\dfrac{\mathrm{d}y}{\mathrm{d}x},\dfrac{\mathrm{d}z}{\mathrm{d}x}\right\}$．

在点$\left(1,\frac{1}{2},1\right)$处的切线方程为$\frac{x-1}{1}=\frac{y-\frac{1}{2}}{2}=\frac{z-1}{-2}$，法平面方程为$x+2y-2z=0$.

在点$\left(1,\frac{1}{2},-1\right)$处的切线方程为$\frac{x-1}{1}=\frac{y-\frac{1}{2}}{2}=\frac{z+1}{2}$，法平面方程为$x+2y+2z=0$.

题型二　求空间曲面的切平面与法线方程

例 3　证明曲面$z=xf\left(\frac{y}{x}\right)(x\neq 0)$上任意一点$M(x_0,y_0,z_0)$处的切平面都通过原点，其中$f$可微.

证明　令$F(x,y,z)=xf\left(\frac{y}{x}\right)-z$，则$F_x=f\left(\frac{y}{x}\right)-\frac{y}{x}f'\left(\frac{y}{x}\right)$，$F_y=f'\left(\frac{y}{x}\right)$，$F_z=-1$，故曲面在点$M(x_0,y_0,z_0)$处的切平面的法向量为$\boldsymbol{n}=\{F_x,F_y,F_z\}\big|_M=\left\{f\left(\frac{y_0}{x_0}\right)-\frac{y_0}{x_0}f'\left(\frac{y_0}{x_0}\right),\ f'\left(\frac{y_0}{x_0}\right),\ -1\right\}$，曲面在点$M$处的切平面方程为$\left[f\left(\frac{y_0}{x_0}\right)-\frac{y_0}{x_0}f'\left(\frac{y_0}{x_0}\right)\right](x-x_0)+f'\left(\frac{y_0}{x_0}\right)(y-y_0)-(z-z_0)=0$. 整理并注意到$z_0=x_0f\left(\frac{y_0}{x_0}\right)$，因此所求的切平面方程为$\left[f\left(\frac{y_0}{x_0}\right)-\frac{y_0}{x_0}f'\left(\frac{y_0}{x_0}\right)\right]x+f'\left(\frac{y_0}{x_0}\right)y-z=0$，所以切平面通过原点.

注　当曲面方程是由$z=f(x,y)$给出时，曲面的法向量为$\{f_x,f_y,-1\}$或$\{-f_x,-f_y,1\}$.

例 4　求曲面$2x^2+3y^2+z^2=9$上平行于平面$2x-3y+2z=1$的切平面方程.

解　设切点为$M(x_0,y_0,z_0)$，令$F(x,y,z)=2x^2+3y^2+z^2-9$，则曲面在点M处的切平面的法向量为$\boldsymbol{n}_1=\{F_x,F_y,F_z\}=\{4x_0,6y_0,2z_0\}$.

又已知平面的法向量为$\boldsymbol{n}_2=\{2,-3,2\}$，依题意可知$\boldsymbol{n}_1$与$\boldsymbol{n}_2$平行，于是$\frac{4x_0}{2}=\frac{6y_0}{-3}=\frac{2z_0}{2}=t$.

又点M在所给曲面上，所以$2x_0^2+3y_0^2+z_0^2=9$. 由上面两式解得所求切点为$(1,-1,2)$，$(-1,1,-2)$，故所求切平面方程为$2(x-1)-3(y+1)+2(z-2)=0$及$2(x+1)-3(y-1)+2(z+2)=0$，即$2x-3y+2z=\pm 9$.

注　当曲面方程是由$F(x,y,z)=0$给出时，曲面的法向量为$\{F_x,F_y,F_z\}$.

四、习题选解

1. 填空题：

(1) 螺旋线$x=a\cos\theta$，$y=a\sin\theta$，$z=b\theta$在点$A(a,0,0)$处的切向量是________，切

线方程是_________.

（2）曲线$\begin{cases}2x^2+3y^2+z^2=47,\\ x^2+2y^2=z\end{cases}$在点$(-2,1,6)$处的切线方程为_________，法平面方程为_________.

（3）曲面$z=xy$上垂直于平面$x+3y+z+9=0$的法线方程为_________，切平面方程为_________.

解　（1）应分别填$\{0,a,b\}$和$\dfrac{x-a}{0}=\dfrac{y}{a}=\dfrac{z}{b}$. 因为点$A(a,0,0)$对应$\theta=0$，所以切向量$\boldsymbol{T}=\{-a\sin\theta,a\cos\theta,b\}\big|_{\theta=0}=\{0,a,b\}$.

（2）应分别填$\dfrac{x+2}{27}=\dfrac{y-1}{28}=\dfrac{z-6}{4}$和$27x+28y+4z+2=0$. 因为曲面$2x^2+3y^2+z^2=47$与$x^2+2y^2=z$在点$(-2,1,6)$处的法向量分别为

$$\boldsymbol{n}_1=\{4x,6y,2z\}\big|_{(-2,1,6)}=\{-8,6,12\}，\boldsymbol{n}_2=\{2x,4y,-1\}\big|_{(-2,1,6)}=\{-4,4,-1\}，$$

所以曲线$\begin{cases}2x^2+3y^2+z^2=47,\\ x^2+2y^2=z\end{cases}$在点$(-2,1,6)$处的切向量$\boldsymbol{T}=\boldsymbol{n}_1\times\boldsymbol{n}_2=\{-54,-56,-8\}//\{27,28,4\}$，从而切线方程为$\dfrac{x+2}{27}=\dfrac{y-1}{28}=\dfrac{z-6}{4}$，法平面方程为$27(x+2)+28(y-1)+4(z-6)=0$，即$27x+28y+4z+2=0$.

（3）应分别填$\dfrac{x+3}{1}=\dfrac{y+1}{3}=\dfrac{z-3}{1}$和$x+3y+z+3=0$. 因为曲面$z=xy$的法向量$\boldsymbol{n}_1=\{y,x,-1\}$与平面$x+3y+z+9=0$的法向量$\boldsymbol{n}_2=\{1,3,1\}$平行，即$\dfrac{y}{1}=\dfrac{x}{3}=\dfrac{-1}{1}$，所以$x=-3$，$y=-1$，因此曲面上点$(-3,-1,3)$处的法线满足所给的要求. 法线方程为$\dfrac{x+3}{1}=\dfrac{y+1}{3}=\dfrac{z-3}{1}$，切平面方程为$(x+3)+3(y+1)+(z-3)=0$，即$x+3y+z+3=0$.

2．求曲线$y^2=2mx$，$z^2=m-x$在点(x_0,y_0,z_0)处的切线及法平面方程.

解　设曲线方程为$\begin{cases}x=x,\\ y^2=2mx,\\ z^2=m-x.\end{cases}$因为$\dfrac{\mathrm{d}y}{\mathrm{d}x}=\dfrac{m}{y}$，$\dfrac{\mathrm{d}z}{\mathrm{d}x}=-\dfrac{1}{2z}$，于是切线方向向量为

$$\boldsymbol{T}=\left\{1,\frac{m}{y},-\frac{1}{2z}\right\}\bigg|_{(x_0,y_0,z_0)}//\{2y_0z_0,2mz_0,-y_0\}.$$

所以切线方程为$\dfrac{x-x_0}{2y_0z_0}=\dfrac{y-y_0}{2mz_0}=\dfrac{z-z_0}{-y_0}$，法平面方程为$2y_0z_0(x-x_0)+2mz_0(y-y_0)-y_0(z-z_0)=0$.

3．求椭球面$x^2+2y^2+z^2=1$上平行于平面$x-y+2z=0$的切平面方程.

解　椭球面上任意一点处法向量为$\boldsymbol{n}_1=\{2x,4y,2z\}=2\{x,2y,z\}$，平面$x-y+2z=0$

的法向量为 $\boldsymbol{n}_2=\{1,-1,2\}$，由题意可知两个法向量平行，所以 $\frac{x}{1}=\frac{2y}{-1}=\frac{z}{2}$，于是 $x=-2y$，$z=-4y$，代入椭球面方程得 $(-2y)^2+2y^2+(-4y)^2=1$，于是 $y=\pm\sqrt{\frac{1}{22}}$，切点坐标为 $\left(\frac{-2}{\sqrt{22}},\frac{1}{\sqrt{22}},\frac{-4}{\sqrt{22}}\right)$ 与 $\left(\frac{2}{\sqrt{22}},\frac{-1}{\sqrt{22}},\frac{4}{\sqrt{22}}\right)$，切平面方程为 $\left(x+\frac{2}{\sqrt{22}}\right)-\left(y-\frac{1}{\sqrt{22}}\right)+2\left(z+\frac{4}{\sqrt{22}}\right)=0$ 与 $\left(x-\frac{2}{\sqrt{22}}\right)-\left(y+\frac{1}{\sqrt{22}}\right)+2\left(z-\frac{4}{\sqrt{22}}\right)=0$，即 $x-y+2z=\pm\sqrt{\frac{11}{2}}$.

4．求椭球面 $3x^2+y^2+z^2=16$ 上点 $(-1,-2,3)$ 处的切平面与 xOy 坐标面的夹角.

解　切平面的法向量为 $\boldsymbol{n}=\{6x,2y,2z\}\big|_{(-1,-2,3)}=2\{-3,-2,3\}$，$xOy$ 坐标面的法向量为 $\boldsymbol{k}=\{0,0,1\}$，所以 $\cos\theta=\frac{|\boldsymbol{n}\cdot\boldsymbol{k}|}{|\boldsymbol{n}||\boldsymbol{k}|}=\frac{3}{\sqrt{9+4+9}}=\frac{3}{\sqrt{22}}$，$\theta=\arccos\frac{3}{\sqrt{22}}$.

5．证明曲面 $\sqrt{x}+\sqrt{y}+\sqrt{z}=\sqrt{a}\,(a>0)$ 上任何点处的切平面在各坐标轴上的截距之和等于 a.

证明　设曲面上任一点 $M(x_0,y_0,z_0)$ 处的法向量为 $\boldsymbol{n}=\left\{\frac{1}{2\sqrt{x}},\frac{1}{2\sqrt{y}},\frac{1}{2\sqrt{z}}\right\}\Bigg|_M=\frac{1}{2}\left\{\frac{1}{\sqrt{x_0}},\frac{1}{\sqrt{y_0}},\frac{1}{\sqrt{z_0}}\right\}$，所以切平面方程为 $\frac{1}{\sqrt{x_0}}(x-x_0)+\frac{1}{\sqrt{y_0}}(y-y_0)+\frac{1}{\sqrt{z_0}}(z-z_0)=0$，即 $\frac{x}{\sqrt{x_0}}+\frac{y}{\sqrt{y_0}}+\frac{z}{\sqrt{z_0}}=\sqrt{x_0}+\sqrt{y_0}+\sqrt{z_0}=\sqrt{a}$，化为截距式得 $\frac{x}{\sqrt{ax_0}}+\frac{y}{\sqrt{ay_0}}+\frac{z}{\sqrt{az_0}}=1$，因此截距之和为 $\sqrt{ax_0}+\sqrt{ay_0}+\sqrt{az_0}=\sqrt{a}\left(\sqrt{x_0}+\sqrt{y_0}+\sqrt{z_0}\right)=a$.

第七节　方向导数与梯度

一、教学基本要求

1. 了解方向导数的概念及其计算方法.
2. 了解梯度的概念及其计算方法.

二、答疑解惑

1．有人说，“偏导数 $f_x(x_0,y_0)$ 及 $f_y(x_0,y_0)$ 分别是函数 $z=f(x,y)$ 在点 $P_0(x_0,y_0)$ 处沿 x 轴正向及沿 y 轴正向的方向导数”，这种说法对吗？

答　上述说法是不对的. 因为根据方向导数的定义，当 $\boldsymbol{l}=\boldsymbol{i}$ 时，在 $P_0(x_0,y_0)$ 处，有

$$\left.\frac{\partial f}{\partial l}\right|_{(x_0,y_0)}=\lim_{\Delta x\to 0+0}\frac{f(x_0+\Delta x,y_0)-f(x_0,y_0)}{\Delta x}，而\left.\frac{\partial z}{\partial x}\right|_{(x_0,y_0)}=\lim_{\Delta x\to 0}\frac{f(x_0+\Delta x,y_0)-f(x_0,y_0)}{\Delta x},$$

由此可见，前者是单侧极限，后者是双侧极限，二者并非完全相同. 若$\dfrac{\partial z}{\partial x}$存在，则$f$沿$\boldsymbol{l}=\boldsymbol{i}$方向的方向导数$\dfrac{\partial f}{\partial l}$也存在，且二者相等；但反之，若$\dfrac{\partial f}{\partial l}$存在，则$\dfrac{\partial z}{\partial x}$可能不存在.

特别需要指出的是：沿x轴负方向$\boldsymbol{l}=-\boldsymbol{i}$，函数$z=f(x,y)$在点$P_0(x_0,y_0)$的方向导数为

$$\left.\frac{\partial f}{\partial l}\right|_{(x_0,y_0)}=\lim_{\Delta x\to 0-0}\frac{f(x_0+\Delta x,y_0)-f(x_0,y_0)}{-\Delta x},$$

当$\left.\dfrac{\partial z}{\partial x}\right|_{(x_0,y_0)}$存在时，有$\left.\dfrac{\partial f}{\partial l}\right|_{(x_0,y_0)}=-\left.\dfrac{\partial z}{\partial x}\right|_{(x_0,y_0)}$.

类似地，沿方向$\boldsymbol{l}=\boldsymbol{j}$的方向导数$\dfrac{\partial f}{\partial l}$与偏导数$\dfrac{\partial z}{\partial y}$也不完全相同.

2．若函数在某点沿任何方向的方向导数都存在，是否函数在该点的偏导数就存在?

答　不一定. 方向导数与偏导数的差异在于，方向导数是函数沿指定的$\boldsymbol{l}$方向的变化率，偏导数是函数沿平行于坐标轴的直线的变化率，即沿直线的两个方向都包括在内. 所以，即使函数沿任何方向的方向导数都存在，也不能说偏导数存在.

3．如果函数$z=f(x,y)$在点$P_0(x_0,y_0)$处的偏导数存在，但不可微，$\boldsymbol{e}_l=\{\cos\alpha,\cos\beta\}$，那么方向导数的计算公式$\left.\dfrac{\partial f}{\partial l}\right|_{(x_0,y_0)}=f_x(x_0,y_0)\cos\alpha+f_y(x_0,y_0)\cos\beta$是否成立？

答　不一定.

（1）当$\cos\alpha\cos\beta=0$时，不妨设$\cos\beta=0$，因为$\cos^2\alpha+\cos^2\beta=1$，故$\cos\alpha=\pm1$，此时若$\cos\alpha=1$，则$\left.\dfrac{\partial f}{\partial l}\right|_{(x_0,y_0)}=\lim\limits_{t\to 0+0}\dfrac{f(x_0+t,y_0)-f(x_0,y_0)}{t}=f_x(x_0,y_0)=f_x(x_0,y_0)\cos\alpha+f_y(x_0,y_0)\cos\beta$；若$\cos\alpha=-1$，则

$$\begin{aligned}\left.\frac{\partial f}{\partial l}\right|_{(x_0,y_0)}&=\lim_{t\to 0+0}\frac{f(x_0-t,y_0)-f(x_0,y_0)}{t}=-\lim_{t'\to 0-0}\frac{f(x_0+t',y_0)-f(x_0,y_0)}{t'}=-f_x(x_0,y_0)\\&=f_x(x_0,y_0)\cos\alpha+f_y(x_0,y_0)\cos\beta,\end{aligned}$$

故此时计算公式仍成立.

（2）当$\cos\alpha\cos\beta\neq0$时，计算公式不一定成立. 例如，设$f(x,y)=(xy)^{\frac{1}{3}}$，则$f_x(0,0)=f_y(0,0)=0$，但是$\left.\dfrac{\partial f}{\partial l}\right|_{(0,0)}=\lim\limits_{t\to 0+0}\dfrac{f(t\cos\alpha,t\cos\beta)-f(0,0)}{t}=\lim\limits_{t\to 0+0}\dfrac{(t^2\cos\alpha\cos\beta)^{\frac{1}{3}}}{t}=\infty$.

三、经典例题解析

题型一　求函数在某点处的方向导数

例 1　求函数$z=2x^2+y^2$在点(1,1)处沿着$\boldsymbol{l}=\boldsymbol{i}-\boldsymbol{j}$方向的方向导数.

解　利用方向导数的公式$\dfrac{\partial z}{\partial l}=\dfrac{\partial z}{\partial x}\cos\alpha+\dfrac{\partial z}{\partial y}\cos\beta$求之，这里的$\alpha$，$\beta$是$\boldsymbol{l}$的方向与$x$

轴、y 轴正向的夹角，即两个正向之间小于 π 的夹角（方向角）. 由题意，$\alpha=\dfrac{\pi}{4}$，$\beta=\dfrac{3\pi}{4}$.

又 $\left.\dfrac{\partial z}{\partial x}\right|_{(1,1)}=4x\big|_{(1,1)}=4$，$\left.\dfrac{\partial z}{\partial y}\right|_{(1,1)}=2y\big|_{(1,1)}=2$，所以 $\left.\dfrac{\partial z}{\partial l}\right|_{(1,1)}=4\cos\dfrac{\pi}{4}+2\cos\dfrac{3\pi}{4}=\sqrt{2}$.

例 2　设 $\boldsymbol{n}$ 是曲面 $2x^2+3y^2+z^2=6$ 在点 $P(1,1,1)$ 处的指向外侧的法向量，求函数 $u=\dfrac{\sqrt{6x^2+8y^2}}{z}$ 在点 P 处沿着方向 $\boldsymbol{n}$ 的方向导数.

解　易得 $\boldsymbol{n}=4\boldsymbol{i}+6\boldsymbol{j}+2\boldsymbol{k}$，所以 $\{\cos\alpha,\cos\beta,\cos\gamma\}=\left\{\dfrac{2}{\sqrt{14}},\dfrac{3}{\sqrt{14}},\dfrac{1}{\sqrt{14}}\right\}$，故

$$\left.\frac{\partial u}{\partial x}\right|_P=\left.\frac{6x}{z\sqrt{6x^2+8y^2}}\right|_P=\frac{6}{\sqrt{14}},\quad \left.\frac{\partial u}{\partial y}\right|_P=\left.\frac{8y}{z\sqrt{6x^2+8y^2}}\right|_P=\frac{8}{\sqrt{14}},$$

$$\left.\frac{\partial u}{\partial z}\right|_P=-\left.\frac{\sqrt{6x^2+8y^2}}{z^2}\right|_P=-\sqrt{14},$$

从而

$$\left.\frac{\partial u}{\partial n}\right|_P=\left[\frac{\partial u}{\partial x}\cos\alpha+\frac{\partial u}{\partial y}\cos\beta+\frac{\partial u}{\partial z}\cos\gamma\right]_P$$

$$=\frac{6}{\sqrt{14}}\times\frac{2}{\sqrt{14}}+\frac{8}{\sqrt{14}}\times\frac{3}{\sqrt{14}}-\sqrt{14}\times\frac{1}{\sqrt{14}}=\frac{11}{7}.$$

题型二　方向导数、偏导数与可微的关系

例 3　设 $f(x,y)=\begin{cases}\dfrac{2xy}{x^2+y^2}, & (x,y)\neq(0,0),\\ 0, & (x,y)=(0,0),\end{cases}$ 证明函数在点 $(0,0)$ 处偏导数存在但在某些方向的方向导数不存在.

证明　因为 $f_x(0,0)=\lim\limits_{\Delta x\to 0}\dfrac{f(0+\Delta x,0)-f(0,0)}{\Delta x}=\lim\limits_{\Delta x\to 0}\dfrac{\dfrac{2\Delta x\cdot 0}{(\Delta x)^2+0}-0}{\Delta x}=0$，

$$f_y(0,0)=\lim_{\Delta y\to 0}\frac{f(0,0+\Delta y)-f(0,0)}{\Delta y}=\lim_{\Delta y\to 0}\frac{\dfrac{2\Delta y\cdot 0}{(\Delta y)^2+0}-0}{\Delta y}=0,$$

所以函数在点 $(0,0)$ 处偏导数存在且 $f_x(0,0)=f_y(0,0)=0$. 但是函数 $f(x,y)$ 在点 $(0,0)$ 处沿着除坐标轴方向外的任何方向 $\boldsymbol{l}=\{\rho\cos\theta,\rho\sin\theta\}$ 的方向导数为

$$\lim_{\rho\to 0+0}\frac{f(\rho\cos\theta,\rho\sin\theta)-f(0,0)}{\rho}=\lim_{\rho\to 0+0}\frac{\sin 2\theta}{\rho}=\infty,$$

因此方向导数不存在. 这里的 $\theta\neq 0,\ \dfrac{\pi}{2},\ \pi,\ \dfrac{3\pi}{2}$.

注　此题说明函数在某一点的偏导数存在不能推出函数在该点处每个方向上的方向导数都存在.

例 4　设函数 $f(x,y)=\sqrt{x^2+y^2}$，证明函数在点 $(0,0)$ 处的方向导数都存在，但偏导数不存在.

证明　根据方向导数的定义，在点 $(0,0)$ 处有

$$\left.\frac{\partial f}{\partial l}\right|_{(0,0)}=\lim_{\rho\to0+0}\frac{f(0+\Delta x,0+\Delta y)-f(0,0)}{\rho}=\lim_{\rho\to0+0}\frac{f(\Delta x,\Delta y)}{\rho}=\lim_{t\to0+0}\frac{\sqrt{\Delta x^2+\Delta y^2}}{\rho}=\lim_{t\to0+0}\frac{\rho}{\rho}=1,$$

所以 $f(x,y)$ 沿着任意方向 $\boldsymbol{l}$ 的方向导数都存在.但是函数 $f(x,y)$ 在点 $(0,0)$ 处的偏导数为

$$f_x(0,0)=\lim_{\Delta x\to0}\frac{f(0+\Delta x,0)-f(0,0)}{\Delta x}=\lim_{\Delta x\to0}\frac{|\Delta x|}{\Delta x},$$

上述极限不存在，同理可证 $f_y(0,0)$ 也不存在.

注　此题说明函数在某一点的每个方向上方向导数都存在不能推出函数在该点处偏导数存在. 方向导数 $\dfrac{\partial f}{\partial l}$ 是定义在半直线上的单侧导数，它描述了函数沿着方向 $\boldsymbol{l}$ 的变化率. 而偏导数 $\dfrac{\partial f}{\partial x}$ 或 $\dfrac{\partial f}{\partial y}$ 则是定义在 x 轴（或 y 轴）直线上点的双侧导数，它表示函数沿着平行于坐标轴方向的变化率，所以方向导数与偏导数之间没有必然的联系.

例 5　设二元函数 $f(x,y)=\begin{cases}x+y+\dfrac{x^3y}{x^4+y^2}, & (x,y)\neq(0,0),\\ 0, & (x,y)=(0,0),\end{cases}$ 证明函数 $f(x,y)$ 在点 $(0,0)$ 处沿着任意方向 $\boldsymbol{l}=\{\cos\alpha,\cos\beta\}$ 的方向导数都存在，这里的 $\alpha,\ \beta$ 分别是 $\boldsymbol{l}$ 方向与 x 轴、y 轴正向的夹角，但是函数在点 $(0,0)$ 处不可微.

证明　令 $\Delta x=\rho\cos\alpha,\ \Delta y=\rho\cos\beta$，则 $\rho=\sqrt{(\Delta x)^2+(\Delta y)^2}$，根据方向导数的定义，有

$$\begin{aligned}\left.\frac{\partial f}{\partial l}\right|_{(0,0)}&=\lim_{\rho\to0+0}\frac{f(0+\rho\cos\alpha,0+\rho\cos\beta)-f(0,0)}{\rho}\\&=\lim_{\rho\to0+0}\frac{1}{\rho}\cdot\left(\rho\cos\alpha+\rho\cos\beta+\frac{\rho^4\cos^3\alpha\cos\beta}{\rho^4\cos^4\alpha+\rho^2\cos^2\beta}\right)=\cos\alpha+\cos\beta.\end{aligned}$$

这说明函数 $f(x,y)$ 在点 $(0,0)$ 处沿着任意方向的方向导数都存在，且由偏导数的定义，可求得 $f_x(0,0)=f_y(0,0)=1$，但由于

$$\begin{aligned}\lim_{\rho\to0+0}\frac{\Delta z-f_x(0,0)\Delta x-f_y(0,0)\Delta y}{\rho}&=\lim_{\rho\to0+0}\frac{\dfrac{(\Delta x)^3\cdot\Delta y}{(\Delta x)^4+(\Delta y)^2}}{\rho}\\&=\lim_{\substack{\Delta x\to0\\ \Delta y\to0}}\frac{(\Delta x)^3\cdot\Delta y}{\left[(\Delta x)^4+(\Delta y)^2\right]\sqrt{(\Delta x)^2+(\Delta y)^2}},\end{aligned}$$

当取路径 $\Delta y=(\Delta x)^2$ 时，上式极限为 $\dfrac{1}{2}\neq0$，所以函数 $f(x,y)$ 在点 $(0,0)$ 处不可微.

注　如果函数 $f(x,y)$ 在点 $P(x,y)$ 处可微，那么在点 $P(x,y)$ 处，函数 $f(x,y)$ 沿着任意

方向的方向导数都存在. 本题说明反之不成立，即使函数 $f(x,y)$ 在点 $P(x,y)$ 处沿着任意方向的方向导数都存在，函数 $f(x,y)$ 在点 $P(x,y)$ 处也不一定可微.

题型三　求函数在某点处的梯度及沿着梯度方向的方向导数

例 6　求 $\mathbf{grad}\dfrac{1}{x^2+y^2}$.

解　这里 $f(x,y)=\dfrac{1}{x^2+y^2}$. 因为 $\dfrac{\partial f}{\partial x}=-\dfrac{2x}{(x^2+y^2)^2}$，$\dfrac{\partial f}{\partial y}=-\dfrac{2y}{(x^2+y^2)^2}$，所以

$$\mathbf{grad}\frac{1}{x^2+y^2}=-\frac{2x}{(x^2+y^2)^2}\boldsymbol{i}-\frac{2y}{(x^2+y^2)^2}\boldsymbol{j}.$$

例 7　问函数 $u=xy^2z$ 在点 $P(1,-1,2)$ 处沿着什么方向的方向导数最大？并求此方向导数的最大值.

解　梯度方向是方向导数取得最大值的方向，因此先求梯度. 因为

$$\mathbf{grad}u\big|_P=\left\{\frac{\partial u}{\partial x},\frac{\partial u}{\partial y},\frac{\partial u}{\partial z}\right\}\bigg|_P=\left\{y^2z,2xyz,xy^2\right\}\big|_{(1,-1,2)}=\{2,-4,1\},$$

所以向量 $2\boldsymbol{i}-4\boldsymbol{j}+\boldsymbol{k}$ 的方向即为点 $P(1,-1,2)$ 处函数 u 的方向导数取得最大值的方向，此方向的方向导数的值为梯度的模，即为 $|\mathbf{grad}u|_P=\sqrt{2^2+(-4)^2+1}=\sqrt{21}$.

四、习题选解

1．填空题

（1）设二元函数 $f(x,y)$ 在点 (x_0,y_0) 处的偏导数存在，则 $\dfrac{\partial f}{\partial x}\bigg|_{(x_0,y_0)}$ 表示 $z=f(x,y)$ 在点 (x_0,y_0) 处沿着________方向的方向导数；

（2）函数的最大的方向导数的方向是______的方向，其最大的方向导数值等于_______.

（3）函数 $z=x^2+y^2$ 在点 $(1,2)$ 处沿着从点 $(1,2)$ 到点 $\left(2,2+\sqrt{3}\right)$ 的方向的方向导数是_________.

（4）函数 $u=\ln\left(x^2+y^2+z^2\right)$ 在点 $M(1,2,-2)$ 处的梯度 $\mathbf{grad}u\big|_M=$_________.

解　（1）应填 x 轴正向.

（2）应分别填梯度和梯度的模.

（3）应填$1+2\sqrt{3}$. 因为方向 $\boldsymbol{l}=\left\{1,\sqrt{3}\right\}$，单位化得 $\boldsymbol{l}^0=\left\{\dfrac{1}{2},\dfrac{\sqrt{3}}{2}\right\}$，在点$(1,2)$处，$\mathbf{grad}z\big|_{(1,2)}=\{2x,2y\}\big|_{(1,2)}=\{2,4\}$，所以 $\dfrac{\partial z}{\partial l}=\boldsymbol{l}^0\cdot\mathbf{grad}z\big|_{(1,2)}=1+2\sqrt{3}$.

（4）应填 $\dfrac{2}{9}\{1,2,-2\}$. 因为 $\mathbf{grad}u\big|_M=\left\{\dfrac{2x}{x^2+y^2+z^2},\dfrac{2y}{x^2+y^2+z^2},\dfrac{2z}{x^2+y^2+z^2}\right\}\bigg|_{(1,2,-2)}=\dfrac{2}{9}\{1,2,-2\}$.

2．求函数$z=\ln(x+y)$在抛物线$y^2=4x$上点$(1,2)$处，沿着此抛物线在该点处偏向x轴正向的切线方向的方向导数.

解 抛物线$\begin{cases}x=x,\\ y^2-4x=0\end{cases}$的切向量$\boldsymbol{T}=\left.\left\{1,\dfrac{4}{2y}\right\}\right|_{(1,2)}=\{1,1\}$，点$(1,2)$处的方向余弦为$\cos\alpha=\dfrac{\sqrt{2}}{2}$，$\cos\beta=\dfrac{\sqrt{2}}{2}$. 又因为$\dfrac{\partial z}{\partial x}=\dfrac{1}{x+y}$，$\dfrac{\partial z}{\partial y}=\dfrac{1}{x+y}$，所以

$$\frac{\partial f}{\partial l}=\left.\left(\frac{\partial z}{\partial x}\cos\alpha+\frac{\partial z}{\partial y}\cos\beta\right)\right|_{(1,2)}=\left.\left(\frac{1}{x+y}\cdot\frac{\sqrt{2}}{2}+\frac{1}{x+y}\cdot\frac{\sqrt{2}}{2}\right)\right|_{(1,2)}=\frac{\sqrt{2}}{3}.$$

3．求函数$u=x^2+y^2+z^2$在曲线$x=t$，$y=t^2$，$z=t^3$上点$(1,1,1)$处，沿着曲线在该点的切线正方向（对应于t增大的方向）的方向导数.

解 因为曲线$\begin{cases}x=t,\\ y=t^2,\\ z=t^3\end{cases}$在点$(1,1,1)$处的切向量为$\boldsymbol{T}=\left.\{1,2t,3t^2\}\right|_{(1,1,1)}=\{1,2,3\}$，所以

$$\cos\alpha=\frac{1}{\sqrt{14}},\ \cos\beta=\frac{2}{\sqrt{14}},\ \cos\gamma=\frac{3}{\sqrt{14}}.$$

又因为$\left.\dfrac{\partial u}{\partial x}\right|_{(1,1,1)}=\left.2x\right|_{(1,1,1)}=2$，$\left.\dfrac{\partial u}{\partial y}\right|_{(1,1,1)}=\left.2y\right|_{(1,1,1)}=2$，$\left.\dfrac{\partial u}{\partial z}\right|_{(1,1,1)}=\left.2z\right|_{(1,1,1)}=2$，故所求方向导数为

$$\frac{\partial f}{\partial l}=2\times\frac{1}{\sqrt{14}}+2\times\frac{2}{\sqrt{14}}+2\times\frac{3}{\sqrt{14}}=\frac{6}{7}\sqrt{14}.$$

4．函数$u=xy^2+z^3-xyz$在点$P(1,1,1)$处沿哪个方向的方向导数最大？最大值是多少？

解 因为$\dfrac{\partial u}{\partial x}=y^2-yz$，$\dfrac{\partial u}{\partial y}=2xy-xz$，$\dfrac{\partial u}{\partial z}=3z^2-xy$，$\left.\mathbf{grad}u\right|_{(1,1,1)}=\{0,1,2\}$，所以梯度$\boldsymbol{j}+2\boldsymbol{k}$的方向即为点$P$处$u$的方向导数取得最大值的方向，最大值为梯度的模$\sqrt{5}$.

第八节 多元函数的极值及其求法

一、教学基本要求

1. 理解二元函数极值与条件极值的概念.
2. 会求二元函数的极值与条件极值，了解求条件极值的拉格朗日乘数法.
3. 会解一些比较简单的最大值与最小值的应用问题.

二、答疑解惑

1．如果点(x,y)在过$P_0(x_0,y_0)$的任意一条直线L上变动时函数$z=f(x,y)$都在点P_0取得极小值，能否断定函数在点P_0处取得极小值？

答　不能. 例如：对于函数 $f(x,y)=12x^2-8xy^2+y^4=(2x-y^2)(6x-y^2)$，取点 $P_0(0,0)$，则过点 P_0 的直线可以写成 $\begin{cases}x=\lambda t,\\ y=\mu t,\end{cases}$ 令 $\varphi(t)=f(\lambda t,\mu t)=12\lambda^2t^2-8\lambda\mu^2t^3+\mu^4t^4$，则

$$\varphi'(0)=0,\quad \varphi''(t)=24\lambda^2-48\lambda\mu^2t+12\mu^4t^2.$$

当 $\lambda\neq0$ 时，$\varphi''(0)>0$，所以 $\varphi(0)$ 是极小值；当 $\lambda=0$ 时，$\varphi(t)=\mu^4t^4$，显然 $\varphi(0)$ 也是极小值. 由此可知当点 (x,y) 在过点 $(0,0)$ 沿任意直线变动时，函数都在该点取得极小值.

另一方面，$f(0,0)=0$，而在 $P_0(0,0)$ 的任一邻域内可找到点 $P_0(x_0,y_0)$，使得 $\dfrac{y_0^2}{6}<x_0<\dfrac{y_0^2}{2}$，从而 $f(x_0,y_0)=(2x_0-y_0{}^2)(6x_0-y_0{}^2)<0$，所以 $f(0,0)$ 不是二元函数 $z=f(x,y)$ 的极小值.

2．如果二元连续函数在有界闭区域内有唯一的极小值点 P_0，且无极大值，那么函数是否在点 P_0 取得最小值？

答　不一定. 对于一元函数来说，上述结论是成立的，但对于多元函数，情况较为复杂，一般来说结论不能简单地推广. 例如对二元函数 $z=f(x,y)=3x^2+3y^2-x^3$ $(x^2+y^2\leqslant16)$，令 $\dfrac{\partial z}{\partial x}=6x-3x^2=0$，解得 $x_1=0,x_2=2,$ 令 $\dfrac{\partial z}{\partial y}=6y=0$，解得 $y=0,$ 于是得驻点 $P_1(0,0)$ 和 $P_2(2,0)$. 由二元函数极值的判别法，令

$$A=\frac{\partial^2 z}{\partial x^2}=6-6x,B=\frac{\partial^2 z}{\partial x\partial y}=0,C=\frac{\partial^2 z}{\partial y^2}=6,\ \ AC-B^2=36(1-x).$$

由于 $AC-B^2\big|_{(0,0)}>0,\ \ AC-B^2\big|_{(2,0)}<0$ 以及 $A\big|_{(0,0)}>0$，所以 $P_1(0,0)$ 是函数的唯一极小值点，极小值 $f\big(0,0\big)=0$，但是，$f(4,0)=-16<f(0,0)$，故 $f(0,0)$ 不是 $f(x,y)$ 在 D 上的最小值.

3．如果二元函数 $z=f(x,y)$ 在点 $P_0(x_0,y_0)$ 处取得极值，那么一元函数 $\varphi(x)=f(x,y_0)$ 及 $\psi(y)=f(x_0,y)$ 分别在点 $x=x_0$ 和 $y=y_0$ 必定取得极值. 反之是否成立？

答　反之未必成立. 就是说，若 $f(x,y_0)$ 在点 x_0 取得极值，$f(x_0,y)$ 在点 y_0 取得极值，则函数 $f(x,y)$ 在点 (x_0,y_0) 不一定取得极值. 例如设 $f(x,y)=x^2-3xy+2y^2$，则 $\varphi(x)=f(x,0)=x^2$ 在 $x=0$ 处取得极小值，$\psi(y)=f(0,y)=2y^2$ 在 $y=0$ 处取得极小值. 而对任一 $\delta>0,$ 令 $|t|=\delta$，则点 $\left(\dfrac{3}{4}t,\dfrac{1}{2}t\right)\in U(0,\delta)$，且

$$f\left(\frac{3}{4}t,\frac{1}{2}t\right)=\frac{9}{16}t^2-\frac{9}{8}t^2+\frac{1}{2}t^2=-\frac{1}{16}t^2<0=f(0,0),$$

故 $f(0,0)$ 不是函数的极小值.

4．怎样求有界闭区域 D 上函数 $z=f(x,y)$ 的最大（或最小）值？

答　（1）先求出函数 $z=f(x,y)$ 在区域 D 内的驻点和偏导数不存在的点，并求出上述各点的函数值.

（2）将区域D的边界方程$\varphi(x,y)=0$代入$z=f(x,y)$中，确定一元函数$z=f(x,y(x))=g(x)$（或$f(x(y),y)=h(y)$），求$g(x)$（或$h(y)$）在相应区间上的最大值与最小值，或求函数$z=f(x,y)$在约束条件$\varphi(x,y)=0$下的最大值与最小值.

（3）比较（1）、（2）中的各函数值，其中最大（或最小）者就是函数$z=f(x,y)$在区域D上的最大（或最小）值.

三、经典例题解析

题型一 无条件极值的求法

例 1 设函数$f(x)$具有二阶连续导数，且$f(x)>0$，$f'(0)=0$，则函数$z=f(x)\ln f(y)$在点$(0,0)$处取得极小值的一个充分条件是（ ）.

（A）$f(0)>1$，$f''(0)>0$　　（B）$f(0)>1$，$f''(0)<0$

（C）$f(0)<1$，$f''(0)>0$　　（D）$f(0)<1$，$f''(0)<0$

解 应选（A）. 由$z=f(x)\ln f(y)$，得$\dfrac{\partial z}{\partial x}=f'(x)\ln f(y)$，$\dfrac{\partial z}{\partial y}=f(x)\dfrac{f'(y)}{f(y)}$，$\dfrac{\partial^2 z}{\partial x^2}=f''(x)\ln f(y)$，$\dfrac{\partial^2 z}{\partial x\partial y}=\dfrac{f'(x)f'(y)}{f(y)}$，$\dfrac{\partial^2 z}{\partial y^2}=f(x)\dfrac{f''(y)f(y)-[f'(y)]^2}{[f(y)]^2}$.

在点$(0,0)$处，由于

$$A=\left.\frac{\partial^2 z}{\partial x^2}\right|_{(0,0)}=f''(0)\ln f(0)，\quad B=\left.\frac{\partial^2 z}{\partial x\partial y}\right|_{(0,0)}=0，\quad C=\left.\frac{\partial^2 z}{\partial y^2}\right|_{(0,0)}=f''(0)，$$

所以当$f(0)>1$且$f''(0)>0$时，有$B^2-AC=-[f''(0)]^2\ln f(0)<0$，$A=f''(0)\ln f(0)>0$，所以函数$z=f(x)\ln f(y)$在点$(0,0)$处取得极小值，同时，由上述计算可知选项（B），（C）和（D）都不满足，故选（A）.

例 2 求由方程$x^2+y^2+z^2-2x+2y-4z-10=0$所确定的函数$z=f(x,y)$的极值，并判别是极大值还是极小值？

解 这是求隐函数的无条件极值，应用隐函数微分法求出$\dfrac{\partial z}{\partial x}$，$\dfrac{\partial z}{\partial y}$. 为此在方程两边分别对$x,y$求偏导数得 $2x+2z\dfrac{\partial z}{\partial x}-2-4\dfrac{\partial z}{\partial x}=0$，解得$\dfrac{\partial z}{\partial x}=\dfrac{x-1}{2-z}$；再由$2y+2z\dfrac{\partial z}{\partial y}+2-4\dfrac{\partial z}{\partial y}=0$，解得$\dfrac{\partial z}{\partial y}=\dfrac{y+1}{2-z}$. 令$\dfrac{\partial z}{\partial x}=0$，$\dfrac{\partial z}{\partial y}=0$，得驻点为$(1,-1)$，把驻点代入原方程得$z^2-4z-12=0$，从而解得$z_1=6$，$z_2=-2$，即有两组对应值$f(1,-1)=6$，$f(1,-1)=-2$. 因为

$$A=\frac{\partial^2 z}{\partial x^2}=\frac{(2-z)+(x-1)\dfrac{\partial z}{\partial x}}{(2-z)^2}=\frac{(2-z)^2+(x-1)^2}{(2-z)^3}，$$

$$B=\frac{\partial^2 z}{\partial x\partial y}=\frac{(x-1)\dfrac{\partial z}{\partial y}}{(2-z)^2}=\frac{(x-1)(y+1)}{(2-z)^3}，$$

$$C=\frac{\partial^2 z}{\partial y^2}=\frac{(2-z)+(y+1)\frac{\partial z}{\partial y}}{(2-z)^2}=\frac{(2-z)^2+(y+1)^2}{(2-z)^3},$$

若把点 $(1,-1,6)$ 代入得 $A=-\frac{1}{4}$，$B=0$，$C=-\frac{1}{4}$，又 $AC-B^2=\frac{1}{16}>0$，$A=-\frac{1}{4}<0$，所以 $z_1=6$ 为极大值；若把点 $(1,-1,-2)$ 代入得 $A=\frac{1}{4}$，$B=0$，$C=\frac{1}{4}$，又 $AC-B^2=\frac{1}{16}>0$，$A=\frac{1}{4}>0$，所以 $z_2=-2$ 为极小值.

注 把原方程配方得 $(x-1)^2+(y+1)^2+(z-2)^2=4^2$，显然方程表示球心在 $(1,-1,2)$，半径为 4 的球面，且 $2+4=6$ 为极大值，$2-4=-2$ 为极小值.

题型二 条件极值的求法

例 3 在椭球面 $\frac{x^2}{a^2}+\frac{y^2}{b^2}+\frac{z^2}{c^2}=1\ (x>0,y>0,z>0)$ 上找一点，使得过该点的切平面与三个坐标面围成的四面体的体积最小.

解 先求椭球面上点 (x_0,y_0,z_0) 处的切平面方程，为此，设 $F(x,y,z)=\frac{x^2}{a^2}+\frac{y^2}{b^2}+\frac{z^2}{c^2}-1$，则

$$F_x=\frac{2x}{a^2},\quad F_y=\frac{2y}{b^2},\quad F_z=\frac{2z}{c^2},$$

所以切平面的法向量为 $\boldsymbol{n}=\left\{\frac{2x}{a^2},\frac{2y}{b^2},\frac{2z}{c^2}\right\}$，于是曲面上点 (x_0,y_0,z_0) 处的切平面方程为

$$\frac{2x_0}{a^2}(x-x_0)+\frac{2y_0}{b^2}(y-y_0)+\frac{2z_0}{c^2}(z-z_0)=0.$$

令 $y=z=0$，有 $\frac{2x_0}{a^2}(x-x_0)-\frac{2y_0^2}{b^2}-\frac{2z_0^2}{c^2}=0$. 解得切平面在 x 轴上的截距为

$$x=\frac{a^2}{2x_0}\left(\frac{2x_0^2}{a^2}+\frac{2y_0^2}{b^2}+\frac{2z_0^2}{c^2}\right)=\frac{a^2}{x_0}.$$

同理可得切平面在 y 轴和 z 轴上的截距分别为 $\frac{b^2}{y_0}$ 和 $\frac{c^2}{z_0}$，于是四面体的体积为 $V=\frac{1}{6}\frac{a^2b^2c^2}{x_0y_0z_0}$.

要求点 (x_0,y_0,z_0) 使得 V 最小，即求点 (x_0,y_0,z_0) 使得 $G(x_0,y_0,z_0)=\frac{6x_0y_0z_0}{a^2b^2c^2}$ 最大. 此问题就是在条件 $\frac{x_0^2}{a^2}+\frac{y_0^2}{b^2}+\frac{z_0^2}{c^2}-1=0$ 下，求函数 $G(x_0,y_0,z_0)=\frac{6x_0y_0z_0}{a^2b^2c^2}$ 的最大值. 为此，构造辅助函数

$$L(x_0,y_0,z_0,\lambda)=\frac{6x_0y_0z_0}{a^2b^2c^2}+\lambda\left(\frac{x_0^2}{a^2}+\frac{y_0^2}{b^2}+\frac{z_0^2}{c^2}-1\right),$$

并令 $\begin{cases} \dfrac{\partial L}{\partial x_0} = \dfrac{6y_0 z_0}{a^2b^2c^2} + \dfrac{2\lambda x_0}{a^2} = 0, \\ \dfrac{\partial L}{\partial y_0} = \dfrac{6x_0 z_0}{a^2b^2c^2} + \dfrac{2\lambda y_0}{b^2} = 0, \\ \dfrac{\partial L}{\partial z_0} = \dfrac{6x_0 y_0}{a^2b^2c^2} + \dfrac{2\lambda z_0}{c^2} = 0, \\ \dfrac{\partial L}{\partial \lambda} = \dfrac{x_0^2}{a^2} + \dfrac{y_0^2}{b^2} + \dfrac{z_0^2}{c^2} - 1 = 0, \end{cases}$ 解此方程组得 $\dfrac{x_0^2}{a^2} = \dfrac{y_0^2}{b^2}$，$\dfrac{y_0^2}{b^2} = \dfrac{z_0^2}{c^2}$，代入上述方程组中的第四式得 $x_0 = \dfrac{a}{\sqrt{3}}$，$y_0 = \dfrac{b}{\sqrt{3}}$，$z_0 = \dfrac{c}{\sqrt{3}}$，得唯一可能的极值点 $\left(\dfrac{a}{\sqrt{3}}, \dfrac{b}{\sqrt{3}}, \dfrac{c}{\sqrt{3}}\right)$.又根据实际问题，函数 V 一定能取得最小值，所以，所求的曲面上的点就是 $\left(\dfrac{a}{\sqrt{3}}, \dfrac{b}{\sqrt{3}}, \dfrac{c}{\sqrt{3}}\right)$.

四、习题选解

1．求下列各函数的极值：

（1）$z = 4(x-y) - x^2 - y^2$；（2）$z = \mathrm{e}^{2x}(x + y^2 + 2y)$.

解　（1）令 $z_x = 4 - 2x = 0, x = 2$；$z_y = -4 - 2y = 0, y = -2$，得驻点 $(2,-2)$.又 $z_{xx} = -2$，$z_{xy} = 0$，$z_{yy} = -2$，在点 $(2,-2)$ 处，$A = -2$，$B = 0$，$C = -2$．因为 $AC - B^2 > 0$，且 $A = -2 < 0$，所以函数在点 $(2,-2)$ 处取得极大值 $z(2,-2) = 4(2+2) - 4 - 4 = 8$．

（2）解方程组 $\begin{cases} z_x = \mathrm{e}^{2x}(2x + 2y^2 + 4y + 1) = 0, \\ z_y = \mathrm{e}^{2x}(2y + 2) = 0 \end{cases}$ 得驻点 $\left(\dfrac{1}{2}, -1\right)$.

因为 $z_{xx} = 2\mathrm{e}^{2x}(2x + 2y^2 + 4y + 2)$，$z_{xy} = \mathrm{e}^{2x}(4y + 4)$，$z_{yy} = 2\mathrm{e}^{2x}$，在点 $\left(\dfrac{1}{2}, -1\right)$ 处，$A = 2\mathrm{e} > 0$，$B = 0$，$C = 2\mathrm{e}$，$AC - B^2 = 4\mathrm{e}^2 > 0$，所以在点 $\left(\dfrac{1}{2}, -1\right)$ 处，函数取得极小值 $z = -\dfrac{\mathrm{e}}{2}$.

2．求函数 $z = xy$ 在附加条件 $x + y = 1$ 下的极大值.

解　令 $F(x,y,\lambda) = xy + \lambda(x + y - 1)$，由 $\begin{cases} F_x = y + \lambda = 0, \\ F_y = x + \lambda = 0, \\ F_\lambda = x + y - 1 = 0 \end{cases}$ 解得 $x = y = \dfrac{1}{2}$，即 $\left(\dfrac{1}{2}, \dfrac{1}{2}\right)$ 是函数唯一可能的极值点，由问题的性质可知函数的极大值一定存在，所以函数的极大值为 $z = \dfrac{1}{2} \times \dfrac{1}{2} = \dfrac{1}{4}$.

3．在 xOy 坐标面上求一点，使它到 $x = 0$，$y = 0$ 及 $x + 2y - 16 = 0$ 三直线的距离平方之和最小.

解　设所求点为(x,y)，则它到三条直线的距离分别为$|y|$，$|x|$，$\dfrac{|x+2y-16|}{\sqrt{1^2+2^2}}$，这三个距离的平方和为

$$z=x^2+y^2+\frac{(x+2y-16)^2}{5}.$$

解方程组$\begin{cases} z_x=2x+\dfrac{2}{5}(x+2y-16)=0, \\ z_y=2y+\dfrac{4}{5}(x+2y-16)=0 \end{cases}$得唯一可能的极值点$\left(\dfrac{8}{5},\dfrac{16}{5}\right)$，根据问题的性质可知距离平方之和最小的点一定存在，即为$\left(\dfrac{8}{5},\dfrac{16}{5}\right)$.

4．抛物面$z=x^2+y^2$被平面$x+y+z=1$截成一椭圆，求原点到这个椭圆的最长距离与最短距离.

解　设(x,y,z)是该椭圆上任意一点，它必须同时满足抛物面方程及平面方程，于是得约束条件$\begin{cases} z=x^2+y^2, \\ x+y+z=1. \end{cases}$目标函数为$d=\sqrt{x^2+y^2+z^2}$，为运算方便改为$d^2=x^2+y^2+z^2$.

构造拉格朗日函数$L=x^2+y^2+z^2+\lambda_1(z-x^2-y^2)+\lambda_2(x+y+z-1)$，则由$\begin{cases} L_x=2x-2\lambda_1 x+\lambda_2=0, \\ L_y=2y-2\lambda_1 y+\lambda_2=0, \\ L_z=2z+\lambda_1+\lambda_2=0, \\ L_\lambda=z-x^2-y^2=0, \\ L_\mu=x+y+z-1=0 \end{cases}$　解得两个可能的极值点$M_1\left(\dfrac{-1+\sqrt{3}}{2},\ \dfrac{-1+\sqrt{3}}{2},\ 2-\sqrt{3}\right)$与$M_2\left(\dfrac{-1-\sqrt{3}}{2},\dfrac{-1-\sqrt{3}}{2},2+\sqrt{3}\right)$. 由题意可知距离的最大值与最小值一定存在，所以距离的最大值与最小值分别在这两点取得. 经计算$d\big|_{M_1}=\sqrt{9-5\sqrt{3}}$，$d\big|_{M_2}=\sqrt{9+5\sqrt{3}}$，所以$d_1=\sqrt{9+5\sqrt{3}}$与$d_2=\sqrt{9-5\sqrt{3}}$分别为所求的最长距离与最短距离.

5．将周长为$2p$的矩形绕它的一边旋转而构成一个圆柱体. 问矩形的边长各为多少时，可使圆柱体的体积最大？

解　设矩形的长为x，则宽为$p-x$，绕宽边旋转，得圆柱体的体积为$V=\pi px^2-\pi x^3$ $(0<x<p)$，令$\dfrac{\mathrm{d}V}{\mathrm{d}x}=2\pi px-3\pi x^2=0$，得唯一驻点$x=\dfrac{2p}{3}$，这时宽为$p-x=\dfrac{p}{3}$. 由于驻点唯一，又知这种圆柱体体积一定有最大值，所以矩形的边长分别为$\dfrac{2p}{3}$和$\dfrac{p}{3}$，且绕短边旋转时所得圆柱体的体积最大.

总习题八选解

1．设 $f(x,y)=\begin{cases}\dfrac{x^2y}{x^2+y^2}, & x^2+y^2\neq 0,\\ 0, & x^2+y^2=0.\end{cases}$ 求 $f_x(x,y)$ 及 $f_y(x,y)$.

解　当 $x^2+y^2=0$ 时，

$$f_x(0,0)=\lim_{x\to 0}\frac{f(x,0)-f(0,0)}{x}=\lim_{x\to 0}\frac{0}{x}=0\text{，}\quad f_y(0,0)=\lim_{y\to 0}\frac{f(0,y)-f(0,0)}{y}=\lim_{y\to 0}\frac{0}{y}=0.$$

当 $x^2+y^2\neq 0$ 时，

$$\left(\frac{x^2y}{x^2+y^2}\right)'_x=\frac{2xy^3}{(x^2+y^2)^2}\text{，}\quad \left(\frac{x^2y}{x^2+y^2}\right)'_y=\frac{x^2(x^2-y^2)}{(x^2+y^2)^2}\text{，}$$

所以

$$f_x(x,y)=\begin{cases}\dfrac{2xy^3}{(x^2+y^2)^2}, & x^2+y^2\neq 0,\\ 0, & x^2+y^2=0,\end{cases}\qquad f_y(x,y)=\begin{cases}\dfrac{x^2(x^2-y^2)}{(x^2+y^2)^2}, & x^2+y^2\neq 0,\\ 0, & x^2+y^2=0.\end{cases}$$

2．设 $f(x,y)=\begin{cases}\dfrac{x^2y^2}{(x^2+y^2)^{3/2}}, & x^2+y^2\neq 0,\\ 0, & x^2+y^2=0,\end{cases}$ 证明：$f(x,y)$ 在点 $(0,0)$ 处连续且偏导数存在，但不可微分.

证明　因为 $0\leqslant\dfrac{x^2y^2}{(x^2+y^2)^{3/2}}\leqslant\dfrac{(x^2+y^2)^2}{4(x^2+y^2)^{3/2}}=\dfrac{1}{4}\sqrt{x^2+y^2}$，且 $\lim\limits_{\substack{x\to 0\\ y\to 0}}\dfrac{1}{4}\sqrt{x^2+y^2}=0$，所以

$$\lim_{\substack{x\to 0\\ y\to 0}}f(x,y)=\lim_{\substack{x\to 0\\ y\to 0}}\frac{x^2y^2}{(x^2+y^2)^{3/2}}=0\text{，}$$

于是 $\lim\limits_{(x,y)\to(0,0)}f(x,y)=f(0,0)$，因此 $f(x,y)$ 在点 $(0,0)$ 处连续.

因为

$$f_x(0,0)=\lim_{x\to 0}\frac{f(x,0)-f(0,0)}{x}=\lim_{x\to 0}\frac{0}{x}=0\text{，}$$

$$f_y(0,0)=\lim_{y\to 0}\frac{f(0,y)-f(0,0)}{y}=\lim_{y\to 0}\frac{0}{y}=0\text{，}$$

所以 $f(x,y)$ 在点 $(0,0)$ 处偏导数存在.

由微分的定义可知，若函数 $z=f(x,y)$ 可微分，则应有

$$\Delta z=f(0+\Delta x,0+\Delta y)-f(0,0)=\left.\frac{\partial z}{\partial x}\right|_{(0,0)}\Delta x+\left.\frac{\partial z}{\partial y}\right|_{(0,0)}\Delta y+o(\rho)\text{，}$$

即

$$\Delta z=\frac{\Delta x^2\Delta y^2}{(\Delta x^2+\Delta y^2)^{3/2}}=0\cdot\Delta x+0\cdot\Delta y+o(\rho)=o(\rho)\text{，}$$

而
$$\lim_{\substack{\Delta x\to 0\\ \Delta y\to 0}}\frac{\Delta z}{\rho}=\lim_{\substack{\Delta x\to 0\\ \Delta y\to 0}}\frac{\Delta x^2\Delta y^2}{(\Delta x^2+\Delta y^2)^2}\neq 0,$$
也就是$\Delta z\neq o(\rho)$，所以$f(x,y)$在点$(0,0)$处不可微.

3．设$u=x^y$，而$x=\varphi(t)$，$y=\psi(t)$都是可微函数，求$\dfrac{\mathrm{d}u}{\mathrm{d}t}$.

解 $\dfrac{\mathrm{d}u}{\mathrm{d}t}=\dfrac{\partial u}{\partial x}\dfrac{\mathrm{d}x}{\mathrm{d}t}+\dfrac{\partial u}{\partial y}\dfrac{\mathrm{d}y}{\mathrm{d}t}=yx^{y-1}\cdot\varphi'(t)+x^y\ln x\cdot\psi'(t)$.

4．设$x=\mathrm{e}^u\cos v$，$y=\mathrm{e}^u\sin v$，$z=uv$，试求$\dfrac{\partial z}{\partial x}$和$\dfrac{\partial z}{\partial y}$.

解 在$x=\mathrm{e}^u\cos v$，$y=\mathrm{e}^u\sin v$两边分别对x求导得$\begin{cases}\mathrm{e}^u\cos v\dfrac{\partial u}{\partial x}-\mathrm{e}^u\sin v\dfrac{\partial v}{\partial x}=1,\\ \mathrm{e}^u\sin v\dfrac{\partial u}{\partial x}+\mathrm{e}^u\cos v\dfrac{\partial v}{\partial x}=0,\end{cases}$解得

$\dfrac{\partial u}{\partial x}=\dfrac{\cos v}{\mathrm{e}^u}$，$\dfrac{\partial v}{\partial x}=-\dfrac{\sin v}{\mathrm{e}^u}$.

同理可解得$\dfrac{\partial u}{\partial y}=\dfrac{\sin v}{\mathrm{e}^u}$，$\dfrac{\partial v}{\partial y}=\dfrac{\cos v}{\mathrm{e}^u}$. 又因为$z=uv$，所以
$$\frac{\partial z}{\partial x}=v\frac{\partial u}{\partial x}+u\frac{\partial v}{\partial x}=\mathrm{e}^{-u}(v\cos v-u\sin v),$$
$$\frac{\partial z}{\partial y}=v\frac{\partial u}{\partial y}+u\frac{\partial v}{\partial y}=\mathrm{e}^{-u}(v\sin v+u\cos v).$$

5．设x轴正向到方向l的转角为φ，求函数$f(x,y)=x^2-xy+y^2$在点$(1,1)$沿方向l的方向导数，并分别确定转角φ，使方向导数（1）有最大值；（2）有最小值；（3）等于0.

解 由$f(x,y)=x^2-xy+y^2$，得$\dfrac{\partial f}{\partial x}=2x-y$，$\dfrac{\partial f}{\partial y}=2y-x$，因此
$$\frac{\partial f}{\partial l}=\frac{\partial f}{\partial x}\cos\varphi+\frac{\partial f}{\partial y}\sin\varphi=(2x-y)\cos\varphi+(2y-x)\sin\varphi,$$
$$\left.\frac{\partial f}{\partial l}\right|_{(1,1)}=\cos\varphi+\sin\varphi=\sqrt{2}\sin\left(\varphi+\frac{\pi}{4}\right),$$
所以（1）当$\varphi=\dfrac{\pi}{4}$时，方向导数取得最大值$\sqrt{2}$；（2）当$\varphi=\dfrac{5\pi}{4}$时，方向导数取得最小值$-\sqrt{2}$；（3）当$\varphi=\dfrac{3\pi}{4}$或$\varphi=\dfrac{7\pi}{4}$时，方向导数等于0.

6．求函数$u=x^2+y^2+z^2$在椭球面$\dfrac{x^2}{a^2}+\dfrac{y^2}{b^2}+\dfrac{z^2}{c^2}=1$上点$M_0(x_0,y_0,z_0)$处沿外法线方向的方向导数.

解 椭球面$\dfrac{x^2}{a^2}+\dfrac{y^2}{b^2}+\dfrac{z^2}{c^2}=1$上任一点处的外法向量为$\boldsymbol{n}=\left\{\dfrac{2x}{a^2},\dfrac{2y}{b^2},\dfrac{2z}{c^2}\right\}$，在点$M_0(x_0,$

$y_0,z_0)$ 处其单位外法向量为 $\boldsymbol{n}^0\Big|_{M_0}=\dfrac{1}{\sqrt{\dfrac{x_0^2}{a^4}+\dfrac{y_0^2}{b^4}+\dfrac{z_0^2}{c^4}}}\left\{\dfrac{x_0}{a^2},\dfrac{y_0}{b^2},\dfrac{z_0}{c^2}\right\}$，由方向导数公式得

$$\left.\frac{\partial u}{\partial \boldsymbol{n}}\right|_{M_0}=\frac{\partial u}{\partial x}\cos\alpha+\frac{\partial u}{\partial y}\cos\beta+\frac{\partial u}{\partial z}\cos\gamma=\frac{\dfrac{2x_0^2}{a^2}+\dfrac{2y_0^2}{b^2}+\dfrac{2z_0^2}{c^2}}{\sqrt{\dfrac{x_0^2}{a^4}+\dfrac{y_0^2}{b^4}+\dfrac{z_0^2}{c^4}}}=\frac{2}{\sqrt{\dfrac{x_0^2}{a^4}+\dfrac{y_0^2}{b^4}+\dfrac{z_0^2}{c^4}}}.$$

7．求平面 $\dfrac{x}{3}+\dfrac{y}{4}+\dfrac{z}{5}=1$ 和柱面 $x^2+y^2=1$ 的交线上与 xOy 平面距离最小的点.

解 该问题为在条件 $\dfrac{x}{3}+\dfrac{y}{4}+\dfrac{z}{5}=1$ 与 $x^2+y^2=1$ 下求函数 $|z|$ 的最小值，可先求 $f(x,y,z)=z^2$ 的最小值.

构造辅助函数 $F(x,y,z)=z^2+\lambda_1\left(\dfrac{x}{3}+\dfrac{y}{4}+\dfrac{z}{5}-1\right)+\lambda_2(x^2+y^2-1)$，由 $\begin{cases}F_x=\dfrac{\lambda_1}{3}+2\lambda_2 x=0,\\ F_y=\dfrac{\lambda_1}{4}+2\lambda_2 y=0,\\ F_z=2z+\dfrac{\lambda_1}{5}=0,\\ \dfrac{x}{3}+\dfrac{y}{4}+\dfrac{z}{5}=1,\\ x^2+y^2=1\end{cases}$

解得两个可能的极值点 $\left(\dfrac{4}{5},\dfrac{3}{5},\dfrac{35}{12}\right)$ 与 $\left(-\dfrac{4}{5},-\dfrac{3}{5},\dfrac{85}{12}\right)$. 在此实际问题中，最小值和最大值都存在，点 $\left(\dfrac{4}{5},\dfrac{3}{5},\dfrac{35}{12}\right)$ 为所求的最小值点，即为与 xOy 坐标面距离最小的点.

第八章总复习

一、本章重点

1．多元函数的偏导数

二元函数 $z=f(x,y)$ 在点 (x_0,y_0) 处的偏导数 $f_x(x_0,y_0)$ 是当 y 固定在 y_0 时，函数对 x 的偏增量

$$\Delta z_x=f(x_0+\Delta x,y_0)-f(x_0,y_0)$$

与自变量的增量 Δx 之比的极限，这里偏增量也可以看成是一元函数 $f(x,y_0)$ 在 x_0 处的增量，因此偏导数 $f_x(x_0,y_0)$ 实际上是 $z=f(x,y)$ 在 $y=y_0$ 时相应的一元函数 $f(x,y_0)$ 在 x_0 处的导数. 同样，$f_y(x_0,y_0)$ 也有类似的解释.

2．偏导数与连续的关系

对一元函数来说，连续未必可导，但可导必定连续；而对多元函数而言，偏导数存在

的函数未必连续，不连续的函数偏导数未必不存在.

3．多元函数的微分

二元函数的全微分 $\mathrm{d}z = A\Delta x + B\Delta y$ 是一元函数的微分 $\mathrm{d}y = A\Delta x$ 的推广，所谓“全”是相对于“偏”，即相对于偏微分 $\mathrm{d}z_x = f_x(x,y)\Delta x$，$\mathrm{d}z_y = f_y(x,y)\Delta y$ 而言的，并不完全强调它与一元函数微分的区别. 其实多元函数的全微分和一元函数的微分的性质基本上是一致的，如可微必定连续，连续未必可微；可微必定在任何方向可导（一元函数相当于左、右可导），在任何方向可导未必可微.

4．多元复合函数求导法则

多元复合函数求导法则是指多元复合函数求偏导数的链式法则，由于多元复合函数的复合过程较为复杂，因此复合函数的求导法则要根据复合过程来确定. 一般来说，可分为三种情形：复合函数的中间变量均为一元函数；复合函数的中间变量均为多元函数；复合函数的中间变量既有一元函数又有多元函数. 要根据中间变量的特点，分别使用不同的链式法则.

5．隐函数求导方法

求隐函数的导数或偏导数，通常有三种方法. 一是方程两端同时对某一变量求偏导数；二是公式法，即直接套用隐函数求导公式；三是利用全微分形式不变性. 要注意，这三种方法对所给方程的变量的处理方法是不同的. 特别需要注意的是，在第二种方法中，不必考虑隐函数关系，所有变量都是等同的，均视为自变量；而在第一种方法中，必须分清方程中哪些是自变量，哪些是因变量，并在方程两端求导数或求偏导数时，把因变量视为中间变量；在第三种方法中，对方程两端求微分时，所有变量都是等同的，均视为自变量，但在整理出全微分时，应区分出自变量和因变量.

6．微分法在几何上的应用

这里包括两组问题：一是空间曲线的切线与法平面，二是空间曲面的切平面与法线. 对空间曲线来说，它的切线的方向向量和法平面的法向量都是曲线的切向量，因此，空间曲线的切线和法平面问题就是求切点和切向量，而切向量往往是问题的关键. 对空间曲面来说，它的切平面的法向量和法线的方向向量都是曲面的法向量，因此，曲面的切平面和法线问题就是求切点和法向量，而法向量通常也是这类问题的关键.

7．多元函数的极值

多元函数的极值分为无条件极值和条件极值. 无条件极值实际上是一元函数极值的推广，它们之间具有密切的联系. 如果二元函数 $z = f(x,y)$ 在点 (x_0, y_0) 处偏导数存在且取得极值，那么相应的一元函数 $f(x, y_0)$ 在点 $x = x_0$ 处也取得极值，因此，按一元函数取得极值的必要条件，就有 $f_x(x,y_0)\big|_{x=x_0} = f_x(x_0,y_0) = 0$. 类似地，可得 $f_y(x_0,y)\big|_{y=y_0} = f_y(x_0,y_0) = 0$. 这样就得到二元函数 $z = f(x,y)$ 在点 (x_0,y_0) 处取得极值的必要条件. 反过来，如果 $z = f(x,y)$ 在点 (x_0,y_0) 处的某邻域内具有连续的一阶和二阶偏导数，且满足 $AC - B^2 > 0$ 的条件时，那么按照一元函数 $f(x,y_0)$ 在 $x = x_0$ 处取得极值的充分条件，可知当 $A = f_{xx}(x_0,y_0) > 0$ 时，一元函数 $f(x,y_0)$ 在点 $x = x_0$ 处取得极小值，亦即当 $A > 0$ 时，二元函数 $z = f(x,y)$ 在点 (x_0,y_0) 处取得极小值. 类似地，当 $A < 0$ 时，二元函数 $z = f(x,y)$ 在点 (x_0,y_0) 处取得极大值.

对于多元函数的条件极值，若条件函数比较简单，则可以转化为无条件极值；若条件函数比较复杂，则使用拉格朗日乘数法解决.

二、本章难点

1．多元函数的极限

多元函数极限与一元函数极限的不同之处，首先表现在动点即自变量趋于定点的方向上. 对于一元函数，定点附近的点只有这个点附近左、右两边的点，这样动点趋于定点只有两个方向的可能，因此只有左、右两个极限；而对于多元函数，定点附近的点通常包括这点附近各个方向上的点，动点趋于定点有无数多个方式. 其次，表现在动点趋于已知点的方式上. 前者动点趋于定点只能是“直线”式的；后者，如二元函数的极限，它可以是“直线”式、“折线”式或者其他任何“曲线”式的. 因此，在多元函数中，不能用类似于一元函数左、右极限的方法讨论多元函数极限的存在性，但常用一元函数类似的方法否定多元函数极限的存在性，即若动点以两种不同的方式趋向于定点时，函数趋于不同的值，则该极限不存在.

2．求复合函数的偏导数

求复合函数的偏导数时，要弄清楚函数的复合过程，中间变量是一元函数还是多元函数，特别是抽象复合函数的高阶偏导数，计算时要按照结构顺序求一阶偏导数和高阶偏导数，特别是在求 $f(x,y)$ 的二阶偏导数时要注意 $f_x(x,y)$ 和 $f_y(x,y)$ 仍然都是 x,y 的函数.

3．偏导数、方向导数和全微分的关系

当 $z=f\left(x,y\right)$ 在点 $P_0\left(x_0,y_0\right)$ 处的偏导数存在时，沿着 x 轴正方向的方向导数就是函数在点 $P_0\left(x_0,y_0\right)$ 处关于 x 的偏导数，沿着 x 轴负方向的方向导数就是函数在点 $P_0\left(x_0,y_0\right)$ 处关于 x 的偏导数的相反数. 进一步地，当函数在某点的偏导数存在，但在这点不可微时，函数在这点的方向导数只能用定义去求，而不能直接使用方向导数公式. 例如，函数 $f(x,y)=\sqrt{|xy|}$ 在点 $(0,0)$ 处不可微，但偏导数存在且 $f_x(0,0)=0$，$f_y(0,0)=0$. 设方向 $\boldsymbol{l}$ 为沿着直线 $y=x\,(x\geqslant 0)$ 与 x 轴的正向成 $45°$ 的方向，按方向导数的定义可以求得

$$\left.\frac{\partial f}{\partial l}\right|_{(0,0)}=\lim_{t\to 0+0}\frac{f\left(0+t\cos 45°,0+t\cos 45°\right)-0}{t}=\lim_{t\to 0+0}\frac{\sqrt{\left|\dfrac{\sqrt{2}t}{2}\cdot\dfrac{\sqrt{2}t}{2}\right|}}{t}=\lim_{t\to 0+0}\frac{\dfrac{\sqrt{2}t}{2}}{t}=\frac{\sqrt{2}}{2},$$

但若按照方向导数的公式，$\left.\dfrac{\partial f}{\partial l}\right|_{(0,0)}=\{0,0\}\cdot\left\{\dfrac{1}{\sqrt{2}},\dfrac{1}{\sqrt{2}}\right\}=0$，这说明此时求方向导数的公式是不成立的.

三、综合练习题

基　础　型

1．求下列各极限：

（1）$\lim\limits_{\substack{x\to 0\\y\to 0}}\dfrac{\sin\left(x^2y\right)-\arcsin\left(x^2y\right)}{x^6y^3}$；（2）$\lim\limits_{\substack{x\to 0\\y\to 0}}\left(\sqrt[3]{x}+y\right)\sin\dfrac{1}{x}\cos\dfrac{1}{x}$；（3）$\lim\limits_{\substack{x\to 0\\y\to 0}}\dfrac{\sin\left(x^4+y^4\right)}{x^2+y^2}$.

2．已知函数 $f(x,y)=\begin{cases}(x+y)^{\alpha-1}\sin\dfrac{1}{\sqrt{x^2+y^2}}, & x+y\neq 0,\\ 0, & x+y=0\end{cases}$ 在点 $(0,0)$ 处连续，求 α 的范围.

3．设 $f(x,y)=\dfrac{\sin xy\cos\sqrt{y+2}-(y-1)\cos x}{1+\sin x+\sin(y-1)}$，求 $\left.\dfrac{\partial f}{\partial y}\right|_{(0,1)}$.

4．讨论下列各函数 $f(x,y)$ 在点 $(0,0)$ 处是否连续，偏导数是否存在，是否可微分?

（1）$f(x,y)=\begin{cases}\dfrac{x^2y}{x^2+y^2}, & x^2+y^2\neq 0,\\ 0, & x^2+y^2=0;\end{cases}$　（2）$f(x,y)=\begin{cases}xy\sin\dfrac{1}{\sqrt{x^2+y^2}}, & x^2+y^2\neq 0,\\ 0, & x^2+y^2=0.\end{cases}$

5．设 $z=f(u)$，方程 $u=\varphi(u)+\int_y^x p(t)\,\mathrm{d}t$ 确定了 u 是 x，y 的函数，其中 $f(u)$，$\varphi(u)$ 可微分，$p(t)$，$\varphi'(u)$ 连续，且 $\varphi'(u)\neq 1$，求 $p(y)\dfrac{\partial z}{\partial x}+p(x)\dfrac{\partial z}{\partial y}$.

提　高　型

1．设 $f(u,v)$ 具有连续的二阶偏导数，且满足 $\dfrac{\partial^2 f}{\partial u^2}+\dfrac{\partial^2 f}{\partial v^2}=1$，又 $g(x,y)=f\left[xy,\dfrac{1}{2}(x^2-y^2)\right]$，求 $\dfrac{\partial^2 g}{\partial x^2}+\dfrac{\partial^2 g}{\partial y^2}$.

2．已知 $y=\mathrm{e}^{ty}+x$，而 t 是由方程 $y^2+t^2-x^2=1$ 所确定的 x,y 的函数，求 $\dfrac{\mathrm{d}y}{\mathrm{d}x}$.

3．求曲线 $\begin{cases}2x-\mathrm{e}^y+z^2=9,\\ 2x^2+y^2-3z^2=6\end{cases}$ 在点 $(3,0,2)$ 处的切线方程及法平面方程.

4．设 $f(x,y)$ 在点 $(0,0)$ 的某邻域内连续，且 $\lim\limits_{\substack{x\to 0\\ y\to 0}}\dfrac{f(x,y)}{1-\cos(x+y)}=-1$，证明点 $(0,0)$ 是 $f(x,y)$ 的驻点，且是极大值点.

5．在曲面 $z=2-x^2-y^2$ 位于第一卦限的部分上求一点 $M_0(x_0,y_0,z_0)$，使得该点的切平面与三个坐标面所围成的四面体的体积最小.

四、综合练习题参考答案

基　础　型

1．**解**　（1）令 $x^2y=t$，则当 $x\to 0,y\to 0$ 时，$t\to 0$，于是

$$\text{原式}=\lim_{t\to 0}\frac{\sin t-\arcsin t}{t^3}=\lim_{t\to 0}\frac{\cos t-\frac{1}{\sqrt{1-t^2}}}{3t^2}$$

$$=\lim_{t\to 0}\frac{-\sin t+\frac{1}{2}(1-t^2)^{-\frac{3}{2}}(-2t)}{6t}=-\frac{1}{6}-\frac{1}{6}=-\frac{1}{3}.$$

（2）原式 $=\lim\limits_{\substack{x\to 0\\ y\to 0}}\sqrt[3]{x}\sin\frac{1}{x}\cos\frac{1}{x}+\lim\limits_{\substack{x\to 0\\ y\to 0}}y\sin\frac{1}{x}\cos\frac{1}{x}=0+0=0$.

（3）令 $x=r\cos\theta, y=r\sin\theta$, 则当 $x\to 0, y\to 0$ 时，$r\to 0$，于是

$$原式=\lim_{r\to 0}\frac{\sin\left(r^4\cos^4\theta+r^4\sin^4\theta\right)}{r^2}=\lim_{r\to 0}\frac{r^4\cos^4\theta+r^4\sin^4\theta}{r^2}=\lim_{r\to 0}r^2\left(\cos^4\theta+\sin^4\theta\right)=0.$$

2．**解**　要使函数 $f(x,y)$ 在点 $(0,0)$ 连续，须使 $\lim\limits_{\substack{x\to 0\\ y\to 0}}(x+y)^{\alpha-1}\sin\frac{1}{\sqrt{x^2+y^2}}=f(0,0)=0$，故应有 $\lim\limits_{\substack{x\to 0\\ y\to 0}}(x+y)^{\alpha-1}=0$，所以 $\alpha-1>0$，即 $\alpha>1$.

3．**解**　因为 $f(0,y)=\frac{-(y-1)}{1+\sin(y-1)}$，所以

$$\left.\frac{\partial f}{\partial y}\right|_{(0,1)}=\left.\frac{-1-\sin(y-1)+(y-1)\cos(y-1)}{\left[1+\sin(y-1)\right]^2}\right|_{y=1}=-1.$$

4．**解**　（1）因为当 $(x,y)\neq(0,0)$ 时，$0\leqslant\left|\frac{x^2y}{x^2+y^2}\right|\leqslant\left|\frac{x^2y}{2xy}\right|=\frac{|x|}{2}$，而 $\lim\limits_{\substack{x\to 0\\ y\to 0}}\frac{|x|}{2}=0$，所以 $\lim\limits_{\substack{x\to 0\\ y\to 0}}f(x,y)=0=f(0,0)$, 故函数 $f(x,y)$ 在 $(0,0)$ 处连续.

因为 $f_x(0,0)=\lim\limits_{\Delta x\to 0}\frac{f(0+\Delta x,0)-f(0,0)}{\Delta x}=\lim\limits_{\Delta x\to 0}\frac{0}{\Delta x}=0$, 同理 $f_y(0,0)=0$，所以函数 $f(x,y)$ 在点 $(0,0)$ 处的偏导数存在.

由全微分的定义，因为

$$\lim_{\substack{\Delta x\to 0\\ \Delta y\to 0}}\frac{\left[f(0+\Delta x,0+\Delta y)-f(0,0)\right]-\left[f_x(0,0)\cdot\Delta x+f_y(0,0)\cdot\Delta y\right]}{\sqrt{(\Delta x)^2+(\Delta y)^2}}=\lim_{\substack{\Delta x\to 0\\ \Delta y\to 0}}\frac{(\Delta x)^2\Delta y}{\left[(\Delta x)^2+(\Delta y)^2\right]^{\frac{3}{2}}},$$

当 $(\Delta x,\Delta y)\to(0,0)$ 时，上式的极限不存在，所以函数 $f(x,y)$ 在点 $(0,0)$ 不可微.

（2）因为 $\lim\limits_{\substack{x\to 0\\ y\to 0}}f(x,y)=\lim\limits_{\substack{x\to 0\\ y\to 0}}xy\sin\frac{1}{\sqrt{x^2+y^2}}=0=f(0,0)$，所以函数 $f(x,y)$ 在点 $(0,0)$ 处连续.

因为 $f_x(0,0)=\lim\limits_{\Delta x\to 0}\frac{f(0+\Delta x,0)-f(0,0)}{\Delta x}=\lim\limits_{\Delta x\to 0}\frac{0}{\Delta x}=0$, 同理 $f_y(0,0)=0$，所以函数 $f(x,y)$ 在点 $(0,0)$ 处的偏导数存在.

由全微分的定义，因为

$$\lim_{\substack{\Delta x\to 0\\ \Delta y\to 0}}\frac{\left[f(0+\Delta x,0+\Delta y)-f(0,0)\right]-\left[f_x(0,0)\cdot\Delta x+f_y(0,0)\cdot\Delta y\right]}{\sqrt{(\Delta x)^2+(\Delta y)^2}}$$

$$=\lim_{\substack{\Delta x\to 0\\ \Delta y\to 0}}\frac{\Delta x\Delta y\sin\frac{1}{\sqrt{(\Delta x)^2+(\Delta y)^2}}}{\sqrt{(\Delta x)^2+(\Delta y)^2}}=\lim_{\substack{\Delta x\to 0\\ \Delta y\to 0}}\frac{\Delta x\Delta y}{\sqrt{(\Delta x)^2+(\Delta y)^2}}\sin\frac{1}{\sqrt{(\Delta x)^2+(\Delta y)^2}}=0,$$

所以函数 $f(x,y)$ 在点 $(0,0)$ 处可微.

5．**解**　$\frac{\partial z}{\partial x}=f'(u)\cdot\frac{\partial u}{\partial x},\quad \frac{\partial z}{\partial y}=f'(u)\cdot\frac{\partial u}{\partial y}$.

在方程 $u=\varphi(u)+\int_y^x p(t)\,\mathrm{d}t$ 两端分别对 x,y 求偏导数得

$$\frac{\partial u}{\partial x}=\varphi'(u)\cdot\frac{\partial u}{\partial x}+p(x),\quad \frac{\partial u}{\partial y}=\varphi'(u)\cdot\frac{\partial u}{\partial y}-p(y),$$

于是 $\dfrac{\partial u}{\partial x}=\dfrac{p(x)}{1-\varphi'(u)}$，$\dfrac{\partial u}{\partial y}=-\dfrac{p(y)}{1-\varphi'(u)}$，所以 $p(y)\dfrac{\partial z}{\partial x}+p(x)\dfrac{\partial z}{\partial y}=0$．

提 高 型

1．**解**　$\dfrac{\partial g}{\partial x}=yf_1'+xf_2'$，$\dfrac{\partial^2 g}{\partial x^2}=y\left(yf_{11}''+xf_{12}''\right)+f_2'+x\left(yf_{21}''+xf_{22}''\right)=y^2f_{11}''+2xyf_{12}''+x^2f_{22}''+f_2'$，

$\dfrac{\partial g}{\partial y}=xf_1'-yf_2'$，$\dfrac{\partial^2 g}{\partial y^2}=x\left(xf_{11}''-yf_{12}''\right)-f_2'-y\left(xf_{21}''-yf_{22}''\right)=x^2f_{11}''-2xyf_{12}''+y^2f_{22}''-f_2'$，

所以

$$\frac{\partial^2 g}{\partial x^2}+\frac{\partial^2 g}{\partial y^2}=\left(x^2+y^2\right)\left(f_{11}''+f_{22}''\right)=x^2+y^2.$$

2．**解法一**　依题意方程 $y^2+t^2-x^2=1$ 确定了函数 $t=t(x,y)$，所以 $y=\mathrm{e}^{t(x,y)y}+x$，因此

$$\frac{\mathrm{d}y}{\mathrm{d}x}=\mathrm{e}^{ty}\left[\left(\frac{\partial t}{\partial x}+\frac{\partial t}{\partial y}\cdot\frac{\mathrm{d}y}{\mathrm{d}x}\right)y+t\frac{\mathrm{d}y}{\mathrm{d}x}\right]+1.$$

在方程 $y^2+t^2-x^2=1$ 两端分别对 x,y 求偏导数得 $2t\dfrac{\partial t}{\partial x}-2x=0,\ 2y+2t\dfrac{\partial t}{\partial y}=0$，解得 $\dfrac{\partial t}{\partial x}=\dfrac{x}{t}$，$\dfrac{\partial t}{\partial y}=-\dfrac{y}{t}$，于是 $\dfrac{\mathrm{d}y}{\mathrm{d}x}=\mathrm{e}^{ty}\left[\left(\dfrac{x}{t}-\dfrac{y}{t}\dfrac{\mathrm{d}y}{\mathrm{d}x}\right)y+t\dfrac{\mathrm{d}y}{\mathrm{d}x}\right]+1$，解得 $\dfrac{\mathrm{d}y}{\mathrm{d}x}=\dfrac{t+xy\mathrm{e}^{ty}}{t+\left(y^2-t^2\right)\mathrm{e}^{ty}}$．

解法二　依题意方程组 $\begin{cases}y=\mathrm{e}^{ty}+x,\\ y^2+t^2-x^2=1\end{cases}$ 确定了函数 $y=y(x),t=t(x)$，在两个方程两端分别对 x 求导数得 $\begin{cases}\dfrac{\mathrm{d}y}{\mathrm{d}x}=\mathrm{e}^{ty}\left(y\dfrac{\mathrm{d}t}{\mathrm{d}x}+t\dfrac{\mathrm{d}y}{\mathrm{d}x}\right)+1,\\ 2y\dfrac{\mathrm{d}y}{\mathrm{d}x}+2t\dfrac{\mathrm{d}t}{\mathrm{d}x}-2x=0,\end{cases}$ 解得 $\dfrac{\mathrm{d}y}{\mathrm{d}x}=\dfrac{t+xy\mathrm{e}^{ty}}{t+\left(y^2-t^2\right)\mathrm{e}^{ty}}$．

解法三　依题意，在两个方程 $\begin{cases}y=\mathrm{e}^{ty}+x,\\ y^2+t^2-x^2=1\end{cases}$ 的两端求微分得 $\begin{cases}\mathrm{d}y=\mathrm{e}^{ty}\left(y\mathrm{d}t+t\mathrm{d}y\right)+\mathrm{d}x,\\ 2y\mathrm{d}y+2t\mathrm{d}t-2x\mathrm{d}x=0,\end{cases}$ 解得 $\dfrac{\mathrm{d}y}{\mathrm{d}x}=\dfrac{t+xy\mathrm{e}^{ty}}{t+\left(y^2-t^2\right)\mathrm{e}^{ty}}$．

3．**解**　在曲线方程两边对 x 求导得 $\begin{cases}2-\mathrm{e}^{y}\cdot\dfrac{\mathrm{d}y}{\mathrm{d}x}+2z\cdot\dfrac{\mathrm{d}z}{\mathrm{d}x}=0,\\ 4x+2y\cdot\dfrac{\mathrm{d}y}{\mathrm{d}x}-6z\cdot\dfrac{\mathrm{d}z}{\mathrm{d}x}=0,\end{cases}$ 解得 $\left.\dfrac{\mathrm{d}y}{\mathrm{d}x}\right|_{(3,0,2)}=6$，$\left.\dfrac{\mathrm{d}z}{\mathrm{d}x}\right|_{(3,0,2)}=1$，所以切线方程为 $\dfrac{x-3}{1}=\dfrac{y-0}{6}=\dfrac{z-2}{1}$，法平面方程为 $x+6y+z-5=0$．

4．**证明**　由极限 $\lim\limits_{\substack{x\to0\\y\to0}}\dfrac{f(x,y)}{1-\cos(x+y)}=\lim\limits_{\substack{x\to0\\y\to0}}\dfrac{f(x,y)}{\frac{1}{2}(x+y)^2}=-1$ 得

$$\lim_{\substack{x\to0\\y=0}}\frac{f(x,0)}{\frac{1}{2}x^2}=-1,\quad \lim_{\substack{x=0\\y\to0}}\frac{f(0,y)}{\frac{1}{2}y^2}=-1，即\lim_{x\to0}\frac{f(x,0)}{x^2}=-\frac{1}{2},\quad \lim_{y\to0}\frac{f(0,y)}{y^2}=-\frac{1}{2}.$$

另外 $f(0,0)=\lim\limits_{\substack{x\to 0\\ y\to 0}} f(x,y)=\lim\limits_{\substack{x\to 0\\ y\to 0}}\dfrac{f(x,y)}{1-\cos(x+y)}[1-\cos(x+y)]=0$，于是

$$f_x(0,0)=\lim_{x\to 0}\frac{f(x,0)-f(0,0)}{x}=\lim_{x\to 0}\frac{f(x,0)}{x^2}\cdot x=0,$$

$$f_y(0,0)=\lim_{y\to 0}\frac{f(0,y)-f(0,0)}{y}=\lim_{y\to 0}\frac{f(0,y)}{y^2}\cdot y=0,$$

故 $(0,0)$ 是 $f(x,y)$ 的驻点.

又由极限与无穷小的关系得

$$\frac{f(x,y)}{\frac{1}{2}(x+y)^2}=-1+\alpha\quad\left(\lim_{\substack{x\to 0\\ y\to 0}}\alpha=0\right),$$

即当 $x\to 0, y\to 0$ 时，

$$f(x,y)=-\frac{1}{2}(x+y)^2+\frac{1}{2}\alpha(x+y)^2=\frac{1}{2}(x+y)^2(\alpha-1),$$

因此在点 $(0,0)$ 的某邻域内 $f(x,y)<0=f(0,0)$，即 $(0,0)$ 是 $f(x,y)$ 的极大值点.

5．**解**　曲面 $z=2-x^2-y^2$ 在点 $M_0(x_0,y_0,z_0)$ 的法向量为 $\boldsymbol{n}=\{2x_0,2y_0,1\}$，切平面方程为

$$2x_0(x-x_0)+2y_0(y-y_0)+(z-z_0)=0\text{，即 }2x_0x+2y_0y+z=4-z_0.$$

切平面在三个坐标轴上的截距分别为 $\dfrac{4-z_0}{2x_0}, \dfrac{4-z_0}{2y_0}, 4-z_0$，四面体的体积为 $V=\dfrac{(4-z_0)^3}{24x_0y_0}$.

设 $f(x,y,z)=\ln\dfrac{(4-z)^3}{xy}=3\ln(4-z)-\ln x-\ln y$，问题化为求函数 $f(x,y,z)$ 在条件 $x^2+y^2+z-2=0$ 下的最大值. 设 $F(x,y,z)=3\ln(4-z)-\ln x-\ln y+\lambda(x^2+y^2+z-2)$.

解方程组 $\begin{cases}F_x=-\dfrac{1}{x}+2\lambda x=0,\\ F_y=-\dfrac{1}{y}+2\lambda y=0,\\ F_z=-\dfrac{3}{4-z}+\lambda=0,\\ x^2+y^2+z-2=0\end{cases}$ 得唯一可能的极值点 $\left(\dfrac{\sqrt{2}}{2},\dfrac{\sqrt{2}}{2},1\right)$，由题意可知 $M_0\left(\dfrac{\sqrt{2}}{2},\dfrac{\sqrt{2}}{2},1\right)$ 即为所求的点.

第九章　重　积　分

第一节　二重积分的概念与性质

一、教学基本要求

1. 理解二重积分的概念和性质.
2. 了解二重积分的几何意义和物理意义.

二、答疑解惑

1. 如何理解二重积分的概念？

答　与定积分一样，二重积分也是一种特殊类型的和式的极限：$\iint\limits_D f(x,y)\mathrm{d}\sigma = \lim\limits_{\lambda\to 0}\sum\limits_{i=1}^{n} f(\xi_i,\eta_i)\Delta\sigma_i$，其值取决于被积函数和积分区域，与对$D$的分割方法、$(\xi_i,\eta_i)$的取法及积分变量的记号无关.

重积分是研究分布在载体（区域）上非均匀量的求和问题，也是通过“分割”，“近似”，“求和”，“取极限”这四步完成的. 因此二重积分是定积分的推广，它们具有类似的性质.

2. 对称区域上奇偶函数的二重积分有何特性？

答　利用积分区域的对称性与被积函数关于积分变量的奇偶性可以简化二重积分的计算，这与定积分中奇偶函数在以原点为中心的对称区间上积分的情况类似. 不过，定积分的积分区间简单，而二重积分的积分区域比较复杂，在运用对称性时，必须是被积函数的奇偶性与积分区域的对称性两个方面相匹配才可利用. 归纳起来主要有以下五种情形：

设$f(x,y)$在积分区域D上连续，并记$I=\iint\limits_D f(x,y)\mathrm{d}\sigma$.

（1）如果D关于y轴对称，那么当$f(-x,y)=-f(x,y)$（此时称$f(x,y)$关于x是奇函数）时，$I=0$；当$f(-x,y)=f(x,y)$（此时称$f(x,y)$关于x是偶函数）时，$I=2\iint\limits_{D_1} f(x,y)\mathrm{d}\sigma$，其中$D_1=\{(x,y)|(x,y)\in D, x\geqslant 0\}$.

（2）如果D关于x轴对称，那么当$f(x,-y)=-f(x,y)$（此时称$f(x,y)$关于y是奇函数）时，$I=0$；当$f(x,-y)=f(x,y)$（此时称$f(x,y)$关于y是偶函数）时，$I=2\iint\limits_{D_2} f(x,y)\mathrm{d}\sigma$，其中$D_2=\{(x,y)|(x,y)\in D, y\geqslant 0\}$.

（3）如果D关于原点对称，那么当$f(-x,-y)=-f(x,y)$（此时称$f(x,y)$关于(x,y)是奇函数）时，$I=0$；当$f(-x,-y)=f(x,y)$（此时称$f(x,y)$关于(x,y)是偶函数）时，

$I=2\iint\limits_{D_1}f(x,y)\mathrm{d}\sigma=2\iint\limits_{D_2}f(x,y)\mathrm{d}\sigma$，其中 $D_1\cup D_2=D$，且 D_1 与 D_2 关于原点对称.

（4）如果 D 关于 x 轴、y 轴均对称，那么当 $f(-x,y)=-f(x,y)$ 或 $f(x,-y)=-f(x,y)$ 时，$I=0$；当 $f(-x,y)=f(x,y)$ 且 $f(x,-y)=f(x,y)$ 时，$I=4\iint\limits_{D_1}f(x,y)\mathrm{d}\sigma$，其中 $D_1=\{(x,y)|(x,y)\in D,x\geqslant 0,y\geqslant 0\}$.

（5）如果 D 关于直线 $y=x$ 对称，那么 $\iint\limits_{D}f(x,y)\mathrm{d}\sigma=\iint\limits_{D}f(y,x)\mathrm{d}\sigma$；若 $D=D_1\cup D_2$，且 D_1,D_2 关于直线 $y=x$ 对称，那么 $\iint\limits_{D_1}f(x,y)\mathrm{d}\sigma=\iint\limits_{D_2}f(y,x)\mathrm{d}\sigma$.

上述结果的证明从略，但从二重积分的几何意义或二重积分的定义来看，这些结果并不难理解.以上结果可类推到三重积分、第一类曲线积分和第一类曲面积分中去，当然具体的条件和结论要作相应改变.

三、经典例题解析

题型一　根据二重积分的几何意义确定积分值

例 1　根据二重积分的几何意义确定二重积分 $\iint\limits_{D}\sqrt{R^2-x^2-y^2}\,\mathrm{d}\sigma$ 的值，其中积分区域 D：$x^2+y^2\leqslant R^2$.

分析　二重积分的几何意义是一些曲顶柱体的体积的代数和，因此要确定由 $f(x,y)$ 和 D 所组成的曲顶柱体的形状，再根据立体图形的体积公式求得二重积分的值.

解　由于曲顶柱体在 xOy 坐标面上的投影为圆域 $x^2+y^2\leqslant R^2$，其顶是球面 $z=\sqrt{R^2-x^2-y^2}$，故曲顶柱体为一上半球体，所以 $\iint\limits_{D}\sqrt{R^2-x^2-y^2}\,\mathrm{d}\sigma=\dfrac{2}{3}\pi R^3$.

题型二　根据二重积分的性质对二重积分进行估值和比较

例 2　估计二重积分 $I=\iint\limits_{D}\dfrac{\mathrm{d}\sigma}{100+\cos^2x+\cos^2y}$ 的取值范围，其中 D 为正方形区域 $0\leqslant x,y\leqslant\dfrac{\pi}{2}$.

分析　先在区域 D 上算出被积函数的最大值和最小值，然后再根据二重积分的性质估计二重积分的取值范围.

解　因为 $100\leqslant 100+\cos^2x+\cos^2y\leqslant 102$，所以 $\dfrac{1}{102}\leqslant\dfrac{1}{100+\cos^2x+\cos^2y}\leqslant\dfrac{1}{100}$，因此

$$\iint\limits_{D}\frac{\mathrm{d}\sigma}{102}\leqslant\iint\limits_{D}\frac{\mathrm{d}\sigma}{100+\cos^2x+\cos^2y}\leqslant\iint\limits_{D}\frac{\mathrm{d}\sigma}{100},$$

而 $\iint\limits_{D}\mathrm{d}\sigma=\dfrac{\pi^2}{4}$，所以 $\dfrac{\pi^2}{408}\leqslant I\leqslant\dfrac{\pi^2}{400}$.

例 3　证明不等式 $\pi\mathrm{e}^{-\sqrt{2}}\leqslant\iint\limits_{x^2+y^2\leqslant 1}\mathrm{e}^{-(x+y)}\mathrm{d}x\mathrm{d}y\leqslant\pi\mathrm{e}^{\sqrt{2}}$.

证明　令 $f(x,y)=\mathrm{e}^{-x-y}$，则 $f_x=(-1)\mathrm{e}^{-x-y}\neq 0$，$f_y=(-1)\mathrm{e}^{-x-y}\neq 0$，在边界 $x^2+y^2=1$ 上，$f(\cos\theta,\sin\theta)=\mathrm{e}^{-\cos\theta-\sin\theta}=\mathrm{e}^{-\sqrt{2}\sin\left(\theta+\frac{\pi}{4}\right)}$，所以有不等式 $\mathrm{e}^{-\sqrt{2}}\leqslant f(x,y)\leqslant \mathrm{e}^{\sqrt{2}}$，再由二重积分的性质可得 $\pi\mathrm{e}^{-\sqrt{2}}\leqslant \iint\limits_{x^2+y^2\leqslant 1}\mathrm{e}^{-(x+y)}\mathrm{d}x\mathrm{d}y\leqslant \pi\mathrm{e}^{\sqrt{2}}$.

四、习题选解

1．设有一平面薄板（不计其厚度），占有 xOy 坐标面上的闭区域 D，薄板上分布有面密度为 $\mu=\mu(x,y)$ 的电荷，且 $\mu(x,y)$ 在 D 上连续，试用二重积分表达该薄板上的全部电荷 Q.

解　由二重积分的定义可知该薄板上的全部电荷为 $Q=\iint\limits_{D}\mu(x,y)\mathrm{d}\sigma$.

2．将占有平面区域 D 的薄板铅直插入密度为 γ 的水中，试用二重积分表达薄板每面所受的水压力.

解　取 y 轴铅直向下，x 轴在水平面上，F 为水压力，则由二重积分的定义可知，薄板每面所受的水压力为 $F=\iint\limits_{D}\gamma y\mathrm{d}\sigma$.

3．设 $I_1=\iint\limits_{D_1}\left(x^2+y^2\right)^3\mathrm{d}\sigma$，其中 D_1 是矩形闭区域：$-1\leqslant x\leqslant 1,-2\leqslant y\leqslant 2$，又 $I_2=\iint\limits_{D_2}\left(x^2+y^2\right)^3\mathrm{d}\sigma$，其中 D_2 是矩形闭区域：$0\leqslant x\leqslant 1, 0\leqslant y\leqslant 2$，试利用二重积分的几何意义说明 I_1 与 I_2 之间的关系.

解　设 D_3 是矩形闭区域：$-1\leqslant x\leqslant 1, 0\leqslant y\leqslant 2$.因为 D_1 关于 x 轴对称，$\left(x^2+y^2\right)^3$ 是关于 y 的偶函数，所以 $I_1=2\iint\limits_{D_3}\left(x^2+y^2\right)^3\mathrm{d}\sigma$，又因为 D_3 关于 y 轴对称，$\left(x^2+y^2\right)^3$ 是关于 x 的偶函数，所以 $I_2=\dfrac{1}{2}\iint\limits_{D_3}\left(x^2+y^2\right)^3\mathrm{d}\sigma$，于是 $I_1=4I_2$.

4．根据二重积分的几何意义，确定下列二重积分的值：

（1）$\iint\limits_{D}\sqrt{x^2+y^2}\mathrm{d}\sigma$，其中 D：$x^2+y^2\leqslant a^2$；

（2）$\iint\limits_{D}\left(b-\sqrt{x^2+y^2}\right)\mathrm{d}\sigma$，其中 D：$x^2+y^2\leqslant a^2$ $(b>a>0)$.

解　（1）由二重积分的几何意义可知，$\iint\limits_{D}\sqrt{x^2+y^2}\mathrm{d}\sigma$ 是以 D 为底、以 $z=\sqrt{x^2+y^2}$ 为顶的曲顶柱体的体积，它的体积恰好等于跟它同底的圆柱体的体积减去一个圆锥体的体积，所以

$$\iint\limits_{D}\sqrt{x^2+y^2}\,\mathrm{d}\sigma=\pi a^2a-\frac{1}{3}\pi a^2a=\frac{2}{3}\pi a^3.$$

（2）$\iint\limits_D\left(b-\sqrt{x^2+y^2}\right)\mathrm{d}\sigma=\iint\limits_D b\,\mathrm{d}\sigma-\iint\limits_D\sqrt{x^2+y^2}\,\mathrm{d}\sigma=\pi a^2b-\dfrac{2}{3}\pi a^3$.

5．根据二重积分的性质，比较下列各组积分值的大小：

（1）$\iint\limits_D(x+y)^2\mathrm{d}\sigma$ 与 $\iint\limits_D(x+y)^3\mathrm{d}\sigma$，其中积分区域$D$是由$x$轴、$y$轴与直线$x+y=1$所围成；

（2）$\iint\limits_D(x+y)^3\mathrm{d}\sigma$ 与 $\iint\limits_D(x+y)^2\mathrm{d}\sigma$，其中积分区域$D$是由圆周$(x-2)^2+(y-1)^2=2$所围成；

（3）$\iint\limits_D\ln(x+y)\,\mathrm{d}\sigma$ 与 $\iint\limits_D\left[\ln(x+y)\right]^2\mathrm{d}\sigma$，其中积分区域$D$是三角形闭区域，三个顶点分别为$(1,0),(1,1),(2,0)$；

（4）$\iint\limits_D\ln(x+y)\,\mathrm{d}\sigma$ 与 $\iint\limits_D\left[\ln(x+y)\right]^2\mathrm{d}\sigma$，其中积分区域$D$是矩形闭区域：$3\leqslant x\leqslant 5$，$0\leqslant y\leqslant 1$.

解　（1）因为在区域D内，$0\leqslant x+y\leqslant 1$，所以$(x+y)^2\geqslant(x+y)^3$，因此由二重积分的性质可得$\iint\limits_D(x+y)^2\mathrm{d}\sigma\geqslant\iint\limits_D(x+y)^3\mathrm{d}\sigma$.

（2）因为$x+y=1$为圆的切线，而D位于$x+y\geqslant 1$的半平面内，因此在D内，$(x+y)^3\geqslant(x+y)^2$，所以由二重积分的性质可得$\iint\limits_D(x+y)^3\mathrm{d}\sigma\geqslant\iint\limits_D(x+y)^2\mathrm{d}\sigma$.

（3）因为在区域D内，$1\leqslant x+y\leqslant 2$，从而$0\leqslant\ln(x+y)<1$，于是$\ln(x+y)\geqslant\left[\ln(x+y)\right]^2$，所以由二重积分的性质可得$\iint\limits_D\ln(x+y)\,\mathrm{d}\sigma\geqslant\iint\limits_D\left[\ln(x+y)\right]^2\mathrm{d}\sigma$.

（4）因为在区域D内，$3\leqslant x+y\leqslant 6$，从而$\ln(x+y)\geqslant 1$，于是$\ln(x+y)\leqslant\left[\ln(x+y)\right]^2$，所以由二重积分的性质可得$\iint\limits_D\ln(x+y)\,\mathrm{d}\sigma\leqslant\iint\limits_D\left[\ln(x+y)\right]^2\mathrm{d}\sigma$.

6．利用二重积分的性质估计下列各积分值的范围：

（1）$I=\iint\limits_D xy(x+y)\,\mathrm{d}\sigma$，其中$D$是矩形闭区域：$0\leqslant x\leqslant 1, 0\leqslant y\leqslant 1$；

（2）$I=\iint\limits_D(x^2+4y^2+9)\,\mathrm{d}\sigma$，其中$D$是圆形闭区域：$x^2+y^2\leqslant 4$.

解　（1）因为$0\leqslant x\leqslant 1$，$0\leqslant y\leqslant 1$，所以$0\leqslant xy(x+y)\leqslant 2$，于是$\iint\limits_D 0\,\mathrm{d}\sigma\leqslant\iint\limits_D xy(x+y)\,\mathrm{d}\sigma\leqslant\iint\limits_D 2\,\mathrm{d}\sigma$，即$0\leqslant I\leqslant 2$.

（2）因为$0\leqslant x^2+y^2\leqslant 4$，所以

$$9\leqslant x^2+4y^2+9\leqslant 4(x^2+y^2)+9\leqslant 4\times4+9=25,$$

于是$\iint\limits_D 9\,\mathrm{d}\sigma\leqslant\iint\limits_D(x^2+4y^2+9)\,\mathrm{d}\sigma\leqslant\iint\limits_D 25\,\mathrm{d}\sigma$，即$36\pi\leqslant I\leqslant 100\pi$.

第二节　二重积分的计算法

一、教学基本要求

1. 掌握利用直角坐标系计算二重积分的方法.
2. 掌握利用极坐标系计算二重积分的方法.

二、答疑解惑

1．计算二重积分的一般步骤是什么？

答　主要分为以下几步：

（1）选择坐标系；（2）画出积分区域的图形；（3）确定积分次序；（4）确定二次积分的上限和下限；（5）计算定积分的值.

注　在直角坐标系中，可以有先 y 后 x 与先 x 后 y 两种不同的积分次序. 积分次序的选择要考虑两方面的因素：积分区域的类型和被积函数的特点. 若积分区域 D 是 X-型区域，一般来说积分的次序应是先 y 后 x；若积分区域 D 是 Y-型区域，一般来说积分的次序应是先 x 后 y. 当被积函数按所选的次序不易积分时，则应改变积分次序. 在极坐标系中，一般的积分次序是先对 r 积分，再对 θ 积分.

2．如何选择坐标系计算二重积分？

答　在计算二重积分时，主要是根据积分区域的形状和被积函数的特点来选择坐标系. 当积分区域 D 的边界曲线方程或被积函数中含有 x^2+y^2, x^2-y^2, $\frac{y}{x}$ 或 $\frac{x}{y}$ 时，常常选用极坐标系计算，否则使用直角坐标系计算比较方便.

3．将二重积分化为二次积分后，其上限是否可以小于下限？为什么？

答　不可以. 这不同于定积分，Δx_i 可正可负，上限可以小于下限. 对于二重积分，$\Delta\sigma_i$ 只能为正，所以将二重积分化为二次积分时，每个定积分的上限一定要大于下限.

三、经典例题解析

题型一　利用直角坐标计算二重积分

例 1　计算二重积分 $\iint\limits_D xy\,\mathrm{d}\sigma$，其中 D 是由直线 $y=x$，$y=1$，$x=2$ 所围成的闭区域.

解法一　积分区域 D 如图 9-1 所示，把 D 表示成 X-型区域且积分区域 $D:1\leqslant x\leqslant 2$，$1\leqslant y\leqslant x$，于是 $\iint\limits_D xy\,\mathrm{d}\sigma=\int_1^2\mathrm{d}x\int_1^x xy\,\mathrm{d}y=\int_1^2\left(\frac{x^3}{2}-\frac{x}{2}\right)\mathrm{d}x=\frac{9}{8}$.

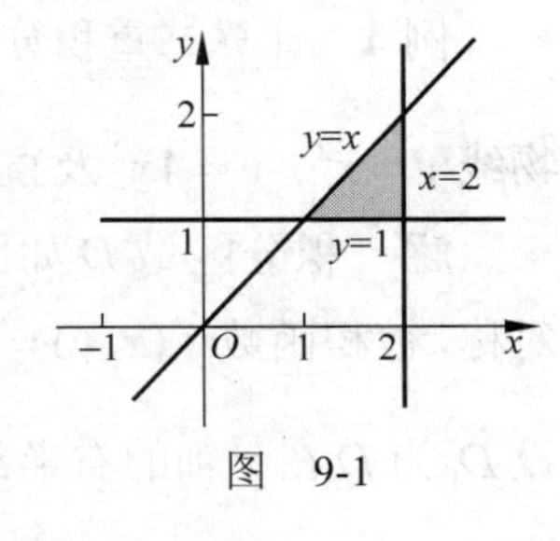

图　9-1

解法二　把 D 表示成 Y-型区域且积分区域 $D:1\leqslant y\leqslant 2$，$y\leqslant x\leqslant 2$，于是

$$\iint\limits_D xy\,\mathrm{d}\sigma=\int_1^2\mathrm{d}y\int_y^2 xy\,\mathrm{d}x=\int_1^2\left(2y-\frac{y^3}{2}\right)\mathrm{d}y=\frac{9}{8}.$$

例 2　计算二重积分 $\iint\limits_{D} x^2 \mathrm{e}^{-y^2}\mathrm{d}x\mathrm{d}y$，其中区域 D 为以 $(0,0)$，$(1,1)$，$(0,1)$ 为顶点的三角形.

分析　如果选择先对 y 后对 x 积分，则有 $\int_0^1 x^2\mathrm{d}x\int_x^1 \mathrm{e}^{-y^2}\mathrm{d}y$. 由于 e^{-y^2} 的原函数不能用有限形式表示，而使计算无法进行，所以只能选择先对 x 后对 y 的积分顺序.

解　积分区域 D 如图 9-2 所示，可以表示为 $0\leqslant x\leqslant y,\ 0\leqslant y\leqslant 1$，于是

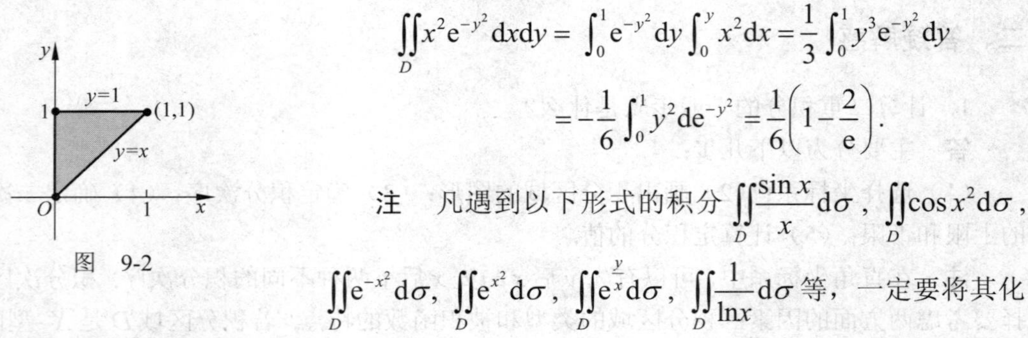

图　9-2

$$\iint\limits_{D} x^2\mathrm{e}^{-y^2}\mathrm{d}x\mathrm{d}y = \int_0^1 \mathrm{e}^{-y^2}\mathrm{d}y\int_0^y x^2\mathrm{d}x = \frac{1}{3}\int_0^1 y^3\mathrm{e}^{-y^2}\mathrm{d}y$$
$$= -\frac{1}{6}\int_0^1 y^2\mathrm{d}\mathrm{e}^{-y^2} = \frac{1}{6}\left(1-\frac{2}{\mathrm{e}}\right).$$

注　凡遇到以下形式的积分 $\iint\limits_{D}\frac{\sin x}{x}\mathrm{d}\sigma$，$\iint\limits_{D}\cos x^2\mathrm{d}\sigma$，$\iint\limits_{D}\mathrm{e}^{-x^2}\mathrm{d}\sigma$，$\iint\limits_{D}\mathrm{e}^{x^2}\mathrm{d}\sigma$，$\iint\limits_{D}\mathrm{e}^{\frac{y}{x}}\mathrm{d}\sigma$，$\iint\limits_{D}\frac{1}{\ln x}\mathrm{d}\sigma$ 等，一定要将其化为先对 y 后对 x 的二次积分.

题型二　利用对称性计算二重积分

例 3　下列等式是否成立，说明理由，其中 $D: x^2+y^2\leqslant 1$，$D_1: x^2+y^2\leqslant 1,\ x\geqslant 0,\ y\geqslant 0$.

（1）$\iint\limits_{D} x\ln\left(x^2+y^2\right)\mathrm{d}\sigma = 0$；（2）$\iint\limits_{D}\sqrt{1-x^2-y^2}\mathrm{d}x\mathrm{d}y = 4\iint\limits_{D_1}\sqrt{1-x^2-y^2}\mathrm{d}x\mathrm{d}y$；

（3）$\iint\limits_{D} xy\mathrm{d}x\mathrm{d}y = 4\iint\limits_{D_1} xy\mathrm{d}x\mathrm{d}y$；（4）$\iint\limits_{D}|xy|\mathrm{d}x\mathrm{d}y = 4\iint\limits_{D_1} xy\mathrm{d}x\mathrm{d}y$.

解（1）等式成立. 因为积分区域关于 y 轴对称，被积函数关于 x 是奇函数，将该二重积分化为二次积分，且先对 x 积分时，是奇函数在对称区间上的积分，所以积分值为零.

（2）等式成立. 因为积分区域 D 关于 x 轴和 y 轴都对称，被积函数关于 x 和 y 都是偶函数，其图形关于 xOz 及 yOz 平面都对称，所以 D 上的积分可以用 D_1 上积分的 4 倍来表示（上述等式的几何意义是球心在原点的上半球体的体积，等于它的第一卦限部分体积的 4 倍）.

（3）等式不成立. 因为积分区域 D 虽然关于 x 轴和 y 轴对称，但被积函数关于 x,y 均是奇函数，其在第一、三象限是正的，在第二、四象限是负的，所以 D 上的积分值是零（被积函数 $z=xy$ 的几何图形是一个马鞍面）.

（4）等式成立. 因为这时被积函数 $f(x,y)=|xy|$ 关于 x 和 y 都是偶函数，而积分区域 D 关于 x 轴和 y 轴都对称.

例 4　计算二重积分 $I=\iint\limits_{D}(x+y)\mathrm{d}x\mathrm{d}y$，其中 D 是由抛物线 $y=x^2$，$y=4x^2$ 及直线 $y=1$ 所围成的闭区域.

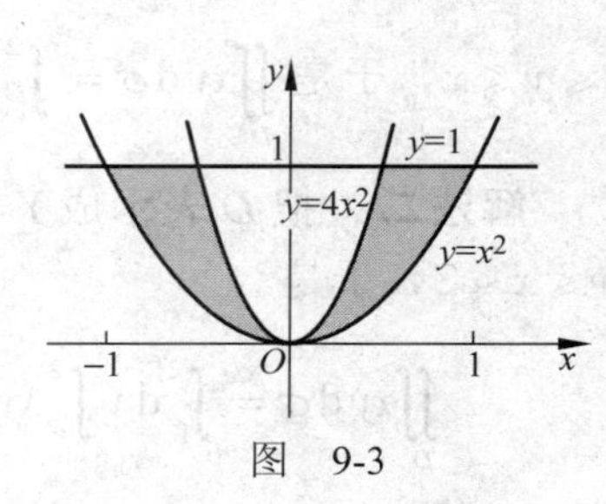

图　9-3

解　积分区域 D 如图 9-3 所示. 因为区域 D 关于 y 轴对称，被积函数 $f(x,y)=x$ 是 x 的奇函数，所以 $\iint\limits_{D} x\mathrm{d}x\mathrm{d}y = 0$.

设 D_1 为 D 在 y 轴的右半部分，由二重积分的性质有

$$I=\iint_D x\mathrm{d}x\mathrm{d}y+\iint_D y\mathrm{d}x\mathrm{d}y=0+\iint_D y\mathrm{d}x\mathrm{d}y=2\iint_{D_1} y\mathrm{d}x\mathrm{d}y$$

$$=2\int_0^1\mathrm{d}y\int_{\frac{1}{2}\sqrt{y}}^{\sqrt{y}}y\mathrm{d}x=\int_0^1 y\sqrt{y}\mathrm{d}y=\frac{2}{5}.$$

题型三 利用极坐标计算二重积分

例 5 计算二重积分 $\iint_D \frac{x+y}{x^2+y^2}\mathrm{d}x\mathrm{d}y$，其中 $D=\{(x,y)\ |x^2+y^2\leqslant 1,x+y\geqslant 1\}$.

分析 由于被积函数中含有 x^2+y^2，所以采用极坐标计算.

解 因为 D 的边界曲线 $x^2+y^2=1$ 与 $x+y=1$ 的极坐标方程分别为 $r=1$ 和 $r=\frac{1}{\cos\theta+\sin\theta}$，所以

$$\iint_D \frac{x+y}{x^2+y^2}\mathrm{d}x\mathrm{d}y=\int_0^{\frac{\pi}{2}}\mathrm{d}\theta\int_{\frac{1}{\cos\theta+\sin\theta}}^1\frac{r(\cos\theta+\sin\theta)}{r^2}r\mathrm{d}r=\int_0^{\frac{\pi}{2}}(\cos\theta+\sin\theta-1)\mathrm{d}\theta=2-\frac{\pi}{2}.$$

注 当被积函数含有 x^2+y^2，积分区域是圆域或圆环或其一部分时，利用直角坐标计算比较困难，而用极坐标计算就比较简便.

例 6 计算 $\iint_D \frac{\mathrm{d}\sigma}{\sqrt{x^2+y^2}\cdot\sqrt{4-(x^2+y^2)}}$，其中区域 D 为 $1\leqslant x^2+y^2\leqslant 2$.

解 将积分区域 D 用极坐标表示为 $0\leqslant\theta\leqslant 2\pi,\ 1\leqslant r\leqslant\sqrt{2}$ ，于是

$$\iint_D \frac{\mathrm{d}\sigma}{\sqrt{x^2+y^2}\cdot\sqrt{4-(x^2+y^2)}}=\int_0^{2\pi}\mathrm{d}\theta\int_1^{\sqrt{2}}\frac{r\mathrm{d}r}{r\sqrt{2^2-r^2}}=2\pi\left[\arcsin\frac{r}{2}\right]_1^{\sqrt{2}}=\frac{1}{6}\pi^2.$$

注 在本题中，由于积分区域关于 x 轴和 y 轴都对称，被积函数关于 x 和 y 都是偶函数，若设 D_1 为 D 在第一象限的部分，则

$$\iint_D \frac{\mathrm{d}\sigma}{\sqrt{x^2+y^2}\cdot\sqrt{4-(x^2+y^2)}}=4\iint_{D_1}\frac{\mathrm{d}\sigma}{\sqrt{x^2+y^2}\cdot\sqrt{4-(x^2+y^2)}}$$

$$=4\int_0^{\frac{\pi}{2}}\mathrm{d}\theta\int_1^{\sqrt{2}}\frac{\mathrm{d}r}{\sqrt{4-r^2}}=2\pi\left[\arcsin\frac{r}{2}\right]_1^{\sqrt{2}}=\frac{1}{6}\pi^2.$$

题型四 通过交换积分次序计算二重积分

例 7 计算二次积分 $I=\int_0^1 y^2\mathrm{d}y\int_1^2 \mathrm{e}^{-x^2}\mathrm{d}x+\int_1^2 y^2\mathrm{d}y\int_y^2\mathrm{e}^{-x^2}\mathrm{d}x$.

分析 本题是二重积分在直角坐标系下先对 x 后对 y 的二次积分形式，因为被积函数 e^{-x^2} 的原函数不是初等函数，所以需交换积分次序.

解 首先确定积分区域. 根据已知条件可知，积分区域 D 是由两部分构成：$D=D_1+D_2$，其中 $D_1:1\leqslant x\leqslant 2,0\leqslant y\leqslant 1$ ，$D_2:y\leqslant x\leqslant 2,1\leqslant y\leqslant 2$ ，调换积分次序后的积分区域为 D：$1\leqslant x\leqslant 2,0\leqslant y\leqslant x$ ，如图 9-4 所示，由此可得

$$I=\int_1^2\mathrm{d}x\int_0^x y^2\mathrm{e}^{-x^2}\mathrm{d}y=\frac{1}{3}\int_1^2 x^3\mathrm{e}^{-x^2}\mathrm{d}x=-\frac{1}{6}\int_1^2 x^2\mathrm{d}\mathrm{e}^{-x^2}$$

$$=-\frac{1}{6}\left\{\left[x^2\mathrm{e}^{-x^2}\right]_1^2-\int_1^2\mathrm{e}^{-x^2}\mathrm{d}x^2\right\}=-\frac{1}{6}\left\{\left[x^2\mathrm{e}^{-x^2}\right]_1^2+\left[\mathrm{e}^{-x^2}\right]_1^2\right\}=\frac{1}{3}\mathrm{e}^{-1}-\frac{5}{6}\mathrm{e}^{-4}.$$

例 8 交换下列二次积分的次序：

（1）$I=\int_0^a dy\int_{\sqrt{a^2-y^2}}^{y+a}f(x,y)dx$；（2）$I=\int_0^2 dx\int_0^{\frac{1}{2}x^2}f(x,y)dy+\int_2^{2\sqrt{2}}dx\int_0^{\sqrt{8-x^2}}f(x,y)dy$.

解 （1）由已知可得积分区域 $D:0\leqslant y\leqslant a,\ \sqrt{a^2-y^2}\leqslant x\leqslant y+a$，如图 9-5 所示. 要交换积分次序，先将区域 D 分成 $D=D_1+D_2$，其中 $D_1:0\leqslant x\leqslant a,\sqrt{a^2-x^2}\leqslant y\leqslant a$；$D_2:a\leqslant x\leqslant 2a,x-a\leqslant y\leqslant a$，于是

$$I=\int_0^a dx\int_{\sqrt{a^2-x^2}}^a f(x,y)dy+\int_a^{2a}dx\int_{x-a}^a f(x,y)dy.$$

（2）积分区域 D 如图 9-6 所示，$D=D_1+D_2$. 根据已知条件可得，D_1 是由 $x=0$，$x=2$，$y=0$ 和 $y=\dfrac{1}{2}x^2$ 所围成，D_2 是由 $x=2$，$x=2\sqrt{2}$，$y=0$ 和 $y=\sqrt{8-x^2}$ 所围成，所以交换积分次序得 $I=\int_0^2 dy\int_{\sqrt{2y}}^{\sqrt{8-y^2}}f(x,y)dx$.

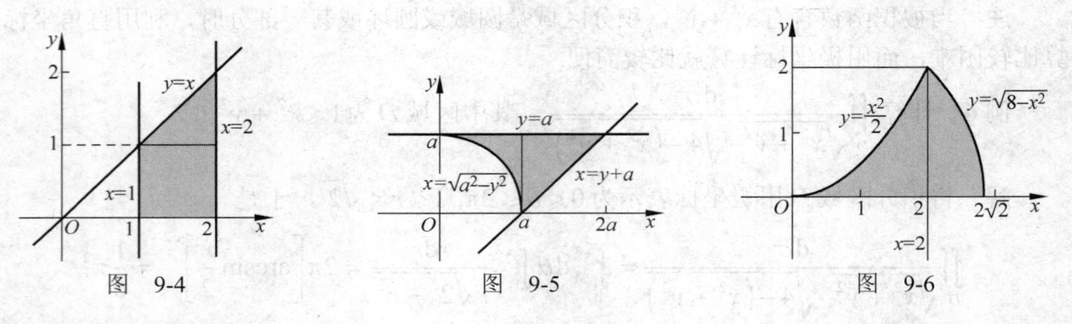

图 9-4　　图 9-5　　图 9-6

例 9 证明 $\int_0^a dy\int_0^y e^{a-x}f(x)dx=\int_0^a ye^y f(a-y)dy$，其中 $f(x)$ 是连续函数.

证明 左边二重积分的区域 $D:0\leqslant x\leqslant y,0\leqslant y\leqslant a$，虽然 D 既是 X-型区域，又是 Y-型区域，且为三角形，但由于被积函数中含有抽象函数 $f(x)$，不易积分，故交换积分次序，于是

$$\text{左边}=\int_0^a dx\int_x^a e^{a-x}f(x)dy=\int_0^a e^{a-x}f(x)(a-x)dx,$$

再令 $y=a-x$，则当 $x=0$ 时，$y=a$；当 $x=a$ 时，$y=0$，又因为 $dx=-dy$，于是

$$\int_0^a e^{a-x}f(x)(a-x)dx=\int_0^a ye^y f(a-y)dy,$$

所以等式成立.

四、习题选解

1．计算下列各二重积分：

（1）$\iint\limits_D (x^2+y^2)dxdy$，其中 D 是矩形闭区域：$|x|\leqslant 1,|y|\leqslant 1$；

（2）$\iint\limits_D (3x+2y)dxdy$，其中 D 是两坐标轴及直线 $x+y=2$ 所围成的闭区域；

（3） $\iint\limits_D (x^3+3x^2y+y^3)\mathrm{d}x\mathrm{d}y$ ，其中 D 是矩形闭区域：$0\leqslant x\leqslant 1, 0\leqslant y\leqslant 1$；

（4） $\iint\limits_D x\cos(x+y)\mathrm{d}x\mathrm{d}y$，其中 D 是顶点为 $(0,0)$,$(\pi,0)$ 和 (π,π) 的三角形闭区域.

解 （1） $\iint\limits_D (x^2+y^2)\mathrm{d}x\mathrm{d}y=\int_{-1}^{1}\mathrm{d}x\int_{-1}^{1}(x^2+y^2)\mathrm{d}y=\int_{-1}^{1}\left(2x^2+\frac{2}{3}\right)\mathrm{d}x=\left[\frac{2}{3}x^3+\frac{2}{3}x\right]_{-1}^{1}=\frac{8}{3}$.

（2） $\iint\limits_D (3x+2y)\mathrm{d}x\mathrm{d}y=\int_0^2\mathrm{d}x\int_0^{2-x}(3x+2y)\mathrm{d}y=\int_0^2(-2x^2+2x+4)\mathrm{d}x=\left[-\frac{2}{3}x^3+x^2+4x\right]_0^2=\frac{20}{3}$.

（3） $\iint\limits_D (x^3+3x^2y+y^3)\mathrm{d}x\mathrm{d}y=\int_0^1\mathrm{d}x\int_0^1(x^3+3x^2y+y^3)\mathrm{d}y=\int_0^1\left(x^3+\frac{3}{2}x^2+\frac{1}{4}\right)\mathrm{d}x=\left[\frac{x^4}{4}+\frac{x^3}{2}+\frac{x}{4}\right]_0^1=1$.

（4） $\iint\limits_D x\cos(x+y)\mathrm{d}x\mathrm{d}y=\int_0^{\pi}x\mathrm{d}x\int_0^{x}\cos(x+y)\mathrm{d}y=\int_0^{\pi}x(\sin 2x-\sin x)\mathrm{d}x=-\int_0^{\pi}x\mathrm{d}\left(\frac{1}{2}\cos 2x-\cos x\right)$

$$=-\left[x\left(\frac{1}{2}\cos 2x-\cos x\right)\right]_0^{\pi}+\int_0^{\pi}\left(\frac{1}{2}\cos 2x-\cos x\right)\mathrm{d}x=-\frac{3\pi}{2}+0=-\frac{3\pi}{2}.$$

2．画出积分区域，并计算下列各二重积分：

（1） $\iint\limits_D x\sqrt{y}\mathrm{d}x\mathrm{d}y$，其中 D 是由两条抛物线 $y=\sqrt{x}$，$y=x^2$ 所围成的闭区域；

（2） $\iint\limits_D xy^2\mathrm{d}x\mathrm{d}y$，其中 D 是由圆周 $x^2+y^2=4$ 及 y 轴所围成的右半闭区域；

（3） $\iint\limits_D \mathrm{e}^{x+y}\mathrm{d}x\mathrm{d}y$，其中 D 是由 $|x|+|y|\leqslant 1$ 所确定的闭区域；

（4） $\iint\limits_D (x^2+y^2-x)\mathrm{d}x\mathrm{d}y$，其中 D 是由直线 $y=2$，$y=x$ 及 $y=2x$ 所围成的闭区域；

（5） $\iint\limits_D |y-x^2|\mathrm{d}x\mathrm{d}y$，其中 D 是由 $x=-1$，$x=1$，$y=0$，$y=1$ 所围成的闭区域.

解 （1）积分区域 D 如图 9-7 所示.

$$\iint\limits_D x\sqrt{y}\mathrm{d}x\mathrm{d}y=\int_0^1 x\mathrm{d}x\int_{x^2}^{\sqrt{x}}\sqrt{y}\mathrm{d}y=\int_0^1 x\left(\frac{2x^{\frac{3}{4}}}{3}-\frac{2x^3}{3}\right)\mathrm{d}x=\frac{6}{55}.$$

（2）积分区域 D 如图 9-8 所示.

$$\iint\limits_D xy^2\mathrm{d}x\mathrm{d}y=\int_{-2}^{2}\mathrm{d}y\int_0^{\sqrt{4-y^2}}xy^2\,\mathrm{d}x\int_{-2}^{2}\left(2y^2-\frac{1}{2}y^4\right)\mathrm{d}y=\frac{64}{15}.$$

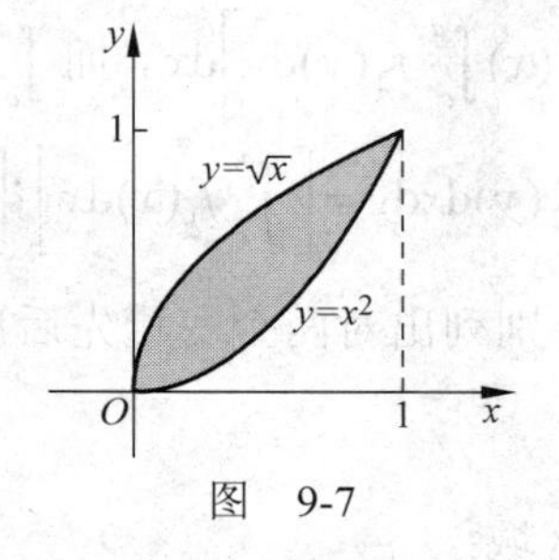

图　9-7

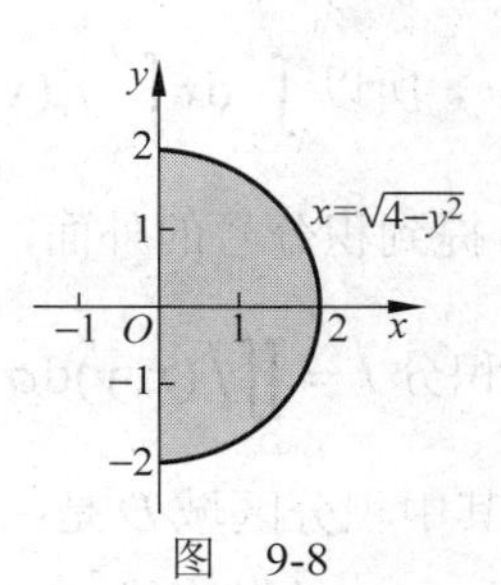

图　9-8

（3）积分区域D如图 9-9 所示.

$$\iint_D e^{x+y}dxdy=\int_{-1}^{0}e^x dx\int_{-x-1}^{x+1}e^y dy+\int_0^1 e^x dx\int_{x-1}^{-x+1}e^y dy$$
$$=\int_{-1}^{0}e^x\left(e^{x+1}-e^{-x-1}\right)dx+\int_0^1 e^x\left(e^{-x+1}-e^{x-1}\right)dx$$
$$=\left[\frac{e^{2x+1}}{2}-e^{-1}x\right]_{-1}^{0}+\left[ex-\frac{e^{2x-1}}{2}\right]_0^1=e-e^{-1}.$$

（4）积分区域D如图 9-10 所示.

$$\iint_D(x^2+y^2-x)dxdy=\int_0^2 dy\int_{\frac{y}{2}}^{y}(x^2+y^2-x)dx=\int_0^2\left(\frac{19}{24}y^3-\frac{3}{8}y^2\right)dy=\frac{13}{6}.$$

（5）积分区域D如图 9-11 所示.

$$\iint_D\left|y-x^2\right|dxdy=\int_{-1}^{1}dx\int_0^{x^2}\left(x^2-y\right)dy+\int_{-1}^{1}dx\int_{x^2}^{1}\left(y-x^2\right)dy$$
$$=\int_{-1}^{1}\frac{x^4}{2}dx+\int_{-1}^{1}\left(\frac{x^4}{2}-x^2+\frac{1}{2}\right)dx=\frac{11}{15}.$$

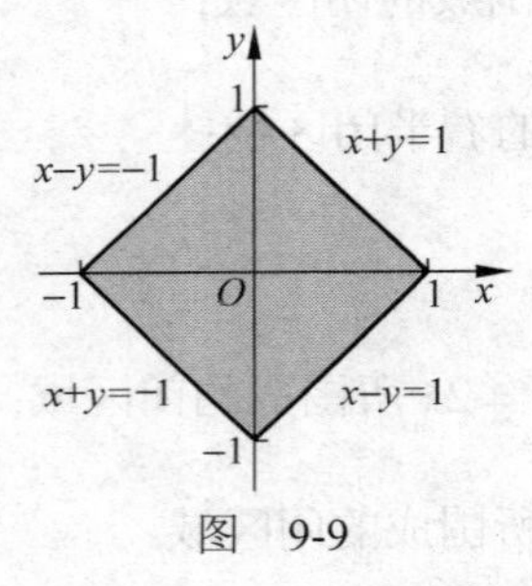

图 9-9

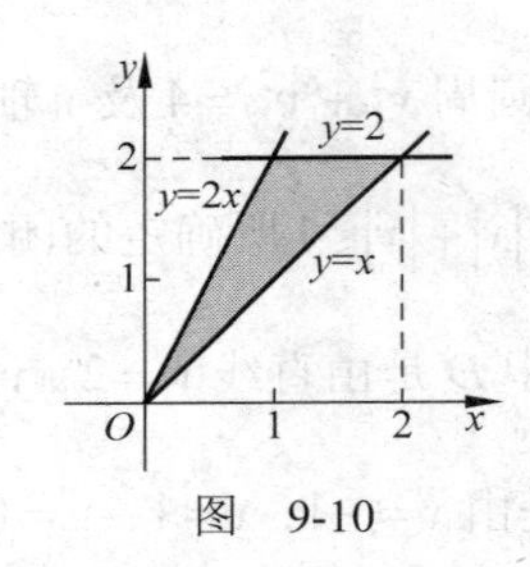

图 9-10

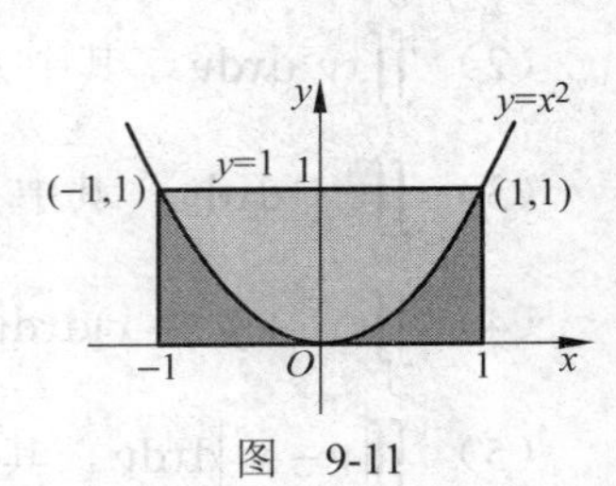

图 9-11

3．如果二重积分$\iint_D f(x,y)dxdy$的被积函数$f(x,y)$是两个函数$f_1(x)$及$f_2(y)$的乘积，即$f(x,y)=f_1(x)f_2(y)$，积分区域$D:a\leqslant x\leqslant b,c\leqslant y\leqslant d$，证明这个二重积分等于两个单积分的乘积，即

$$\iint_D f_1(x)f_2(y)dxdy=\left[\int_a^b f_1(x)dx\right]\cdot\left[\int_c^d f_2(y)dy\right].$$

证明 因为$\iint_D f_1(x)f_2(y)dxdy=\int_a^b dx\int_c^d f_1(x)f_2(y)dy$，而$\int_c^d f_1(x)f_2(y)dy=f_1(x)\int_c^d f_2(y)dy$，所以$\int_a^b dx\int_c^d f_1(x)f_2(y)dy=\int_a^b\left[f_1(x)\int_c^d f_2(y)dy\right]dx$，而$\int_c^d f_2(y)dy$是一个常数，因而可提到积分号的外面，所以得$\iint_D f_1(x)f_2(y)dxdy=\left[\int_a^b f_1(x)dx\right]\cdot\left[\int_c^d f_2(y)dy\right]$.

4．化二重积分$I=\iint_D f(x,y)d\sigma$为二次积分（分别列出对两个变量先后次序不同的两个二次积分），其中积分区域D是：

（1）由直线$y=x$及抛物线$y^2=4x$所围成的闭区域；

（2）由x轴及半圆周$x^2+y^2=r^2\ (y\geqslant 0)$所围成的闭区域；

（3）由直线$y=x$，$x=2$及双曲线$y=\dfrac{1}{x}(x>0)$所围成的闭区域.

解　积分区域D分别如图 9-12～图 9-14 所示.

（1）$I=\iint\limits_D f(x,y)\mathrm{d}\sigma=\int_0^4\mathrm{d}x\int_x^{2\sqrt{x}}f(x,y)\mathrm{d}y=\int_0^4\mathrm{d}y\int_{\frac{y^2}{4}}^{y}f(x,y)\mathrm{d}x$.

（2）$I=\iint\limits_D f(x,y)\mathrm{d}\sigma=\int_{-r}^{r}\mathrm{d}x\int_0^{\sqrt{r^2-x^2}}f(x,y)\mathrm{d}y=\int_0^{r}\mathrm{d}y\int_{-\sqrt{r^2-y^2}}^{\sqrt{r^2-y^2}}f(x,y)\mathrm{d}x$.

（3）$I=\iint\limits_D f(x,y)\mathrm{d}\sigma=\int_1^2\mathrm{d}x\int_{\frac{1}{x}}^{x}f(x,y)\mathrm{d}y=\int_{\frac{1}{2}}^{1}\mathrm{d}y\int_{\frac{1}{y}}^{2}f(x,y)\mathrm{d}x+\int_1^2\mathrm{d}y\int_y^2 f(x,y)\mathrm{d}x$.

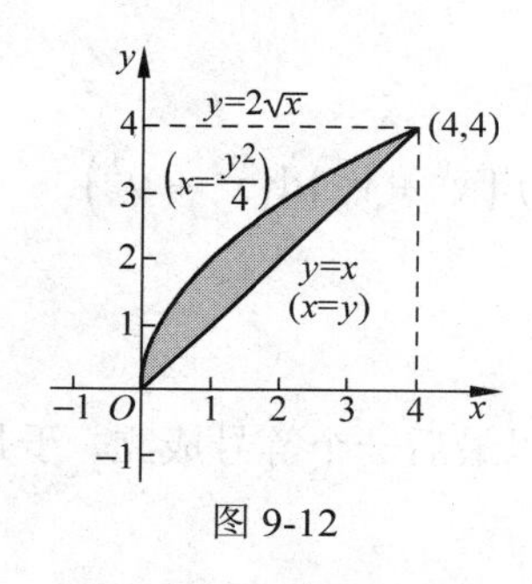

图 9-12

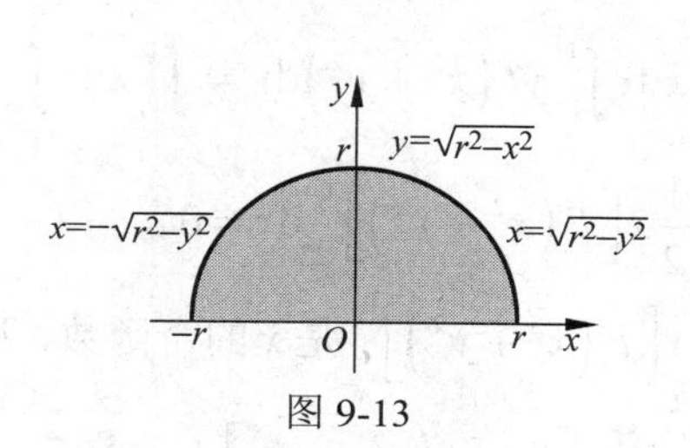

图 9-13

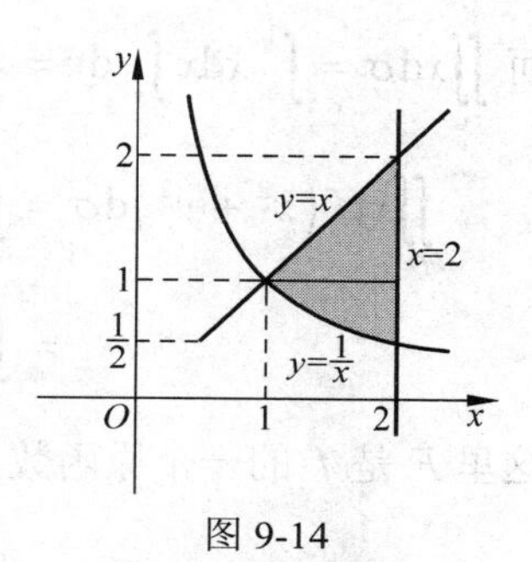

图 9-14

5．改变下列各二次积分的积分次序：

（1）$I=\int_0^1\mathrm{d}y\int_0^{\mathrm{e}^y}f(x,y)\mathrm{d}x$；

（2）$I=\int_0^1\mathrm{d}x\int_{x^3}^{x^2}f(x,y)\mathrm{d}y$.

解　积分区域D分别如图 9-15、图 9-16 所示.

（1）$I=\int_0^1\mathrm{d}x\int_0^1 f(x,y)\mathrm{d}y+\int_1^{\mathrm{e}}\mathrm{d}x\int_{\ln x}^{1}f(x,y)\mathrm{d}y$.

（2）$I=\int_0^1\mathrm{d}y\int_{\sqrt{y}}^{\sqrt[3]{y}}f(x,y)\mathrm{d}x$.

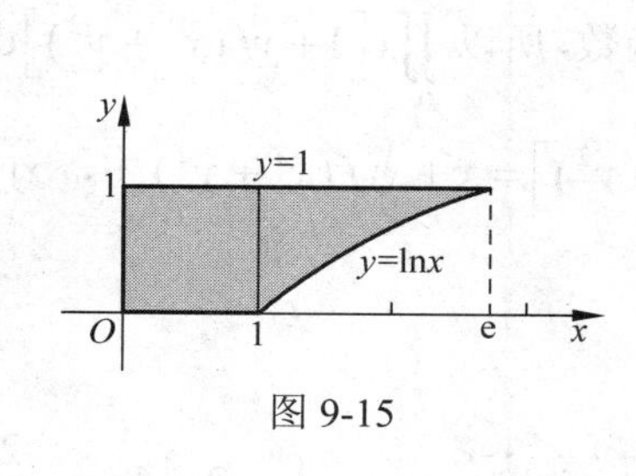

图 9-15

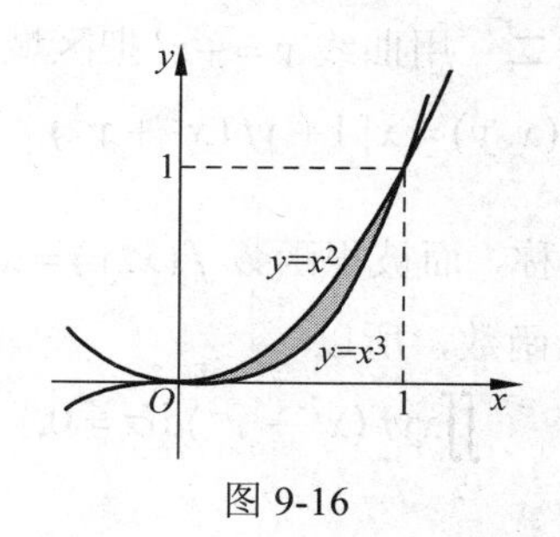

图 9-16

6．计算二重积分$I=\iint\limits_D\dfrac{x\sin y}{y}\mathrm{d}x\mathrm{d}y$，其中$D$是由$y=x,y=x^2$所围成的闭区域.

解　积分区域如图 9-17 所示.

$$I=\iint_D \frac{x\sin y}{y}\mathrm{d}x\mathrm{d}y=\int_0^1\frac{\sin y}{y}\mathrm{d}y\int_y^{\sqrt{y}}x\mathrm{d}x=\int_0^1\frac{\sin y}{y}\cdot\left[\frac{x^2}{2}\right]_y^{\sqrt{y}}\mathrm{d}y$$

$$=\int_0^1\frac{1}{2}\sin y\mathrm{d}y-\int_0^1\frac{1}{2}y\cdot\sin y\mathrm{d}y=\frac{1}{2}-\frac{1}{2}\sin 1.$$

7. 计算 $\iint_D x[1+yf(x^2+y^2)]\mathrm{d}\sigma$，其中 D 是由 $y=x^3, y=1, x=-1$ 所围成的闭区域，f 是连续函数.

解法一　积分区域如图 9-18 所示.

$$\iint_D x\left[1+yf\left(x^2+y^2\right)\right]\mathrm{d}\sigma=\iint_D\left[x+xyf\left(x^2+y^2\right)\right]\mathrm{d}\sigma=\iint_D x\mathrm{d}\sigma+\iint_D xyf\left(x^2+y^2\right)\mathrm{d}\sigma,$$

而 $\iint_D x\mathrm{d}\sigma=\int_{-1}^1 x\mathrm{d}x\int_{x^3}^1\mathrm{d}y=\int_{-1}^1 x\left(1-x^3\right)\mathrm{d}x=-\frac{2}{5}$，

$$\iint_D xyf\left(x^2+y^2\right)\mathrm{d}\sigma=\int_{-1}^1 x\mathrm{d}x\int_{x^3}^1 yf\left(x^2+y^2\right)\mathrm{d}y=\int_{-1}^1 x\mathrm{d}x\int_{x^3}^1\frac{1}{2}f\left(x^2+y^2\right)\mathrm{d}\left(x^2+y^2\right)$$

$$=\int_{-1}^1\frac{1}{2}x\left[F\left(x^2+y^2\right)\right]_{x^3}^1\mathrm{d}x=0,$$

这里 F 是 f 的一个原函数，$x\left[F\left(x^2+y^2\right)\right]_{x^3}^1$ 是 x 的奇函数，所以最后一个等号成立，于是

$$\iint_D x\left[1+yf\left(x^2+y^2\right)\right]\mathrm{d}\sigma=-\frac{2}{5}.$$

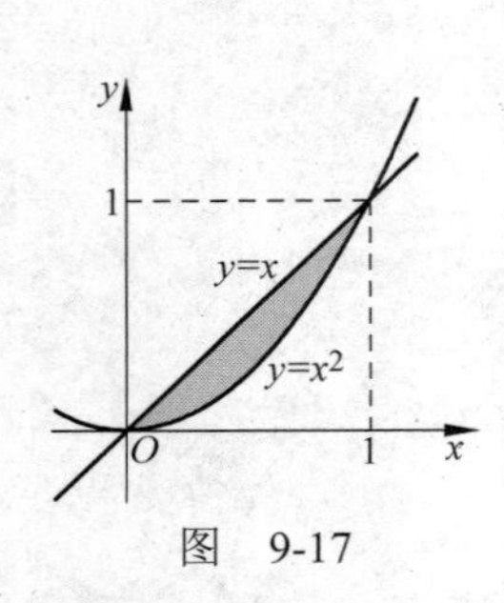

图　9-17

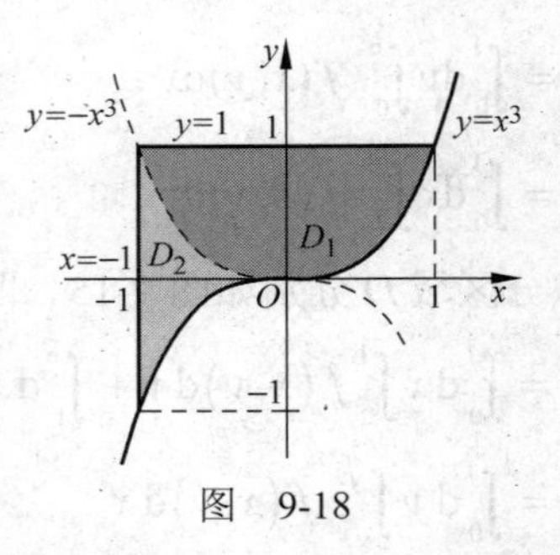

图　9-18

解法二　用曲线 $y=-x^3$ 把区域 D 分为上下两部分 D_1 和 D_2，则 D_1 关于 y 轴对称，而被积函数 $f(x,y)=x\left[1+yf(x^2+y^2)\right]$ 关于 x 是奇函数，所以 $\iint_{D_1}x\left[1+yf(x^2+y^2)\right]\mathrm{d}\sigma=0$. D_2 关于 x 轴对称，而被积函数 $f(x,y)=x\left[1+yf(x^2+y^2)\right]=x+xyf(x^2+y^2)$ 中，$xyf(x^2+y^2)$ 关于 y 是奇函数，所以

$$\iint_{D_2}xyf(x^2+y^2)\mathrm{d}\sigma=0,$$

$$\iint_{D_2}x\left[1+yf(x^2+y^2)\right]\mathrm{d}\sigma=\iint_{D_2}x\mathrm{d}\sigma=\int_{-1}^0\mathrm{d}x\int_{x^3}^{-x^3}x\mathrm{d}y=\int_{-1}^0-2x^4\mathrm{d}x=-\frac{2}{5},$$

从而 $\iint_D x\left[1+yf(x^2+y^2)\right]\mathrm{d}\sigma=\iint_{D_1+D_2}x\left[1+yf(x^2+y^2)\right]\mathrm{d}\sigma=-\frac{2}{5}$.

8．计算由平面 $x=0, y=0, x+y=1$ 所围成的柱体被平面 $z=0$ 及抛物面 $x^2+y^2=6-z$ 所截得的立体的体积.

解 $V=\iint\limits_D\left(6-x^2-y^2\right)\mathrm{d}x\mathrm{d}y=\int_0^1\mathrm{d}x\int_0^{1-x}\left(6-x^2-y^2\right)\mathrm{d}y$

$$=\int_0^1\left[6y-x^2y-\frac{y^3}{3}\right]_0^{1-x}\mathrm{d}x=\int_0^1\left[6(1-x)-x^2(1-x)-\frac{1}{3}(1-x)^3\right]\mathrm{d}x=\frac{17}{6}.$$

9．设平面薄片所占的闭区域 D 由直线 $y=x, x+y=2$ 和 x 轴所围成，它的面密度为 $\rho(x,y)=x^2+y^2$，求该薄片的质量.

解 所求薄片的质量为

$$M=\iint\limits_D\rho(x,y)\mathrm{d}x\mathrm{d}y=\iint\limits_D\left(x^2+y^2\right)\mathrm{d}x\mathrm{d}y=\int_0^1\mathrm{d}y\int_y^{2-y}\left(x^2+y^2\right)\mathrm{d}x=\frac{4}{3}.$$

10．计算以 xOy 坐标面上的圆周 $x^2+y^2=ax$ 所围成的闭区域为底，以曲面 $z=x^2+y^2$ 为顶的曲顶柱体的体积.

解 由对称性可知

$$V=\iint\limits_D\left(x^2+y^2\right)\mathrm{d}\sigma=2\int_0^{\frac{\pi}{2}}\mathrm{d}\theta\int_0^{a\cos\theta}r^2\cdot r\mathrm{d}r$$

$$=\frac{1}{2}a^4\int_0^{\frac{\pi}{2}}\cos^4\theta\mathrm{d}\theta=\frac{1}{2}a^4\cdot\frac{3}{4}\cdot\frac{1}{2}\cdot\frac{\pi}{2}=\frac{3}{32}\pi a^4.$$

11．化下列各二次积分为极坐标形式的二次积分：

（1）$\int_0^2\mathrm{d}x\int_x^{\sqrt{3}x}f\left(\sqrt{x^2+y^2}\right)\mathrm{d}y$；（2）$\int_0^1\mathrm{d}x\int_0^{x^2}f(x,y)\mathrm{d}y$.

解 积分区域分别如图 9-19、图 9-20 所示.

（1）$D:\frac{\pi}{4}\leqslant\theta\leqslant\frac{\pi}{3},\ 0\leqslant r\leqslant 2\sec\theta$，

$$\int_0^2\mathrm{d}x\int_x^{\sqrt{3}x}f\left(\sqrt{x^2+y^2}\right)\mathrm{d}y=\int_{\frac{\pi}{4}}^{\frac{\pi}{3}}\mathrm{d}\theta\int_0^{2\sec\theta}f(r)r\mathrm{d}r.$$

（2）$D:0\leqslant\theta\leqslant\frac{\pi}{4},\ \tan\theta\sec\theta\leqslant r\leqslant\sec\theta$，

$$\int_0^1\mathrm{d}x\int_0^{x^2}f(x,y)\mathrm{d}y=\int_0^{\frac{\pi}{4}}\mathrm{d}\theta\int_{\tan\theta\sec\theta}^{\sec\theta}f(r\cos\theta,r\sin\theta)r\mathrm{d}r.$$

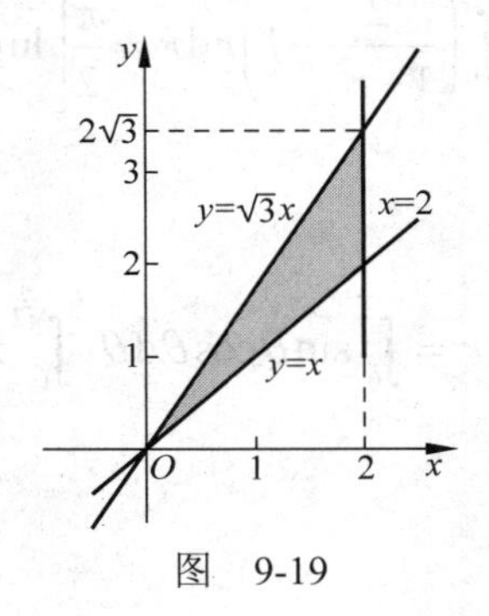

图　9-19

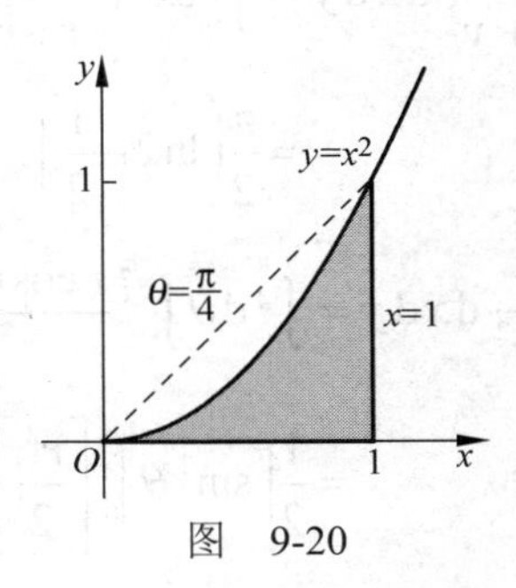

图　9-20

12．把下列各积分化为极坐标形式，并计算积分值：

（1）$\int_0^{2a}\mathrm{d}x\int_0^{\sqrt{2ax-x^2}}(x^2+y^2)\mathrm{d}y$；（2）$\int_0^1\mathrm{d}x\int_0^x\sqrt{x^2+y^2}\mathrm{d}y+\int_1^{\sqrt{2}}\mathrm{d}x\int_0^{\sqrt{2-x^2}}\sqrt{x^2+y^2}\mathrm{d}y$.

解 各积分区域分别如图 9-21、图 9-22 所示.

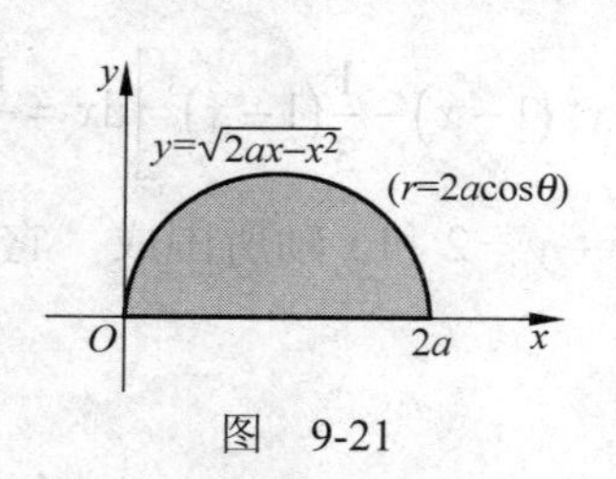

图 9-21

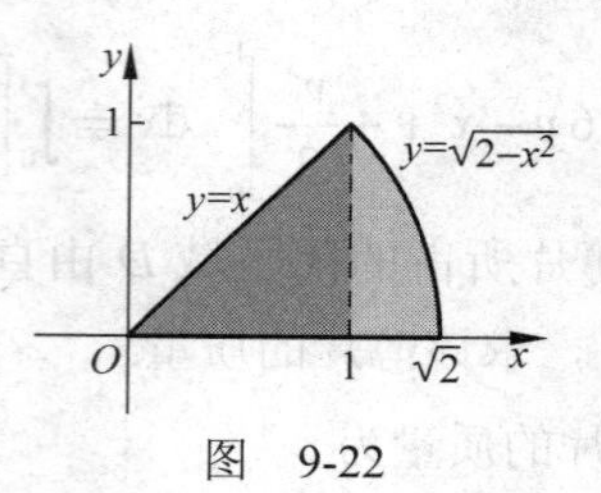

图 9-22

（1）$$\int_0^{2a}\mathrm{d}x\int_0^{\sqrt{2ax-x^2}}\left(x^2+y^2\right)\mathrm{d}y=\int_0^{\frac{\pi}{2}}\mathrm{d}\theta\int_0^{2a\cos\theta}r^3\mathrm{d}r=\int_0^{\frac{\pi}{2}}4a^4\cos^4\theta\,\mathrm{d}\theta$$

$$=4a^4\cdot\frac{3}{4}\cdot\frac{1}{2}\cdot\frac{\pi}{2}=\frac{3}{4}\pi a^4.$$

（2）$$\int_0^1\mathrm{d}x\int_0^x\sqrt{x^2+y^2}\mathrm{d}y+\int_1^{\sqrt{2}}\mathrm{d}x\int_0^{\sqrt{2-x^2}}\sqrt{x^2+y^2}\mathrm{d}y=\int_0^{\frac{\pi}{4}}\mathrm{d}\theta\int_0^{\sqrt{2}}r^2\mathrm{d}r=\frac{\sqrt{2}\pi}{6}.$$

13．利用极坐标计算下列各题：

（1）$\iint\limits_D\arctan\frac{y}{x}\mathrm{d}\sigma$，其中$D$是由圆周$x^2+y^2=4$，$x^2+y^2=1$及直线 $y=0, y=x$ 所围成的第一象限内的闭区域；

（2）$\iint\limits_D\frac{1-x^2-y^2}{1+x^2+y^2}\mathrm{d}x\mathrm{d}y$，其中$D$是由$x^2+y^2=1, x=0$和$y=0$所围成的第一象限内的闭区域；

（3）$\iint\limits_D\frac{xy}{x^2+y^2}\mathrm{d}x\mathrm{d}y$，其中$D$是由$x^2+y^2=1, x^2+y^2=2, y=0, y=x$所围成的第一象限内的闭区域.

解 各积分区域分别如图 9-23、图 9-24、图 9-25 所示.

（1）$$\iint\limits_D\arctan\frac{y}{x}\mathrm{d}\sigma=\int_0^{\frac{\pi}{4}}\mathrm{d}\theta\int_1^2\arctan\frac{r\sin\theta}{r\cos\theta}\cdot r\,\mathrm{d}r=\int_0^{\frac{\pi}{4}}\theta\,\mathrm{d}\theta\int_1^2 r\,\mathrm{d}r=\left[\frac{\theta^2}{2}\right]_0^{\frac{\pi}{4}}\left[\frac{r^2}{2}\right]_1^2=\frac{3\pi^2}{64}.$$

（2）$$\iint\limits_D\frac{1-x^2-y^2}{1+x^2+y^2}\mathrm{d}x\mathrm{d}y=\int_0^{\frac{\pi}{2}}\mathrm{d}\theta\int_0^1\frac{1-r^2}{1+r^2}r\,\mathrm{d}r=\frac{\pi}{2}\cdot\int_0^1\left(\frac{2}{1+r^2}-1\right)r\,\mathrm{d}r=\frac{\pi}{2}\left[\ln\left(1+r^2\right)-\frac{r^2}{2}\right]_0^1$$

$$=\frac{\pi}{2}\left(\ln2-\frac{1}{2}\right).$$

（3）$$\iint\limits_D\frac{xy}{x^2+y^2}\mathrm{d}x\mathrm{d}y=\int_0^{\frac{\pi}{4}}\mathrm{d}\theta\int_1^{\sqrt{2}}\frac{r\cos\theta\cdot r\sin\theta}{r^2}\cdot r\,\mathrm{d}r=\int_0^{\frac{\pi}{4}}\sin\theta\cos\theta\,\mathrm{d}\theta\cdot\int_1^{\sqrt{2}}r\,\mathrm{d}r$$

$$=\frac{1}{2}\left[\sin^2\theta\right]_0^{\frac{\pi}{4}}\left[\frac{r^2}{2}\right]_1^{\sqrt{2}}=\frac{1}{8}.$$

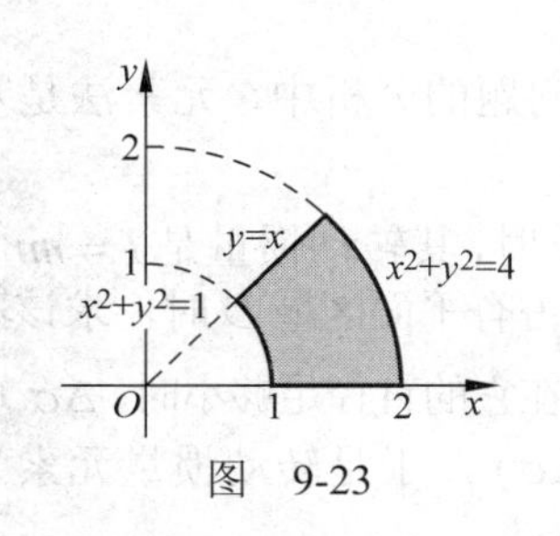

图　9-23

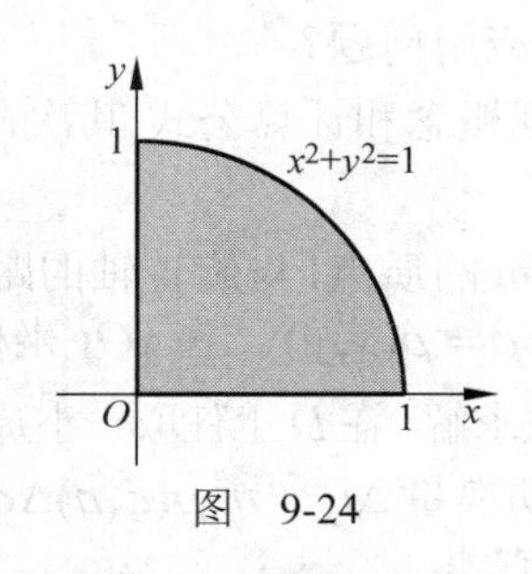

图　9-24

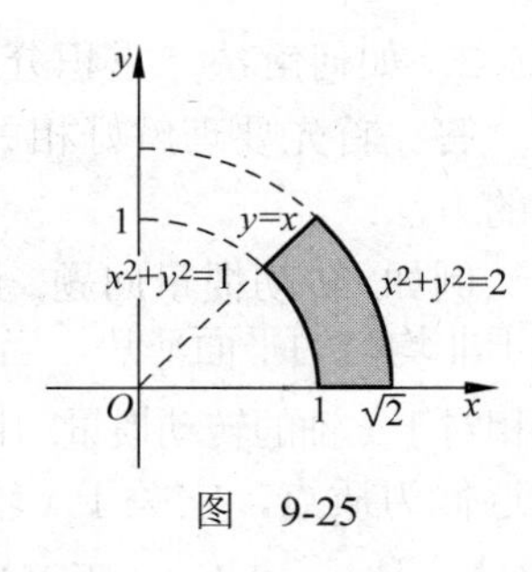

图　9-25

14．计算以 xOy 坐标面上的圆周 $x^2+y^2=ax$ 所围成的闭区域为底，以曲面 $z=x^2+y^2$ 为顶的曲顶柱体的体积.

解　由对称性，可得

$$V=2\iint_D(x^2+y^2)\,\mathrm{d}x\,\mathrm{d}y=2\int_0^{\frac{\pi}{2}}\mathrm{d}\theta\int_0^{a\cos\theta}\rho^3\,\mathrm{d}\rho$$

$$=\frac{a^4}{2}\int_0^{\frac{\pi}{2}}\cos^4\theta\,\mathrm{d}\theta=\frac{a^4}{2}\cdot\frac{3}{4}\cdot\frac{1}{2}\cdot\frac{\pi}{2}=\frac{3}{32}\pi a^4.$$

15．设平面薄片所占的闭区域 D 由螺线 $r=2\theta$ 上一段弧 $\left(0\leqslant\theta\leqslant\dfrac{\pi}{2}\right)$ 与直线 $\theta=\dfrac{\pi}{2}$ 所围成，它的面密度为 $\rho(x,y)=x^2+y^2$，求该薄片的质量.

解　如图 9-26 所示，所求薄片的质量为

$$M=\iint_D\rho(x,y)\mathrm{d}x\mathrm{d}y=\iint_D\left(x^2+y^2\right)\mathrm{d}x\mathrm{d}y=\int_0^{\frac{\pi}{2}}\mathrm{d}\theta\int_0^{2\theta}r^2\cdot r\,\mathrm{d}r=\frac{\pi^5}{40}.$$

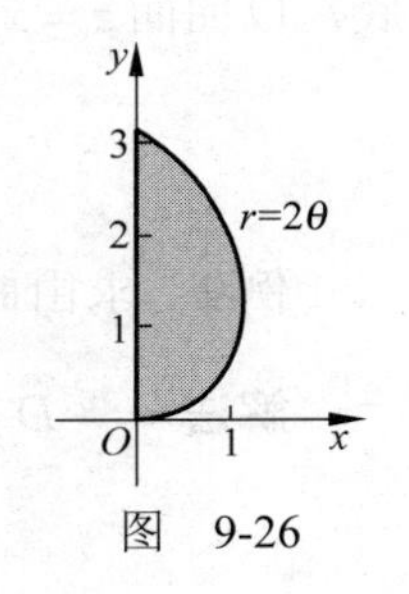

图　9-26

第三节　二重积分的应用

一、教学基本要求

会用二重积分求曲面的面积和平面薄板的质心及转动惯量.

二、答疑解惑

1．在求曲面的面积时，应注意哪些问题？

答　第一，关于投影区域. 从理论上讲，将曲面投影到哪一个坐标面计算都可以，但我们应当选择曲面在坐标面上的投影区域比较规则、形状简单的进行计算. 如果曲面是母线平行于某个坐标轴的柱面，则该柱面在与母线垂直的坐标面上的投影是一条曲线（柱面的准线），因此不能将这个柱面投影于这个坐标面来计算曲面的面积.

第二，关于被积函数. 同一曲面，如果它的方程可以表示为 $z=f(x,y)$，$y=g(x,z)$，$x=h(y,z)$，那么对应的面积元素分别是 $\sqrt{1+f_x^2+f_y^2}\,\mathrm{d}x\mathrm{d}y$，$\sqrt{1+g_x^2+g_z^2}\,\mathrm{d}x\mathrm{d}z$ 和 $\sqrt{1+h_y^2+h_z^2}\,\mathrm{d}y\mathrm{d}z$，其积分的难易程度可能相差很大，因此应选择适当的形式进行计算.

2．如何解决二重积分的物理应用问题?

答　首先要理解好相关的物理概念和计算公式.其次在应用问题的分析中，元素法是基本的方法.

例如，转动惯量问题. 质量为 m 的质点，与旋转轴的距离为 r 时，其转动惯量是 $I = mr^2$. 对于非均匀的平面薄片，当面密度 $\rho = \rho(x,y)$，在 xOy 坐标面上占有平面区域 D 时，求该薄片相对于 x 轴的转动惯量. 用元素法求解. 在 D 上任取一小片 $\Delta\sigma$，在它的直径足够小时，$\Delta\sigma$ 可以近似为质点，它关于 x 轴的转动惯量 $\Delta I_x = \eta^2\rho(\xi,\eta)\Delta\sigma + o(\Delta\sigma)$，于是转动惯量元素为 $\mathrm{d}I_x = y^2\rho(x,y)\mathrm{d}\sigma$，所以有 $I_x = \iint\limits_D y^2\rho(x,y)\mathrm{d}\sigma$.

三、经典例题解析

题型一　二重积分的几何应用

例 1　设一立体由不等式 $x \leqslant x^2 + y^2 \leqslant 2x$ 和 $0 \leqslant z \leqslant x^2 + y^2$ 所确定，求此立体的体积.

解　这实际上是一个以 xOy 坐标面上的圆 $x^2 + y^2 = x$ 和 $x^2 + y^2 = 2x$ 所围的区域 D 为底，以曲面 $z = x^2 + y^2$ 为顶的曲顶柱体体积问题，由二重积分的几何意义可得

$$V = \iint\limits_D \left(x^2 + y^2\right)\mathrm{d}\sigma = 2\int_0^{\frac{\pi}{2}}\mathrm{d}\theta\int_{\cos\theta}^{2\cos\theta} r^2 \cdot r\mathrm{d}r = \frac{45}{32}\pi.$$

例 2　求由曲线 $y = x + \dfrac{1}{x}$，$x = 2$ 及 $y = 2$ 所围成图形 D 的面积 S.

解法一　D 如图 9-27 所示，由二重积分的性质可知

$$S = \iint\limits_D \mathrm{d}x\mathrm{d}y = \int_1^2\mathrm{d}x\int_2^{x+\frac{1}{x}}\mathrm{d}y = \int_1^2\left(x + \frac{1}{x} - 2\right)\mathrm{d}x$$

$$= \left[\frac{x^2}{2} + \ln x - 2x\right]_1^2 = \ln 2 - \frac{1}{2}.$$

解法二　此题还可以用定积分求解. 将平面图形 D 的面积看作两个曲边梯形的面积之差，则

$$S = \int_1^2\left[\left(x + \frac{1}{x}\right) - 2\right]\mathrm{d}x = \ln 2 - \frac{1}{2}.$$

例 3　计算由半球面 $z = \sqrt{3a^2 - x^2 - y^2}$ 和旋转抛物面 $x^2 + y^2 = 2az\left(a > 0\right)$ 所围成的空间立体 Ω 全表面的面积.

解　Ω 如图 9-28 所示，Ω 在 xOy 坐标面上的投影区域为 $D: x^2 + y^2 \leqslant 2a^2$. 空间立体表面分为球面和抛物面两部分，球面部分的面积为 S_1，抛物面部分的面积 S_2.

由 $z = \sqrt{3a^2 - x^2 - y^2}$，得 $\sqrt{1 + \left(\dfrac{\partial z}{\partial x}\right)^2 + \left(\dfrac{\partial z}{\partial y}\right)^2} = \dfrac{\sqrt{3}a}{\sqrt{3a^2 - x^2 - y^2}}$，

$$S_1 = \iint\limits_D \frac{\sqrt{3}a}{\sqrt{3a^2 - x^2 - y^2}}\mathrm{d}x\mathrm{d}y = \sqrt{3}a\int_0^{2\pi}\mathrm{d}\theta\int_0^{\sqrt{2}a}\frac{1}{\sqrt{3a^2 - r^2}} \cdot r\mathrm{d}r = 2\left(3 - \sqrt{3}\right)\pi a^2;$$

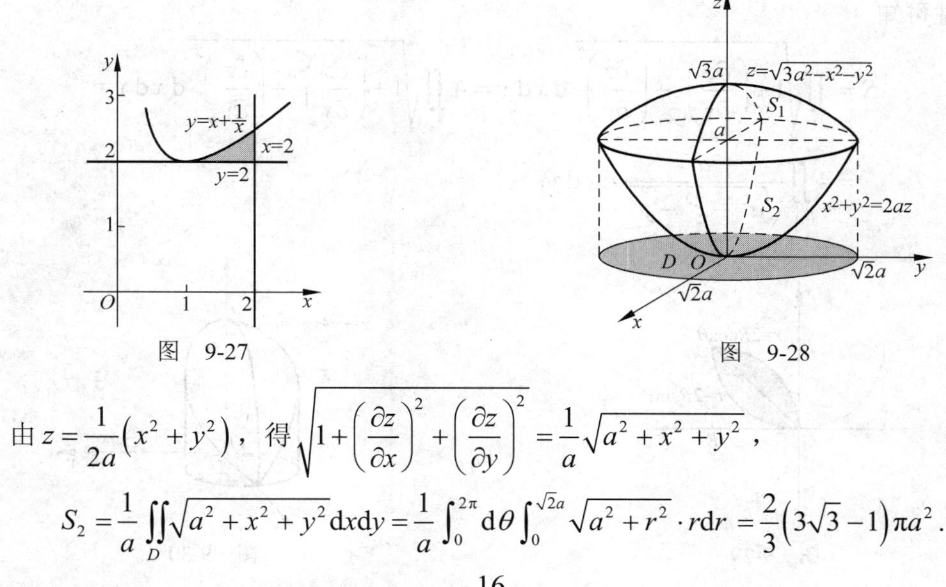

图　9-27　　　　图　9-28

由 $z=\dfrac{1}{2a}\left(x^2+y^2\right)$，得 $\sqrt{1+\left(\dfrac{\partial z}{\partial x}\right)^2+\left(\dfrac{\partial z}{\partial y}\right)^2}=\dfrac{1}{a}\sqrt{a^2+x^2+y^2}$，

$$S_2=\frac{1}{a}\iint_D\sqrt{a^2+x^2+y^2}\mathrm{d}x\mathrm{d}y=\frac{1}{a}\int_0^{2\pi}\mathrm{d}\theta\int_0^{\sqrt{2}a}\sqrt{a^2+r^2}\cdot r\mathrm{d}r=\frac{2}{3}\left(3\sqrt{3}-1\right)\pi a^2 .$$

于是所求空间立体表面的面积 $S=S_1+S_2=\dfrac{16}{3}\pi a^2$.

注　利用二重积分可以计算曲顶柱体的体积、平面图形的面积以及空间曲面的面积.

题型二　二重积分的物理应用

例 4　由曲线 $x^2+y^2=2Rx$ 与 $x^2+y^2=2Ry\left(R>0\right)$ 所围成的公共部分的平面薄片 D，其上每一点处的面密度在数值上等于该点到原点的距离，求该薄片的质量.

解　D 如图 9-29 所示. 该薄片的面密度为 $\mu\left(x,y\right)=\sqrt{x^2+y^2}$，两曲线所围的公共部分为两个区域，其中 $D_1:0\leqslant\theta\leqslant\dfrac{\pi}{4},0\leqslant r\leqslant 2R\sin\theta$ ，$D_2:\dfrac{\pi}{4}\leqslant\theta\leqslant\dfrac{\pi}{2},0\leqslant r\leqslant 2R\cos\theta$ ，所以其质量为

$$M=\iint_D\sqrt{x^2+y^2}\mathrm{d}x\mathrm{d}y=\int_0^{\frac{\pi}{4}}\mathrm{d}\theta\int_0^{2R\sin\theta}r\cdot r\mathrm{d}r+\int_{\frac{\pi}{4}}^{\frac{\pi}{2}}\mathrm{d}\theta\int_0^{2R\cos\theta}r\cdot r\mathrm{d}r$$

$$=\int_0^{\frac{\pi}{4}}\left[\frac{1}{3}r^3\right]_0^{2R\sin\theta}\mathrm{d}\theta+\int_{\frac{\pi}{4}}^{\frac{\pi}{2}}\left[\frac{1}{3}r^3\right]_0^{2R\cos\theta}\mathrm{d}\theta$$

$$=\frac{8}{3}R^3\int_0^{\frac{\pi}{4}}\left(\cos^2\theta-1\right)\mathrm{d}\cos\theta+\frac{8}{3}R^3\int_{\frac{\pi}{4}}^{\frac{\pi}{2}}\left(1-\sin^2\theta\right)\mathrm{d}\sin\theta=\frac{16}{3}\left(\frac{2}{3}-\frac{5\sqrt{2}}{12}\right)R^3.$$

注　利用二重积分可以计算平面薄片的质量、平面薄片的质心以及转动惯量等问题.

四、习题选解

1．求球面 $x^2+y^2+z^2=a^2$ 含在圆柱面 $x^2+y^2=ax$ 内的那部分 Σ 的面积 S .

解　Σ 在 xOy 坐标面上方的部分如图 9-30 所示. 上半球面的方程为 $z=\sqrt{a^2-x^2-y^2}$，且

$$\frac{\partial z}{\partial x}=-\frac{x}{\sqrt{a^2-x^2-y^2}},\quad\frac{\partial z}{\partial y}=-\frac{y}{\sqrt{a^2-x^2-y^2}},$$

由对称性可知

$$S=\iint_D\sqrt{1+\left(\frac{\partial z}{\partial x}\right)^2+\left(\frac{\partial z}{\partial y}\right)^2}\,\mathrm{d}x\mathrm{d}y=4\iint_{D_{xy}}\sqrt{1+\left(\frac{\partial z}{\partial x}\right)^2+\left(\frac{\partial z}{\partial y}\right)^2}\,\mathrm{d}x\mathrm{d}y$$

$$=4\iint_{D_{xy}}\frac{a}{\sqrt{a^2-x^2-y^2}}\mathrm{d}x\mathrm{d}y,$$

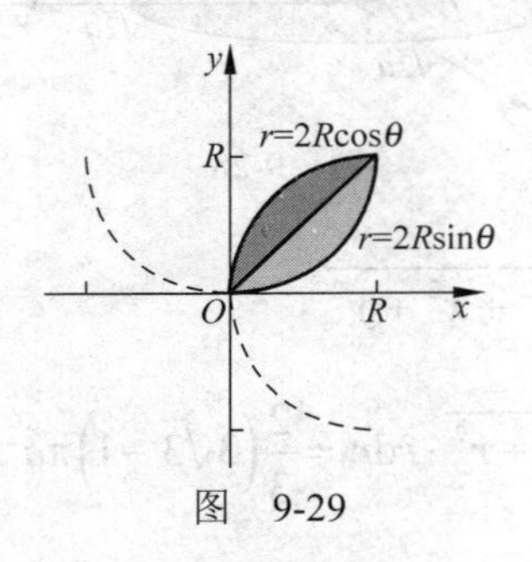

图　9-29

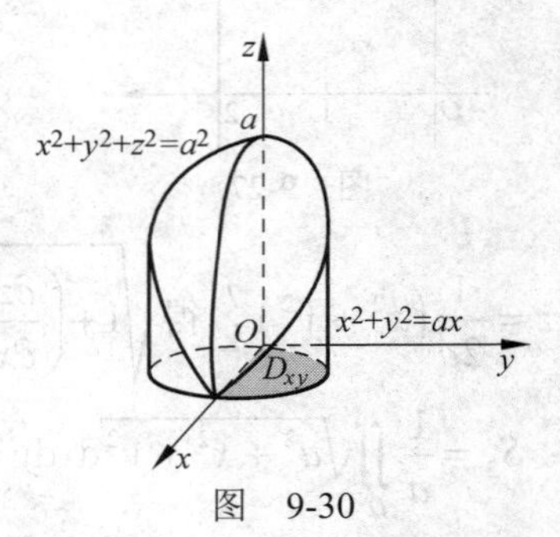

图　9-30

其中 D_{xy} 为曲面 Σ 在 xOy 平面上第一象限的投影：$x^2+y^2\leqslant ax$，$x\geqslant 0$，$y\geqslant 0$，故

$$S=4a\int_0^{\frac{\pi}{2}}\mathrm{d}\theta\int_0^{a\cos\theta}\frac{1}{\sqrt{a^2-r^2}}r\,\mathrm{d}r=2a^2(\pi-2).$$

2．求锥面 $z=\sqrt{x^2+y^2}$ 被柱面 $z^2=2x$ 所割下部分的曲面面积.

解　如图 9-31 所示，曲面 $z=\sqrt{x^2+y^2}$，且 $z_x=\dfrac{x}{\sqrt{x^2+y^2}}$，$z_y=\dfrac{y}{\sqrt{x^2+y^2}}$，联立 $z=\sqrt{x^2+y^2}$ 和 $z^2=2x$，消去 z 得 $x^2+y^2=2x$，故曲面 $z=\sqrt{x^2+y^2}$ 在 xOy 坐标面的投影区域 D_{xy} 为 $x^2+y^2\leqslant 2x$，所以

$$S=\iint_{D_{xy}}\sqrt{1+{z_x}^2+{z_y}^2}\,\mathrm{d}x\mathrm{d}y=\sqrt{2}\iint_{D_{xy}}\mathrm{d}x\mathrm{d}y=\sqrt{2}\pi.$$

3．求底面半径相等的两个直交圆柱面 $x^2+y^2=R^2$ 及 $x^2+z^2=R^2$ 所围立体的表面积.

解　如图 9-32 所示，由对称性可知，所围立体的表面积等于第一卦限中位于圆柱面 $x^2+z^2=R^2$ 上的那部分的表面积的 16 倍，这部分曲面的方程为 $z=\sqrt{R^2-x^2}$，且 $z_x=-\dfrac{x}{\sqrt{R^2-x^2}}$，$z_y=0$，则所求曲面的面积为

$$S=16\iint_{D_{xy}}\sqrt{1+{z_x}^2+{z_y}^2}\,\mathrm{d}x\mathrm{d}y=16\iint_{D_{xy}}\frac{R}{\sqrt{R^2-x^2}}\mathrm{d}x\mathrm{d}y$$

$$=16\int_0^R\mathrm{d}x\int_0^{\sqrt{R^2-x^2}}\frac{R}{\sqrt{R^2-x^2}}\mathrm{d}y=16\int_0^R R\mathrm{d}x=16R^2.$$

4．设薄片所占的闭区域 D 如下，求均匀薄片的质心：

（1）D 由 $y=\sqrt{2px},x=x_0,y=0$ 所围成；

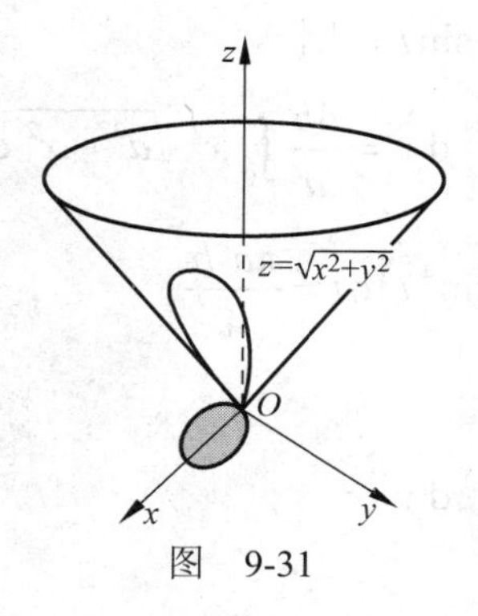

图 9-31

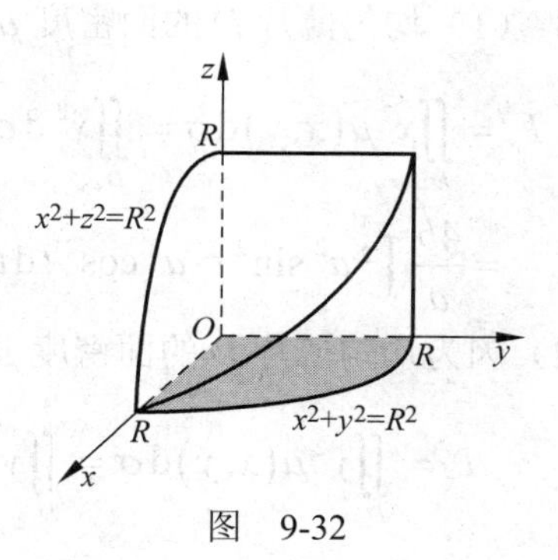

图 9-32

（2）D 是半椭圆形闭区域 $\dfrac{x^2}{a^2}+\dfrac{y^2}{b^2}\leqslant 1, y\geqslant 0$；

（3）D 是介于两个圆 $r=a\cos\theta, r=b\cos\theta(0<a<b)$ 之间的闭区域.

解 （1）$A=\iint\limits_D \mathrm{d}x\mathrm{d}y=\int_0^{x_0}\mathrm{d}x\int_0^{\sqrt{2px}}\mathrm{d}y=\int_0^{x_0}\sqrt{2px}\mathrm{d}x=\dfrac{2}{3}\sqrt{2px_0{}^3}$，

$$\overline{x}=\frac{1}{A}\iint\limits_D x\mathrm{d}x\mathrm{d}y=\frac{1}{A}\int_0^{x_0}\mathrm{d}x\int_0^{\sqrt{2px}}x\mathrm{d}y=\frac{1}{A}\int_0^{x_0}x\sqrt{2px}\mathrm{d}x=\frac{3}{5}x_0,$$

$$\overline{y}=\frac{1}{A}\iint\limits_D y\mathrm{d}x\mathrm{d}y=\frac{1}{A}\int_0^{x_0}\mathrm{d}x\int_0^{\sqrt{2px}}y\mathrm{d}y=\frac{1}{A}\int_0^{x_0}px\mathrm{d}x=\frac{3}{8}\sqrt{2px_0}=\frac{3}{8}y_0,$$

故所求质心坐标为 $\left(\dfrac{3}{5}x_0,\dfrac{3}{8}y_0\right)$.

（2）$A=\iint\limits_D \mathrm{d}x\mathrm{d}y=\dfrac{1}{2}\pi ab$，由对称性可知 $\overline{x}=0$，而

$$\overline{y}=\frac{1}{A}\iint\limits_D y\mathrm{d}x\mathrm{d}y=\frac{1}{A}\int_{-a}^{a}\mathrm{d}x\int_0^{\frac{b}{a}\sqrt{a^2-x^2}}y\mathrm{d}y=\frac{4b}{3\pi},$$

故所求质心坐标为 $\left(0,\dfrac{4b}{3\pi}\right)$.

（3）由对称性可知 $\overline{y}=0$，均匀薄片占有闭区域 D 的面积 A 为

$$A=\iint\limits_D \mathrm{d}x\mathrm{d}y=\int_{-\frac{\pi}{2}}^{\frac{\pi}{2}}\mathrm{d}\theta\int_{a\cos\theta}^{b\cos\theta}r\mathrm{d}r=\int_{-\frac{\pi}{2}}^{\frac{\pi}{2}}\frac{b^2-a^2}{2}\cos^2\theta\mathrm{d}\theta=\frac{\pi}{4}\left(b^2-a^2\right),$$

$$\overline{x}=\frac{1}{A}\iint\limits_D x\mathrm{d}x\mathrm{d}y=\frac{1}{A}\int_{-\frac{\pi}{2}}^{\frac{\pi}{2}}\mathrm{d}\theta\int_{a\cos\theta}^{b\cos\theta}r\cos\theta\cdot r\mathrm{d}r=\frac{a^2+ab+b^2}{2(a+b)},$$

故所求质心坐标为 $\left(\dfrac{a^2+ab+b^2}{2(a+b)},0\right)$.

5．设均匀薄片（面密度为常数 1）所占闭区域 D 如下，求指定的转动惯量：

（1）$D:\dfrac{x^2}{a^2}+\dfrac{y^2}{b^2}\leqslant 1$，求 I_y；

（2）D 是由抛物线 $y^2=\dfrac{9}{2}x$ 与直线 $x=2$ 所围成，求 I_x 和 I_y.

解　(1) 均匀薄片D的面密度$\mu(x,y)=1$，令$x=a\sin t$，则

$$I_y=\iint_D x^2\mu(x,y)\mathrm{d}\sigma=\iint_D x^2\,\mathrm{d}\sigma=4\int_0^a\mathrm{d}x\int_0^{\frac{b}{a}\sqrt{a^2-x^2}}x^2\,\mathrm{d}y=\frac{4b}{a}\int_0^a x^2\sqrt{a^2-x^2}\,\mathrm{d}x$$

$$=\frac{4b}{a}\int_0^{\frac{\pi}{2}}a^2\sin^2 t\cdot a^2\cos^2 t\,\mathrm{d}t=4a^3b\int_0^{\frac{\pi}{2}}\left(\sin^2 t-\sin^4 t\right)\mathrm{d}t=\frac{\pi a^3 b}{4}.$$

(2) 因为均匀薄片D的面密度$\mu(x,y)=1$，所以

$$I_x=\iint_D y^2\mu(x,y)\mathrm{d}\sigma=\iint_D y^2\,\mathrm{d}\sigma=\int_0^2\mathrm{d}x\int_{-\sqrt{\frac{9}{2}x}}^{\sqrt{\frac{9}{2}x}}y^2\,\mathrm{d}y$$

$$=\int_0^2\frac{9}{\sqrt{2}}x^{\frac{3}{2}}\,\mathrm{d}x=\frac{9}{\sqrt{2}}\cdot\frac{2}{5}\cdot\left[x^{\frac{5}{2}}\right]_0^2=\frac{72}{5};$$

$$I_y=\iint_D x^2\mu(x,y)\mathrm{d}\sigma=\iint_D x^2\,\mathrm{d}\sigma=\int_0^2\mathrm{d}x\int_{-\sqrt{\frac{9}{2}x}}^{\sqrt{\frac{9}{2}x}}x^2\,\mathrm{d}y=\int_0^2 2x^2\cdot\sqrt{\frac{9}{2}x}\,\mathrm{d}x$$

$$=3\sqrt{2}\int_0^2 x^{\frac{5}{2}}\,\mathrm{d}x=3\sqrt{2}\cdot\frac{2}{7}\cdot\left[x^{\frac{7}{2}}\right]_0^2=\frac{96}{7}.$$

6．已知均匀矩形板（面密度为常量μ）的长和宽分别为b和h，计算此矩形板对于通过其形心且分别与一边平行的两轴的转动惯量.

解　以形心为原点，以两旋转轴为坐标轴，建立坐标系，则得

$$I_x=\iint_D y^2\mu(x,y)\mathrm{d}\sigma=\mu\iint_D y^2\,\mathrm{d}\sigma=\mu\int_{-\frac{b}{2}}^{\frac{b}{2}}\mathrm{d}x\int_{-\frac{h}{2}}^{\frac{h}{2}}y^2\,\mathrm{d}y=\frac{\mu bh^3}{12},$$

$$I_y=\iint_D x^2\mu(x,y)\mathrm{d}\sigma=\mu\iint_D x^2\,\mathrm{d}\sigma=\mu\int_{-\frac{b}{2}}^{\frac{b}{2}}x^2\,\mathrm{d}x\int_{-\frac{h}{2}}^{\frac{h}{2}}\mathrm{d}y=\frac{\mu hb^3}{12}.$$

第四节　三重积分的概念及其计算法

一、教学基本要求

1. 了解三重积分的概念和性质.
2. 掌握利用直角坐标系计算三重积分的方法.
3. 掌握利用柱坐标系计算三重积分的方法.
4. 了解利用球坐标系计算三重积分的方法.

二、答疑解惑

1．将三重积分化为三次积分时，怎样确定各层积分的上、下限？

答　如果先对z积分，则应将积分区域Ω投影于xOy坐标面，设投影区域是D_{xy}，在D_{xy}上任取一点，过该点作平行于z轴的直线，使直线由下而上穿过积分区域Ω，将穿入时遇到的曲面（Ω的下边界曲面）$z=z_1(x,y)$作为对z积分的下限，将穿出时遇到的曲面（Ω

的上边界曲面）$z=z_2(x,y)$ 作为对 z 积分的上限. 如果用平行于 z 轴的直线穿过 Ω 时与边界曲面的交点多于两个，则应将 Ω 分割成若干个部分，使每一部分的边界曲面与平行于 z 轴的直线的交点不多于两个.

在确定好对 z 积分的上、下限之后，再根据 Ω 在 xOy 坐标面上的投影区域 D_{xy} 的形状，确定对 x 和 y 的积分限（这与二重积分定积分限的方法完全相同）.

这种“平行线穿越法”同样适用于先对 x 或先对 y 的积分.

2．如何利用被积函数关于某个积分变量的奇偶性和积分区域 Ω 关于坐标面的对称性简化三重积分的计算？

答　若积分区域 Ω 关于 xOy 坐标面对称，则

$$\iiint_{\Omega} f(x,y,z)\,\mathrm{d}v=\begin{cases}0, & f(x,y,-z)=-f(x,y,z),\\ 2\iiint_{\Omega_1} f(x,y,z)\,\mathrm{d}v, & f(x,y,-z)=f(x,y,z),\end{cases}$$

其中 $\Omega_1=\{(x,y,z)\,|\,(x,y,z)\in\Omega,\ z\geqslant 0\}$.

当 Ω 关于其他坐标面对称时，也有类似的结论.

3．在什么情况下计算三重积分宜用“平行截面法”？

答　这需要考虑积分区域 Ω 的形状和被积函数 $f(x,y,z)$ 的结构两个方面的情况.为便于说明，下面以先对 x,y 作二重积分，再对 z 作定积分的次序为例进行说明.

此时，对积分区域 Ω 的要求是：Ω 可表达为 $\Omega=\{(x,y,z)\,|\,(x,y)\in D_z, c_1\leqslant z\leqslant c_2\}$，即 z 在 c_1 和 c_2 之间变动，对任一 $z\in[c_1,c_2]$，过点 $(0,0,z)$ 且垂直于 z 轴的平面截 Ω 得一平面区域 D_z，D_z 的形状是诸如圆、椭圆、矩形或三角形等易于求面积的区域. 对被积函数 $f(x,y,z)$ 的要求是：积分 $\iint_{D_z} f(x,y,z)\,\mathrm{d}x\,\mathrm{d}y$ 易于计算. 特别是当被积函数仅是 z 的函数，而 D_z 的面积 $A(z)$ 易求时，有

$$\iiint_{\Omega} f(z)\,\mathrm{d}v=\int_{c_1}^{c_2} f(z)\left(\iint_{D_z}\mathrm{d}x\,\mathrm{d}y\right)\mathrm{d}z=\int_{c_1}^{c_2} f(z)A(z)\,\mathrm{d}z.$$

例如计算 $\iiint_{\Omega} z\,\mathrm{d}v$，其中 Ω 是由曲面 $x^2+y^2-2z^2=1$ 及平面 $z=1, z=2$ 围成的闭区域.

解　如图 9-33 所示，曲面 $x^2+y^2-2z^2=1$ 是单叶双曲面，$\Omega=\{(x,y,z)\,|\,x^2+y^2\leqslant 1+2z^2, 1\leqslant z\leqslant 2\}$，即在 $1\leqslant z\leqslant 2$ 时，垂直于 z 轴的平面截 Ω 的截面均为以 $(0,0,z)$ 为中心的圆形区域，其半径 $r=\sqrt{1+2z^2}$，这时截面积 $A(z)=\pi(1+2z^2)$，于是

$$\iiint_{\Omega} z\,\mathrm{d}v=\int_1^2 z\,\mathrm{d}z\iint_{D_z}\mathrm{d}x\,\mathrm{d}y=\int_1^2 z\pi(1+2z^2)\,\mathrm{d}z=\frac{\pi}{2}\left[z^2+z^4\right]_1^2=9\pi.$$

三、经典例题解析

题型一　利用“先一后二”法计算三重积分

例 1　计算三重积分 $I=\iiint_{\Omega}\frac{1}{x^2+y^2}\mathrm{d}x\mathrm{d}y\mathrm{d}z$，其中 Ω 是由平面 $x=1$，$x=2$，$z=0$，$y=x$

和 $z=y$ 所围成.

解　如图 9-34 所示，因为积分区域可用不等式表示为 $\Omega:1\leqslant x\leqslant 2, 0\leqslant y\leqslant x,\ 0\leqslant z\leqslant y$，所以

$$I=\iint\limits_{D_{xy}}\mathrm{d}x\mathrm{d}y\int_0^y\frac{\mathrm{d}z}{x^2+y^2}=\int_1^2\mathrm{d}x\int_0^x\mathrm{d}y\int_0^y\frac{\mathrm{d}z}{x^2+y^2}=\int_1^2\mathrm{d}x\int_0^x\frac{y}{x^2+y^2}\mathrm{d}y$$

$$=\frac{1}{2}\int_1^2\left[\ln\left(x^2+y^2\right)\right]_0^x\mathrm{d}x=\frac{1}{2}\int_1^2\ln 2\mathrm{d}x=\frac{1}{2}\ln 2.$$

题型二　利用“先二后一”法计算三重积分

例 2　计算 $\iiint\limits_{\Omega}z\mathrm{d}v$，$\Omega$ 是由 $z=\sqrt{a^2-x^2-y^2}$, $z=\sqrt{x^2+y^2}$ $(a>0)$ 所围成的空间闭区域.

解　如图 9-35 所示，两曲面交线在平面 $z=\frac{a}{\sqrt{2}}$ 上，此平面把 Ω 分成下部 Ω_1 和上部 Ω_2. Ω_1 在 z 轴上的投影区间为 $\left[0,\frac{a}{\sqrt{2}}\right]$，$D_1(z):x^2+y^2\leqslant z^2$；$\Omega_2$ 在 z 轴上的投影区间为 $\left[\frac{a}{\sqrt{2}},a\right]$，$D_2(z):x^2+y^2\leqslant a^2-z^2$，于是

$$\iiint\limits_{\Omega}z\mathrm{d}v=\iiint\limits_{\Omega_1}z\mathrm{d}v+\iiint\limits_{\Omega_2}z\mathrm{d}v=\int_0^{\frac{a}{\sqrt{2}}}z\mathrm{d}z\iint\limits_{D_1(z)}\mathrm{d}x\mathrm{d}y+\int_{\frac{a}{\sqrt{2}}}^{a}z\mathrm{d}z\iint\limits_{D_2(z)}\mathrm{d}x\mathrm{d}y$$

$$=\int_0^{\frac{a}{\sqrt{2}}}\pi z^3\mathrm{d}z+\int_{\frac{a}{\sqrt{2}}}^{a}\pi z(a^2-z^2)\mathrm{d}z=\frac{\pi}{8}a^4.$$

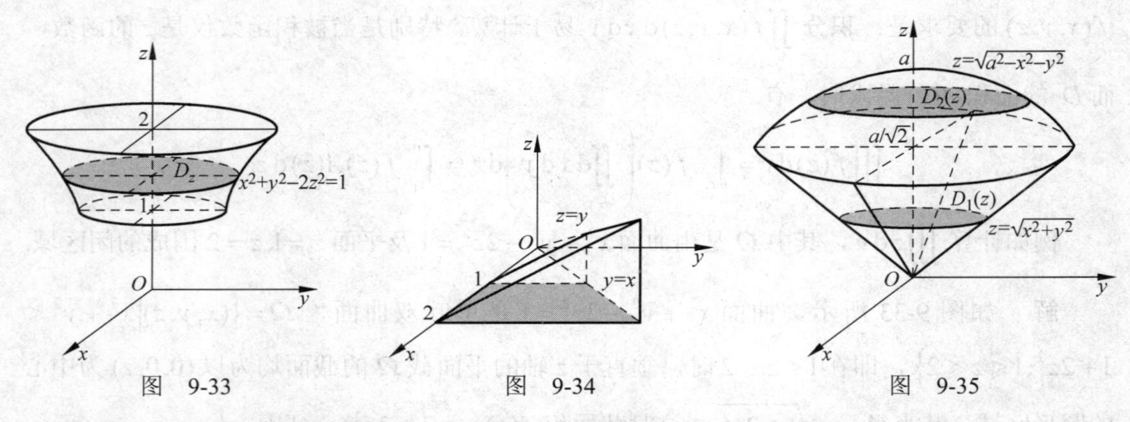

图　9-33　　图　9-34　　图　9-35

题型三　利用积分区域的对称性和被积函数的奇偶性计算三重积分

例 3　说明下列等式是否成立，为什么？其中 $\Omega:x^2+y^2+z^2\leqslant R^2$，

$\Omega_1:x^2+y^2+z^2\leqslant R^2,\ z\geqslant 0$，$\Omega_2:x^2+y^2+z^2\leqslant R^2,\ x\geqslant 0,\ y\geqslant 0,\ z\geqslant 0$.

（1）$\iiint\limits_{\Omega}x\mathrm{d}v=0,\ \iiint\limits_{\Omega}z\mathrm{d}v=0$；（2）$\iiint\limits_{\Omega_1}x\mathrm{d}v=4\iiint\limits_{\Omega_2}x\mathrm{d}v,\ \iiint\limits_{\Omega_1}z\mathrm{d}v=4\iiint\limits_{\Omega_2}z\mathrm{d}v$；

（3）$\iiint\limits_{\Omega_1}xy\mathrm{d}v=\iiint\limits_{\Omega_1}yz\mathrm{d}v=\iiint\limits_{\Omega_1}zx\mathrm{d}v=0$.

解　（1）两等式均成立.因为积分区域 Ω 对三个坐标面均对称，而被积函数一个是关于

x的奇函数，另一个是关于z的奇函数，所以它们的积分值均为零（当将三重积分化为三次定积分时，第一个积分可先对x积分，第二个积分可先对z积分，此时它们均在对称的区间上积分，故积分值均为零）；

（2）第一个等式是错误的，第二个等式是正确的. 因为在第一个等式中，Ω_1关于yOz坐标面对称，而被积函数$f(x,y,z)=x$在Ω_1中是关于x的奇函数，故等式左端积分应为零，即$\iiint\limits_{\Omega_1}x\mathrm{d}v=0$，而$\Omega_2$是$\Omega_1$位于第一卦限的部分，$\Omega_2$上自变量全部取正值，故有$\iiint\limits_{\Omega_2}x\mathrm{d}v>0$，虽然$\Omega_1$的体积是$\Omega_2$的体积的 4 倍，但$\iiint\limits_{\Omega_1}x\mathrm{d}v\neq 4\iiint\limits_{\Omega_2}x\mathrm{d}v$. 在第二个等式中，由于被积函数$f(x,y,z)=z$中不出现变量$x,y$，故被积函数关于$x,y$是偶函数，而积分区域$\Omega_1$关于$xOz$及$yOz$坐标面对称，故等式$\iiint\limits_{\Omega_1}z\mathrm{d}v=4\iiint\limits_{\Omega_2}z\mathrm{d}v$成立.

（3）等式成立.因为积分区域Ω_1关于xOz及yOz坐标面对称，而被积函数或是关于x的奇函数（如xz），或是关于y的奇函数（如yz），或是关于x,y均是奇函数(如xy)，故积分值均为零，所以等式成立.

例 4　计算$\iiint\limits_{\Omega}(x+y+z)^2\mathrm{d}v$，其中$\Omega$为$0\leqslant x\leqslant 1,0\leqslant y\leqslant 1,0\leqslant z\leqslant 1$描述的立方体.

解　直接计算这个积分比较复杂，现在将被积函数展开得

$$\iiint\limits_{\Omega}(x+y+z)^2\mathrm{d}v=\iiint\limits_{\Omega}\left[(x^2+2xy)+(y^2+2yz)+(z^2+2xz)\right]\mathrm{d}v$$
$$=\iiint\limits_{\Omega}(x^2+2xy)\mathrm{d}v+\iiint\limits_{\Omega}(y^2+2yz)\mathrm{d}v+\iiint\limits_{\Omega}(z^2+2xz)\mathrm{d}v.$$

比较以上三个积分的被积函数及积分区域可知，其积分值是完全相等的，这便是轮换对称性的特点，故

$$\iiint\limits_{\Omega}(x+y+z)^2\mathrm{d}v=3\iiint\limits_{\Omega}(x^2+2xy)\mathrm{d}v=3\int_0^1\mathrm{d}x\int_0^1\mathrm{d}y\int_0^1(x^2+2xy)\mathrm{d}z=\frac{5}{2}.$$

注　所谓轮换对称性，是指各个变量在被积函数中和积分区域Ω边界面方程中的“地位与作用等同”，也就是若将x换成y，y换成z，z换成x后，被积函数和积分区域的表达式都不变，则称积分区域和被积函数关于变量x, y, z具有轮换对称性，这时把各个变量分开单独积分，积分形式是一致的，于是便会得到相等的结果.

四、习题选解

1．化三重积分$I=\iiint\limits_{\Omega}f(x,y,z)\mathrm{d}x\mathrm{d}y\mathrm{d}z$为三次积分，其中积分区域$\Omega$分别是：

（1）由曲面$z=xy$, $x+y=1$和$z=0$所围成的位于第一卦限的闭区域；

（2）由曲面$z=x^2+y^2$及平面$z=1$所围成的闭区域；

（3）由曲面$z=x^2+2y^2$及$z=2-x^2$所围成的闭区域；

（4）由曲面$cz=xy(c>0)$, $\dfrac{x^2}{a^2}+\dfrac{y^2}{b^2}=1$, $z=0$所围成的位于第一卦限的闭区域.

解　(1) 如图 9-36 所示，因为 Ω 在 xOy 坐标面上的投影区域 $D: x+y\leqslant 1, x\geqslant 0$，$y\geqslant 0$，所以

$$I=\iiint\limits_{\Omega} f(x,y,z)\mathrm{d}x\mathrm{d}y\mathrm{d}z=\int_0^1\mathrm{d}x\int_0^{1-x}\mathrm{d}y\int_0^{xy}f(x,y,z)\mathrm{d}z.$$

(2) 如图 9-37 所示，因为 Ω 在 xOy 坐标面上的投影区域 $D: x^2+y^2\leqslant 1$，所以

$$\iiint\limits_{\Omega} f(x,y,z)\mathrm{d}x\mathrm{d}y\mathrm{d}z=\int_{-1}^1\mathrm{d}x\int_{-\sqrt{1-x^2}}^{\sqrt{1-x^2}}\mathrm{d}y\int_{x^2+y^2}^{1}f(x,y,z)\mathrm{d}z.$$

(3) 如图 9-38 所示，由 $\begin{cases}z=x^2+2y^2,\\ z=2-x^2\end{cases}$ 消去 z 得 $x^2+y^2=1$，因为 Ω 在 xOy 坐标面上的投影区域 $D: x^2+y^2\leqslant 1$，所以

$$I=\iiint\limits_{\Omega} f(x,y,z)\mathrm{d}x\mathrm{d}y\mathrm{d}z=\int_{-1}^1\mathrm{d}x\int_{-\sqrt{1-x^2}}^{\sqrt{1-x^2}}\mathrm{d}y\int_{x^2+2y^2}^{2-x^2}f(x,y,z)\mathrm{d}z.$$

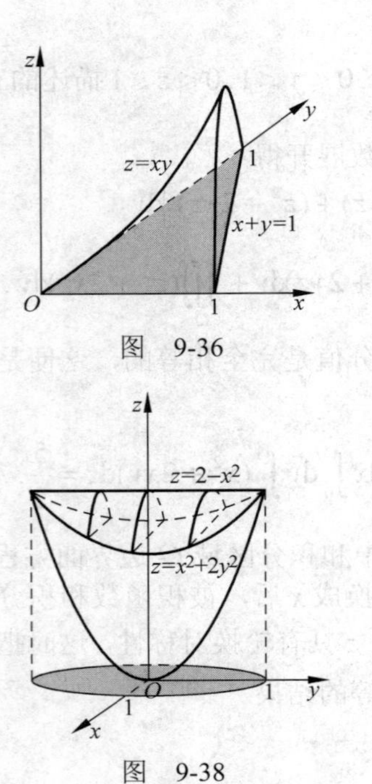

图　9-36

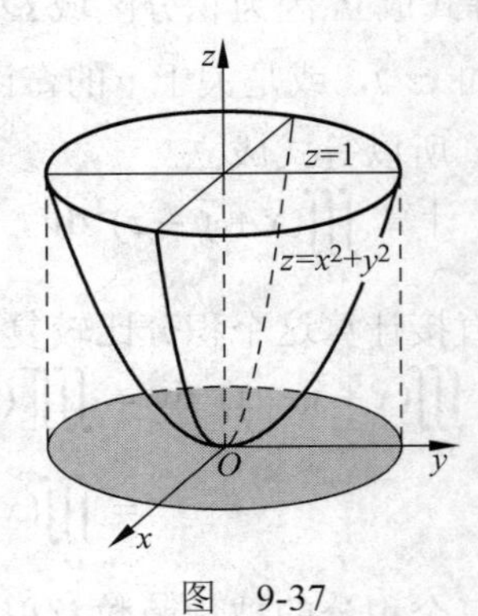

图　9-37

图　9-38

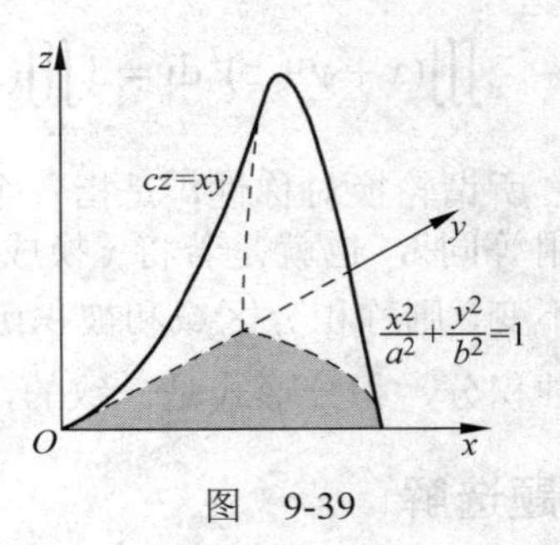

图　9-39

(4) 如图 9-39 所示，因为 Ω 在 xOy 坐标面上的投影区域 $D: \dfrac{x^2}{a^2}+\dfrac{y^2}{b^2}\leqslant 1$，$x\geqslant 0$，$y\geqslant 0$，所以积分区域 Ω 表示为 $0\leqslant x\leqslant a$，$0\leqslant y\leqslant \dfrac{b}{a}\sqrt{a^2-x^2}$，$0\leqslant z\leqslant \dfrac{xy}{c}$，于是

$$I=\iiint\limits_{\Omega} f(x,y,z)\mathrm{d}x\mathrm{d}y\mathrm{d}z=\int_0^a\mathrm{d}x\int_0^{\frac{b}{a}\sqrt{a^2-x^2}}\mathrm{d}y\int_0^{\frac{xy}{c}}f(x,y,z)\mathrm{d}z.$$

2．设有一物体，占有空间闭区域 $\Omega: 0\leqslant x\leqslant 1, 0\leqslant y\leqslant 1, 0\leqslant z\leqslant 1$，在点 (x,y,z) 处的密度为

$\rho(x,y,z)=x+y+z$，计算该物体的质量.

解　设该物体的质量为 M，则

$$M=\iiint_{\Omega}\rho(x,y,z)\mathrm{d}x\mathrm{d}y\mathrm{d}z=\int_0^1\mathrm{d}x\int_0^1\mathrm{d}y\int_0^1(x+y+z)\mathrm{d}z=\frac{3}{2}.$$

3．计算下列三重积分：

（1）计算 $\iiint_{\Omega}xz\mathrm{d}x\mathrm{d}y\mathrm{d}z$，其中 Ω 是由平面 $z=0,z=y,y=1$ 及抛物柱面 $y=x^2$ 所围成的闭区域；

（2）计算 $\iiint_{\Omega}\frac{\mathrm{d}x\mathrm{d}y\mathrm{d}z}{(1+x+y+z)^3}$，其中 Ω 为由平面 $x=0,y=0,z=0,x+y+z=1$ 所围成的四面体；

（3）计算 $\iiint_{\Omega}\frac{y\sin x}{x}\mathrm{d}x\mathrm{d}y\mathrm{d}z$，其中 Ω 是由 $y=0,y=\sqrt{x},x+z=\frac{\pi}{2}$ 及 $z=0$ 所围成的闭区域；

（4）计算 $\iiint_{\Omega}z\mathrm{d}x\mathrm{d}y\mathrm{d}z$，其中 Ω 是由锥面 $z=\frac{h}{R}\sqrt{x^2+y^2}$ 与平面 $z=h\ (R>0,\ h>0)$ 所围成的闭区域；

（5）计算 $\iiint_{\Omega}xy^2z^3\mathrm{d}x\mathrm{d}y\mathrm{d}z$，其中 Ω 是由曲面 $z=xy$ 和平面 $y=x$，$x=1$ 和 $z=0$ 所围成的闭区域；

（6）计算 $\iiint_{\Omega}xyz\mathrm{d}x\mathrm{d}y\mathrm{d}z$，其中 Ω 是由球面 $x^2+y^2+z^2=1$ 及三个坐标面所围成的在第一卦限内的闭区域.

解　（1）如图 9-40 所示，因为 Ω 在 xOy 平面上的投影区域 D_{xy} 由 $y=1$ 和 $y=x^2$ 围成，所以

$$\iiint_{\Omega}xz\mathrm{d}x\mathrm{d}y\mathrm{d}z=\int_{-1}^1\mathrm{d}x\int_{x^2}^1\mathrm{d}y\int_0^y xz\mathrm{d}z=\frac{1}{2}\int_{-1}^1 x\mathrm{d}x\int_{x^2}^1 y^2\mathrm{d}y=\frac{1}{2}\int_{-1}^1 x\left(\frac{1-x^6}{3}\right)\mathrm{d}x=0.$$

（2）如图 9-41 所示，令 $x+y+z=1$ 中的 $z=0$ 得 $x+y=1$，故 Ω 在 xOy 坐标面上的投影区域 D_{xy} 由 $x=0$，$y=0$，$x+y=1$ 所围成，所以

$$\iiint_{\Omega}\frac{\mathrm{d}x\mathrm{d}y\mathrm{d}z}{(1+x+y+z)^3}=\int_0^1\mathrm{d}x\int_0^{1-x}\mathrm{d}y\int_0^{1-x-y}\frac{1}{(1+x+y+z)^3}\mathrm{d}z=-\frac{1}{2}\int_0^1\mathrm{d}x\int_0^{1-x}\left[\frac{1}{4}-\frac{1}{(1+x+y)^2}\right]\mathrm{d}y$$

$$=-\frac{1}{2}\int_0^1\left(\frac{1-x}{4}+\frac{1}{2}-\frac{1}{1+x}\right)\mathrm{d}x=\frac{1}{2}\left(\ln 2-\frac{5}{8}\right).$$

（3）如图 9-42 所示，

$$\iiint_{\Omega}\frac{y\sin x}{x}\mathrm{d}x\mathrm{d}y\mathrm{d}z=\int_0^{\frac{\pi}{2}}\mathrm{d}x\int_0^{\sqrt{x}}\mathrm{d}y\int_0^{\frac{\pi}{2}-x}\frac{y\sin x}{x}\mathrm{d}z=\int_0^{\frac{\pi}{2}}\left(\frac{\pi}{2}-x\right)\frac{\sin x}{2}\mathrm{d}x$$

$$=\frac{\pi}{4}\int_0^{\frac{\pi}{2}}\sin x\mathrm{d}x-\frac{1}{2}\int_0^{\frac{\pi}{2}}x\sin x\mathrm{d}x=\frac{\pi}{4}-\frac{1}{2}.$$

（4）如图 9-43 所示，因为 Ω 在 z 轴上的投影区间为 $[0,h]$，过 $[0,h]$ 内任一点 z 作垂直于 z 轴的平面截 Ω 得截面为一圆域 D_z，其半径为 $\frac{R}{h}z$，所以 D_z 为 $x^2+y^2\leqslant\frac{R^2}{h^2}z^2$，其面积为 $\frac{\pi R^2}{h^2}z^2$，于是

$$\iiint\limits_{\Omega} z\mathrm{d}x\mathrm{d}y\mathrm{d}z=\int_0^h z\mathrm{d}z\iint\limits_{D_z}\mathrm{d}x\mathrm{d}y=\int_0^h z\frac{\pi R^2}{h^2}z^2\mathrm{d}z=\frac{\pi}{4}h^2R^2.$$

（5）如图 9-44 所示，因为 Ω 在 xOy 平面上的投影区域 D_{xy} 由 $y=x$，$x=1$ 和 $y=0$ 围成，所以

$$\iiint\limits_{\Omega} xy^2z^3\mathrm{d}x\mathrm{d}y\mathrm{d}z=\int_0^1 x\mathrm{d}x\int_0^x y^2\mathrm{d}y\int_0^{xy} z^3\mathrm{d}z=\int_0^1 x\mathrm{d}x\int_0^x\frac{x^4y^6}{4}\mathrm{d}y=\int_0^1\frac{x^{12}}{28}\mathrm{d}x=\frac{1}{364}.$$

（6）因为 Ω 在 xOy 坐标面上的投影区域 D_{xy} 由 $x^2+y^2=1$，$x=0$ 及 $y=0$ 围成，所以

$$\begin{aligned}\iiint\limits_{\Omega} xyz\mathrm{d}x\mathrm{d}y\mathrm{d}z&=\int_0^1 x\mathrm{d}x\int_0^{\sqrt{1-x^2}} y\mathrm{d}y\int_0^{\sqrt{1-x^2-y^2}} z\mathrm{d}z=\frac{1}{2}\int_0^1 x\mathrm{d}x\int_0^{\sqrt{1-x^2}}(y-yx^2-y^3)\mathrm{d}y\\&=\frac{1}{8}\int_0^1 x\left(1-x^2\right)^2\mathrm{d}x=\frac{1}{48}.\end{aligned}$$

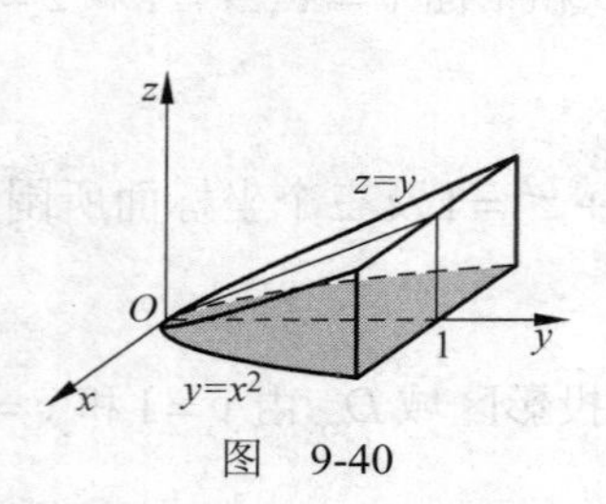

图　9-40

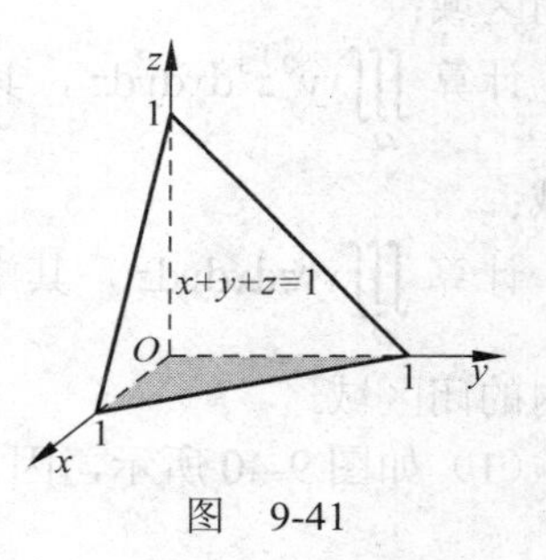

图　9-41

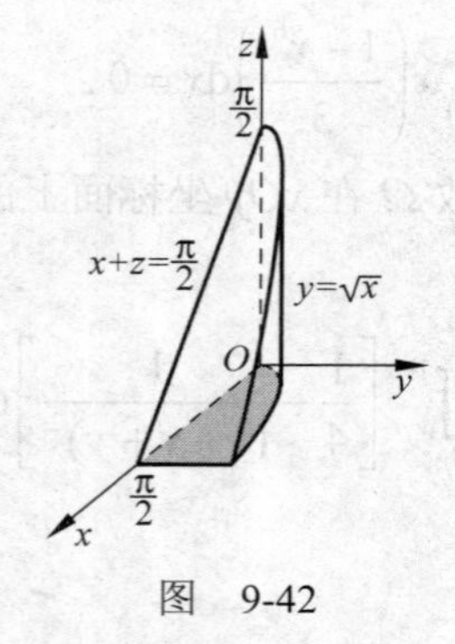

图　9-42

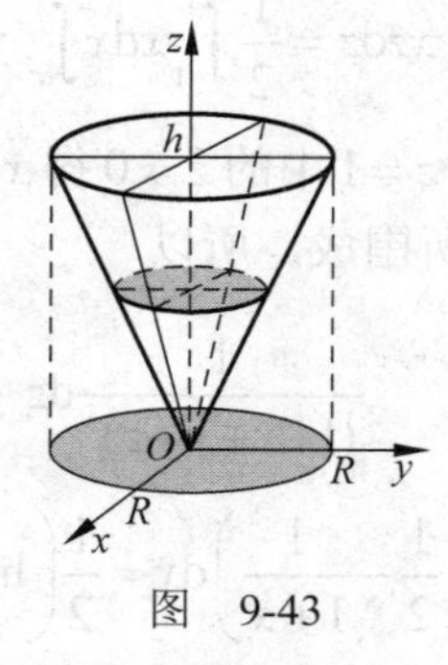

图　9-43

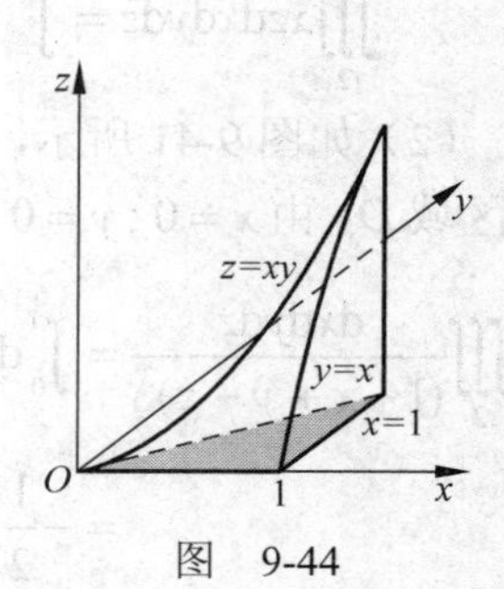

图　9-44

5．求空间立体 $0\leqslant x\leqslant 1, 0\leqslant y\leqslant x, x+y\leqslant z\leqslant \mathrm{e}^{x+y}$ 的体积.

解　$$V=\iiint\limits_{\Omega}\mathrm{d}v=\int_0^1\mathrm{d}x\int_0^x\mathrm{d}y\int_{x+y}^{\mathrm{e}^{x+y}}\mathrm{d}z=\int_0^1\mathrm{d}x\int_0^x\left[\mathrm{e}^{x+y}-(x+y)\right]\mathrm{d}y=\int_0^1\left(\mathrm{e}^{2x}-\mathrm{e}^x-\frac{3x^2}{2}\right)\mathrm{d}x$$

$$=\frac{\mathrm{e}^2}{2}-\mathrm{e}.$$

第五节　利用柱面坐标和球面坐标计算三重积分

一、教学基本要求

1. 掌握利用柱面坐标系计算三重积分的方法.
2. 了解利用球面坐标系计算三重积分的方法.

二、答疑解惑

1．在什么情况下适合用柱面坐标计算三重积分？

答　柱面坐标可以看作投影法与二重积分极坐标法的结合. 例如

$$\iiint_{\Omega} f(x,y,z)\,\mathrm{d}v=\iint_{D_{xy}}\left[\int_{z_1(x,y)}^{z_2(x,y)} f(x,y,z)\,\mathrm{d}z\right]\mathrm{d}x\,\mathrm{d}y=\iint_{D_{xy}} F(x,y)\,\mathrm{d}x\,\mathrm{d}y,$$

再由极坐标法进行计算.

类似于二重积分的情形，当Ω在xOy坐标面上的投影是圆形、环形或扇形区域时，用柱面坐标计算比较简便. 一般地，当Ω的表面含有球面、圆柱面、圆锥面、旋转抛物面，或被积函数中含有$x^2+y^2,x^2-y^2,\dfrac{y}{x},\dfrac{x}{y}$时，多采用柱面坐标计算三重积分.

2．利用柱面坐标计算三重积分时怎样确定积分的上、下限？

答　作出Ω的草图，用平行于z轴的直线自下而上穿过Ω的内部，先后遇到Ω表面的曲面$z=z_1(r,\theta)$和$z=z_2(r,\theta)$，分别作为z的下限和上限，然后再根据D_{xy}的形状按照极坐标确定r和θ的上限和下限即可.

3．在什么情况下适合用球面坐标计算三重积分？

答　当积分区域Ω是由球面、圆锥面及平面所围成，且被积函数中含有$x^2+y^2+z^2$时，多采用球面坐标计算三重积分. 在采用球面坐标将三重积分化为三次积分时，一般是先对r积分（这是由于包围Ω的曲面方程常常以$r=r(\theta,\varphi)$的形式给出），然后再对φ和θ积分.

4．利用球面坐标计算三重积分时怎样确定积分的上、下限？

答　在球面坐标系下将三重积分化为三次积分时，一般采用如下的方法确定各积分限：

（1）关于θ的上、下限：将积分区域Ω投影到xOy坐标面上，得到投影区域D_1，在D_1上按照平面极坐标确定极角θ的方法确定θ的变化范围$\alpha\leqslant\theta\leqslant\beta$.

（2）关于φ的上、下限：对固定的θ $(\alpha\leqslant\theta\leqslant\beta)$，过$z$轴作与$zOx$坐标面夹角为$\theta$的半平面与$\Omega$相截，得一平面区域$D_2$. 在$D_2$上按平面极坐标确定$\varphi$角的取值范围$\varphi_1(\theta)\leqslant\varphi\leqslant\varphi_2(\theta)$，那么，$\varphi_1(\theta)$和$\varphi_2(\theta)$就分别是对$\varphi$积分的下限和上限.应当注意的是，这时$D_2$中任一点$P$的坐标是$(r,\varphi)$，$\varphi$是从$z$轴正向转到$\overrightarrow{OP}$的角度.

（3）关于r的上、下限：对固定的θ和φ，从原点出发作射线，如果这射线由曲面$r=r_1(\theta,\varphi)$进入积分区域Ω，从曲面$r=r_2(\theta,\varphi)$穿出Ω，那么$r_1(\theta,\varphi)$和$r_2(\theta,\varphi)$即为对r积分的下限和上限.

三、经典例题解析

题型一　利用柱面坐标计算三重积分

例 1　计算 $\iiint\limits_{\Omega}(x^2+y^2+z)\mathrm{d}v$，其中 Ω 是由曲面 $4z^2=25(x^2+y^2)$ 及平面 $z=5$ 所围成的空间闭区域.

分析　由于积分区域 Ω 在 xOy 坐标面上的投影为圆域，所以采用柱面坐标计算.

解　如图 9-45 所示，因为 Ω 在 xOy 坐标面上的投影为 $x^2+y^2\leqslant 4$，所以

$$\iiint\limits_{\Omega}(x^2+y^2+z)\mathrm{d}v=\iiint\limits_{\Omega}(r^2+z)\cdot r\mathrm{d}r\mathrm{d}\theta\mathrm{d}z=\int_0^{2\pi}\mathrm{d}\theta\int_0^2\mathrm{d}r\int_{\frac{5r}{2}}^{5}(r^3+rz)\mathrm{d}z$$

$$=2\pi\int_0^2\left(-\frac{5r^4}{2}+\frac{15r^3}{8}+\frac{25r}{2}\right)\mathrm{d}r=33\pi\cdot$$

例 2　计算 $\iiint\limits_{\Omega}(x^2+y^2)\mathrm{d}v$，其中 Ω 是由曲面 $2z=x^2+y^2$，平面 $z=2$ 和 $z=8$ 所围成的空间闭区域.

解法一　如图 9-46 所示，区域 Ω 在 z 轴上的投影区间为 $[2,8]$，对于区间 $[2,8]$ 上任意一点 z 作平行于 xOy 坐标面的平面，截 Ω 得 $D_z: x^2+y^2\leqslant 2z$，于是

$$\iiint\limits_{\Omega}(x^2+y^2)\mathrm{d}v=\int_2^8\mathrm{d}z\iint\limits_{D_z}(x^2+y^2)\mathrm{d}x\mathrm{d}y=\int_2^8\mathrm{d}z\int_0^{2\pi}\mathrm{d}\theta\int_0^{\sqrt{2z}}r^2\cdot r\mathrm{d}r=336\pi\cdot$$

解法二　区域 Ω 在 xOy 坐标面上的投影区域为两部分构成 $D=D_1+D_2$，其中 D_1: $x^2+y^2\leqslant 4$，$D_2: 4\leqslant x^2+y^2\leqslant 16$，于是

$$\iiint\limits_{\Omega}(x^2+y^2)\mathrm{d}v=\int_0^{2\pi}\mathrm{d}\theta\int_0^2\mathrm{d}r\int_2^8 r^2\cdot r\mathrm{d}z+\int_0^{2\pi}\mathrm{d}\theta\int_2^4\mathrm{d}r\int_{\frac{r^2}{2}}^{8}r^2\cdot r\mathrm{d}z=336\pi\cdot$$

题型二　利用球面坐标计算三重积分

例 3　计算 $\iiint\limits_{\Omega}(x^2+y^2+z^2)\mathrm{d}v$，$\Omega$ 是 $x^2+y^2+z^2\leqslant 4$，$x^2+y^2+z^2\geqslant 1$ 及 $z\geqslant\sqrt{x^2+y^2}$ 的公共部分.

分析　根据积分区域的形式及被积函数的特点，选用球面坐标计算.

解　如图 9-47 所示，Ω 用球面坐标可表示为 $0\leqslant\theta\leqslant 2\pi,\ 0\leqslant\varphi\leqslant\frac{\pi}{4},\ 1\leqslant r\leqslant 2$，于是

$$\iiint\limits_{\Omega}(x^2+y^2+z^2)\mathrm{d}v=\int_0^{2\pi}\mathrm{d}\theta\int_0^{\frac{\pi}{4}}\sin\varphi\mathrm{d}\varphi\int_1^2 r^2r^2\mathrm{d}r=\frac{31}{5}\left(2-\sqrt{2}\right)\pi\cdot$$

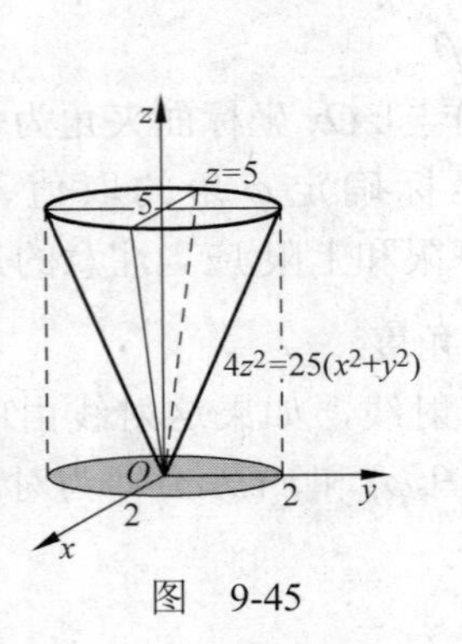

图　9-45

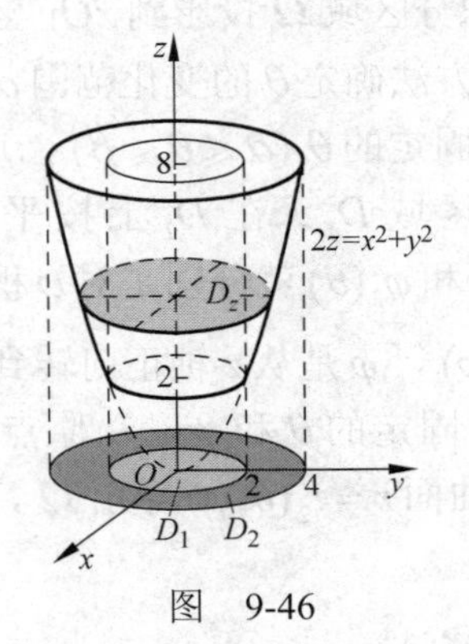

图　9-46

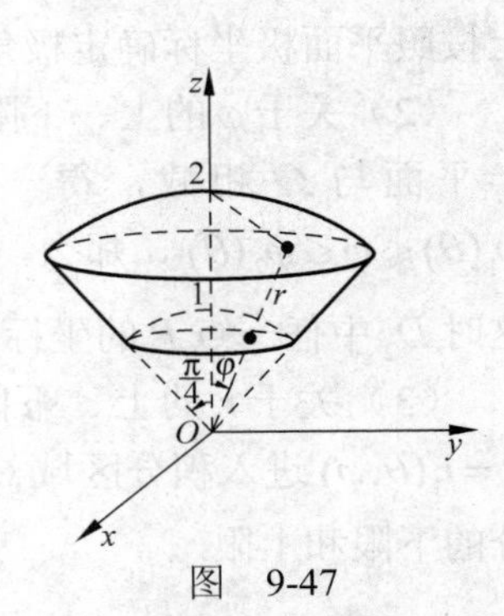

图　9-47

例 4　求 $I=\iiint\limits_{\Omega} xyz\,\mathrm{d}x\,\mathrm{d}y\,\mathrm{d}z$，其中 Ω 是由球面 $x^2+y^2+z^2=1$ 及三个坐标面所围成的在第一卦限内的闭区域.

解　Ω 可用不等式表示为 $0\leqslant\theta\leqslant\dfrac{\pi}{2},0\leqslant\varphi\leqslant\dfrac{\pi}{2},0\leqslant r\leqslant 1$，于是

$$I=\iiint\limits_{\Omega} xyz\,\mathrm{d}x\,\mathrm{d}y\,\mathrm{d}z=\int_0^{\frac{\pi}{2}}\mathrm{d}\theta\int_0^{\frac{\pi}{2}}\mathrm{d}\varphi\int_0^1 r\sin\varphi\cos\theta\cdot r\sin\varphi\sin\theta\cdot r\cos\varphi\cdot r^2\sin\varphi\mathrm{d}r$$

$$=\int_0^{\frac{\pi}{2}}\sin\theta\cos\theta\,\mathrm{d}\theta\int_0^{\frac{\pi}{2}}\sin^3\varphi\cos\varphi\,\mathrm{d}\varphi\int_0^1 r^5\mathrm{d}r=\frac{1}{48}.$$

注　此题还可以用直角坐标和柱面坐标进行计算，计算过程也比较简单.

题型三　三重积分的应用

例 5　计算立体 Ω 的体积：$\Omega=\left\{(x,y,z)\middle| x^2+y^2+z^2\leqslant 2a^2,\ z\geqslant\sqrt{x^2+y^2}\right\}\ (a>0)$.

解　如图 9-48 所示，空间立体 Ω 由锥面和球面围成，Ω 用球面坐标表示为 $0\leqslant\theta\leqslant 2\pi$，$0\leqslant\varphi\leqslant\dfrac{\pi}{4}$，$0\leqslant r\leqslant\sqrt{2}a$，由三重积分的性质得体积

$$V=\iiint\limits_{\Omega}\mathrm{d}v=\iiint\limits_{\Omega} r^2\sin\varphi\,\mathrm{d}r\,\mathrm{d}\varphi\,\mathrm{d}\theta=\int_0^{2\pi}\mathrm{d}\theta\int_0^{\frac{\pi}{4}}\mathrm{d}\varphi\int_0^{\sqrt{2}a}r^2\sin\varphi\mathrm{d}r=\frac{4}{3}(\sqrt{2}-1)\pi a^3.$$

例 6　求由抛物面 $y^2+z^2=4x$ 和平面 $x=2$ 所围成的质量分布均匀的立体的质心坐标.

解　由立体的对称性可知质心在 x 轴上，故 $\overline{y}=\overline{z}=0$. 若设立体的密度为常数 μ，所占空间为 Ω，则物体的质量 $m=\iiint\limits_{\Omega}\mu\mathrm{d}v=\int_0^{2\pi}\mathrm{d}\theta\int_0^{2\sqrt{2}}r\mathrm{d}r\int_{\frac{1}{4}r^2}^{2}\mu\mathrm{d}x=8\pi\mu$，而

$$\iiint\limits_{\Omega}\mu x\mathrm{d}v=\int_0^{2\pi}\mathrm{d}\theta\int_0^{2\sqrt{2}}r\mathrm{d}r\int_{\frac{1}{4}r^2}^{2}\mu x\mathrm{d}x=\frac{32}{3}\pi\mu,$$

所以 $\overline{x}=\dfrac{\iiint\limits_{\Omega}\mu x\mathrm{d}v}{m}=\dfrac{4}{3}$，故质心坐标为 $\left(\dfrac{4}{3},0,0\right)$.

四、习题选解

1. 利用柱面坐标计算下列各三重积分：

（1）$\iiint\limits_{\Omega} z\mathrm{d}v$，其中 Ω 是由曲面 $z=\sqrt{2-x^2-y^2}$ 及 $z=x^2+y^2$ 所围成的闭区域；

（2）$\iiint\limits_{\Omega}(x^2+y^2)\mathrm{d}v$，其中 Ω 是由曲面 $x^2+y^2=2z$ 及平面 $z=2$ 所围成的闭区域.

解　（1）由 $z=\sqrt{2-x^2-y^2}$ 和 $z=x^2+y^2$ 联立得 $x^2+y^2=1$，故 Ω 在 xOy 坐标面上的投影区域 D 为 $x^2+y^2\leqslant 1$，如图 9-49 所示，于是

$$\iiint\limits_{\Omega} z\mathrm{d}v=\int_0^{2\pi}\mathrm{d}\theta\int_0^1 r\mathrm{d}r\int_{r^2}^{\sqrt{2-r^2}}z\mathrm{d}z=\pi\int_0^1 r\left(2-r^2-r^4\right)\mathrm{d}r=\frac{7}{12}\pi.$$

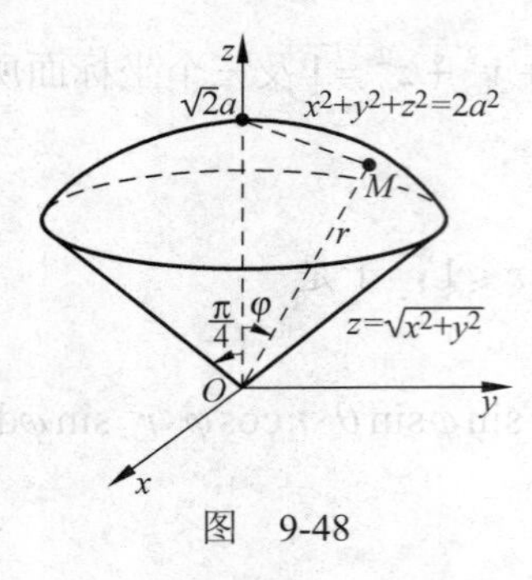

图　9-48

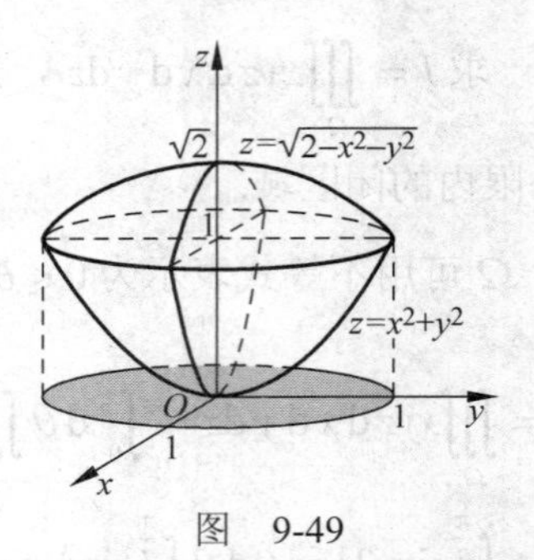

图　9-49

（2）由 $x^2+y^2=2z$ 和 $z=2$ 联立得 $x^2+y^2=4$，故 Ω 在 xOy 坐标面上的投影区域 D 为 $x^2+y^2\leqslant 4$，如图 9-50 所示，于是

$$\iiint\limits_{\Omega}(x^2+y^2)\mathrm{d}v=\int_0^{2\pi}\mathrm{d}\theta\int_0^2 r^3\mathrm{d}r\int_{\frac{r^2}{2}}^2\mathrm{d}z=2\pi\int_0^2 r^3\left(2-\frac{r^2}{2}\right)\mathrm{d}r=\frac{16}{3}\pi .$$

2．利用球面坐标计算下列各三重积分：

（1） $\iiint\limits_{\Omega}(x^2+y^2+z^2)\mathrm{d}v$，其中 Ω 是由球面 $x^2+y^2+z^2=1$ 所围成的闭区域；

（2） $\iiint\limits_{\Omega}z\mathrm{d}v$，其中 Ω 是由不等式 $x^2+y^2+(z-a)^2\leqslant a^2, x^2+y^2\leqslant z^2$ 所确定的闭区域.

解　（1） $\iiint\limits_{\Omega}(x^2+y^2+z^2)\mathrm{d}v=\int_0^{2\pi}\mathrm{d}\theta\int_0^{\pi}\mathrm{d}\varphi\int_0^1 r^4\sin\varphi\,\mathrm{d}r=2\pi\int_0^{\pi}\sin\varphi\mathrm{d}\varphi\int_0^1 r^4\mathrm{d}r=\frac{4}{5}\pi .$

（2）如图 9-51 所示，在球面坐标系中，$x^2+y^2+(z-a)^2\leqslant a^2$ 即为 $r\leqslant 2a\cos\varphi$，$x^2+y^2\leqslant z^2$，即 $\varphi\leqslant\frac{\pi}{4}$，所以

$$\iiint\limits_{\Omega}z\mathrm{d}v=\int_0^{2\pi}\mathrm{d}\theta\int_0^{\frac{\pi}{4}}\mathrm{d}\varphi\int_0^{2a\cos\varphi}r^3\sin\varphi\cos\varphi\mathrm{d}r=-4a^4\int_0^{2\pi}\mathrm{d}\theta\int_0^{\frac{\pi}{4}}\cos^5\varphi\mathrm{d}(\cos\varphi)=\frac{7}{6}\pi a^4 .$$

3．选用适当的坐标计算下列三重积分：

（1） $\iiint\limits_{\Omega}xy\mathrm{d}v$，其中 Ω 是由柱面 $x^2+y^2=1$ 及平面 $z=1, z=0$，$x=0, y=0$ 所围成的在第一卦限内的闭区域；

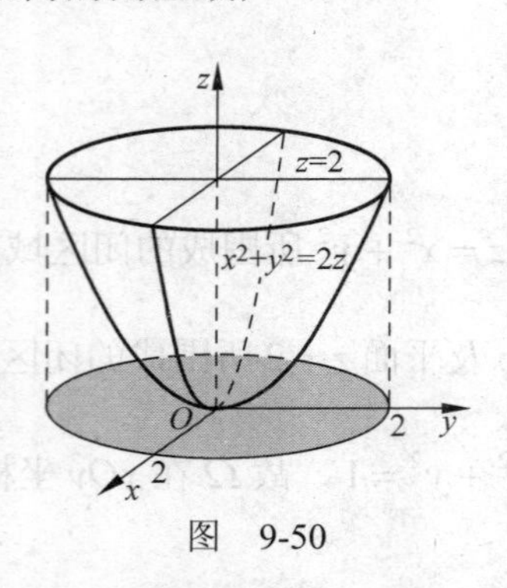

图　9-50

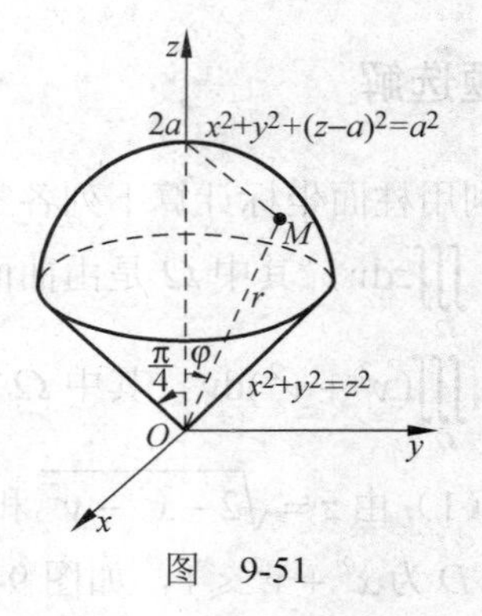

图　9-51

（2） $\iiint\limits_{\Omega}\sqrt{x^2+y^2+z^2}\mathrm{d}v$，其中 Ω 是由球面 $x^2+y^2+z^2=z$ 所围成的闭区域；

（3）$\iiint\limits_{\Omega}(x^2+y^2)\mathrm{d}v$，其中 Ω 是由不等式 $0<a\leqslant\sqrt{x^2+y^2+z^2}\leqslant A$，$z\geqslant 0$ 所确定的闭区域；

（4）计算 $\iiint\limits_{\Omega}y\cos(x+z)\mathrm{d}x\mathrm{d}y\mathrm{d}z$，其中 Ω 是由 $y=\sqrt{x},z=0,y=0,x+z=\dfrac{\pi}{2}$ 所围成的闭区域；

（5）$\iiint\limits_{\Omega}z\sqrt{x^2+y^2}\mathrm{d}v$，其中 Ω 是由曲线 $\begin{cases}y^2=z,\\x=0\end{cases}$ 绕 z 轴旋转一周而成的曲面与平面 $z=1,z=4$ 所围立体；

（6）$\iiint\limits_{\Omega}(x+y+z)^2\mathrm{d}v$，其中 Ω 是 $x^2+y^2+z^2\leqslant R^2$.

解　（1）$\iiint\limits_{\Omega}xy\mathrm{d}v=\int_0^{\frac{\pi}{2}}\mathrm{d}\theta\int_0^1 r\mathrm{d}r\int_0^1 r^2\sin\theta\cos\theta\mathrm{d}z=\dfrac{1}{8}$.

（2）因为球面 $x^2+y^2+z^2=z$ 的球面坐标方程为 $r=\cos\varphi$，所以

$$\iiint\limits_{\Omega}\sqrt{x^2+y^2+z^2}\mathrm{d}v=\int_0^{2\pi}\mathrm{d}\theta\int_0^{\frac{\pi}{2}}\mathrm{d}\varphi\int_0^{\cos\varphi}r\cdot r^2\sin\varphi\mathrm{d}r$$

$$=\int_0^{2\pi}\mathrm{d}\theta\int_0^{\frac{\pi}{2}}\frac{1}{4}\sin\varphi\cos^4\varphi\mathrm{d}\varphi=\frac{\pi}{10}.$$

（3）由题设可知 Ω: $0\leqslant\theta\leqslant 2\pi, 0\leqslant\varphi\leqslant\dfrac{\pi}{2}, a\leqslant r\leqslant A$，于是

$$\iiint\limits_{\Omega}(x^2+y^2)\mathrm{d}v=\int_0^{2\pi}\mathrm{d}\theta\int_0^{\frac{\pi}{2}}\sin^3\varphi\mathrm{d}\varphi\int_a^A r^4\mathrm{d}r=2\pi\cdot\frac{2}{3}\cdot\frac{1}{5}\left(A^5-a^5\right)=\frac{4\pi}{15}\left(A^5-a^5\right).$$

（4）Ω 如图 9-52 所示，

$$\iiint\limits_{\Omega}y\cos(x+z)\mathrm{d}x\mathrm{d}y\mathrm{d}z=\int_0^{\frac{\pi}{2}}\mathrm{d}x\int_0^{\sqrt{x}}\mathrm{d}y\int_0^{\frac{\pi}{2}-x}y\cos(x+z)\mathrm{d}z=\int_0^{\frac{\pi}{2}}\mathrm{d}x\int_0^{\sqrt{x}}y(1-\sin x)\mathrm{d}y$$

$$=\int_0^{\frac{\pi}{2}}\frac{x(1-\sin x)}{2}\mathrm{d}x=\frac{\pi^2}{16}-\frac{1}{2}.$$

（5）如图 9-53 所示，曲线绕 z 轴旋转得曲面方程 $x^2+y^2=z$，记

$$\Omega_1=\left\{(r,\theta,z)\middle|0\leqslant r\leqslant 1,0\leqslant\theta\leqslant 2\pi,1\leqslant z\leqslant 4\right\},$$

$$\Omega_2=\left\{(r,\theta,z)\middle|1\leqslant r\leqslant 2,0\leqslant\theta\leqslant 2\pi,r^2\leqslant z\leqslant 4\right\},$$

所以

$$\iiint\limits_{\Omega}z\sqrt{x^2+y^2}\mathrm{d}v=\iiint\limits_{\Omega}zr^2\mathrm{d}r\mathrm{d}\theta\mathrm{d}z=\int_0^{2\pi}\mathrm{d}\theta\int_0^1 r^2\mathrm{d}r\int_1^4 z\mathrm{d}z+\int_0^{2\pi}\mathrm{d}\theta\int_1^2 r^2\mathrm{d}r\int_{r^2}^4 z\mathrm{d}z=\frac{508}{21}\pi.$$

注　此题也可以用平行截面法计算.

（6）因为积分区域 Ω 关于 yOz 坐标面对称，而被积函数 $(x+y+z)^2=x^2+y^2+z^2+2xy+2yz+2zx$ 中，$2xy$ 关于 x 是奇函数，所以 $\iiint\limits_{\Omega}2xy\mathrm{d}v=0$，同理 $\iiint\limits_{\Omega}2yz\mathrm{d}v=0$，$\iiint\limits_{\Omega}2zx\mathrm{d}v=0$，

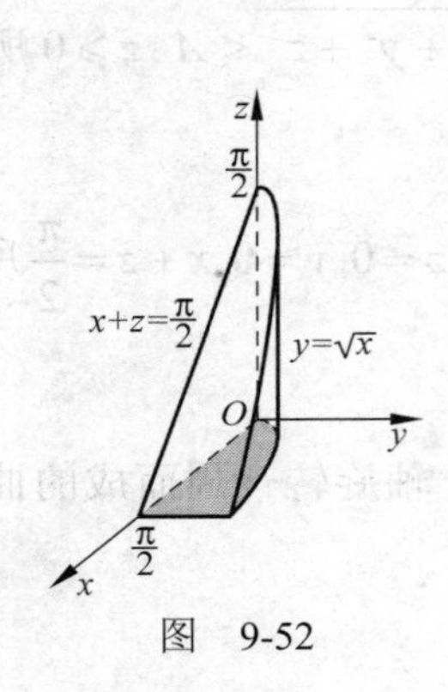

图 9-52

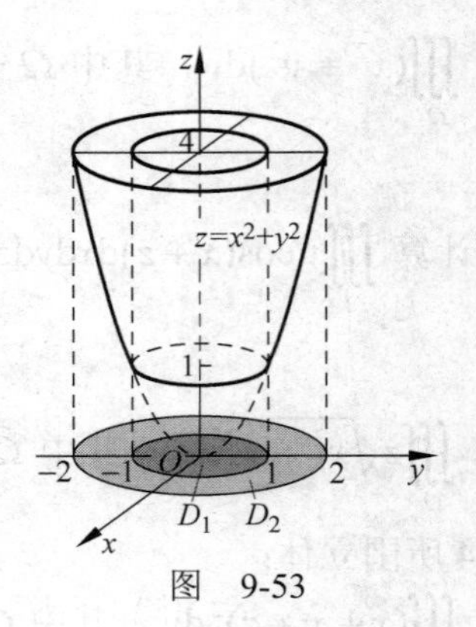

图 9-53

于是

$$\iiint\limits_{\Omega}(x+y+z)^2\mathrm{d}v=\iiint\limits_{\Omega}(x^2+y^2+z^2)\mathrm{d}v=\int_0^{2\pi}\mathrm{d}\theta\int_0^{\pi}\mathrm{d}\varphi\int_0^R r^2\cdot r^2\sin\varphi\mathrm{d}r=\frac{4\pi R^5}{5}.$$

4．利用三重积分计算下列各曲面所围成的立体的体积：

（1）$z=6-x^2-y^2$，$z=\sqrt{x^2+y^2}$；

（2）$x^2+y^2+z^2=2az(a>0)$ 及 $x^2+y^2=z^2$（含有 z 轴的部分）；

（3）$z=\sqrt{x^2+y^2}$ 及 $z=x^2+y^2$；

（4）$z=\sqrt{5-x^2-y^2}$，$x^2+y^2=4z$.

解（1）如图 9-54 所示，曲面 $z=6-x^2-y^2$ 的柱面坐标方程为 $z=6-r^2$，$z=\sqrt{x^2+y^2}$ 的柱面坐标方程为 $z=r$，由 $z=6-r^2$ 和 $z=r$ 联立得 $r=2$，所以立体在 xOy 坐标面上的投影区域为 $0\leqslant r\leqslant 2, 0\leqslant\theta\leqslant 2\pi$，于是

$$V=\iiint\limits_{\Omega}\mathrm{d}v=\iiint\limits_{\Omega}r\,\mathrm{d}r\,\mathrm{d}\theta\,\mathrm{d}z=\int_0^{2\pi}\mathrm{d}\theta\int_0^2 r\,\mathrm{d}r\int_r^{6-r^2}\mathrm{d}z=2\pi\int_0^2(6r-r^2-r^3)\mathrm{d}r=\frac{32}{3}\pi,$$

或
$$V=\int_0^2\mathrm{d}z\iint\limits_{D_z}\mathrm{d}x\mathrm{d}y+\int_2^6\mathrm{d}z\iint\limits_{D_z}\mathrm{d}x\mathrm{d}y=\int_0^2\pi z^2\mathrm{d}z+\int_2^6\pi(6-z)\mathrm{d}z=\frac{32}{3}\pi.$$

（2）如图 9-55 所示，因为锥面 $x^2+y^2=z^2$ 的球面坐标方程为 $\varphi=\dfrac{\pi}{4}$，球面 $x^2+y^2+z^2=2az(a>0)$ 的球面坐标方程为 $r=2a\cos\varphi$，所以

$$V=\iiint\limits_{\Omega}\mathrm{d}v=\iiint\limits_{\Omega}r^2\sin\varphi\mathrm{d}\theta\mathrm{d}\varphi\mathrm{d}r=\int_0^{2\pi}\mathrm{d}\theta\int_0^{\frac{\pi}{4}}\sin\varphi\mathrm{d}\varphi\int_0^{2a\cos\varphi}r^2\,\mathrm{d}r=\pi a^3.$$

（3）如图 9-56 所示，因为曲面 $z=\sqrt{x^2+y^2}$ 的柱面坐标方程为 $z=r$，曲面 $z=x^2+y^2$ 的柱面坐标方程为 $z=r^2$，可得交线为 $\begin{cases}r=1,\\z=1,\end{cases}$ 故立体在 xOy 坐标面上的投影区域为 $r\leqslant 1$，$0\leqslant\theta\leqslant 2\pi$，所以

$$V=\iiint\limits_{\Omega}\mathrm{d}v=\iiint\limits_{\Omega}r\,\mathrm{d}\theta\mathrm{d}r\,\mathrm{d}z=\int_0^{2\pi}\mathrm{d}\theta\int_0^1 r\,\mathrm{d}r\int_{r^2}^{r}\mathrm{d}z=\int_0^{2\pi}\mathrm{d}\theta\int_0^1 r(r-r^2)\mathrm{d}r=\frac{\pi}{6}.$$

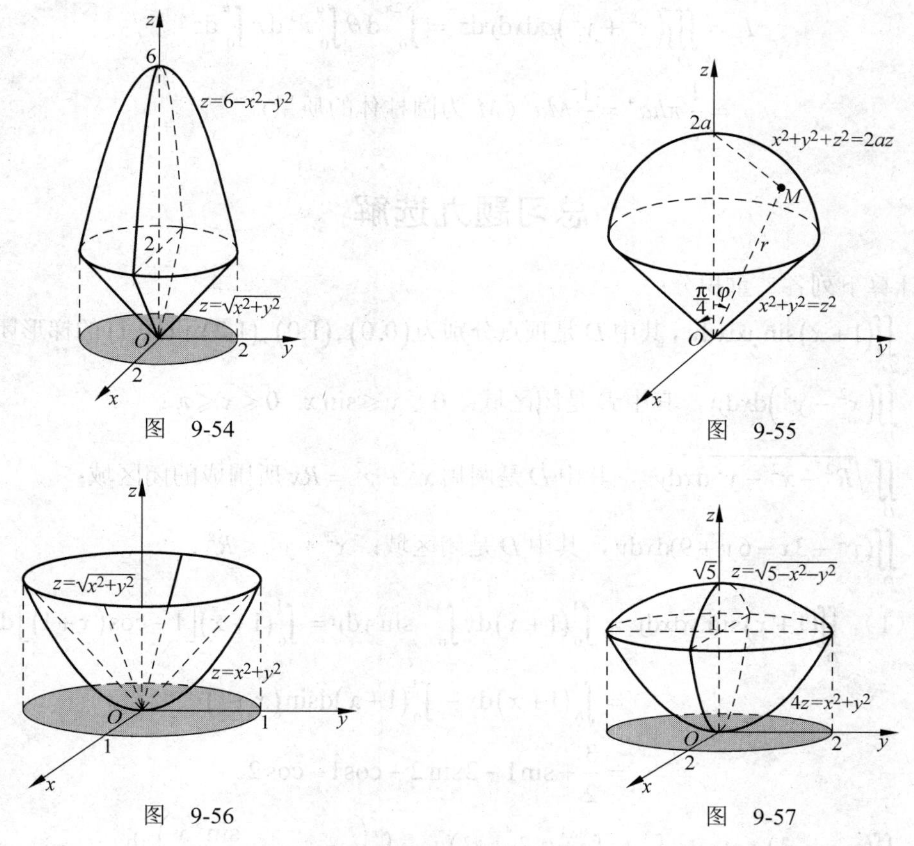

图　9-54　　图　9-55

图　9-56　　图　9-57

（4）如图 9-57 所示，因为曲面 $z=\sqrt{5-x^2-y^2}$ 的柱面坐标方程为 $z=\sqrt{5-r^2}$，曲面 $x^2+y^2=4z$ 的柱面坐标方程为 $r^2=4z$，联立可得 $r=2$，故立体在 xOy 坐标面上的投影区域为 $0\leqslant r\leqslant 2$，$0\leqslant\theta\leqslant 2\pi$，所以

$$V=\iiint\limits_{\Omega}\mathrm{d}v=\iiint\limits_{\Omega}r\,\mathrm{d}r\,\mathrm{d}\theta\,\mathrm{d}z=\int_0^{2\pi}\mathrm{d}\theta\int_0^2 r\,\mathrm{d}r\int_{\frac{r^2}{4}}^{\sqrt{5-r^2}}\mathrm{d}z$$

$$=\int_0^{2\pi}\mathrm{d}\theta\int_0^2 r\left(\sqrt{5-r^2}-\frac{r^2}{4}\right)\mathrm{d}r=\frac{2}{3}\pi\left(5\sqrt{5}-4\right).$$

5．球心在原点、半径为 a 的球体，在其上任意一点的密度与该点到球心的距离成正比，求该球体的质量．

解　设球体上任意一点为 (x,y,z)，此点的密度为 $\rho(x,y,z)=k\sqrt{x^2+y^2+z^2}$，则该球体的质量

$$M=\iiint\limits_{\Omega}k\sqrt{x^2+y^2+z^2}\,\mathrm{d}v=\iiint\limits_{\Omega}kr\mathrm{d}v=\int_0^{2\pi}\mathrm{d}\theta\int_0^{\pi}\sin\varphi\,\mathrm{d}\varphi\int_0^a krr^2\,\mathrm{d}r=k\pi a^4.$$

6．求半径为 a，高为 h 的均匀圆柱体对于过中心而平行于母线的轴的转动惯量（设密度为 $\rho=1$）．

解　把坐标系的原点建立在圆柱体底圆的中心，母线为 z 轴，则

$$I_z = \iiint_{\Omega}\left(x^2 + y^2\right)\rho \mathrm{d}x\mathrm{d}y\mathrm{d}z = \int_0^{2\pi}\mathrm{d}\theta\int_0^a r^3\,\mathrm{d}r\int_0^h \mathrm{d}z$$

$$= \frac{1}{2}\pi h a^4 = \frac{1}{2}Ma^2 \text{（}M\text{ 为圆柱体的质量）.}$$

总习题九选解

1．计算下列各二重积分：

（1）$\iint_D (1+x)\sin y\mathrm{d}x\mathrm{d}y$，其中 D 是顶点分别为 $(0,0)$，$(1,0)$，$(1,2)$ 和 $(0,1)$ 的梯形闭区域；

（2）$\iint_D \left(x^2 - y^2\right)\mathrm{d}x\mathrm{d}y$，其中 D 是闭区域：$0 \leqslant y \leqslant \sin x,\ 0 \leqslant x \leqslant \pi$；

（3）$\iint_D \sqrt{R^2 - x^2 - y^2}\mathrm{d}x\mathrm{d}y$，其中 D 是圆周 $x^2 + y^2 = Rx$ 所围成的闭区域；

（4）$\iint_D (y^2 + 3x - 6y + 9)\mathrm{d}x\mathrm{d}y$，其中 D 是闭区域：$x^2 + y^2 \leqslant R^2$．

解 （1）
$$\iint_D (1+x)\sin y\mathrm{d}x\mathrm{d}y = \int_0^1 (1+x)\mathrm{d}x\int_0^{x+1}\sin y\mathrm{d}y = \int_0^1 (1+x)\left[1-\cos(x+1)\right]\mathrm{d}x$$
$$= \int_0^1 (1+x)\mathrm{d}x - \int_0^1 (1+x)\mathrm{d}\sin(x+1)$$
$$= \frac{3}{2} + \sin 1 - 2\sin 2 + \cos 1 - \cos 2.$$

（2）
$$\iint_D \left(x^2 - y^2\right)\mathrm{d}x\mathrm{d}y = \int_0^{\pi}\mathrm{d}x\int_0^{\sin x}\left(x^2 - y^2\right)\mathrm{d}y = \int_0^{\pi}\left(x^2\sin x - \frac{\sin^3 x}{3}\right)\mathrm{d}x$$
$$= \left[-x^2\cos x\right]_0^{\pi} + \int_0^{\pi} 2x\cos x\mathrm{d}x + \frac{1}{3}\int_0^{\pi}\left(1-\cos^2 x\right)\mathrm{d}\cos x$$
$$= \pi^2 + \left[2x\sin x\right]_0^{\pi} - 2\int_0^{\pi}\sin x\mathrm{d}x + \frac{1}{3}\left[\cos x - \frac{1}{3}\cos^3 x\right]_0^{\pi} = \pi^2 - \frac{40}{9}.$$

（3）
$$\iint_D \sqrt{R^2 - x^2 - y^2}\mathrm{d}x\mathrm{d}y = 2\int_0^{\frac{\pi}{2}}\mathrm{d}\theta\int_0^{R\cos\theta}\sqrt{R^2 - r^2}\cdot r\mathrm{d}r = \frac{R^3}{3}\left(\pi - \frac{4}{3}\right).$$

（4）由对称性可知
$$\iint_D (y^2 + 3x - 6y + 9)\mathrm{d}x\mathrm{d}y = 4\iint_{D_1}(y^2 + 9)\mathrm{d}x\mathrm{d}y$$
$$= 4\int_0^{\frac{\pi}{2}}\mathrm{d}\theta\int_0^R r^2\sin^2\theta\cdot r\mathrm{d}r + 9\pi R^2 = \frac{\pi R^4}{4} + 9\pi R^2,$$

其中 D_1 为 D 在第一象限的部分.

2．交换下列各二次积分的积分次序：

（1）$I = \int_0^4 \mathrm{d}y\int_{-\sqrt{4-y}}^{\frac{1}{2}(y-4)} f(x,y)\mathrm{d}x$；（2）$I = \int_0^1 \mathrm{d}y\int_0^{2y} f(x,y)\mathrm{d}x + \int_1^3 \mathrm{d}y\int_0^{3-y} f(x,y)\mathrm{d}x$；

（3）$I = \int_0^1 \mathrm{d}x\int_{\sqrt{x}}^{1+\sqrt{1-x^2}} f(x,y)\mathrm{d}y$．

解 （1）如图 9-58 所示，积分区域为$0\leqslant y\leqslant 4, -\sqrt{4-y}\leqslant x\leqslant \frac{1}{2}(y-4)$，也可表示为$-2\leqslant x\leqslant 0, 2x+4\leqslant y\leqslant 4-x^2$，所以

$$I=\int_0^4 \mathrm{d}y\int_{-\sqrt{4-y}}^{\frac{1}{2}(y-4)} f(x,y)\mathrm{d}x=\int_{-2}^0 \mathrm{d}x\int_{2x+4}^{4-x^2} f(x,y)\mathrm{d}y .$$

（2）如图 9-59 所示，积分区域为$0\leqslant y\leqslant 1, 0\leqslant x\leqslant 2y$和$1\leqslant y\leqslant 3, 0\leqslant x\leqslant 3-y$，也可表示为$0\leqslant x\leqslant 2, \frac{x}{2}\leqslant y\leqslant 3-x$，所以

$$I=\int_0^1 \mathrm{d}y\int_0^{2y} f(x,y)\mathrm{d}x+\int_1^3 \mathrm{d}y\int_0^{3-y} f(x,y)\mathrm{d}x=\int_0^2 \mathrm{d}x\int_{\frac{x}{2}}^{3-x} f(x,y)\mathrm{d}y .$$

（3）如图 9-60 所示，积分区域为$0\leqslant x\leqslant 1, \sqrt{x}\leqslant y\leqslant 1+\sqrt{1-x^2}$，也可表示为$0\leqslant y\leqslant 1, 0\leqslant x\leqslant y^2$和$1\leqslant y\leqslant 2, 0\leqslant x\leqslant \sqrt{1-(y-1)^2}$，所以

$$I=\int_0^1 \mathrm{d}x\int_{\sqrt{x}}^{1+\sqrt{1-x^2}} f(x,y)\mathrm{d}y=\int_0^1 \mathrm{d}y\int_0^{y^2} f(x,y)\mathrm{d}x+\int_1^2 \mathrm{d}y\int_0^{\sqrt{1-(y-1)^2}} f(x,y)\mathrm{d}x .$$

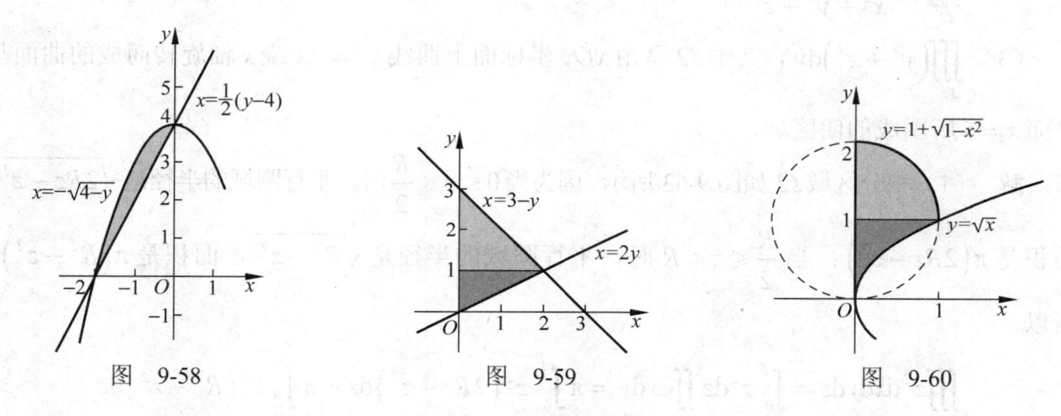

图 9-58　　图 9-59　　图 9-60

3．把积分$I=\iint\limits_D f(x,y)\mathrm{d}\sigma$表示为极坐标形式的二次积分，其中积分区域$D: x^2\leqslant y\leqslant 1, -1\leqslant x\leqslant 1$.

解 积分区域D如图 9-61 所示.

$$I=\int_0^{\frac{\pi}{4}}\mathrm{d}\theta\int_0^{\sec\theta\tan\theta} f(r\cos\theta,r\sin\theta)r\mathrm{d}r+\int_{\frac{\pi}{4}}^{\frac{3\pi}{4}}\mathrm{d}\theta\int_0^{\csc\theta} f(r\cos\theta,r\sin\theta)r\mathrm{d}r+$$

$$\int_{\frac{3\pi}{4}}^{\pi}\mathrm{d}\theta\int_0^{\sec\theta\tan\theta} f(r\cos\theta,r\sin\theta)r\mathrm{d}r .$$

4．把积分$I=\iiint\limits_\Omega f(x,y,z)\mathrm{d}x\mathrm{d}y\mathrm{d}z$化为三次积分，其中积分区域$\Omega$是由曲面$z=x^2+y^2$，$y=x^2$及平面$y=1, z=0$所围成的闭区域.

解 积分区域Ω如图 9-62 所示. 因为$\Omega: -1\leqslant x\leqslant 1, x^2\leqslant y\leqslant 1, 0\leqslant z\leqslant x^2+y^2$，所以

$$I=\int_{-1}^1 \mathrm{d}x\int_{x^2}^1 \mathrm{d}y\int_0^{x^2+y^2} f(x,y,z)\mathrm{d}z .$$

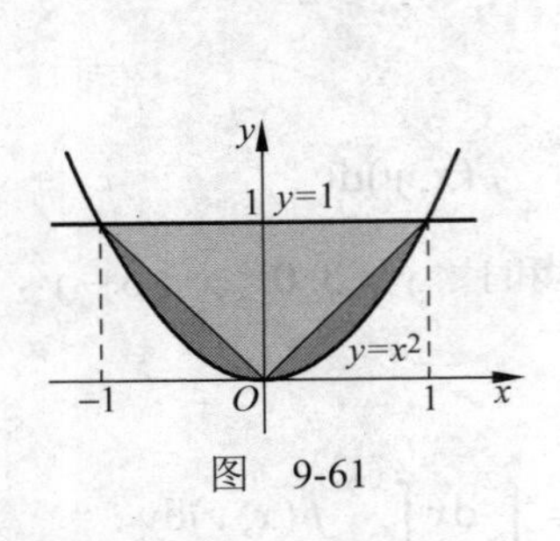

图　9-61

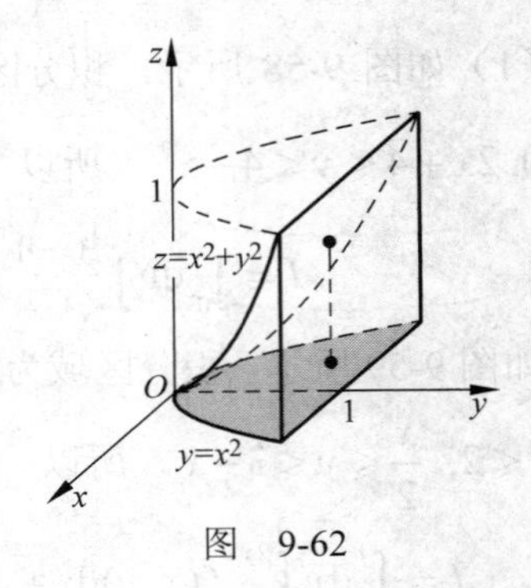

图　9-62

5．计算下列各三重积分：

（1）$\iiint\limits_{\Omega} z^2\mathrm{d}x\mathrm{d}y\mathrm{d}z$，其中 Ω 是两个球体 $x^2+y^2+z^2\leqslant R^2$ 和 $x^2+y^2+z^2\leqslant 2Rz\ (R>0)$ 的公共部分；

（2）$\iiint\limits_{\Omega}\dfrac{z\ln\left(x^2+y^2+z^2+1\right)}{x^2+y^2+z^2+1}\mathrm{d}v$，其中 Ω 是由球面 $x^2+y^2+z^2=1$ 所围成的闭区域；

（3）$\iiint\limits_{\Omega}\left(y^2+z^2\right)\mathrm{d}v$，其中 Ω 是由 xOy 坐标面上曲线 $y^2=2x$ 绕 x 轴旋转而成的曲面与平面 $x=5$ 所围成的闭区域.

解　（1）积分区域 Ω 如图 9-63 所示. 因为当 $0\leqslant z\leqslant\dfrac{R}{2}$ 时，平行圆域的半径是 $\sqrt{2Rz-z^2}$，面积是 $\pi\left(2Rz-z^2\right)$；当 $\dfrac{R}{2}\leqslant z\leqslant R$ 时，平行圆域的半径是 $\sqrt{R^2-z^2}$，面积是 $\pi\left(R^2-z^2\right)$，所以

$$\begin{aligned}\iiint\limits_{\Omega} z^2\mathrm{d}x\mathrm{d}y\mathrm{d}z&=\int_0^R z^2\mathrm{d}z\iint\limits_{D_z}\mathrm{d}x\mathrm{d}y=\pi\int_0^{\frac{R}{2}} z^2\left(2Rz-z^2\right)\mathrm{d}z+\pi\int_{\frac{R}{2}}^{R} z^2\left(R^2-z^2\right)\mathrm{d}z\\&=\frac{59}{480}\pi R^5.\end{aligned}$$

（2）因为 Ω 是由球面 $x^2+y^2+z^2=1$ 所围成的闭区域，关于 xOy 坐标面对称，又被积函数是关于 z 的奇函数，所以 $\iiint\limits_{\Omega}\dfrac{z\ln\left(x^2+y^2+z^2+1\right)}{x^2+y^2+z^2+1}\mathrm{d}v=0$.

（3）积分区域 Ω 如图 9-64 所示. 因为由 $y^2=2x$ 绕 x 轴旋转而成的曲面为 $2x=y^2+z^2$，与平面 $x=5$ 的交线在 xOy 坐标面上的投影曲线为 $y^2+z^2=10$，所以

$$\iiint\limits_{\Omega}\left(y^2+z^2\right)\mathrm{d}v=\iint\limits_{D_{yz}}\mathrm{d}y\mathrm{d}z\int_{\frac{y^2+z^2}{2}}^{5}\left(y^2+z^2\right)\mathrm{d}x=\int_0^{2\pi}\mathrm{d}\theta\int_0^{\sqrt{10}} r\mathrm{d}r\int_{\frac{r^2}{2}}^{5} r^2\mathrm{d}x=\frac{250}{3}\pi.$$

6．求平面 $\dfrac{x}{a}+\dfrac{y}{b}+\dfrac{z}{c}=1\,(a>0,b>0,c>0)$ 被三个坐标面所割出的有限部分的面积.

解　所求平面在 xOy 坐标面上的投影区域 D 是以 a,b 为直角边的三角形区域，又

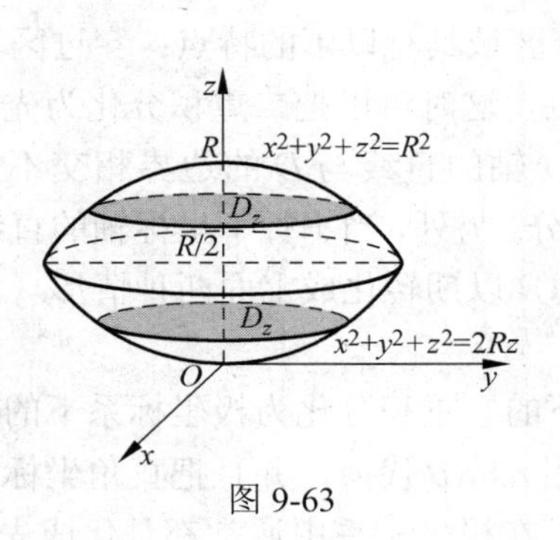

图 9-63

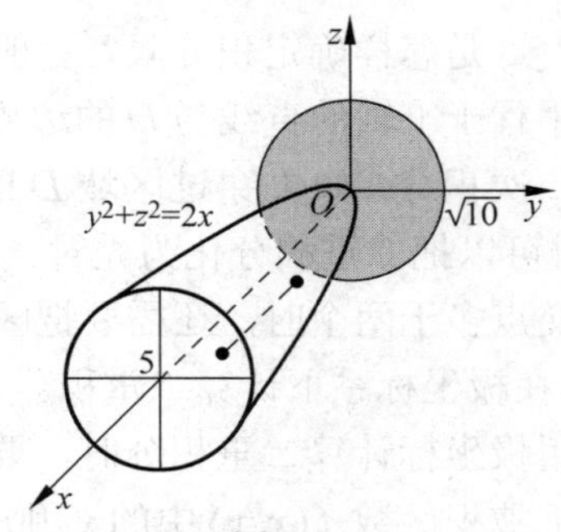

图 9-64

$\frac{x}{a}+\frac{y}{b}+\frac{z}{c}=1$，所以$\frac{\partial z}{\partial x}=-\frac{c}{a},\frac{\partial z}{\partial y}=-\frac{c}{b}$，从而得$\sqrt{1+\left(\frac{\partial z}{\partial x}\right)^2+\left(\frac{\partial z}{\partial y}\right)^2}=\frac{1}{ab}\sqrt{a^2b^2+b^2c^2+a^2c^2}$，于是所割出有限部分的面积为

$$A=\iint\limits_D\frac{1}{ab}\sqrt{a^2b^2+b^2c^2+a^2c^2}\,\mathrm{d}x\mathrm{d}y=\frac{1}{ab}\sqrt{a^2b^2+b^2c^2+a^2c^2}\iint\limits_D\mathrm{d}x\mathrm{d}y$$
$$=\frac{1}{ab}\sqrt{a^2b^2+b^2c^2+a^2c^2}\cdot\frac{ab}{2}=\frac{1}{2}\sqrt{a^2b^2+b^2c^2+a^2c^2}\,.$$

7. 在均匀的半径为 R 的半圆形薄片的直径上，要接上一个一边与直径等长的同样材料的均匀矩形薄片，为了使整个均匀薄片的质心恰好落在圆心上，问接上去的均匀矩形薄片另一边的长度应是多少？

解　建立坐标系如图 9-65 所示.设薄片的密度为 ρ，所求的边长为 h，半圆形区域为 D_1，矩形区域为 D_2． 由对称性可知 $\overline{x}=0$． 由题意可知，半圆形薄片的静矩 M_{x1} 和均匀矩形薄片的静矩 M_{x2} 之和为零，又

$$M_{x1}=\rho\iint\limits_{D_1}y\mathrm{d}\sigma=\rho\int_0^{\pi}\mathrm{d}\theta\int_0^R r^2\sin\theta\mathrm{d}\theta=\frac{2}{3}\rho R^3,$$

$$M_{x2}=\rho\iint\limits_{D_2}y\mathrm{d}\sigma=\rho\int_{-R}^{R}\mathrm{d}x\int_{-h}^{0}y\mathrm{d}y=-Rh^2\rho,$$

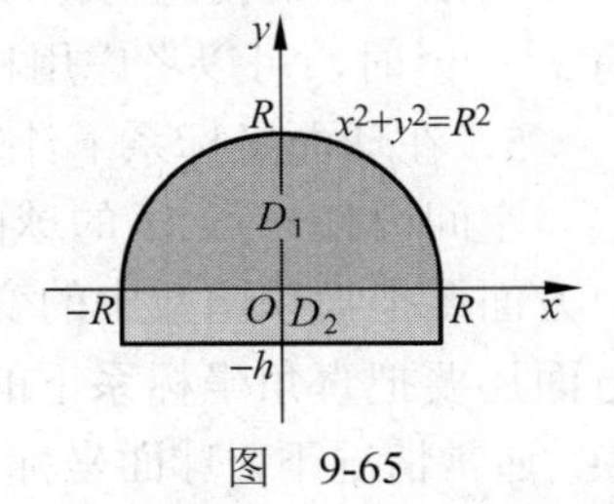

图　9-65

由 $M_{x1}+M_{x2}=0$ 得 $\frac{2}{3}R^3-Rh^2=0$，所以 $h=\sqrt{\frac{2}{3}}R$．

8. 求由抛物线 $y=x^2$ 及直线 $y=1$ 所围成的均匀薄片（面密度为常数 ρ）对于直线 $y=-1$ 的转动惯量.

解　$I=\iint\limits_D\rho(1+y)^2\mathrm{d}x\mathrm{d}y=\rho\int_{-1}^{1}\mathrm{d}x\int_{x^2}^{1}(1+y)^2\,\mathrm{d}y=\frac{368}{105}\rho$.

第九章总复习

一、本章重点

1. 在直角坐标系下计算二重积分

二重积分的计算是化成二次积分来进行的，这里需要解决两个问题：一是怎样选择积

分次序？二是怎样确定积分限？一般来说，如果积分区域具有以下的特点：穿过区域D的内部且平行于y轴的直线与D的边界相交不多于两点，这时可以把二重积分化为先对y后对x的二次积分. 如果穿过区域D的内部且平行于x轴的直线与D的边界相交不多于两点，这时可以把二重积分化为先对x后对y的二次积分. 另外，当平行于坐标轴的直线与D的边界交点多于两个时，还需要把区域进行分块考虑，以期转化成上面两种情形.

2．在极坐标系下计算二重积分

在用极坐标计算二重积分时，要把直角坐标系下的二重积分化为极坐标系下的二重积分，即把被积函数$f(x,y)$中的x用$r\cos\theta$代换，y用$r\sin\theta$代换，并且把直角坐标系下的面积元素$\mathrm{d}x\mathrm{d}y$用极坐标系下的面积元素$r\mathrm{d}r\mathrm{d}\theta$代换. 在极坐标系中通常都是化成先对$r$后对$\theta$的二次积分. 一般来说，对于给定的二重积分，当被积函数是$f(x^2+y^2)$的形式或者积分区域是圆域、圆环域或它们的一部分时，用极坐标去计算这个二重积分较为方便.

3．在直角坐标系下计算三重积分

三重积分要化成三次积分来计算. 化成三次积分的方法有两种，这里姑且称之为“先一后二”法和“先二后一”法. “先一后二”法就是通过先作一个定积分，再作一个二重积分，最后化为三次积分. “先二后一”法就是通过先作一个二重积分，再作一个定积分，最后化为三次积分.

4．在柱面坐标系下计算三重积分

空间内任一点M的柱面坐标是用三个数r,θ,z来表示的.用柱面坐标计算三重积分时，一方面要把被积函数中的变量x用$r\cos\theta$代换，y用$r\sin\theta$代换，另一方面还要把直角坐标系下的体积元素$\mathrm{d}x\mathrm{d}y\mathrm{d}z$用柱面坐标系下的体积元素$r\mathrm{d}r\mathrm{d}\theta\mathrm{d}z$代换. 通常情况下，柱面坐标系下的三重积分是先对$z$作定积分，后对变量$r,\theta$作二重积分. 一般来说，当积分区域是圆柱体、圆锥体、旋转抛物体，即积分区域的边界曲面方程中含有x^2+y^2，或者被积函数中含有x^2+y^2时，可以考虑用柱面坐标来计算三重积分.

5．在球面坐标系下计算三重积分

空间内任一点M的球面坐标是用三个数r,φ,θ来表示的.用球面坐标计算三重积分时，一方面要把被积函数中的变量x,y,z分别用$r\sin\varphi\cos\theta$与$r\sin\varphi\sin\theta$和$r\cos\varphi$代换，另一方面还要把直角坐标系下的体积元素$\mathrm{d}x\mathrm{d}y\mathrm{d}z$用球面坐标系下的体积元素$r^2\sin\varphi\mathrm{d}r\mathrm{d}\varphi\mathrm{d}\theta$代换. 通常情况下，球面坐标系下的三重积分是先对$r$，其次对$\varphi$，最后对$\theta$进行积分的三次积分. 一般来说，当积分区域的边界曲面方程或者被积函数中含有$x^2+y^2+z^2$时，可以考虑用球面坐标来计算三重积分.

二、本章难点

1．选择恰当的坐标系计算重积分

不论是计算二重积分，还是计算三重积分，都需要考虑选择适当的坐标系. 一般要考虑两个方面：一是积分区域的特征，二是被积函数的特点. 只有这样才能使得积分简单易算.

2．重积分的应用

利用二重积分可以计算曲顶柱体的体积、平面图形的面积、曲面的面积、平面薄片的质量、质心、转动惯量和引力. 利用三重积分可以计算空间立体的体积、空间物体的质量、质心、转动惯量和引力. 此处的计算公式较多，使用的方法是元素法，同时要注意适当地建立坐标系，利用对称性简化计算.

三、综合练习题

基 础 型

1．设 $f(x)$ 为连续函数，$F(t)=\int_1^t \mathrm{d}y\int_y^t f(x)\mathrm{d}x$，求 $F'(2)$.

2．计算 $I=\int_0^1 x^2 f(x)\mathrm{d}x$，其中 $f(x)=\int_{x^3}^{x}\mathrm{e}^{-y^2}\mathrm{d}y$.

3．设 $D: x^2+y^2\leqslant y, x\geqslant 0$，$f(x,y)$ 为 D 上的连续函数，且 $f(x,y)=\sqrt{1-x^2-y^2}-\frac{8}{\pi}\iint\limits_D f(u,v)\mathrm{d}u\mathrm{d}v$，求 $f(x,y)$.

4．计算 $I=\int_{\frac{1}{4}}^{\frac{1}{2}}\mathrm{d}y\int_{\frac{1}{2}}^{\sqrt{y}}\mathrm{e}^{\frac{y}{x}}\mathrm{d}x+\int_{\frac{1}{2}}^{1}\mathrm{d}y\int_{y}^{\sqrt{y}}\mathrm{e}^{\frac{y}{x}}\mathrm{d}x$.

5．计算 $\iint\limits_D (x^2+y^2)\mathrm{d}x\mathrm{d}y$，其中 D 是由 $y=-x, x^2+y^2=4, x^2-2x+y^2=0$ 所围成的在第一、第二象限的部分.

提 高 型

1．计算 $I=\iint\limits_D |\cos(x+y)|\mathrm{d}\sigma$，$D=\{(x,y)\,|\,0\leqslant x\leqslant\pi, 0\leqslant y\leqslant\pi\}$.

2．证明当 $f(z)$ 连续时，$\iiint\limits_{x^2+y^2+z^2\leqslant 1} f(z)\mathrm{d}v=\pi\int_{-1}^{1}f(t)(1-t^2)\mathrm{d}t$，并由此计算 $\iiint\limits_{x^2+y^2+z^2\leqslant 1}(z^3+z^2+z+1)\mathrm{d}v$ 的值.

3. 计算 $I=\iiint\limits_{\Omega}\left(\frac{x}{A}+\frac{y}{B}+\frac{z}{C}\right)^2\mathrm{d}v$，其中 $\Omega=\left\{(x,y,z)\left|\frac{x^2}{a^2}+\frac{y^2}{b^2}+\frac{z^2}{c^2}\leqslant 1\right.\right\}$，$a>0, b>0, c>0; ABC\neq 0$.

4. 设 $f(x)$ 为连续函数，$\Omega: 0\leqslant z\leqslant h, x^2+y^2\leqslant t^2$，又定义 $F(t)=\iiint\limits_{\Omega}\left[z^2+f(x^2+y^2)\right]\mathrm{d}v$，求 $\frac{\mathrm{d}F}{\mathrm{d}t}$ 及 $\lim\limits_{t\to 0+0}\frac{F(t)}{t^2}$.

5. 设一均匀薄片为闭区域 D，D 由半圆 $y=\sqrt{4-x^2}$，圆 $x^2+(y-1)^2=1$ 及 x 轴所围成，求该薄片的质心.

四、综合练习题参考答案

基 础 型

1．**解法一**　积分区域如图 9-66 所示. 利用定积分的分部积分法得

$$F(t)=\int_1^t\left(\int_y^t f(x)\mathrm{d}x\right)\mathrm{d}(y-1)=\left[(y-1)\int_y^t f(x)\mathrm{d}x\right]_1^t-\int_1^t(y-1)\mathrm{d}\left(\int_y^t f(x)\mathrm{d}x\right)=\int_1^t(y-1)f(y)\mathrm{d}y,$$

所以 $F'(2)=F'(t)\big|_{t=2}=(t-1)f(t)\big|_{t=2}=f(2)$.

解法二 将 $F(t)$ 看成二重积分的一个二次积分，则 $F(t)=\iint\limits_D f(x)\mathrm{d}x\mathrm{d}y$，其中

$$D=\{(x,y)\,|\,y\leqslant x\leqslant t,1\leqslant y\leqslant t\}=\{(x,y)\,|\,1\leqslant x\leqslant t,1\leqslant y\leqslant x\},$$

改变积分次序得 $F(t)=\int_1^t\mathrm{d}x\int_1^x f(x)\mathrm{d}y=\int_1^t(x-1)f(x)\mathrm{d}x$，于是

$$F'(2)=F'(t)\big|_{t=2}=(t-1)f(t)\big|_{t=2}=f(2).$$

2．**分析** 本题可用二重积分的方法求解（需交换积分次序），也可用定积分的分部积分法计算.

解法一 积分区域如图 9-67 所示.

$$\int_0^1 x^2f(x)\mathrm{d}x=\int_0^1 x^2\left[\int_{x^3}^x \mathrm{e}^{-y^2}\mathrm{d}y\right]\mathrm{d}x=\int_0^1 x^2\mathrm{d}x\int_{x^3}^x\mathrm{e}^{-y^2}\mathrm{d}y=\int_0^1\mathrm{e}^{-y^2}\mathrm{d}y\int_y^{\sqrt[3]{y}}x^2\mathrm{d}x$$

$$=\frac{1}{3}\int_0^1\left(y-y^3\right)\mathrm{e}^{-y^2}\mathrm{d}y=-\frac{1}{6}\left[\left[\left(1-y^2\right)\mathrm{e}^{-y^2}\right]_0^1-\int_0^1\mathrm{e}^{-y^2}\mathrm{d}\left(-y^2\right)\right]=\frac{1}{6\mathrm{e}}.$$

解法二 $\int_0^1 x^2f(x)\mathrm{d}x=\int_0^1 f(x)\mathrm{d}\left(\frac{x^3}{3}\right)=\left[\frac{x^3}{3}f(x)\right]_0^1-\int_0^1\frac{x^3}{3}f'(x)\mathrm{d}x$

$$=-\frac{1}{3}\int_0^1 x^3\left(\mathrm{e}^{-x^2}-\mathrm{e}^{-x^6}\cdot 3x^2\right)\mathrm{d}x=\frac{1}{6}\int_0^1 x^2\mathrm{d}\mathrm{e}^{-x^2}-\frac{1}{6}\int_0^1\mathrm{d}\mathrm{e}^{-x^6}=\frac{1}{6\mathrm{e}}.$$

3．**分析** 注意到 $\iint\limits_D f(u,v)\mathrm{d}u\mathrm{d}v$ 是常数，且 $\iint\limits_D f(x,y)\mathrm{d}x\mathrm{d}y=\iint\limits_D f(u,v)\mathrm{d}u\mathrm{d}v$.

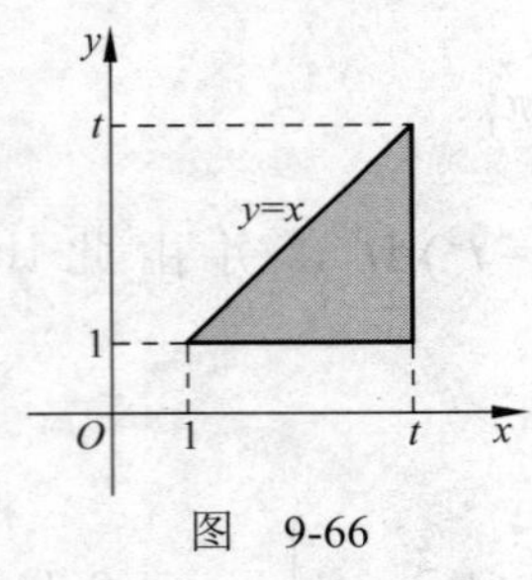

图 9-66

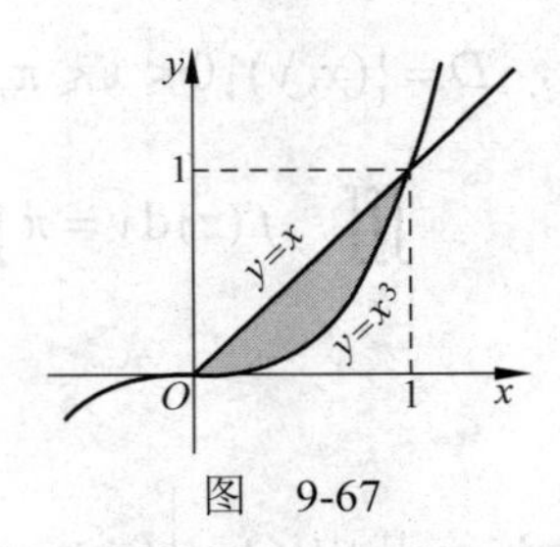

图 9-67

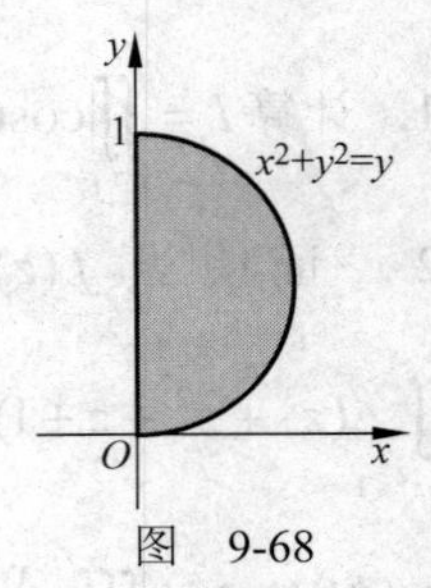

图 9-68

解 积分区域 D 如图 9-68 所示. 令 $\iint\limits_D f(u,v)\mathrm{d}u\mathrm{d}v=A$，在所给等式两边求二重积分得

$$A=\iint\limits_D\sqrt{1-x^2-y^2}\,\mathrm{d}x\mathrm{d}y-\frac{8}{\pi}A\iint\limits_D\mathrm{d}x\mathrm{d}y\text{，而}\iint\limits_D\mathrm{d}x\mathrm{d}y=\frac{1}{2}\pi\left(\frac{1}{2}\right)^2=\frac{\pi}{8},$$

所以

$$2A=\iint\limits_D\sqrt{1-x^2-y^2}\,\mathrm{d}x\mathrm{d}y=\int_0^{\frac{\pi}{2}}\mathrm{d}\theta\int_0^{\sin\theta}\sqrt{1-r^2}\,r\mathrm{d}r=\frac{1}{3}\int_0^{\frac{\pi}{2}}\left(1-\cos^3\theta\right)\mathrm{d}\theta=\frac{1}{3}\left(\frac{\pi}{2}-\frac{2}{3}\right),$$

于是 $A=\frac{1}{6}\left(\frac{\pi}{2}-\frac{2}{3}\right)$，故 $f(x,y)=\sqrt{1-x^2-y^2}-\frac{4}{3\pi}\left(\frac{\pi}{2}-\frac{2}{3}\right)$.

4．**分析** 由于 $\int\mathrm{e}^{\frac{y}{x}}\mathrm{d}x$ 无法用有限形式表示（即积不出来），所以应改变二次积分的次序.

解 积分区域如图 9-69 所示，$D=D_1+D_2$，改变二次积分的次序得

$$I=\int_{\frac{1}{2}}^1\mathrm{d}x\int_{x^2}^x\mathrm{e}^{\frac{y}{x}}\mathrm{d}y=\int_{\frac{1}{2}}^1\left[x\mathrm{e}^{\frac{y}{x}}\right]_{x^2}^x\mathrm{d}x=\int_{\frac{1}{2}}^1 x\left(\mathrm{e}-\mathrm{e}^x\right)\mathrm{d}x=\frac{8}{3}\mathrm{e}-\frac{1}{2}\sqrt{\mathrm{e}}.$$

5．**解** 积分区域D如图9-70所示. 由二重积分的可加性得

$$\iint\limits_{D}\left(x^2+y^2\right)\mathrm{d}x\mathrm{d}y=\iint\limits_{D_1}\left(x^2+y^2\right)\mathrm{d}x\mathrm{d}y+\iint\limits_{D_2}\left(x^2+y^2\right)\mathrm{d}x\mathrm{d}y=\int_0^{\frac{\pi}{2}}\left(\int_{2\cos\theta}^{2}r^3\mathrm{d}r\right)\mathrm{d}\theta+\int_{\frac{\pi}{2}}^{\frac{3\pi}{4}}\left(\int_0^2 r^3\mathrm{d}r\right)\mathrm{d}\theta$$

$$=4\int_0^{\frac{\pi}{2}}\left(1-\cos^4\theta\right)\mathrm{d}\theta+\pi=\frac{9\pi}{4}.$$

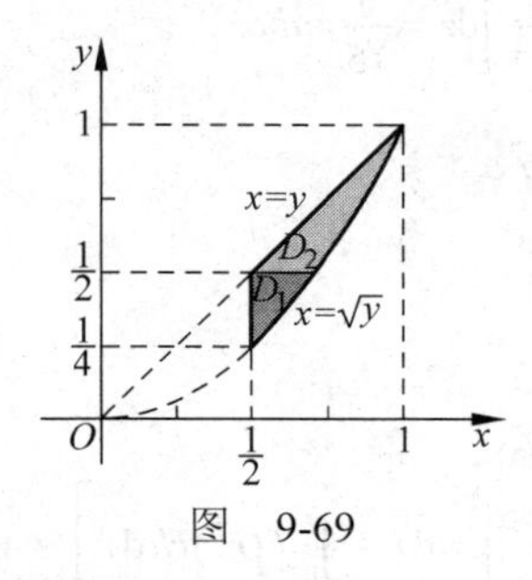

图 9-69

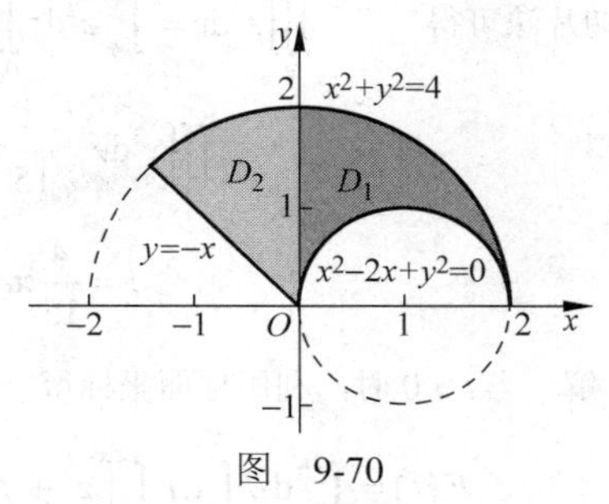

图 9-70

提 高 型

1．**分析** 当被积函数中含有绝对值时，一般需将积分区域分成若干部分区域，使得在每个部分区域上函数值的符号确定下来.有时还可以利用对称性或换元法来去绝对值.

解 积分区域D如图9-71所示. 用直线$x+y=\dfrac{\pi}{2}$和$x+y=\dfrac{3\pi}{2}$将D分成三个区域D_1,D_2,D_3，于是

$$I=\iint\limits_{D_1}\cos(x+y)\,\mathrm{d}x\,\mathrm{d}y-\iint\limits_{D_2}\cos(x+y)\,\mathrm{d}x\,\mathrm{d}y+\iint\limits_{D_3}\cos(x+y)\,\mathrm{d}x\,\mathrm{d}y$$

$$=\int_0^{\frac{\pi}{2}}\mathrm{d}x\int_0^{\frac{\pi}{2}-x}\cos(x+y)\,\mathrm{d}y-\int_0^{\frac{\pi}{2}}\mathrm{d}x\int_{\frac{\pi}{2}-x}^{\pi}\cos(x+y)\,\mathrm{d}y-$$

$$\int_{\frac{\pi}{2}}^{\pi}\mathrm{d}x\int_0^{\frac{3\pi}{2}-x}\cos(x+y)\,\mathrm{d}y+\int_{\frac{\pi}{2}}^{\pi}\mathrm{d}x\int_{\frac{3\pi}{2}-x}^{\pi}\cos(x+y)\,\mathrm{d}y=2\pi.$$

2．**分析** 因为被积函数仅与变量z有关，所以利用“切片法”（即先二后一法）较方便.

证明 积分区域如图9-72所示. 因为

$$\iiint\limits_{x^2+y^2+z^2\leqslant 1}f(z)\,\mathrm{d}v=\int_{-1}^{1}f(z)\,\mathrm{d}z\iint\limits_{x^2+y^2\leqslant 1-z^2}\mathrm{d}x\,\mathrm{d}y=\int_{-1}^{1}f(z)\cdot\pi(1-z^2)\,\mathrm{d}z=\pi\int_{-1}^{1}f(t)(1-t^2)\,\mathrm{d}t,$$

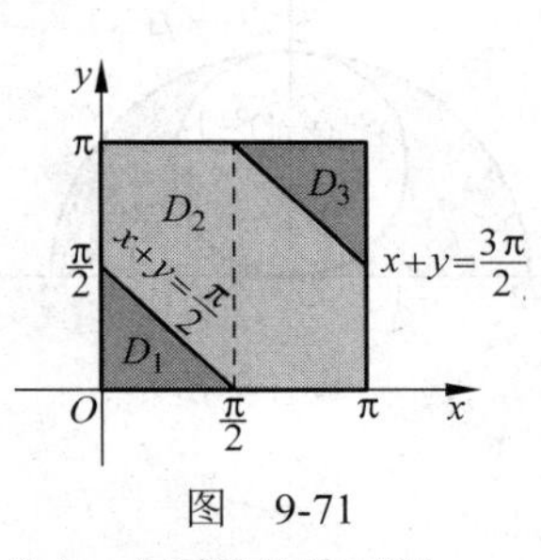

图 9-71

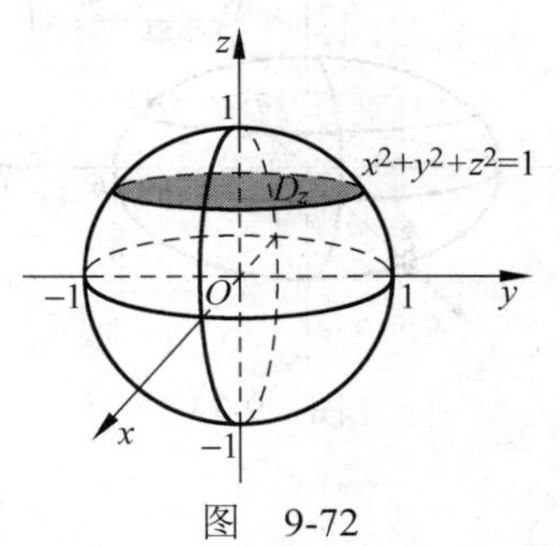

图 9-72

故所证等式成立. 由所证结论可得

$$\iiint\limits_{x^2+y^2+z^2\leqslant 1}(z^3+z^2+z+1)\,\mathrm{d}v=\pi\int_{-1}^{1}\left(t^3+t^2+t+1\right)\left(1-t^2\right)\mathrm{d}t=\frac{8}{5}\pi.$$

3．**解** 积分区域如图9-73所示.

$$I=\iiint\limits_{\Omega}\left(\frac{x}{A}+\frac{y}{B}+\frac{z}{C}\right)^2\mathrm{d}v=\iiint\limits_{\Omega}\left[\left(\frac{x^2}{A^2}+\frac{y^2}{B^2}+\frac{z^2}{C^2}\right)+2\left(\frac{xy}{AB}+\frac{yz}{BC}+\frac{zx}{CA}\right)\right]\mathrm{d}v,$$

由对称性可知
$$\iiint\limits_{\Omega}xy\mathrm{d}v=\iiint\limits_{\Omega}yz\mathrm{d}v=\iiint\limits_{\Omega}zx\mathrm{d}v=0,$$

再利用切片法可得
$$\iiint\limits_{\Omega}z^2\mathrm{d}v=\int_{-c}^{c}z^2\mathrm{d}z\iint\limits_{D_z}\mathrm{d}x\mathrm{d}y=\int_{-c}^{c}z^2\pi ab\left(1-\frac{z^2}{c^2}\right)\mathrm{d}z=\frac{4}{15}\pi abc^3,$$

同理可得
$$\iiint\limits_{\Omega}x^2\mathrm{d}v=\frac{4}{15}\pi a^3bc,\ \iiint\limits_{\Omega}y^2\mathrm{d}v=\frac{4}{15}\pi ab^3c,$$

所以
$$I=\frac{4}{15}\pi abc\left(\frac{a^2}{A^2}+\frac{b^2}{B^2}+\frac{c^2}{C^2}\right).$$

4．**解**　当$t>0$时，利用柱面坐标得

$$F(t)=\int_0^{2\pi}\mathrm{d}\theta\int_0^t\mathrm{d}r\int_0^h\left[z^2+f(r^2)\right]r\,\mathrm{d}z=2\pi\left[\int_0^t\left[\frac{1}{3}z^3\right]_0^h r\,\mathrm{d}r+\int_0^t f(r^2)rh\,\mathrm{d}r\right]$$
$$=2\pi\left[\frac{1}{3}h^3\cdot\frac{1}{2}t^2+h\int_0^t f(r^2)r\,\mathrm{d}r\right],$$

所以

$$\frac{\mathrm{d}F}{\mathrm{d}t}=\frac{2}{3}\pi h^3t+2\pi hf\left(t^2\right)t=F'(t),\quad \lim_{t\to 0+0}\frac{F(t)}{t^2}=\lim_{t\to 0+0}\frac{F'(t)}{2t}=\frac{1}{3}\pi h^3+\pi hf(0).$$

5．**解**　区域D如图 9-74 所示．设均匀薄片的质心为$(\bar{x},\bar{y})$，面密度为ρ（常数），由对称性可知$\bar{x}=0$．因为薄片的质量为$M=\iint\limits_{D}\rho\mathrm{d}x\mathrm{d}y=\rho\pi$，所以

$$M_x=\iint\limits_{D}\rho y\mathrm{d}x\mathrm{d}y=\rho\int_0^{\pi}\mathrm{d}\theta\int_{2\sin\theta}^{2}r^2\sin\theta\mathrm{d}r=\rho\int_0^{\pi}\frac{1}{3}\left(8\sin\theta-8\sin^4\theta\right)\mathrm{d}\theta=\frac{16}{3}\rho-\rho\pi,$$

于是$\bar{y}=\dfrac{M_x}{M}=\dfrac{\iint\limits_{D}\rho y\mathrm{d}x\mathrm{d}y}{\iint\limits_{D}\rho\mathrm{d}x\mathrm{d}y}=\dfrac{16}{3\pi}-1$，薄片的质心坐标为$\left(0,\dfrac{16}{3\pi}-1\right)$.

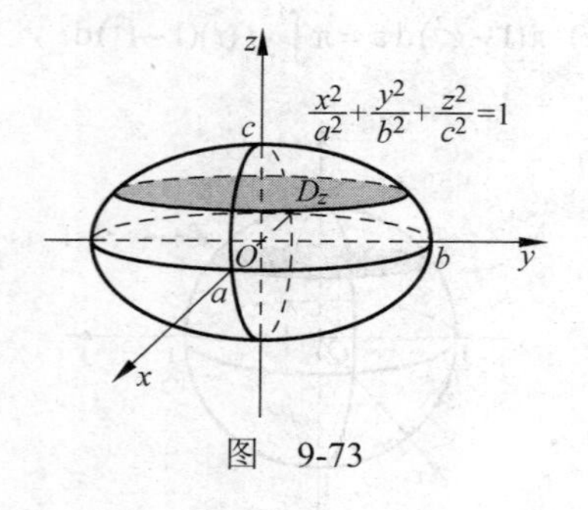

图　9-73

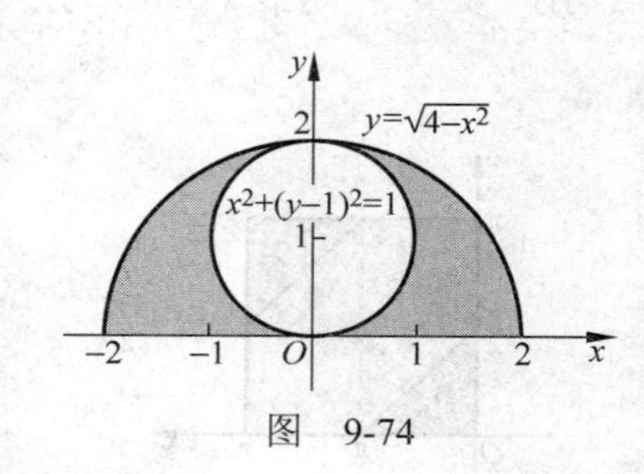

图　9-74

第十章 曲线积分与曲面积分

第一节 对弧长的曲线积分

一、教学基本要求

1. 理解对弧长的曲线积分（第一类曲线积分）的概念和性质.
2. 会计算对弧长的曲线积分（第一类曲线积分）.

二、答疑解惑

1．计算对弧长的曲线积分（第一类曲线积分）$\int_L f(x,y)\mathrm{d}s$ 时，应当注意哪些问题？

答 （1）基本计算方法是写出积分弧段 L 的参数方程 $x=\varphi(t)$，$y=\psi(t)$ $(\alpha\leqslant t\leqslant\beta)$，并利用此参数方程将曲线积分化为关于参数 t 的定积分

$$\int_L f(x,y)\mathrm{d}s=\int_\alpha^\beta f[\varphi(t),\psi(t)]\cdot\sqrt{\varphi'^2(t)+\psi'^2(t)}\,\mathrm{d}t\ \ (\alpha<\beta).$$

由上式可见，只要将积分变量 x,y 分别用参数方程 $x=\varphi(t)$，$y=\psi(t)$ 代入，并将 $\mathrm{d}s$ 看作弧微分，用弧微分公式 $\mathrm{d}s=\sqrt{\varphi'^2(t)+\psi'^2(t)}\,\mathrm{d}t$ 代入即可.

2．为什么把对弧长的曲线积分（第一类曲线积分）化为定积分时,要求这个定积分的下限小于上限?

答 在教材中定理的证明内可以看到，由于小弧段的长度 $\Delta s_i=\sqrt{\varphi'^2(\tau_i)+\psi'^2(\tau_i)}\Delta t_i$，其中 $\Delta s_i>0$，从而 $\Delta t_i>0$，即 $t_{i-1}<t_i$，这表明分点应按参数 t 由小到大排列，所以在公式 $\int_L f(x,y)\mathrm{d}s=\int_\alpha^\beta f[\varphi(t),\psi(t)]\sqrt{\varphi'^2(t)+\psi'^2(t)}\,\mathrm{d}t$ 中要求积分下限 α 小于上限 β.

3．如何利用曲线的对称性和被积函数的奇偶性简化对弧长的曲线积分的计算?

答 与定积分和重积分类似，可以利用曲线的对称性和被积函数的奇偶性简化计算.以平面曲线为例，设 $f(x,y)$ 在分段光滑曲线 L 上连续.

（1）若曲线 L 关于 y 轴对称，L_1 是 L 上 $x\geqslant0$ 的部分，则

$$\int_L f(x,y)\mathrm{d}s=\begin{cases}0, & f(-x,y)=-f(x,y),\\ 2\int_{L_1}f(x,y)\mathrm{d}s, & f(-x,y)=f(x,y).\end{cases}$$

（2）若曲线 L 关于 x 轴对称，L_2 是 L 上 $y\geqslant0$ 的部分，则

$$\int_L f(x,y)\mathrm{d}s=\begin{cases}0, & f(x,-y)=-f(x,y),\\ 2\int_{L_2}f(x,y)\mathrm{d}s, & f(x,-y)=f(x,y).\end{cases}$$

（3）若曲线 L 关于原点对称，L_3 是 L 右半平面或上半平面的部分，则

$$\int_L f(x,y)\mathrm{d}s=\begin{cases}0, & f(-x,-y)=-f(x,y),\\ 2\int_{L_3} f(x,y)\mathrm{d}s, & f(-x,-y)=f(x,y).\end{cases}$$

（4）若曲线 L 关于直线 $y=x$ 对称，则

$$\int_L f(x,y)\mathrm{d}s=\int_L f(y,x)\mathrm{d}s\ .$$

空间曲线关于坐标面对称的情形，也有类似的结论，例如若空间曲线 $\varGamma$ 关于 $z=0$（xOy 坐标面）对称，$\varGamma'$ 是 $\varGamma$ 上 $z\geqslant 0$ 的部分，则

$$\int_\varGamma f(x,y,z)\mathrm{d}s=\begin{cases}0, & f(x,y,-z)=-f(x,y,z),\\ 2\int_{\varGamma'} f(x,y,z)\mathrm{d}s, & f(x,y,-z)=f(x,y,z).\end{cases}$$

其余的情形这里不再赘述.

4．为什么在对弧长的曲线积分中，积分变量受到曲线方程的限制？

答　对弧长的曲线积分是在曲线上进行的，而曲线的方程又是由等式确定的，因此被积函数中的积分变量 x,y,z 必须满足曲线方程. 正是因为如此，才可以将曲线方程代入被积函数，以简化计算.

例如，计算曲线积分 $\int_L \arctan\sqrt{x^2+y^2}\,\mathrm{d}s$，其中 $L: x^2+y^2=1, y\geqslant 0$. 因为积分曲线是半径为 1 的上半圆周，且 x,y 满足 $x^2+y^2=1$，所以

$$\int_L \arctan\sqrt{x^2+y^2}\,\mathrm{d}s=\int_L \arctan 1\mathrm{d}s=\frac{\pi}{4}\int_L \mathrm{d}s=\frac{\pi}{4}\times\pi=\frac{\pi^2}{4}.$$

三、经典例题解析

题型一　直接用对弧长的曲线积分的性质和计算法解题

例 1　设曲线 L 是从点 $A(0,1)$ 沿着圆周 $x^2+y^2=1$ 到点 $B\left(\frac{\sqrt{2}}{2},-\frac{\sqrt{2}}{2}\right)$ 处的一段劣弧，计算曲线积分 $\int_L x\mathrm{e}^{\sqrt{x^2+y^2}}\mathrm{d}s$.

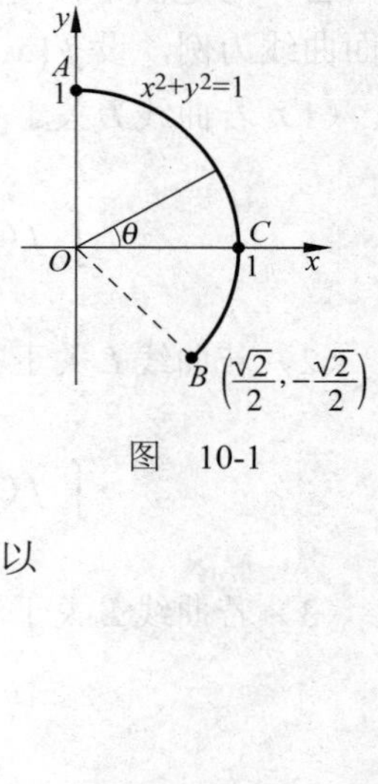

解法一　如图 10-1 所示，选 y 作参数，则 $\overset{\frown}{AB}: x=\sqrt{1-y^2}$ $\left(-\frac{\sqrt{2}}{2}\leqslant y\leqslant 1\right)$，$\mathrm{d}s=\sqrt{1+x_y'^2}\mathrm{d}y=\frac{\mathrm{d}y}{\sqrt{1-y^2}}$，注意到 $x^2+y^2=1$，所以

$$\int_{\overset{\frown}{AB}} x\mathrm{e}^{\sqrt{x^2+y^2}}\mathrm{d}s=\int_{\overset{\frown}{AB}} x\mathrm{e}\mathrm{d}s=\mathrm{e}\int_{-\frac{\sqrt{2}}{2}}^{1}\sqrt{1-y^2}\cdot\frac{\mathrm{d}y}{\sqrt{1-y^2}}=\left(1+\frac{\sqrt{2}}{2}\right)\mathrm{e}\ .$$

图　10-1

解法二　如图 10-1 所示，选圆心角 θ 为参数，则 $\overset{\frown}{AB}$：$x=\cos\theta,\ y=\sin\theta$ $\left(-\frac{\pi}{4}\leqslant\theta\leqslant\frac{\pi}{2}\right)$，$\mathrm{d}s=\sqrt{x_\theta'^2+y_\theta'^2}\,\mathrm{d}\theta=\mathrm{d}\theta$，所以

$$\int_{\overset{\frown}{AB}} x\mathrm{e}^{\sqrt{x^2+y^2}}\mathrm{d}s=\mathrm{e}\int_{-\frac{\pi}{4}}^{\frac{\pi}{2}}\cos\theta\mathrm{d}\theta=\left(1+\frac{\sqrt{2}}{2}\right)\mathrm{e}.$$

解法三　如图 10-1 所示，选 x 为参数，并设点 $C(1,0)$，则 $\overset{\frown}{AB}=\overset{\frown}{AC}+\overset{\frown}{CB}$，$\overset{\frown}{AC}$：$y=\sqrt{1-x^2}\ (0\leqslant x\leqslant 1)$，$\overset{\frown}{CB}$：$y=-\sqrt{1-x^2}\left(\frac{\sqrt{2}}{2}\leqslant x\leqslant 1\right)$，于是

$$\int_{\overset{\frown}{AC}} x\mathrm{e}^{\sqrt{x^2+y^2}}\mathrm{d}s=\mathrm{e}\int_0^1 x\cdot\frac{\mathrm{d}x}{\sqrt{1-x^2}}=\mathrm{e}，\quad \int_{\overset{\frown}{CB}} x\mathrm{e}^{\sqrt{x^2+y^2}}\mathrm{d}s=\mathrm{e}\int_{\frac{\sqrt{2}}{2}}^1 x\cdot\frac{\mathrm{d}x}{\sqrt{1-x^2}}=\frac{\sqrt{2}}{2}\mathrm{e}，$$

所以 $\int_{\overset{\frown}{AB}} x\mathrm{e}^{\sqrt{x^2+y^2}}\mathrm{d}s=\left(1+\frac{\sqrt{2}}{2}\right)\mathrm{e}$.

注　此题给出了三种参数的选法. 将对弧长的曲线积分化为定积分时，选取合适的参数是关键，参数选得适当，可以减少计算量，如此题选取 y 或 θ 作为积分变量是合适的. 另外，在计算过程中，要充分利用曲线方程的特点，如此题的 $x^2+y^2=1$，将此式代入被积函数化简后再积分，减少了计算量.

例 2　计算 $\int_\Gamma (x^2+y^2+z^2)\mathrm{d}s$，其中 Γ 是球面 $x^2+y^2+z^2=\frac{9}{2}$ 与平面 $x+z=1$ 的交线.

分析　先写出交线的参数方程，再化为定积分计算.

解　将 $z=1-x$ 代入到球面方程得 $\frac{\left(x-\frac{1}{2}\right)^2}{2}+\frac{y^2}{4}=1$，改写成参数方程为 $x=\sqrt{2}\cos\theta+\frac{1}{2}, y=2\sin\theta\ (0\leqslant\theta\leqslant 2\pi)$，将此参数方程代入到 $z=1-x$ 中，得到 $z=\frac{1}{2}-\sqrt{2}\cos\theta$，于是 $\mathrm{d}s=\sqrt{x_\theta'^2+y_\theta'^2+z_\theta'^2}\,\mathrm{d}\theta=2\mathrm{d}\theta$，注意到 $x^2+y^2+z^2=\frac{9}{2}$，所以

$$\int_\Gamma (x^2+y^2+z^2)\mathrm{d}s=\int_0^{2\pi}\frac{9}{2}\cdot 2\mathrm{d}\theta=18\pi.$$

题型二　利用对称性计算对弧长的曲线积分

例 3　设 L 为椭圆 $\frac{x^2}{4}+\frac{y^2}{3}=1$，其周长记为 a，计算 $\int_L\left(2xy+3x^2+4y^2\right)\mathrm{d}s$.

解　注意到曲线 L 关于 y 轴对称，且 $2xy$ 关于 x 为奇函数，又因为 L 的方程为 $3x^2+4y^2=12$，所以

$$\int_L\left(2xy+3x^2+4y^2\right)\mathrm{d}s=\int_L 2xy\mathrm{d}s+\int_L\left(3x^2+4y^2\right)\mathrm{d}s=0+\int_L 12\mathrm{d}s=12a.$$

注　计算第一类曲线积分时，可以利用被积函数的奇偶性和积分弧段的对称性简化计算.

例 4　计算 $\int_L |x|\mathrm{d}s$，其中 L 为 $|x|+|y|=1$.

解法一　如图 10-2 所示，因为曲线 L 关于直线 $y=x$ 对称，所以 $\int_L |x|\mathrm{d}s=\int_L |y|\mathrm{d}s$，故

$$\int_L |x|\mathrm{d}s=\frac{1}{2}\int_L(|x|+|y|)\mathrm{d}s=\frac{1}{2}\int_L 1\cdot\mathrm{d}s=\frac{1}{2}\times 4\sqrt{2}=2\sqrt{2}.$$

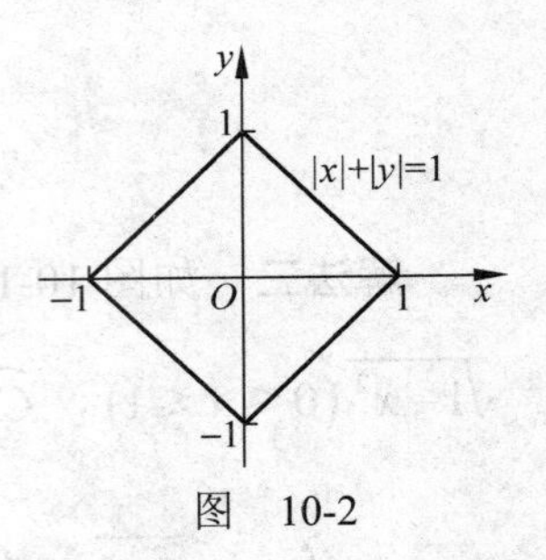

图 10-2

解法二 如图 10-2 所示，因为曲线 L 关于 x 轴和 y 轴都对称，被积函数 $|x|$ 关于 x 和 y 都是偶函数，所以

$$\int_L |x| \mathrm{d}s = 4\int_{L_1} x\mathrm{d}s = 4\int_0^1 x \cdot \sqrt{1+1}\mathrm{d}x = 2\sqrt{2},$$

其中 L_1 是 L 位于第一象限的部分.

四、习题选解

1. 设在 xOy 坐标面内有一分布着质量的曲线弧 L，其在点 (x,y) 处的线密度为 $\rho(x,y)$，用对弧长的曲线积分分别表达：（1）这曲线弧对 x 轴、对 y 轴的转动惯量 I_x，I_y；（2）这曲线弧的质心坐标 $\overline{x}$，$\overline{y}$.

解 （1）$I_x = \int_L y^2\rho(x,y)\mathrm{d}s$，$I_y = \int_L x^2\rho(x,y)\mathrm{d}s$.

（2）$\overline{x} = \dfrac{1}{M}\int_L x\rho(x,y)\mathrm{d}s$，$\overline{y} = \dfrac{1}{M}\int_L y\rho(x,y)\mathrm{d}s$，其中 $M = \int_L \rho(x,y)\mathrm{d}s$.

2. 利用对弧长的曲线积分的定义证明：如果曲线弧 L 分为两段光滑曲线弧 L_1 和 L_2，则

$$\int_L f(x,y)\mathrm{d}s = \int_{L_1} f(x,y)\mathrm{d}s + \int_{L_2} f(x,y)\mathrm{d}s.$$

证明 由题设可知，函数 $f(x,y)$ 在 L 上可积，即 $\int_L f(x,y)\mathrm{d}s$ 存在，从而它的值与对 L 的分法和取点法无关，可以把 L_1 和 L_2 的分界点作为一个分点，于是

$$\sum_{i=1}^{n} f(\xi_i,\eta_i)\Delta s_i = \sum_{i=1}^{n_1+n_2} f(\xi_i,\eta_i)\Delta s_i = \sum_{i=1}^{n_1} f(\xi_i,\eta_i)\Delta s_i + \sum_{i=n_1+1}^{n_1+n_2} f(\xi_i,\eta_i)\Delta s_i,$$

令 $\lambda = \max\{\Delta s_1, \Delta s_2, \cdots, \Delta s_n\} \to 0$，上式两端同时取极限，则得

$$\lim_{\lambda\to 0}\sum_{i=1}^{n} f(\xi_i,\eta_i)\Delta s_i = \lim_{\lambda\to 0}\sum_{i=1}^{n_1} f(\xi_i,\eta_i)\Delta s_i + \lim_{\lambda\to 0}\sum_{i=n_1+1}^{n_1+n_2} f(\xi_i,\eta_i)\Delta s_i,$$

于是 $\int_L f(x,y)\mathrm{d}s = \int_{L_1} f(x,y)\mathrm{d}s + \int_{L_2} f(x,y)\mathrm{d}s$.

3. 计算下列对弧长的曲线积分：

（1）$\oint_L (x^2+y^2)^n \mathrm{d}s$，其中 L 为圆周 $x = a\cos t, y = a\sin t (0 \leqslant t \leqslant 2\pi)$；

（2）$\int_L (x+y)\mathrm{d}s$，其中 L 为连接两点 $(1,0)$ 及 $(0,1)$ 的直线段；

（3）$\oint_L x\mathrm{d}s$，其中 L 为由直线 $y = x$ 与抛物线 $y = x^2$ 所围成的区域的整个边界；

（4）$\oint_L \mathrm{e}^{\sqrt{x^2+y^2}}\mathrm{d}s$，其中 L 为圆周 $x^2+y^2 = a^2$，直线 $y = x$ 及 x 轴在第一象限内所围成扇形的整个边界；

（5）$\int_\Gamma \dfrac{1}{x^2+y^2+z^2}\mathrm{d}s$，其中 Γ 为曲线 $x = \mathrm{e}^t\cos t$，$y = \mathrm{e}^t\sin t$，$z = \mathrm{e}^t$ $(0 \leqslant t \leqslant 2)$；

（6）$\int_\Gamma x^2yz\mathrm{d}s$，其中 Γ 为折线 $ABCD$，其中 A,B,C,D 依次为点 $(0,0,0)$, $(0,0,2)$, $(1,0,2)$, $(1,3,2)$；

（7）$\int_L y^2\mathrm{d}s$，其中 L 为摆线的一拱 $x = a(t-\sin t), y=a(1-\cos t)$ $(0 \leqslant t \leqslant 2\pi)$.

解 （1）$\oint_L (x^2+y^2)^n \mathrm{d}s = \int_0^{2\pi} a^{2n}\cdot a\mathrm{d}t = 2\pi a^{2n+1}$.

（2）因为L的方程为$x+y=1(0\leqslant x\leqslant 1)$，所以$\int_L (x+y)\mathrm{d}s = \int_L 1\mathrm{d}s = \sqrt{2}$.

（3）将曲线L分为两段，$L=L_1+L_2$，其中L_1的方程为$y=x^2(0\leqslant x\leqslant 1)$，$L_2$的方程为$y=x(0\leqslant x\leqslant 1)$，于是

$$\oint_L x\mathrm{d}s = \int_{L_1} x\mathrm{d}s + \int_{L_2} x\mathrm{d}s = \int_0^1 x\cdot\sqrt{1+4x^2}\mathrm{d}x + \int_0^1 x\cdot\sqrt{1+1}\mathrm{d}x = \frac{1}{12}\left(5\sqrt{5}+6\sqrt{2}-1\right).$$

（4）将闭曲线L分成三段，$L=L_1+L_2+L_3$，其中$L_1: y=0(0\leqslant x\leqslant a)$，$L_2:\begin{cases} x=a\cos\theta, \\ y=a\sin\theta \end{cases}$ $\left(0\leqslant\theta\leqslant\frac{\pi}{4}\right)$, $L_3: y=x\left(0\leqslant x\leqslant\frac{\sqrt{2}}{2}a\right)$，于是

$$\begin{aligned}\oint_L \mathrm{e}^{\sqrt{x^2+y^2}}\mathrm{d}s &= \int_{L_1}\mathrm{e}^{\sqrt{x^2+y^2}}\mathrm{d}s + \int_{L_2}\mathrm{e}^{\sqrt{x^2+y^2}}\mathrm{d}s + \int_{L_3}\mathrm{e}^{\sqrt{x^2+y^2}}\mathrm{d}s \\ &= \int_0^a \mathrm{e}^x\mathrm{d}x + \int_0^{\frac{\pi}{4}}\mathrm{e}^a\cdot a\mathrm{d}\theta + \int_0^{\frac{\sqrt{2}}{2}a}\mathrm{e}^{\sqrt{2}x}\cdot\sqrt{2}\mathrm{d}x = \mathrm{e}^a\left(2+\frac{\pi}{4}a\right)-2.\end{aligned}$$

（5）$$\begin{aligned}\int_\Gamma \frac{1}{x^2+y^2+z^2}\mathrm{d}s &= \int_0^2 \frac{\sqrt{(\mathrm{e}^t\cos t-\mathrm{e}^t\sin t)^2+(\mathrm{e}^t\sin t+\mathrm{e}^t\cos t)^2+\mathrm{e}^{2t}}}{(\mathrm{e}^t\cos t)^2+(\mathrm{e}^t\sin t)^2+(\mathrm{e}^t)^2}\mathrm{d}t \\ &= \int_0^2 \frac{\sqrt{3}\mathrm{e}^t}{2\mathrm{e}^{2t}}\mathrm{d}t = \int_0^2 \frac{\sqrt{3}}{2}\mathrm{e}^{-t}\mathrm{d}t = \frac{\sqrt{3}}{2}\left(1-\mathrm{e}^{-2}\right).\end{aligned}$$

（6）将Γ分为三段，$AB:\begin{cases} x=0, \\ y=0, \\ z=2t \end{cases}(0\leqslant t\leqslant 1)$, $BC:\begin{cases} x=t, \\ y=0, \\ z=2 \end{cases}(0\leqslant t\leqslant 1)$, $CD:\begin{cases} x=1, \\ y=3t, \\ z=2 \end{cases}(0\leqslant t\leqslant 1)$, 于是

$$\int_\Gamma x^2yz\mathrm{d}s = \int_{AB}x^2yz\mathrm{d}s + \int_{BC}x^2yz\mathrm{d}s + \int_{CD}x^2yz\mathrm{d}s = 0+0+\int_0^1 18t\mathrm{d}t = 9.$$

（7）因为$\int_L y^2\mathrm{d}s = \int_0^{2\pi} a^2(1-\cos t)^2\sqrt{\left[a(1-\cos t)\right]^2+(a\sin t)^2}\mathrm{d}t = 8a^3\int_0^{2\pi}\sin^5\frac{t}{2}\mathrm{d}t$. 令$u=\frac{t}{2}$，则

$$原式 = 16a^3\int_0^{\pi}\sin^5 u\mathrm{d}u = 32a^3\int_0^{\frac{\pi}{2}}\sin^5 u\mathrm{d}u = 32a^3\cdot\frac{4}{5}\cdot\frac{2}{3} = \frac{256}{15}a^3.$$

4．求半径为a，中心角为2φ的均匀圆弧（线密度$\rho=1$）的质心.

解 如图 10-3 建立直角坐标系，设质心坐标为$\overline{x},\overline{y}$，则此圆弧$L$的方程为$r=a(-\varphi\leqslant\theta\leqslant\varphi)$，于是由对称性得

$$\overline{y}=0,\ \overline{x} = \frac{\int_L \rho x\mathrm{d}s}{\int_L \rho\mathrm{d}s} = \frac{\int_L x\mathrm{d}s}{\int_L \mathrm{d}s} = \frac{\int_{-\varphi}^{\varphi} a\cos\theta\cdot a\mathrm{d}\theta}{2a\varphi} = \frac{a\sin\varphi}{\varphi}.$$

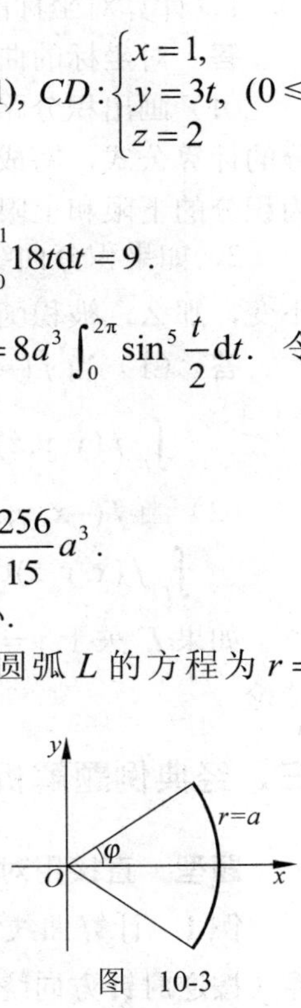

所以质心坐标为$\left(\frac{a\sin\varphi}{\varphi}, 0\right)$.

图 10-3

5．设曲线 L 的极坐标方程为 $r=r(\theta)(\alpha\leqslant\theta\leqslant\beta)$，且 $r'(\theta)$ 连续，证明

$$\int_L f(x,y)\mathrm{d}s=\int_\alpha^\beta f[r(\theta)\cos\theta,r(\theta)\sin\theta]\cdot\sqrt{[r'(\theta)]^2+[r(\theta)]^2}\,\mathrm{d}\theta.$$

解 因为 L 的参数方程为 $\begin{cases}x=r(\theta)\cos\theta,\\ y=r(\theta)\sin\theta\end{cases}$ $(\alpha\leqslant\theta\leqslant\beta)$，所以

$$\begin{aligned}\int_L f(x,y)\mathrm{d}s&=\int_\alpha^\beta f\left[r(\theta)\cos\theta,r(\theta)\sin\theta\right]\sqrt{\left[r(\theta)\cos\theta\right]'^2+\left[r(\theta)\sin\theta\right]'^2}\,\mathrm{d}\theta\\&=\int_\alpha^\beta f(r(\theta)\cos\theta,r(\theta)\sin\theta)\sqrt{\left[r'(\theta)\right]^2+\left[r(\theta)\right]^2}\,\mathrm{d}\theta.\end{aligned}$$

第二节　对坐标的曲线积分

一、教学基本要求

1. 理解对坐标的曲线积分（第二类曲线积分）的概念和性质.
2. 会计算对坐标的曲线积分（第二类曲线积分）.
3. 了解两类曲线积分之间的关系.

二、答疑解惑

1．计算对坐标的曲线积分的一般步骤有哪些？

答 对坐标的曲线积分可化为对参数的定积分，一般来说分为以下四步：

（1）画出积分路径及方向；（2）写出积分曲线的参数方程；（3）根据对坐标的曲线积分的计算公式，写成对参数的定积分，要特别注意曲线的起点和终点所对应的参数值分别为积分的下限和上限；（4）计算定积分.

2．如果积分曲线 Γ 关于 $x=0$（yOz 坐标平面）对称，Γ' 是 Γ 上 $x\geqslant0$ 的部分，方向不变，那么，被积函数满足什么条件，可以简化对坐标曲线积分的计算？

答 （1）当 $f(-x,y,z)=-f(x,y,z)$ 时，$\int_\Gamma f(x,y,z)\mathrm{d}x=0$，

$$\int_\Gamma f(x,y,z)\mathrm{d}y=2\int_{\Gamma'}f(x,y,z)\mathrm{d}y,\quad \int_\Gamma f(x,y,z)\mathrm{d}z=2\int_{\Gamma'}f(x,y,z)\mathrm{d}z;$$

（2）当 $f(-x,y,z)=f(x,y,z)$ 时，

$$\int_\Gamma f(x,y,z)\mathrm{d}x=2\int_{\Gamma'}f(x,y,z)\mathrm{d}x,\quad \int_\Gamma f(x,y,z)\mathrm{d}y=0,\quad \int_\Gamma f(x,y,z)\mathrm{d}z=0.$$

如果 Γ 关于 $y=0$（或 $z=0$）对称，$f(x,y,z)$ 关于 y（或 z）有奇偶性，也有类似的结论.

三、经典例题解析

题型　直接用对坐标的曲线积分的性质和计算法解题

例 1　计算曲线积分 $\oint_L x^3\mathrm{d}y$，其中 L 是以点 $A(1,1)$，$B(3,2)$，$C(2,3)$ 为顶点的三角形边界（按逆时针方向绕行）.

解　L 如图 10-4 所示，选 x 作为积分变量. 把 L 分成三段直线段，它们的方程分别为 $\overline{AB}: y=\frac{1}{2}x+\frac{1}{2}$，$x$ 从1变到3；$\overline{BC}: y=-x+5$，x 从3变到2；$\overline{CA}: y=2x-1$，x 从2变到1，于是

$$\oint_L x^3\mathrm{d}y=\int_{\overline{AB}}x^3\mathrm{d}y+\int_{\overline{BC}}x^3\mathrm{d}y+\int_{\overline{CA}}x^3\mathrm{d}y=\int_1^3 x^3\cdot\frac{1}{2}\mathrm{d}x+\int_3^2 x^3\cdot(-1)\mathrm{d}x+\int_2^1 x^3\cdot 2\mathrm{d}x=\frac{75}{4}.$$

例 2　计算曲线积分 $\oint_L \frac{\mathrm{d}x+\mathrm{d}y}{|x|+|y|}$，其中 L 是以点 $A(1,0), B(0,1), C(-1,0), D(0,-1)$ 为顶点的正方形的边界（按逆时针方向绕行）.

解　如图 10-5 所示，把 L 分成四段，先写出每段的方程，再逐段计算.

因为被积函数为 $\frac{1}{|x|+|y|}$，L 的方程为 $|x|+|y|=1$，所以 $\oint_L \frac{\mathrm{d}x+\mathrm{d}y}{|x|+|y|}=\oint_L \mathrm{d}x+\mathrm{d}y$. 又因为 L 分成了四段，每段的方程分别为 $\overline{AB}: y=1-x,\ x$ 从1变到0；$\overline{BC}: y=1+x,\ x$ 从0变到 -1；$\overline{CD}: y=-1-x,\ x$ 从 -1 变到0；$\overline{DA}: y=-1+x,\ x$ 从0变到1，于是

$$\oint_L \frac{\mathrm{d}x+\mathrm{d}y}{|x|+|y|}=\oint_L \mathrm{d}x+\mathrm{d}y=\int_{\overline{AB}}\mathrm{d}x+\mathrm{d}y+\int_{\overline{BC}}\mathrm{d}x+\mathrm{d}y+\int_{\overline{CD}}\mathrm{d}x+\mathrm{d}y+\int_{\overline{DA}}\mathrm{d}x+\mathrm{d}y$$

$$=\int_1^0(1-1)\mathrm{d}x+\int_0^{-1}(1+1)\mathrm{d}x+\int_{-1}^0(1-1)\mathrm{d}x+\int_0^1(1+1)\mathrm{d}x=0.$$

注　此题也可利用对称性计算，但对坐标的曲线积分在使用对称性时计算较复杂，所以这里要重点掌握一般的对坐标的曲线积分的计算方法.

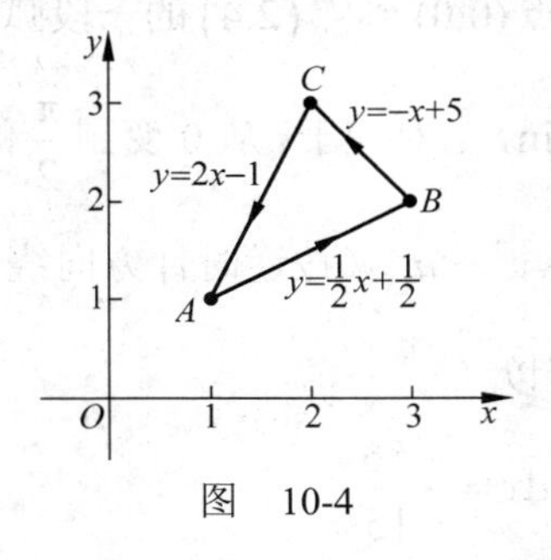

图　10-4

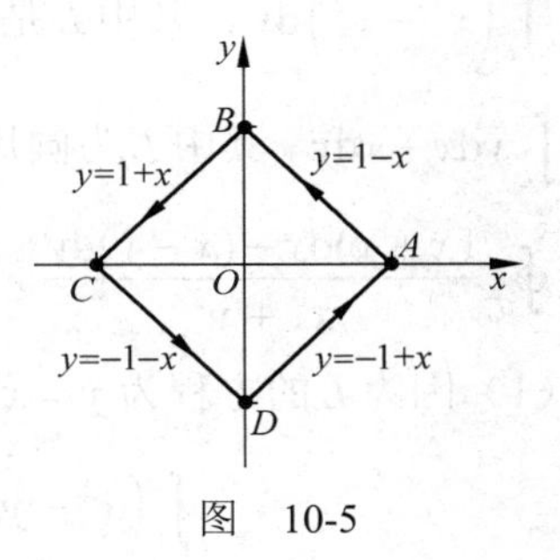

图　10-5

例 3　计算 $\int_L (x^2+2xy)\mathrm{d}y$，其中 L 是按逆时针方向沿着上半椭圆的曲线段：$\frac{x^2}{a^2}+\frac{y^2}{b^2}=1\ (y\geqslant 0)$.

解　选 t 作为积分变量. 椭圆的参数方程为 $x=a\cos t$，$y=b\sin t$，t 从0变到 π，于是

$$\int_L (x^2+2xy)\mathrm{d}y=\int_0^{\pi}\left(a^2\cos^2 t+2ab\cos t\sin t\right)\cdot b\cos t\mathrm{d}t=\int_0^{\pi}\left(a^2b\cos^3 t+2ab^2\cos^2 t\sin t\right)\mathrm{d}t$$

$$=2ab^2\int_0^{\pi}-\cos^2 t\mathrm{d}\cos t=2ab^2\cdot\left[\frac{-\cos^3 t}{3}\right]_0^{\pi}=\frac{4}{3}ab^2.$$

注　此题也可以选 x 作为积分变量进行计算.

例 4　计算 $\lim\limits_{R\to+\infty}\oint_L \dfrac{x\mathrm{d}y-y\mathrm{d}x}{\left(x^2+xy+y^2\right)^2}$，曲线 L 是 $x^2+y^2=R^2$，取正向（逆时针方向）.

解　从被积分式和积分路径看，将路径以参数方程表示，化成对参数的定积分计算为宜. 将 L 表示成参数方程为 $x=R\cos t$，$y=R\sin t$，t 从 0 变到 2π，于是

$$\oint_L \frac{x\mathrm{d}y-y\mathrm{d}x}{\left(x^2+xy+y^2\right)^2}=\int_0^{2\pi}\frac{R^2\cos^2 t+R^2\sin^2 t}{\left(R^2+R^2\sin t\cos t\right)^2}\mathrm{d}t=\frac{1}{R^2}\int_0^{2\pi}\frac{\mathrm{d}t}{\left(1+\frac{1}{2}\sin 2t\right)^2}.$$

一般来说，应先计算出 $\displaystyle\int_0^{2\pi}\frac{\mathrm{d}t}{\left(1+\frac{1}{2}\sin 2t\right)^2}$，再计算极限，但在上述计算过程中，我们已分离出 $\dfrac{1}{R^2}$，而 $\displaystyle\int_0^{2\pi}\frac{\mathrm{d}t}{\left(1+\frac{1}{2}\sin 2t\right)^2}$ 已与极限变量 R 无关. 又因为 $\dfrac{1}{\left(1+\frac{1}{2}\sin 2t\right)^2}$ 在区间 $[0,2\pi]$ 上连续，上述定积分是一个常数，故 $\displaystyle\lim_{R\to+\infty}\oint \frac{x\mathrm{d}y-y\mathrm{d}x}{\left(x^2+xy+y^2\right)^2}=\lim_{R\to+\infty}\frac{1}{R^2}\int_0^{2\pi}\frac{\mathrm{d}t}{\left(1+\frac{1}{2}\sin 2t\right)^2}=0$.

四、习题选解

1. 计算下列对坐标的曲线积分：

（1）$\int_L\left(x^2-y^2\right)\mathrm{d}x$，其中 L 是抛物线 $y=x^2$ 上自点 $(0,0)$ 到点 $(2,4)$ 的一段弧；

（2）$\int_L y\mathrm{d}x+x\mathrm{d}y$，其中 L 为圆周 $x=R\cos t, y=R\sin t$ 上对应于 t 从 0 变到 $\dfrac{\pi}{2}$ 的一段弧；

（3）$\oint_\Gamma \dfrac{(x+y)\mathrm{d}x-(x-y)\mathrm{d}y}{x^2+y^2}$，其中 L 为圆周 $x^2+y^2=a^2$（按逆时针方向绕行）.

解　（1）因为 L 的方程为 $y=x^2$，x 从 0 变到 2，所以

$$\int_L\left(x^2-y^2\right)\mathrm{d}x=\int_0^2\left(x^2-x^4\right)\mathrm{d}x=-\frac{56}{15}.$$

（2）因为 L 的方程为 $x=R\cos t, y=R\sin t$，t 从 0 变到 $\dfrac{\pi}{2}$，所以

$$\int_L y\mathrm{d}x+x\mathrm{d}y=\int_0^{\frac{\pi}{2}}R\sin t\mathrm{d}(R\cos t)+R\cos t\mathrm{d}(R\sin t)=\int_0^{\frac{\pi}{2}}R^2\left(\cos^2 t-\sin^2 t\right)\mathrm{d}t=0.$$

（3）因为 L 的参数方程为 $\begin{cases}x=a\cos\theta,\\ y=a\sin\theta,\end{cases}$ θ 从 0 变到 2π，所以

$$\oint_\Gamma \frac{(x+y)\mathrm{d}x-(x-y)\mathrm{d}y}{x^2+y^2}=\frac{1}{a^2}\left[\int_0^{2\pi}(a\cos\theta+a\sin\theta)\cdot a(-\sin\theta)-(a\cos\theta-a\sin\theta)\cdot a\cos\theta\right]\mathrm{d}\theta$$

$$=-\int_0^{2\pi}\mathrm{d}\theta=-2\pi.$$

2．把对坐标的曲线积分 $\int_L P(x,y)\mathrm{d}x+Q(x,y)\mathrm{d}y$ 化成对弧长的曲线积分，其中 L 分别为：

（1）在 xOy 坐标面内沿直线从点 $(0,0)$ 到点 $(1,1)$；

（2）沿抛物线 $y=x^2$ 从点 $(0,0)$ 到点 $(1,1)$；

（3）沿上半圆周 $x^2+y^2=2x$ 从点 $(0,0)$ 到点 $(1,1)$.

解　（1）因为 L 上任一点的切向量为 $\boldsymbol{T}=\{1,1\}$，方向余弦为 $\cos\alpha=\cos\beta=\dfrac{\sqrt{2}}{2}$，所以

$$\int_L P(x,y)\mathrm{d}x+Q(x,y)\mathrm{d}y=\frac{\sqrt{2}}{2}\int_L[P(x,y)+Q(x,y)]\mathrm{d}s.$$

（2）因为 L 上任一点的切向量为 $\boldsymbol{T}=\{1,2x\}$，方向余弦为 $\cos\alpha=\dfrac{1}{\sqrt{1+4x^2}},\cos\beta=\dfrac{2x}{\sqrt{1+4x^2}}$，所以

$$\int_L P(x,y)\mathrm{d}x+Q(x,y)\mathrm{d}y=\int_L\frac{1}{\sqrt{1+4x^2}}\left[P(x,y)+2xQ(x,y)\right]\mathrm{d}s.$$

（3）因为 L 的方程可以写为 $y=\sqrt{2x-x^2}$, x 从 0 变到 1，所以 L 上任一点的切向量为 $\boldsymbol{T}=\left\{1,\dfrac{1-x}{\sqrt{2x-x^2}}\right\}$，方向余弦为 $\cos\alpha=\sqrt{2x-x^2},\cos\beta=1-x$，于是

$$\int_L P(x,y)\mathrm{d}x+Q(x,y)\mathrm{d}y=\int_L\left[\sqrt{2x-x^2}P(x,y)+(1-x)Q(x,y)\right]\mathrm{d}s.$$

3．计算 $\oint_\Gamma \mathrm{d}x-\mathrm{d}y+y\mathrm{d}z$，其中 Γ 为有向闭折线 $ABCA$，这里 $A(1,0,0)$，$B(0,1,0)$，$C(0,0,1)$.

解　Γ 由有向线段 $AB{:}x=t,y=1-t,z=0$（t 从 1 变到 0），有向线段 $BC{:}x=0,y=t,z=1-t$（t 从 1 变到 0)和有向线段 $CA{:}x=t,y=0,z=1-t$（t 从 0 变到 1)所组成. 由于

$$\int_{AB}\mathrm{d}x-\mathrm{d}y+y\mathrm{d}z=\int_1^0(1+1)\mathrm{d}t=-2,$$

$$\int_{BC}\mathrm{d}x-\mathrm{d}y+y\mathrm{d}z=\int_1^0(-1-t)\mathrm{d}t=\frac{3}{2},$$

$$\int_{CA}\mathrm{d}x-\mathrm{d}y+y\mathrm{d}z\mathrm{d}t=\int_0^1\mathrm{d}t=1,$$

因此

$$\oint_\Gamma \mathrm{d}x-\mathrm{d}y+y\mathrm{d}z=-2+\frac{3}{2}+1=\frac{1}{2}.$$

第三节 格林公式及其应用

一、教学基本要求

1. 掌握格林公式.
2. 会使用平面上的曲线积分与路径无关的条件.

二、答疑解惑

1．格林公式的重要性表现在哪些方面？

答 格林公式在理论上和实用上都有重要的作用. 在理论上，它与本章后面的高斯公式及斯托克斯公式一起，被称为场论三大公式. 这三个公式是刻画和研究许多物理现象的有力工具. 由格林公式推导出了曲线积分与路径无关的充要条件，还为解全微分方程提供了依据和方法. 格林公式常用于简化曲线积分的计算（化为二重积分），用它还推出了用曲线积分求平面区域D的面积公式

$$A=\oint_L x\mathrm{d}y=-\oint_L y\mathrm{d}x=\frac{1}{2}\oint_L x\mathrm{d}y-y\mathrm{d}x.$$

2．应用格林公式时，应该注意哪些问题?

答 应注意以下四点：

（1）$P(x,y),Q(x,y)$在D上应具有一阶连续的偏导数，否则就会导致错误的结果.

例如，设L是圆$x^2+y^2=1$，取逆时针方向，计算曲线积分$\oint_L \frac{x\mathrm{d}y-y\mathrm{d}x}{x^2+y^2}$. 有人利用格林公式计算如下:

$$\oint_L \frac{x\mathrm{d}y-y\mathrm{d}x}{x^2+y^2}=\iint_D\left[\frac{\partial}{\partial x}\left(\frac{x}{x^2+y^2}\right)-\frac{\partial}{\partial y}\left(\frac{-y}{x^2+y^2}\right)\right]\mathrm{d}x\mathrm{d}y$$
$$=\iint_D\left[\frac{y^2-x^2}{(x^2+y^2)^2}-\frac{y^2-x^2}{(x^2+y^2)^2}\right]\mathrm{d}x\mathrm{d}y=0.$$

有人化为定积分计算如下: 因为$L:\begin{cases}x=\cos t,\\ y=\sin t,\end{cases}$ t从0变到2π，所以

$$\oint_L \frac{x\mathrm{d}y-y\mathrm{d}x}{x^2+y^2}=\oint_L x\mathrm{d}y-y\mathrm{d}x=\int_0^{2\pi}(\cos^2 t+\sin^2 t)\,\mathrm{d}t=\int_0^{2\pi}\mathrm{d}t=2\pi.$$

第二种解法是正确的，而第一种解法是错误的. 因为函数$P(x,y)=-\frac{y}{x^2+y^2}$，$Q(x,y)=\frac{x}{x^2+y^2}$在$D$内点$O(0,0)$处都不连续（无定义），从而$\frac{\partial Q}{\partial x},\frac{\partial P}{\partial y}$在$O(0,0)$处也不连续，故不能直接使用格林公式.

一般情况下，当函数$P(x,y),Q(x,y)$在L所围的区域D内有一点$P_0(x_0,y_0)$偏导数至少

有一个不存在或偏导存在但不连续，且除了点 P_0 外 $\frac{\partial Q}{\partial x}\equiv\frac{\partial P}{\partial y}$ 时，可以用含在 L 内的闭曲线 l（其方向与 L 的方向相反）将 P_0 围起来，如图 10-6 所示，并设 D' 是由 L 和 l 所围成的区域，在 D' 上 $P(x,y),Q(x,y)$ 满足格林公式的条件，于是

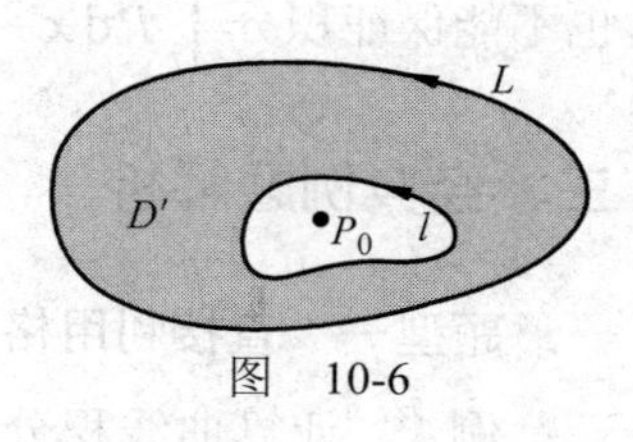

图 10-6

$$\oint_L P\mathrm{d}x+Q\mathrm{d}y=\iint_{D'}\left(\frac{\partial Q}{\partial x}-\frac{\partial P}{\partial y}\right)\mathrm{d}x\mathrm{d}y-\oint_{-l}P\mathrm{d}x+Q\mathrm{d}y$$
$$=\oint_l P\mathrm{d}x+Q\mathrm{d}y.$$

此题还有第三种解法，先把 L 的方程 $x^2+y^2=1$ 代入被积函数，再用格林公式：

$$\oint_L\frac{x\mathrm{d}y-y\mathrm{d}x}{x^2+y^2}=\oint_L x\mathrm{d}y-y\mathrm{d}x=\iint_D(1+1)\mathrm{d}x\mathrm{d}y=2\pi.$$

（2）必须是沿"封闭"曲线 L 的正向曲线积分才能直接使用格林公式.如果积分曲线 L 不是封闭曲线，那么需作辅助曲线 l，使之与 L 构成封闭的曲线，然后利用格林公式，则有

$$\int_L P\mathrm{d}x+Q\mathrm{d}y=\oint_{L+l}P\mathrm{d}x+Q\mathrm{d}y-\int_l P\mathrm{d}x+Q\mathrm{d}y$$
$$=\iint_D\left(\frac{\partial Q}{\partial x}-\frac{\partial P}{\partial y}\right)\mathrm{d}x\mathrm{d}y-\int_l P\mathrm{d}x+Q\mathrm{d}y,$$

其中 D 是由 L 和 l 所围成的平面区域.

（3）注意 L 与 D 的关系. L 是 D 的正向边界曲线，当 L 的方向与规定的正向方向相反时，$-L$ 是 D 的正向边界，于是

$$\oint_L P\mathrm{d}x+Q\mathrm{d}y=-\oint_{-L}P\mathrm{d}x+Q\mathrm{d}y=-\iint_D\left(\frac{\partial Q}{\partial x}-\frac{\partial P}{\partial y}\right)\mathrm{d}x\mathrm{d}y.$$

（4）只要满足格林公式的条件，格林公式也适用于复连通区域.

3．平面曲线积分与路径无关有哪些等价命题？

答 设 G 为平面单连通的开区域，函数 $P(x,y),Q(x,y)$ 在 G 内具有一阶连续的偏导数，则以下四个命题互相等价:

（1）曲线积分 $\int_L P\mathrm{d}x+Q\mathrm{d}y$ 在 G 内与路径无关；

（2）对 G 内任意一条闭曲线 L，都有 $\oint_L P\mathrm{d}x+Q\mathrm{d}y=0$；

（3）$\frac{\partial Q}{\partial x}=\frac{\partial P}{\partial y}$ 在 G 内恒成立；

（4）$P\mathrm{d}x+Q\mathrm{d}y$ 在 G 内是某个二元函数 $u(x,y)$ 的全微分，即 $\mathrm{d}u=P\mathrm{d}x+Q\mathrm{d}y$，其中

$$u(x,y)=\int_{(x_0,y_0)}^{(x,y)}P(x,y)\mathrm{d}x+Q(x,y)\mathrm{d}y.$$

在以上四个命题中，（3）是用来判断曲线积分 $\int_L P\mathrm{d}x+Q\mathrm{d}y$ 在 G 内是否与路径无关最为方便的条件，它也是用来判断（1）、（2）、（4）是否成立最方便的判定条件. 但在使用这

个判定条件时，一定要注意 G 为单连通的开区域这个前提.在复连通区域上，即使 $\frac{\partial Q}{\partial x}\equiv\frac{\partial P}{\partial y}$，也不能保证积分 $\int_L P\mathrm{d}x+Q\mathrm{d}y$ 与路径无关.

三、经典例题解析

题型一　直接利用格林公式计算曲线积分

例 1　计算曲线积分 $I=\oint_L\sqrt{x^2+y^2}\,\mathrm{d}x+\left[x+y\ln\left(x+\sqrt{x^2+y^2}\right)\right]\mathrm{d}y$，其中 L 为圆周 $(x-1)^2+(y-1)^2=1$，取逆时针方向.

分析　L 是封闭曲线，可以考虑应用格林公式.

解　设 D 为由 L 围成的闭区域，这里 $P=\sqrt{x^2+y^2}$，$Q=x+y\ln\left(x+\sqrt{x^2+y^2}\right)$，于是

$$\frac{\partial P}{\partial y}=\frac{y}{\sqrt{x^2+y^2}},\ \frac{\partial Q}{\partial x}=1+\frac{y}{\sqrt{x^2+y^2}},$$

$\frac{\partial P}{\partial y},\frac{\partial Q}{\partial x}$ 在区域 D 内连续，所以由格林公式得

$$I=\iint_D\left(\frac{\partial Q}{\partial x}-\frac{\partial P}{\partial y}\right)\mathrm{d}x\mathrm{d}y=\iint_D\mathrm{d}x\mathrm{d}y=\pi.$$

例 2　计算曲线积分 $I=\oint_L(xy^2+\mathrm{e}^y)\mathrm{d}y-(x^2y+\mathrm{e}^x)\mathrm{d}x$，其中 L 为圆周 $x^2+y^2=a^2$，取顺时针方向.

解　设 D 为由 L 所围成的闭区域，这里 $P=-(x^2y+\mathrm{e}^x)$，$Q=xy^2+\mathrm{e}^y$，则 $\frac{\partial P}{\partial y}=-x^2$，$\frac{\partial Q}{\partial x}=y^2$，于是由格林公式得

$$I=-\iint_D\left(\frac{\partial Q}{\partial x}-\frac{\partial P}{\partial y}\right)\mathrm{d}x\mathrm{d}y=-\iint_D(x^2+y^2)\mathrm{d}x\mathrm{d}y=-\int_0^{2\pi}\mathrm{d}\theta\int_0^a r^3\mathrm{d}r=-\frac{\pi a^4}{2}.$$

例 3　计算曲线积分 $\oint_L-2x^3y\,\mathrm{d}x+x^2y^2\,\mathrm{d}y$，其中 L 是由 $x^2+y^2\geqslant1$ 与 $x^2+y^2\leqslant2y$ 所围成的区域的正向边界.

解　设 D 为由 L 围成的闭区域，如图 10-7 所示. 这里 $P=-2x^3y$，$Q=x^2y^2$，则

$$\frac{\partial P}{\partial y}=-2x^3,\ \frac{\partial Q}{\partial x}=2xy^2,$$

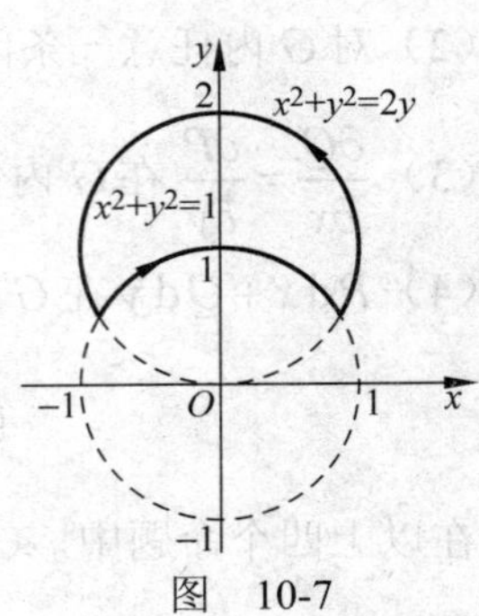

图　10-7

于是由格林公式得

$$\oint_L(-2x^3y)\mathrm{d}x+x^2y^2\,\mathrm{d}y=\iint_D(2xy^2+2x^3)\mathrm{d}x\mathrm{d}y.$$

因为被积函数是关于 x 的奇函数，而积分区域 D 是关

于 y 轴对称的，所以

$$\iint_D (2xy^2+2x^3)\,\mathrm{d}x\,\mathrm{d}y=0,$$

从而 $\oint_L -2x^3y\,\mathrm{d}x+x^2y^2\,\mathrm{d}y=0$.

注　以上题目的特点是：$\dfrac{\partial Q}{\partial x}-\dfrac{\partial P}{\partial y}$ 的结果是常数或其结果比较简单，从而使得 $\iint_D\left(\dfrac{\partial Q}{\partial x}-\dfrac{\partial P}{\partial y}\right)\mathrm{d}x\mathrm{d}y$ 容易计算.

题型二　通过补边法或挖洞法，再利用格林公式计算曲线积分

例 4　计算 $\int_L \mathrm{e}^y\mathrm{d}x+x\left(y+\mathrm{e}^y\right)\mathrm{d}y$，其中 L 为从原点 $O(0,0)$，沿着下半圆周 $x^2+y^2=2x$ 到点 $A(2,0)$ 的弧段.

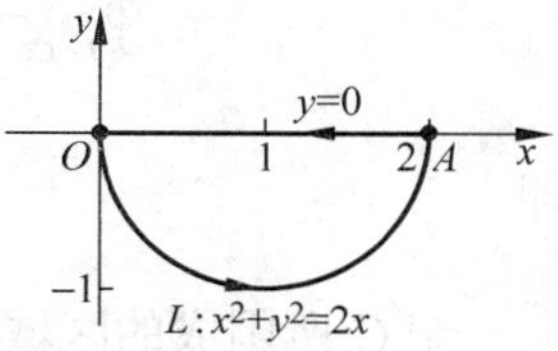

解　本题直接计算很复杂. 由于 $\dfrac{\partial Q}{\partial x}-\dfrac{\partial P}{\partial y}=y$ 比较简单，可考虑用格林公式. 因为积分曲线 L 不封闭，所以添加辅助线 $\overline{AO}: y=0$，x 从 2 变到 0，如图 10-8 所示，于是

图　10-8

$$\oint_{L+\overline{AO}} \mathrm{e}^y\mathrm{d}x+x\left(y+\mathrm{e}^y\right)\mathrm{d}y=\iint_D y\mathrm{d}x\mathrm{d}y=\int_0^2\mathrm{d}x\int_{-\sqrt{2x-x^2}}^0 y\mathrm{d}y=-\frac{2}{3},$$

所以　$$\int_L \mathrm{e}^y\mathrm{d}x+x\left(y+\mathrm{e}^y\right)\mathrm{d}y=-\frac{2}{3}-\int_{\overline{AO}}\mathrm{e}^y\mathrm{d}x+x\left(y+\mathrm{e}^y\right)\mathrm{d}y=-\frac{2}{3}-\int_2^0\mathrm{d}x=\frac{4}{3}.$$

例 5　计算 $I=\oint_L\dfrac{y\,\mathrm{d}x-(x-1)\,\mathrm{d}y}{(x-1)^2+y^2}$，其中（1）$L$ 为圆周 $x^2+y^2-2y=0$，取逆时针方向；（2）L 为椭圆 $4x^2+y^2-8x=0$，取逆时针方向.

分析　本题中的两条积分曲线都是闭曲线，因此可考虑格林公式，但要注意在 L 所围的闭区域 D 上，P 和 Q 应具有一阶连续的偏导数.

解　$P=\dfrac{y}{(x-1)^2+y^2}$，$Q=\dfrac{-(x-1)}{(x-1)^2+y^2}$ 在 $(1,0)$ 没有定义，所以在该点没有连续的一阶偏导数. 当 $(x,y)\neq(1,0)$ 时，$\dfrac{\partial P}{\partial y}=\dfrac{(x-1)^2-y^2}{\left[(x-1)^2+y^2\right]^2}=\dfrac{\partial Q}{\partial x}$ 恒成立.

（1）将曲线 L 的方程 $x^2+y^2-2y=0$ 改写为 $x^2+(y-1)^2=1$，记 L 所围区域为 D，如图 10-9 所示，点 $(1,0)$ 不在 D 内，直接使用格林公式得

$$I=\iint_D\left(\frac{\partial P}{\partial y}-\frac{\partial Q}{\partial x}\right)\mathrm{d}\sigma=\iint_D 0\,\mathrm{d}\sigma=0.$$

（2）将曲线 L 的方程 $4x^2+y^2-8x=0$ 改写为 $(x-1)^2+\dfrac{y^2}{4}=1$，记 L 所围区域为 D，如图 10-10 所示，点 $(1,0)$ 在 D 内，不能直接使用格林公式. 用 C 表示以点 $(1,0)$ 为圆心的圆

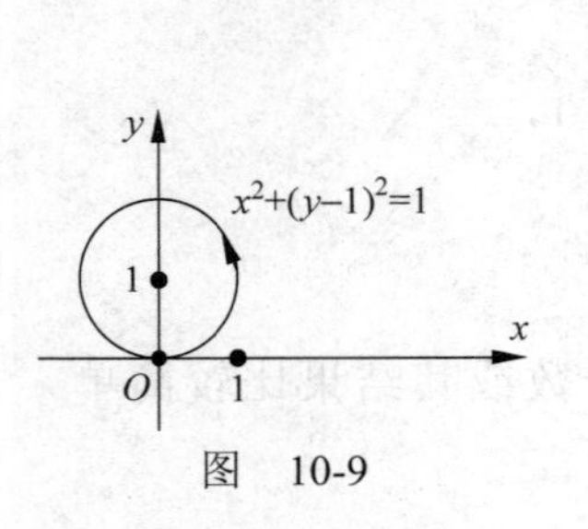

图　10-9

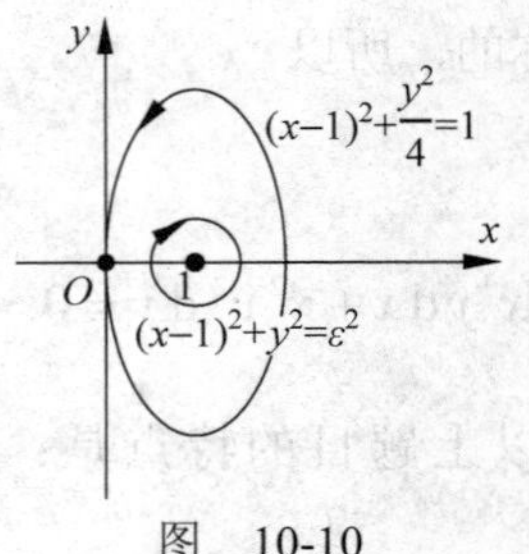

图　10-10

$(x-1)^2+y^2=\varepsilon^2$（$0<\varepsilon<1$）且取顺时针方向，记 L 与 C 所围环形区域为 D，在 D 上使用格林公式得

$$\oint_{L+C}\frac{y\,\mathrm{d}x-(x-1)\,\mathrm{d}y}{(x-1)^2+y^2}=\iint_D\left(\frac{\partial P}{\partial y}-\frac{\partial Q}{\partial x}\right)\mathrm{d}\sigma=\iint_D 0\,\mathrm{d}\sigma=0,$$

即

$$\oint_L\frac{y\,\mathrm{d}x-(x-1)\,\mathrm{d}y}{(x-1)^2+y^2}=\oint_{-C}\frac{y\,\mathrm{d}x-(x-1)\,\mathrm{d}y}{(x-1)^2+y^2}.$$

记 C 所围成的区域为 D_1，将 C 的方程代入上式，并利用格林公式得

$$\oint_{-C}\frac{y\,\mathrm{d}x-(x-1)\,\mathrm{d}y}{(x-1)^2+y^2}=\frac{1}{\varepsilon^2}\oint_{-C}y\,\mathrm{d}x-(x-1)\,\mathrm{d}y=\frac{1}{\varepsilon^2}\iint_{D_1}(-1-1)\,\mathrm{d}\sigma=\frac{1}{\varepsilon^2}\left(-2\pi\varepsilon^2\right)=-2\pi,$$

即

$$I=\oint_L\frac{y\,\mathrm{d}x-(x-1)\,\mathrm{d}y}{(x-1)^2+y^2}=-2\pi.$$

注 1　当 P,Q 在由 L 所围成的区域 D 的内部有偏导数不存在的点时，不能直接应用格林公式，可以考虑在 D 内作一条曲线 L_1，把使得 P,Q 偏导数不存在的点挖掉，然后在由 L_1 和 L 所围成的区域内应用格林公式. 当然，如果曲线积分的被积函数和积分曲线比较简单，也可以直接把曲线积分转化成定积分计算.

注 2　在格林公式中，当 D 为复连通区域时，格林公式的右端应包括沿着区域 D 的全部边界上的曲线积分.

题型三　利用曲线积分与路径无关的性质计算曲线积分

例 6　计算曲线积分 $\int_C\frac{(x-y)\,\mathrm{d}x+(x+y)\,\mathrm{d}y}{x^2+y^2}$，其中 C 为上半椭圆 $y=b\sqrt{1-\frac{x^2}{a^2}}$ 从点 $A(-a,0)$ 到点 $B(a,0)$ 的弧段（$a>0,b>0$）.

分析　因为被积函数和积分曲线都比较复杂，所以把曲线积分转化成定积分计算比较复杂，但注意到 $\frac{\partial P}{\partial y}=\frac{\partial Q}{\partial x}$ 在 $(x,y)\neq(0,0)$ 时成立，本题中的曲线积分在不包含原点在内的单连通区域上与路径无关.

解　$P=\frac{x-y}{x^2+y^2}$，$Q=\frac{x+y}{x^2+y^2}$，当 $(x,y)\neq(0,0)$ 时有 $\frac{\partial P}{\partial y}=\frac{y^2-2x^2-2xy}{\left(x^2+y^2\right)^2}=\frac{\partial Q}{\partial x}$，如图 10-11 所示，取 L 为从 $A(-a,0)$ 到 $B(a,0)$ 的上半圆弧 $y=\sqrt{a^2-x^2}$，则

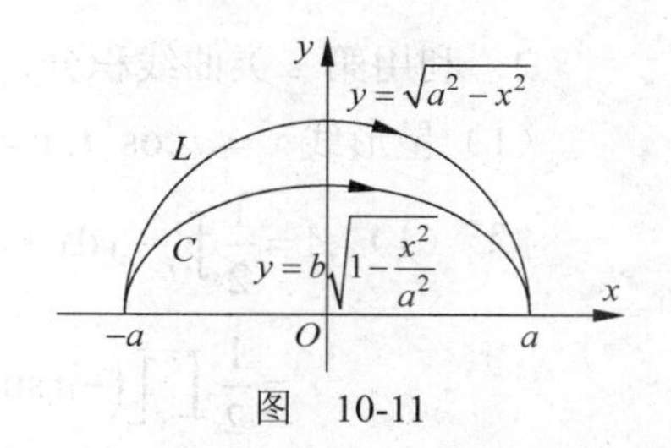

图　10-11

$$\int_C \frac{(x-y)\mathrm{d}x+(x+y)\mathrm{d}y}{x^2+y^2}=\int_L \frac{(x-y)\mathrm{d}x+(x+y)\mathrm{d}y}{x^2+y^2}$$

$$=\frac{1}{a^2}\int_L (x-y)\mathrm{d}x+(x+y)\mathrm{d}y,$$

将 L 的参数方程 $\begin{cases} x=a\cos\theta, \\ y=a\sin\theta, \end{cases}$ $\theta:\pi\to 0$ 代入，得

$$\frac{1}{a^2}\int_L (x-y)\mathrm{d}x+(x+y)\mathrm{d}y=\frac{1}{a^2}\int_\pi^0 \left[(a\cos\theta-a\sin\theta)(-a\sin\theta)+(a\cos\theta+a\sin\theta)a\cos\theta\right]\mathrm{d}\theta$$

$$=\frac{1}{a^2}\int_\pi^0 a^2\,\mathrm{d}\theta=-\pi.$$

注 1　曲线积分与路径无关的条件，要在 $\dfrac{\partial P}{\partial y}=\dfrac{\partial Q}{\partial x}$ 成立的单连通开区域上讨论问题.

注 2　根据被积表达式的形式选择合适的积分路径，不一定是平行于坐标轴的直线段.

四、习题选解

1．计算曲线积分 $\oint_L (2xy-x^2)\mathrm{d}x+(x+y^2)\mathrm{d}y$，其中 L 是由抛物线 $y=x^2$ 和 $y^2=x$ 所围成区域的正向边界曲线，并验证格林公式的正确性.

解　解方程组 $\begin{cases} y=x^2, \\ y^2=x \end{cases}$ 得交点 $O(0,0),A(1,1)$，于是 $L=L_1+L_2$，L_1 的方程为 $y=x^2$，x 从 0 变到 1；L_2 的方程为 $x=y^2$，y 从 1 变到 0.

$$\oint_L (2xy-x^2)\mathrm{d}x+(x+y^2)\mathrm{d}y$$

$$=\int_{L_1}(2xy-x^2)\mathrm{d}x+(x+y^2)\mathrm{d}y+\int_{L_2}(2xy-x^2)\mathrm{d}x+(x+y^2)\mathrm{d}y$$

$$=\int_0^1\left[(2x\cdot x^2-x^2)+2x(x+x^4)\right]\mathrm{d}x+\int_1^0\left[2y\cdot(2y^3-y^4)+(y^2+y^2)\right]\mathrm{d}y$$

$$=\frac{7}{6}+\left(-\frac{17}{15}\right)=\frac{1}{30}.$$

又令 $P=2xy-x^2, Q=x+y^2$，D 为 L 所围成的闭区域，则 $P(x,y)$，$Q(x,y)$ 在 D 上具有一阶连续偏导数，且 $\dfrac{\partial Q}{\partial x}-\dfrac{\partial P}{\partial y}=1-2x$，由格林公式得

$$\oint_L (2xy-x^2)\mathrm{d}x+(x+y^2)\mathrm{d}y=\iint_D\left(\frac{\partial Q}{\partial x}-\frac{\partial P}{\partial y}\right)\mathrm{d}x\mathrm{d}y$$

$$=\iint_D (1-2x)\mathrm{d}x\mathrm{d}y=\int_0^1\mathrm{d}x\int_{x^2}^{\sqrt{x}}(1-2x)\mathrm{d}y=\frac{1}{30},$$

所以 $\oint_L P\mathrm{d}x+Q\mathrm{d}y=\iint_D\left(\dfrac{\partial Q}{\partial x}-\dfrac{\partial P}{\partial y}\right)\mathrm{d}x\mathrm{d}y$，格林公式正确.

2．利用第二类曲线积分，求下列曲线所围成的图形的面积：

（1）星形线 $x = a\cos^3 t, y = a\sin^3 t$；（2）椭圆 $9x^2 + 16y^2 = 144$.

解　（1）$A = \frac{1}{2}\oint_L -y\mathrm{d}x + x\mathrm{d}y$

$$= \frac{1}{2}\int_{-\pi}^{\pi}\left[\left(-a\sin^3 t\right)\cdot\left(-3a\cos^2 t\sin t\right) + a\cos^3 t\cdot 3a\sin^2 t\cos t\right]\mathrm{d}t$$

$$= \frac{3}{2}a^2\int_{-\pi}^{\pi}\cos^2 t\sin^2 t\mathrm{d}t = 3a^2\int_0^{\pi}\cos^2 t\sin^2 t\mathrm{d}t = 6a^2\int_0^{\frac{\pi}{2}}\left(\sin^2 t - \sin^4 t\right)\mathrm{d}t$$

$$= 6a^2\left(\frac{1}{2}\times\frac{\pi}{2} - \frac{3}{4}\times\frac{1}{2}\times\frac{\pi}{2}\right) = \frac{3}{8}\pi a^2.$$

（2）因为椭圆 $9x^2 + 16y^2 = 144$ 的参数方程为 $\begin{cases} x = 4\cos t, \\ y = 3\sin t, \end{cases}$ t 从 0 变到 2π，所以

$$A = \frac{1}{2}\oint_L -y\mathrm{d}x + x\mathrm{d}y = \frac{1}{2}\int_0^{2\pi}\left[\left(-3\sin t\right)\cdot\left(-4\sin t\right) + 4\cos t\cdot 3\cos t\right]\mathrm{d}t = 6\int_0^{2\pi}\mathrm{d}t = 12\pi.$$

3．利用格林公式，计算下列曲线积分：

（1）$\oint_L \left(x^2 y\cos x + 2xy\sin x - y^2\mathrm{e}^x\right)\mathrm{d}x + \left(x^2\sin x - 2y\mathrm{e}^x\right)\mathrm{d}y$，其中 L 为正向星形线 $x^{\frac{2}{3}} + y^{\frac{2}{3}} = a^{\frac{2}{3}} (a > 0)$；

（2）$\int_L \left(2xy^3 - y^2\cos x\right)\mathrm{d}x + \left(1 - 2y\sin x + 3x^2 y^2\right)\mathrm{d}y$，其中 L 为在抛物线 $2x = \pi y^2$ 上由点 $(0,0)$ 到 $\left(\frac{\pi}{2},1\right)$ 的一段弧；

（3）$\int_L \left[\mathrm{e}^x\sin y - b\left(x + y\right)\right]\mathrm{d}x + \left(\mathrm{e}^x\cos y - ax\right)\mathrm{d}y$，其中 a,b 为正的常数，L 为从点 $A\ (2a,0)$ 沿曲线 $y = \sqrt{2ax - x^2}$ 到点 $O(0,0)$ 的有向弧段.

解　（1）设 D 为 L 围成的闭区域，令 $P = x^2 y\cos x + 2xy\sin x - y^2\mathrm{e}^x$，$Q = x^2\sin x - 2y\mathrm{e}^x$，则

$$\frac{\partial P}{\partial y} = x^2\cos x + 2x\sin x - 2y\mathrm{e}^x = \frac{\partial Q}{\partial x},$$

由格林公式得

$$\oint_L (x^2 y\cos x + 2xy\sin x - y^2\mathrm{e}^x)\mathrm{d}x + (x^2\sin x - 2y\mathrm{e}^x)\mathrm{d}y = \iint_D\left(\frac{\partial Q}{\partial x} - \frac{\partial P}{\partial y}\right)\mathrm{d}x\mathrm{d}y = \iint_D 0\mathrm{d}x\mathrm{d}y = 0.$$

（2）作辅助线 $L_1 : x = \frac{\pi}{2}$，y 从 1 变到 0；$L_2 : y = 0$，x 从 $\frac{\pi}{2}$ 变到 0．设 L, L_1, L_2 围成的闭区域为 D，令 $P = 2xy^3 - y^2\cos x, Q = 1 - 2y\sin x + 3x^2 y^2$，则 $\frac{\partial P}{\partial y} = 6xy^2 - 2y\cos x = \frac{\partial Q}{\partial x}$，由格林公式得

$$\oint_{L+L_1+L_2}(2xy^3-y^2\cos x)\mathrm{d}x+(1-2y\sin x+3x^2y^2)\mathrm{d}y=-\iint_D\left(\frac{\partial Q}{\partial x}-\frac{\partial P}{\partial y}\right)\mathrm{d}x\mathrm{d}y=\iint_D 0\mathrm{d}x\mathrm{d}y=0,$$

从而

$$\begin{aligned}&\int_L\left(2xy^3-y^2\cos x\right)\mathrm{d}x+\left(1-2y\sin x+3x^2y^2\right)\mathrm{d}y\\&=-\int_{L_1+L_2}\left(2xy^3-y^2\cos x\right)\mathrm{d}x+\left(1-2y\sin x+3x^2y^2\right)\mathrm{d}y\\&=\int_0^{\frac{\pi}{2}}0\mathrm{d}x+\int_0^1\left[1-2y\sin\frac{\pi}{2}+3\left(\frac{\pi}{2}\right)^2y^2\right]\mathrm{d}y=\frac{\pi^2}{4}.\end{aligned}$$

（3）设连结点 $O(0,0)$ 与点 $A(2a,0)$ 的直线方程为 $L_1: y=0$，x 从 0 变到 $2a$，L 与 L_1 围成的闭区域为 D．令 $P=\mathrm{e}^x\sin y-b(x+y), Q=\mathrm{e}^x\cos y-ax$，则 $\dfrac{\partial P}{\partial y}=\mathrm{e}^x\cos y-b, \dfrac{\partial Q}{\partial x}=\mathrm{e}^x\cos y-a$，由格林公式得

$$\begin{aligned}&\oint_{L+L_1}\left[\mathrm{e}^x\sin y-b(x+y)\right]\mathrm{d}x+\left(\mathrm{e}^x\cos y-ax\right)\mathrm{d}y\\&=\iint_D\left(\frac{\partial Q}{\partial x}-\frac{\partial P}{\partial y}\right)\mathrm{d}x\mathrm{d}y=\iint_D(b-a)\mathrm{d}x\mathrm{d}y=\frac{(b-a)}{2}\pi a^2,\end{aligned}$$

从而

$$\begin{aligned}&\int_L\left[\mathrm{e}^x\sin y-b(x+y)\right]\mathrm{d}x+\left(\mathrm{e}^x\cos y-ax\right)\mathrm{d}y\\&=\frac{(b-a)}{2}\pi a^2-\int_{L_1}\left[\mathrm{e}^x\sin y-b(x+y)\right]\mathrm{d}x+\left(\mathrm{e}^x\cos y-ax\right)\mathrm{d}y\\&=\frac{(b-a)}{2}\pi a^2-\int_0^{2a}(-bx)\mathrm{d}x=\frac{(b-a)\pi a^2}{2}+2a^2b.\end{aligned}$$

4．计算曲线积分 $\oint_L\dfrac{y\mathrm{d}x-x\mathrm{d}y}{2\left(x^2+y^2\right)}$，其中 L 为圆周 $(x-1)^2+y^2=2$，L 的方向为逆时针方向．

解　设 L 围成的闭区域为 D，令 $P=\dfrac{y}{2(x^2+y^2)}, Q=\dfrac{-x}{2(x^2+y^2)}$，则当 $x^2+y^2\neq 0$ 时，$\dfrac{\partial P}{\partial y}=\dfrac{x^2-y^2}{2\left(x^2+y^2\right)^2}=\dfrac{\partial Q}{\partial x}$；当 $x^2+y^2=0$ 时，$\dfrac{\partial P}{\partial y},\dfrac{\partial Q}{\partial x}$ 不存在．

本题中 $(0,0)\in D$，所以不能直接用格林公式．选取适当小的 $r>0$，作位于 D 内的圆周 $l: x^2+y^2=r^2$，l 的方向取顺时针方向，如图 10-12 所示．记 L 和 l 所围成的闭区域为 D_1，对复连通区域 D_1 应用格林公式，得

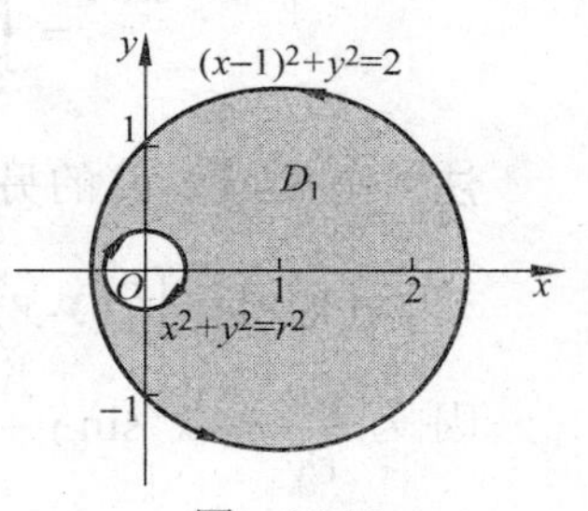

图　10-12

$$\oint_L\frac{y\mathrm{d}x-x\mathrm{d}y}{2\left(x^2+y^2\right)}+\oint_l\frac{y\mathrm{d}x-x\mathrm{d}y}{2\left(x^2+y^2\right)}=\iint_{D_1}\left(\frac{\partial Q}{\partial x}-\frac{\partial P}{\partial y}\right)\mathrm{d}x\mathrm{d}y=0.$$

于是

$$\oint_L \frac{y\mathrm{d}x - x\mathrm{d}y}{2\left(x^2+y^2\right)} = -\oint_l \frac{y\mathrm{d}x - x\mathrm{d}y}{2\left(x^2+y^2\right)} = -\int_{2\pi}^{0} \frac{\left[r\sin\theta\cdot(-r\sin\theta) - r\cos\theta\cdot r\cos\theta\right]\mathrm{d}\theta}{2r^2}$$

$$= \int_0^{2\pi}\left(-\frac{1}{2}\right)\mathrm{d}\theta = -\pi.$$

5．证明曲线积分

$$\int_{(1,2)}^{(3,4)} \left(6xy^2 - y^3\right)\mathrm{d}x + \left(6x^2y - 3xy^2\right)\mathrm{d}y$$

在整个 xOy 平面内与路径无关，并计算积分值.

证明　令 $P = 6xy^2 - y^3, Q = 6x^2y - 3xy^2$，因为在整个 xOy 坐标面内有 $\frac{\partial P}{\partial y} = 12xy - 3y^2 = \frac{\partial Q}{\partial x}$，所以曲线积分在 xOy 坐标面内与路径无关．取积分路径为从 $A(1,2)$ 经过 $B(3,2)$ 到 $C(3,4)$ 的折线段，于是

$$\int_{(1,2)}^{(3,4)} \left(6xy^2 - y^3\right)\mathrm{d}x + \left(6x^2y - 3xy^2\right)\mathrm{d}y$$

$$= \int_{(1,2)}^{(3,2)} \left(6xy^2 - y^3\right)\mathrm{d}x + \left(6x^2y - 3xy^2\right)\mathrm{d}y + \int_{(3,2)}^{(3,4)} \left(6xy^2 - y^3\right)\mathrm{d}x + \left(6x^2y - 3xy^2\right)\mathrm{d}y$$

$$= \int_1^3 (24x - 8)\mathrm{d}x + \int_2^4 \left(54y - 9y^2\right)\mathrm{d}y = 236.$$

6. 验证 $\left(2x\cos y + y^2\cos x\right)\mathrm{d}x + \left(2y\sin x - x^2\sin y\right)\mathrm{d}y$ 在整个 xOy 坐标面内是某一函数 $u(x,y)$ 的全微分，并求一个这样的函数.

解　令 $P = 2x\cos y + y^2\cos x, Q = 2y\sin x - x^2\sin y$，因为在整个 xOy 坐标面内有

$$\frac{\partial P}{\partial y} = 2y\cos x - 2x\sin y = \frac{\partial Q}{\partial x},$$

故所给表达式是某一函数 $u(x,y)$ 的全微分. 取 $\left(x_0, y_0\right) = (0,0)$，则有

$$u(x,y) = \int_{(0,0)}^{(x,y)} \left(2x\cos y + y^2\cos x\right)\mathrm{d}x + \left(2y\sin x - x^2\sin y\right)\mathrm{d}y$$

$$= \int_0^x 2x\mathrm{d}x + \int_0^y \left(2y\sin x - x^2\sin y\right)\mathrm{d}y = y^2\sin x + x^2\cos y.$$

注　函数 $u(x,y)$ 的另一种求法：因为 $\frac{\partial u}{\partial x} = P(x,y) = 2x\cos y + y^2\cos x$，所以

$$u(x,y) = \int P(x,y)\mathrm{d}x = \int\left(2x\cos y + y^2\cos x\right)\mathrm{d}x = x^2\cos y + y^2\sin x + C(y).$$

因为 $\frac{\partial u}{\partial y} = -x^2\sin y + 2y\sin x + C'(y) = Q(x,y) = 2y\sin x - x^2\sin y$，所以 $C'(y) = 0$，$C(y) = C$，于是

$$u(x,y) = x^2\cos y + y^2\sin x + C.$$

第四节　对面积的曲面积分

一、基本要求

1．理解对面积的曲面积分（第一类曲面积分）的概念和性质.

2. 会计算对面积的曲面积分（第一类曲面积分）.

二、答疑解惑

1．如何计算对面积的曲面积分 $\iint\limits_{\Sigma} f(x,y,z)\,\mathrm{d}S$？

答　对面积的曲面积分是化为曲面在坐标面的投影区域上的二重积分来计算的.具体的步骤如下：

（1）画出积分曲面 Σ 的草图，将 Σ 投影到适当的坐标面上，并将 Σ 的方程写成显函数；

（2）由曲面 Σ 的方程写出面积元素 $\mathrm{d}S$；

（3）将曲面 Σ 的方程代入被积函数 $f(x,y,z)$，使 f 化为只含有投影坐标面上的两个变量的二元函数，然后计算投影区域上的二重积分.

2．如何利用曲面的对称性和被积函数的奇偶性简化第一类曲面积分的计算?

答　设曲面 Σ 关于平面 $z=0$（xOy 坐标面）对称，Σ_1 是 Σ 上 $z \geqslant 0$ 的部分，则有

$$\iint\limits_{\Sigma} f(x,y,z)\,\mathrm{d}S=\begin{cases}0, & f(x,y,-z)=-f(x,y,z),\\ 2\iint\limits_{\Sigma_1} f(x,y,z)\,\mathrm{d}S, & f(x,y,-z)=f(x,y,z).\end{cases}$$

如果曲面 Σ 关于平面 $x=0$（或 $y=0$）对称，而 f 关于 x（或 y）具有奇偶性时，也有类似的结论.

3．在积分的计算中有时会用到轮换对称性，什么是轮换对称性？

答　轮换对称性是指被积函数中积分变量的位置和积分区域对各个变量对称. 详细点说就是互换被积函数中变量的位置后被积函数不变；互换积分区域边界方程中变量的位置后积分区域不变. 因为被积函数中互换积分变量后函数不变，而积分变量在积分区域上的变化范围又相同，所以积分值也不变.

在一些情况下，利用这一特性能够达到简化积分计算的目的.例如计算曲面积分 $I=\iint\limits_{\Sigma}(a^2x^2+b^2y^2+c^2z^2)\,\mathrm{d}S$，其中 Σ 是球面 $x^2+y^2+z^2=R^2$ 在第一卦限的部分.

由轮换对称性知，$\iint\limits_{\Sigma} x^2\,\mathrm{d}S=\iint\limits_{\Sigma} y^2\,\mathrm{d}S=\iint\limits_{\Sigma} z^2\,\mathrm{d}S$，于是

$$\begin{aligned}I&=\iint\limits_{\Sigma}(a^2x^2+b^2y^2+c^2z^2)\,\mathrm{d}S=\iint\limits_{\Sigma}(a^2x^2+b^2x^2+c^2x^2)\,\mathrm{d}S\\&=(a^2+b^2+c^2)\iint\limits_{\Sigma}x^2\,\mathrm{d}S=\frac{1}{3}(a^2+b^2+c^2)\iint\limits_{\Sigma}(x^2+y^2+z^2)\,\mathrm{d}S\\&=\frac{1}{3}(a^2+b^2+c^2)\iint\limits_{\Sigma}R^2\,\mathrm{d}S=\frac{1}{3}(a^2+b^2+c^2)R^2\cdot\frac{4}{8}\pi R^2=\frac{\pi}{6}(a^2+b^2+c^2)R^4.\end{aligned}$$

三、经典例题解析

题型一　直接用对面积的曲面积分的性质和计算法解题

例 1　计算曲面积分 $\iint\limits_{\Sigma} z\mathrm{d}S$，其中 Σ 为圆锥面 $z=\sqrt{x^2+y^2}$ 含在柱面 $x^2+y^2=2x$ 内的部分.

解　根据题意，曲面 $\Sigma: z=\sqrt{x^2+y^2}$ 在 xOy 坐标面上的投影区域为圆域 $D_{xy}: x^2+y^2\leqslant 2x$，面积元素 $\mathrm{d}S=\sqrt{1+{z_x}^2+{z_y}^2}\mathrm{d}x\mathrm{d}y=\sqrt{2}\mathrm{d}x\mathrm{d}y$，于是

$$\iint\limits_{\Sigma} z\mathrm{d}S=\iint\limits_{D_{xy}}\sqrt{x^2+y^2}\cdot\sqrt{2}\mathrm{d}x\mathrm{d}y=\sqrt{2}\int_{-\frac{\pi}{2}}^{\frac{\pi}{2}}\mathrm{d}\theta\int_0^{2\cos\theta}r^2\mathrm{d}r=\frac{8}{3}\sqrt{2}\int_{-\frac{\pi}{2}}^{\frac{\pi}{2}}\cos^3\theta\mathrm{d}\theta=\frac{32}{9}\sqrt{2}.$$

例 2　计算曲面积分 $\oint\!\!\!\!\oint\limits_{\Sigma}(x^2+y^2)\mathrm{d}S$，其中 Σ 是球面 $x^2+y^2+z^2=2z$.

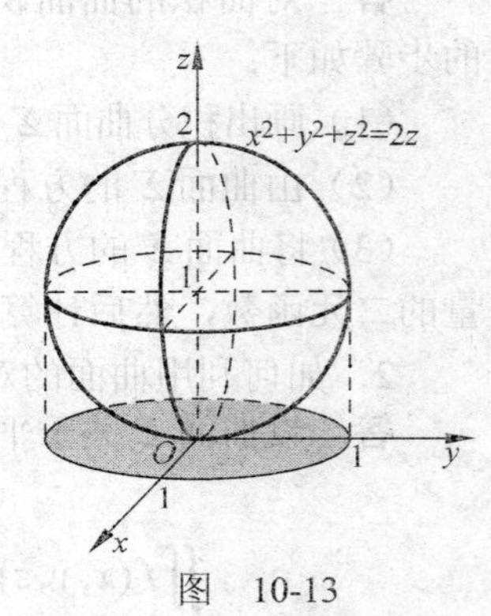

图　10-13

解　如图 10-13 所示，Σ 分为上下两个半球面，其方程分别为 $\Sigma_1: z=1+\sqrt{1-x^2-y^2}$ 和 $\Sigma_2: z=1-\sqrt{1-x^2-y^2}$，它们在 xOy 坐标面上的投影区域都是 $D_{xy}: x^2+y^2\leqslant 1$，于是

$$\begin{aligned}\oint\!\!\!\!\oint\limits_{\Sigma}(x^2+y^2)\mathrm{d}S&=\iint\limits_{\Sigma_1}(x^2+y^2)\mathrm{d}S+\iint\limits_{\Sigma_2}(x^2+y^2)\mathrm{d}S\\&=\iint\limits_{D_{xy}}(x^2+y^2)\cdot\sqrt{1+\frac{(-x)^2}{1-x^2-y^2}+\frac{(-y)^2}{1-x^2-y^2}}\mathrm{d}x\mathrm{d}y+\\&\quad\iint\limits_{D_{xy}}(x^2+y^2)\cdot\sqrt{1+\frac{x^2}{1-x^2-y^2}+\frac{y^2}{1-x^2-y^2}}\mathrm{d}x\mathrm{d}y\\&=2\iint\limits_{D_{xy}}\frac{x^2+y^2}{\sqrt{1-x^2-y^2}}\mathrm{d}x\mathrm{d}y=2\int_0^{2\pi}\mathrm{d}\theta\int_0^1\frac{r^2}{\sqrt{1-r^2}}r\mathrm{d}r=\frac{8}{3}\pi.\end{aligned}$$

注　当积分曲面 Σ 的方程不是单值连续函数时，应将曲面进行分片，使每一片曲面的方程都是单值连续函数.

例 3　计算曲面积分 $\iint\limits_{\Sigma}\frac{1}{(1+x+y)^2}\mathrm{d}S$，其中 Σ 为平面 $x+y+z=1$ 及三个坐标面所围成的四面体的表面.

解　此题中 Σ 为闭曲面，因此积分可记作 $\oint\!\!\!\!\oint\limits_{\Sigma}\frac{1}{(1+x+y)^2}\mathrm{d}S$. $\Sigma=\Sigma_1+\Sigma_2+\Sigma_3+\Sigma_4$，其中 $\Sigma_1: z=1-x-y$，其在 xOy 坐标面上的投影区域 D_{xy}：$0\leqslant x\leqslant 1,\ 0\leqslant y\leqslant 1-x$，于是

$$\begin{aligned}\iint\limits_{\Sigma_1}\frac{1}{(1+x+y)^2}\mathrm{d}S&=\iint\limits_{D_{xy}}\frac{1}{(1+x+y)^2}\cdot\sqrt{1+z_x^2+z_y^2}\,\mathrm{d}x\mathrm{d}y\\&=\iint\limits_{D_{xy}}\frac{\sqrt{3}}{(1+x+y)^2}\mathrm{d}x\mathrm{d}y=\sqrt{3}\int_0^1\mathrm{d}x\int_0^{1-x}\frac{1}{(1+x+y)^2}\mathrm{d}y\end{aligned}$$

$$=\sqrt{3}\int_0^1\left(\frac{1}{1+x}-\frac{1}{2}\right)\mathrm{d}x=\sqrt{3}\left(\ln 2-\frac{1}{2}\right).$$

$\Sigma_2: z=0$，其在 xOy 坐标面上的投影区域 D_{xy}：$0\leqslant x\leqslant 1,\ 0\leqslant y\leqslant 1-x$，于是

$$\iint_{\Sigma_2}\frac{1}{(1+x+y)^2}\mathrm{d}S=\iint_{D_{xy}}\frac{1}{(1+x+y)^2}\cdot\sqrt{1+z_x^2+z_y^2}\,\mathrm{d}x\mathrm{d}y$$

$$=\iint_{D_{xy}}\frac{1}{(1+x+y)^2}\mathrm{d}x\mathrm{d}y=\int_0^1\mathrm{d}x\int_0^{1-x}\frac{1}{(1+x+y)^2}\mathrm{d}y$$

$$=\int_0^1\left(\frac{1}{1+x}-\frac{1}{2}\right)\mathrm{d}x=\ln 2-\frac{1}{2}.$$

$\Sigma_3: y=0$，其在 xOz 坐标面上的投影区域 D_{xz}：$0\leqslant x\leqslant 1,\ 0\leqslant z\leqslant 1-x$，于是

$$\iint_{\Sigma_3}\frac{1}{(1+x+y)^2}\mathrm{d}S=\iint_{D_{xz}}\frac{1}{(1+x+0)^2}\cdot\sqrt{1+y_x^2+y_z^2}\,\mathrm{d}x\mathrm{d}z$$

$$=\iint_{D_{xz}}\frac{1}{(1+x)^2}\mathrm{d}x\mathrm{d}z=\int_0^1\mathrm{d}x\int_0^{1-x}\frac{1}{(1+x)^2}\mathrm{d}z=\int_0^1\frac{1-x}{(1+x)^2}\mathrm{d}x=1-\ln 2.$$

$\Sigma_4: x=0$，其在 yOz 坐标面上的投影区域 D_{yz}：$0\leqslant y\leqslant 1,\ 0\leqslant z\leqslant 1-y$，于是

$$\iint_{\Sigma_4}\frac{1}{(1+x+y)^2}\mathrm{d}S=\iint_{D_{yz}}\frac{1}{(1+0+y)^2}\cdot\sqrt{1+x_y^2+x_z^2}\,\mathrm{d}y\mathrm{d}z$$

$$=\iint_{D_{yz}}\frac{1}{(1+y)^2}\mathrm{d}y\mathrm{d}z=\int_0^1\mathrm{d}y\int_0^{1-y}\frac{1}{(1+y)^2}\mathrm{d}z=\int_0^1\frac{1-y}{(1+y)^2}\mathrm{d}y=1-\ln 2.$$

所以 $\displaystyle\oint\!\!\!\oint_{\Sigma}\frac{1}{(1+x+y)^2}\mathrm{d}S=\left(\iint_{\Sigma_1}+\iint_{\Sigma_2}+\iint_{\Sigma_3}+\iint_{\Sigma_4}\right)\frac{1}{(1+x+y)^2}\mathrm{d}S=\left(\sqrt{3}-1\right)\ln 2+\frac{3-\sqrt{3}}{2}.$

注　若曲面 Σ 是由 $z=z(x,y)$ 给出，则一般要把曲面 Σ 投影到 xOy 坐标面上，投影区域为 D_{xy}，且 $\displaystyle\iint_{\Sigma}f(x,y,z)\mathrm{d}S=\iint_{D_{xy}}f\left[x,y,z(x,y)\right]\sqrt{1+z_x^2(x,y)+z_y^2(x,y)}\mathrm{d}x\mathrm{d}y$.

若曲面 Σ 是由 $x=x(y,z)$ 或 $y=y(x,z)$ 给出时，则一般要把曲面 Σ 分别投影到 yOz 坐标面和 zOx 坐标面上，投影区域分别为 D_{yz}，D_{xz}.

例 4　计算曲面积分 $\displaystyle\oint\!\!\!\oint_{\Sigma}(x^2+y^2+z^2)\mathrm{d}S$，其中 Σ 是球面 $x^2+y^2+z^2=R^2$.

分析　被积函数 $f(x,y,z)=x^2+y^2+z^2$ 为定义在积分曲面 Σ 上的三元函数，变量 x,y,z 满足曲面 Σ 的方程，所以可以把曲面方程代入被积函数中简化计算.

解　$\displaystyle\oint\!\!\!\oint_{\Sigma}(x^2+y^2+z^2)\mathrm{d}S=\iint_{\Sigma}R^2\mathrm{d}S=R^2\iint_{\Sigma}\mathrm{d}S=R^2\cdot 4\pi R^2=4\pi R^4$.

注　曲面积分的被积函数都是定义在曲面 Σ 上的函数，因此可以把曲面方程代入被积函数中以简化计算.

题型二 利用对称性计算对面积的曲面积分

例 5 计算曲面积分 $\iint\limits_{\Sigma}(x+y+z)\mathrm{d}S$，其中 Σ 为上半球面 $z=\sqrt{a^2-x^2-y^2}$.

解 因为曲面 Σ 关于坐标面 $x=0$ 对称，被积函数 x 关于变量 x 为奇函数，所以 $\iint\limits_{\Sigma}x\mathrm{d}S=0$. 同理，曲面 Σ 关于坐标面 $y=0$ 对称，被积函数 y 关于变量 y 为奇函数，故 $\iint\limits_{\Sigma}y\mathrm{d}S=0$. 又 Σ 在坐标面 $z=0$ 上的投影区域为 $x^2+y^2\leqslant a^2$，且 $\mathrm{d}S=\sqrt{1+z_x^2+z_y^2}\mathrm{d}x\mathrm{d}y=\dfrac{a}{z}\mathrm{d}x\mathrm{d}y$，所以

$$\iint\limits_{\Sigma}(x+y+z)\mathrm{d}S=0+\iint\limits_{\Sigma}z\mathrm{d}S=\iint\limits_{x^2+y^2\leqslant a^2}z\cdot\frac{a}{z}\mathrm{d}x\mathrm{d}y=a\iint\limits_{x^2+y^2\leqslant a^2}\mathrm{d}x\mathrm{d}y=\pi a^3 .$$

注 计算第一类曲面积分时，利用被积函数的奇偶性和积分区域的对称性可以简化计算.

例 6 计算曲面积分 $\iint\limits_{\Sigma}xyz\mathrm{d}S$，其中 Σ 为 $x^2+y^2=a^2$ 被 $z=0,\ z=3$ 所截得的部分.

解 因为曲面 Σ 关于 xOz 坐标面对称，被积函数 $f(x,y,z)=xyz$ 关于变量 y 是奇函数，所以曲面积分 $\iint\limits_{\Sigma}xyz\mathrm{d}S=0$.

事实上，如果按照一般的计算曲面积分的方法，可将 Σ 分为两块，$\Sigma_1: y=\sqrt{a^2-x^2}$ 和 $\Sigma_2: y=-\sqrt{a^2-x^2}$，它们在 xOz 坐标面上的投影区域都是 $D_{xz}:\begin{cases}-a\leqslant x\leqslant a,\\ 0\leqslant z\leqslant 3,\end{cases}$ 面积元素均为 $\mathrm{d}S=\dfrac{a}{\sqrt{a^2-x^2}}\mathrm{d}x\mathrm{d}z$，所以

$$\begin{aligned}\iint\limits_{\Sigma}xyz\mathrm{d}S&=\iint\limits_{\Sigma_1}xyz\mathrm{d}S+\iint\limits_{\Sigma_2}xyz\mathrm{d}S\\&=\iint\limits_{D_{xz}}x\cdot\sqrt{a^2-x^2}\cdot z\cdot\frac{a}{\sqrt{a^2-x^2}}\mathrm{d}x\mathrm{d}z+\iint\limits_{D_{xz}}x\cdot\left(-\sqrt{a^2-x^2}\right)\cdot z\cdot\frac{a}{\sqrt{a^2-x^2}}\mathrm{d}x\mathrm{d}z=0 .\end{aligned}$$

四、习题选解

1．当 Σ 为 xOy 坐标面内的一个闭区域 D_{xy} 时，曲面积分 $\iint\limits_{\Sigma}f(x,y,z)\mathrm{d}S$ 与二重积分有什么关系？

解 因为 Σ 的方程为 $z=0$，Σ 在 xOy 坐标面上的投影区域就是 D_{xy}，所以

$$\iint\limits_{\Sigma}f(x,y,z)\mathrm{d}S=\iint\limits_{D_{xy}}f(x,y,0)\sqrt{1+z_x^2+z_y^2}\mathrm{d}x\mathrm{d}y=\iint\limits_{D_{xy}}f(x,y,0)\mathrm{d}x\mathrm{d}y.$$

2．计算曲面积分 $I=\iint\limits_{\Sigma}(x^2+y^2)\mathrm{d}S$，其中 Σ 分别是：

（1）锥面 $z=\sqrt{x^2+y^2}$ 及平面 $z=1$ 所围成的区域的整个边界曲面；

（2）抛物面 $z=2-(x^2+y^2)$ 在 xOy 坐标面上方部分.

解　(1) 如图 10-14 所示，整个边界曲面 Σ 分为两部分 Σ_1 和 Σ_2，$\Sigma_1: z=\sqrt{x^2+y^2}$ 和 $\Sigma_2: z=1$．曲面 Σ_1 与 Σ_2 在 xOy 坐标面的投影区域都是 $D_{xy}: x^2+y^2 \leqslant 1$．

对于 Σ_1：$z_x=\dfrac{x}{\sqrt{x^2+y^2}}, z_y=\dfrac{y}{\sqrt{x^2+y^2}}$, $\mathrm{d}S=\sqrt{1+z_x^2+z_y^2}\mathrm{d}x\mathrm{d}y=\sqrt{2}\mathrm{d}x\mathrm{d}y$．

对于 Σ_2：$z_x=z_y=0$,　$\mathrm{d}S=\sqrt{1+z_x^2+z_y^2}\mathrm{d}x\mathrm{d}y=1\mathrm{d}x\mathrm{d}y$．于是

$$I=\iint_{\Sigma}\left(x^2+y^2\right)\mathrm{d}S=\iint_{\Sigma_1}\left(x^2+y^2\right)\mathrm{d}S+\iint_{\Sigma_2}\left(x^2+y^2\right)\mathrm{d}S$$

$$=\iint_{D_{xy}}\left(x^2+y^2\right)\sqrt{2}\mathrm{d}x\mathrm{d}y+\iint_{D_{xy}}\left(x^2+y^2\right)\mathrm{d}x\mathrm{d}y=\left(\sqrt{2}+1\right)\int_0^{2\pi}\mathrm{d}\theta\int_0^1 r^3\mathrm{d}r=\frac{\sqrt{2}+1}{2}\pi.$$

(2) 如图 10-15 所示，抛物面在 xOy 坐标面上的投影区域为 $D_{xy}: x^2+y^2 \leqslant 2$，且

$$z_x=-2x, z_y=-2y，\quad \mathrm{d}S=\sqrt{1+z_x^2+z_y^2}\mathrm{d}x\mathrm{d}y=\sqrt{1+4x^2+4y^2}\mathrm{d}x\mathrm{d}y，$$

于是

$$I=\iint_{\Sigma}\left(x^2+y^2\right)\mathrm{d}S=\iint_{D_{xy}}\left(x^2+y^2\right)\sqrt{1+4x^2+4y^2}\mathrm{d}x\mathrm{d}y$$

$$=\int_0^{2\pi}\mathrm{d}\theta\int_0^{\sqrt{2}}\sqrt{1+4r^2}r^3\mathrm{d}r=2\pi\int_0^{\sqrt{2}}\sqrt{1+4r^2}\cdot r^2\mathrm{d}\left(\frac{r^2}{2}\right)=\frac{149\pi}{30}.$$

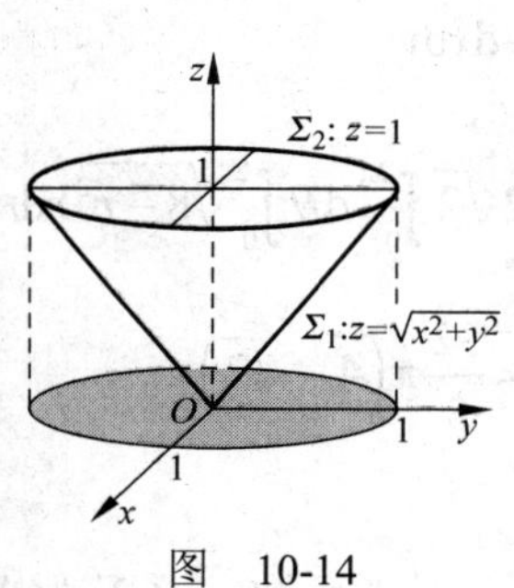

图　10-14

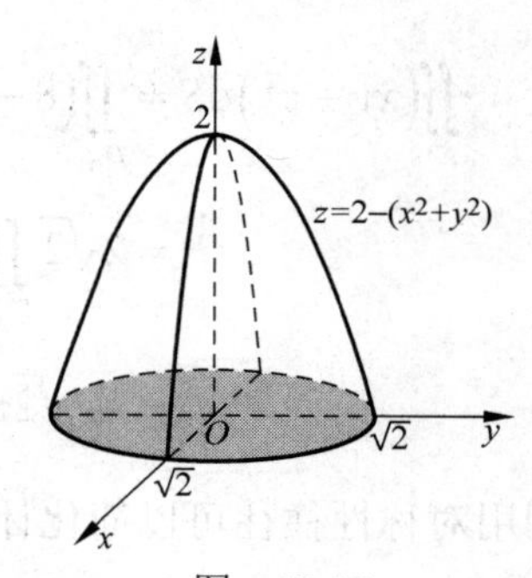

图　10-15

3．计算下列对面积的曲面积分：

(1) $\iint_{\Sigma}\left(z+2x+\dfrac{4}{3}y\right)\mathrm{d}S$，其中 Σ 为平面 $\dfrac{x}{2}+\dfrac{y}{3}+\dfrac{z}{4}=1$ 在第一卦限中的部分；

(2) $\iint_{\Sigma}\left(xy+z^2\right)\mathrm{d}S$，其中 Σ 为半球面 $z=\sqrt{8-x^2-y^2}$ 位于闭区域 $x^2+y^2 \leqslant 4$ 内的部分；

(3) $\iint_{\Sigma}\dfrac{z}{x^2+y^2+z^2}\mathrm{d}S$，其中 Σ 为圆柱面 $x^2+y^2=R^2$ 介于平面 $z=0$ 与 $z=H$ 之间的部分.

解　(1) 因为 Σ 的方程为 $z=4\left(1-\dfrac{x}{2}-\dfrac{y}{3}\right)$，在 xOy 坐标面上的投影区域为

$$D_{xy}:\begin{cases}0 \leqslant x \leqslant 2,\\ 0 \leqslant y \leqslant 3\left(1-\dfrac{x}{2}\right),\end{cases}$$ 且

$$z_x=-2,\ z_y=-\frac{4}{3},\ \mathrm{d}S=\sqrt{1+z_x^2+z_y^2}\mathrm{d}x\mathrm{d}y=\frac{\sqrt{61}}{3}\mathrm{d}x\mathrm{d}y,$$

所以

$$\iint_{\Sigma}\left(z+2x+\frac{4}{3}y\right)\mathrm{d}S=\iint_{\Sigma}\left[4\left(1-\frac{x}{2}-\frac{y}{3}\right)+2x+\frac{4}{3}y\right]\mathrm{d}S=\iint_{D_{xy}}4\cdot\frac{\sqrt{61}}{3}\mathrm{d}x\mathrm{d}y$$

$$=\frac{4\sqrt{61}}{3}\iint_{D_{xy}}\mathrm{d}x\mathrm{d}y=4\sqrt{61}.$$

（2）如图 10-16 所示，Σ 的方程为 $z=\sqrt{8-x^2-y^2}$，在 xOy 坐标面的投影区域为 $D_{xy}:x^2+y^2\leqslant 4$，且

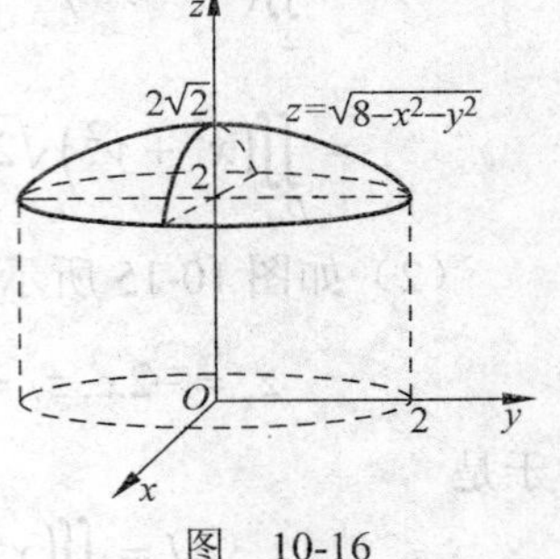

图 10-16

$$z_x=-\frac{x}{\sqrt{8-x^2-y^2}},z_y=-\frac{y}{\sqrt{8-x^2-y^2}},$$

$$\mathrm{d}S=\sqrt{1+z_x^2+z_y^2}\mathrm{d}x\mathrm{d}y=\frac{2\sqrt{2}}{\sqrt{8-x^2-y^2}}\mathrm{d}x\mathrm{d}y.$$

因为曲面 Σ 关于 $x=0$ 坐标面对称，xy 关于 x 是奇函数，所以 $\iint\limits_{\Sigma}xy\mathrm{d}S=0$，于是

$$\iint_{\Sigma}\left(xy+z^2\right)\mathrm{d}S=\iint_{D_{xy}}\left(8-x^2-y^2\right)\frac{2\sqrt{2}}{\sqrt{8-x^2-y^2}}\mathrm{d}x\mathrm{d}y$$

$$=2\sqrt{2}\iint_{D_{xy}}\sqrt{8-x^2-y^2}\mathrm{d}x\mathrm{d}y=2\sqrt{2}\int_0^{2\pi}\mathrm{d}\theta\int_0^2\sqrt{8-r^2}r\mathrm{d}r$$

$$=-2\sqrt{2}\pi\int_0^2\sqrt{8-r^2}\mathrm{d}\left(8-r^2\right)=\frac{32}{3}\pi\left(4-\sqrt{2}\right).$$

注 利用对称性往往可以简化计算.

（3）因为 Σ 关于 $x=0$ 坐标面对称，$\dfrac{z}{x^2+y^2+z^2}$ 关于 x 是偶函数，记 Σ_1 为 Σ 上对应于 $x\geqslant 0$ 的部分，则 Σ_1 的方程为 $x=\sqrt{R^2-y^2}$，Σ_1 在 yOz 坐标面的投影区域为 $D_{yz}:-R\leqslant y\leqslant R$，$0\leqslant z\leqslant H$，且

$$x_y=\frac{-y}{\sqrt{R^2-y^2}},x_z=0,\quad \mathrm{d}S=\sqrt{1+x_y^2+x_z^2}\mathrm{d}y\mathrm{d}z=\frac{R}{\sqrt{R^2-y^2}}\mathrm{d}y\mathrm{d}z,$$

所以

$$\iint_{\Sigma}\frac{z}{x^2+y^2+z^2}\mathrm{d}S=2\iint_{D_{yz}}\frac{z}{R^2+z^2}\frac{R}{\sqrt{R^2-y^2}}\mathrm{d}y\mathrm{d}z$$

$$=2\int_{-R}^{R}\frac{R}{\sqrt{R^2-y^2}}\mathrm{d}y\int_0^H\frac{z}{R^2+z^2}\mathrm{d}z=\pi R\ln\frac{R^2+H^2}{R^2}.$$

4．求抛物面壳 $z=\frac{1}{2}\left(x^2+y^2\right)(0\leqslant z\leqslant 1)$ 的质量，此壳的面密度为 $\rho=z$．

解　因为抛物面壳在 xOy 坐标面的投影区域为 $D_{xy}:x^2+y^2\leqslant 2$，所以

$$M=\iint_{\Sigma}\rho\mathrm{d}S=\frac{1}{2}\iint_{D_{xy}}\left(x^2+y^2\right)\sqrt{1+x^2+y^2}\mathrm{d}x\mathrm{d}y=\frac{1}{2}\int_0^{2\pi}\mathrm{d}\theta\int_0^{\sqrt{2}}r^2\sqrt{1+r^2}r\mathrm{d}r=\frac{2\pi}{15}\left(6\sqrt{3}+1\right).$$

5．计算曲面积分 $I=\iint_{\Sigma}f(x,y,z)\mathrm{d}S$，其中 Σ 为抛物面 $z=2-\left(x^2+y^2\right)$ 在 xOy 坐标面上方的部分，$f(x,y,z)$ 分别如下：（1）$f(x,y,z)=1$；（2）$f(x,y,z)=3z$．

解　Σ 的方程为 $z=2-\left(x^2+y^2\right)$，在 xOy 坐标面的投影区域为 $D_{xy}:x^2+y^2\leqslant 2$，

$$z_x=-2x,\quad z_y=-2y,\quad \mathrm{d}S=\sqrt{1+z_x^2+z_y^2}\mathrm{d}x\mathrm{d}y=\sqrt{1+4x^2+4y^2}\mathrm{d}x\mathrm{d}y.$$

（1）$I=\iint_{D_{xy}}\sqrt{1+4x^2+4y^2}\mathrm{d}x\mathrm{d}y=\int_0^{2\pi}\mathrm{d}\theta\int_0^{\sqrt{2}}r\sqrt{1+4r^2}\mathrm{d}r=\frac{13}{3}\pi$．

（2）$I=3\iint_{D_{xy}}\left[2-\left(x^2+y^2\right)\right]\sqrt{1+4x^2+4y^2}\mathrm{d}x\mathrm{d}y=3\int_0^{2\pi}\mathrm{d}\theta\int_0^{\sqrt{2}}\left(2-r^2\right)\sqrt{1+4r^2}\cdot r\mathrm{d}r=\frac{111}{10}\pi$.

第五节　对坐标的曲面积分

一、教学基本要求

1．理解对坐标的曲面积分（第二类曲面积分）的概念和性质．

2．会计算对坐标的曲面积分（第二类曲面积分）．

3．了解两类曲面积分之间的关系．

二、答疑解惑

1．对坐标的曲面积分一般怎样计算？

答　对坐标的曲面积分一般可考虑采用以下三种方法进行计算：

（1）将对坐标的曲面积分化为二重积分计算；

（2）利用高斯公式化为三重积分计算；

（3）利用两类曲面积分之间的关系，化为对面积的曲面积分．

在将对坐标的曲面积分化为二重积分时，应当注意一个完整的曲面积分 $\iint_{\Sigma}P(x,y,z)\mathrm{d}y\mathrm{d}z+Q(x,y,z)\mathrm{d}z\mathrm{d}x+R(x,y,z)\mathrm{d}x\mathrm{d}y$ 必须将 Σ 分别投影到三个坐标面上，再根据 Σ 的方程化为在坐标面投影区域上的二重积分，分别计算三个二重积分．这时，还要特别注意曲面指定的侧，以确定二重积分前的符号．

2．可以把三个对坐标的曲面积分化为一个在某个坐标面上的积分吗？

答　可以．以下面的情况为例．设曲面 $\Sigma:z=z(x,y),(x,y)\in D_{xy}$，其中 D_{xy} 表示 Σ 在

xOy 坐标面上的投影，Σ 取上侧，则在有向曲面 Σ 上法向量的方向余弦为

$$\cos\alpha=\frac{-z_x}{\sqrt{1+z_x^2+z_y^2}},\ \cos\beta=\frac{-z_y}{\sqrt{1+z_x^2+z_y^2}},\ \cos\gamma=\frac{1}{\sqrt{1+z_x^2+z_y^2}},$$

从而 $\mathrm{d}y\mathrm{d}z=\dfrac{\cos\alpha}{\cos\gamma}\mathrm{d}x\mathrm{d}y=-\dfrac{\partial z}{\partial x}\mathrm{d}x\mathrm{d}y$，$\mathrm{d}z\mathrm{d}x=\dfrac{\cos\beta}{\cos\gamma}\mathrm{d}x\mathrm{d}y=-\dfrac{\partial z}{\partial y}\mathrm{d}x\mathrm{d}y$，于是

$$\begin{aligned}\iint_\Sigma P\mathrm{d}y\mathrm{d}z+Q\mathrm{d}z\mathrm{d}x+R\mathrm{d}x\mathrm{d}y&=\iint_\Sigma\left(-\frac{\partial z}{\partial x}P-\frac{\partial z}{\partial y}Q+R\right)\mathrm{d}x\mathrm{d}y\\&=\iint_{D_{xy}}\left(-\frac{\partial z}{\partial x}P-\frac{\partial z}{\partial y}Q+R\right)\mathrm{d}x\mathrm{d}y,\end{aligned}$$

当 Σ 取下侧时，最后的二重积分前面应加负号.

这样，三个坐标面上的积分就转化为一个 xOy 坐标面上的积分. 同理，也可以把三个坐标面上的积分转化为 yOz 或 zOx 坐标面上的积分.

3. 设 Σ 是球面 $x^2+y^2+z^2=a^2$，如果 $f(x,y,-z)=-f(x,y,z)$，由于 Σ 关于 $z=0$（xOy 坐标面）对称，且 f 又是 z 的奇函数，则必有

（1）$I_1=\oiint_\Sigma f(x,y,z)\mathrm{d}S=0$；（2）$I_2=\oiint_\Sigma f(x,y,z)\mathrm{d}x\mathrm{d}y=0$（$\Sigma$ 取曲面的外侧）.

这两个结论正确吗？

答　（1）的结论是正确的，而断定 $I_2=\oiint_\Sigma f(x,y,z)\mathrm{d}x\mathrm{d}y=0$ 是没有依据的. 这里涉及计算两类曲面积分时，在利用对称性方面的区别.

第一类曲面积分无须考虑曲面的侧，其积分值只取决于被积函数和积分曲面这两个因素，与曲面的侧，即曲面上各点处法向量的指向无关，这样考虑对称性就比较容易了. 这时只需考虑积分曲面的几何形状和被积函数关于积分变量的奇偶性就可以了.

第二类曲面积分的积分曲面是有向的（按指定的侧），因而它的积分值不仅与被积函数的奇偶性和积分曲面的对称性有关，还与曲面的侧，即曲面上各点处法向量的指向有关. 因此在考虑对称性时，不仅要考虑积分曲面的几何形状和被积函数关于积分变量的奇偶性，还要考虑积分曲面上对称部分法向量的指向，这就比较麻烦了，考虑不周就会导致错误. 所以，在计算第二类曲面积分时，一定要慎用对称性，一般是在化为二重积分后，再看可否利用对称性化简计算.

若要利用对称性简化对坐标的曲面积分的计算，可参考下面的结论：

设曲面 Σ 关于平面 $z=0$（xOy 坐标面）对称，Σ_1 是 Σ 上 $z\geqslant 0$ 的部分，则有

（1）当 $f(x,y,-z)=-f(x,y,z)$ 时，$\iint_\Sigma f(x,y,z)\mathrm{d}x\mathrm{d}y=2\iint_{\Sigma_1}f(x,y,z)\mathrm{d}x\mathrm{d}y$，

$$\iint_\Sigma f(x,y,z)\mathrm{d}y\mathrm{d}z=\iint_\Sigma f(x,y,z)\mathrm{d}z\mathrm{d}x=0.$$

（2）当 $f(x,y,-z)=f(x,y,z)$ 时，$\iint_\Sigma f(x,y,z)\mathrm{d}x\mathrm{d}y=0$，

$$\iint_\Sigma f(x,y,z)\mathrm{d}y\mathrm{d}z=2\iint_{\Sigma_1}f(x,y,z)\mathrm{d}y\mathrm{d}z,\quad \iint_\Sigma f(x,y,z)\mathrm{d}z\mathrm{d}x=2\iint_{\Sigma_1}f(x,y,z)\mathrm{d}z\mathrm{d}x.$$

如果曲面Σ关于平面$x=0$（或$y=0$）对称，被积函数$f(x,y,z)$关于x（或y）有奇偶性，并且曲面的侧不变时，有对应的结论.

三、经典例题解析

题型一 直接用对坐标的曲面积分的性质和计算法解题

例 1 计算曲面积分$\iint\limits_{\Sigma} z\mathrm{d}x\mathrm{d}y$，其中$\Sigma$是锥面$z=\sqrt{x^2+y^2}$ $(0\leqslant z\leqslant 1)$的下侧表面.

解 Σ如图 10-17 所示. 因为锥面$z=\sqrt{x^2+y^2}$ $(0\leqslant z\leqslant 1)$在$xOy$坐标面上的投影区域为$D_{xy}:x^2+y^2\leqslant 1$，所以

$$\iint\limits_{\Sigma} z\mathrm{d}x\mathrm{d}y=-\iint\limits_{D_{xy}}\sqrt{x^2+y^2}\,\mathrm{d}x\mathrm{d}y=-\int_0^{2\pi}\mathrm{d}\theta\int_0^1 r^2\mathrm{d}r=-\frac{2\pi}{3}.$$

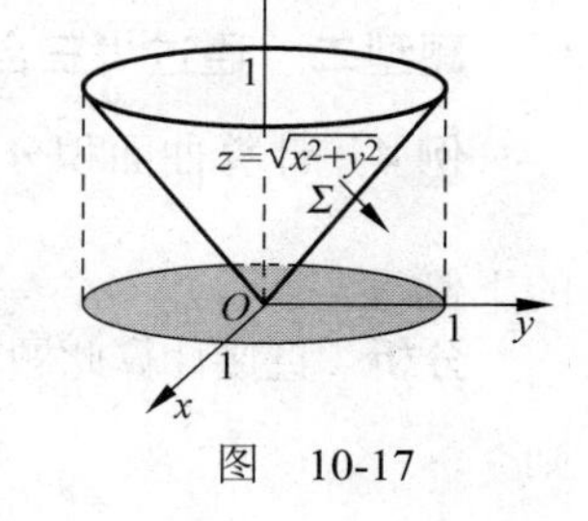

图 10-17

例 2 计算曲面积分$\iint\limits_{\Sigma} x\mathrm{d}y\mathrm{d}z+y\mathrm{d}z\mathrm{d}x+z\mathrm{d}x\mathrm{d}y$，其中$\Sigma$是柱面$x^2+y^2=1$介于平面$z=-1$和$z=3$之间的部分的外侧表面.

分析 这是组合形式的曲面积分，应拆开分别化成二重积分计算.

解 $\iint\limits_{\Sigma} x\mathrm{d}y\mathrm{d}z+y\mathrm{d}z\mathrm{d}x+z\mathrm{d}x\mathrm{d}y=\iint\limits_{\Sigma} x\mathrm{d}y\mathrm{d}z+\iint\limits_{\Sigma} y\mathrm{d}z\mathrm{d}x+\iint\limits_{\Sigma} z\mathrm{d}x\mathrm{d}y$.

把曲面Σ分为两块Σ_1和Σ_2，Σ_1为$x=\sqrt{1-y^2}$，取前侧，Σ_2为$x=-\sqrt{1-y^2}$，取后侧，它们在yOz坐标面上的投影区域都是$D_{yz}:-1\leqslant y\leqslant 1,\ -1\leqslant z\leqslant 3$，于是

$$\iint\limits_{\Sigma} x\mathrm{d}y\mathrm{d}z=\iint\limits_{\Sigma_1} x\mathrm{d}y\mathrm{d}z+\iint\limits_{\Sigma_2} x\mathrm{d}y\mathrm{d}z=2\iint\limits_{D_{yz}}\sqrt{1-y^2}\,\mathrm{d}y\mathrm{d}z=4\pi.$$

此外，若把曲面Σ分为如下形式的两块：Σ的左侧$\Sigma_3:y=-\sqrt{1-x^2}$和右侧$\Sigma_4:y=\sqrt{1-x^2}$，它们在zOx坐标面上的投影区域都是$D_{zx}:-1\leqslant x\leqslant 1,\ -1\leqslant z\leqslant 3$，于是

$$\iint\limits_{\Sigma} y\mathrm{d}z\mathrm{d}x=\iint\limits_{\Sigma_3} y\mathrm{d}z\mathrm{d}x+\iint\limits_{\Sigma_4} y\mathrm{d}z\mathrm{d}x=2\iint\limits_{D_{zx}}\sqrt{1-x^2}\,\mathrm{d}z\mathrm{d}x=4\pi.$$

最后，因为Σ在xOy坐标面上的投影为零，所以$\iint\limits_{\Sigma} z\mathrm{d}x\mathrm{d}y=0$.

综上所述，$\iint\limits_{\Sigma} x\mathrm{d}y\mathrm{d}z+y\mathrm{d}z\mathrm{d}x+z\mathrm{d}x\mathrm{d}y=\iint\limits_{\Sigma} x\mathrm{d}y\mathrm{d}z+\iint\limits_{\Sigma} y\mathrm{d}z\mathrm{d}x+\iint\limits_{\Sigma} z\mathrm{d}x\mathrm{d}y=8\pi$.

例 3 计算曲面积分$\oint\!\!\!\oint\limits_{\Sigma}\frac{1}{x}\mathrm{d}y\mathrm{d}z+\frac{1}{y}\mathrm{d}z\mathrm{d}x+\frac{1}{z}\mathrm{d}x\mathrm{d}y$，其中$\Sigma$是球面$x^2+y^2+z^2=R^2$的外侧.

解 由于被积表达式的三种形式是对称的，且Σ关于三个坐标面对称，所以

$\oint\!\!\!\oint\limits_{\Sigma}\frac{1}{x}\mathrm{d}y\mathrm{d}z=\oint\!\!\!\oint\limits_{\Sigma}\frac{1}{y}\mathrm{d}z\mathrm{d}x=\oint\!\!\!\oint\limits_{\Sigma}\frac{1}{z}\mathrm{d}x\mathrm{d}y$，从而$\oint\!\!\!\oint\limits_{\Sigma}\frac{1}{x}\mathrm{d}y\mathrm{d}z+\frac{1}{y}\mathrm{d}z\mathrm{d}x+\frac{1}{z}\mathrm{d}x\mathrm{d}y=3\oint\!\!\!\oint\limits_{\Sigma}\frac{1}{z}\mathrm{d}x\mathrm{d}y$.

Σ分成两部分Σ_1和Σ_2，其中$\Sigma_1:z=\sqrt{R^2-x^2-y^2}$取上侧，$\Sigma_2:z=-\sqrt{R^2-x^2-y^2}$取

下侧，它们在 xOy 坐标面上的投影区域都是 $D_{xy}: x^2+y^2 \leqslant R^2$，于是

$$\oiint_{\Sigma}\frac{1}{x}\mathrm{d}y\mathrm{d}z+\frac{1}{y}\mathrm{d}z\mathrm{d}x+\frac{1}{z}\mathrm{d}x\mathrm{d}y=3\oiint_{\Sigma}\frac{1}{z}\mathrm{d}x\mathrm{d}y=3\iint_{\Sigma_1}\frac{1}{z}\mathrm{d}x\mathrm{d}y+3\iint_{\Sigma_2}\frac{1}{z}\mathrm{d}x\mathrm{d}y$$

$$=6\iint_{D_{xy}}\frac{1}{\sqrt{R^2-x^2-y^2}}\mathrm{d}x\mathrm{d}y=6\int_0^{2\pi}\mathrm{d}\theta\int_0^{R}\frac{r\mathrm{d}r}{\sqrt{R^2-r^2}}=12\pi R.$$

注　在计算第二类曲面积分时，如果被积表达式关于三个变量对称，且积分曲面也关于三个变量对称（在三个坐标面上的投影区域相同且配给的符号也相同），则也可以利用轮换对称性简化计算.

题型二　通过"三合一"公式计算第二类曲面积分

例 4　计算曲面积分 $\iint_{\Sigma}x^3\mathrm{d}y\mathrm{d}z+y^3\mathrm{d}z\mathrm{d}x+z^3\mathrm{d}x\mathrm{d}y$，其中 Σ 是锥面 $z=\sqrt{x^2+y^2}$ $(0\leqslant z\leqslant 1)$ 的下侧.

分析　直接计算此题较复杂，可用下面公式. 若曲面 Σ 的方程为 $z=z(x,y)$ $((x,y)\in D_{xy})$，则

$$\iint_{\Sigma}P\mathrm{d}y\mathrm{d}z+Q\mathrm{d}z\mathrm{d}x+R\mathrm{d}x\mathrm{d}y=\pm\iint_{D_{xy}}\left(-P\frac{\partial z}{\partial x}-Q\frac{\partial z}{\partial y}+R\right)\mathrm{d}x\mathrm{d}y.$$

当曲面 Σ 的方程为 $y=y(z,x)$ $\left((z,x)\in D_{zx}\right)$ 或 $x=x(y,z)$ $\left((y,z)\in D_{yz}\right)$ 时，也有相应的计算公式.

解　因为曲面 Σ：$z=\sqrt{x^2+y^2}$，所以 $\frac{\partial z}{\partial x}=\frac{x}{\sqrt{x^2+y^2}}$，$\frac{\partial z}{\partial y}=\frac{y}{\sqrt{x^2+y^2}}$. 曲面 Σ 在 xOy 坐标面上的投影区域为 $D_{xy}: x^2+y^2\leqslant 1$，而曲面 Σ 的侧的方向与 z 轴正向成钝角，于是

$$\iint_{\Sigma}x^3\mathrm{d}y\mathrm{d}z+y^3\mathrm{d}z\mathrm{d}x+z^3\mathrm{d}x\mathrm{d}y=-\iint_{D_{xy}}\left(-x^3\cdot\frac{x}{\sqrt{x^2+y^2}}-y^3\cdot\frac{y}{\sqrt{x^2+y^2}}+\left(x^2+y^2\right)^{\frac{3}{2}}\right)\mathrm{d}x\mathrm{d}y$$

$$=\iint_{D_{xy}}\left(\frac{x^4+y^4}{\sqrt{x^2+y^2}}-\left(x^2+y^2\right)^{\frac{3}{2}}\right)\mathrm{d}x\mathrm{d}y$$

$$=\int_0^{2\pi}\mathrm{d}\theta\int_0^1\left(\frac{r^4(\cos^4\theta+\sin^4\theta)}{r}-r^3\right)\cdot r\mathrm{d}r$$

$$=\int_0^{2\pi}(\cos^4\theta+\sin^4\theta)\mathrm{d}\theta\int_0^1 r^4\mathrm{d}r-\int_0^{2\pi}\mathrm{d}\theta\int_0^1 r^4\mathrm{d}r=-\frac{\pi}{10},$$

其中 $\int_0^{2\pi}\cos^4\theta\mathrm{d}\theta=\int_0^{2\pi}\sin^4\theta\mathrm{d}\theta=4\int_0^{\frac{\pi}{2}}\sin^4\theta\mathrm{d}\theta=4\times\frac{3}{4}\times\frac{1}{2}\times\frac{\pi}{2}=\frac{3\pi}{4}$.

注　此题还可以通过下一节的高斯公式进行计算.

题型三　利用两类曲面积分的关系计算第二类曲面积分

例 5　计算 $I=\iint_{\Sigma}[f(x,y,z)+x]\mathrm{d}y\mathrm{d}z+[2f(x,y,z)+y]\mathrm{d}z\mathrm{d}x+[f(x,y,z)+z]\mathrm{d}x\mathrm{d}y$，其中

$f(x,y,z)$为连续函数，Σ为平面$x-y+z=1$在第四卦限部分的上侧.

分析 被积函数中出现抽象函数，直接计算不可能，注意到Σ为一平面，其法向量的方向余弦易得，所以考虑用两类曲面积分的关系进行计算.

解 因为平面Σ的法向量$\boldsymbol{n}=\{1,-1,1\}$，其方向余弦为$\cos\alpha=\dfrac{1}{\sqrt{3}}$，$\cos\beta=-\dfrac{1}{\sqrt{3}}$，$\cos\gamma=\dfrac{1}{\sqrt{3}}$. 所以

$$
\begin{aligned}
I&=\iint_{\Sigma}\left\{[f(x,y,z)+x]\cos\alpha+[2f(x,y,z)+y]\cos\beta+[f(x,y,z)+z]\cos\gamma\right\}\mathrm{d}S\\
&=\iint_{\Sigma}\left\{\frac{1}{\sqrt{3}}[f(x,y,z)+x]-\frac{1}{\sqrt{3}}[2f(x,y,z)+y]+\frac{1}{\sqrt{3}}[f(x,y,z)+z]\right\}\mathrm{d}S\\
&=\frac{1}{\sqrt{3}}\iint_{\Sigma}(x-y+z)\mathrm{d}S=\frac{1}{\sqrt{3}}\iint_{\Sigma}1\cdot\mathrm{d}S=\frac{1}{\sqrt{3}}\iint_{D_{xy}}\sqrt{1+{z_x}^2+{z_y}^2}\mathrm{d}x\mathrm{d}y\\
&=\frac{1}{\sqrt{3}}\iint_{D_{xy}}\sqrt{3}\mathrm{d}x\mathrm{d}y=\frac{1}{2}.
\end{aligned}
$$

注 当空间曲面Σ是平面时，由于平面上任意一点的法向量的方向余弦为常数，所以将第二类曲面积分转化为第一类曲面积分计算是很方便的.

四、习题选解

1．当Σ为xOy坐标面内的一个闭区域D_{xy}时，曲面积分$\iint_{\Sigma}R(x,y,z)\mathrm{d}x\mathrm{d}y$与二重积分有什么关系？

解 因为Σ的方程为$z=0$，Σ在xOy坐标面上的投影区域就是D_{xy}，但其侧不确定，所以

$$\iint_{\Sigma}R(x,y,z)\mathrm{d}x\mathrm{d}y=\pm\iint_{D_{xy}}R(x,y,0)\mathrm{d}x\mathrm{d}y.$$

2．计算下列对坐标的曲面积分：

（1）$\iint_{\Sigma}x^2y^2z\mathrm{d}x\mathrm{d}y$，其中$\Sigma$是球面$x^2+y^2+z^2=R^2$的下半部分的下侧；

（2）$\oiint_{\Sigma}xz\mathrm{d}x\mathrm{d}y+xy\mathrm{d}y\mathrm{d}z+yz\mathrm{d}z\mathrm{d}x$，其中$\Sigma$是平面$x=0,y=0,z=0,x+y+z=1$所围成的空间区域的整个边界曲面的外侧；

（3）$\iint_{\Sigma}\dfrac{\mathrm{e}^z}{\sqrt{x^2+y^2}}\mathrm{d}x\mathrm{d}y$，其中$\Sigma$为锥面$z=\sqrt{x^2+y^2}$介于平面$z=1$与$z=2$之间的部分的下侧；

解 （1）因为Σ方程为$z=-\sqrt{R^2-x^2-y^2}$，在xOy坐标面的投影区域为$D_{xy}:x^2+y^2\leqslant R^2$，所以

$$\iint_{\Sigma} x^2y^2z\mathrm{d}x\mathrm{d}y = -\iint_{D_{xy}} x^2y^2\left(-\sqrt{R^2-x^2-y^2}\right)\mathrm{d}x\mathrm{d}y$$

$$= \int_0^{2\pi}\mathrm{d}\theta\int_0^R r^4\sin^2\theta\cos^2\theta\sqrt{R^2-r^2}\,r\mathrm{d}r$$

$$= -\frac{1}{8}\int_0^{2\pi}\sin^2 2\theta\mathrm{d}\theta\int_0^R r^4\sqrt{R^2-r^2}\,\mathrm{d}\left(R^2-r^2\right) = \frac{2}{105}\pi R^7.$$

（2）令 $\Sigma = \Sigma_1+\Sigma_2+\Sigma_3+\Sigma_4$，其中 $\Sigma_1: x=0$ 指向后侧，$\Sigma_2: y=0$ 指向左侧，$\Sigma_3: z=0$ 指向下侧，$\Sigma_4: x+y+z=1$ 指向上侧，因为 $\iint_{\Sigma_1} xz\mathrm{d}x\mathrm{d}y + xy\mathrm{d}y\mathrm{d}z + yz\mathrm{d}z\mathrm{d}x = \iint_{D_{yz}} 0\mathrm{d}y\mathrm{d}z = 0$，对 Σ_2,Σ_3 也同理可得，所以

$$\oint\!\!\!\oint_{\Sigma} xz\mathrm{d}x\mathrm{d}y + xy\mathrm{d}y\mathrm{d}z + yz\mathrm{d}z\mathrm{d}x = \iint_{\Sigma_1+\Sigma_2+\Sigma_3+\Sigma_4} xz\mathrm{d}x\mathrm{d}y + xy\mathrm{d}y\mathrm{d}z + yz\mathrm{d}z\mathrm{d}x$$

$$= \iint_{\Sigma_4} xz\mathrm{d}x\mathrm{d}y + xy\mathrm{d}y\mathrm{d}z + yz\mathrm{d}z\mathrm{d}x$$

$$= \iint_{D_{xy}} x\left(1-x-y\right)\mathrm{d}x\mathrm{d}y + \iint_{D_{yz}} y\left(1-y-z\right)\mathrm{d}y\mathrm{d}z + \iint_{D_{zx}} z\left(1-x-z\right)\mathrm{d}z\mathrm{d}x$$

$$= 3\iint_{D_{xy}} x\left(1-x-y\right)\mathrm{d}x\mathrm{d}y = 3\int_0^1\mathrm{d}x\int_0^{1-x} x\left(1-x-y\right)\mathrm{d}y = \frac{1}{8}.$$

（3）如图 10-18 所示，Σ 的方程为 $z=\sqrt{x^2+y^2}$，在 xOy 坐标面的投影区域为 $D_{xy}: 1\leqslant\ x^2+y^2\leqslant 4$，所以

$$\iint_{\Sigma}\frac{\mathrm{e}^z}{\sqrt{x^2+y^2}}\mathrm{d}x\mathrm{d}y = -\iint_{D_{xy}}\frac{\mathrm{e}^{\sqrt{x^2+y^2}}}{\sqrt{x^2+y^2}}\mathrm{d}x\mathrm{d}y$$

$$= -\int_0^{2\pi}\mathrm{d}\theta\int_1^2\frac{\mathrm{e}^r}{r}r\mathrm{d}r = -2\pi\left(\mathrm{e}^2-\mathrm{e}\right).$$

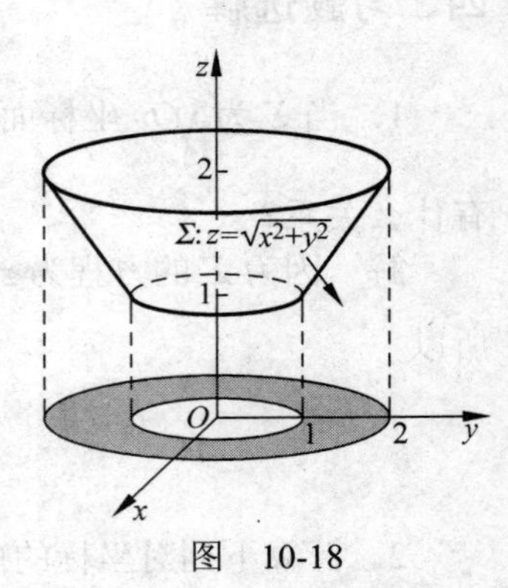

图 10-18

3．把对坐标的曲面积分 $\iint_{\Sigma} P(x,y,z)\mathrm{d}y\mathrm{d}z + Q(x,y,z)\mathrm{d}z\mathrm{d}x + R(x,y,z)\mathrm{d}x\mathrm{d}y$ 化成对面积的曲面积分，其中：

（1）Σ 是平面 $3x+2y+2\sqrt{3}z=6$ 在第一卦限的部分的上侧；

（2）Σ 是抛物面 $z=8-\left(x^2+y^2\right)$ 在 xOy 坐标面上方部分的上侧；

（3）Σ 是柱面 $x^2+y^2=a^2$ 在 $y\leqslant 0, 0\leqslant z\leqslant h$ 内的部分的左侧 $(a>0)$．

解　（1）因为平面 $3x+2y+2\sqrt{3}z=6$ 上任一点 (x,y,z) 处的法向量为 $\boldsymbol{n}=\left\{3,2,2\sqrt{3}\right\}$，方向余弦为

$$\cos\alpha=\frac{3}{5},\ \cos\beta=\frac{2}{5},\ \cos\gamma=\frac{2\sqrt{3}}{5},$$

所以

$$\iint_{\Sigma} P(x,y,z)\mathrm{d}y\mathrm{d}z + Q(x,y,z)\mathrm{d}z\mathrm{d}x + R(x,y,z)\mathrm{d}x\mathrm{d}y$$

$$= \iint_{\Sigma}\left[\frac{3}{5}P(x,y,z)+\frac{2}{5}Q(x,y,z)+\frac{2\sqrt{3}}{5}R(x,y,z)\right]\mathrm{d}S.$$

（2）因为抛物面 $z = 8-\left(x^2+y^2\right)$ 上任一点 (x,y,z) 处的法向量为 $\boldsymbol{n}=\{2x,2y,1\}$，方向余弦为

$$\cos\alpha=\frac{2x}{\sqrt{1+4x^2+4y^2}},\quad \cos\beta=\frac{2y}{\sqrt{1+4x^2+4y^2}},\quad \cos\gamma=\frac{1}{\sqrt{1+4x^2+4y^2}},$$

所以

$$\iint_{\Sigma} P(x,y,z)\mathrm{d}y\mathrm{d}z + Q(x,y,z)\mathrm{d}z\mathrm{d}x + R(x,y,z)\mathrm{d}x\mathrm{d}y$$

$$= \iint_{\Sigma}\frac{2xP(x,y,z)+2yQ(x,y,z)+R(x,y,z)}{\sqrt{1+4x^2+4y^2}}\mathrm{d}S.$$

（3）因为柱面 $x^2+y^2=a^2$ 上任一点 (x,y,z) 处的法向量为 $\boldsymbol{n}=\{2x,2y,0\}$，方向余弦为

$$\cos\alpha=\frac{x}{\sqrt{x^2+y^2}},\ \cos\beta=\frac{y}{\sqrt{x^2+y^2}},\ \cos\gamma=0,$$

所以

$$\iint_{\Sigma} P(x,y,z)\mathrm{d}y\mathrm{d}z + Q(x,y,z)\mathrm{d}z\mathrm{d}x + R(x,y,z)\mathrm{d}x\mathrm{d}y$$

$$= \iint_{\Sigma}\frac{xP(x,y,z)+yQ(x,y,z)}{\sqrt{x^2+y^2}}\mathrm{d}S = \iint_{\Sigma}\frac{1}{a}\left[xP(x,y,z)+yQ(x,y,z)\right]\mathrm{d}S.$$

第六节　高斯公式　通量与散度

一、教学基本要求

1. 掌握高斯公式.
2. 了解通量与散度的概念.

二、答疑解惑

1．在应用高斯公式时应注意些什么？

答　利用高斯公式可以把对坐标的曲面积分化为三重积分，而在多数情况下计算三重积分要比计算对坐标的曲面积分容易. 在利用高斯公式时应注意以下四点：

（1）必须是在封闭曲面 Σ 上的曲面积分才能用高斯公式，如果积分曲面 Σ 不是封闭曲面，应当作辅助曲面 Σ'，使得 $\Sigma+\Sigma'$ 成为封闭曲面，再利用高斯公式.

（2）注意函数 $P(x,y,z),Q(x,y,z),R(x,y,z)$ 在封闭曲面 Σ 所围的空间区域 Ω 上具有连续的一阶偏导数，否则不能使用高斯公式.

（3）注意 Σ 和 Ω 的关系. Σ 是 Ω 的边界曲面，取外侧. 如果要计算封闭曲面 Σ 内侧对坐标的曲面积分，那么 $-\Sigma$ 就是外侧，于是

$$\iint_{\Sigma} P\mathrm{d}y\mathrm{d}z + Q\mathrm{d}z\mathrm{d}x + R\mathrm{d}x\mathrm{d}y = -\iint_{-\Sigma} P\mathrm{d}y\mathrm{d}z + Q\mathrm{d}z\mathrm{d}x + R\mathrm{d}x\mathrm{d}y$$

$$= -\iiint_{\Omega}\left(\frac{\partial P}{\partial x}+\frac{\partial Q}{\partial y}+\frac{\partial R}{\partial z}\right)\mathrm{d}x\mathrm{d}y\mathrm{d}z.$$

（4）当空间闭区域 Ω 是复连通区域时，高斯公式也成立. 所谓复连通区域是指在边界曲面为 Σ 的封闭区域内挖掉了一个边界曲面为 Σ' 的子域后得到的闭区域.

2．怎样利用高斯公式计算第二类曲面积分？

答　当给出的曲面积分 $\iint_{\Sigma} P\mathrm{d}y\mathrm{d}z + Q\mathrm{d}z\mathrm{d}x + R\mathrm{d}x\mathrm{d}y$ 难以直接计算，而 $\frac{\partial P}{\partial x}+\frac{\partial Q}{\partial y}+\frac{\partial R}{\partial z}$ 表达式又比较简单时，就应当考虑用高斯公式，主要有下面两种情况：

（1）若有向曲面 Σ 是封闭曲面，函数 $P(x,y,z),Q(x,y,z),R(x,y,z)$ 在封闭曲面 Σ 所围的空间区域 Ω 上具有一阶连续的偏导数，则可直接利用高斯公式将曲面积分化为 Ω 上的三重积分.

如果在 Ω 内存在某个奇点 M（即 P,Q 或 R 在该点不连续或不存在连续的偏导数），可以做一个包围点 M 的小封闭曲面 Σ_1（为方便计算常常取以点 M 为球心，半径足够小的球面），使 Σ_1 完全包含在 Σ 的内部，然后在介于 Σ 和 Σ_1 之间的区域上运用高斯公式.

（2）如果有向曲面 Σ 不是封闭曲面，而 $\frac{\partial P}{\partial x}+\frac{\partial Q}{\partial y}+\frac{\partial R}{\partial z}$ 比较简单，可以通过添加辅助曲面 Σ' 的方法（Σ 与 Σ' 有相同的边界曲线），使 Σ 与 Σ' 构成封闭曲面且取外侧，将所给的第二类曲面积分化为由 Σ 和 Σ' 所围立体上的三重积分与在 Σ' 上的曲面积分之差，即

$$\iint_{\Sigma} P\mathrm{d}y\mathrm{d}z + Q\mathrm{d}z\mathrm{d}x + R\mathrm{d}x\mathrm{d}y$$

$$= \oiint_{\Sigma+\Sigma'} P\mathrm{d}y\mathrm{d}z + Q\mathrm{d}z\mathrm{d}x + R\mathrm{d}x\mathrm{d}y - \iint_{\Sigma'} P\mathrm{d}y\mathrm{d}z + Q\mathrm{d}z\mathrm{d}x + R\mathrm{d}x\mathrm{d}y$$

$$= \iiint_{\Omega}\left(\frac{\partial P}{\partial x}+\frac{\partial Q}{\partial y}+\frac{\partial R}{\partial z}\right)\mathrm{d}x\mathrm{d}y\mathrm{d}z - \iint_{\Sigma'} P\mathrm{d}y\mathrm{d}z + Q\mathrm{d}z\mathrm{d}x + R\mathrm{d}x\mathrm{d}y.$$

选择辅助曲面时应使其尽量简单，易于计算，最好是平行于坐标面的平面.例如，选择的辅助面 Σ' 是平面 $z=c$（c 为常数）上的一部分，则 $\iint_{\Sigma'} P(x,y,z)\mathrm{d}y\mathrm{d}z = 0,\ \iint_{\Sigma'} Q(x,y,z)\mathrm{d}z\mathrm{d}x = 0$，这时只需计算 $\iint_{\Sigma'} R(x,y,z)\mathrm{d}x\mathrm{d}y$ 即可.

3．计算曲面积分 $\oiint_{\Sigma} x^3\mathrm{d}y\mathrm{d}z + y^3\mathrm{d}z\mathrm{d}x + z^3\mathrm{d}x\mathrm{d}y$，$\Sigma$ 是球面 $x^2+y^2+z^2=R^2$ 的外侧. 下面的计算是否正确？

$$\oiint_{\Sigma} x^3\mathrm{d}y\mathrm{d}z + y^3\mathrm{d}z\mathrm{d}x + z^3\mathrm{d}x\mathrm{d}y = 3\iiint_{\Omega}(x^2+y^2+z^2)\mathrm{d}v = 3R^2\iiint_{\Omega}\mathrm{d}v = 4\pi R^5.$$

答 不正确，错在第二个等号处. 因为给出的是曲面积分，在Σ上x,y,z满足曲面方程$x^2+y^2+z^2=R^2$，但是在使用了高斯公式后，曲面积分已经转换为三重积分，积分区域是$\Omega: x^2+y^2+z^2 \leqslant R^2$，$x,y,z$在球体$\Omega$上变动，这时就不能将$x^2+y^2+z^2$用$R^2$代替了. 类似的错误若不加注意将很容易发生，所以应当引起特别重视. 正确的解法是

$$3\iiint_{\Omega}(x^2+y^2+z^2)\mathrm{d}v = 3\int_0^{2\pi}\mathrm{d}\theta\int_0^{\pi}\mathrm{d}\varphi\int_0^{R} r^4\sin\varphi\,\mathrm{d}r = \frac{12\pi}{5}R^5.$$

4．设Σ是球面$x^2+y^2+z^2=a^2$的外侧，$r=\sqrt{x^2+y^2+z^2}$，计算曲面积分

$$I = \oiint_{\Sigma}\frac{x}{r^3}\mathrm{d}y\mathrm{d}z + \frac{y}{r^3}\mathrm{d}z\mathrm{d}x + \frac{z}{r^3}\mathrm{d}x\mathrm{d}y.$$

解法如下：记$P=\dfrac{x}{r^3}, Q=\dfrac{y}{r^3}, R=\dfrac{z}{r^3}$，于是$\dfrac{\partial P}{\partial x}=\dfrac{r^2-3x^2}{r^5}, \dfrac{\partial Q}{\partial y}=\dfrac{r^2-3y^2}{r^5}$，$\dfrac{\partial R}{\partial z}=\dfrac{r^2-3z^2}{r^5}$，$\dfrac{\partial P}{\partial x}+\dfrac{\partial Q}{\partial y}+\dfrac{\partial R}{\partial z}=\dfrac{3r^2-3(x^2+y^2+z^2)}{r^5}=0$，故$I=\iiint_{\Omega}\left(\dfrac{\partial P}{\partial x}+\dfrac{\partial Q}{\partial y}+\dfrac{\partial R}{\partial z}\right)\mathrm{d}x\mathrm{d}y\mathrm{d}z=0$.

这样计算正确吗？为什么？

答 不正确. 因为P,Q,R在球心——原点处无定义、不连续，$\dfrac{\partial P}{\partial x},\dfrac{\partial Q}{\partial y},\dfrac{\partial R}{\partial z}$在原点也不连续，不满足高斯定理的条件，故不能直接用高斯公式. 正确的解法如下：

$$I = \oiint_{\Sigma}\frac{x\mathrm{d}y\mathrm{d}z + y\mathrm{d}z\mathrm{d}x + z\mathrm{d}x\mathrm{d}y}{r^3} = \frac{1}{a^3}\oiint_{\Sigma} x\mathrm{d}y\mathrm{d}z + y\mathrm{d}z\mathrm{d}x + z\mathrm{d}x\mathrm{d}y$$

$$= \frac{1}{a^3}\iiint_{\Omega}(1+1+1)\mathrm{d}x\mathrm{d}y\mathrm{d}z = \frac{3}{a^3}\cdot\frac{4\pi}{3}a^3 = 4\pi,$$

在上式中，由于$(x,y,z)\in\Sigma$，因此$r=\sqrt{x^2+y^2+z^2}=a$.

三、经典例题解析

题型一 利用高斯公式计算曲面积分

例 1 计算$I=\oiint_{\Sigma} xz\mathrm{d}x\mathrm{d}y + xy\mathrm{d}y\mathrm{d}z + yz\mathrm{d}z\mathrm{d}x$，其中$\Sigma$为平面$x=0,\ y=0, z=0,\ x+y+z=1$所围成的空间区域的整个边界曲面的外侧.

解法一 由高斯公式得

$$I = \oiint_{\Sigma} xz\mathrm{d}x\mathrm{d}y + xy\mathrm{d}y\mathrm{d}z + yz\mathrm{d}z\mathrm{d}x = \iiint_{\Omega}(x+y+z)\mathrm{d}x\mathrm{d}y\mathrm{d}z$$

$$= \int_0^1\mathrm{d}x\int_0^{1-x}\mathrm{d}y\int_0^{1-x-y}(x+y+z)\mathrm{d}z = \frac{1}{8}.$$

解法二 由轮换对称性可知 $\oiint_{\Sigma} xz\mathrm{d}x\mathrm{d}y = \oiint_{\Sigma} xy\mathrm{d}y\mathrm{d}z = \oiint_{\Sigma} yz\mathrm{d}z\mathrm{d}x$，所以

$$I = 3\oiint_{\Sigma} xz\mathrm{d}x\mathrm{d}y = 3\iint_{D_{xy}} x(1-x-y)\mathrm{d}x\mathrm{d}y = 3\int_0^1 x\mathrm{d}x\int_0^{1-x}(1-x-y)\mathrm{d}y = \frac{1}{8}.$$

例 2 计算曲面积分 $\iint\limits_{\Sigma}\left(x^3+az^2\right)\mathrm{d}y\mathrm{d}z+\left(y^3+ax^2\right)\mathrm{d}z\mathrm{d}x+\left(z^3+ay^2\right)\mathrm{d}x\mathrm{d}y$，其中 Σ 为上半球面 $z=\sqrt{a^2-x^2-y^2}$ 的上侧.

分析 由于曲面 Σ 不封闭，且用直接法计算不方便，因此应考虑补面的方法.

解 记 Σ_1 为 $z=0$ 平面上圆域 $x^2+y^2\leqslant R^2$ 的下侧，Σ 与 Σ_1 所围空间闭区域为 Ω，则

$$\text{原式}=\oiint\limits_{\Sigma+\Sigma_1}-\iint\limits_{\Sigma_1}=3\iiint\limits_{\Omega}\left(x^2+y^2+z^2\right)\mathrm{d}v+a\iint\limits_{D}y^2\,\mathrm{d}x\mathrm{d}y$$

$$=3\int_0^{2\pi}\mathrm{d}\theta\int_0^{\frac{\pi}{2}}\mathrm{d}\varphi\int_0^a r^2\cdot r^2\sin\varphi\mathrm{d}r+a\int_0^{2\pi}\mathrm{d}\theta\int_0^a r^2\sin^2\theta\cdot r\mathrm{d}r$$

$$=3\cdot\frac{2}{5}\pi a^5+\frac{1}{4}\pi a^5=\frac{29}{20}\pi a^5.$$

注 使用高斯公式后，不能将积分曲面 Σ 的方程代入三重积分的被积函数中.

例 3 计算曲面积分 $\iint\limits_{\Sigma}(2x+z)\mathrm{d}y\mathrm{d}z+z\mathrm{d}x\mathrm{d}y$，其中 Σ 为有向曲面 $z=x^2+y^2\ (0\leqslant z\leqslant 1)$，其法向量与 z 轴正向夹角为锐角.

分析 这是组合形式的曲面积分，直接计算要转化成两个二重积分，计算量比较大，下面通过“补面法”，利用高斯公式计算曲面积分. 曲面的法向量与 z 轴正向夹角为锐角说明边界曲面 $z=x^2+y^2\ (0\leqslant z\leqslant 1)$ 取上侧，而不是取下侧.

解 补充平面 $\Sigma_1: z=1\ (x^2+y^2\leqslant 1)$ 的下侧，则 Σ 和 Σ_1 构成闭曲面，且取内侧. 设 Σ 和 Σ_1 所围成的空间闭区域为 Ω，Σ_1 在 xOy 坐标面上的投影区域为 $D_{xy}: x^2+y^2\leqslant 1$，由高斯公式得

$$\oiint\limits_{\Sigma+\Sigma_1}(2x+z)\mathrm{d}y\mathrm{d}z+z\mathrm{d}x\mathrm{d}y=-\iiint\limits_{\Omega}(2+1)\mathrm{d}x\mathrm{d}y\mathrm{d}z=-3\iiint\limits_{\Omega}\mathrm{d}x\mathrm{d}y\mathrm{d}z$$

$$=-3\int_0^{2\pi}\mathrm{d}\theta\int_0^1 r\mathrm{d}r\int_{r^2}^1\mathrm{d}z=-\frac{3\pi}{2},$$

所以

$$\iint\limits_{\Sigma}(2x+z)\mathrm{d}y\mathrm{d}z+z\mathrm{d}x\mathrm{d}y=-\frac{3\pi}{2}-\iint\limits_{\Sigma_1}(2x+z)\mathrm{d}y\mathrm{d}z+z\mathrm{d}x\mathrm{d}y$$

$$=-\frac{3\pi}{2}-\iint\limits_{\Sigma_1}z\mathrm{d}x\mathrm{d}y=-\frac{3\pi}{2}-\left(-\iint\limits_{D_{xy}}\mathrm{d}x\mathrm{d}y\right)=-\frac{3\pi}{2}-(-\pi)=-\frac{\pi}{2}.$$

注 这里内侧的含义是：对于闭曲面，如果在曲面上任意一点处的法线方向朝着所围立体，那么称这样确定的一侧为闭曲面的内侧，另一侧就称为外侧. 取曲面 Σ 外侧时，其对应的法向量称为外法线向量. 如果闭区域的边界曲面 Σ 不是取外侧，而是取内侧，利用高斯公式计算时，应在空间闭区域上的三重积分前取负号.

例 4 计算曲面积分 $I=\iint\limits_{\Sigma}\left(x^3\cos\alpha+y^2\cos\beta+z\cos\gamma\right)\mathrm{d}S$，其中 Σ 是柱面 $x^2+y^2=a^2$ 在 $0\leqslant z\leqslant h$ 的部分，$\cos\alpha$, $\cos\beta$, $\cos\gamma$ 是 Σ 的外法线的方向余弦.

解 补充平面 $\Sigma_1: z=0\ (x^2+y^2\leqslant a^2)$ 的下侧，$\Sigma_2: z=h\ (x^2+y^2\leqslant a^2)$ 的上侧，则 Σ 和 Σ_1，Σ_2 构成闭曲面. 设它们所围成的空间闭区域为 Ω，Σ_1 和 Σ_2 在 xOy 坐标面上的投影区域均为 $D_{xy}: x^2+y^2\leqslant a^2$，由高斯公式得

$$\oiint_{\Sigma+\Sigma_1+\Sigma_2}\left(x^3\cos\alpha+y^2\cos\beta+z\cos\gamma\right)\mathrm{d}S=\oiint_{\Sigma+\Sigma_1+\Sigma_2}x^3\mathrm{d}y\mathrm{d}z+y^2\mathrm{d}z\mathrm{d}x+z\mathrm{d}x\mathrm{d}y$$

$$=\iiint_{\Omega}(3x^2+2y+1)\mathrm{d}x\mathrm{d}y\mathrm{d}z$$

$$=\iiint_{\Omega}3x^2\mathrm{d}x\mathrm{d}y\mathrm{d}z+\iiint_{\Omega}2y\mathrm{d}x\mathrm{d}y\mathrm{d}z+\iiint_{\Omega}\mathrm{d}x\mathrm{d}y\mathrm{d}z,$$

注意到积分区域 Ω 关于 zOx 坐标面对称，被积函数 $2y$ 是 y 的奇函数，所以 $\iiint_{\Omega}2y\mathrm{d}x\mathrm{d}y\mathrm{d}z=0$，又 $\iiint_{\Omega}\mathrm{d}x\mathrm{d}y\mathrm{d}z=\pi a^2h$，于是

$$\iiint_{\Omega}3x^2\mathrm{d}x\mathrm{d}y\mathrm{d}z+\iiint_{\Omega}2y\mathrm{d}x\mathrm{d}y\mathrm{d}z+\iiint_{\Omega}\mathrm{d}x\mathrm{d}y\mathrm{d}z=3\iiint_{\Omega}x^2\mathrm{d}x\mathrm{d}y\mathrm{d}z+\pi a^2h$$

$$=\pi a^2h+3\int_0^{2\pi}\cos^2\theta\mathrm{d}\theta\int_0^a r^3\mathrm{d}r\int_0^h\mathrm{d}z=\pi a^2h+\frac{3\pi a^4h}{4}.$$

又因为 $$\iint_{\Sigma_1}\left(x^3\cos\alpha+y^2\cos\beta+z\cos\gamma\right)\mathrm{d}S=0,$$

$$\iint_{\Sigma_2}\left(x^3\cos\alpha+y^2\cos\beta+z\cos\gamma\right)\mathrm{d}S=\iint_{\Sigma_2}x^3\mathrm{d}y\mathrm{d}z+y^2\mathrm{d}z\mathrm{d}x+z\mathrm{d}x\mathrm{d}y$$

$$=0+0+\iint_{\Sigma_2}z\mathrm{d}x\mathrm{d}y=h\iint_{D_{xy}}\mathrm{d}x\mathrm{d}y=\pi a^2h,$$

所以 $I=\pi a^2h+\dfrac{3\pi a^4h}{4}-\pi a^2h=\dfrac{3\pi a^4h}{4}$.

例 5 计算曲面积分 $\iint_{\Sigma}(8y+1)x\mathrm{d}y\mathrm{d}z+2(1-y^2)\mathrm{d}z\mathrm{d}x-4yz\mathrm{d}x\mathrm{d}y$，其中 Σ 是由曲线 $\begin{cases}z=\sqrt{y-1},\\ x=0\end{cases}(1\leqslant y\leqslant 3)$ 绕着 y 轴旋转一周所形成的曲面，其上任意一点的法向量与 y 轴正向的夹角均为钝角.

解 Σ 如图 10-19 所示，曲面 Σ 的方程为 $y-1=x^2+z^2$，补充平面 $\Sigma_1: y=3$ 的右侧，则 Σ 和 Σ_1 构成闭曲面，且取外侧. Σ_1 在 zOx 坐标面上的投影区域为 $D_{zx}: x^2+z^2\leqslant 2$. 设 Σ 和 Σ_1 所围成的闭区域为 Ω，由高斯公式得

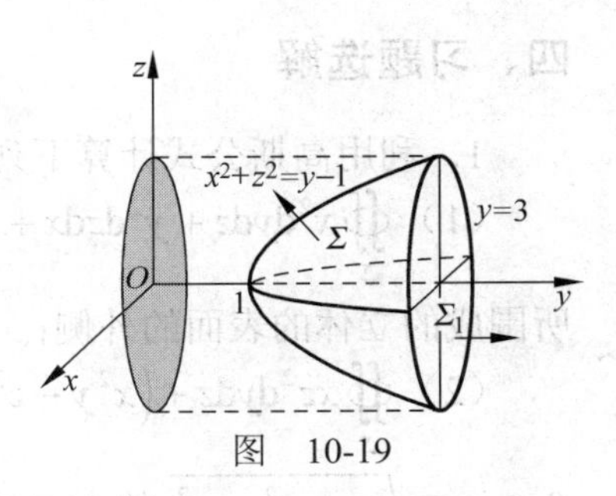

图 10-19

$$\oiint_{\Sigma+\Sigma_1}(8y+1)x\mathrm{d}y\mathrm{d}z+2(1-y^2)\mathrm{d}z\mathrm{d}x-4yz\mathrm{d}x\mathrm{d}y$$

$$=\iiint_{\Omega}\mathrm{d}x\mathrm{d}y\mathrm{d}z=\int_0^{2\pi}\mathrm{d}\theta\int_0^{\sqrt{2}}r\mathrm{d}r\int_{1+r^2}^{3}\mathrm{d}y=2\pi,$$

所以

$$\iint_{\Sigma}(8y+1)x\mathrm{d}y\mathrm{d}z+2(1-y^2)\mathrm{d}z\mathrm{d}x-4yz\mathrm{d}x\mathrm{d}y=2\pi-\iint_{\Sigma_1}(8y+1)x\mathrm{d}y\mathrm{d}z+2(1-y^2)\mathrm{d}z\mathrm{d}x-4yz\mathrm{d}x\mathrm{d}y$$

$$=2\pi-\iint_{\Sigma_1}2(1-y^2)\mathrm{d}z\mathrm{d}x=2\pi-\iint_{D_{zx}}2(1-3^2)\mathrm{d}z\mathrm{d}x$$

$$=2\pi+32\pi=34\pi.$$

题型二　关于散度和通量的计算

例 6　求向量场 $\boldsymbol{A}=\{xy^2,y\mathrm{e}^z,x\ln(1+z^2)\}$ 在点 $M(1,1,0)$ 处的散度.

解　因为 $P=xy^2$，$Q=y\mathrm{e}^z$，$R=x\ln(1+z^2)$，所以 $\mathrm{div}\boldsymbol{A}=\dfrac{\partial P}{\partial x}+\dfrac{\partial Q}{\partial y}+\dfrac{\partial R}{\partial z}=y^2+\mathrm{e}^z+\dfrac{2xz}{1+z^2}$，$\mathrm{div}\boldsymbol{A}\big|_M=2$.

例 7　设流速场 $\boldsymbol{A}=x\,\boldsymbol{i}+y\,\boldsymbol{j}+z\,\boldsymbol{k}$，求流体流向指定侧的流量 $\varPhi$：（1）穿过圆锥 $\sqrt{x^2+y^2}\leqslant z\leqslant h$ 的侧面，法向量向外；（2）穿过上述圆锥的底面，法向量向外.

解　（1）$\varPhi=\iint\limits_{\Sigma}P\mathrm{d}y\mathrm{d}z+Q\mathrm{d}z\mathrm{d}x+R\mathrm{d}x\mathrm{d}y=\iint\limits_{\Sigma}x\mathrm{d}y\mathrm{d}z+y\mathrm{d}z\mathrm{d}x+z\mathrm{d}x\mathrm{d}y=\iint\limits_{\Sigma}(x\cos\alpha+y\cos\beta+z\cos\gamma)\mathrm{d}S$，其中 Σ 为圆锥的侧面，$\boldsymbol{n}=\{\cos\alpha,\cos\beta,\cos\gamma\}$ 是 Σ 的单位法向量，$\cos\gamma<0$，若设 $F(x,y,z)=x^2+y^2-z^2=0$ 为上述锥面，则

$$\{\cos\alpha,\cos\beta,\cos\gamma\}=\frac{1}{\sqrt{F_x^2+F_y^2+F_z^2}}\{F_x,F_y,F_z\}=\frac{1}{\sqrt{x^2+y^2+z^2}}\{x,y,-z\},$$

由此可见，流量为

$$\varPhi=\iint_{\Sigma}\left(x\cos\alpha+y\cos\beta+z\cos\gamma\right)\mathrm{d}S=\iint_{\Sigma}\frac{1}{\sqrt{x^2+y^2+z^2}}\left(x^2+y^2-z^2\right)\mathrm{d}S=0.$$

（2）现记圆锥的底面为 $\Sigma:z=h$，取上侧，它在 xOy 坐标面上的投影区域为 $D_{xy}:x^2+y^2\leqslant h^2$，则通过 Σ 的流量为

$$\varPhi=\iint_{\Sigma}P\mathrm{d}y\mathrm{d}z+Q\mathrm{d}z\mathrm{d}x+R\mathrm{d}x\mathrm{d}y=\iint_{\Sigma}x\mathrm{d}y\mathrm{d}z+y\mathrm{d}z\mathrm{d}x+z\mathrm{d}x\mathrm{d}y$$

$$=0+0+\iint_{D_{xy}}h\mathrm{d}x\mathrm{d}y=h\iint_{D_{xy}}\mathrm{d}x\mathrm{d}y=\pi h^3.$$

四、习题选解

1．利用高斯公式计算下列曲面积分：

（1）$\oiint\limits_{\Sigma}x^2\mathrm{d}y\mathrm{d}z+y^2\mathrm{d}z\mathrm{d}x+z^2\mathrm{d}x\mathrm{d}y$，其中 Σ 为平面 $x=0,\ y=0,z=0,x=a,\ y=a,\ z=a$ 所围成的立体的表面的外侧；

（2）$\oiint\limits_{\Sigma}xz^2\mathrm{d}y\mathrm{d}z+\left(x^2y-z^3\right)\mathrm{d}z\mathrm{d}x+\left(2xy+y^2z\right)\mathrm{d}x\mathrm{d}y$，其中 Σ 为上半球体 $x^2+y^2\leqslant a^2$，$0\leqslant z\leqslant\sqrt{a^2-x^2-y^2}$ 的表面外侧；

（3）$\iint\limits_{\Sigma}\left(x^2-yz\right)\mathrm{d}y\mathrm{d}z+\left(y^2-zx\right)\mathrm{d}z\mathrm{d}x+2z\mathrm{d}x\mathrm{d}y$，其中 Σ 为锥面 $z=1-\sqrt{x^2+y^2}$ $(z\geqslant0)$

的上侧；

（4）$\iint\limits_{\Sigma} 4zx\mathrm{d}y\mathrm{d}z - 2yz\mathrm{d}z\mathrm{d}x + \left(1-z^2\right)\mathrm{d}x\mathrm{d}y$，其中 Σ 为 yOz 坐标面上的曲线 $z=\mathrm{e}^y$ $(0 \leqslant y \leqslant a)$ 绕 z 轴旋转所得曲面的下侧.

解　（1）设 Σ 围成的闭区域为 Ω，令 $P=x^2, Q=y^2, R=z^2$，则 $\dfrac{\partial P}{\partial x}=2x, \dfrac{\partial Q}{\partial y}=2y, \dfrac{\partial R}{\partial z}=2z$，于是由高斯公式得

$$\oint\!\!\!\oint_{\Sigma} x^2\mathrm{d}y\mathrm{d}z + y^2\mathrm{d}z\mathrm{d}x + z^2\mathrm{d}x\mathrm{d}y = 2\iiint\limits_{\Omega}(x+y+z)\mathrm{d}x\mathrm{d}y\mathrm{d}z = 2\int_0^a \mathrm{d}x\int_0^a \mathrm{d}y\int_0^a (x+y+z)\mathrm{d}z = 3a^4.$$

（2）设 Σ 围成的闭区域为 Ω，令 $P=xz^2, Q=x^2y-z^3, R=2xy+y^2z$，则

$$\frac{\partial P}{\partial x}=z^2,\quad \frac{\partial Q}{\partial y}=x^2,\quad \frac{\partial R}{\partial z}=y^2,$$

于是由高斯公式得

$$\oint\!\!\!\oint_{\Sigma} xz^2\mathrm{d}y\mathrm{d}z + \left(x^2y-z^3\right)\mathrm{d}z\mathrm{d}x + \left(2xy+y^2z\right)\mathrm{d}x\mathrm{d}y = \iiint\limits_{\Omega}\left(z^2+x^2+y^2\right)\mathrm{d}x\mathrm{d}y\mathrm{d}z$$

$$= \int_0^{2\pi}\mathrm{d}\theta\int_0^{\frac{\pi}{2}}\mathrm{d}\varphi\int_0^a r^4\sin\varphi\mathrm{d}r = \frac{2}{5}\pi a^5.$$

（3）补充曲面 $\Sigma_1: z=0\left(x^2+y^2 \leqslant 1\right)$ 的下侧，则 Σ 和 Σ_1 构成闭曲面，它们所围成的闭区域为 Ω，令 $P=x^2-yz, Q=y^2-zx, R=2z$，则 $\dfrac{\partial P}{\partial x}=2x, \dfrac{\partial Q}{\partial y}=2y, \dfrac{\partial R}{\partial z}=2$，由高斯公式得

$$\iint\limits_{\Sigma+\Sigma_1}\left(x^2-yz\right)\mathrm{d}y\mathrm{d}z + \left(y^2-zx\right)\mathrm{d}z\mathrm{d}x + 2z\mathrm{d}x\mathrm{d}y = 2\iiint\limits_{\Omega}(x+y+1)\mathrm{d}x\mathrm{d}y\mathrm{d}z = 2\iiint\limits_{\Omega}\mathrm{d}x\mathrm{d}y\mathrm{d}z = \frac{2}{3}\pi.$$

所以

$$\iint\limits_{\Sigma}\left(x^2-yz\right)\mathrm{d}y\mathrm{d}z + \left(y^2-zx\right)\mathrm{d}z\mathrm{d}x + 2z\mathrm{d}x\mathrm{d}y$$

$$= \frac{2}{3}\pi - \iint\limits_{\Sigma_1}\left(x^2-yz\right)\mathrm{d}y\mathrm{d}z + \left(y^2-zx\right)\mathrm{d}z\mathrm{d}x + 2z\mathrm{d}x\mathrm{d}y = \frac{2}{3}\pi - 0 = \frac{2}{3}\pi.$$

（4）Σ 如图 10-20 所示. 其方程为 $z=\mathrm{e}^{\sqrt{x^2+y^2}}$，取下侧，补充曲面 $\Sigma_1: z=\mathrm{e}^a$，取上侧，Σ_1 在 xOy 坐标面的投影区域为 D_{xy}：$x^2+y^2 \leqslant a^2$，则 Σ 和 Σ_1 构成闭曲面，它们所围成的闭区域为 Ω. 令 $P=4zx, Q=-2yz, R=1-z^2$，则

$$\frac{\partial P}{\partial x}=4z,\quad \frac{\partial Q}{\partial y}=-2z,\quad \frac{\partial R}{\partial z}=-2z,$$

由高斯公式得

$$\iint\limits_{\Sigma+\Sigma_1} 4zx\mathrm{d}y\mathrm{d}z - 2yz\mathrm{d}z\mathrm{d}x + \left(1-z^2\right)\mathrm{d}x\mathrm{d}y = \iiint\limits_{\Omega}(4z-2z-2z)\mathrm{d}x\mathrm{d}y\mathrm{d}z = 0,$$

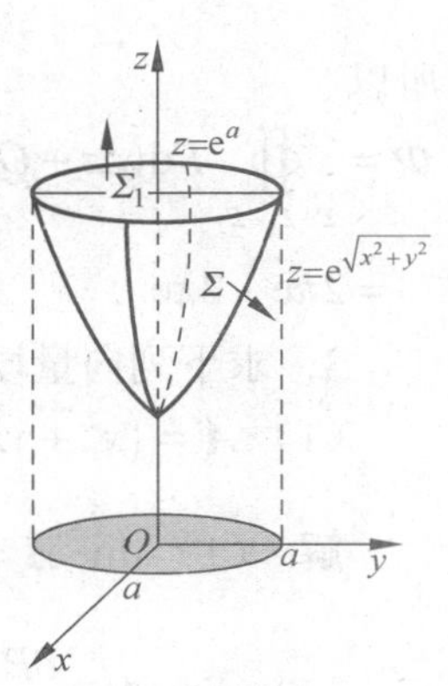

图　10-20

所以

$$\iint_{\Sigma}4zx\mathrm{d}y\mathrm{d}z-2yz\mathrm{d}z\mathrm{d}x+\left(1-z^2\right)\mathrm{d}x\mathrm{d}y=-\iint_{\Sigma_1}4zx\mathrm{d}y\mathrm{d}z-2yz\mathrm{d}z\mathrm{d}x+\left(1-z^2\right)\mathrm{d}x\mathrm{d}y$$
$$=-\iint_{\Sigma_1}\left(1-z^2\right)\mathrm{d}x\mathrm{d}y=-\iint_{D_{xy}}\left(1-\mathrm{e}^{2a}\right)\mathrm{d}x\mathrm{d}y=\pi a^2(\mathrm{e}^{2a}-1).$$

2．求下列向量 $\boldsymbol{A}$ 穿过曲面 Σ 流向指定侧的通量：

（1）$\boldsymbol{A}=\left\{2x+3z,-xz-y,y^2+2z\right\}$，其中 Σ 是以点 $(3,-1,2)$ 为球心，半径 $R=3$ 的球面，流向外侧.

（2）$\boldsymbol{A}=\left\{1,z,\dfrac{\mathrm{e}^z}{z}\right\}$，其中 Σ 是曲面 $z^2=x^2+y^2(1\leqslant z\leqslant 2)$，流向下侧.

解　（1）$P=2x+3z,Q=-xz-y,R=y^2+2z$，由高斯公式得

$$\varPhi=\oint\!\!\!\oint_{\Sigma}P\mathrm{d}y\mathrm{d}z+Q\mathrm{d}z\mathrm{d}x+R\mathrm{d}x\mathrm{d}y=\iiint_{\Omega}\left(\frac{\partial P}{\partial x}+\frac{\partial Q}{\partial y}+\frac{\partial R}{\partial z}\right)\mathrm{d}v$$
$$=\iiint_{\Omega}(2-1+2)\mathrm{d}v=3\iiint_{\Omega}\mathrm{d}v=108\pi.$$

（2）补充曲面 $\Sigma_1:z=1$ 取下侧，Σ_1 在 xOy 坐标面上投影区域为 $D_1:x^2+y^2\leqslant 1,\Sigma_2:z=2$ 取上侧，Σ_2 在 xOy 坐标面上投影区域为 $D_2:x^2+y^2\leqslant 4$．$P=1,Q=z,R=\dfrac{\mathrm{e}^z}{z}$，由高斯公式得

$$\oint\!\!\!\oint_{\Sigma+\Sigma_1+\Sigma_2}P\mathrm{d}y\mathrm{d}z+Q\mathrm{d}z\mathrm{d}x+R\mathrm{d}x\mathrm{d}y=\iiint_{\Omega}\left(\frac{\partial P}{\partial x}+\frac{\partial Q}{\partial y}+\frac{\partial R}{\partial z}\right)\mathrm{d}v$$
$$=\iiint_{\Omega}\frac{\mathrm{e}^z}{z}\left(1-\frac{1}{z}\right)\mathrm{d}v=\int_1^2\frac{\mathrm{e}^z}{z}\left(1-\frac{1}{z}\right)\mathrm{d}z\iint_{D_z}\mathrm{d}x\mathrm{d}y$$
$$=\int_1^2\frac{\mathrm{e}^z}{z}\left(1-\frac{1}{z}\right)\pi z^2\mathrm{d}z=\pi\int_1^2\left(z\mathrm{e}^z-\mathrm{e}^z\right)\mathrm{d}z=\pi\mathrm{e}.$$

$$\oint\!\!\!\oint_{\Sigma_1}P\mathrm{d}y\mathrm{d}z+Q\mathrm{d}z\mathrm{d}x+R\mathrm{d}x\mathrm{d}y=\iint_{\Sigma_1}\frac{\mathrm{e}^z}{z}\mathrm{d}x\mathrm{d}y=-\iint_{D_1}\mathrm{e}\mathrm{d}x\mathrm{d}y=-\pi\mathrm{e},$$

$$\oint\!\!\!\oint_{\Sigma_2}P\mathrm{d}y\mathrm{d}z+Q\mathrm{d}z\mathrm{d}x+R\mathrm{d}x\mathrm{d}y=\iint_{\Sigma_2}\frac{\mathrm{e}^z}{z}\mathrm{d}x\mathrm{d}y=\iint_{D_2}\frac{\mathrm{e}^2}{2}\mathrm{d}x\mathrm{d}y=2\pi\mathrm{e}^2,$$

所以

$$\varPhi=\oint\!\!\!\oint_{\Sigma+\Sigma_1+\Sigma_2}P\mathrm{d}y\mathrm{d}z+Q\mathrm{d}z\mathrm{d}x+R\mathrm{d}x\mathrm{d}y-\oint\!\!\!\oint_{\Sigma_1}P\mathrm{d}y\mathrm{d}z+Q\mathrm{d}z\mathrm{d}x+R\mathrm{d}x\mathrm{d}y-\oint\!\!\!\oint_{\Sigma_2}P\mathrm{d}y\mathrm{d}z+Q\mathrm{d}z\mathrm{d}x+R\mathrm{d}x\mathrm{d}y$$
$$=2\pi\mathrm{e}-2\pi\mathrm{e}^2.$$

3．求下列向量场 $\boldsymbol{A}$ 的散度：

（1）$\boldsymbol{A}=\{x^2+yz,y^2+xz,z^2+xy\}$；（2）$\boldsymbol{A}=\mathrm{e}^{xy}\,\boldsymbol{i}+\cos(xy)\,\boldsymbol{j}+\cos\left(xz^2\right)\boldsymbol{k}$.

解　（1）$\operatorname{div}\boldsymbol{A}=\dfrac{\partial P}{\partial x}+\dfrac{\partial Q}{\partial y}+\dfrac{\partial R}{\partial z}=2x+2y+2z$.

（2）$\operatorname{div}\boldsymbol{A}=\dfrac{\partial P}{\partial x}+\dfrac{\partial Q}{\partial y}+\dfrac{\partial R}{\partial z}=y\mathrm{e}^{xy}-x\sin(xy)-2xz\sin\left(xz^2\right)$.

第七节 斯托克斯公式 环流量与旋度

一、教学基本要求

1. 了解斯托克斯公式.

2. 了解环流量与旋度的概念.

二、答疑解惑

在什么情况下，用斯托克斯公式计算曲线积分$\oint_{\Gamma} P\mathrm{d}x+Q\mathrm{d}y+R\mathrm{d}z$ 比较简单？

答 一般来说，当具备以下两方面的条件时，用斯托克斯公式计算比较方便.

（1）从积分曲线来看，如果Γ是平面与曲面的交线，可以考虑将曲线积分化为曲面积分. 由于斯托克斯公式与空间曲线Γ所张成的曲面Σ的形状无关，因此Σ可取以Γ为边界的平面区域，显然，在平面区域上的曲面积分在计算上比较简单. 应当注意，由Γ的方向确定Σ的侧时，必须符合右手规则.

（2）从被积函数上看，当$P(x,y,z),Q(x,y,z)$和$R(x,y,z)$比较简单时，用斯托克斯公式化为曲面积分后计算也会比较简单.

三、经典例题解析

题型一 斯托克斯公式的应用

例 1 计算曲线积分$\oint_{\Gamma}(z-y)\mathrm{d}x+(x-z)\mathrm{d}y+(x-y)\mathrm{d}z$，其中$\Gamma$是曲线$\begin{cases}x^2+y^2=1,\\ x-y+z=2,\end{cases}$从$z$轴正向看去为顺时针方向.

解法一 用斯托克斯公式将曲线积分化为第二类曲面积分. 曲面Σ为被Γ所围成的平面$x-y+z=2$的下侧部分，Σ在xOy坐标面上的投影区域为$D_{xy}:x^2+y^2\leqslant 1$，由斯托克斯公式得

$$\oint_{\Gamma}(z-y)\mathrm{d}x+(x-z)\mathrm{d}y+(x-y)\mathrm{d}z=\iint_{\Sigma}\begin{vmatrix}\mathrm{d}y\mathrm{d}z & \mathrm{d}z\mathrm{d}x & \mathrm{d}x\mathrm{d}y\\ \dfrac{\partial}{\partial x} & \dfrac{\partial}{\partial y} & \dfrac{\partial}{\partial z}\\ z-y & x-z & x-y\end{vmatrix}=\iint_{\Sigma}2\mathrm{d}x\mathrm{d}y=-\iint_{D_{xy}}2\mathrm{d}x\mathrm{d}y=-2\pi.$$

解法二 用参数法将曲线积分化为参变量的定积分，其关键在于用参数方程表示空间曲线. 令$x=\cos t$, $y=\sin t$，则$z=2-\cos t+\sin t$，曲线Γ的方向是从z轴正向看去为顺时针方向，所以参数t的值由0变到-2π，于是

$$\oint_{\Gamma}(z-y)\mathrm{d}x+(x-z)\mathrm{d}y+(x-y)\mathrm{d}z=\int_0^{-2\pi}-\left[2(\sin t+\cos t)-2\cos 2t-1\right]\mathrm{d}t=-2\pi.$$

解法三 用斯托克斯公式将曲线积分化为第一类曲面积分计算也较为简单，此处略去.

例 2　计算曲线积分 $I=\oint_{\Gamma}(y^2-z^2)\mathrm{d}x+(2z^2-x^2)\mathrm{d}y+(3x^2-y^2)\mathrm{d}z$，其中 Γ 是平面 $x+y+z=2$ 与柱面 $|x|+|y|=1$ 的交线，从 z 轴正向看去为逆时针方向.

解　用斯托克斯公式将曲线积分化为第一类曲面积分. 曲面 Σ 为被 Γ 所围成的平面 $x+y+z=2$ 的上侧部分，Σ 在 xOy 坐标面上的投影区域为 $D_{xy}:|x|+|y|\leqslant 1$，$\Sigma$ 的单位法向量 $\boldsymbol{n}=\left\{\frac{1}{\sqrt{3}},\frac{1}{\sqrt{3}},\frac{1}{\sqrt{3}}\right\}$，由斯托克斯公式得

$$I=\iint_{\Sigma}\begin{vmatrix}\frac{1}{\sqrt{3}} & \frac{1}{\sqrt{3}} & \frac{1}{\sqrt{3}}\\ \frac{\partial}{\partial x} & \frac{\partial}{\partial y} & \frac{\partial}{\partial z}\\ y^2-z^2 & 2z^2-x^2 & 3x^2-y^2\end{vmatrix}\mathrm{d}S=-\frac{2}{\sqrt{3}}\iint_{\Sigma}(4x+2y+3z)\mathrm{d}S$$

$$=-\frac{2}{\sqrt{3}}\iint_{D_{xy}}[4x+2y+3(2-x-y)]\cdot\sqrt{3}\mathrm{d}x\mathrm{d}y$$

$$=-2\iint_{D_{xy}}(x-y+6)\mathrm{d}x\mathrm{d}y=-2\iint_{D_{xy}}6\mathrm{d}x\mathrm{d}y=-12\iint_{D_{xy}}\mathrm{d}x\mathrm{d}y=-24.$$

题型二　关于旋度和环流量的计算

例 3　计算 $I=\iint_{\Sigma}\mathbf{rot}\boldsymbol{A}\cdot\boldsymbol{n}\,\mathrm{d}S$，其中 Σ 是球面 $x^2+y^2+z^2=2$ 的上半部分，Γ 是它的边界，其正向与上半球面的上侧的法向量之间符合右手规则，$\boldsymbol{A}=2y\,\boldsymbol{i}+3x\,\boldsymbol{j}-z^2\,\boldsymbol{k}$.（1）用对面积的曲面积分计算 I；（2）用对坐标的曲面积分计算 I；（3）用高斯公式计算 I；（4）用斯托克斯公式计算 I.

解　$$\mathbf{rot}\boldsymbol{A}=\begin{vmatrix}\boldsymbol{i} & \boldsymbol{j} & \boldsymbol{k}\\ \frac{\partial}{\partial x} & \frac{\partial}{\partial y} & \frac{\partial}{\partial z}\\ 2y & 3x & -z^2\end{vmatrix}=\{0,0,1\},$$

$$\boldsymbol{n}=\{\cos\alpha,\cos\beta,\cos\gamma\}=\left\{\frac{-z_x}{\sqrt{1+z_x^2+z_y^2}},\frac{-z_y}{\sqrt{1+z_x^2+z_y^2}},\frac{1}{\sqrt{1+z_x^2+z_y^2}}\right\},$$

于是

（1）$$I=\iint_{\Sigma}\frac{1}{\sqrt{1+z_x^2+z_y^2}}\mathrm{d}S=\iint_{x^2+y^2\leqslant 2}\frac{1}{\sqrt{1+z_x^2+z_y^2}}\cdot\sqrt{1+z_x^2+z_y^2}\mathrm{d}x\mathrm{d}y=\iint_{x^2+y^2\leqslant 2}\mathrm{d}x\mathrm{d}y=2\pi.$$

（2）$$I=\iint_{\Sigma}\frac{1}{\sqrt{1+z_x^2+z_y^2}}\mathrm{d}S=\iint_{\Sigma}\cos\gamma\mathrm{d}S=\iint_{\Sigma}\mathrm{d}x\mathrm{d}y=\iint_{x^2+y^2\leqslant 2}\mathrm{d}x\mathrm{d}y=2\pi.$$

（3）补上曲面 $\Sigma_1:z=0\ (x^2+y^2\leqslant 2)$，取下侧，则 Σ 和 Σ_1 构成闭曲面. Σ_1 在 xOy 坐标面上的投影区域为 $D_{xy}:x^2+y^2\leqslant 2$. 设由闭曲面构成的闭区域为 Ω，由高斯公式得

$$\oiint_{\Sigma+\Sigma_1}\frac{1}{\sqrt{1+z_x^2+z_y^2}}\mathrm{d}S=\oiint_{\Sigma+\Sigma_1}\mathrm{d}x\mathrm{d}y=\iiint_{\Omega}0\mathrm{d}v=0,$$

所以 $I=0-\iint_{\Sigma_1}\frac{1}{\sqrt{1+z_x^2+z_y^2}}\mathrm{d}S=-\iint_{x^2+y^2\leqslant 2}(-\mathrm{d}x\mathrm{d}y)=2\pi$.

（4）令 $x=\sqrt{2}\cos t,\ y=\sqrt{2}\sin t$，则 $z=0$，参数 t 的值由 0 变到 2π，于是由斯托克斯公式可得

$$I=\oiint_{\Sigma}\mathrm{rot}\boldsymbol{A}\cdot\boldsymbol{n}\,\mathrm{d}S=\oint_{\Gamma}2y\mathrm{d}x+3x\mathrm{d}y-z^2\mathrm{d}z$$

$$=\int_0^{2\pi}\left[2\sqrt{2}\sin t\cdot\left(-\sqrt{2}\sin t\right)+3\sqrt{2}\cos t\cdot\left(\sqrt{2}\cos t\right)\right]\mathrm{d}t=2\pi.$$

四、习题选解

1．利用斯托克斯公式计算下列曲线积分：

（1）$\oint_{\Gamma}(y-z)\mathrm{d}x+(z-x)\mathrm{d}y+(x-y)\mathrm{d}z$，其中 Γ 为椭圆 $x^2+y^2=a^2,\ \frac{x}{a}+\frac{z}{b}=1\ (a>0, b>0)$，若从 x 轴正向看去，此椭圆取逆时针方向；

（2）$\oint_{\Gamma}3y\mathrm{d}x-xz\mathrm{d}y+yz^2\mathrm{d}z$，其中 Γ 是圆周 $x^2+y^2+z^2=9, z=0$, 若从 z 轴正向看去，此圆周取逆时针方向；

（3）$\oint_{\Gamma}(y-z)\mathrm{d}x+(z-x)\mathrm{d}y+(x-y)\mathrm{d}z$，其中 Γ 为球面 $x^2+y^2+z^2=a^2$ 与平面 $x\sin\alpha-y\cos\alpha=0(0<\alpha<\pi)$ 的交线，从 x 轴正向看 Γ 为逆时针方向.

解 （1）Σ 为平面 $\frac{x}{a}+\frac{z}{b}=1$ 的上侧被 Γ 所围成的部分，Σ 的单位法向量为 $\boldsymbol{n}=\left\{\frac{b}{\sqrt{a^2+b^2}},0,\frac{a}{\sqrt{a^2+b^2}}\right\}$，$D_{xy}:x^2+y^2\leqslant a^2$，由斯托克斯公式得

$$\oint_{\Gamma}(y-z)\mathrm{d}x+(z-x)\mathrm{d}y+(x-y)\mathrm{d}z=\iint_{\Sigma}\begin{vmatrix}\frac{b}{\sqrt{a^2+b^2}} & 0 & \frac{a}{\sqrt{a^2+b^2}}\\ \frac{\partial}{\partial x} & \frac{\partial}{\partial y} & \frac{\partial}{\partial z}\\ y-z & z-x & x-y\end{vmatrix}\mathrm{d}S$$

$$=-2\frac{a+b}{\sqrt{a^2+b^2}}\iint_{\Sigma}\mathrm{d}S=-2\frac{a+b}{\sqrt{a^2+b^2}}\iint_{D_{xy}}\sqrt{\frac{b^2}{a^2}+1}\mathrm{d}x\mathrm{d}y$$

$$=-2\pi a(a+b).$$

（2）设 Σ 为平面 $z=0$ 的上侧被 Γ 所围成的部分，$D_{xy}:x^2+y^2\leqslant 9$，由斯托克斯公式得

$$\oint_\Gamma 3y\mathrm{d}x - xz\mathrm{d}y + yz^2\mathrm{d}z = \iint_\Sigma \begin{vmatrix} \mathrm{d}y\mathrm{d}z & \mathrm{d}z\mathrm{d}x & \mathrm{d}x\mathrm{d}y \\ \dfrac{\partial}{\partial x} & \dfrac{\partial}{\partial y} & \dfrac{\partial}{\partial z} \\ 3y & -xz & yz^2 \end{vmatrix}$$

$$= \iint_\Sigma (z^2 + x)\mathrm{d}y\mathrm{d}z + (-z-3)\mathrm{d}x\mathrm{d}y = \iint_{D_{xy}} -3\mathrm{d}x\mathrm{d}y = -27\pi .$$

（3）设 Σ 为平面 $x\sin\alpha - y\cos\alpha = 0(0<\alpha<\pi)$ 的前侧被 Γ 所围成的部分，Σ 的单位法向量为 $\boldsymbol{n}=\{\sin\alpha, -\cos\alpha, 0\}$，由斯托克斯公式得

$$\oint_\Gamma (y-z)\mathrm{d}x + (z-x)\mathrm{d}y + (x-y)\mathrm{d}z = \iint_\Sigma \begin{vmatrix} \sin\alpha & -\cos\alpha & 0 \\ \dfrac{\partial}{\partial x} & \dfrac{\partial}{\partial y} & \dfrac{\partial}{\partial z} \\ y-z & z-x & x-y \end{vmatrix} \mathrm{d}S$$

$$= 2(\cos\alpha - \sin\alpha)\iint_\Sigma \mathrm{d}S = 2\pi a^2(\cos\alpha - \sin\alpha).$$

2．求下列向量场 A 的旋度：

（1）$\boldsymbol{A}=\{yz^2, zx^2, xy^2\}$；（2）$\boldsymbol{A}=\{x^2\sin y, y^2\sin(xz), xy\sin(\cos z)\}$.

解　（1）$\mathrm{rot}\boldsymbol{A} = \begin{vmatrix} \boldsymbol{i} & \boldsymbol{j} & \boldsymbol{k} \\ \dfrac{\partial}{\partial x} & \dfrac{\partial}{\partial y} & \dfrac{\partial}{\partial z} \\ yz^2 & zx^2 & xy^2 \end{vmatrix} = \{2xy - x^2, 2yz - y^2, 2xz - z^2\}.$

（2）$\mathrm{rot}\boldsymbol{A} = \begin{vmatrix} \boldsymbol{i} & \boldsymbol{j} & \boldsymbol{k} \\ \dfrac{\partial}{\partial x} & \dfrac{\partial}{\partial y} & \dfrac{\partial}{\partial z} \\ x^2\sin y & y^2\sin(xz) & xy\sin(\cos z) \end{vmatrix}$

$$= \{x\sin(\cos z) - xy^2\cos(xz), -y\sin(\cos z), y^2z\cos(xz) - x^2\cos y\}.$$

3．求向量场 $\boldsymbol{A}=(x-z)\,\boldsymbol{i}+(x^3+yz)\,\boldsymbol{j}-3xy^2\,\boldsymbol{k}$ 沿着闭曲线 $\Gamma:\begin{cases} z = 2-\sqrt{x^2+y^2}, \\ z=0 \end{cases}$ 的环流量，其中 Γ 从 z 轴正向看取逆时针方向.

解　设 Σ 为平面 $z=0$ 的上侧由 Γ 所围成的部分，$D_{xy}: x^2+y^2 \leqslant 4$，$\Sigma$ 的单位法向量为 $\boldsymbol{n}=\{0,0,1\}$，由斯托克斯公式得

$$\oint_\Gamma (x-z)\mathrm{d}x + (x^3+yz)\mathrm{d}y - 3xy^2\mathrm{d}z = \iint_\Sigma \begin{vmatrix} 0 & 0 & 1 \\ \dfrac{\partial}{\partial x} & \dfrac{\partial}{\partial y} & \dfrac{\partial}{\partial z} \\ x-z & x^3+yz & -3xy^2 \end{vmatrix} \mathrm{d}S$$

$$= \iint_\Sigma 3x^2\mathrm{d}S = \iint_{D_{xy}} 3x^2\mathrm{d}x\mathrm{d}y = \int_0^{2\pi}\mathrm{d}\theta\int_0^2 3r^2\cos^2\theta r\mathrm{d}r = 12\pi .$$

注　本题还可化为对参数的定积分计算.

总习题十选解

1．计算下列各曲线积分：

（1）$\oint_L \sqrt{x^2+y^2}\mathrm{d}s$，其中$L$为圆周$x^2+y^2=ax$；

（2）$\int_\Gamma z\mathrm{d}s$，其中Γ为曲线$x=t\cos t$，$y=t\sin t$，$z=t\left(0\leqslant t\leqslant t_0\right)$；

（3）$\int_L(2a-y)\mathrm{d}x+x\mathrm{d}y$，其中$L$为摆线$x=a(t-\sin t)$，$y=a(1-\cos t)$上对应$t$从0到$2\pi$的一段弧；

（4）$\int_\Gamma\left(y^2-z^2\right)\mathrm{d}x+2yz\mathrm{d}y-x^2\mathrm{d}z$，其中$\Gamma$是曲线$x=t,y=t^2,z=t^3$上由$t_1=0$到$t_2=1$的一段弧；

（5）$\int_L\left(\mathrm{e}^x\sin y-2y\right)\mathrm{d}x+\left(\mathrm{e}^x\cos y-2\right)\mathrm{d}y$，其中$L$为上半圆周$(x-a)^2+y^2=a^2$，$y\geqslant0$，沿逆时针方向；

（6）$\oint_\Gamma xyz\mathrm{d}z$，其中$\Gamma$是用平面$y=z$截球面$x^2+y^2+z^2=1$所得的截痕，从$z$轴的正向看去，沿逆时针方向.

解 （1）因为在极坐标系下，曲线L的方程为$r=a\cos\theta\left(-\dfrac{\pi}{2}\leqslant\theta\leqslant\dfrac{\pi}{2}\right)$，所以

$$\oint_L\sqrt{x^2+y^2}\mathrm{d}s=\int_{-\frac{\pi}{2}}^{\frac{\pi}{2}}r\sqrt{r^2+r'^2}\mathrm{d}\theta=\int_{-\frac{\pi}{2}}^{\frac{\pi}{2}}a\cos\theta\cdot\sqrt{(a\cos\theta)^2+(-a\sin\theta)^2}\mathrm{d}\theta$$

$$=a^2\int_{-\frac{\pi}{2}}^{\frac{\pi}{2}}\cos\theta\mathrm{d}\theta=2a^2.$$

（2）$$\int_\Gamma z\mathrm{d}s=\int_0^{t_0}t\sqrt{(\cos t-t\sin t)^2+(\sin t+t\cos t)^2+1}\mathrm{d}t$$

$$=\frac{1}{2}\int_0^{t_0}\sqrt{t^2+2}\mathrm{d}t^2=\frac{1}{3}\left[\left(t^2+2\right)^{\frac{3}{2}}\right]_0^{t_0}=\frac{1}{3}\left[\left({t_0}^2+2\right)^{\frac{3}{2}}-2\sqrt{2}\right].$$

（3）$$\int_L(2a-y)\mathrm{d}x+x\mathrm{d}y=\int_0^{2\pi}\left\{\left[2a-a(1-\cos t)\right]a(1-\cos t)+a(t-\sin t)\cdot a\sin t\right\}\mathrm{d}t$$

$$=a^2\int_0^{2\pi}t\sin t\mathrm{d}t=-2\pi a^2.$$

（4）$$\int_\Gamma\left(y^2-z^2\right)\mathrm{d}x+2yz\mathrm{d}y-x^2\mathrm{d}z=\int_0^1\left[\left(t^4-t^6\right)+2t^2\cdot t^3\cdot2t-t^2\cdot3t^2\right]\mathrm{d}t$$

$$=\int_0^1\left(3t^6-2t^4\right)\mathrm{d}t=\frac{1}{35}.$$

（5）如图10-21所示，取l为$y=0$，x从0变到$2a$，则$L+l$为封闭曲线，其所围成的区域D为半圆域，由格林公式得

$$\oint_L\left(\mathrm{e}^x\sin y-2y\right)\mathrm{d}x+\left(\mathrm{e}^x\cos y-2\right)\mathrm{d}y$$

$$=\oint_{L+l}\left(\mathrm{e}^x\sin y-2y\right)\mathrm{d}x+\left(\mathrm{e}^x\cos y-2\right)\mathrm{d}y-$$

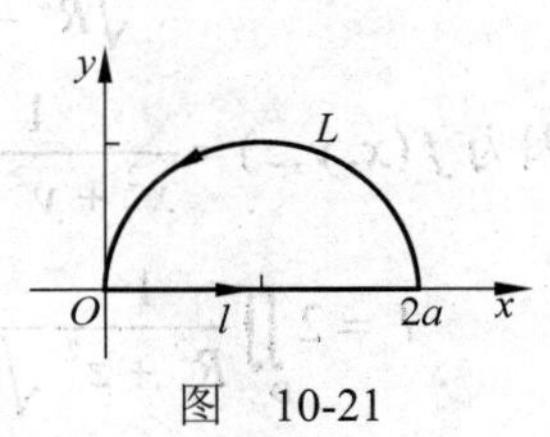

图 10-21

$$\int_l \left(e^x \sin y - 2y\right)dx + \left(e^x \cos y - 2\right)dy$$
$$= \iint_D \left(e^x \cos y - e^x \cos y + 2\right)d\sigma - 0 = 2\iint_D d\sigma = \pi a^2.$$

（6）由斯托克斯公式，$\oint_\Gamma xyz\mathrm{d}z = \iint_\Sigma \begin{vmatrix} \mathrm{d}y\mathrm{d}z & \mathrm{d}z\mathrm{d}x & \mathrm{d}x\mathrm{d}y \\ \dfrac{\partial}{\partial x} & \dfrac{\partial}{\partial y} & \dfrac{\partial}{\partial z} \\ 0 & 0 & xyz \end{vmatrix} = \iint_\Sigma xz\mathrm{d}y\mathrm{d}z - yz\mathrm{d}z\mathrm{d}x$，

其中Σ为平面$y=z$上以Γ为边界的圆面，取上侧. 因为Σ在yOz坐标面上的投影为一线段，故$\iint_\Sigma xz\mathrm{d}y\mathrm{d}z = 0$；$\Sigma$在$xOz$坐标面上的投影为椭圆区域$D_{zx}: x^2+2z^2 \leqslant 1$，而$\Sigma$的正侧与$y$轴正向成钝角，故$\iint_\Sigma -yz\mathrm{d}z\mathrm{d}x = \iint_{D_{zx}} z^2\mathrm{d}z\mathrm{d}x$，于是

$$\oint_\Gamma xyz\mathrm{d}z = \iint_{D_{zx}} z^2\mathrm{d}z\mathrm{d}x = 4\int_0^1 \mathrm{d}x\int_0^{\sqrt{\frac{1-x^2}{2}}} z^2\mathrm{d}z = \frac{4}{3}\int_0^1\left(\frac{1-x^2}{2}\right)^{\frac{3}{2}}\mathrm{d}x$$
$$= \frac{2}{3\sqrt{2}}\int_0^{\frac{\pi}{2}}\left(1-\sin^2 t\right)^{\frac{3}{2}}\cos t\mathrm{d}t = \frac{\sqrt{2}}{3}\int_0^{\frac{\pi}{2}}\cos^4 t\mathrm{d}t = \frac{\sqrt{2}}{3}\times\frac{3}{4}\times\frac{1}{2}\times\frac{\pi}{2} = \frac{\sqrt{2}}{16}\pi.$$

2．计算下列各曲面积分：

（1）$I = \iint_\Sigma \dfrac{\mathrm{d}S}{x^2+y^2+z^2}$，其中$\Sigma$是介于平面$z=0$与$z=H$之间的圆柱面$x^2+y^2=R^2$；

（2）$I = \iint_\Sigma \left(y^2-z\right)\mathrm{d}y\mathrm{d}z + \left(z^2-x\right)\mathrm{d}z\mathrm{d}x + \left(x^2-y\right)\mathrm{d}x\mathrm{d}y$，其中$\Sigma$为锥面$z=\sqrt{x^2+y^2}$ $\left(0 \leqslant z \leqslant h\right)$的外侧；

（3）$I = \iint_\Sigma x\mathrm{d}y\mathrm{d}z + y\mathrm{d}z\mathrm{d}x + z\mathrm{d}x\mathrm{d}y$，其中$\Sigma$为半球面$z=\sqrt{R^2-x^2-y^2}$的上侧;

（4）$I = \iint_\Sigma \dfrac{x\mathrm{d}y\mathrm{d}z + y\mathrm{d}z\mathrm{d}x + z\mathrm{d}x\mathrm{d}y}{\sqrt{\left(x^2+y^2+z^2\right)^3}}$，其中$\Sigma$为曲面$1-\dfrac{z}{5} = \dfrac{(x-2)^2}{16} + \dfrac{(y-1)^2}{9}$ $(z \geqslant 0)$的上侧.

解　(1)Σ关于yOz坐标面对称，记Σ_1为Σ上$x \geqslant 0$的部分，则Σ_1的方程为$x=\sqrt{R^2-y^2}$，在yOz坐标面的投影区域为$D_{yz}: -R \leqslant y \leqslant R, 0 \leqslant z \leqslant H$，且

$$x_y = \frac{y}{\sqrt{R^2-y^2}},\ x_z = 0,\ \ \mathrm{d}S = \sqrt{1+x_y^2+x_z^2}\,\mathrm{d}y\mathrm{d}z = \frac{R}{\sqrt{R^2-y^2}}\mathrm{d}y\mathrm{d}z,$$

因为$f(x,y,z) = \dfrac{1}{x^2+y^2+z^2}$关于$x$为偶函数，所以

$$I = 2\iint_{D_{yz}} \frac{1}{R^2+z^2}\frac{R}{\sqrt{R^2-y^2}}\mathrm{d}y\mathrm{d}z = 2\int_{-R}^{R}\frac{R}{\sqrt{R^2-y^2}}\mathrm{d}y \cdot \int_0^H \frac{1}{R^2+z^2}\mathrm{d}z = 2\pi\arctan\frac{H}{R}.$$

（2）取 $\Sigma_1: z=h\ \left(x^2+y^2\leqslant h^2\right)$ 的上侧，Σ_1 与 Σ 形成一个封闭的曲面，设所围的空间区域为 Ω，由高斯公式得

$$\oiint\limits_{\Sigma+\Sigma_1}\left(y^2-z\right)\mathrm{d}y\mathrm{d}z+\left(z^2-x\right)\mathrm{d}z\mathrm{d}x+\left(x^2-y\right)\mathrm{d}x\mathrm{d}y=\iiint\limits_{\Omega}(0+0+0)\mathrm{d}x\mathrm{d}y\mathrm{d}z=0\,;$$

$$\iint\limits_{\Sigma_1}\left(y^2-z\right)\mathrm{d}y\mathrm{d}z+\left(z^2-x\right)\mathrm{d}z\mathrm{d}x+\left(x^2-y\right)\mathrm{d}x\mathrm{d}y=\iint\limits_{x^2+y^2\leqslant h^2}\left(x^2-y\right)\mathrm{d}x\mathrm{d}y=I_1\,,$$

由对称性可知 $\iint\limits_{x^2+y^2\leqslant h^2}y\mathrm{d}x\mathrm{d}y=0$，$I_1=4\int_0^{\frac{\pi}{2}}\mathrm{d}\theta\int_0^h r^2\cos^2\theta\cdot r\mathrm{d}r=4\int_0^{\frac{\pi}{2}}\cos^2\theta\mathrm{d}\theta\int_0^h r^3\mathrm{d}r=\dfrac{\pi h^4}{4}$，

所以 $I=-\dfrac{\pi h^4}{4}$.

（3）取 $\Sigma_1: z=0\left(x^2+y^2\leqslant R^2\right)$ 的下侧，Σ_1 与 Σ 形成一个封闭的曲面，设所围成的空间区域为 Ω，由高斯公式得

$$\begin{aligned}I&=\oiint\limits_{\Sigma+\Sigma_1}x\mathrm{d}y\mathrm{d}z+y\mathrm{d}z\mathrm{d}x+z\mathrm{d}x\mathrm{d}y-\iint\limits_{\Sigma_1}x\mathrm{d}y\mathrm{d}z+y\mathrm{d}z\mathrm{d}x+z\mathrm{d}x\mathrm{d}y\\&=\iiint\limits_{\Omega}3\mathrm{d}x\mathrm{d}y\mathrm{d}z-0=3\cdot\frac{4\pi R^3}{3}\cdot\frac{1}{2}=2\pi R^3.\end{aligned}$$

（4）取 $\Sigma_1: z=0\left(\dfrac{(x-2)^2}{16}+\dfrac{(y-1)^2}{9}\leqslant 1\right)$ 的下侧，Σ_1 与 Σ 形成一个封闭的曲面，设所围成的空间区域为 Ω，由高斯公式得

$$\begin{aligned}I&=\oiint\limits_{\Sigma+\Sigma_1}\frac{x\mathrm{d}y\mathrm{d}z+y\mathrm{d}z\mathrm{d}x+z\mathrm{d}x\mathrm{d}y}{\sqrt{\left(x^2+y^2+z^2\right)^3}}-\iint\limits_{\Sigma_1}\frac{x\mathrm{d}y\mathrm{d}z+y\mathrm{d}z\mathrm{d}x+z\mathrm{d}x\mathrm{d}y}{\sqrt{\left(x^2+y^2+z^2\right)^3}}\\&=\iiint\limits_{\Omega}\frac{\left[\left(y^2+z^2-2x^2\right)+\left(x^2+z^2-2y^2\right)+\left(y^2+x^2-2z^2\right)\right]}{\sqrt{\left(x^2+y^2+z^2\right)^5}}\mathrm{d}x\mathrm{d}y\mathrm{d}z-0=0.\end{aligned}$$

3．证明 $\dfrac{x\mathrm{d}x+y\mathrm{d}y}{x^2+y^2}$ 在整个 xOy 坐标面除去 y 轴的负半轴及原点的开区域 G 内是某个二元函数的全微分，并求出一个这样的二元函数.

解 令 $P=\dfrac{x}{x^2+y^2}, Q=\dfrac{y}{x^2+y^2}$，则在开区域 G 内有 $\dfrac{\partial P}{\partial y}=\dfrac{-2xy}{x^2+y^2}=\dfrac{\partial Q}{\partial x}$，故所给表达式是某个二元函数 $u(x,y)$ 的全微分，于是 $\mathrm{d}u(x,y)=\dfrac{x\mathrm{d}x+y\mathrm{d}y}{x^2+y^2}=\dfrac{\frac{1}{2}\mathrm{d}\left(x^2+y^2\right)}{x^2+y^2}=\mathrm{d}\left[\dfrac{1}{2}\ln(x^2+y^2)\right]$，

所以 $u(x,y)=\dfrac{1}{2}\ln\left(x^2+y^2\right)+C$.

4．设在半平面 $x>0$ 内有力 $\boldsymbol{F}=-\dfrac{k}{r^3}(x\,\boldsymbol{i}+y\,\boldsymbol{j})$ 构成力场，其中 k 为常数，$r=\sqrt{x^2+y^2}$，证明在此力场中场力所作的功与所取的路径无关.

解　令 $P=\dfrac{-kx}{\left(x^2+y^2\right)^{\frac{3}{2}}}$，$Q=\dfrac{-ky}{\left(x^2+y^2\right)^{\frac{3}{2}}}$，在半平面 $x>0$ 内，$P(x,y)$ 和 $Q(x,y)$ 有意义，

并且 $\dfrac{\partial P}{\partial y}=\dfrac{3kxy}{\left(x^2+y^2\right)^{\frac{5}{2}}}=\dfrac{\partial Q}{\partial x}$ 为连续函数，因此在 $x>0$ 的半平面内，曲线积分 $\int_L P\mathrm{d}x+Q\mathrm{d}y$ 与路径无关，只与 L 的起点和终点有关，即在此力场中场力所作的功与所取的路径无关.

5．求均匀曲面 $z=\sqrt{a^2-x^2-y^2}$ 的质心的坐标.

解　设曲面的面密度为 ρ，曲面的质心为 $(\overline{x},\overline{y},\overline{z})$，该曲面在 xOy 坐标面上的投影为 $D_{xy}:x^2+y^2\leqslant a^2$，由对称性可知 $\overline{x}=0,\overline{y}=0$，而曲面的质量

$$M=\iint_{\Sigma}\rho\mathrm{d}S=\rho\iint_{D_{xy}}\frac{a}{\sqrt{a^2-x^2-y^2}}\mathrm{d}x\mathrm{d}y=a\rho\int_0^{2\pi}\mathrm{d}\theta\int_0^a\frac{r}{\sqrt{a^2-r^2}}\mathrm{d}r=2\pi a^2\rho,$$

因此

$$\begin{aligned}\overline{z}&=\frac{1}{M}\iint_{\Sigma}\rho z\mathrm{d}S=\frac{\rho}{M}\iint_{D_{xy}}\sqrt{a^2-x^2-y^2}\cdot\frac{a}{\sqrt{a^2-x^2-y^2}}\mathrm{d}x\mathrm{d}y\\&=\frac{\rho}{M}\iint_{D_{xy}}a\mathrm{d}x\mathrm{d}y=\frac{a\rho}{M}\pi a^2=\frac{\pi a^3\rho}{2\pi a^2\rho}=\frac{a}{2},\end{aligned}$$

故所求质心的坐标为 $\left(0,0,\dfrac{a}{2}\right)$.

6．求向量 $\boldsymbol{A}=\{x,y,z\}$ 通过区域 $\Omega:0\leqslant x\leqslant1,0\leqslant y\leqslant1,0\leqslant z\leqslant1$ 的边界曲面流向外侧的通量.

解　$P=x$，$Q=y$，$R=z$，由高斯公式得

$$\Phi=\oiint_{\Sigma}P\mathrm{d}y\mathrm{d}z+Q\mathrm{d}z\mathrm{d}x+R\mathrm{d}x\mathrm{d}y=\iiint_{\Omega}\left(\frac{\partial P}{\partial x}+\frac{\partial Q}{\partial y}+\frac{\partial R}{\partial z}\right)\mathrm{d}v=\iiint_{\Omega}(1+1+1)\mathrm{d}v=3\iiint_{\Omega}\mathrm{d}v=3.$$

7．求力 $\boldsymbol{F}=y\,\boldsymbol{i}+z\,\boldsymbol{j}+x\boldsymbol{k}$ 沿有向闭曲线 Γ 所作的功，其中 Γ 为平面 $x+y+z=1$ 被三个坐标面所截成的三角形的整个边界，从 z 轴正向看去，沿顺时针方向.

解　$W=\oint_{\Gamma}\boldsymbol{F}\cdot\mathrm{d}\boldsymbol{s}=\oint_{\Gamma}y\mathrm{d}x+z\mathrm{d}y+x\mathrm{d}z$，取 Σ 为平面 $x+y+z=1$ 由 Γ 所围的部分的下侧，由斯托克斯公式得

$$\begin{aligned}\oint_{\Gamma}y\mathrm{d}x+z\mathrm{d}y+x\mathrm{d}z&=\iint_{\Sigma}\begin{vmatrix}\mathrm{d}y\mathrm{d}z&\mathrm{d}z\mathrm{d}x&\mathrm{d}x\mathrm{d}y\\\dfrac{\partial}{\partial x}&\dfrac{\partial}{\partial y}&\dfrac{\partial}{\partial z}\\y&z&x\end{vmatrix}\\&=\iint_{\Sigma}(-1)\mathrm{d}y\mathrm{d}z+(-1)\mathrm{d}z\mathrm{d}x+(-1)\mathrm{d}x\mathrm{d}y=-\iint_{\Sigma}\mathrm{d}y\mathrm{d}z+\mathrm{d}z\mathrm{d}x+\mathrm{d}x\mathrm{d}y\\&=\iint_{D_{yz}}\mathrm{d}y\mathrm{d}z+\iint_{D_{zx}}\mathrm{d}z\mathrm{d}x+\iint_{D_{xy}}\mathrm{d}x\mathrm{d}y=3\iint_{D_{xy}}\mathrm{d}x\mathrm{d}y=\frac{3}{2}.\end{aligned}$$

第十章总复习

一、本章重点

1．对弧长的曲线积分的计算

计算对弧长的曲线积分 $\int_L f(x,y)\mathrm{d}s$ 或 $\int_\Gamma f(x,y,z)\mathrm{d}s$ 时，通常把它们化成定积分，为此，需要建立积分曲线的参数方程，确定曲线所对应的参数 t 的取值范围，这样才能把曲线积分化为定积分. 在计算时应该注意，在转化为定积分后，积分上限应大于积分下限.

2．对坐标的曲线积分的计算

计算对坐标的曲线积分 $\int_L P\mathrm{d}x+Q\mathrm{d}y$ 或 $\int_\Gamma P\mathrm{d}x+Q\mathrm{d}y+R\mathrm{d}z$ 时，通常把它们转化为定积分或二重积分（格林公式），为此，需要建立积分曲线的参数方程，确定曲线所对应的参数的取值范围. 在计算时应该注意，在转化为定积分后，积分曲线的起点要与定积分的下限相对应，积分曲线的终点要与定积分的上限相对应.

3．格林公式

格林公式揭示了平面闭区域 D 上的二重积分与沿着闭区域 D 的边界曲线上的曲线积分之间的关系. 在应用格林公式时，首先要检验格林公式的条件是否满足，当条件不满足时，公式不能直接使用.

格林公式有简单的几何应用，由分段光滑曲线 L 所围成的闭区域 D 的面积可以表示为 $A=\frac{1}{2}\oint_L x\mathrm{d}y-y\mathrm{d}x$.

4．如果函数 $P(x,y)$，$Q(x,y)$ 在平面单连通开区域 G 内有一阶连续的偏导数，则以下四个条件等价：

（1）曲线积分 $\int_L P\mathrm{d}x+Q\mathrm{d}y$ 在 G 内与路径无关；

（2）对于 G 内的任何封闭曲线 L，$\oint_L P\mathrm{d}x+Q\mathrm{d}y=0$；

（3）$\frac{\partial P}{\partial y}=\frac{\partial Q}{\partial x}$ 在 G 内每点成立；

（4）存在二元函数 $u(x,y)$，使得被积表达式在 G 内为 $u(x,y)$ 的全微分，即 $\mathrm{d}u=P\mathrm{d}x+Q\mathrm{d}y$.

5．对面积的曲面积分的计算

计算对面积的曲面积分 $\iint\limits_\Sigma f(x,y,z)\mathrm{d}S$ 时，通常把它化为 Σ 在某坐标面上的投影区域 D 上的二重积分. 转化过程包括以下四个方面：（1）确定投影坐标面（如 xOy 坐标面），并求出 Σ 对该坐标面的显式方程 $z=z(x,y)$；（2）求出 Σ 在该坐标面上的投影区域 D_{xy}；（3）求出曲面的面积元素 $\mathrm{d}S=\sqrt{1+z_x^2+z_y^2}\,\mathrm{d}\sigma$；（4）将 $z=z(x,y)$ 及 $\mathrm{d}S=\sqrt{1+z_x^2+z_y^2}\,\mathrm{d}\sigma$ 代入 $\iint\limits_\Sigma f(x,y,z)\mathrm{d}S$，化为二重积分并计算，即

$$\iint_{\Sigma} f(x,y,z)\,\mathrm{d}S=\iint_{D_{xy}} f\left[x,y,z(x,y)\right]\sqrt{1+z_x^2(x,y)+z_y^2(x,y)}\,\mathrm{d}x\mathrm{d}y.$$

6. 对坐标的曲面积分的计算

计算对坐标的曲面积分 $\iint_{\Sigma} P\mathrm{d}y\mathrm{d}z+Q\mathrm{d}z\mathrm{d}x+R\mathrm{d}x\mathrm{d}y$ 时，通常把它们分别化为二重积分或三重积分（高斯公式）计算.转化过程包括四个方面（以 $\iint_{\Sigma} R\mathrm{d}x\mathrm{d}y$ 为例）:（1）求出曲面 Σ 的显式方程 $z=z(x,y)$；（2）求出 Σ 在 xOy 坐标面上的投影区域 D_{xy}（注意这里的投影是有向的）;（3）根据 Σ 的侧确定二重积分的符号;（4）将 $z=z(x,y)$ 代入被积函数并计算二重积分 $\iint_{\Sigma} R(x,y,z)\mathrm{d}x\mathrm{d}y=\pm\iint_{D_{xy}} R(x,y,z(x,y))\mathrm{d}x\mathrm{d}y$.

7. 高斯公式

与格林公式类似，高斯公式揭示了空间闭区域上的三重积分与其边界曲面上的曲面积分之间的关系. 在应用高斯公式时，要注意:（1）利用高斯公式可以把对坐标的曲面积分化为三重积分，而在大多数情况下计算三重积分比计算对坐标的曲面积分容易.（2）使用高斯公式要求 $P(x,y,z)$, $Q(x,y,z)$, $R(x,y,z)$ 在 Ω 上具有一阶连续的偏导数.（3）在高斯公式中，Σ 应为封闭曲面，并取外侧. 如果 Σ 不是封闭曲面，可添加有向曲面 Σ_1，使 $\Sigma+\Sigma_1$ 成为取内侧或外侧的封闭曲面. 取内侧时，高斯公式中应加负号. 一般辅助曲面应尽量简单，通常选取平行于坐标面的平面，从而使得计算其上对坐标的曲面积分容易.

二、本章难点

1. 两类曲线积分之间的关系

两类不同的曲线积分产生于不同的实际问题，具有不同的性质. 对弧长的曲线积分源于曲线型构件的质量问题，其结果为数量，$\int_L f(x,y)\mathrm{d}s$ 中的被积函数 $f(x,y)$ 是定义在 L 上的数量函数，$\mathrm{d}s$ 是曲线 L 的弧长微元；对坐标的曲线积分源于变力作功的问题，与向量有关，$\int_L P(x,y)\mathrm{d}x+Q(x,y)\mathrm{d}y$ 中的函数 $P(x,y)$, $Q(x,y)$ 分别是定义在 L 上的向量函数 $\boldsymbol{F}(x,y)=P(x,y)\boldsymbol{i}+Q(x,y)\boldsymbol{j}$ 在 x 轴和 y 轴上的投影，$\mathrm{d}x,\mathrm{d}y$ 分别是弧微分 $\mathrm{d}s$ 在 x 轴和 y 轴上的有向投影，即 $\mathrm{d}x=\cos\alpha\mathrm{d}s$, $\mathrm{d}y=\cos\beta\mathrm{d}s$，因此两类曲线积分之间有下列关系：

$$\int_L P\mathrm{d}x+Q\mathrm{d}y=\int_L\left(P\cos\alpha+Q\cos\beta\right)\mathrm{d}s,$$

其中 $\cos\alpha,\cos\beta$ 是有向曲线 L 上点 (x,y) 处的切向量的方向余弦.

2. 两类曲面积分之间的关系

与曲线积分类似，两类曲面积分产生于不同的实际问题，具有不同的性质. 对面积的曲面积分源于曲面形薄板的质量问题，其结果为数量，$\iint_{\Sigma} f(x,y,z)\mathrm{d}S$ 中的被积函数 $f(x,y,z)$ 是定义在 Σ 上的数量函数，$\mathrm{d}S$ 是曲面 Σ 的面积元素；对坐标的曲面积分源于流量问题，与向量有关，$\iint_{\Sigma} P\mathrm{d}y\mathrm{d}z+Q\mathrm{d}z\mathrm{d}x+R\mathrm{d}x\mathrm{d}y$ 中的被积函数 $P(x,y,z)$, $Q(x,y,z)$, $R(x,y,z)$ 分别是向量函数

$$\boldsymbol{v}(x,y,z)=P(x,y,z)\boldsymbol{i}+Q(x,y,z)\boldsymbol{j}+R(x,y,z)\boldsymbol{k}$$

在 x 轴、y 轴和 z 轴上的投影，$\mathrm{d}y\mathrm{d}z$, $\mathrm{d}z\mathrm{d}x$, $\mathrm{d}x\mathrm{d}y$ 分别是 Σ 的面积元素 $\mathrm{d}S$ 在坐标面 yOz，zOx 和 xOy 上的有向投影，当有向曲面投影为坐标面上的无向区域时，它们带有一定的符号，即

$$\mathrm{d}y\mathrm{d}z=\cos\alpha\mathrm{d}S,\quad \mathrm{d}z\mathrm{d}x=\cos\beta\mathrm{d}S,\quad \mathrm{d}x\mathrm{d}y=\cos\gamma\mathrm{d}S,$$

这与二重积分中的 $\mathrm{d}y\mathrm{d}z,\mathrm{d}z\mathrm{d}x,\mathrm{d}x\mathrm{d}y$ 恒为正值是不同的. 因此，对坐标的曲面积分具有区别于对面积的曲面积分的有向性. 进一步地，两类曲面积分之间的关系为

$$\iint_{\Sigma}P\mathrm{d}y\mathrm{d}z+Q\mathrm{d}z\mathrm{d}x+R\mathrm{d}x\mathrm{d}y=\iint_{\Sigma}\left(P\cos\alpha+Q\cos\beta+R\cos\gamma\right)\mathrm{d}S,$$

其中 $\cos\alpha,\cos\beta,\cos\gamma$ 是有向曲面 Σ 上点 (x,y,z) 处的法向量的方向余弦.

三、综合练习题

基 础 型

1．设 Γ 为 $x^2+y^2+z^2=1$ 与 $x+y+z=0$ 的交线，计算 $\oint_{\Gamma}(xy+yz+zx)\mathrm{d}s$.

2．计算 $\int_L|y|\mathrm{d}s$，其中 L 为双纽线 $\left(x^2+y^2\right)^2=a^2\left(x^2-y^2\right)(a>0)$.

3．计算 $I=\int_{\Gamma}(x^2+y^2+2x-z-4)\mathrm{d}s$，其中 Γ 是曲面 $z=\sqrt{x^2+5y^2}$ 与平面 $z=1+2y$ 的交线.

4．计算 $I=\int_L\sqrt{x^2+y^2}\,\mathrm{d}x+y\left[xy+\ln\left(x+\sqrt{x^2+y^2}\right)\right]\mathrm{d}y$，其中 L 为沿着曲线 $y=\sin x$ 由 $A(\pi,0)$ 到 $B(2\pi,0)$ 的有向曲线.

5．在过点 $A\left(\dfrac{\pi}{2},0\right),B\left(\dfrac{3\pi}{2},0\right)$ 的曲线族 $y=k\cos x(k>0)$ 中，求一条曲线 L，使得沿该曲线从 A 到 B 的积分 $\int_L(1+y^3)\mathrm{d}x+(2x+y)\mathrm{d}y$ 的值最大.

6．计算 $I=\oint_L\dfrac{(x+y)\mathrm{d}x+(4y-x)\mathrm{d}y}{x^2+4y^2}$，其中 L 为椭圆 $4x^2+y^2=1$ 的正向.

7．设曲线积分 $\int_L xy^2\mathrm{d}x+y\varphi(x)\mathrm{d}y$ 与路径无关，其中 $\varphi(x)$ 为连续的可导函数，$\varphi(0)=0$，求 $I=\int_{(0,0)}^{(1,1)}xy^2\mathrm{d}x+y\varphi(x)\mathrm{d}y$.

提 高 型

1．设 Σ 是旋转椭球面 $\dfrac{x^2}{a^2}+\dfrac{y^2}{a^2}+\dfrac{z^2}{c^2}=1$ 的上半部分，Π 是 Σ 在点 $P(x,y,z)$ 处的切平面，$r(x,y,z)$ 是原点到 Π 的距离，求 $\iint_{\Sigma}r(x,y,z)\mathrm{d}S$.

2．求 $I=\iint_{\Sigma}\dfrac{z^2+1}{\sqrt{x^2+y^2+1}}\mathrm{d}x\mathrm{d}y$，其中 Σ 为 $z^2=x^2+y^2$ 被 $z=1,z=2$ 所截下部分的下侧.

3．计算 $I=\iint_{\Sigma}x(1+x^2z)\mathrm{d}y\mathrm{d}z+y(1-x^2z)\mathrm{d}z\,\mathrm{d}x+z(1-x^2z)\,\mathrm{d}x\mathrm{d}y$，其中 Σ 为曲面 $z=\sqrt{x^2+y^2}$ $(0\leqslant z\leqslant 1)$ 的下侧.

4．计算 $I=\oint_L y\mathrm{d}x+z\mathrm{d}y+x\mathrm{d}z$，其中 L 是平面 $x+y+z=1$ 与球面 $x^2+y^2+z^2=1$ 的交线，从 y 轴正向看去，L 为逆时针方向.

5．流体在空间流动，密度为 1. 已知流速 $v=xz^2\,\boldsymbol{i}+yx^2\,\boldsymbol{j}+zy^2\,\boldsymbol{k}$，求流体在单位时间内流向曲面 $\Sigma:x^2+y^2+z^2=2z$ 的外侧的流量 Φ .

四、综合练习题参考答案

基 础 型

1．**解** Γ 是半径为1的圆周，圆周的长为 $\oint_\Gamma \mathrm{d}s=2\pi$，于是

$$\oint_\Gamma(xy+yz+zx)\mathrm{d}s=\frac{1}{2}\oint_\Gamma\left[(x+y+z)^2-(x^2+y^2+z^2)\right]\mathrm{d}s=-\frac{1}{2}\oint_\Gamma\mathrm{d}s=-\pi.$$

2．**解** 曲线 L 的极坐标方程为 $r^2=a^2\cos 2\theta$. 因为积分曲线关于 x 轴，y 轴对称，被积函数关于 x,y 为偶函数，所以令 L_1 为 L 在第一象限的部分，则有

$$\begin{aligned}I&=4\int_{L_1}y\,\mathrm{d}s=4\int_0^{\frac{\pi}{4}}r(\theta)\sin\theta\sqrt{r^2(\theta)+[r'(\theta)]^2}\,\mathrm{d}\theta\\&=4\int_0^{\frac{\pi}{4}}a\sqrt{\cos2\theta}\sin\theta\frac{a}{\sqrt{\cos2\theta}}\mathrm{d}\theta=4a^2\int_0^{\frac{\pi}{4}}\sin\theta\,\mathrm{d}\theta=4a^2\left(1-\frac{\sqrt{2}}{2}\right).\end{aligned}$$

3．**解** Γ 在 xOy 坐标面上的投影曲线为 $x^2+(y-2)^2=5$，将 Γ 表示为参数方程 $\begin{cases}x=\sqrt{5}\cos t,\\y=2+\sqrt{5}\sin t,\\z=5+2\sqrt{5}\sin t,\end{cases}$ $-\pi\leqslant t\leqslant\pi$，于是 $\mathrm{d}s=\sqrt{[x'(t)]^2+[y'(t)]^2+[z'(t)]^2}\,\mathrm{d}t=\sqrt{5+20\cos^2t}\,\mathrm{d}t$，所以

$$I=\int_{-\pi}^{\pi}2\sqrt{5}(\sin t+\cos t)\sqrt{5+20\cos^2t}\,\mathrm{d}t=4\sqrt{5}\int_0^{\pi}\cos t\sqrt{5+20\cos^2t}\,\mathrm{d}t.$$

令 $u=\dfrac{\pi}{2}-t$，则 $I=4\sqrt{5}\int_{-\frac{\pi}{2}}^{\frac{\pi}{2}}\sin u\sqrt{5+20\sin^2u}\,\mathrm{d}u=0.$

4．**解** 由格林公式得 $I=\oint_{L+\overline{BA}}-\int_{\overline{BA}}=\iint_D y^2\mathrm{d}x\mathrm{d}y-\int_{2\pi}^{\pi}x\,\mathrm{d}x=\dfrac{3\pi^2}{2}+\dfrac{4}{9}.$

5．**解** $I(k)=\int_{\frac{\pi}{2}}^{\frac{3\pi}{2}}\left[1+k^3\cos^3x+(2x+k\cos x)\cdot(-k\sin x)\right]\mathrm{d}x=\pi-\dfrac{4}{3}k^3+4k$.

令 $I'(k)=4-4k^2=0$，则 $k=1$. 因为 $I''(1)=-8<0$，故此时 $I(k)$ 取得最大值，即当 $y=\cos x$ 时曲线积分的值最大.

6．**解** 记 $P=\dfrac{x+y}{x^2+4y^2}$，$Q=\dfrac{4y-x}{x^2+4y^2}$，则

$$\frac{\partial Q}{\partial x}=\frac{\partial P}{\partial y}=\frac{x^2-4y^2-8xy}{(x^2+4y^2)^2},\quad (x,y)\neq(0,0).$$

取 $l: x^2+4y^2=\varepsilon^2$ (ε 为充分小的正数)含于 L 内，其方向为顺时针方向，如图 10-22 所示. 由格林公式得

$$I=\oint_{L+l}\frac{(x+y)\,\mathrm{d}x+(4y-x)\,\mathrm{d}y}{x^2+4y^2}-\oint_{l}\frac{(x+y)\,\mathrm{d}x+(4y-x)\,\mathrm{d}y}{x^2+4y^2}$$

$$=0+\oint_{-l}\frac{(x+y)\,\mathrm{d}x+(4y-x)\,\mathrm{d}y}{x^2+4y^2}$$

$$=\int_0^{2\pi}\frac{\left(\varepsilon\cos\theta+\dfrac{\varepsilon}{2}\sin\theta\right)(-\varepsilon\sin\theta)+(2\varepsilon\sin\theta-\varepsilon\cos\theta)\dfrac{\varepsilon}{2}\cos\theta}{\varepsilon^2}\mathrm{d}\theta=\int_0^{2\pi}-\frac{1}{2}\mathrm{d}\theta=-\pi.$$

7．**解**　先求 $\varphi(x)$, 再求 I. 因为曲线积分与路径无关，所以 $\dfrac{\partial P}{\partial y}\equiv\dfrac{\partial Q}{\partial x}$，即

$$2xy=y\varphi'(x),\quad \varphi'(x)=2x,\varphi(x)=x^2+C.$$

又因为 $\varphi(0)=0$，所以 $C=0$，故 $\varphi(x)=x^2$. 如图 10-23 所示，取折线 OAB 计算 I 的值.

$$I=\int_{OAB}xy^2\,\mathrm{d}x+y\varphi(x)\,\mathrm{d}y=\int_{\overline{OA}}xy^2\,\mathrm{d}x+yx^2\,\mathrm{d}y+\int_{\overline{AB}}xy^2\,\mathrm{d}x+yx^2\,\mathrm{d}y=\int_0^1 0\,\mathrm{d}x+\int_0^1 y\,\mathrm{d}y=\frac{1}{2}.$$

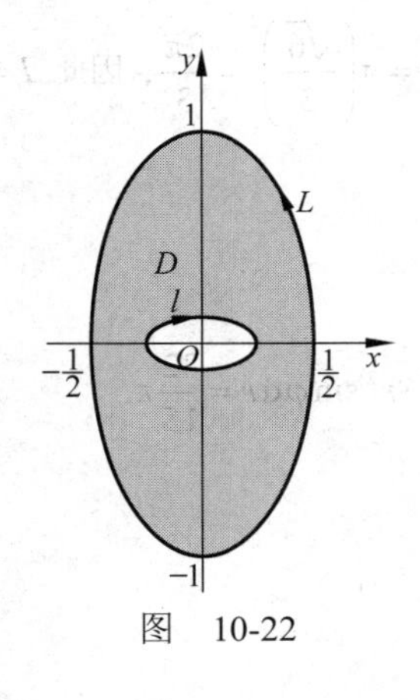

图　10-22

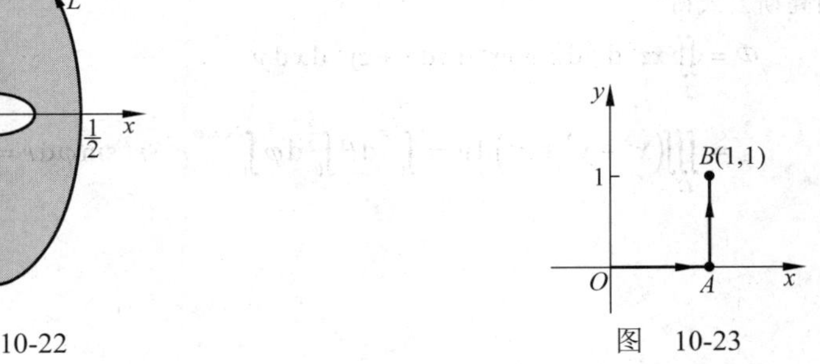

图　10-23

提　高　型

1．**解**　切平面 Π 的方程为 $\dfrac{xX}{a^2}+\dfrac{yY}{a^2}+\dfrac{zZ}{c^2}=1$，$r(x,y,z)=\left(\dfrac{x^2}{a^4}+\dfrac{y^2}{a^4}+\dfrac{z^2}{c^4}\right)^{-\frac{1}{2}}$.

由 $\dfrac{x^2}{a^2}+\dfrac{y^2}{a^2}+\dfrac{z^2}{c^2}=1$ 得 $\dfrac{\partial z}{\partial x}=-\dfrac{c^2x}{a^2z},\dfrac{\partial z}{\partial y}=-\dfrac{c^2y}{a^2z}$，从而

$$\mathrm{d}S=\sqrt{1+\frac{c^4x^2}{a^4z^2}+\frac{c^4y^2}{a^4z^2}}\mathrm{d}x\mathrm{d}y=\frac{c^2}{z}\sqrt{\frac{x^2}{a^4}+\frac{y^2}{a^4}+\frac{z^2}{c^4}}\mathrm{d}x\mathrm{d}y.$$

Σ 在 xOy 坐标面上的投影区域为 $D_{xy}: x^2+y^2\leqslant a^2$, 所以

$$\iint_{\Sigma}r(x,y,z)\mathrm{d}S=c\iint_{D_{xy}}\frac{\mathrm{d}x\mathrm{d}y}{\sqrt{1-\dfrac{x^2}{a^2}-\dfrac{y^2}{a^2}}}=ac\int_0^{2\pi}\mathrm{d}\theta\int_0^a\frac{r\mathrm{d}r}{\sqrt{a^2-r^2}}=-2\pi ac\sqrt{a^2-r^2}\Big|_0^a=2\pi a^2c.$$

2．**解**　$I=-\displaystyle\iint_{1\leqslant x^2+y^2\leqslant 4}\frac{x^2+y^2+1}{\sqrt{x^2+y^2+1}}\mathrm{d}x\mathrm{d}y=-\iint_{1\leqslant x^2+y^2\leqslant 4}\sqrt{x^2+y^2+1}\mathrm{d}x\mathrm{d}y$

$$=-\int_0^{2\pi}\mathrm{d}\theta\int_1^2\sqrt{1+r^2}\,r\,\mathrm{d}r=\frac{2\pi}{3}\left(2\sqrt{2}-5\sqrt{5}\right).$$

3．**解**　添加曲面 $\Sigma_1: z=1\left(x^2+y^2\leqslant 1\right)$，并取上侧，利用高斯公式得

$$I=\oiint_{\Sigma+\Sigma_1}-\iint_{\Sigma_1}=\iiint_{\Omega}\left(1+3x^2z+1-x^2z+1-2x^2z\right)\mathrm{d}x\,\mathrm{d}y\,\mathrm{d}z-\iint_{x^2+y^2\leqslant 1}\left(1-x^2\right)\mathrm{d}x\,\mathrm{d}y$$

$$=3\iiint_{\Omega}\mathrm{d}v-\iint_{x^2+y^2\leqslant 1}\left(1-x^2\right)\mathrm{d}x\,\mathrm{d}y=3\int_0^{2\pi}\mathrm{d}\theta\int_0^1 r\,\mathrm{d}r\int_r^1\mathrm{d}z-\int_0^{2\pi}\mathrm{d}\theta\int_0^1\left(1-r^2\cos^2\theta\right)r\,\mathrm{d}r$$

$$=\pi-\left(\pi-\frac{\pi}{4}\right)=\frac{\pi}{4}.$$

4．**解**　记 Σ 是平面 $x+y+z=1$ 上 L 所围部分的上侧，由斯托克斯公式得

$$I=\iint_{\Sigma}\begin{vmatrix}\dfrac{1}{\sqrt{3}} & \dfrac{1}{\sqrt{3}} & \dfrac{1}{\sqrt{3}}\\ \dfrac{\partial}{\partial x} & \dfrac{\partial}{\partial y} & \dfrac{\partial}{\partial z}\\ y & z & x\end{vmatrix}\mathrm{d}S=-\iint_{\Sigma}\sqrt{3}\mathrm{d}S=-\sqrt{3}A,$$

其中 A 为圆 Σ 的面积. 易知 Σ 的半径为 $R=\dfrac{\sqrt{2}}{2\cos\dfrac{\pi}{6}}=\dfrac{\sqrt{6}}{3}$，从而 $A=\pi\left(\dfrac{\sqrt{6}}{3}\right)^2=\dfrac{2\pi}{3}$，因此 $I=-\dfrac{2\sqrt{3}}{3}\pi.$

5．**解**　由高斯公式得

$$\Phi=\oiint_{\Sigma}xz^2\,\mathrm{d}y\,\mathrm{d}z+yx^2\,\mathrm{d}z\,\mathrm{d}x+zy^2\,\mathrm{d}x\,\mathrm{d}y$$

$$=\iiint_{\Omega}\left(x^2+y^2+z^2\right)\mathrm{d}v=\int_0^{2\pi}\mathrm{d}\theta\int_0^{\frac{\pi}{2}}\mathrm{d}\varphi\int_0^{2\cos\varphi}r^2\cdot r^2\sin\varphi\,\mathrm{d}r=\frac{32}{15}\pi.$$

第十一章　无 穷 级 数

第一节　常数项级数的概念和性质

一、教学基本要求

1. 理解无穷级数收敛、发散及和的概念.
2. 了解无穷级数的基本性质及收敛的必要条件.

二、答疑解惑

1．无穷级数就是“无穷多个数相加”，这种说法对吗？

答　严格地说，这种说法不准确. 事实上“无穷多个数相加”是永远加不完的，因此，如果限于加法运算，那么级数的定义和记号 $\sum_{n=1}^{\infty}u_n$ 完全是形式上的，是没有确定意义的. 在引入极限运算后，级数才有了确定的意义. 首先用加法构成部分和 s_n（这里只涉及有限多项相加，有确定的意义)，然后考查数列 $\{s_n\}$ 的极限，若 $\lim_{n\to\infty}s_n$ 存在（设为 s），则称级数收敛，并把 s 的值称为该级数的和，也就是“无穷多项相加的和”，记作 $\sum_{n=1}^{\infty}u_n=s$. 注意，这里的“和”只是一个借用的名称，它并不是仅仅通过加法得到的，实质上是一个极限. 若 $\lim_{n\to\infty}s_n$ 不存在，则称该级数发散，这时的级数，或“无穷多项相加”，就没有“和”(这与有限多项相加完全不同，有限多项相加肯定有和)，所以，级数是以“和”的形式出现的一个特殊数列（部分和数列 s_n）的极限，本质上是一个极限.

正因如此，级数的性质实质上是极限的性质，而不是加法的性质. 从级数的基本性质中可以看到，级数的逐项相加性，逐项乘以常数的性质，以及加括号的性质，均是以级数收敛为前提的，也就是说，都是与极限联系在一起的. 初学者容易犯的一个错误是把加法性质，比如交换律、结合律和分配律等无条件地照搬到级数中来，导致错误，如下面的例子：

由于 $1+2+4+8+\cdots=1+(2+4+8+16+\cdots)=1+2(1+2+4+8+\cdots)$，所以 $1+2+4+8+\cdots=-1$，显然这个结果是荒谬的.

2．两个发散的级数逐项相加后所得的级数是否发散?如果一个级数发散，另一个级数收敛，结果又会怎样？

答　两个发散的级数逐项相加后所得的级数不一定发散. 例如，级数 $1+2+3+\cdots$ 和级数 $-1-2-3-\cdots$ 都是发散的，但是这两个级数逐项相加后的级数 $(1-1)+(2-2)+(3-3)+\cdots$ 却是收敛的.

如果级数 $\sum_{n=1}^{\infty}a_n$ 发散，$\sum_{n=1}^{\infty}b_n$ 收敛，则级数 $\sum_{n=1}^{\infty}(a_n+b_n)$ 一定是发散的. 这是因为，如果

$\sum_{n=1}^{\infty}(a_n+b_n)$ 收敛，而 $\sum_{n=1}^{\infty}b_n$ 也收敛，根据收敛级数的性质，$\sum_{n=1}^{\infty}a_n=\sum_{n=1}^{\infty}[(a_n+b_n)-b_n]$ 应当收敛，这与 $\sum_{n=1}^{\infty}a_n$ 发散的假设相矛盾，因此 $\sum_{n=1}^{\infty}(a_n+b_n)$ 一定发散.

三、经典例题解析

题型一 利用级数收敛性的定义判别级数的收敛性

例 1 已知级数 $\sum_{n=1}^{\infty}\frac{1}{(2n-1)(2n+1)}$.（1）计算部分和 s_n；（2）用级数收敛性的定义验证这个级数是收敛的，并求其和.

解 （1）$s_n=u_1+u_2+\cdots+u_n=\frac{1}{1\times3}+\frac{1}{3\times5}+\cdots+\frac{1}{(2n-1)(2n+1)}$

$$=\frac{1}{2}\left(1-\frac{1}{3}\right)+\frac{1}{2}\left(\frac{1}{3}-\frac{1}{5}\right)+\cdots+\frac{1}{2}\left(\frac{1}{2n-1}-\frac{1}{2n+1}\right)=\frac{1}{2}\left(1-\frac{1}{2n+1}\right).$$

（2）因为 $\lim_{n\to\infty}s_n=\lim_{n\to\infty}\frac{1}{2}\left(1-\frac{1}{2n+1}\right)=\frac{1}{2}$，所以级数 $\sum_{n=1}^{\infty}\frac{1}{(2n-1)(2n+1)}$ 收敛，其和 $s=\frac{1}{2}$，即 $\sum_{n=1}^{\infty}\frac{1}{(2n-1)(2n+1)}=\frac{1}{2}$.

注 此方法是根据级数收敛的定义来验证级数收敛的，即若 $\lim_{n\to\infty}s_n=s$（s 为有限数），则称级数 $\sum_{n=1}^{\infty}u_n$ 收敛，且其和为 s，否则级数发散. 这种方法具有一般性，即对于任意项级数收敛性的判别都可以使用.

例 2 已知级数 $\sum_{n=1}^{\infty}u_n$ 的部分和 $s_n=\frac{2n}{n+1}$，作出此级数，并求其和.

解 欲作出此级数，需求出其一般项 u_n. 因为 $u_n=s_n-s_{n-1}$，又已知 $s_n=\frac{2n}{n+1}$，可得到 $s_{n-1}=\frac{2n-2}{n}$，所以 $u_n=s_n-s_{n-1}=\frac{2n}{n+1}-\frac{2n-2}{n}=\frac{2n^2-2(n^2-1)}{n(n+1)}=\frac{2}{n(n+1)}$，而 $u_1=s_1=1$，故所求的级数为 $\sum_{n=1}^{\infty}u_n=\sum_{n=1}^{\infty}\frac{2}{n(n+1)}$，且 $\lim_{n\to\infty}s_n=\lim_{n\to\infty}\frac{2n}{n+1}=2$，因此所求级数为 $\sum_{n=1}^{\infty}\frac{2}{n(n+1)}$，其和为 2，即 $\sum_{n=1}^{\infty}\frac{2}{n(n+1)}=2$.

题型二 利用级数的性质判别级数的收敛性

例 3 判别下列各级数的收敛性：

（1）$\frac{1}{1+1}-\frac{1}{\left(1+\frac{1}{2}\right)^2}+\frac{1}{\left(1+\frac{1}{3}\right)^3}-\cdots+(-1)^{n-1}\frac{1}{\left(1+\frac{1}{n}\right)^n}+\cdots$；（2）$\frac{1}{21}+\frac{1}{24}+\frac{1}{27}+\frac{1}{30}+\cdots$.

解　(1) 根据级数收敛的必要条件，若级数收敛，则级数的一般项趋于零. 因此，若 $\lim\limits_{n\to\infty}u_n\neq 0$，则级数必发散. 因为 $\lim\limits_{n\to\infty}\dfrac{1}{\left(1+\dfrac{1}{n}\right)^n}=\dfrac{1}{\mathrm{e}}\neq 0$，所以 $\lim\limits_{n\to\infty}(-1)^{n-1}\dfrac{1}{\left(1+\dfrac{1}{n}\right)^n}\neq 0$，因此原级数发散.

(2) 因为 $\dfrac{1}{21}+\dfrac{1}{24}+\dfrac{1}{27}+\dfrac{1}{30}+\cdots=\sum\limits_{n=7}^{\infty}\dfrac{1}{3}\cdot\dfrac{1}{n}$，这是调和级数去掉前 6 项后，各项乘以 $\dfrac{1}{3}$ 得到的级数，因为调和级数发散，所以原级数发散.

注　此题用到了级数的性质：增加、减少或改变一个级数的有限项，不改变其收敛性.

例 4　判别级数 $\sum\limits_{n=1}^{\infty}\left(\dfrac{1}{n}+\dfrac{1}{3^n}\right)$ 的收敛性.

解　因为在级数 $\sum\limits_{n=1}^{\infty}\left(\dfrac{1}{n}+\dfrac{1}{3^n}\right)$ 中，级数 $\sum\limits_{n=1}^{\infty}\dfrac{1}{n}$ 发散，$\sum\limits_{n=1}^{\infty}\dfrac{1}{3^n}$ 收敛，所以原级数发散.

注　由收敛级数与发散级数相加减得到的新级数是发散级数,但两个发散级数的和或差未必发散.

例 5　证明下列各结论：

(1) 设级数 $\sum\limits_{n=1}^{\infty}u_n$ 发散，常数 $c\neq 0$，证明级数 $\sum\limits_{n=1}^{\infty}cu_n$ 发散；(2) 设级数 $\sum\limits_{n=1}^{\infty}u_n$ 收敛，证明级数 $\sum\limits_{n=1}^{\infty}(u_n+u_{n+1})$ 也收敛；(3) 设级数 $\sum\limits_{n=1}^{\infty}u_{2n}$ 与级数 $\sum\limits_{n=1}^{\infty}u_{2n-1}$ 都收敛，证明级数 $\sum\limits_{n=1}^{\infty}u_n$ 也收敛.

证明　(1) 级数 $\sum\limits_{n=1}^{\infty}u_n$ 发散，说明此级数的部分和无极限，即 $\lim\limits_{n\to\infty}s_n$ 不存在，所以 $\lim\limits_{n\to\infty}cs_n$ 也不存在，故级数 $\sum\limits_{n=1}^{\infty}cu_n$ 发散.

(2) 因为级数 $\sum\limits_{n=1}^{\infty}u_n$ 收敛，所以级数 $\sum\limits_{n=1}^{\infty}u_{n+1}$ 也收敛，故级数 $\sum\limits_{n=1}^{\infty}(u_n+u_{n+1})$ 收敛. 这是根据两个收敛级数的和也收敛的性质.

(3) 设级数 $\sum\limits_{n=1}^{\infty}u_n$ 的部分和记为 T_n，级数 $\sum\limits_{n=1}^{\infty}u_{2n-1}$ 与 $\sum\limits_{n=1}^{\infty}u_{2n}$ 的部分和分别记为 R_n 和 S_n，则 $T_{2n}=R_n+S_n$，$T_{2n-1}=R_n+S_{n-1}$，又设 $\lim\limits_{n\to\infty}R_n=R$，$\lim\limits_{n\to\infty}S_n=S$，则 $\lim\limits_{n\to\infty}T_{2n-1}=\lim\limits_{n\to\infty}T_{2n}=R+S$. 由于级数 $\sum\limits_{n=1}^{\infty}u_n$ 的前 $2n$ 项的和与前 $2n+1$ 项的和趋于同一极限，故级数的部分和 T_n 当 $n\to\infty$ 时具有极限. 这就证明了级数 $\sum\limits_{n=1}^{\infty}u_n$ 收敛.

四、习题选解

1. 填空题：

(1) 级数 $\sum\limits_{n=1}^{\infty}\dfrac{1}{n(n+1)}$ 的部分和 $s_n=$__________，级数的和 $s=$__________.

（2）已知 $\sum_{n=1}^{\infty} a_n = a$，则级数 $\sum_{n=1}^{\infty}(a_n - a_{n+1})$ 的部分和 $s_n =$ ________，此级数的和 $s =$ ________.

（3）已知 $\sum_{n=1}^{\infty}\frac{2^n \cdot n!}{n^n}$ 收敛，则 $\lim_{n\to\infty}\frac{2^n \cdot n!}{n^n} =$ ________.

解 (1)应分别填 $1-\frac{1}{n+1}$ 和1. 因为 $s_n=\left(\frac{1}{1}-\frac{1}{2}\right)+\left(\frac{1}{2}-\frac{1}{3}\right)+\cdots+\left(\frac{1}{n}-\frac{1}{n+1}\right)=1-\frac{1}{n+1}$，所以 $s=\lim_{n\to\infty}s_n=\lim_{n\to\infty}\left(1-\frac{1}{n+1}\right)=1$.

（2）应分别填 $a_1 - a_{n+1}$ 和 a_1. 因为 $\sum_{n=1}^{\infty} a_n = a$，所以 $\lim_{n\to\infty} a_n = 0$，而 $s_n = (a_1 - a_2) + (a_2 - a_3) + \cdots + (a_n - a_{n+1}) = a_1 - a_{n+1}$，所以 $s = \lim_{n\to\infty} s_n = \lim_{n\to\infty}(a_1 - a_{n+1}) = a_1$.

（3）应填0. 因为 $\sum_{n=1}^{\infty}\frac{2^n \cdot n!}{n^n}$ 收敛，所以由收敛的必要条件得 $\lim_{n\to\infty}\frac{2^n \cdot n!}{n^n}=0$.

2．选择题：

（1）下列说法正确的是（　　）.

（A）若 $\sum_{n=1}^{\infty} u_n$ 发散，则 $\sum_{n=1}^{\infty}\frac{1}{u_n}$ 收敛　（B）若 $\sum_{n=1}^{\infty} u_n$ 和 $\sum_{n=1}^{\infty} v_n$ 都发散，则 $\sum_{n=1}^{\infty}(u_n + v_n)$ 发散

（C）若 $\sum_{n=1}^{\infty} u_n$ 收敛，则 $\sum_{n=1}^{\infty}\frac{1}{u_n}$ 发散　（D）若 $\sum_{n=1}^{\infty} u_n$ 和 $\sum_{n=1}^{\infty} v_n$ 都发散，则级数 $\sum_{n=1}^{\infty} u_n v_n$ 发散

（2）若 $\sum_{n=1}^{\infty} u_n$ 收敛，$\sum_{n=1}^{\infty} v_n$ 发散，则对 $\sum_{n=1}^{\infty}(u_n \pm v_n)$ 来说（　　）必成立.

（A）级数收敛　（B）级数发散　（C）其敛散性不定　（D）等于 $\sum_{n=1}^{\infty} u_n \pm \sum_{n=1}^{\infty} v_n$

（3）设部分和 $s_n = \sum_{k=1}^{n} a_k$，则数列 $\{s_n\}$ 有界是级数 $\sum_{n=1}^{\infty} a_n$ 收敛的（　　）.

（A）充分但非必要条件　（B）必要但非充分条件
（C）充要条件　（D）既非充分又非必要条件

解 （1）选项（C）正确. 对于选项（A），若取 $u_n = \frac{1}{n}$，则 $\sum_{n=1}^{\infty}\frac{1}{u_n}=\sum_{n=1}^{\infty} n$ 发散，所以选项（A）错误；对于选项（B），若取 $u_n = \frac{1}{n}, v_n = \frac{1}{n^2}-\frac{1}{n}$，则 $u_n + v_n = \frac{1}{n^2}$，于是 $\sum_{n=1}^{\infty}(u_n + v_n)$ 收敛，所以选项（B）错误；对于选项（D），若取 $u_n = v_n = \frac{1}{n}$，则 $\sum_{n=1}^{\infty} u_n v_n = \sum_{n=1}^{\infty}\frac{1}{n^2}$ 收敛，所以选项（D）错误，于是选项（C）正确.

（2）由级数收敛的性质可知选项（B）正确.

（3）选项（B）正确. 因为级数收敛的定义为 $s = \lim_{n\to\infty} s_n$，由极限的性质可得 s_n 必定有界，反之未必成立.

3．按级数收敛与发散的定义判断级数的敛散性，若收敛，求其和.

（1）$\sum_{n=1}^{\infty}\left(\sqrt{n+1}-\sqrt{n}\right)$；（2）$\sum_{n=1}^{\infty}\frac{1}{(3n-2)(3n+1)}$；（3）$\sum_{n=1}^{\infty}\sin\frac{n\pi}{6}$.

解　（1）因为 $s_n=(\sqrt{2}-\sqrt{1})+(\sqrt{3}-\sqrt{2})+\cdots+(\sqrt{n+1}-\sqrt{n})=\sqrt{n+1}-1$，则 $\lim\limits_{n\to\infty}s_n=\lim\limits_{n\to\infty}(\sqrt{n+1}-1)=\infty$，所以级数 $\sum_{n=1}^{\infty}\left(\sqrt{n+1}-\sqrt{n}\right)$ 发散.

（2）因为 $u_n=\frac{1}{3}\left(\frac{1}{3n-2}-\frac{1}{3n+1}\right)$，则

$$s_n=\frac{1}{3}\left[\left(\frac{1}{1}-\frac{1}{4}\right)+\left(\frac{1}{4}-\frac{1}{7}\right)+\cdots+\left(\frac{1}{3n-2}-\frac{1}{3n+1}\right)\right]=\frac{1}{3}\left(1-\frac{1}{3n+1}\right),$$

所以 $\lim\limits_{n\to\infty}s_n=\lim\limits_{n\to\infty}\frac{1}{3}\left(1-\frac{1}{3n+1}\right)=\frac{1}{3}$，综上所述可知级数 $\sum_{n=1}^{\infty}\frac{1}{(3n-2)(3n+1)}$ 收敛.

（3）因为当 $n\to\infty$ 时，$\sin\frac{n\pi}{6}$ 的极限不存在，所以级数 $\sum_{n=1}^{\infty}\sin\frac{n\pi}{6}$ 发散.

4．判断下列级数的敛散性：

（1）$\sum_{n=1}^{\infty}\sin\frac{n}{n+1}$；　（2）$\sum_{n=1}^{\infty}\left(\frac{1}{2^n}+\frac{1}{3^n}\right)$；　（3）$\frac{1}{3}+\frac{1}{6}+\frac{1}{9}+\cdots+\frac{1}{3n}+\cdots$；

（4）$\sum_{n=1}^{\infty}\left[(-1)^n\frac{8^n}{9^n}+\frac{2}{n}\right]$；　（5）$\sum_{n=1}^{\infty}n^2\left(1-\cos\frac{1}{n}\right)$；　（6）$\sum_{n=1}^{\infty}\frac{1}{\sqrt[n]{3}}$.

解　（1）因为 $\lim\limits_{n\to\infty}a_n=\lim\limits_{n\to\infty}\left(\sin\frac{n}{n+1}\right)=\sin1\neq0$，所以原级数发散.

（2）因为级数 $\sum_{n=1}^{\infty}\frac{1}{2^n}$ 与 $\sum_{n=1}^{\infty}\frac{1}{3^n}$ 均收敛，所以原级数收敛.

（3）因为 $\frac{1}{3}+\frac{1}{6}+\frac{1}{9}+\cdots+\frac{1}{3n}+\cdots=\sum_{n=1}^{\infty}\frac{1}{3n}$，而 $\sum_{n=1}^{\infty}\frac{1}{n}$ 发散，所以原级数发散.

（4）因为级数 $\sum_{n=1}^{\infty}(-1)^n\frac{8^n}{9^n}$ 收敛，而 $\sum_{n=1}^{\infty}\frac{2}{n}$ 发散，所以原级数发散.

（5）因为 $\lim\limits_{n\to\infty}n^2\left(1-\cos\frac{1}{n}\right)=\lim\limits_{x\to+\infty}x^2\left(1-\cos\frac{1}{x}\right)=\lim\limits_{x\to+\infty}x^2\frac{1}{2x^2}=\frac{1}{2}\neq0$，所以原级数发散.

（6）因为 $\lim\limits_{n\to\infty}a_n=\lim\limits_{n\to\infty}\frac{1}{\sqrt[n]{3}}=1\neq0$，所以原级数发散.

5．设 $\lim\limits_{n\to\infty}b_n=\infty\ (b_n\neq0)$，研究下列级数的敛散性：

（1）$\sum_{n=1}^{\infty}(b_{n+1}-b_n)$；　（2）$\sum_{n=1}^{\infty}\left(\frac{1}{b_n}-\frac{1}{b_{n+1}}\right)$.

解　（1）因为 $\lim\limits_{n\to\infty}s_n=\lim\limits_{n\to\infty}\left[(b_2-b_1)+(b_3-b_2)+\cdots+(b_{n+1}-b_n)\right]=\lim\limits_{n\to\infty}(b_{n+1}-b_1)=\infty$，所以原级数发散.

（2）因为 $\lim\limits_{n\to\infty}s_n=\lim\limits_{n\to\infty}\left[\left(\frac{1}{b_1}-\frac{1}{b_2}\right)+\left(\frac{1}{b_2}-\frac{1}{b_3}\right)+\cdots+\left(\frac{1}{b_n}-\frac{1}{b_{n+1}}\right)\right]=\lim\limits_{n\to\infty}\left(\frac{1}{b_1}-\frac{1}{b_{n+1}}\right)=\frac{1}{b_1}$，所以原级数收敛.

第二节 常数项级数的审敛法

一、教学基本要求

1. 掌握几何级数与 p-级数的敛散性.
2. 理解并会使用正项级数的比较判别法、比值判别法和根值判别法.
3. 了解并会使用交错级数的莱布尼茨判别法.
4. 了解绝对收敛与条件收敛的概念及二者的关系.

二、答疑解惑

1．判别一个正项级数的敛散性，一般按怎样的顺序选择审敛法？

答 一般来说，在有了一些经验之后，往往可以根据所给正项级数 $\sum\limits_{n=1}^{\infty}u_n$ 的特点，大致估计使用哪种方法判定级数的敛散性. 但对于初学者，究竟用哪种方法有时还会感到困惑，这时我们可以按下面的顺序进行考虑：

（1）考虑一般项 u_n，若 $\lim\limits_{n\to\infty}u_n\neq0$，则可以断定级数发散，否则进入下一步.

（2）若 u_n 中含有 a^n 或 $n!$，则考虑使用比值审敛法；若 u_n 中含有 a^n 或 n^n，则考虑使用根值审敛法判定；若 $\lim\limits_{n\to\infty}\frac{u_{n+1}}{u_n}=1$（或 $\lim\limits_{n\to\infty}\sqrt[n]{u_n}=1$）或者该极限不存在，则进入下一步.

（3）用比较审敛法或比较审敛法的极限形式. 若无法找到适当的参照级数，则进入下一步.

（4）考查级数的部分和 s_n 是否有界或有极限.

2．在判别级数 $\sum\limits_{n=1}^{\infty}\frac{1}{n^{1+\frac{1}{n}}}$ 的收敛性时，将它视为 p-级数，p 取 $1+\frac{1}{n}$ 的情形，因为 $p=1+\frac{1}{n}>1$，所以级数 $\sum\limits_{n=1}^{\infty}\frac{1}{n^{1+\frac{1}{n}}}$ 收敛. 这样判断正确吗？

答 不正确. 因为 p-级数 $\sum\limits_{n=1}^{\infty}\frac{1}{n^p}$ 中一般项的指数 p 是确定的常数，而本题中级数的一般项的指数 $1+\frac{1}{n}$ 是变数，因此 p-级数的结论不适用于这个级数. 事实上，由于 $\lim\limits_{n\to\infty}\frac{1}{n^{1+\frac{1}{n}}}\Big/\frac{1}{n}=\lim\limits_{n\to\infty}\frac{1}{n^{\frac{1}{n}}}=1$，而级数 $\sum\limits_{n=1}^{\infty}\frac{1}{n}$ 发散，根据比较审敛法可知，级数 $\sum\limits_{n=1}^{\infty}\frac{1}{n^{1+\frac{1}{n}}}$ 发散.

3．正项级数还有如下审敛法：设$u_n>0,v_n>0$且$\frac{u_{n+1}}{u_n}\leqslant\frac{v_{n+1}}{v_n}\ (n=1,2,\cdots)$，若$\sum_{n=1}^{\infty}v_n$收敛，则$\sum_{n=1}^{\infty}u_n$收敛.

有人这样予以证明：因为$\sum_{n=1}^{\infty}v_n$收敛，按比值审敛法，有$\lim_{n\to\infty}\frac{v_{n+1}}{v_n}=\rho<1$，从而有$\lim_{n\to\infty}\frac{u_{n+1}}{u_n}\leqslant\lim_{n\to\infty}\frac{v_{n+1}}{v_n}<1$，所以$\sum_{n=1}^{\infty}u_n$收敛.以上的证明有何问题？

答　在比值审敛法中，$\lim_{n\to\infty}\frac{v_{n+1}}{v_n}=\rho<1$是正项级数收敛的充分条件而非必要条件，因此若$\sum_{n=1}^{\infty}v_n$收敛，未必有$\lim_{n\to\infty}\frac{v_{n+1}}{v_n}=\rho<1$.

可以这样证明：因为对于任意的正整数n，均有$\frac{u_{k+1}}{u_k}\leqslant\frac{v_{k+1}}{v_k}\ (k=1,2,\cdots,n)$，把上述$n$个不等式相乘，得到$\frac{u_{n+1}}{u_1}\leqslant\frac{v_{n+1}}{v_1}$，即$u_{n+1}\leqslant\frac{u_1}{v_1}v_{n+1}$，由于$\sum_{n=1}^{\infty}v_n$收敛，所以$\sum_{n=1}^{\infty}\frac{u_1}{v_1}v_{n+1}$也收敛，由比较审敛法可知，$\sum_{n=1}^{\infty}u_n$收敛.

4．对于一般的级数$\sum_{n=1}^{\infty}u_n$而言，如果$\lim_{n\to\infty}\left|\frac{u_{n+1}}{u_n}\right|=\rho>1$$\left(\text{或者}\lim_{n\to\infty}\left|\frac{u_{n+1}}{u_n}\right|=+\infty\right)$，则$\sum_{n=1}^{\infty}|u_n|$必发散，这时是否可以得出$\sum_{n=1}^{\infty}u_n$发散的结论？

答　可以. 一般情况下，当级数$\sum_{n=1}^{\infty}|u_n|$发散时，$\sum_{n=1}^{\infty}u_n$未必发散.但是在$\lim_{n\to\infty}\left|\frac{u_{n+1}}{u_n}\right|=\rho>1$$\left(\text{或者}\lim_{n\to\infty}\left|\frac{u_{n+1}}{u_n}\right|=+\infty\right)$时，根据极限的定义，存在正整数$N$，只要$n\geqslant N$，就有$\left|\frac{u_{n+1}}{u_n}\right|>1$，即$|u_{n+1}|>|u_n|\geqslant|u_N|$，这表明当$n\to\infty$时，级数$\sum_{n=1}^{\infty}u_n$的一般项$u_n$不趋于零，因此$\sum_{n=1}^{\infty}u_n$发散.

5．对于常数项级数$\sum_{n=1}^{\infty}u_n$与$\sum_{n=1}^{\infty}v_n$，如果$\lim_{n\to\infty}\frac{u_n}{v_n}=0$，且$\sum_{n=1}^{\infty}v_n$收敛，那么$\sum_{n=1}^{\infty}u_n$收敛吗？

答　不一定. 例如$\sum_{n=1}^{\infty}\frac{1}{n}$发散，$\sum_{n=1}^{\infty}(-1)^n\frac{1}{\sqrt{n}}$收敛，但$\lim_{n\to\infty}\frac{1}{n}\Big/(-1)^n\frac{1}{\sqrt{n}}=0$. 如果$\sum_{n=1}^{\infty}u_n$和$\sum_{n=1}^{\infty}v_n$都是正项级数，则上述问题的回答就是肯定的.

6．设级数$\sum_{n=1}^{\infty}u_n$收敛，从而$\lim_{n\to\infty}u_n=0$，因为当$n\to\infty$时，u_n^2是比u_n高阶的无穷小，所以$\sum_{n=1}^{\infty}u_n^2$必收敛. 这个判断正确吗？

答　不正确. 因为比较审敛法只适用于正项级数，而题中并未说明$\sum\limits_{n=1}^{\infty}u_n$是正项级数，所以结论不一定成立.例如级数$\sum\limits_{n=1}^{\infty}(-1)^n\frac{1}{\sqrt{n}}$收敛，而$\sum\limits_{n=1}^{\infty}\left[(-1)^n\frac{1}{\sqrt{n}}\right]^2=\sum\limits_{n=1}^{\infty}\frac{1}{n}$却是发散的.

如果$\sum\limits_{n=1}^{\infty}u_n$是收敛的正项级数，那么上述结论就是正确的.事实上，设正项级数$\sum\limits_{n=1}^{\infty}u_n$收敛，则$\lim\limits_{n\to\infty}u_n=0$，由极限的定义，存在正整数$N$，使得当$n\geqslant N$时，有$u_n<1$，同时有$u_n^2<u_n<1$，根据比较审敛法可知，$\sum\limits_{n=1}^{\infty}u_n^2$收敛.

7．在判别数项级数的敛散性时，应注意哪些问题？

答　应注意以下几点：

（1）比较审敛法、比值审敛法和根值审敛法只适用于正项级数.

（2）在运用比较审敛法时，要准确掌握推理的方向.

（3）由$\sum\limits_{n=1}^{\infty}u_n$收敛，并不能推出$\lim\limits_{n\to\infty}\frac{u_{n+1}}{u_n}=\rho<1$（如$p>1$时的$p$-级数）.

（4）对于交错级数$\sum\limits_{n=1}^{\infty}(-1)^{n-1}u_n\ (u_n>0)$，由$\{u_n\}$不是单调数列推不出$\sum\limits_{n=1}^{\infty}(-1)^{n-1}u_n$发散. 但是，由$\{u_n\}$单调增加可推知$\sum\limits_{n=1}^{\infty}(-1)^{n-1}u_n$　发散（这时$\lim\limits_{n\to\infty}u_n\neq0$）.

（5）一般地，由$\sum\limits_{n=1}^{\infty}|u_n|$发散不能推出$\sum\limits_{n=1}^{\infty}u_n$发散. 但当$\lim\limits_{n\to\infty}\left|\frac{u_{n+1}}{u_n}\right|=\rho>1$或$\lim\limits_{n\to\infty}\sqrt[n]{|u_n|}=\rho>1$时，由$\sum\limits_{n=1}^{\infty}|u_n|$发散可推出$\sum\limits_{n=1}^{\infty}u_n$发散. 这就是说，如果是用比值法或根值法判断出$\sum\limits_{n=1}^{\infty}|u_n|$发散，那么$\sum\limits_{n=1}^{\infty}u_n$一定是发散的.

三、经典例题解析

题型一　判别正项级数的收敛性

例 1　判别下列各级数的收敛性：

（1）$\sum\limits_{n=1}^{\infty}2^n\sin\frac{x}{3^n}\ (0<x<\pi)$；（2）$\sum\limits_{n=1}^{\infty}\frac{1}{3^n}\left(\sqrt{2}+(-1)^n\right)^n$；（3）$\sum\limits_{n=1}^{\infty}\frac{(2n-1)!!}{3^n n!}$；（4）$\sum\limits_{n=1}^{\infty}\frac{1}{n^2-\ln n}$.

解　（1）因为当$n\to\infty$时，$2^n\sin\frac{x}{3^n}\sim\left(\frac{2}{3}\right)^n x$，而级数$\sum\limits_{n=1}^{\infty}\left(\frac{2}{3}\right)^n x=x\sum\limits_{n=1}^{\infty}\left(\frac{2}{3}\right)^n$是收敛的，所以原级数也收敛.

（2）因为$0<\frac{1}{3^n}\left(\sqrt{2}+(-1)^n\right)^n \leqslant \frac{\left(\sqrt{2}+1\right)^n}{3^n}$，而级数$\sum_{n=1}^{\infty}\left(\frac{\sqrt{2}+1}{3}\right)^n$为等比级数，收敛，所以原级数收敛.

（3）因为$\lim_{n\to\infty}\frac{u_{n+1}}{u_n}=\lim_{n\to\infty}\frac{(2n+1)!!}{3^{n+1}(n+1)!}\frac{3^n n!}{(2n-1)!!}=\lim_{n\to\infty}\frac{2n+1}{3(n+1)}=\frac{2}{3}<1$，所以由比值法可知原级数收敛. 这里$(2n+1)!!=(2n+1)(2n-1)(2n-3)\cdot\cdots\cdot5\cdot3\cdot1$.

（4）直接用比较法不易判别，现用比较法的极限形式. 令$u_n=\frac{1}{n^2-\ln n}$，$v_n=\frac{1}{n^2}$，则

$$\lim_{n\to\infty}\frac{u_n}{v_n}=\lim_{n\to\infty}\frac{\frac{1}{n^2-\ln n}}{\frac{1}{n^2}}=\lim_{n\to\infty}\frac{1}{1-\frac{1}{n^2}\ln n}=1.$$ 因为级数$\sum_{n=1}^{\infty}\frac{1}{n^2}$收敛，所以原级数收敛.

注　（1）用比较法判别正项级数$\sum_{n=1}^{\infty}u_n$的收敛性时，先要对此级数做个估计. 若估计此级数收敛，则将u_n放大为某个收敛级数的通项；若估计级数发散，则将u_n缩小为某个发散级数的通项. 一般取等比级数或p-级数作为v_n.

（2）用比较法的极限形式判别正项级数$\sum_{n=1}^{\infty}u_n$的收敛性时，关键是找出与u_n等价或同阶的无穷小v_n. 一般地，对具体的正项级数用比较判别法的极限形式比较方便，而在证明题中用比较法比较方便.

（3）比值法是对级数自身的项进行运算，不涉及其他级数，所以更为方便. 比值法适用于一般项中含有n的连乘积或$n!$项.

（4）根值法适用于一般项中含有以n为指数幂的因子.

题型二　判别交错级数的收敛性

例 2　判别级数$\sum_{n=1}^{\infty}\frac{(-1)^n(n+1)}{n\sqrt{n}}$的收敛性.

分析　这是一个交错级数，用莱布尼茨判别法进行判定.

解　因为$\lim_{n\to\infty}u_n=\lim_{n\to\infty}\frac{n+1}{n\sqrt{n}}=0$，又$u_n-u_{n+1}=\frac{n+1}{n\sqrt{n}}-\frac{n+2}{(n+1)\sqrt{n+1}}=\frac{(n+1)^2\sqrt{n+1}-n(n+2)\sqrt{n}}{n\sqrt{n}(n+1)\sqrt{n+1}}>0$，所以根据莱布尼茨判别法可知原级数收敛.

例 3　判别级数$\sum_{n=1}^{\infty}\frac{(-1)^n}{n-\ln n}$的收敛性.

分析　这是一个交错级数，用莱布尼茨定理判别其敛散性，但直接证明$u_n\geqslant u_{n+1}$比较困难，所以这里采用函数的单调性来证明.

解　设$f(x)=\frac{1}{x-\ln x}(x>1)$，显然$f(n)=u_n$. 因为$f'(x)=\frac{1}{(x-\ln x)^2}\left(\frac{1}{x}-1\right)<0$

$(x>1)$，所以 $f(x)$ 在 $[1,+\infty)$ 上单调减少，故 $f(n)>f(n+1)$，即 $u_n>u_{n+1}$. 又因为

$$\lim_{x\to+\infty}\frac{1}{x-\ln x}=\lim_{x\to+\infty}\frac{\frac{1}{x}}{1-\frac{\ln x}{x}}=0,$$

所以 $\lim\limits_{n\to\infty}u_n=\lim\limits_{n\to\infty}\dfrac{1}{n-\ln n}=0$. 故由莱布尼茨判别法可知原级数收敛.

注　比较 u_n 与 u_{n+1} 的大小时，常考虑 u_n-u_{n+1} 是否大于 0 或 $\dfrac{u_n}{u_{n+1}}$ 是否大于 1.

例 4　判别级数 $\sum\limits_{n=2}^{\infty}\dfrac{(-1)^n}{\sqrt{n}+(-1)^n}$ 的收敛性.

解　将一般项的分子分母同乘以 $\sqrt{n}-(-1)^n$，得到 $\dfrac{(-1)^n}{\sqrt{n}+(-1)^n}=\dfrac{(-1)^n\sqrt{n}-1}{n-1}=\dfrac{(-1)^n\sqrt{n}}{n-1}-\dfrac{1}{n-1}$. 显然级数 $\sum\limits_{n=2}^{\infty}\dfrac{1}{n-1}$ 发散，下面考虑交错级数 $\sum\limits_{n=2}^{\infty}\dfrac{(-1)^n\sqrt{n}}{n-1}$ 的收敛性. 设 $f(x)=\dfrac{\sqrt{x}}{x-1}\ (x\geqslant 2)$，则 $f(n)=u_n$. 因为 $f'(x)=-\dfrac{x+1}{2\sqrt{x}(x-1)^2}<0\ (x\geqslant 2)$，所以 $f(x)$ 在 $[2,+\infty)$ 上单调减少，故 $f(n)>f(n+1)$，即 $u_n>u_{n+1}$，又因为 $\lim\limits_{n\to\infty}\dfrac{\sqrt{n}}{n-1}=0$，故由莱布尼茨判别法可知级数 $\sum\limits_{n=2}^{\infty}\dfrac{(-1)^n\sqrt{n}}{n-1}$ 收敛. 由于收敛级数与发散级数之和为发散级数，所以原级数发散.

题型三　任意项级数的绝对收敛和条件收敛

例 5　判别下列各级数是否收敛. 若收敛，是绝对收敛还是条件收敛？

（1）$\sum\limits_{n=1}^{\infty}(-1)^{\frac{n(n+1)}{2}}\dfrac{n!}{2^{n^2}}$；　　（2）$\sum\limits_{n=1}^{\infty}(-1)^{n+1}\dfrac{\ln\left(2+\frac{1}{n}\right)}{\sqrt{(3n+2)(3n-2)}}$；

（3）$\sum\limits_{n=1}^{\infty}(-1)^{n+1}\arctan\dfrac{1}{2n}$；　　（4）$\sum\limits_{n=1}^{\infty}(-1)^{n-1}\dfrac{a^n}{n}\ (a\neq 0)$.

解　（1）因为 $\lim\limits_{n\to\infty}\dfrac{|u_{n+1}|}{|u_n|}=\lim\limits_{n\to\infty}\dfrac{(n+1)!}{2^{(n+1)^2}}\cdot\dfrac{2^{n^2}}{n!}=\lim\limits_{n\to\infty}\dfrac{n+1}{2^{2n+1}}=0<1$，所以原级数绝对收敛.

（2）因为 $|u_n|=\dfrac{\ln\left(2+\frac{1}{n}\right)}{\sqrt{(3n+2)(3n-2)}}$，而 $\lim\limits_{n\to\infty}\dfrac{|u_n|}{\frac{1}{n}}=\lim\limits_{n\to\infty}\dfrac{\ln\left(2+\frac{1}{n}\right)}{\sqrt{\left(3+\frac{2}{n}\right)\left(3-\frac{2}{n}\right)}}=\dfrac{\ln 2}{3}$，且级数 $\sum\limits_{n=1}^{\infty}\dfrac{1}{n}$ 发散，故由比较判别法的极限形式可知级数 $\sum\limits_{n=1}^{\infty}|u_n|$ 发散. 由于 $\ln\left(2+\dfrac{1}{n}\right)>\ln\left(2+\dfrac{1}{n+1}\right)$，

$\sqrt{(3n+2)(3n-2)} < \sqrt{(3n+5)(3n+1)}$，故 $\dfrac{\ln\left(2+\dfrac{1}{n}\right)}{\sqrt{(3n+2)(3n-2)}} > \dfrac{\ln\left(2+\dfrac{1}{n+1}\right)}{\sqrt{(3n+3+2)(3n+3-2)}}$，

且 $\lim\limits_{n\to\infty}\dfrac{\ln\left(2+\dfrac{1}{n}\right)}{\sqrt{(3n+2)(3n-2)}}=0$，所以由莱布尼茨判别法可知级数 $\sum\limits_{n=1}^{\infty}(-1)^{n+1}\dfrac{\ln\left(2+\dfrac{1}{n}\right)}{\sqrt{(3n+2)(3n-2)}}$ 收敛，且为条件收敛.

（3）因为 $|u_n|=\left|(-1)^{n+1}\arctan\dfrac{1}{2n}\right|=\arctan\dfrac{1}{2n}$，而 $\lim\limits_{n\to\infty}\dfrac{|u_n|}{\dfrac{1}{n}}=\lim\limits_{n\to\infty}\dfrac{\arctan\dfrac{1}{2n}}{\dfrac{1}{n}}=\dfrac{1}{2}$，级数 $\sum\limits_{n=1}^{\infty}\dfrac{1}{n}$ 发散，故级数 $\sum\limits_{n=1}^{\infty}|u_n|$ 发散.又 $\arctan\dfrac{1}{2n}>\arctan\dfrac{1}{2(n+1)}$，$\lim\limits_{n\to\infty}\arctan\dfrac{1}{2n}=0$，所以交错级数 $\sum\limits_{n=1}^{\infty}(-1)^{n+1}\arctan\dfrac{1}{2n}$ 收敛，且为条件收敛.

（4）因为 $|u_n|=\dfrac{|a|^n}{n}$，而 $\lim\limits_{n\to\infty}\dfrac{|u_{n+1}|}{|u_n|}=\lim\limits_{n\to\infty}\dfrac{n}{n+1}|a|=|a|$，故当 $|a|<1$ 时，原级数绝对收敛；当 $|a|>1$ 时，原级数发散；当 $a=-1$ 时，原级数为 $-\sum\limits_{n=1}^{\infty}\dfrac{1}{n}$，是发散的；当 $a=1$ 时，原级数为 $\sum\limits_{n=1}^{\infty}(-1)^{n-1}\dfrac{1}{n}$，由莱布尼茨判别法可知此级数收敛，但是级数 $\sum\limits_{n=1}^{\infty}\dfrac{1}{n}$ 发散，故当 $a=1$ 时，级数 $\sum\limits_{n=1}^{\infty}(-1)^{n-1}\dfrac{1}{n}$ 为条件收敛.

例 6　判别级数 $\sum\limits_{n=1}^{\infty}\dfrac{3^n+(-2)^n}{n}\cdot\left(\dfrac{1}{3}\right)^n$ 的收敛性.

解　因为 $\sum\limits_{n=1}^{\infty}\dfrac{3^n+(-2)^n}{n}\cdot\left(\dfrac{1}{3}\right)^n=\sum\limits_{n=1}^{\infty}\left[\dfrac{1}{n}+\dfrac{(-1)^n}{n}\left(\dfrac{2}{3}\right)^n\right]$，而级数 $\sum\limits_{n=1}^{\infty}\left|\dfrac{(-1)^n}{n}\left(\dfrac{2}{3}\right)^n\right|=\sum\limits_{n=1}^{\infty}\dfrac{1}{n}\left(\dfrac{2}{3}\right)^n$，用比值法有 $\lim\limits_{n\to\infty}\dfrac{u_{n+1}}{u_n}=\dfrac{2}{3}<1$，即 $\sum\limits_{n=1}^{\infty}\dfrac{(-1)^n}{n}\left(\dfrac{2}{3}\right)^n$ 绝对收敛，而 $\sum\limits_{n=1}^{\infty}\dfrac{1}{n}$ 发散，从而原级数发散.

四、习题选解

1．利用比较审敛法或极限审敛法判断下列各级数的敛散性：

（1）$\sum\limits_{n=1}^{\infty}\dfrac{1+n^2}{1+n^3}$；（2）$\sum\limits_{n=1}^{\infty}\sin\dfrac{\pi}{2^n}$；（3）$\sum\limits_{n=1}^{\infty}\dfrac{1}{1+a^n}(a>0)$；（4）$\sum\limits_{n=1}^{\infty}\tan\dfrac{\pi}{\sqrt{n^3+n+1}}$；

（5）$\sum\limits_{n=1}^{\infty}\dfrac{1}{na+b}(a>0,b>0)$.

解 (1) 因为$\lim\limits_{n\to\infty}\dfrac{\dfrac{1+n^2}{1+n^3}}{\dfrac{1}{n}}=\lim\limits_{n\to\infty}\dfrac{n(1+n^2)}{1+n^3}=1$，而级数$\sum\limits_{n=1}^{\infty}\dfrac{1}{n}$发散，所以原级数发散.

(2) 因为$\lim\limits_{n\to\infty}\dfrac{\sin\dfrac{\pi}{2^n}}{\dfrac{1}{2^n}}=\pi$，而级数$\sum\limits_{n=1}^{\infty}\dfrac{1}{2^n}$收敛，所以原级数收敛.

(3) 因为当$a>1$时，$0<\dfrac{1}{1+a^n}<\dfrac{1}{a^n}$，而级数$\sum\limits_{n=1}^{\infty}\dfrac{1}{a^n}$收敛，所以级数$\sum\limits_{n=1}^{\infty}\dfrac{1}{1+a^n}$也收敛；当$a=1$时，级数$\sum\limits_{n=1}^{\infty}\dfrac{1}{1+a^n}=\sum\limits_{n=1}^{\infty}\dfrac{1}{2}$发散；当$0<a<1$时，$\lim\limits_{n\to\infty}\dfrac{1}{1+a^n}=1\neq 0$，所以$\sum\limits_{n=1}^{\infty}\dfrac{1}{1+a^n}$发散.

综上所述，当$a>1$时，原级数收敛；当$0<a\leqslant 1$时，原级数发散.

(4) 因为$\lim\limits_{n\to\infty}\dfrac{\tan\dfrac{\pi}{\sqrt{n^3+n+1}}}{\dfrac{1}{\sqrt{n^3}}}=\lim\limits_{n\to\infty}\dfrac{\dfrac{\pi}{\sqrt{n^3+n+1}}}{\dfrac{1}{\sqrt{n^3}}}=\pi$，而级数$\sum\limits_{n=1}^{\infty}\dfrac{1}{\sqrt{n^3}}$收敛，所以原级数收敛.

(5) 因为$\lim\limits_{n\to\infty}\dfrac{\dfrac{1}{na+b}}{\dfrac{1}{n}}=\dfrac{1}{a}$，而级数$\sum\limits_{n=1}^{\infty}\dfrac{1}{n}$发散，所以原级数发散.

2．用比值审敛法判断下列各级数的敛散性：

(1) $\sum\limits_{n=1}^{\infty}\dfrac{n^2}{3^n}$；(2) $\sum\limits_{n=1}^{\infty}\dfrac{1\cdot3\cdot5\cdot\cdots\cdot(2n-1)}{n!}$；(3) $\sum\limits_{n=1}^{\infty}\dfrac{n!}{n^n}a^n\,(a>0)$；(4) $\sum\limits_{n=1}^{\infty}n\tan\dfrac{\pi}{2^{n+1}}$.

解 (1) 因为$\lim\limits_{n\to\infty}\dfrac{u_{n+1}}{u_n}=\lim\limits_{n\to\infty}\dfrac{\dfrac{(n+1)^2}{3^{n+1}}}{\dfrac{n^2}{3^n}}=\dfrac{1}{3}<1$，所以根据比值判别法可知原级数收敛.

(2) 因为$\lim\limits_{n\to\infty}\dfrac{u_{n+1}}{u_n}=\lim\limits_{n\to\infty}\dfrac{\dfrac{1\cdot3\cdot5\cdot\cdots\cdot(2n-1)(2n+1)}{(n+1)!}}{\dfrac{1\cdot3\cdot5\cdot\cdots\cdot(2n-1)}{n!}}=\lim\limits_{n\to\infty}\dfrac{2n+1}{n+1}=2>1$，所以根据比值判别法可知原级数发散.

(3) 因为$\lim\limits_{n\to\infty}\dfrac{u_{n+1}}{u_n}=\lim\limits_{n\to\infty}\dfrac{\dfrac{(n+1)!}{(n+1)^{n+1}}a^{n+1}}{\dfrac{n!}{n^n}a^n}=\lim\limits_{n\to\infty}\left(\dfrac{n}{n+1}\right)^n a=\dfrac{a}{\mathrm{e}}$，则当$a>\mathrm{e}$时，$\dfrac{a}{\mathrm{e}}>1$，原级数发散；当$a=\mathrm{e}$时，由于$\left(1+\dfrac{1}{n}\right)^n$单调增加且趋于$\mathrm{e}$，所以$\left(1+\dfrac{1}{n}\right)^n<\mathrm{e}$，故$\dfrac{u_{n+1}}{u_n}>1$，

从而 $\lim\limits_{n\to\infty} u_n \neq 0$，所以原级数发散；当 $0<a<\mathrm{e}$ 时，$\dfrac{a}{\mathrm{e}}<1$，故原级数收敛.

（4）因为 $\lim\limits_{n\to\infty}\dfrac{u_{n+1}}{u_n}=\lim\limits_{n\to\infty}\dfrac{(n+1)\tan\dfrac{\pi}{2^{n+2}}}{n\tan\dfrac{\pi}{2^{n+1}}}=\dfrac{1}{2}<1$，所以原级数收敛.

3．用根值审敛法判断下列各级数的敛散性：

（1）$\sum\limits_{n=1}^{\infty}\left(\dfrac{n}{2n+1}\right)^n$；（2）$\sum\limits_{n=1}^{\infty}\dfrac{1}{\left[\ln(n+1)\right]^n}$；（3）$\sum\limits_{n=1}^{\infty}\left(\dfrac{n}{3n-1}\right)^{2n-1}$；

（4）$\sum\limits_{n=1}^{\infty}\left(\dfrac{b}{a_n}\right)^n$，其中 $a_n\to a(n\to\infty)$ 且 a_n,b,a 均为正数.

解　（1）因为 $\lim\limits_{n\to\infty}\sqrt[n]{u_n}=\lim\limits_{n\to\infty}\dfrac{n}{2n+1}=\dfrac{1}{2}<1$，所以由根值判别法可知原级数收敛.

（2）因为 $\lim\limits_{n\to\infty}\sqrt[n]{u_n}=\lim\limits_{n\to\infty}\sqrt[n]{\dfrac{1}{\left[\ln(n+1)\right]^n}}=\lim\limits_{n\to\infty}\dfrac{1}{\ln(n+1)}=0<1$，所以由根值判别法可知原级数收敛.

（3）因为 $\lim\limits_{n\to\infty}\sqrt[n]{u_n}=\lim\limits_{n\to\infty}\sqrt[n]{\left(\dfrac{n}{3n-1}\right)^{2n-1}}=\dfrac{1}{9}<1$，所以由根值判别法可知原级数收敛.

（4）因为 $\lim\limits_{n\to\infty}\sqrt[n]{u_n}=\lim\limits_{n\to\infty}\dfrac{b}{a_n}=\dfrac{b}{a}$，所以当 $a<b$ 时，$\dfrac{b}{a}>1$，原级数发散；当 $a>b$ 时，$\dfrac{b}{a}<1$，原级数收敛；当 $a=b$ 时，$\dfrac{b}{a}=1$，原级数敛散性不定.

4．判别下列各级数的敛散性：

（1）$\dfrac{3}{4}+2\left(\dfrac{3}{4}\right)^2+3\left(\dfrac{3}{4}\right)^3+\cdots+n\left(\dfrac{3}{4}\right)^n+\cdots$；（2）$\sum\limits_{n=1}^{\infty}2^n\sin\dfrac{\pi}{3^n}$；

（3）$\sqrt{2}+\sqrt{\dfrac{3}{2}}+\sqrt{\dfrac{4}{3}}+\cdots+\sqrt{\dfrac{n+1}{n}}+\cdots$；（4）$\sum\limits_{n=1}^{\infty}(-1)^{n-1}\dfrac{n}{3^n}$；（5）$\sum\limits_{n=1}^{\infty}(-1)^{n+1}\dfrac{1}{3}\cdot\dfrac{1}{2^n}$.

解　（1）因为 $\lim\limits_{n\to\infty}\dfrac{u_{n+1}}{u_n}=\lim\limits_{n\to\infty}\dfrac{(n+1)\left(\dfrac{3}{4}\right)^{n+1}}{n\left(\dfrac{3}{4}\right)^n}=\lim\limits_{n\to\infty}\dfrac{3}{4}\dfrac{(n+1)}{n}=\dfrac{3}{4}<1$，所以原级数收敛.

（2）因为 $\lim\limits_{n\to\infty}\dfrac{u_{n+1}}{u_n}=\lim\limits_{n\to\infty}\dfrac{2^{n+1}\sin\dfrac{\pi}{3^{n+1}}}{2^n\sin\dfrac{\pi}{3^n}}=\lim\limits_{n\to\infty}\dfrac{2\dfrac{\pi}{3^{n+1}}}{\dfrac{\pi}{3^n}}=\dfrac{2}{3}<1$，所以原级数收敛.

（3）因为 $\lim\limits_{n\to\infty}u_n=\lim\limits_{n\to\infty}\sqrt{\dfrac{n+1}{n}}=1\neq 0$，所以原级数发散.

（4）因为$u_n=\frac{n}{3^n}>\frac{n+1}{3^{n+1}}=u_{n+1}$，且$\lim\limits_{n\to\infty}u_n=\lim\limits_{n\to\infty}\frac{n}{3^n}=\lim\limits_{x\to+\infty}\frac{x}{3^x}=\lim\limits_{x\to+\infty}\frac{1}{3^x\ln 3}=0$，所以根据莱布尼茨判别法可知原级数收敛.

（5）因为$u_n=\frac{1}{3}\cdot\frac{1}{2^n}>\frac{1}{3}\cdot\frac{1}{2^{n+1}}=u_{n+1}$，且$\lim\limits_{n\to\infty}u_n=\lim\limits_{n\to\infty}\frac{1}{3}\cdot\frac{1}{2^n}=0$，所以根据莱布尼茨判别法可知原级数收敛.

5．判别下列各级数的敛散性，若是收敛的，指明是条件收敛还是绝对收敛？

（1）$\sum\limits_{n=2}^{\infty}(-1)^{n-1}\frac{\ln n}{n}$；（2）$\sum\limits_{n=1}^{\infty}\frac{(2n+1)^2}{2^n}\cos n\pi$；（3）$\sum\limits_{n=1}^{\infty}(-1)^{n+1}\frac{1}{\ln(n+1)}$；

（4）$\sum\limits_{n=1}^{\infty}(-1)^{n-1}\frac{n^3}{2^n}$；（5）$\sum\limits_{n=1}^{\infty}(-1)^{n-1}\frac{1}{\sqrt{n}}$；（6）$\sum\limits_{n=1}^{\infty}\frac{a^n}{n^3}(a为常数)$.

解 （1）$u_n=\frac{\ln n}{n}$，用x代替n，考查函数$f(x)=\frac{\ln x}{x}$，当$x\to+\infty$时是否单调减少且趋于零. 根据洛必达法则可知

$$\lim_{x\to+\infty}f(x)=\lim_{x\to+\infty}\frac{\ln x}{x}=\lim_{x\to+\infty}\frac{1}{x}=0\text{，且 }f'(x)=\left(\frac{\ln x}{x}\right)'=\frac{1-\ln x}{x^2}.$$

因为当$x>\mathrm{e}$时，$f'(x)<0$，所以当$x>\mathrm{e}$时，$f(x)=\frac{\ln x}{x}$单调减少，因此有

$$u_n=\frac{\ln n}{n}>\frac{\ln(n+1)}{n+1}=u_{n+1}\ (n=3,4,\cdots)\text{，且 }\lim_{n\to\infty}u_n=\lim_{n\to\infty}\frac{\ln n}{n}=0,$$

所以根据莱布尼茨判别法可知，级数$\sum\limits_{n=2}^{\infty}(-1)^{n-1}\frac{\ln n}{n}$收敛，但$u_n=\frac{\ln n}{n}>\frac{1}{n}\ (n>2)$，而级数$\sum\limits_{n=1}^{\infty}\frac{1}{n}$发散，故级数$\sum\limits_{n=2}^{\infty}\frac{\ln n}{n}$发散，于是原级数条件收敛.

（2）因为$\left|\frac{(2n+1)^2}{2^n}\cos n\pi\right|\leqslant\frac{(2n+1)^2}{2^n}$，而对于$\sum\limits_{n=1}^{\infty}\frac{(2n+1)^2}{2^n}$，由于$\lim\limits_{n\to\infty}\frac{u_{n+1}}{u_n}=\lim\limits_{n\to\infty}\frac{\frac{(2n+3)^2}{2^{n+1}}}{\frac{(2n+1)^2}{2^n}}=\frac{1}{2}<1$，所以级数$\sum\limits_{n=1}^{\infty}\frac{(2n+1)^2}{2^n}$收敛，所以原级数绝对收敛.

（3）因为$u_n=\frac{1}{\ln(n+1)}>u_{n+1}=\frac{1}{\ln(n+2)}$，且$\lim\limits_{n\to\infty}u_n=\lim\limits_{n\to\infty}\frac{1}{\ln(n+1)}=0$，所以根据莱布尼茨判别法可知，级数$\sum\limits_{n=2}^{\infty}(-1)^{n+1}\frac{1}{\ln(n+1)}$收敛，但$u_n=\frac{1}{\ln(n+1)}>\frac{1}{n+1}\ (n\geqslant1)$，而级数$\sum\limits_{n=1}^{\infty}\frac{1}{n+1}$发散，故级数$\sum\limits_{n=1}^{\infty}\frac{1}{\ln(n+1)}$发散，所以原级数条件收敛.

（4）因为$\left|(-1)^{n-1}\frac{n^3}{2^n}\right|=\frac{n^3}{2^n}$，而对于$\sum\limits_{n=1}^{\infty}\frac{n^3}{2^n}$，由于$\lim\limits_{n\to\infty}\frac{u_{n+1}}{u_n}=\lim\limits_{n\to\infty}\frac{\frac{(n+1)^3}{2^{n+1}}}{\frac{n^3}{2^n}}=\frac{1}{2}<1$，所以级数$\sum\limits_{n=1}^{\infty}\frac{n^3}{2^n}$收敛，从而原级数绝对收敛.

（5）因为$u_n=\frac{1}{\sqrt{n}}>u_{n+1}=\frac{1}{\sqrt{n+1}}$且$\lim\limits_{n\to\infty}u_n=\lim\limits_{n\to\infty}\frac{1}{\sqrt{n}}=0$，可知级数$\sum\limits_{n=1}^{\infty}(-1)^{n-1}\frac{1}{\sqrt{n}}$收敛，但级数$\sum\limits_{n=1}^{\infty}\frac{1}{\sqrt{n}}$发散，故原级数条件收敛.

（6）因为$\lim\limits_{n\to\infty}\left|\frac{u_{n+1}}{u_n}\right|=\lim\limits_{n\to\infty}\left|\frac{\frac{a^{n+1}}{(n+1)^3}}{\frac{a^n}{n^3}}\right|=\lim\limits_{n\to\infty}\left|\frac{n^3a^{n+1}}{(n+1)^3a^n}\right|=|a|$，由比值判别法可知，当$|a|>1$时级数发散；当$|a|\leqslant 1$时，由于$|u_n|=\left|\frac{a^n}{n^3}\right|\leqslant\frac{1}{n^3}$，而级数$\sum\limits_{n=1}^{\infty}\frac{1}{n^3}$收敛，故原级数绝对收敛.

第三节　幂　级　数

一、基本要求

1. 了解函数项级数的收敛域与和函数的概念.
2. 掌握简单幂级数收敛区间的求法.
3. 掌握幂级数的四则运算和微积分运算.

二、答疑解惑

1. 函数项级数的收敛域是一个区间吗？

答　不一定. 例如，设$u_n(x)=\begin{cases}1, & x\text{为有理数},\\ 0, & x\text{为无理数},\end{cases}$易知$\sum\limits_{n=1}^{\infty}u_n(x)$的收敛域为集合$\{x|x\text{为无理数}\}$，并不是一个区间. 但幂级数的收敛域一般是一个区间.

2. 如果幂级数$\sum\limits_{n=0}^{\infty}a_nx^n$的收敛半径为$R$，那么$\lim\limits_{n\to\infty}\left|\frac{a_{n+1}}{a_n}\right|=\frac{1}{R}$，正确吗？

答　不正确. 例如，对于$\sum\limits_{n=0}^{\infty}\frac{3+(-1)^n}{5^n}x^n$，由于$\rho=\lim\limits_{n\to\infty}\sqrt[n]{|a_n|}=\lim\limits_{n\to\infty}\frac{[3+(-1)^n]^{\frac{1}{n}}}{5}=\frac{1}{5}$，所以这个幂级数的收敛半径$R=\frac{1}{\rho}=5$，但是$\left|\frac{a_{n+1}}{a_n}\right|=\frac{1}{5}\cdot\frac{3+(-1)^{n+1}}{3+(-1)^n}=\begin{cases}\frac{2}{5}, & n\text{为奇数},\\ \frac{1}{10}, & n\text{为偶数},\end{cases}$所以

$\lim\limits_{n\to\infty}\left|\dfrac{a_{n+1}}{a_n}\right|$不存在且不是无穷大.

3．对于$\lim\limits_{n\to\infty}\left|\dfrac{a_{n+1}}{a_n}\right|$（或$\lim\limits_{x\to\infty}\sqrt[n]{|a_n|}$）不存在，而且也不是无穷大的幂级数，如何求它的收敛域？

答 显然，这时无法利用公式$\rho=\lim\limits_{n\to\infty}\left|\dfrac{a_{n+1}}{a_n}\right|\left(\text{或}\rho=\lim\limits_{x\to\infty}\sqrt[n]{|a_n|}\right)$，$R=\dfrac{1}{\rho}$来求收敛半径.在这种情况下，一般是对该幂级数的绝对值级数直接用比值审敛法或根值审敛法，进而求出幂级数的收敛半径.

4．对一般的函数项级数，如何求收敛域？

答 对于一般的函数项级数$\sum\limits_{n=1}^{\infty}u_n(x)$，通常把$x$看作参数，先讨论$\sum\limits_{n=1}^{\infty}|u_n(x)|$的敛散性（这时可以用正项级数的比值法或根值法进行判断），再按照定义讨论一些特殊点的敛散性，如下面两个例子.

（1）求级数$\sum\limits_{n=1}^{\infty}\dfrac{n^2}{x^n}$的收敛域.

解 由于$\lim\limits_{n\to\infty}\left|\dfrac{u_{n+1}(x)}{u_n(x)}\right|=\lim\limits_{n\to\infty}\left|\dfrac{(n+1)^2}{n^2}\cdot\dfrac{x^n}{x^{n+1}}\right|=\left|\dfrac{1}{x}\right|$，由比值法可知当$\left|\dfrac{1}{x}\right|<1$，即$|x|>1$时，级数收敛；当$\left|\dfrac{1}{x}\right|>1$，即$|x|<1$时，级数发散. 当$x=1$或$x=-1$时，原级数成为$\sum\limits_{n=1}^{\infty}n^2$或$\sum\limits_{n=1}^{\infty}(-1)^n n^2$，都是发散的，所以函数项级数$\sum\limits_{n=1}^{\infty}\dfrac{n^2}{x^n}$的收敛域是$(-\infty,-1)\cup(1,+\infty)$.

（2）求级数$\sum\limits_{n=1}^{\infty}\dfrac{x^{n^2}}{2^n}$的收敛域.

解 由于$\lim\limits_{n\to\infty}\sqrt[n]{|u_n(x)|}=\lim\limits_{n\to\infty}\dfrac{|x|^n}{2}=\begin{cases}0, & |x|<1,\\ \dfrac{1}{2}, & |x|=1,\\ +\infty, & |x|>1,\end{cases}$所以级数的收敛域是$[-1,1]$.

5．幂级数及其逐项求导和逐项积分后的级数具有相同的收敛半径，但未必有相同的收敛域，这些级数收敛域之间有什么关系？

答 设幂级数为$\sum\limits_{n=0}^{\infty}a_n x^n$，逐项求导后的级数为$\sum\limits_{n=1}^{\infty}na_n x^{n-1}$，逐项积分后的级数为$\sum\limits_{n=0}^{\infty}\dfrac{a_n}{n+1}x^{n+1}$，它们的收敛域分别是$I_1,I_2$和$I_3$，则它们有如下关系：$I_2\subset I_1\subset I_3$. 这就是说，逐项积分后级数的收敛域不会缩小，逐项求导后级数的收敛域不会扩大.

由于逐项求导或逐项积分后幂级数的收敛半径不变，所以这些级数的收敛性只可能在收敛区间的端点处发生改变. 例如$\sum\limits_{n=0}^{\infty}x^n$的收敛域为$(-1,1)$，逐项积分后的级数$\sum\limits_{n=0}^{\infty}\dfrac{x^{n+1}}{n+1}$的收敛域为$[-1,1)$．一般而言，若幂级数在收敛区间的端点处发散，则逐项求导后的级数在端点必定发散，而逐项积分后的级数在该点可能收敛；反之，若幂级数在收敛区间的端点处收敛，则逐项求导后的级数在端点处可能发散，而逐项积分后的级数在该点一定收敛．

6．怎样求幂级数的和函数？

答　求幂级数的和函数的基本思想：利用幂级数的性质将所给幂级数转化为常见的函数展开式的形式（一般为等比级数），从而求得和函数．常常通过初等变形、逐项积分、逐项求导的方法进行转化．若通项的形式为$\dfrac{x^n}{n}$，一般用逐项求导的方法；若通项的形式为$(n+1)x^n$，一般用逐项积分的方法．

求幂级数的和函数的步骤及方法：

（1）求幂级数的收敛域；

（2）通过加、减、逐项积分、逐项求导及变量代换（如：以$-x$代替x，以x^2代替x等）等方法，将所给的幂级数化为常见的函数展开式的形式$\Bigg($如：当所给的幂级数通项的分母出现$n!$时，常转化到e^x的展开式；当系数中出现$\dfrac{(-1)^n}{(2n)!}$或$\dfrac{(-1)^{n-1}}{(2n-1)!}$时，常转化为$\cos x$或$\sin x$的泰勒展开式；当系数是$n$的多项式时，常转化为几何级数$\Bigg)$，从而得到新级数的和函数．

（3）对于得到的新级数的和函数作相反的分析运算（求导或积分），便得到原幂级数的和函数．

（4）还可以通过解微分方程的方法得到和函数（见第十二章）．

三、经典例题解析

题型一　求幂级数的收敛半径和收敛域

例 1　求幂级数$\sum\limits_{n=1}^{\infty}\dfrac{3^n+(-1)^n}{n}x^n$的收敛半径和收敛域．

解　因为$\rho=\lim\limits_{n\to\infty}\left|\dfrac{a_{n+1}}{a_n}\right|=\lim\limits_{n\to\infty}\dfrac{3^{n+1}+\left(-1\right)^{n+1}}{n+1}\cdot\dfrac{n}{3^n+\left(-1\right)^n}=3$，所以收敛半径为$R=\dfrac{1}{\rho}=\dfrac{1}{3}$．

当$x=\dfrac{1}{3}$时，原级数化为$\sum\limits_{n=1}^{\infty}\dfrac{3^n+(-1)^n}{n}\left(\dfrac{1}{3}\right)^n=\sum\limits_{n=1}^{\infty}\left[\dfrac{1}{n}+\dfrac{(-1)^n}{n\cdot3^n}\right]$，其中调和级数$\sum\limits_{n=1}^{\infty}\dfrac{1}{n}$发散，级数$\sum\limits_{n=1}^{\infty}\dfrac{(-1)^n}{n\cdot3^n}$绝对收敛，故级数$\sum\limits_{n=1}^{\infty}\dfrac{3^n+(-1)^n}{n}\left(\dfrac{1}{3}\right)^n$发散．

当$x=-\dfrac{1}{3}$时，原级数化为$\sum\limits_{n=1}^{\infty}\dfrac{3^n+(-1)^n}{n}\left(-\dfrac{1}{3}\right)^n=\sum\limits_{n=1}^{\infty}\left[\dfrac{(-1)^n}{n}+\dfrac{1}{n\cdot3^n}\right]$，其中级数$\sum\limits_{n=1}^{\infty}\dfrac{(-1)^n}{n}$收敛，正项级数$\sum\limits_{n=1}^{\infty}\dfrac{1}{n\cdot3^n}$也收敛，故级数$\sum\limits_{n=1}^{\infty}\dfrac{3^n+(-1)^n}{n}\left(-\dfrac{1}{3}\right)^n$收敛．

综上所述，原级数的收敛域为$\left[-\dfrac{1}{3},\dfrac{1}{3}\right)$．

例 2　求下列各幂级数的收敛半径和收敛域：

（1）$\sum_{n=1}^{\infty}\frac{2^n}{n+1}x^{2n-1}$；　（2）$\sum_{n=1}^{\infty}\frac{n}{2^n}x^{2n}$；　（3）$\sum_{n=1}^{\infty}\frac{(-1)^n}{n\cdot 2^n}x^{3n}$．

解　（1）此级数缺少 x 的偶次幂项，故需用比值法求收敛半径. 因为

$$\lim_{n\to\infty}\frac{|u_{n+1}(x)|}{|u_n(x)|}=\lim_{n\to\infty}\left[\frac{2^{n+1}}{n+2}|x|^{2n+1}\Big/\left(\frac{2^n}{n+1}|x|^{2n-1}\right)\right]=2\lim_{n\to\infty}\frac{n+1}{n+2}|x|^2=2|x|^2,$$

所以当 $2|x|^2<1$，即 $|x|<\frac{1}{\sqrt{2}}$ 时，级数收敛；当 $|x|>\frac{1}{\sqrt{2}}$ 时，级数发散，故收敛半径 $R=\frac{1}{\sqrt{2}}$.

当 $x=\frac{1}{\sqrt{2}}$ 时，原级数化为 $\sum_{n=1}^{\infty}\frac{2^n}{n+1}\left(\frac{1}{2}\right)^n\sqrt{2}=\sum_{n=1}^{\infty}\frac{\sqrt{2}}{n+1}$，该级数发散.

当 $x=-\frac{1}{\sqrt{2}}$ 时，原级数化为 $-\sum_{n=1}^{\infty}\frac{\sqrt{2}}{n+1}$，该级数也发散，故原级数的收敛域为 $\left(-\frac{1}{\sqrt{2}},\frac{1}{\sqrt{2}}\right)$.

（2）此级数缺少 x 的奇次幂，故需用比值法求收敛半径. 因为

$$\lim_{n\to\infty}\frac{|u_{n+1}(x)|}{|u_n(x)|}=\lim_{n\to\infty}\left|\frac{\frac{n+1}{2^{n+1}}x^{2(n+1)}}{\frac{n}{2^n}x^{2n}}\right|=\lim_{n\to\infty}\frac{n+1}{2n}|x|^2=\frac{1}{2}|x|^2,$$

所以当 $\frac{1}{2}|x|^2<1$，即 $|x|<\sqrt{2}$ 时，级数收敛；当 $|x|>\sqrt{2}$ 时，级数发散，故收敛半径 $R=\sqrt{2}$.

当 $x=\pm\sqrt{2}$ 时，原级数化为 $\sum_{n=1}^{\infty}\frac{n}{2^n}\left(\pm\sqrt{2}\right)^{2n}=\sum_{n=1}^{\infty}n$，该级数发散，故原级数的收敛域为 $\left(-\sqrt{2},\sqrt{2}\right)$.

（3）此级数中 x 的幂次不是按自然数顺序依次递增排列的，但也不是（1）、（2）中两例的情况，仍需使用比值审敛法求出 R. 因为 $\lim_{n\to\infty}\frac{|u_{n+1}(x)|}{|u_n(x)|}=\lim_{n\to\infty}\left[\frac{|x|^{3n+3}}{2^{n+1}(n+1)}\Big/\frac{|x|^{3n}}{2^n\cdot n}\right]=\frac{|x|^3}{2}$，

当 $\frac{|x|^3}{2}<1$，即 $|x|<\sqrt[3]{2}$ 时，该级数收敛；当 $|x|>\sqrt[3]{2}$ 时，该级数发散，所以收敛半径 $R=\sqrt[3]{2}$.

当 $x=\sqrt[3]{2}$ 时，原级数化为 $\sum_{n=1}^{\infty}\frac{(-1)^n}{2^n\cdot n}\cdot 2^n=\sum_{n=1}^{\infty}(-1)^n\frac{1}{n}$，由莱布尼茨判别法可知此级数收敛.

当 $x=-\sqrt[3]{2}$ 时，原级数化为 $\sum_{n=1}^{\infty}\frac{1}{n}$，显然是发散的，故原级数的收敛域为 $\left(-\sqrt[3]{2},\sqrt[3]{2}\right]$.

例 3　求幂级数 $\sum_{n=1}^{\infty}\frac{(2x+1)^n}{n}$ 的收敛域.

分析　通过换元，将原级数化成 $\sum_{n=0}^{\infty}a_n x^n$ 型的幂级数.

解 令 $2x+1=t$，则原级数化为 $\sum_{n=1}^{\infty}\frac{t^n}{n}$，此时 $\rho=\lim_{n\to\infty}\left|\frac{a_{n+1}}{a_n}\right|=\lim_{n\to\infty}\frac{n}{n+1}=1$，所以幂级数 $\sum_{n=1}^{\infty}\frac{t^n}{n}$ 的收敛半径 $R=1$. 当 $t=1$ 时，级数成为 $\sum_{n=1}^{\infty}\frac{1}{n}$，这时级数发散；当 $t=-1$ 时，级数成为 $\sum_{n=1}^{\infty}\frac{(-1)^n}{n}$，这时级数收敛. 因此级数 $\sum_{n=1}^{\infty}\frac{t^n}{n}$ 当 $-1\leqslant t<1$，即 $-1\leqslant x<0$ 时收敛，所以原级数的收敛域为 $[-1,0)$.

例 4 求幂级数 $\sum_{n=1}^{\infty}\frac{2+(-1)^n}{2^n}x^n$ 的收敛半径.

解 因为 $\rho=\lim_{n\to\infty}\left|\frac{a_{n+1}}{a_n}\right|=\frac{1}{2}\cdot\lim_{n\to\infty}\frac{2+(-1)^{n+1}}{2+(-1)^n}$，当 n 为奇数时，$\rho=\frac{3}{2}$；当 n 为偶数时，$\rho=\frac{1}{6}$，所以 $\lim_{n\to\infty}\left|\frac{a_{n+1}}{a_n}\right|$ 不存在，故不能用比值法确定收敛半径，但可以用根值法或比较法. 现用根值法. 因为 $\lim_{n\to\infty}\sqrt[n]{|u_n(x)|}=\lim_{n\to\infty}\sqrt[n]{2+(-1)^n}\frac{|x|}{2}=\frac{|x|}{2}$，故当 $|x|<2$ 时，幂级数收敛；当 $|x|>2$ 时，幂级数发散，所以原级数的收敛半径为 $R=2$.

例 5 已知幂级数 $\sum_{n=0}^{\infty}a_n(x-3)^n$ 在点 $x=-1$ 处收敛，判别其在点 $x=6$ 处的收敛性.

解 令 $t=x-3$，则当 $x=-1$ 时 $t=-4$. 因为 $\sum_{n=0}^{\infty}a_n(x-3)^n$ 在点 $x=-1$ 处收敛，所以幂级数 $\sum_{n=0}^{\infty}a_nt^n$ 在点 $t=-4$ 处收敛，由阿贝尔定理可知，对于满足 $|t|<|-4|=4$ 的一切 t，幂级数 $\sum_{n=0}^{\infty}a_nt^n$ 绝对收敛，因此当 $|x-3|<4$，即 $-1<x<7$ 时，幂级数 $\sum_{n=0}^{\infty}a_n(x-3)^n$ 绝对收敛，所以此级数在点 $x=6$ 处绝对收敛.

题型二 求幂级数的和函数

例 6 求幂级数 $1+\sum_{n=1}^{\infty}\frac{x^n}{n\cdot 4^n}$ 在收敛域 $[-4,4)$ 上的和函数.

解 设幂级数的和函数为 $s(x)=1+\sum_{n=1}^{\infty}\frac{x^n}{n\cdot 4^n}$ $(-4\leqslant x<4)$. 因为 $s'(x)=\sum_{n=1}^{\infty}\frac{x^{n-1}}{4^n}=\frac{1}{4-x}$，所以 $\int_0^x s'(t)\mathrm{d}t=\int_0^x\frac{1}{4-t}\mathrm{d}t$，于是 $s(x)-s(0)=\left[-\ln(4-t)\right]_0^x=\ln 4-\ln(4-x)$. 而 $s(0)=1$，故 $s(x)=1+\ln 4-\ln(4-x)$ $(-4<x<4)$. 当 $x=-4$ 时，由和函数的连续性，可得 $s(-4)=\lim_{x\to -4+0}s(x)=1+\ln 4-\ln 8$，综上可知，$s(x)=1+\ln 4-\ln(4-x)$ $(-4\leqslant x<4)$.

注 在用先逐项微分再两边积分时，不要忽略了 $s(0)$ 的值，否则当 $s(0)\neq 0$ 时，会出现错误.

例 7 求幂级数$\sum_{n=1}^{\infty}2nx^{2n}$在收敛域内的和函数.

解 先求收敛区间. 此幂级数只含有偶次幂的项，用比值法容易求得收敛半径$R=1$，又在$x=\pm1$处，级数发散，故可得其收敛域为$(-1,1)$.

设幂级数的和函数为$s(x)=\sum_{n=1}^{\infty}2nx^{2n}=x\sum_{n=1}^{\infty}2nx^{2n-1}$，令$\sigma(x)=\sum_{n=1}^{\infty}2nx^{2n-1}$，两边逐项积分得

$$\int_0^x\sigma(t)\mathrm{d}t=\sum_{n=1}^{\infty}\int_0^x 2nt^{2n-1}\mathrm{d}t=\sum_{n=1}^{\infty}x^{2n}=\frac{x^2}{1-x^2},$$

两边再求导得$\sigma(x)=\left(\frac{x^2}{1-x^2}\right)'=\frac{2x}{\left(1-x^2\right)^2}$，于是$s(x)=x\sigma(x)=\frac{2x^2}{\left(1-x^2\right)^2}\ (-1<x<1)$.

注 此题是先逐项积分再两边求导数.一般地，当幂级数的系数是n的有理整式时，应对幂级数先逐项积分，再两边求导，以求得幂级数的和函数；当幂级数的系数是n的有理分式时，应对幂级数先逐项求导，再两边积分，以求得幂级数的和函数. 有时，在求幂级数的和函数之前，要先将幂级数作适当的变形，然后再做适当的运算.

例 8 求幂级数$\sum_{n=1}^{\infty}\frac{1}{2^n n}x^{n-1}$的收敛域及和函数.

解 因为$\lim_{n\to\infty}\left|\frac{a_{n+1}}{a_n}\right|=\lim_{n\to\infty}\frac{2^n n}{(n+1)2^{n+1}}=\frac{1}{2}$，所以级数的收敛半径是$R=2$.

当$x=2$时，级数为$\sum_{n=1}^{\infty}\frac{2^{n-1}}{2^n n}=\sum_{n=1}^{\infty}\frac{1}{2n}$发散；当$x=-2$时，级数为$\sum_{n=1}^{\infty}\frac{(-1)^{n-1}2^{n-1}}{2^n n}=\sum_{n=1}^{\infty}(-1)^{n-1}\frac{1}{2n}$收敛，因此级数的收敛域为$[-2,2)$.

设$s(x)=\sum_{n=1}^{\infty}\frac{1}{2^n n}x^{n-1}$，则$xs(x)=\sum_{n=1}^{\infty}\frac{1}{n}\left(\frac{x}{2}\right)^n$，于是

$$\left[xs(x)\right]'=\left[\sum_{n=1}^{\infty}\frac{1}{n}\left(\frac{x}{2}\right)^n\right]'=\frac{1}{2}\sum_{n=1}^{\infty}\left(\frac{x}{2}\right)^{n-1}=\frac{1}{2}\frac{1}{1-\frac{x}{2}}=\frac{1}{2-x},$$

所以$xs(x)=\int_0^x\frac{1}{2-t}\mathrm{d}t=\ln 2-\ln(2-x)$. 当$x\neq0$时，$s(x)=-\frac{1}{x}\ln\left(1-\frac{x}{2}\right)$；当$x=0$时，由原级数得$s(0)=\frac{1}{2}$. 所以

$$\sum_{n=1}^{\infty}\frac{1}{2^n n}x^{n-1}=\begin{cases}-\frac{1}{x}\ln\left(1-\frac{x}{2}\right), & -2\leqslant x<0,0<x<2,\\ \frac{1}{2}, & x=0.\end{cases}$$

例 9　求幂级数$\sum_{n=2}^{\infty}\frac{x^n}{n(n-1)}$的和函数，其中$-1<x<1$.

解　设幂级数的和函数为$s(x)=\sum_{n=2}^{\infty}\frac{x^n}{n(n-1)}\ (-1<x<1)$. 因为$s'(x)=\sum_{n=2}^{\infty}\frac{x^{n-1}}{n-1}$，$s''(x)=\sum_{n=2}^{\infty}x^{n-2}=\frac{1}{1-x}$，所以$s'(x)=\int_0^x\frac{1}{1-t}\mathrm{d}t+s'(0)=\int_0^x\frac{\mathrm{d}t}{1-t}=-\ln(1-x)$，再次积分得

$$s(x)=\int_0^x-\ln(1-t)\mathrm{d}t+s(0)=x+(1-x)\ln(1-x)\ (|x|<1).$$

注　级数$\sum_{n=2}^{\infty}\frac{x^n}{n(n-1)}$通项的分母是两项之积，通过两次求导，就消去了分母上的因子，从而得到和函数容易求出的新级数，然后再经过逆运算得到和函数. 这是求幂级数的和函数的常用技巧.

题型三　利用幂级数的和函数求常数项级数的和

例 10　求常数项级数$\sum_{n=2}^{\infty}\frac{1}{(n^2-1)2^n}$的和.

分析　直接求$\sum_{n=2}^{\infty}\frac{1}{(n^2-1)2^n}$的和是困难的，若把$\sum_{n=2}^{\infty}\frac{1}{(n^2-1)2^n}$视作某一幂级数在一特定的收敛点$x_0$处的值，则较易求解.

解　引入幂级数$\sum_{n=2}^{\infty}\frac{1}{(n^2-1)}x^n$，记其和函数为$s(x)$，收敛域为$I$. 如果$x_0=\frac{1}{2}\in I$，则$\sum_{n=2}^{\infty}\frac{1}{(n^2-1)2^n}=s\left(\frac{1}{2}\right)$. 下面求和函数$s(x)$，并指出和函数成立的范围.

设幂级数的和函数$s(x)=\sum_{n=2}^{\infty}\frac{x^n}{n^2-1}$，则有

$$s(x)=\sum_{n=2}^{\infty}\frac{1}{2}\left(\frac{1}{n-1}-\frac{1}{n+1}\right)x^n=\frac{1}{2}\left(\sum_{n=2}^{\infty}\frac{x^n}{n-1}-\sum_{n=2}^{\infty}\frac{x^n}{n+1}\right)=\frac{1}{2}\left[s_1(x)-s_2(x)\right],$$

其中

$$\begin{aligned}s_1(x)&=\sum_{n=2}^{\infty}\frac{x^n}{n-1}=x\sum_{n=2}^{\infty}\frac{x^{n-1}}{n-1}=x\sum_{n=2}^{\infty}\int_0^x t^{n-2}\mathrm{d}t=x\int_0^x\left(\sum_{n=2}^{\infty}t^{n-2}\right)\mathrm{d}t=x\int_0^x\left(\sum_{n=0}^{\infty}t^n\right)\mathrm{d}t\\&=x\int_0^x\frac{1}{1-t}\mathrm{d}t=-x\ln(1-x),\quad -1\leqslant x<1,\end{aligned}$$

$$\begin{aligned}s_2(x)&=\sum_{n=2}^{\infty}\frac{x^n}{n+1}=\frac{1}{x}\sum_{n=2}^{\infty}\frac{x^{n+1}}{n+1}=\frac{1}{x}\sum_{n=2}^{\infty}\int_0^x t^n\mathrm{d}t\quad(x\neq 0)\\&=\frac{1}{x}\int_0^x\left(\sum_{n=2}^{\infty}t^n\right)\mathrm{d}t=\frac{1}{x}\int_0^x\frac{t^2}{1-t}\mathrm{d}t=-\frac{1}{x}\ln(1-x)-1-\frac{x}{2},\quad x\in[-1,0)\cup(0,1),\end{aligned}$$

故
$$\sum_{n=2}^{\infty}\frac{1}{(n^2-1)2^n}=s\left(\frac{1}{2}\right)=\frac{1}{2}\left[s_1\left(\frac{1}{2}\right)-s_2\left(\frac{1}{2}\right)\right]$$
$$=\frac{1}{2}\left[-\frac{1}{2}\ln\left(1-\frac{1}{2}\right)+2\ln\left(1-\frac{1}{2}\right)+1+\frac{1}{2}\times\frac{1}{2}\right]=\frac{1}{8}(5-6\ln 2).$$

注 利用幂级数的和函数，可求得一些常数项级数的和. 解决这个问题的关键是选取适当的幂级数，求出此幂级数的和函数$s(x)$，并使该幂级数本身或经过运算后，在收敛区间内某点$x=x_0$处的常数项级数正好是要求的级数，如此就将求常数项级数的和转化为求和函数的函数值$s(x_0)$.

四、习题选解

1．求下列各幂级数的收敛域：

（1）$\sum_{n=1}^{\infty}nx^n$；（2）$\sum_{n=1}^{\infty}\frac{x^n}{n\cdot 3^n}$；（3）$\sum_{n=1}^{\infty}(-1)^n\frac{x^{2n+1}}{2n+1}$；（4）$\sum_{n=1}^{\infty}\frac{(x-5)^n}{\sqrt{n}}$.

解 （1）因为$\rho=\lim_{n\to\infty}\left|\frac{a_{n+1}}{a_n}\right|=\lim_{n\to\infty}\left|\frac{n+1}{n}\right|=1$，所以收敛半径$R=\frac{1}{\rho}=1$. 当$x=-1$时，级数$\sum_{n=1}^{\infty}(-1)^n n$是发散的交错级数；当$x=1$时，级数$\sum_{n=1}^{\infty}n$发散，所以原级数的收敛域为$(-1,1)$.

（2）因为$\rho=\lim_{n\to\infty}\left|\frac{a_{n+1}}{a_n}\right|=\lim_{n\to\infty}\left|\frac{n3^n}{(n+1)3^{n+1}}\right|=\frac{1}{3}$，所以收敛半径$R=\frac{1}{\rho}=3$. 当$x=-3$时，级数$\sum_{n=1}^{\infty}(-1)^n\frac{1}{n}$是收敛的交错级数；当$x=3$时，级数$\sum_{n=1}^{\infty}\frac{1}{n}$发散，所以原级数的收敛域为$[-3,3)$.

（3）因为$\rho(x)=\lim_{n\to\infty}\left|\frac{u_{n+1}(x)}{u_n(x)}\right|=\lim_{n\to\infty}\left|\frac{(-1)^{n+1}\frac{x^{2n+3}}{2n+3}}{(-1)^n\frac{x^{2n+1}}{2n+1}}\right|=x^2$，由比值审敛法可得，当$x^2<1$，即$|x|<1$时，级数收敛，所以收敛半径$R=1$. 当$x=-1$时，级数$\sum_{n=1}^{\infty}\frac{(-1)^{n+1}}{2n+1}$是收敛的交错级数；当$x=1$时，级数$\sum_{n=1}^{\infty}(-1)^n\frac{1}{2n+1}$是收敛的交错级数，所以级数$\sum_{n=1}^{\infty}(-1)^n\frac{x^{2n+1}}{2n+1}$的收敛域为$[-1,1]$.

（4）对于级数$\sum_{n=1}^{\infty}\frac{(x-5)^n}{\sqrt{n}}$，令$x-5=t$，于是原级数化为$\sum_{n=1}^{\infty}\frac{t^n}{\sqrt{n}}$，此时
$$\rho=\lim_{n\to\infty}\left|\frac{a_{n+1}}{a_n}\right|=\lim_{n\to\infty}\frac{\frac{1}{\sqrt{(n+1)}}}{\frac{1}{\sqrt{n}}}=1,$$

所以幂级数$\sum_{n=1}^{\infty}\frac{t^n}{\sqrt{n}}$的收敛半径$R=1$．当$t=1$时，级数$\sum_{n=1}^{\infty}\frac{1}{\sqrt{n}}$发散；当$t=-1$时，级数$\sum_{n=1}^{\infty}\frac{(-1)^n}{\sqrt{n}}$是条件收敛的交错级数. 因此级数$\sum_{n=1}^{\infty}\frac{t^n}{\sqrt{n}}$的收敛域为$-1\leqslant t<1$，即$-1\leqslant x-5<1$，解得$4\leqslant x<6$，所以原级数的收敛域为$[4,6)$.

2．求下列各幂级数的收敛域，并用逐项求导或逐项积分的方法求其和函数：

（1）$\sum_{n=1}^{\infty}nx^{n-1}$；（2）$\sum_{n=1}^{\infty}(-1)^{n-1}n^2x^{n-1}$；（3）$\sum_{n=0}^{\infty}\frac{x^{4n+1}}{4n+1}$；（4）$\sum_{n=1}^{\infty}\frac{x^{2n-1}}{2n-1}$，并求$\sum_{n=1}^{\infty}\frac{1}{(2n-1)2^n}$的和.

解　（1）因为$\rho=\lim_{n\to\infty}\left|\frac{a_{n+1}}{a_n}\right|=\lim_{n\to\infty}\left|\frac{n+2}{n+1}\right|=1$，所以收敛半径$R=\frac{1}{\rho}=1$．当$x=-1$时，级数$\sum_{n=1}^{\infty}(-1)^{n-1}n$是发散的；当$x=1$时，级数$\sum_{n=1}^{\infty}n$是发散的，因此原级数的收敛域为$(-1,1)$.

设和函数为$s(x)$，则$s(x)=\sum_{n=1}^{\infty}nx^{n-1}$，$x\in(-1,1)$，于是

$$\int_0^x s(t)\mathrm{d}t=\int_0^x\sum_{n=1}^{\infty}nt^{n-1}\mathrm{d}t=\sum_{n=1}^{\infty}x^n=\frac{x}{1-x},\quad x\in(-1,1),$$

对上式两边求导得$s(x)=\left(\frac{x}{1-x}\right)'=\frac{1}{(1-x)^2}$，$x\in(-1,1)$.

（2）先求收敛域. 由$\rho=\lim_{n\to\infty}\left|\frac{a_{n+1}}{a_n}\right|=\lim_{n\to\infty}\frac{(n+2)^2}{(n+1)^2}=1$，得收敛半径$R=1$．在端点$x=-1$处，级数$\sum_{n=1}^{\infty}n^2$发散；在$x=1$处，级数$\sum_{n=1}^{\infty}(-1)^{n-1}n^2$发散，因此原级数的收敛域为$(-1,1)$.

设和函数为$s(x)$，则$s(x)=\sum_{n=1}^{\infty}(-1)^{n-1}n^2x^{n-1}$，$x\in(-1,1)$，于是

$$\int_0^x s(t)\mathrm{d}t=\int_0^x\sum_{n=1}^{\infty}(-1)^{n-1}n^2t^{n-1}\mathrm{d}t=\sum_{n=1}^{\infty}(-1)^{n-1}nx^n=x\sum_{n=1}^{\infty}n(-x)^{n-1},\quad x\in(-1,1).$$

令$\sum_{n=1}^{\infty}(-1)^{n-1}nx^{n-1}=\sigma(x)$，则

$$\int_0^x\sigma(t)\mathrm{d}t=\int_0^x\sum_{n=1}^{\infty}(-1)^{n-1}nt^{n-1}\mathrm{d}t=\sum_{n=1}^{\infty}(-1)^{n-1}x^n=\frac{x}{x+1},$$

故$\sigma(x)=\left(\frac{x}{x+1}\right)'=\frac{1}{(x+1)^2}$，从而$\int_0^x s(t)\mathrm{d}t=x\sigma(x)=\frac{x}{(x+1)^2}$，得

$$s(x)=\left[\frac{x}{(x+1)^2}\right]'=\frac{1-x}{(1+x)^3},\quad x\in(-1,1).$$

（3）先求收敛域. 因为 $\rho(x)=\lim\limits_{n\to\infty}\left|\dfrac{u_{n+1}(x)}{u_n(x)}\right|=\lim\limits_{n\to\infty}\dfrac{4n+1}{4n+5}|x|^4=|x|^4$，得收敛半径 $R=1$. 在端点 $x=1$ 处，级数 $\sum\limits_{n=0}^{\infty}\dfrac{1}{4n+1}$ 发散；在 $x=-1$ 处，级数 $\sum\limits_{n=0}^{\infty}\dfrac{-1}{4n+1}$ 是发散的，因此原级数的收敛域为 $(-1,1)$.

设 $s(x)=\sum\limits_{n=0}^{\infty}\dfrac{x^{4n+1}}{4n+1}$，$x\in(-1,1)$，则 $s'(x)=\left(\sum\limits_{n=0}^{\infty}\dfrac{x^{4n+1}}{4n+1}\right)'=\sum\limits_{n=0}^{\infty}x^{4n}=\dfrac{1}{1-x^4}$，从而

$$s(x)=s(x)-s(0)=\int_0^x s'(t)\mathrm{d}t=\int_0^x\frac{1}{1-t^4}\mathrm{d}t=\frac{1}{2}\int_0^x\frac{1}{2}\left[\left(\frac{1}{1+t}+\frac{1}{1-t}\right)+\frac{1}{1+t^2}\right]\mathrm{d}t$$

$$=\frac{1}{2}\left[\frac{1}{2}\ln\left|\frac{1+t}{1-t}\right|+\arctan t\right]_0^x=\frac{1}{2}\left[\frac{1}{2}\ln\left|\frac{1+x}{1-x}\right|+\arctan x\right],$$

于是 $s(x)=\dfrac{1}{2}\left[\dfrac{1}{2}\ln\left(\dfrac{1+x}{1-x}\right)+\arctan x\right]$，$-1<x<1$.

（4）由 $\lim\limits_{n\to\infty}\left|\dfrac{u_{n+1}(x)}{u_n(x)}\right|=\lim\limits_{n\to\infty}\left|\dfrac{\dfrac{x^{2n+1}}{2n+1}}{\dfrac{x^{2n-1}}{2n-1}}\right|=x^2$，得收敛半径 $R=1$. 在端点 $x=-1$ 处，级数 $\sum\limits_{n=1}^{\infty}\dfrac{-1}{2n-1}$ 发散；在 $x=1$ 处，级数 $\sum\limits_{n=1}^{\infty}\dfrac{1}{2n-1}$ 发散，因此级数 $\sum\limits_{n=1}^{\infty}\dfrac{x^{2n-1}}{2n-1}$ 的收敛域为 $(-1,1)$.

设和函数为 $s(x)$，则 $s(x)=\sum\limits_{n=1}^{\infty}\dfrac{x^{2n-1}}{2n-1}$，$x\in(-1,1)$，且 $s(0)=0$，于是

$$s'(x)=\sum_{n=1}^{\infty}\left(\frac{x^{2n-1}}{2n-1}\right)'=\sum_{n=1}^{\infty}x^{2(n-1)}=\sum_{n=0}^{\infty}x^{2n}=\frac{1}{1-x^2},\ x\in(-1,1),$$

故 $s(x)=s(x)-s(0)=\int_0^x\dfrac{1}{1-t^2}\mathrm{d}t=\dfrac{1}{2}\ln\left(\dfrac{1+x}{1-x}\right)$，$x\in(-1,1)$.

一方面，令 $x=\dfrac{1}{\sqrt{2}}$，得 $s\left(\dfrac{1}{\sqrt{2}}\right)=\dfrac{1}{2}\ln\left(\dfrac{\sqrt{2}+1}{\sqrt{2}-1}\right)=\ln\left(\sqrt{2}+1\right)$，另一方面，由 $s(x)=\sum\limits_{n=1}^{\infty}\dfrac{x^{2n-1}}{2n-1}$，得

$$s\left(\frac{1}{\sqrt{2}}\right)=\sum_{n=1}^{\infty}\frac{\left(\frac{1}{\sqrt{2}}\right)^{2n-1}}{2n-1}=\sum_{n=1}^{\infty}\frac{\sqrt{2}}{2^n(2n-1)}=\sqrt{2}\sum_{n=1}^{\infty}\frac{1}{2^n(2n-1)},$$

于是 $\sum\limits_{n=1}^{\infty}\dfrac{1}{2^n(2n-1)}=\dfrac{\ln\left(\sqrt{2}+1\right)}{\sqrt{2}}$.

第四节　函数展开成幂级数

一、基本要求

1. 了解泰勒级数和泰勒级数展开式的概念.
2. 会将一些简单的函数展开成幂级数.

二、答疑解惑

1．为什么要将函数展开成幂级数？

答　将函数 $f(x)$ 展开成幂级数的问题，就是求一个幂级数，使它在收敛区间内收敛于 $f(x)$，即 $f(x)=\sum_{n=0}^{\infty}a_n(x-x_0)^n, x\in(x_0-R,x_0+R)$. 如果能将一个函数展开为幂级数，那么就能用简单的多项式函数去逼近复杂函数，从而可以计算函数的近似值. 幂级数是深入研究函数性质的有力工具.

2．“函数 $f(x)$ 的泰勒级数”与“函数 $f(x)$ 的泰勒展开式”是一个概念吗？

答　不是. 如果函数 $f(x)$ 在点 x_0 的某个邻域内有任意阶导数，那么 $\sum_{n=0}^{\infty}\frac{f^{(n)}(x_0)}{n!}(x-x_0)^n$ 就称为 $f(x)$ 的泰勒级数. 但是，这个级数在点 x_0 的某个邻域内是否收敛，若收敛，它的和函数 $s(x)$ 是否是 $f(x)$，还需要用泰勒收敛定理来检验. 只有当级数 $\sum_{n=0}^{\infty}\frac{f^{(n)}(x_0)}{n!}(x-x_0)^n$ 在点 x_0 的某个邻域内收敛且收敛于 $f(x)$ 时，才可以说，$f(x)$ 在 $U(x_0)$ 内可以展开成泰勒级数，并可以把 $f(x)$ 与它的泰勒级数用等号连接起来，即

$$f(x)=\sum_{n=0}^{\infty}\frac{f^{(n)}(x_0)}{n!}(x-x_0)^n,\quad x\in U(x_0),$$

这就是 $f(x)$ 的泰勒展开式.

因此，“函数 $f(x)$ 的泰勒级数”与“函数 $f(x)$ 的泰勒展开式”不是一个概念.根据泰勒收敛定理，当且仅当在 $U(x_0)$ 内 $f(x)$ 的泰勒公式的余项 $R_n(x)\to 0(n\to\infty)$ 时，$f(x)$ 在该邻域内才能展开成泰勒级数.

下面是个经典的例子：

函数 $f(x)=\begin{cases}e^{-\frac{1}{x^2}}, & x\neq 0,\\ 0, & x=0\end{cases}$ 在点 $x=0$ 处的各阶导数都存在，且都等于零，故 $f(x)$ 在 $x=0$ 处的泰勒级数为 $\sum_{n=0}^{\infty}\frac{0}{n!}x^n$. 由于该级数处处收敛于零，所以它的和函数 $s(x)\equiv 0$. 然而，$f(x)\neq s(x)$，即等式 $f(x)=\sum_{n=0}^{\infty}\frac{0}{n!}x^n\quad (x\in U(0))$ 不成立. 所以函数 $f(x)$ 的泰勒级数和 $f(x)$ 的泰勒展开式不是一个概念.

3．用间接法将函数展开成幂级数的优点是什么？其理论依据又是什么？

答 所谓“间接法”是根据一些已知的函数的幂级数展开式，利用变量代换，或者利用幂级数的四则运算法则，或者利用幂级数逐项求导、逐项积分的性质，得到所给函数的幂级数展开式.

用间接法求函数的幂级数展开式的优点是既省去了直接展开时对各阶导数 $f^{(n)}(x_0)$ 的计算，又可避免讨论余项 $R_n(x)$ 是否趋于零. 例如，将 $\dfrac{1}{1+x^2}$ 展成麦克劳林级数时，可以利用 $\dfrac{1}{1-t}=\sum\limits_{n=0}^{\infty}t^n$, $t\in(-1,1)$ ，令 $t=-x^2$ ，就得到 $\dfrac{1}{1+x^2}=\sum\limits_{n=0}^{\infty}(-1)^n x^{2n}$, $x\in(-1,1)$. 这就是间接展开法.

由于函数的幂级数展开式是唯一的，所以间接法与直接法展成的幂级数是一致的，这就是间接展开法的理论依据.

三、经典例题解析

题型一 用直接法求函数的幂级数展开式

例 1 将函数 $f(x)=\ln x$ 在 $x_0=1$ 处展开成幂级数.

解 第一步，求出函数 $f(x)=\ln x$ 的各阶导数.

$$f'(x)=\frac{1}{x},\ f''(x)=\frac{-1}{x^2},\ f'''(x)=\frac{(-1)(-2)}{x^3},\ f^{(4)}(x)=\frac{(-1)(-2)(-3)}{x^4},\ \cdots,$$

$$f^{(n)}(x)=\frac{(-1)(-2)(-3)\cdots(-n+1)}{x^n}=\frac{(-1)^{n-1}(n-1)!}{x^n}.$$

第二步，求出函数 $f(x)$ 及各阶导数在 $x_0=1$ 处的值.

$$f(1)=0,\ f'(1)=1,\ f''(1)=-1,\ f'''(1)=2,\ \ f^{(4)}(1)=-6,\cdots,$$

$$f^{(n)}(1)=(-1)^{n-1}(n-1)!.$$

第三步，写出 $f(x)$ 的泰勒级数.

$$f(1)+f'(1)(x-1)+\frac{f''(1)}{2!}(x-1)^2+\cdots+\frac{f^{(n)}(1)}{n!}(x-1)^n+\cdots=\sum_{n=1}^{\infty}\frac{(-1)^{n-1}}{n}(x-1)^n.$$

下面求此幂级数的收敛半径和收敛区间. 因为 $\lim\limits_{n\to\infty}\left|\dfrac{a_{n+1}}{a_n}\right|=\lim\limits_{n\to\infty}\dfrac{n}{n+1}=1$，所以收敛半径 $R=1$. 当 $|x-1|<1$，即 $0<x<2$ 时，原级数收敛. 在端点 $x=0$ 处，级数成为 $\sum\limits_{n=1}^{\infty}\dfrac{-1}{n}$，是发散的. 在端点 $x=2$ 处，级数成为 $\sum\limits_{n=1}^{\infty}\dfrac{(-1)^{n-1}}{n}$，是条件收敛的，故级数 $\sum\limits_{n=1}^{\infty}\dfrac{(-1)^{n-1}}{n}(x-1)^n$ 的收敛区间为 $(0,2]$.

第四步，考查余项的极限. 对于任意的 $x\in(0,2]$，都有

$$|R_n(x)|=\left|\frac{f^{(n+1)}(\xi)}{(n+1)!}(x-x_0)^{n+1}\right|=\left|\frac{(-1)^n n!}{\xi^{n+1}(n+1)!}(x-1)^{n+1}\right|,\ \xi\text{ 在 1 与 }x\text{ 之间.}$$

若$1<\xi<x\leqslant 2$，则$|R_n(x)|<\dfrac{|x-1|^{n+1}}{n+1}\to 0\ (n\to\infty)$；

若$0<x<\xi<1$，则$|R_n(x)|<\dfrac{|x-1|^{n+1}}{(n+1)x^{n+1}}=\dfrac{1}{n+1}\left(1-\dfrac{1}{x}\right)^{n+1}\to 0\ (n\to\infty)$.

由以上四步，可得$f(x)=\ln x$在$x_0=1$处的展开式为$\ln x=\sum\limits_{n=1}^{\infty}\dfrac{(-1)^{n-1}}{n}(x-1)^n\ (0<x\leqslant 2)$.

注 用直接法将函数$f(x)$展开为幂级数是比较复杂的. 首先$f(x)$的各阶导数不一定好求，其次证明余项$R_n(x)$的极限为零也是比较困难的，因此常用间接法. 间接法是利用函数在$x=0$处的幂级数展开式（麦克劳林级数），通过加减乘除、变量代换、逐项积分、逐项微分求得所给函数在$x=x_0$处的幂级数展开式. 常用的麦克劳林级数展开式有以下六个公式：

（1）$e^x=1+x+\dfrac{x^2}{2!}+\cdots+\dfrac{x^n}{n!}+\cdots\ (-\infty<x<+\infty)$；

（2）$\sin x=x-\dfrac{x^3}{3!}+\dfrac{x^5}{5!}-\cdots+(-1)^{n-1}\dfrac{x^{2n-1}}{(2n-1)!}+\cdots\ (-\infty<x<+\infty)$；

（3）$\cos x=1-\dfrac{x^2}{2!}+\dfrac{x^4}{4!}-\cdots+(-1)^n\dfrac{x^{2n}}{(2n)!}+\cdots\ (-\infty<x<+\infty)$；

（4）$\dfrac{1}{1+x}=1-x+x^2-x^3+\cdots+(-1)^n x^n+\cdots\ (-1<x<1)$；

（5）$\ln(1+x)=x-\dfrac{x^2}{2}+\dfrac{x^3}{3}-\dfrac{x^4}{4}+\cdots+(-1)^n\dfrac{x^{n+1}}{n+1}+\cdots\ (-1<x\leqslant 1)$；

（6）$(1+x)^m=1+mx+\dfrac{m(m-1)}{2!}x^2+\cdots+\dfrac{m(m-1)\cdots(m-n+1)}{n!}x^n+\cdots\ (-1<x<1)$.

题型二 用间接法求函数的幂级数展开式

例 2 用间接法将函数$f(x)=\ln x$在$x_0=1$处展开成幂级数.

解 因为$f(x)=\ln x=\ln[1+(x-1)]$，由公式

$$\ln(1+x)=x-\frac{x^2}{2}+\frac{x^3}{3}-\frac{x^4}{4}+\cdots+(-1)^{n-1}\frac{x^n}{n}+\cdots\ (-1<x\leqslant 1)$$

可得$\ln x=(x-1)-\dfrac{(x-1)^2}{2}+\dfrac{(x-1)^3}{3}-\dfrac{(x-1)^4}{4}+\cdots+(-1)^{n-1}\dfrac{(x-1)^n}{n}+\cdots\ (-1<x-1\leqslant 1)$，

所以$\ln x=\sum\limits_{n=1}^{\infty}(-1)^{n-1}\dfrac{(x-1)^n}{n}\ (0<x\leqslant 2)$.

例 3 将函数$f(x)=\int_0^x\dfrac{\sin t}{t}\mathrm{d}t$展开成$x$的幂级数.

分析 $\dfrac{\sin t}{t}$的原函数不能用初等函数表示，可以先将其展开为幂级数，然后通过幂级数的运算得到所求的幂级数.

解 因为$\sin x=\sum\limits_{n=0}^{\infty}\dfrac{(-1)^n}{(2n+1)!}x^{2n+1}$，$-\infty<x<+\infty$，所以

$$f(x)=\int_0^x\frac{\sin t}{t}\mathrm{d}t=\int_0^x\frac{1}{t}\sum_{n=0}^{\infty}\frac{(-1)^n}{(2n+1)!}t^{2n+1}\mathrm{d}t=\int_0^x\frac{1}{t}\sum_{n=0}^{\infty}\frac{(-1)^n}{(2n+1)!}t^{2n}\mathrm{d}t$$

$$=\sum_{n=0}^{\infty}\frac{(-1)^n}{(2n+1)!(2n+1)}x^{2n+1},-\infty<x<+\infty.$$

例 4 将函数$\frac{1}{x^2-5x+6}$展开成x的幂级数，并指出展开式成立的区间.

解 $$\frac{1}{x^2-5x+6}=\frac{1}{(x-3)(x-2)}=\frac{1}{x-3}-\frac{1}{x-2}=\frac{1}{2}\cdot\frac{1}{1-\frac{x}{2}}-\frac{1}{3}\cdot\frac{1}{1-\frac{x}{3}}$$

$$=\frac{1}{2}\sum_{n=0}^{\infty}\left(\frac{x}{2}\right)^n-\frac{1}{3}\sum_{n=0}^{\infty}\left(\frac{x}{3}\right)^n=\sum_{n=0}^{\infty}\left(\frac{1}{2^{n+1}}-\frac{1}{3^{n+1}}\right)x^n,$$

上式成立的区间为$\left|\frac{x}{2}\right|<1$且$\left|\frac{x}{3}\right|<1$，即$|x|<2$.

注 有理分式函数展开成幂级数的方法是通过恒等变形将其化为部分分式之和，然后再将各部分分式利用$\frac{1}{1\pm x}$的展开式展成幂级数.

例 5 将函数$f(x)=\arctan\frac{1+x}{1-x}$展开成$x$的幂级数.

解 易求得$f'(x)=\frac{1}{1+x^2}$. 先求$f'(x)$的展开式，再逐项积分，即可求得$f(x)$的展开式. 事实上，$f'(x)=\frac{1}{1+x^2}=\sum_{n=0}^{\infty}(-1)^n x^{2n}\ (-1<x<1)$，$f(x)-f(0)=\int_0^x f'(t)\mathrm{d}t=\int_0^x\left[\sum_{n=0}^{\infty}(-1)^n t^{2n}\right]\mathrm{d}t=\sum_{n=0}^{\infty}\frac{(-1)^n}{2n+1}x^{2n+1}$，又$f(0)=\arctan\left.\left(\frac{1+x}{1-x}\right)\right|_{x=0}=\arctan 1=\frac{\pi}{4}$，故

$$f(x)=f(0)+\sum_{n=0}^{\infty}\frac{(-1)^n}{2n+1}x^{2n+1}=\frac{\pi}{4}+\sum_{n=0}^{\infty}\frac{(-1)^n}{2n+1}x^{2n+1}\quad(-1<x<1).$$

当$x=-1$时，$f(-1)=\arctan 0=0$，且级数收敛，故

$$f(x)=\arctan\frac{1+x}{1-x}=\frac{\pi}{4}+\sum_{n=0}^{\infty}\frac{(-1)^n}{2n+1}x^{2n+1}\quad(-1\leqslant x<1).$$

注 虽然对幂级数逐项求导或逐项积分后不会改变其收敛半径，但在端点处的敛散性可能会发生变化，需重新加以讨论. 此题中的两个幂级数$f'(x)=\sum_{n=0}^{\infty}(-1)^n x^{2n}$与$f(x)=\frac{\pi}{4}+\sum_{n=0}^{\infty}\frac{(-1)^n}{2n+1}x^{2n+1}$在端点$x=-1$处的敛散性就不同.

例 6 将$f(x)=(x-2)\mathrm{e}^{-x}$展开成$(x-1)$的幂级数.

解 $f(x)=[(x-1)-1]\mathrm{e}^{-x}=(x-1)\mathrm{e}^{-x}-\mathrm{e}^{-x}=\frac{1}{\mathrm{e}}(x-1)\mathrm{e}^{-(x-1)}-\frac{1}{\mathrm{e}}\mathrm{e}^{-(x-1)}$

$$=\frac{1}{e}(x-1)\sum_{n=0}^{\infty}\frac{(-1)^n}{n!}(x-1)^n-\frac{1}{e}\sum_{n=0}^{\infty}\frac{(-1)^n}{n!}(x-1)^n$$

$$=\frac{1}{e}\sum_{n=0}^{\infty}\frac{(-1)^n}{n!}(x-1)^{n+1}-\frac{1}{e}\sum_{n=0}^{\infty}\frac{(-1)^n}{n!}(x-1)^n$$

$$=\frac{1}{e}\sum_{n=1}^{\infty}\frac{(-1)^{n-1}}{(n-1)!}(x-1)^n-\frac{1}{e}+\frac{1}{e}\sum_{n=1}^{\infty}\frac{(-1)^{n-1}}{n!}(x-1)^n$$

$$=-\frac{1}{e}+\frac{1}{e}\sum_{n=1}^{\infty}(-1)^{n-1}\left[\frac{1}{(n-1)!}+\frac{1}{n!}\right](x-1)^n$$

$$=-\frac{1}{e}+\frac{1}{e}\sum_{n=1}^{\infty}(-1)^{n-1}\frac{n+1}{n!}(x-1)^n\quad(-\infty<x<+\infty)\ .$$

四、习题选解

1．将下列各函数展开成x的幂级数，并求展开式成立的区间：

（1）$f(x)=a^{-x}$；（2）$f(x)=\ln(a+x)$；（3）$f(x)=\sin^2 x$；

（4）$f(x)=(1+x)\ln(1+x)$；（5）$f(x)=x\arctan x-\frac{1}{2}\ln(1+x^2)$；

（6）$f(x)=\frac{x}{\sqrt{1+x^2}}$．

解　（1）因为$e^x=\sum_{n=0}^{\infty}\frac{x^n}{n!}\ (-\infty<x<+\infty)$，所以

$$f(x)=a^{-x}=e^{-x\ln a}=\sum_{n=0}^{\infty}\frac{(-x\ln a)^n}{n!}=\sum_{n=0}^{\infty}\frac{(-1)^n(\ln a)^n}{n!}x^n.$$

又$-\infty<-x\ln a<+\infty$，所以$-\infty<x<+\infty$．

（2）因为$f(x)=\ln(a+x)=\ln a+\ln\left(1+\frac{x}{a}\right)$，而$\ln(1+x)=\sum_{n=0}^{\infty}\frac{(-1)^n x^{n+1}}{n+1}\ (-1<x\leqslant 1)$，所以

$$\ln(a+x)=\ln a+\sum_{n=0}^{\infty}\frac{(-1)^n x^{n+1}}{(n+1)a^{n+1}}.$$

又$-1<\frac{x}{a}\leqslant 1$，所以$-a<x\leqslant a$．

（3）因为$f(x)=\sin^2 x=\frac{1-\cos 2x}{2}$，又$\cos x=\sum_{n=0}^{\infty}(-1)^n\frac{x^{2n}}{(2n)!}\ (-\infty<x<+\infty)$，所以

$$f(x)=\frac{1-\cos 2x}{2}=\frac{1}{2}-\frac{1}{2}\sum_{n=0}^{\infty}(-1)^n\frac{(2x)^{2n}}{(2n)!}=\sum_{n=1}^{\infty}(-1)^{n-1}\frac{2^{2n-1}x^{2n}}{(2n)!}\quad(-\infty<x<+\infty).$$

（4）由于$\ln(1+x)=\sum_{n=0}^{\infty}(-1)^n\frac{x^{n+1}}{n+1}\ (-1<x\leqslant 1)$，则

$$f(x)=(1+x)\ln(1+x)=\ln(1+x)+x\ln(1+x)=\sum_{n=0}^{\infty}(-1)^n\frac{x^{n+1}}{n+1}+\sum_{n=0}^{\infty}(-1)^n\frac{x^{n+2}}{n+1}$$

$$=x+\sum_{n=1}^{\infty}(-1)^{n-1}\frac{x^{n+1}}{n(n+1)}\ (-1<x\leqslant 1).$$

（5）因为 $f'(x)=\arctan x+\frac{x}{1+x^2}-\frac{x}{1+x^2}=\arctan x$，$f''(x)=\frac{1}{1+x^2}=\sum_{n=0}^{\infty}(-1)^n x^{2n}$，

$-1<x<1$．两边积分得 $f'(x)=\sum_{n=0}^{\infty}(-1)^n\frac{x^{2n+1}}{2n+1}\ (-1\leqslant x\leqslant 1)$．两边再积分得

$$f(x)=\sum_{n=0}^{\infty}(-1)^n\frac{x^{2n+2}}{(2n+1)(2n+2)}=\sum_{n=1}^{\infty}\frac{(-1)^{n-1}x^{2n}}{(2n-1)2n}\ (-1\leqslant x\leqslant 1).$$

（6）因为 $(1+x)^m=\sum_{n=0}^{\infty}\frac{m(m-1)\cdots(m-n+1)x^n}{n!}\ (-1<x<1)$，所以

$$\frac{1}{\sqrt{1+x^2}}=\sum_{n=0}^{\infty}\frac{(-1)^n(2n-1)!!x^{2n}}{(2n)!!}\ (-1\leqslant x\leqslant 1),$$

$$\frac{x}{\sqrt{1+x^2}}=\sum_{n=0}^{\infty}\frac{(-1)^n(2n-1)!!x^{2n+1}}{(2n)!!}\ (-1\leqslant x\leqslant 1).$$

2．将函数 $f(x)=\frac{1}{x}$ 展开成 $(x-3)$ 的幂级数.

解　因为 $\frac{1}{1+x}=\sum_{n=0}^{\infty}(-1)^n x^n\ (-1<x<1)$，所以

$$f(x)=\frac{1}{x}=\frac{1}{3+(x-3)}=\frac{1}{3}\cdot\frac{1}{1+\frac{x-3}{3}}=\frac{1}{3}\sum_{n=0}^{\infty}(-1)^n\frac{(x-3)^n}{3^n}=\sum_{n=0}^{\infty}\frac{(-1)^n(x-3)^n}{3^{n+1}}.$$

由 $-1<\frac{x-3}{3}<1$，得 $0<x<6$，所以展开式成立的区间为 $(0,6)$.

3．将函数 $f(x)=\frac{1}{x^2+3x+2}$ 展开成 $(x+4)$ 的幂级数.

解　因为 $f(x)=\frac{1}{x^2+3x+2}=\frac{1}{x+1}-\frac{1}{x+2}=\frac{1}{(x+4)-3}-\frac{1}{(x+4)-2}$

$$=\frac{1}{3\left(\frac{x+4}{3}-1\right)}-\frac{1}{2\left(\frac{x+4}{2}-1\right)}=-\frac{1}{3}\sum_{n=0}^{\infty}\frac{(x+4)^n}{3^n}+\frac{1}{2}\sum_{n=0}^{\infty}\frac{(x+4)^n}{2^n}$$

$$=\sum_{n=0}^{\infty}\left(\frac{1}{2^{n+1}}-\frac{1}{3^{n+1}}\right)(x+4)^n,$$

而 $-1<\frac{x+4}{3}<1$，$-1<\frac{x+4}{2}<1$，解得 $-6<x<-2$，所以展开式成立的区间为 $(-6,-2)$.

4．将函数 $f(x)=\ln x$ 展开成 $(x-2)$ 的幂级数，并证明 $\ln 2=\sum\limits_{n=1}^{\infty}\frac{1}{n2^n}$.

解　因为 $f(x)=\ln x=\ln[(x-2)+2]=\ln 2+\ln\left(\frac{x-2}{2}+1\right)$，而 $\ln(1+x)=\sum\limits_{n=0}^{\infty}(-1)^n\frac{x^{n+1}}{n+1}$，$-1<x\leqslant 1$，所以

$$f(x)=\ln x=\ln 2+\ln\left(\frac{x-2}{2}+1\right)$$

$$=\ln 2+\sum_{n=0}^{\infty}(-1)^n\frac{\left(\frac{x-2}{2}\right)^{n+1}}{n+1}=\ln 2+\sum_{n=1}^{\infty}\frac{(-1)^{n-1}(x-2)^n}{n\cdot 2^n}\quad(0<x\leqslant 4).$$

因为

$$f(1)=0=\ln 2+\sum_{n=1}^{\infty}\frac{(-1)^{n-1}(1-2)^n}{n\cdot 2^n}=\ln 2-\sum_{n=1}^{\infty}\frac{1}{n\cdot 2^n},$$

于是 $\ln 2=\sum\limits_{n=1}^{\infty}\frac{1}{n\cdot 2^n}$.

第五节　傅里叶级数

一、基本要求

1. 了解三角函数系的正交性.
2. 了解函数展开为傅里叶级数的狄利克雷条件. 会将简单的函数展开为傅里叶级数.

二、答疑解惑

1．为什么要研究傅里叶级数？什么叫做 $f(x)$ 的傅里叶级数？

答　将某些周期现象用简单的正弦函数的叠加表示是实际问题的需要. 例如交流电，其电压、电流的波形都是正弦波，而表示正弦波的函数 $A\sin(\omega t+\varphi)$ 中振幅 A，角频率 ω 和初相 φ 都有明确的实际意义. 因此，如果能将一非正弦波用具有不同振幅和不同角频率的正弦波的叠加表示，则有助于我们对这个非正弦波的了解和研究. 从数学的角度看，可简化为把一个非正弦周期函数在其共同周期 2π 区间上表示为一系列三角函数 $1,\cos x,\sin x,\cos 2x,\sin 2x,\cdots,\cos nx,\sin nx,\cdots$ 的线性叠加，即三角级数

$$\frac{a_0}{2}+\sum_{n=1}^{\infty}(a_n\cos nx+b_n\sin nx).\qquad(*)$$

由三角函数系的正交性，利用公式

$$a_n=\frac{1}{\pi}\int_{-\pi}^{\pi}f(x)\cos nx\,\mathrm{d}x\quad(n=0,1,2,\cdots),\ b_n=\frac{1}{\pi}\int_{-\pi}^{\pi}f(x)\sin nx\,\mathrm{d}x\quad(n=1,2,\cdots)$$

将傅里叶系数求出后再代入 (*) 式，所得到的三角级数就称为 $f(x)$ 的傅里叶级数.

如果说函数 $f(x)$ 的泰勒展开式是用幂级数表示函数，那么傅里叶级数则是用三角级数来表示一个周期函数，从这点上看，二者可谓是有异曲同工之妙.

2．将一个周期为 2π 的周期函数 $f(x)$ 展开成傅里叶级数的步骤是什么？

答　（1）画出 $f(x)$ 的图形，检验是否满足狄利克雷充分条件；

（2）根据公式求出傅里叶系数，写出 $f(x)$ 的傅里叶级数

$$f(x)\sim\frac{a_0}{2}+\sum_{n=1}^{\infty}(a_n\cos nx+b_n\sin nx)\text{；}$$

（3）由狄里克雷收敛定理求出傅里叶级数的和函数；

（4）写出 $f(x)$ 的傅里叶级数展开式 $f(x)=\frac{a_0}{2}+\sum\limits_{n=1}^{\infty}(a_n\cos nx+b_n\sin nx)$，并注明展开式成立的范围.

三、经典例题解析

题型一　傅里叶系数及傅里叶级数的收敛性问题

例 1　设 $f(x)$ 是周期为 2π 的周期函数，它在区间 $(-\pi,\pi]$ 上的定义为 $f(x)=\begin{cases}2, & -\pi<x\leqslant 0,\\ x^3, & 0<x\leqslant\pi,\end{cases}$ 则 $f(x)$ 的傅里叶级数在 $x=\pi$ 处收敛于________.

解　应填 $1+\frac{\pi^3}{2}$. 画出 $f(x)$ 的图形如图 11-1 所示. 由图容易看出，$f(x)$ 在 $x=\pi$ 处不连续，$x=\pi$ 为其第一类间断点，故 $f(x)$ 的傅里叶级数在 $x=\pi$ 处收敛于 $f(x)$ 在 $x=\pi$ 处的左、右极限的平均值，即 $\frac{f(\pi-0)+f(\pi+0)}{2}=\frac{\pi^3+2}{2}=1+\frac{\pi^3}{2}$.

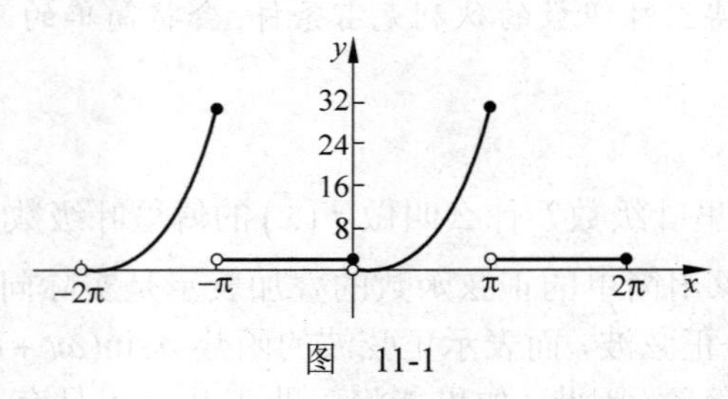

图　11-1

例 2　（1）设函数 $f(x)=\begin{cases}-1, & -\pi<x\leqslant 0,\\ 1+x^2, & 0<x<\pi,\end{cases}$ 则 $f(x)$ 的以 2π 为周期的傅里叶级数在 $x=\pi$ 处收敛于________.

（2）设函数 $f(x)=\pi x+x^2\,(-\pi<x<\pi)$ 的傅里叶级数为 $\frac{1}{2}a_0+\left(\sum\limits_{n=1}^{\infty}a_n\cos nx+b_n\sin nx\right)$，则系数 b_3 的值为________.

解（1）应填 $\frac{\pi^2}{2}$. 由狄利克雷收敛定理，可知 $f(x)$ 的傅里叶级数在 $x=\pi$ 处收敛于

$$\frac{f(\pi-0)+f(-\pi+0)}{2}=\frac{\lim\limits_{x\to\pi-0}\left(1+x^2\right)+\lim\limits_{x\to-\pi+0}(-1)}{2}=\frac{\pi^2}{2}.$$

（2）应填$\frac{2\pi}{3}$．$b_3=\frac{1}{\pi}\int_{-\pi}^{\pi}f(x)\sin 3x\mathrm{d}x=\frac{1}{\pi}\int_{-\pi}^{\pi}\left(\pi x+x^2\right)\sin 3x\mathrm{d}x=2\int_0^{\pi}x\sin 3x\mathrm{d}x=\frac{2}{3}\pi$．

例 3　设$f\left(x\right)=\begin{cases}\left(x+2\pi\right)^2, & -\pi\leqslant x<0,\\ x^2, & 0\leqslant x\leqslant\pi,\end{cases}$试按狄利克雷收敛定理在$\left[-\pi,\pi\right]$上给出函数$f\left(x\right)$的傅里叶级数的和函数$s\left(x\right)$的表达式.

解　将$f\left(x\right)$以2π为周期进行延拓，其图形如图 11-2 所示. 因为$f\left(x\right)$在$(-\pi,0)$和$(0,\pi)$内是连续的，所以$f\left(x\right)$的傅里叶级数收敛于$f\left(x\right)$. 下面讨论定义区间的分界点$x=0$与区间端点$x=\pm\pi$处，$f\left(x\right)$的傅里叶级数收敛于何值.

由$\lim\limits_{x\to0+0}f\left(x\right)=\lim\limits_{x\to0+0}x^2=0$，$\lim\limits_{x\to0-0}f\left(x\right)=\lim\limits_{x\to0-0}\left(x+2\pi\right)^2=4\pi^2$可知，在点$x=0$处，

$$s\left(0\right)=\frac{1}{2}\left(0+4\pi^2\right)=2\pi^2.$$

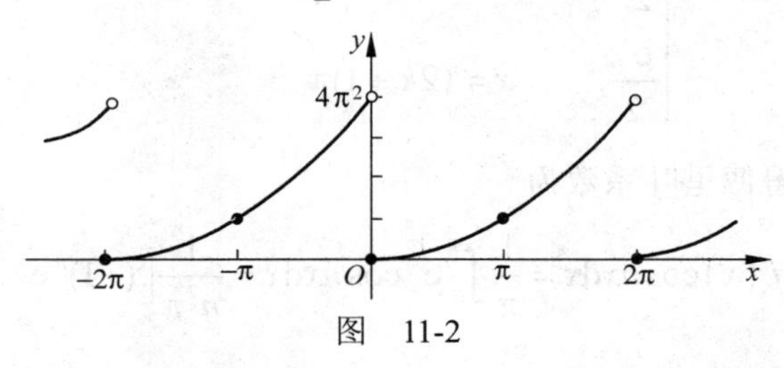

图　11-2

因为延拓后的函数在$x=\pm\pi$处均连续，所以$f\left(x\right)$的傅里叶级数在$x=\pm\pi$处收敛于$f(\pm\pi)$，即

$$s(-\pi)=f(-\pi)=\pi^2,\ s(\pi)=f(\pi)=\pi^2.$$

综上可得，$s\left(x\right)=\begin{cases}\left(x+2\pi\right)^2, & -\pi<x<0,\\ 2\pi^2, & x=0,\\ x^2, & 0<x<\pi,\\ \pi^2, & x=\pm\pi,\end{cases}$　即　$s\left(x\right)=\begin{cases}\left(x+2\pi\right)^2, & -\pi\leqslant x<0,\\ 2\pi^2, & x=0,\\ x^2, & 0<x\leqslant\pi.\end{cases}$

题型二　求函数在指定区间上的傅里叶级数展开式

例 4　设$f\left(x\right)$是周期为2π的函数，它在$\left[-\pi,\pi\right)$上的表达式为$f\left(x\right)=\begin{cases}0, & -\pi\leqslant x<0,\\ \mathrm{e}^x, & 0\leqslant x<\pi,\end{cases}$将$f\left(x\right)$展开成傅里叶级数.

解　画出$f\left(x\right)$的图形如图 11-3 所示. 容易看出，$f\left(x\right)$在一个周期内只有 3 个第一类间断点$x=0$，$x=\pm\pi$，满足收敛定理的条件. 周期函数$f\left(x\right)$的间断点有$x=2k\pi$和$x=(2k+1)\pi\ (k=0,\pm1,\pm2,\cdots)$. 在$x=2k\pi$处，$f\left(x\right)$的傅里叶级数收敛于$\frac{f\left(0-0\right)+f\left(0+0\right)}{2}=\frac{0+1}{2}=\frac{1}{2}$. 在$x=(2k+1)\pi$处，$f\left(x\right)$的傅里叶级数收敛于$\frac{f\left(-\pi+0\right)+f\left(\pi-0\right)}{2}=\frac{0+\mathrm{e}^{\pi}}{2}=\frac{\mathrm{e}^{\pi}}{2}$.

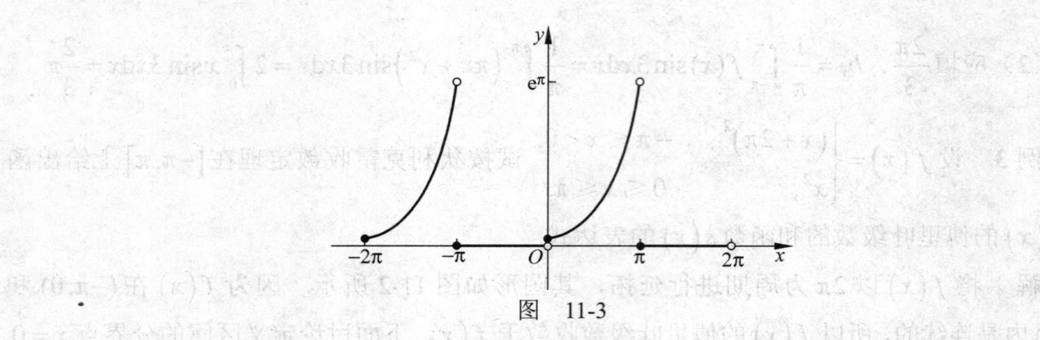

图 11-3

由狄利克雷收敛定理可知，$f(x)$ 的傅里叶级数的和函数为

$$s(x)=\begin{cases} f(x), & x\neq k\pi, \\ \dfrac{1}{2}, & x=2k\pi, \qquad (k=0,\pm1,\pm2,\cdots). \\ \dfrac{e^{\pi}}{2}, & x=(2k+1)\pi \end{cases}$$

进一步，根据公式可得傅里叶系数为

$$a_n=\frac{1}{\pi}\int_{-\pi}^{\pi} f(x)\cos nx\mathrm{d}x=\frac{1}{\pi}\int_0^{\pi} e^x\cos nx\mathrm{d}x=\frac{1}{n^2\pi}\left[(-1)^n e^{\pi}-1\right]-\frac{1}{n^2}a_n,$$

即 $a_n=\dfrac{(-1)^n e^{\pi}-1}{(n^2+1)\pi}$ $(n=0,1,2,\cdots)$.

$$b_n=\frac{1}{\pi}\int_{-\pi}^{\pi} f(x)\sin nx\mathrm{d}x=\frac{1}{\pi}\int_0^{\pi} e^x\sin nx\mathrm{d}x=\frac{1}{n\pi}\left[1-(-1)^n e^{\pi}\right]-\frac{b_n}{n^2},$$

即 $b_n=\dfrac{n\left[1-(-1)^n e^{\pi}\right]}{(n^2+1)\pi}$ $(n=1,2,\cdots)$. 因此 $f(x)$ 的傅里叶级数为

$$f(x)=\frac{e^{\pi}-1}{2\pi}+\frac{1}{\pi}\sum_{n=1}^{\infty}\left\{\frac{(-1)^n e^{\pi}-1}{n^2+1}\cos nx+\frac{n\left[1-(-1)^n e^{\pi}\right]}{n^2+1}\sin nx\right\},$$

其中 $-\infty<x<+\infty$，但 $x\neq k\pi$ $(k=0,\pm1,\pm2,\cdots)$.

例 5 将函数 $f(x)=x^2$ 在 $(0,2\pi)$ 内展成傅里叶级数.

解 将函数 $f(x)=x^2$ 在 $(0,2\pi)$ 外作周期延拓，其图形如图 11-4 所示.

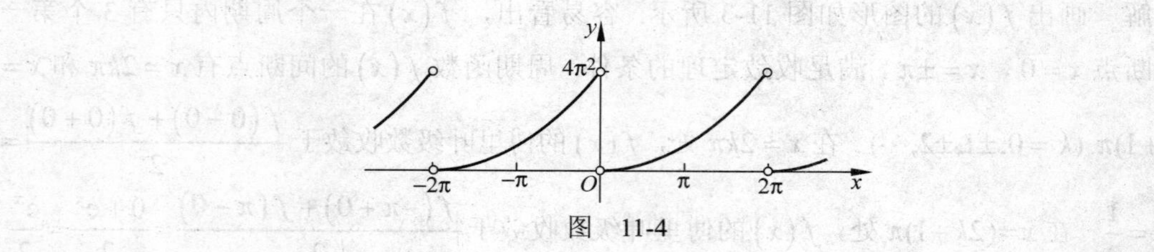

图 11-4

$$a_n=\frac{1}{\pi}\int_{-\pi}^{\pi}f(x)\cos nx\mathrm{d}x=\frac{1}{\pi}\int_0^{2\pi}f(x)\cos nx\mathrm{d}x=\frac{1}{\pi}\int_0^{2\pi}x^2\cos nx\mathrm{d}x$$

$$=\frac{1}{\pi}\left(x^2\left[\frac{\sin nx}{n}\right]_0^{2\pi}-\int_0^{2\pi}2x\frac{\sin nx}{n}\mathrm{d}x\right)=-\frac{2}{n\pi}\int_0^{2\pi}x\sin nx\mathrm{d}x$$

$$=-\frac{2}{n\pi}\left(\left[x\cdot\frac{-\cos nx}{n}\right]_0^{2\pi}+\int_0^{2\pi}\frac{\cos nx}{n}\mathrm{d}x\right)=-\frac{2}{n\pi}\left(-\frac{2\pi}{n}+\left[\frac{\sin nx}{n^2}\right]_0^{2\pi}\right)=\frac{4}{n^2}\ (n\neq 0),$$

$$a_0=\frac{1}{\pi}\int_0^{2\pi}x^2\mathrm{d}x=\frac{1}{\pi}\left[\frac{x^3}{3}\right]_0^{2\pi}=\frac{8}{3}\pi^2,$$

$$b_n=\frac{1}{\pi}\int_0^{2\pi}x^2\sin nx\mathrm{d}x=\frac{1}{\pi}\left(\left[x^2\cdot\frac{-\cos nx}{n}\right]_0^{2\pi}+\int_0^{2\pi}2x\cdot\frac{\cos nx}{n}\mathrm{d}x\right)$$

$$=\frac{1}{\pi}\left[-\frac{4\pi^2}{n}+\frac{2}{n}\left(\left[x\cdot\frac{\sin nx}{n}\right]_0^{2\pi}-\int_0^{2\pi}\frac{\sin nx}{n}\mathrm{d}x\right)\right]$$

$$=\frac{1}{\pi}\left(-\frac{4\pi^2}{n}-\frac{2}{n^2}\left[\frac{-\cos nx}{n}\right]_0^{2\pi}\right)=-\frac{4\pi}{n},$$

故 $x^2=\dfrac{a_0}{2}+\sum\limits_{n=1}^{\infty}(a_n\cos nx+b_n\sin nx)=\dfrac{4\pi^2}{3}+\sum\limits_{n=1}^{\infty}\left(\dfrac{4}{n^2}\cos nx-\dfrac{4\pi}{n}\sin nx\right)\ (0<x<2\pi)$.

四、习题选解

1．设 $f(x)$ 是周期为 2π 的周期函数，其在 $[-\pi,\pi)$ 上的表达式为 $f(x)=3x^2+1$，将 $f(x)$ 展开为傅里叶级数，并求 $\sum\limits_{n=1}^{\infty}\dfrac{1}{n^2}$ 的和.

解　画出 $f(x)$ 的图形如图 11-5 所示. 因为所给函数处处连续，满足狄利克雷收敛定理的条件，所以 $f(x)$ 的傅里叶级数处处收敛于 $f(x)$. 这里 $l=\pi$，傅里叶系数计算如下：

$$a_0=\frac{1}{\pi}\int_{-\pi}^{\pi}f(x)\mathrm{d}x=\frac{2}{\pi}\int_0^{\pi}(3x^2+1)\mathrm{d}x=2(\pi^2+1),$$

$$a_n=\frac{1}{\pi}\int_{-\pi}^{\pi}f(x)\cos nx\mathrm{d}x=\frac{2}{\pi}\int_0^{\pi}(3x^2+1)\cos nx\mathrm{d}x$$

$$=\frac{12}{\pi}\left[\frac{3x^2+1}{6n}\sin nx-\frac{\sin nx}{n^3}+\frac{x}{n^2}\cos nx\right]_0^{\pi}=\frac{12\cos n\pi}{n^2}=(-1)^n\frac{12}{n^2},$$

$$b_n=\frac{1}{\pi}\int_{-\pi}^{\pi}f(x)\sin nx\mathrm{d}x=\frac{1}{\pi}\int_{-\pi}^{\pi}(3x^2+1)\sin nx\mathrm{d}x=0,$$

因此 $3x^2+1=\pi^2+1+12\sum\limits_{n=1}^{\infty}\dfrac{(-1)^n}{n^2}\cos nx\ (-\infty<x<\infty)$.

当 $x=\pi$ 时，$3\pi^2+1=\pi^2+1+12\sum\limits_{n=1}^{\infty}\dfrac{(-1)^{2n}}{n^2}$，从而 $\sum\limits_{n=1}^{\infty}\dfrac{1}{n^2}=\dfrac{\pi^2}{6}$.

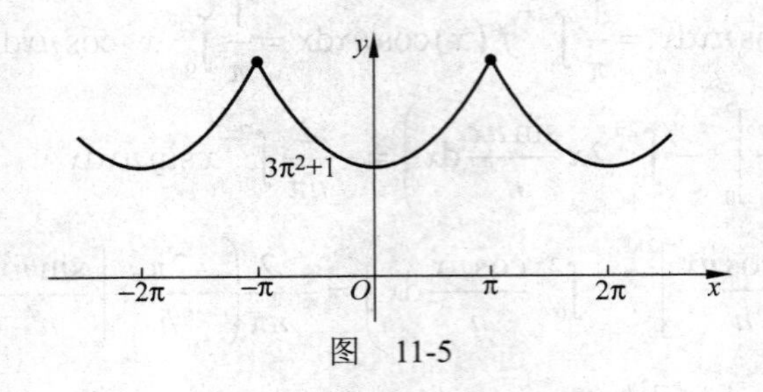

图　11-5

2. 设 $f(x)$ 是周期为 2π 的周期函数，其在 $[-\pi,\pi)$ 上的表达式为 $f(x)=x+1$，$s(x)$ 为 $f(x)$ 的傅里叶级数的和函数，求 $s\left(-\dfrac{3}{2}\pi\right), s(\pi), s(2\pi), s\left(\dfrac{197}{2}\pi\right)$ 的值.

解　画出 $f(x)$ 的图形，如图 11-6 所示. 所给函数满足狄利克雷收敛定理的条件. 在 $f(x)$ 的不连续点 $x=(2k+1)\pi\ (k=0,\pm1,\pm2,\cdots)$ 处，$f(x)$ 的傅里叶级数收敛于 $\dfrac{f(\pi-0)+f(-\pi+0)}{2}=\dfrac{(\pi+1)+(-\pi+1)}{2}=1$，这里 $x=\pi$ 是间断点，所以 $s(\pi)=1$. 在连续点 $x\neq(2k+1)\pi\ (k=0,\pm1,\pm2,\cdots)$ 处，傅里叶级数收敛于 $f(x)$. 这里 $x=-\dfrac{3\pi}{2}, 2\pi, \dfrac{197\pi}{2}$ 都是 $f(x)$ 的连续点，所以 $s\left(-\dfrac{3}{2}\pi\right)=f\left(-2\pi+\dfrac{\pi}{2}\right)=f\left(\dfrac{\pi}{2}\right)=\dfrac{\pi}{2}+1$，$s(2\pi)=f(2\pi+0)=f(0)=1$，$s\left(\dfrac{197}{2}\pi\right)=f\left(98\pi+\dfrac{\pi}{2}\right)=f\left(\dfrac{\pi}{2}\right)=\dfrac{\pi}{2}+1$.

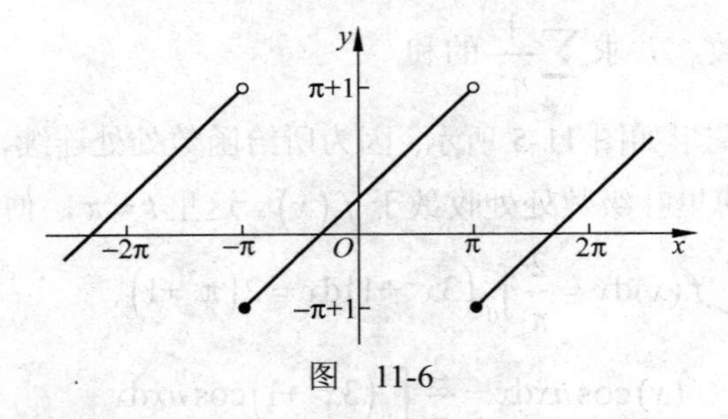

图　11-6

3. 设周期函数 $f(x)$ 的周期为 2π，其在 $[-\pi,\pi)$ 上的表达式为 $f(x)=\begin{cases} bx, & -\pi\leqslant x<0, \\ ax, & 0\leqslant x<\pi, \end{cases}$ 其中 a,b 为常数，且 $a>b>0$，将 $f(x)$ 展开成傅里叶级数.

解　画出 $f(x)$ 的图形如图 11-7 所示. 所给函数满足狄利克雷收敛定理的条件. 在 $f(x)$ 的不连续点 $x=(2k+1)\pi\ \ (k=0,\pm1,\pm2,\cdots)$ 处，$f(x)$ 的傅里叶级数收敛于 $\dfrac{f(\pi-0)+f(-\pi+0)}{2}=\dfrac{a\pi-b\pi}{2}=\dfrac{(a-b)\pi}{2}$，在连续点 $x\neq(2k+1)\pi\ (k=0,\pm1,\pm2,\cdots)$ 处，$f(x)$ 的傅里叶级数收敛于

$f(x)$. 傅里叶系数计算如下：

$$a_0=\frac{1}{\pi}\int_{-\pi}^{\pi}f(x)\mathrm{d}x=\frac{1}{\pi}\left[\int_{-\pi}^{0}bx\mathrm{d}x+\int_{0}^{\pi}ax\mathrm{d}x\right]=\frac{(a-b)\pi}{2},$$

$$\begin{aligned}a_n&=\frac{1}{\pi}\int_{-\pi}^{\pi}f(x)\cos nx\mathrm{d}x=\frac{1}{\pi}\left(\int_{-\pi}^{0}bx\cos nx\mathrm{d}x+\int_{0}^{\pi}ax\cos nx\mathrm{d}x\right)\\&=\frac{a}{\pi}\left[\frac{x}{n}\sin nx+\frac{1}{n^2}\cos nx\right]_0^{\pi}+\frac{b}{\pi}\left[\frac{x}{n}\sin nx+\frac{1}{n^2}\cos nx\right]_{-\pi}^{0}\\&=\frac{1-\cos n\pi}{n^2\pi}(b-a)=\frac{\left[1-(-1)^n\right](b-a)}{n^2\pi}\quad(n=1,2,\cdots),\end{aligned}$$

$$\begin{aligned}b_n&=\frac{1}{\pi}\int_{-\pi}^{\pi}f(x)\sin nx\mathrm{d}x=\frac{1}{\pi}\left(\int_{-\pi}^{0}bx\sin nx\mathrm{d}x+\int_{0}^{\pi}ax\sin nx\mathrm{d}x\right)\\&=\frac{a}{\pi}\left[-\frac{x}{n}\cos nx+\frac{1}{n^2}\sin nx\right]_0^{\pi}+\frac{b}{\pi}\left[-\frac{x}{n}\cos nx+\frac{1}{n^2}\sin nx\right]_{-\pi}^{0}\\&=\frac{-(b+a)}{n}\cos n\pi=(-1)^{n+1}\frac{b+a}{n}\quad(n=1,2,\cdots).\end{aligned}$$

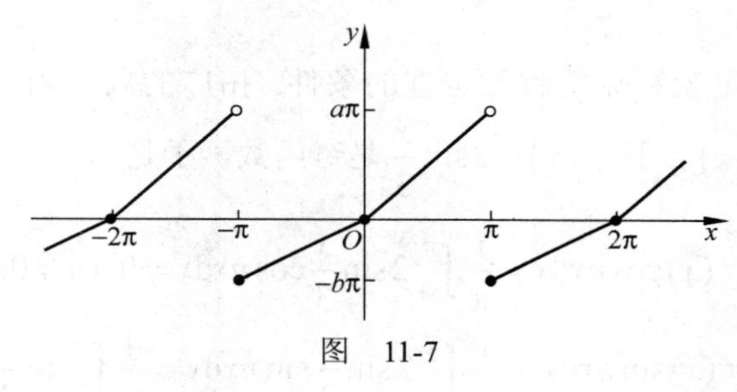

图　11-7

因此 $f(x)$ 的傅里叶级数展开式为

$$f(x)=\frac{\pi}{4}(a-b)+\sum_{n=1}^{\infty}\left\{\frac{\left[1-(-1)^n\right](b-a)}{n^2\pi}\cos nx+\frac{(-1)^{n+1}(a+b)}{n}\sin nx\right\},$$

$$x\neq(2k+1)\pi\ (k=0,\pm1,\pm2,\cdots).$$

4．将下列各函数展开成傅里叶级数.

（1）$f(x)=\mathrm{e}^{2x}\ (-\pi\leqslant x<\pi)$；（2）$f(x)=2\sin\frac{x}{3}\ (-\pi\leqslant x\leqslant\pi)$.

解　（1）所给函数满足狄利克雷收敛定理的条件，拓广的周期函数的傅里叶级数展开式在 $(-\pi,\pi)$ 内收敛于 $f(x)$，于是

$$a_0=\frac{1}{\pi}\int_{-\pi}^{\pi}f(x)\mathrm{d}x=\frac{1}{\pi}\int_{-\pi}^{\pi}\mathrm{e}^{2x}\mathrm{d}x=\frac{\mathrm{e}^{2\pi}-\mathrm{e}^{-2\pi}}{2\pi},$$

$$a_n=\frac{1}{\pi}\int_{-\pi}^{\pi}f(x)\cos nx\mathrm{d}x=\frac{1}{\pi}\int_{-\pi}^{\pi}\mathrm{e}^{2x}\cos nx\mathrm{d}x$$

$$=\frac{1}{2\pi}\int_{-\pi}^{\pi}\cos nx\mathrm{d}\mathrm{e}^{2x}=\frac{1}{2\pi}\left[\mathrm{e}^{2x}\cos nx\right]_{-\pi}^{\pi}+\frac{n}{2\pi}\int_{-\pi}^{\pi}\mathrm{e}^{2x}\sin nx\mathrm{d}x$$

$$=\frac{(-1)^n\left(\mathrm{e}^{2\pi}-\mathrm{e}^{-2\pi}\right)}{2\pi}+\frac{n}{4\pi}\left[\mathrm{e}^{2x}\sin nx\right]_{-\pi}^{\pi}-\frac{n^2}{4\pi}\int_{-\pi}^{\pi}\mathrm{e}^{2x}\cos nx\mathrm{d}x$$

$$=\frac{(-1)^n 2\left(\mathrm{e}^{2\pi}-\mathrm{e}^{-2\pi}\right)}{\left(4+n^2\right)\pi}\quad(n=1,2,\cdots),$$

$$b_n=\frac{1}{\pi}\int_{-\pi}^{\pi}f(x)\sin nx\mathrm{d}x=\frac{1}{\pi}\int_{-\pi}^{\pi}\mathrm{e}^{2x}\sin nx\mathrm{d}x=\frac{1}{2\pi}\int_{-\pi}^{\pi}\sin nx\mathrm{d}\mathrm{e}^{2x}$$

$$=\frac{1}{2\pi}\left[\mathrm{e}^{2x}\sin nx\right]_{-\pi}^{\pi}-\frac{n}{2\pi}\int_{-\pi}^{\pi}\mathrm{e}^{2x}\cos nx\mathrm{d}x=-\frac{n}{2}a_n\quad(n=1,2,\cdots),$$

因此 $f(x)$ 的傅里叶级数展开式为

$$\mathrm{e}^{2x}=\frac{\left(\mathrm{e}^{2\pi}-\mathrm{e}^{-2\pi}\right)}{\pi}\left[\frac{1}{4}+\sum_{n=1}^{\infty}\frac{(-1)^n}{\left(4+n^2\right)}\left(2\cos nx-n\sin nx\right)\right]\quad(-\pi<x<\pi).$$

（2）所给函数满足狄利克雷收敛定理的条件．拓广的周期函数的傅里叶级数展开式在 $(-\pi,\pi)$ 内收敛于 $f(x)$，且 $f(x)=2\sin\frac{x}{3}$ 是奇函数，于是

$$a_n=\frac{1}{\pi}\int_{-\pi}^{\pi}f(x)\cos nx\mathrm{d}x=\frac{1}{\pi}\int_{-\pi}^{\pi}2\sin\frac{x}{3}\cos nx\mathrm{d}x=0\quad(n=0,1,2,\cdots),$$

$$b_n=\frac{1}{\pi}\int_{-\pi}^{\pi}f(x)\sin nx\mathrm{d}x=\frac{1}{\pi}\int_{-\pi}^{\pi}2\sin\frac{x}{3}\sin nx\mathrm{d}x=\frac{4}{\pi}\int_{0}^{\pi}\sin\frac{x}{3}\sin nx\mathrm{d}x$$

$$=\frac{2}{\pi}\int_{0}^{\pi}\left[\cos\left(n-\frac{1}{3}\right)x-\cos\left(n+\frac{1}{3}\right)x\right]\mathrm{d}x$$

$$=\frac{2}{\pi}\left[\frac{1}{n-\frac{1}{3}}\sin\left(n-\frac{1}{3}\right)x-\frac{1}{n+\frac{1}{3}}\sin\left(n+\frac{1}{3}\right)x\right]_{0}^{\pi}$$

$$=\frac{6}{\pi}\left[\frac{\sin\left(n-\frac{1}{3}\right)\pi}{3n-1}-\frac{\sin\left(n+\frac{1}{3}\right)\pi}{3n+1}\right]=\frac{(-1)^{n+1}18\sqrt{3}n}{(9n^2-1)\pi}\quad(n=1,2,\cdots),$$

因此 $f(x)$ 的傅里叶级数展开式为

$$2\sin\frac{x}{3}=\frac{18\sqrt{3}}{\pi}\sum_{n=1}^{\infty}(-1)^{n+1}\frac{n\sin nx}{9n^2-1}\quad(-\pi<x<\pi).$$

第六节　正弦级数和余弦级数

一、基本要求

1. 了解奇偶函数的傅里叶级数.
2. 会将函数展开为正弦级数和余弦级数.

二、答疑解惑

为什么有的函数既能展开成正弦级数，又能展开成余弦级数？

答　仅在区间$[0,\pi]$（或$[-\pi,0]$）上有定义的函数$f(x)$，如果先作奇延拓，再作周期延拓，则可以得到周期为2π的奇函数$F(x)$，这时$F(x)$的傅里叶级数只含有正弦项，将其限制在$[0,\pi]$（或$[-\pi,0]$）上（有时区间的端点除外），就可以将$f(x)$展为正弦级数. 同理，如果将定义在区间$[0,\pi]$（或$[-\pi,0]$）上的函数$f(x)$先作偶延拓，再作周期延拓，就可以把$f(x)$展为余弦级数.

应当注意：展开式是否包含区间端点要由狄利克雷收敛定理决定，而不是取决于$f(x)$的定义区间是否包含区间端点.

三、经典例题解析

题型　求函数在指定区间上的正弦级数和余弦级数

例 1　设函数$f(x)=\begin{cases} x+\dfrac{\pi}{2}, & 0<x\leqslant\dfrac{\pi}{2}, \\ 0, & \dfrac{\pi}{2}<x<\pi, \end{cases}$试分别将$f(x)$展开成正弦级数和余弦级数.

解　（1）先求正弦级数，为此将$f(x)$在$(-\pi,0)$内作奇延拓，于是

$$b_n=\frac{2}{\pi}\int_0^{\pi}f(x)\sin nx\mathrm{d}x=\frac{2}{\pi}\int_0^{\frac{\pi}{2}}\left(x+\frac{\pi}{2}\right)\sin nx\mathrm{d}x$$

$$=\frac{2}{\pi}\left(\left[\left(x+\frac{\pi}{2}\right)\cdot\frac{-\cos nx}{n}\right]_0^{\frac{\pi}{2}}+\int_0^{\frac{\pi}{2}}\frac{\cos nx}{n}\mathrm{d}x\right)$$

$$=\frac{2}{\pi}\left(-\frac{\pi}{n}\cos\frac{n\pi}{2}+\frac{\pi}{2n}+\left[\frac{\sin nx}{n^2}\right]_0^{\frac{\pi}{2}}\right)=\frac{1}{n}-\frac{2}{n}\cos\frac{n\pi}{2}+\frac{2}{\pi n^2}\sin\frac{n\pi}{2}.$$

故$f(x)=\sum\limits_{n=1}^{\infty}\left(\frac{1}{n}-\frac{2}{n}\cos\frac{n\pi}{2}+\frac{2}{\pi n^2}\sin\frac{n\pi}{2}\right)\sin nx$，$x\in\left(0,\frac{\pi}{2}\right)\cup\left(\frac{\pi}{2},\pi\right)$.

（2）再求余弦级数，为此将$f(x)$在$(-\pi,0)$作偶延拓，于是

$$a_n=\frac{2}{\pi}\int_0^{\pi}f(x)\cos nx\mathrm{d}x=\frac{2}{\pi}\int_0^{\frac{\pi}{2}}\left(x+\frac{\pi}{2}\right)\cos nx\mathrm{d}x$$

$$=\frac{2}{\pi}\left(\left[\left(x+\frac{\pi}{2}\right)\cdot\frac{\sin nx}{n}\right]_0^{\frac{\pi}{2}}-\int_0^{\frac{\pi}{2}}\frac{\sin nx}{n}\mathrm{d}x\right)=\frac{2}{\pi}\left(\frac{\pi}{n}\sin\frac{n\pi}{2}+\left[\frac{\cos nx}{n^2}\right]_0^{\frac{\pi}{2}}\right)$$

$$=\frac{2}{n}\sin\frac{n\pi}{2}+\frac{2}{\pi n^2}\left(\cos\frac{n\pi}{2}-1\right),$$

$$a_0=\frac{2}{\pi}\int_0^{\frac{\pi}{2}}\left(x+\frac{\pi}{2}\right)\mathrm{d}x=\frac{1}{\pi}\left[\left(x+\frac{\pi}{2}\right)^2\right]_0^{\frac{\pi}{2}}=\pi-\frac{\pi}{4}=\frac{3}{4}\pi,$$

故 $f(x)=\frac{3}{8}\pi+\sum_{n=1}^{\infty}\left(\frac{2}{n}\sin\frac{n\pi}{2}+\frac{2}{\pi n^2}\cos\frac{n\pi}{2}-\frac{2}{\pi n^2}\right)\cos nx$，$x\in\left[0,\frac{\pi}{2}\right)\cup\left(\frac{\pi}{2},\pi\right]$.

四、习题选解

1．将函数 $f(x)=\frac{\pi-x}{2}(0\leqslant x\leqslant\pi)$ 展开成正弦级数.

解　将函数 $f(x)$ 奇延拓并周期延拓为 $F(x)$，其间断点为 $x=2k\pi(k=0,\pm1,\pm2,\cdots)$，则 $b_n=\frac{2}{\pi}\int_0^{\pi}\left(\frac{\pi-x}{2}\right)\sin nx\mathrm{d}x=\frac{1}{\pi}\left[-\frac{\pi}{n}\cos nx+x\cos nx-\frac{\sin nx}{n^2}\right]_0^{\pi}=\frac{1}{n}$，在间断点 $x=2k\pi$ $(k=0,\pm1,\pm2,\cdots)$ 处，$F(x)$ 的傅里叶级数收敛到 0，在连续点 $x\neq 2k\pi$ $(k=0,\pm1,\pm2,\cdots)$ 处，$F(x)$ 的傅里叶级数收敛到 $F(x)$，所以 $f(x)$ 的正弦级数展开式为 $\frac{\pi-x}{2}=\sum_{n=1}^{\infty}\frac{\sin nx}{n}$，$0<x\leqslant\pi$.

2．将函数 $f(x)=2x^2(0\leqslant x\leqslant\pi)$ 分别展开成正弦级数和余弦级数.

解　首先将函数 $f(x)$ 奇延拓并周期延拓为 $F(x)$，其间断点为 $x=(2k+1)\pi$ $(k=0,\pm1,\pm2,\cdots)$，则

$$b_n=\frac{2}{\pi}\int_0^{\pi}2x^2\sin nx\mathrm{d}x=\frac{4}{\pi}\int_0^{\pi}x^2\sin nx\mathrm{d}x$$

$$=\frac{-4}{n\pi}\left[x^2\cos nx-\frac{2x\sin nx}{n}-\frac{2}{n^2}\cos nx\right]_0^{\pi}=\frac{4}{\pi}\left[-\frac{2}{n^3}+(-1)^n\left(\frac{2}{n^3}-\frac{\pi^2}{n}\right)\right],\quad n=1,2,\cdots.$$

在连续点 $x=0$ 处，$F(x)$ 的傅里叶级数收敛到 0；在间断点 $x=\pi$ 处，$F(x)$ 的傅里叶级数收敛到 0，在 $(0,\pi)$ 内 $F(x)=2x^2$ 处处连续，所以 $f(x)$ 的正弦级数展开式为

$$2x^2=\frac{4}{\pi}\sum_{n=1}^{\infty}\left[-\frac{2}{n^3}+(-1)^n\left(\frac{2}{n^3}-\frac{\pi^2}{n}\right)\right]\sin nx,\ 0\leqslant x<\pi.$$

再将函数 $f(x)$ 进行偶延拓并周期延拓为 $F(x)$，延拓后的函数在 $(-\infty,+\infty)$ 内连续，故

$$a_0=\frac{2}{\pi}\int_0^{\pi}2x^2\mathrm{d}x=\frac{4\pi^2}{3},\quad a_n=\frac{2}{\pi}\int_0^{\pi}2x^2\cos nx\mathrm{d}x=8\frac{(-1)^n}{n^2},\ n=1,2,\cdots,$$

又因延拓后的函数在 $[-\pi,\pi]$ 上连续，所以 $f(x)$ 的余弦级数展开式为

$$2x^2=\frac{2}{3}\pi^2+8\sum_{n=1}^{\infty}\frac{(-1)^n\cos nx}{n^2},\quad 0\leqslant x\leqslant\pi .$$

3．设周期函数 $f(x)$ 的周期为 2π，证明：

（1）如果 $f(x-\pi)=-f(x)$，则 $f(x)$ 的傅里叶系数为 $a_0=0$，$a_{2k}=0$，$b_{2k}=0\ (k=1,2,\cdots)$；

（2）如果 $f(x-\pi)=f(x)$，则 $f(x)$ 的傅里叶系数为 $a_{2k+1}=0$，$b_{2k+1}=0\ (k=0,1,2,\cdots)$.

证明　（1）根据傅里叶系数公式,并注意到已知条件 $f(x-\pi)=-f(x)$,可得

$$a_0=\frac{1}{\pi}\int_{-\pi}^{\pi}f(x)\mathrm{d}x=-\frac{1}{\pi}\int_{-\pi}^{\pi}f(x-\pi)\mathrm{d}x,$$

令 $x-\pi=t$，得 $a_0=-\frac{1}{\pi}\int_{-2\pi}^{0}f(t)\mathrm{d}t=-\frac{1}{\pi}\int_{0}^{2\pi}f(t)\mathrm{d}t=-\frac{1}{\pi}\int_{-\pi}^{\pi}f(t)\mathrm{d}t=-a_0$，所以 $a_0=0$.

进一步地，$a_n=\frac{1}{\pi}\int_{-\pi}^{\pi}f(x)\cos nx\mathrm{d}x=-\frac{1}{\pi}\int_{-\pi}^{\pi}f(x-\pi)\cos nx\mathrm{d}x$，令 $x-\pi=t$，得 $a_n=-\frac{1}{\pi}\int_{-2\pi}^{0}f(t)\cos n(\pi+t)\mathrm{d}t$. 再令 $n=2k\ (k=1,2,\cdots)$，得

$$a_{2k}=-\frac{1}{\pi}\int_{-2\pi}^{0}f(t)\cos 2k(\pi+t)\mathrm{d}t=-\frac{1}{\pi}\int_{-2\pi}^{0}f(t)\cos 2kt\mathrm{d}t=-\frac{1}{\pi}\int_{-\pi}^{\pi}f(t)\cos 2kt\mathrm{d}t=-a_{2k},$$

所以 $a_{2k}=0$. 同理可证 $b_{2k}=0\ (k=1,2,\cdots)$.

（2）根据傅里叶系数公式，并注意到已知条件 $f(x-\pi)=f(x)$，可得

$$a_n=\frac{1}{\pi}\int_{-\pi}^{\pi}f(x)\cos nx\mathrm{d}x=\frac{1}{\pi}\int_{-\pi}^{\pi}f(x-\pi)\cos nx\mathrm{d}x,$$

令 $x-\pi=t$，得 $a_n=\frac{1}{\pi}\int_{-2\pi}^{0}f(t)\cos n(\pi+t)\mathrm{d}t$. 再令 $n=2k+1\ (k=0,1,2,\cdots)$，得

$$\begin{aligned}a_{2k+1}&=\frac{1}{\pi}\int_{-2\pi}^{0}f(t)\cos(2k+1)(\pi+t)\mathrm{d}t=-\frac{1}{\pi}\int_{-2\pi}^{0}f(t)\cos(2k+1)t\mathrm{d}t\\&=-\frac{1}{\pi}\int_{-\pi}^{\pi}f(t)\cos(2k+1)t\mathrm{d}t=-a_{2k+1},\end{aligned}$$

所以 $a_{2k+1}=0$. 同理可证 $b_{2k+1}=0\ (k=0,1,2,\cdots)$.

第七节　周期为 2l 的周期函数的傅里叶级数

一、基本要求

1. 了解周期为 $2l$ 的周期函数展开为傅里叶级数的狄利克雷条件.
2. 会将简单的以 $2l$ 为周期的周期函数展开为傅里叶级数.
3. 会将简单的定义于 $[0,l]$ 上的函数展开为正弦级数和余弦级数.

二、答疑解惑

将函数 $f(x)$ 展开成傅里叶级数时应该注意什么问题？

答　(1) 注意 $f(x)$ 的定义区间和周期. 定义区间不同时，其解法也不同. 如果 $f(x)$ 的周期是 $2l$，则构成傅里叶级数的三角函数系就是

$$1,\cos\frac{\pi}{l}x,\sin\frac{\pi}{l}x,\cos\frac{2\pi}{l}x,\sin\frac{2\pi}{l}x,\cdots,\cos\frac{n\pi}{l}x,\sin\frac{n\pi}{l}x,\cdots.$$

因此，周期不同时，傅里叶系数的计算公式和傅里叶级数的形式都要相应地作出改变.

(2) 注意函数 $f(x)$ 是否满足狄利克雷收敛定理的条件. 如果满足，可知它的傅里叶级数处处收敛.

(3) 找出 $f(x)$ 连续点的集合 I（I 是区间或一些区间的并）. 在 I 上，级数收敛于 $f(x)$，这时可用等式表示

$$f(x)=\frac{a_0}{2}+\sum_{n=1}^{\infty}\left(a_n\cos\frac{n\pi x}{l}+b_n\sin\frac{n\pi x}{l}\right),\quad x\in I.$$

这样，就把 $f(x)$ 展开成了傅里叶级数. 注意，应当注明展开式成立的范围 I.

三、经典例题解析

题型　将周期为 $2l$ 的周期函数展开成傅里叶级数

例 1　设函数 $f(x)$ 是周期为10 的周期函数，它在 $[5,15)$ 上的表达式为 $f(x)=10-x$，将 $f(x)$ 展开成傅里叶级数.

分析　函数 $f(x)$ 是周期为 $2l=10$ 的周期函数，直接利用定义求得.

解　画出 $f(x)$ 的图形如图 11-8 所示. 函数 $f(x)$ 满足狄利克雷收敛定理的条件，在 $x=5(2k+1)$ $(k=0,\pm1,\pm2,\cdots)$ 处间断，且当 $-5\leqslant x<5$ 时，$f(x)=-x$. 这里 $l=5$，傅里叶系数为

$$a_0=\frac{1}{5}\int_{-5}^{5}f(x)\mathrm{d}x=\frac{1}{5}\int_{-5}^{5}(-x)\mathrm{d}x=0,$$

$$a_n=\frac{1}{5}\int_{-5}^{5}(-x)\cos\frac{n\pi x}{5}\mathrm{d}x=0,\quad n=1,2,\cdots,$$

$$b_n=\frac{1}{5}\int_{-5}^{5}(-x)\sin\frac{n\pi x}{5}\mathrm{d}x=-\frac{2}{5}\int_{0}^{5}x\sin\frac{n\pi x}{5}\mathrm{d}x$$

$$=\frac{2}{n\pi}\left[x\cos\frac{n\pi x}{5}-\frac{5}{n\pi}\sin\frac{n\pi x}{5}\right]_0^5=(-1)^n\frac{10}{n\pi},\quad n=1,2,\cdots,$$

所以 $f(x)$ 的傅里叶级数展开式为 $f(x)=\dfrac{10}{\pi}\sum_{n=1}^{\infty}\dfrac{(-1)^n}{n}\sin\dfrac{n\pi x}{5}$，$x\neq5(2k+1)(k=0,\ \pm1,\pm2,\cdots)$.

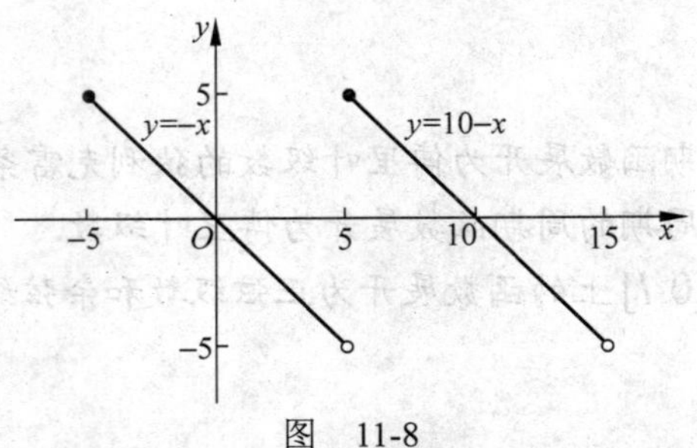

图　11-8

注　求周期为 $2l$ 的周期函数 $f(x)$ 的傅里叶级数时，可利用下述公式直接求得，即

$$\frac{a_0}{2}+\sum_{n=1}^{\infty}\left(a_n\cos\frac{n\pi x}{l}+b_n\sin\frac{n\pi x}{l}\right),$$

其中系数 $a_n=\frac{1}{l}\int_{-l}^{l}f(x)\cos\frac{n\pi x}{l}\mathrm{d}x\ (n=0,1,2,\cdots)$，$b_n=\frac{1}{l}\int_{-l}^{l}f(x)\sin\frac{n\pi x}{l}\mathrm{d}x\ (n=1,2,\cdots)$.

四、习题选解

1．将下列各周期函数展开成傅里叶级数（下面给出函数在一个周期内的表达式）：

（1）$f(x)=1-x^2,-\frac{1}{2}\leqslant x<\frac{1}{2}$；（2）$f(x)=\begin{cases}2x+1, & -3\leqslant x<0,\\ 1, & 0\leqslant x<3.\end{cases}$

解　（1）这时 $l=\frac{1}{2}$，且函数为偶函数，则 $b_n=0,n=1,2,\cdots$，$a_0=4\int_0^{\frac{1}{2}}(1-x^2)\mathrm{d}x=\frac{11}{6}$，

$$\begin{aligned}a_n&=4\int_0^{\frac{1}{2}}(1-x^2)\cos\frac{n\pi x}{\frac{1}{2}}\mathrm{d}x=4\int_0^{\frac{1}{2}}(1-x^2)\cos 2n\pi x\mathrm{d}x\\&=4\left(\int_0^{\frac{1}{2}}\cos 2n\pi x\mathrm{d}x-\int_0^{\frac{1}{2}}x^2\cos 2n\pi x\mathrm{d}x\right)\\&=4\left[0-\frac{x\cos 2n\pi x}{2n^2\pi^2}\right]_0^{\frac{1}{2}}=\frac{(-1)^{n+1}}{n^2\pi^2},n=1,2,\cdots.\end{aligned}$$

由于 $f(x)$ 处处连续，$f(x)$ 的傅里叶级数收敛到 $f(x)$，所以 $f(x)$ 的傅里叶级数展开式为

$$1-x^2=\frac{11}{12}+\sum_{n=1}^{\infty}\frac{(-1)^{n+1}}{n^2\pi^2}\cos 2n\pi x,\quad -\infty<x<+\infty.$$

（2）所给函数满足收敛定理的条件. 在 $f(x)$ 的不连续点 $x=3(2k+1)(k=0,\pm1,\pm2,\cdots)$ 处，$f(x)$ 的傅里叶级数收敛于 $\frac{f(x+0)+f(x-0)}{2}=-2$，在连续点 $x\neq 3(2k+1)$ $(k=0,\pm1,\pm2,\cdots)$ 处，傅里叶级数收敛于 $f(x)$. 这里 $l=3$，傅里叶级数计算如下：

$$a_0=\frac{1}{3}\int_{-3}^{3}f(x)\mathrm{d}x=\frac{1}{3}\left[\int_0^3 1\mathrm{d}x+\int_{-3}^{0}2x+1\mathrm{d}x\right]=-1,$$

$$\begin{aligned}a_n&=\frac{1}{3}\int_{-3}^{3}f(x)\cos\frac{n\pi x}{3}\mathrm{d}x=\frac{1}{3}\left[\int_{-3}^{0}(2x+1)\cos\frac{n\pi x}{3}\mathrm{d}x+\int_0^3\cos\frac{n\pi x}{3}\mathrm{d}x\right]\\&=\frac{6}{n^2\pi^2}\left[1-(-1)^n\right]\ (n=1,2,\cdots),\end{aligned}$$

$$\begin{aligned}b_n&=\frac{1}{3}\int_{-3}^{3}f(x)\sin\frac{n\pi x}{3}\mathrm{d}x=\frac{1}{3}\left[\int_0^3\sin\frac{n\pi x}{3}\mathrm{d}x+\int_{-3}^{0}(2x+1)\sin\frac{n\pi x}{3}\mathrm{d}x\right]\\&=\frac{6}{n\pi}(-1)^{n+1}\ (n=1,2,\cdots).\end{aligned}$$

所以 $f(x)$ 的傅里叶级数展开式为

$$f(x)=-\frac{1}{2}+\frac{6}{n\pi}\sum_{n=1}^{\infty}\left\{\frac{1}{n\pi}\left[1-(-1)^n\right]\cos\frac{n\pi x}{3}+(-1)^{n+1}\sin\frac{n\pi x}{3}\right\}.$$

$$\left(-\infty<x<\infty,x\neq 3(2k+1),k=0,\pm 1,\pm 2,\cdots\right).$$

2．将下列各函数分别展开成正弦级数和余弦级数：

（1）$f(x)=\begin{cases}x, & 0\leqslant x<\dfrac{l}{2},\\ l-x, & \dfrac{l}{2}\leqslant x<l;\end{cases}$　（2）$f(x)=x^2\left(0\leqslant x\leqslant 2\right)$.

解　（1）将函数 $f(x)$ 作奇延拓，可展开成正弦级数，则 $a_n=0,n=0,1,2,\cdots$，

$$b_n=\frac{2}{l}\left[\int_0^{\frac{l}{2}}x\sin\frac{n\pi x}{l}\mathrm{d}x+\int_{\frac{l}{2}}^{l}(l-x)\sin\frac{n\pi x}{l}\mathrm{d}x\right]=\frac{4l}{n^2\pi^2}\sin\frac{n\pi}{2},\ n=1,2,\cdots,$$

延拓后的函数在 $[0,l]$ 上连续，所以 $f(x)=\dfrac{4l}{\pi^2}\displaystyle\sum_{n=1}^{\infty}\frac{1}{n^2}\sin\frac{n\pi}{2}\sin\frac{n\pi x}{l},0\leqslant x\leqslant l$.

将函数 $f(x)$ 作偶延拓，可展开成余弦级数，则 $b_n=0,n=1,2,\cdots$，

$$a_0=\frac{2}{l}\left[\int_0^{\frac{l}{2}}x\mathrm{d}x+\int_{\frac{l}{2}}^{l}(l-x)\mathrm{d}x\right]=\frac{l}{2},$$

$$a_n=\frac{2}{l}\left[\int_0^{\frac{l}{2}}x\cos\frac{n\pi x}{l}\mathrm{d}x+\int_{\frac{l}{2}}^{l}(l-x)\cos\frac{n\pi x}{l}\mathrm{d}x\right]$$

$$=\frac{2}{l}\left[\frac{l}{n\pi}\left(x\sin\frac{n\pi x}{l}+\frac{l}{n\pi}\cos\frac{n\pi x}{l}\right)\right]_0^{\frac{l}{2}}+\frac{2}{n\pi}\left[(l-x)\sin\frac{n\pi x}{l}-\frac{l}{n\pi}\cos\frac{n\pi x}{l}\right]_{\frac{l}{2}}^{l}$$

$$=\frac{2l}{\pi^2}\left\{\frac{1}{n^2}\left[2\cos\frac{n\pi}{2}-1-(-1)^n\right]\right\},\quad n=1,2,\cdots.$$

延拓后的函数在 $[0,l]$ 上连续，所以

$$f(x)=\frac{l}{4}+\frac{2l}{\pi^2}\sum_{n=1}^{\infty}\frac{1}{n^2}\left[2\cos\frac{n\pi}{2}-1-(-1)^n\right]\cos\frac{n\pi x}{l},\ 0\leqslant x\leqslant l.$$

（2）将函数 $f(x)$ 进行奇延拓，可展开成正弦级数，则 $a_n=0,n=0,1,2,\cdots$，

$$b_n=\frac{2}{2}\int_0^2 x^2\sin\frac{n\pi x}{2}\mathrm{d}x=\frac{8}{\pi}\left[-\frac{1}{n^3}\sin\frac{n\pi x}{2}+\frac{x}{n^2}\cos\frac{n\pi x}{2}\right]_0^2$$

$$=(-1)^{n+1}\frac{8}{n\pi}+\frac{16}{n^3\pi^3}\left[(-1)^n-1\right],\quad n=1,2,\cdots,$$

在 $f(x)$ 的间断点 $x=2$ 处，$f(x)$ 的傅里叶级数收敛到 0；在 $f(x)$ 的连续区间 $[0,2)$ 内，$f(x)$ 的傅里叶级数收敛到 $f(x)$，所以 $f(x)$ 的正弦级数展开式为

$$x^2=\frac{8}{\pi}\sum_{n=1}^{\infty}\left\{(-1)^{n+1}\frac{1}{n}+\frac{2}{n^3\pi^2}\left[(-1)^n-1\right]\right\}\sin\frac{n\pi x}{2},\quad 0\leqslant x<2.$$

再将函数 $f(x)$ 进行偶延拓，则

$$a_0=\frac{2}{2}\int_0^2 x^2\mathrm{d}x=\frac{8}{3},\quad a_n=\frac{2}{2}\int_0^2 x^2\cos\frac{n\pi x}{2}\mathrm{d}x=(-1)^n\frac{16}{n^2\pi^2},\quad n=1,2,\cdots.$$

又因延拓后的函数在 $[0,2]$ 上连续，所以 $f(x)$ 的余弦级数展开式为

$$x^2=\frac{4}{3}+\frac{16}{\pi^2}\sum_{n=1}^{\infty}\frac{(-1)^n}{n^2}\cos\frac{n\pi x}{2},\quad 0\leqslant x\leqslant 2.$$

总习题十一选解

1．填空：

（1）对级数 $\sum\limits_{n=1}^{\infty}u_n$，$\lim\limits_{n\to\infty}u_n=0$ 是它收敛的______条件，不是它收敛的______条件；

（2）部分和数列 $\{s_n\}$ 有界是正项级数收敛的________条件；

（3）若级数 $\sum\limits_{n=1}^{\infty}u_n$ 绝对收敛，则级数 $\sum\limits_{n=1}^{\infty}u_n$ 必定_______；若级数 $\sum\limits_{n=1}^{\infty}u_n$ 条件收敛，则级数 $\sum\limits_{n=1}^{\infty}|u_n|$ 必定________.

解 （1）应分别填必要和充分.

（2）应填充分必要.

（3）应分别填收敛和发散.

2．判断下列各级数的敛散性：

（1）$\sum\limits_{n=1}^{\infty}\frac{1}{n\sqrt[n]{n}}$；（2）$\sum\limits_{n=1}^{\infty}\frac{(n!)^2}{2n^2}$；（3）$\sum\limits_{n=1}^{\infty}\frac{n\cos^2\frac{n\pi}{3}}{2^n}$；（4）$\sum\limits_{n=2}^{\infty}\frac{1}{\ln^{10}n}$；（5）$\sum\limits_{n=1}^{\infty}\frac{a^n}{n^s}\ (a>0,s>0)$.

解 （1）因为 $\lim\limits_{n\to\infty}\frac{\frac{1}{n\sqrt[n]{n}}}{\frac{1}{n}}=\lim\limits_{n\to\infty}\frac{1}{\sqrt[n]{n}}=1$，而级数 $\sum\limits_{n=1}^{\infty}\frac{1}{n}$ 发散，所以原级数发散.

（2）因为 $\lim\limits_{n\to\infty}\frac{[(n+1)!]^2}{2(n+1)^2}\Big/\frac{(n!)^2}{2n^2}=\lim\limits_{n\to\infty}n^2=\infty$，所以原级数发散.

（3）因为 $0\leqslant u_n=\frac{n\cos^2\frac{n\pi}{3}}{2^n}\leqslant\frac{n}{2^n}$，对于级数 $\sum\limits_{n=1}^{\infty}\frac{n}{2^n}$，记 $v_n=\frac{n}{2^n}$，则 $\lim\limits_{n\to\infty}\frac{v_{n+1}}{v_n}=\lim\limits_{n\to\infty}\frac{\frac{n+1}{2^{n+1}}}{\frac{n}{2^n}}=\frac{1}{2}<1$，因此级数 $\sum\limits_{n=1}^{\infty}\frac{n}{2^n}$ 收敛，所以原级数收敛.

（4）因为 $\lim\limits_{x\to+\infty}\frac{x}{\ln^{10}x}=\lim\limits_{x\to+\infty}\frac{1}{\frac{10}{x}\ln^9 x}=\cdots=\lim\limits_{x\to+\infty}\frac{x}{10!}=+\infty$，所以 $\lim\limits_{n\to\infty}\frac{\frac{1}{\ln^{10}n}}{\frac{1}{n}}=\lim\limits_{n\to\infty}\frac{n}{\ln^{10}n}=\infty$，

而级数$\sum_{n=1}^{\infty}\frac{1}{n}$发散，所以原级数发散.

（5）因为$\lim_{n\to\infty}\sqrt[n]{u_n}=\lim_{n\to\infty}\sqrt[n]{\frac{a^n}{n^s}}=\lim_{n\to\infty}\frac{a}{\sqrt[n]{n^s}}=a$，所以当$0<a<1$时，原级数收敛；当$a>1$时，原级数发散；当$a=1$时，原级数为$\sum_{n=1}^{\infty}\frac{1}{n^s}$，当$0<s\leqslant 1$时，级数$\sum_{n=1}^{\infty}\frac{1}{n^s}$发散；当$s>1$时，级数$\sum_{n=1}^{\infty}\frac{1}{n^s}$收敛.

3．设正项级数$\sum_{n=1}^{\infty}u_n$和$\sum_{n=1}^{\infty}v_n$都收敛，证明级数$\sum_{n=1}^{\infty}(u_n+v_n)^2$也收敛.

证明　因为正项级数$\sum_{n=1}^{\infty}u_n$和$\sum_{n=1}^{\infty}v_n$都收敛，于是级数$\sum_{n=1}^{\infty}(u_n+v_n)$收敛，由级数收敛的必要条件可知$\lim_{n\to\infty}(u_n+v_n)=0$. 又$\lim_{n\to\infty}\frac{(u_n+v_n)^2}{u_n+v_n}=0$，而级数$\sum_{n=1}^{\infty}(u_n+v_n)$收敛，所以由比较法可知级数$\sum_{n=1}^{\infty}(u_n+v_n)^2$也收敛.

4．设级数$\sum_{n=1}^{\infty}u_n$收敛，且$\lim_{n\to\infty}\frac{v_n}{u_n}=1$. 问级数$\sum_{n=1}^{\infty}v_n$是否也收敛？试说明理由.

解　级数$\sum_{n=1}^{\infty}v_n$不一定收敛.

当$\sum_{n=1}^{\infty}u_n$和$\sum_{n=1}^{\infty}v_n$均为正项级数时，若级数$\sum_{n=1}^{\infty}u_n$收敛，且$\lim_{n\to\infty}\frac{v_n}{u_n}=1$，则级数$\sum_{n=1}^{\infty}v_n$也收敛，否则不一定. 例如当$u_n=(-1)^n\frac{1}{\sqrt{n}}$，$v_n=(-1)^n\frac{1}{\sqrt{n}}+\frac{1}{n}$时，$\lim_{n\to\infty}\frac{v_n}{u_n}=\lim_{n\to\infty}\frac{(-1)^n\frac{1}{\sqrt{n}}+\frac{1}{n}}{(-1)^n\frac{1}{\sqrt{n}}}=1$，级数$\sum_{n=1}^{\infty}u_n$收敛，而级数$\sum_{n=1}^{\infty}v_n$却发散.

5．讨论下列各级数的绝对收敛性与条件收敛性：

（1）$\sum_{n=1}^{\infty}(-1)^{n-1}\frac{1}{n^p}$；（2）$\sum_{n=1}^{\infty}(-1)^{n+1}\frac{\sin\frac{\pi}{n+1}}{\pi^{n+1}}$；（3）$\sum_{n=1}^{\infty}(-1)^n\ln\frac{n+1}{n}$；（4）$\sum_{n=1}^{\infty}(-1)^n\frac{(n+1)!}{n^{n+1}}$.

解　（1）当$p>1$时，因为级数$\sum_{n=1}^{\infty}\left|(-1)^{n-1}\frac{1}{n^p}\right|=\sum_{n=1}^{\infty}\frac{1}{n^p}$收敛，所以此时原级数绝对收敛；当$0<p\leqslant 1$时，虽然级数$\sum_{n=1}^{\infty}\frac{1}{n^p}$发散，但$\lim_{n\to\infty}u_n=\lim_{n\to\infty}\frac{1}{n^p}=0$，且$u_n=\frac{1}{n^p}\geqslant u_{n+1}=\frac{1}{(n+1)^p}$，由莱布尼茨定理可知原级数条件收敛；当$p\leqslant 0$时，级数的一般项不趋向于零，此时原级数发散. 综上可得，当$p>1$时，原级数绝对收敛；当$0<p\leqslant 1$时，原级数条件收敛；当$p\leqslant 0$

时，原级数发散.

（2）因为$\left|(-1)^{n+1}\frac{\sin\frac{\pi}{n+1}}{\pi^{n+1}}\right|\leqslant\frac{1}{\pi^{n+1}}$，而级数$\sum_{n=1}^{\infty}\frac{1}{\pi^{n+1}}$收敛，则级数$\sum_{n=1}^{\infty}\left|(-1)^{n+1}\frac{\sin\frac{\pi}{n+1}}{\pi^{n+1}}\right|$收敛，所以原级数绝对收敛.

（3）因为$u_n=\ln\frac{n+1}{n}$，$\lim\limits_{n\to\infty}\frac{\ln\frac{n+1}{n}}{\frac{1}{n}}=\lim\limits_{n\to\infty}\frac{\ln\left(1+\frac{1}{n}\right)}{\frac{1}{n}}=1$，而级数$\sum_{n=1}^{\infty}\frac{1}{n}$发散，所以级数$\sum_{n=1}^{\infty}\left|(-1)^n\ln\frac{n+1}{n}\right|$发散.

又$u_n=\ln\frac{n+1}{n}>\ln\frac{n+2}{n+1}=u_{n+1}$，且$\lim\limits_{n\to\infty}u_n=\lim\limits_{n\to\infty}\ln\frac{n+1}{n}=0$，根据莱布尼茨定理可知，级数$\sum_{n=1}^{\infty}(-1)^n\ln\frac{n+1}{n}$收敛，所以原级数条件收敛.

（4）因为$\lim\limits_{n\to\infty}\left|\frac{u_{n+1}}{u_n}\right|=\lim\limits_{n\to\infty}\frac{\frac{(n+2)!}{(n+1)^{n+2}}}{\frac{(n+1)!}{n^{n+1}}}=\frac{1}{e}<1$，而级数$\sum_{n=1}^{\infty}\frac{(n+1)!}{n^{n+1}}$收敛，所以原级数绝对收敛.

6．求下列各极限：

（1）$\lim\limits_{n\to\infty}\frac{1}{n}\sum_{k=1}^{n}\frac{1}{3^k}\left(1+\frac{1}{k}\right)^{k^2}$；（2）$\lim\limits_{n\to\infty}\left[2^{\frac{1}{3}}\cdot4^{\frac{1}{9}}\cdot8^{\frac{1}{27}}\cdot\cdots\cdot(2^n)^{\frac{1}{3^n}}\right]$.

解（1）因为在级数$\sum_{n=1}^{\infty}\frac{1}{3^n}\left(1+\frac{1}{n}\right)^{n^2}$中，$u_n=\frac{1}{3^n}\left(1+\frac{1}{n}\right)^{n^2}$，而

$$\lim_{n\to\infty}\sqrt[n]{u_n}=\lim_{n\to\infty}\sqrt[n]{\frac{1}{3^n}\left(1+\frac{1}{n}\right)^{n^2}}=\lim_{n\to\infty}\frac{1}{3}\left(1+\frac{1}{n}\right)^n=\frac{e}{3}<1,$$

由根值判别法可知级数$\sum_{n=1}^{\infty}\frac{1}{3^n}\left(1+\frac{1}{n}\right)^{n^2}$收敛，于是级数的部分和$\sum_{k=1}^{n}\frac{1}{3^k}\left(1+\frac{1}{k}\right)^{k^2}$有界，又$\lim\limits_{n\to\infty}\frac{1}{n}=0$，所以$\lim\limits_{n\to\infty}\frac{1}{n}\sum_{k=1}^{n}\frac{1}{3^k}\left(1+\frac{1}{k}\right)^{k^2}=0$.

（2）令$y=2^{\frac{1}{3}}\cdot4^{\frac{1}{9}}\cdot8^{\frac{1}{27}}\cdot\cdots\cdot(2^n)^{\frac{1}{3^n}}$，两边取对数得$\ln y=\ln\left[2^{\frac{1}{3}}\cdot4^{\frac{1}{9}}\cdot8^{\frac{1}{27}}\cdot\cdots\cdot(2^n)^{\frac{1}{3^n}}\right]=\ln2\sum_{k=1}^{n}\frac{k}{3^k}$，而级数$\ln2\sum_{n=1}^{\infty}\frac{n}{3^n}$为幂级数$\ln2\sum_{n=1}^{\infty}nx^n$ $(-1<x<1)$在$x=\frac{1}{3}$时的值，令$s(x)=\sum_{n=1}^{\infty}nx^{n-1}$ $(-1<x<1)$，两边积分得$\int_0^x s(t)dt=\int_0^x\sum_{n=1}^{\infty}nt^{n-1}dt=\sum_{n=1}^{\infty}x^n=\frac{x}{1-x}$，于是

$s(x)=\left(\dfrac{x}{1-x}\right)'=\dfrac{1}{(1-x)^2}$，所以 $\ln 2\sum\limits_{n=1}^{\infty}nx^n=\dfrac{x\ln 2}{(1-x)^2}$，将 $x=\dfrac{1}{3}$ 代入上式得 $\ln 2\sum\limits_{n=1}^{\infty}\dfrac{n}{3^n}=\dfrac{\frac{1}{3}\cdot\ln 2}{\left(1-\frac{1}{3}\right)^2}=\dfrac{3\ln 2}{4}$，于是

$$\lim_{n\to\infty}\left[2^{\frac{1}{3}}\cdot 4^{\frac{1}{9}}\cdot 8^{\frac{1}{27}}\cdot\cdots\cdot\left(2^n\right)^{\frac{1}{3^n}}\right]=\mathrm{e}^{\frac{3\ln 2}{4}}=2^{\frac{3}{4}}.$$

7．求下列各幂级数的收敛域：

（1）$\sum\limits_{n=1}^{\infty}\dfrac{3^n+5^n}{n}x^n$；（2）$\sum\limits_{n=1}^{\infty}\left(1+\dfrac{1}{n}\right)^{n^2}x^n$；（3）$\sum\limits_{n=1}^{\infty}n(x+1)^n$．

解（1）因为 $\rho=\lim\limits_{n\to\infty}\left|\dfrac{a_{n+1}}{a_n}\right|=\lim\limits_{n\to\infty}\left|\dfrac{\frac{3^{n+1}+5^{n+1}}{n+1}}{\frac{3^n+5^n}{n}}\right|=5$，所以收敛半径 $R=\dfrac{1}{\rho}=\dfrac{1}{5}$．当 $x=-\dfrac{1}{5}$ 时，级数 $\sum\limits_{n=1}^{\infty}\dfrac{(-1)^n}{n}\left[\left(\dfrac{3}{5}\right)^n+1\right]$ 是收敛的交错级数；当 $x=\dfrac{1}{5}$ 时，级数 $\sum\limits_{n=1}^{\infty}\dfrac{1}{n}\left[\left(\dfrac{3}{5}\right)^n+1\right]$ 发散．因此原级数的收敛域为 $\left[-\dfrac{1}{5},\dfrac{1}{5}\right)$．

（2）因为 $\lim\limits_{n\to\infty}\sqrt[n]{|u_n(x)|}=\lim\limits_{n\to\infty}\sqrt[n]{\left|\left(1+\dfrac{1}{n}\right)^{n^2}x^n\right|}=\lim|x|\left(1+\dfrac{1}{n}\right)^n=\mathrm{e}|x|$，由根值判别法可知，当 $\mathrm{e}|x|<1$，即 $|x|<\dfrac{1}{\mathrm{e}}$ 时级数收敛，所以收敛半径 $R=\dfrac{1}{\mathrm{e}}$．当 $x=-\dfrac{1}{\mathrm{e}}$ 时，级数为 $\sum\limits_{n=1}^{\infty}(-1)^n\left(1+\dfrac{1}{n}\right)^{n^2}\dfrac{1}{\mathrm{e}^n}$；当 $x=\dfrac{1}{\mathrm{e}}$ 时，级数为 $\sum\limits_{n=1}^{\infty}\left(1+\dfrac{1}{n}\right)^{n^2}\dfrac{1}{\mathrm{e}^n}$，因为 $\lim\limits_{n\to\infty}\left(1+\dfrac{1}{n}\right)^{n^2}\dfrac{1}{\mathrm{e}^n}=\mathrm{e}^{\lim\limits_{n\to\infty}\ln\left[\left(1+\frac{1}{n}\right)^{n^2}\frac{1}{\mathrm{e}^n}\right]}=\mathrm{e}^{\lim\limits_{n\to\infty}n^2\ln\left(1+\frac{1}{n}\right)-n}$，又令 $t=\dfrac{1}{x}$，则

$$\lim_{x\to+\infty}\left[x^2\ln\left(1+\frac{1}{x}\right)-x\right]=\lim_{t\to+0}\frac{\ln(1+t)-t}{t^2}=\lim_{t\to+0}\frac{\frac{1}{1+t}-1}{2t}=-\frac{1}{2},$$

于是 $\lim\limits_{n\to\infty}\left(1+\dfrac{1}{n}\right)^{n^2}\dfrac{1}{\mathrm{e}^n}=\mathrm{e}^{-\frac{1}{2}}\neq 0$，所以当 $x=\pm\dfrac{1}{\mathrm{e}}$ 时，级数均发散．因此原级数的收敛域为 $\left(-\dfrac{1}{\mathrm{e}},\dfrac{1}{\mathrm{e}}\right)$．

（3）令 $x+1=t$，则原级数化为 $\sum\limits_{n=1}^{\infty}nt^n$，因为 $\rho=\lim\limits_{n\to\infty}\left|\dfrac{a_{n+1}}{a_n}\right|=\lim\limits_{n\to\infty}\dfrac{n+1}{n}=1$，所以收敛半径

$R=\dfrac{1}{\rho}=1$．当 $t=-1$ 时，级数 $\sum\limits_{n=1}^{\infty}(-1)^n n$ 是发散的；当 $t=1$ 时,级数 $\sum\limits_{n=1}^{\infty}n$ 是发散的．因此级数 $\sum\limits_{n=1}^{\infty}nt^n$ 的收敛域为 $(-1,1)$，即 $-1<x+1<1$，解得 $-2<x<0$，所以原级数的收敛域为 $(-2,0)$．

8．求下列各幂级数的和函数：

（1）$\sum\limits_{n=1}^{\infty}\dfrac{(2n-1)x^{2(n-1)}}{2^n}$；（2）$\sum\limits_{n=1}^{\infty}\dfrac{(-1)^{n-1}x^{2n-1}}{2n-1}$；（3）$\sum\limits_{n=1}^{\infty}n(x-1)^n$．

解 （1）先求收敛域．$\rho(x)=\lim\limits_{n\to\infty}\left|\dfrac{u_{n+1}(x)}{u_n(x)}\right|=\lim\limits_{n\to\infty}\left|\dfrac{\dfrac{2n+1}{2^{n+1}}x^{2n}}{\dfrac{(2n-1)x^{2(n-1)}}{2^n}}\right|=\dfrac{x^2}{2}$，由比值判别法可知，当 $\dfrac{x^2}{2}<1$，即 $|x|<\sqrt{2}$ 时，级数收敛，所以收敛半径 $R=\sqrt{2}$．当 $x=\pm\sqrt{2}$ 时，级数 $\sum\limits_{n=1}^{\infty}\left(n-\dfrac{1}{2}\right)$ 是发散的，所以原级数的收敛域为 $(-\sqrt{2},\sqrt{2})$．

设和函数为 $s(x)$，则 $s(x)=\sum\limits_{n=1}^{\infty}\dfrac{(2n-1)x^{2(n-1)}}{2^n}\quad(-\sqrt{2}<x<\sqrt{2})$，于是

$$\int_0^x s(t)\mathrm{d}t=\int_0^x\sum_{n=1}^{\infty}\frac{(2n-1)t^{2(n-1)}}{2^n}\mathrm{d}t=\sum_{n=1}^{\infty}\frac{x^{2n-1}}{2^n}=\frac{x}{2}\sum_{n=1}^{\infty}\left(\frac{x^2}{2}\right)^{n-1}=\frac{x}{2-x^2}\quad(-\sqrt{2}<x<\sqrt{2}),$$

再求导得 $s(x)=\left(\dfrac{x}{2-x^2}\right)'=\dfrac{2+x^2}{(2-x^2)^2}$，$-\sqrt{2}<x<\sqrt{2}$．

（2）由于 $\lim\limits_{n\to\infty}\left|\dfrac{u_{n+1}(x)}{u_n(x)}\right|=\lim\limits_{n\to\infty}\left|\dfrac{\dfrac{x^{2n+1}}{2n+1}}{\dfrac{x^{2n-1}}{2n-1}}\right|=x^2$，于是收敛半径 $R=1$．在端点 $x=-1$ 处，级数 $\sum\limits_{n=1}^{\infty}\dfrac{(-1)^n}{2n-1}$ 是收敛的交错级数；在 $x=1$ 处，级数 $\sum\limits_{n=1}^{\infty}\dfrac{(-1)^{n-1}}{2n-1}$ 也收敛，所以级数 $\sum\limits_{n=1}^{\infty}\dfrac{(-1)^{n-1}x^{2n-1}}{2n-1}$ 的收敛域为 $[-1,1]$．

设和函数为 $s(x)$，则 $s(x)=\sum\limits_{n=1}^{\infty}(-1)^{n-1}\dfrac{x^{2n-1}}{2n-1}$，$-1\leqslant x\leqslant 1$，于是

$$s'(x)=\sum_{n=1}^{\infty}(-1)^{n-1}\left(\frac{x^{2n-1}}{2n-1}\right)'=\sum_{n=1}^{\infty}(-1)^{n-1}x^{2(n-1)}=\sum_{n=0}^{\infty}(-x^2)^n=\frac{1}{1+x^2},\quad -1<x<1,$$

故
$$s(x)=\int_0^x\frac{1}{1+t^2}\mathrm{d}t=\arctan x,\quad -1\leqslant x\leqslant 1.$$

（3）令 $t=x-1$，则原幂级数成为 $\sum_{n=1}^{\infty}nt^n$．设 $\sigma(t)=\sum_{n=1}^{\infty}nt^{n-1}\ (-1<t<1)$，则 $\sum_{n=1}^{\infty}nt^n=t\sum_{n=1}^{\infty}nt^{n-1}=t\sigma(t)$，

$$\int_0^x\sigma(t)\mathrm{d}t=\int_0^x\sum_{n=1}^{\infty}nt^{n-1}\mathrm{d}t=\sum_{n=1}^{\infty}x^n=\frac{x}{1-x},$$

故 $\sigma(t)=\left(\frac{t}{1-t}\right)'=\frac{1}{(1-t)^2}$，从而 $\sum_{n=1}^{\infty}nt^n=t\sigma(t)=\frac{t}{(1-t)^2}\ (-1<t<1)$，将 $t=x-1$ 代入上式得

$$\sum_{n=1}^{\infty}n(x-1)^n=\frac{x-1}{(2-x)^2},\quad 0<x<2.$$

9．求下列各数项级数的和：（1）$\sum_{n=1}^{\infty}\frac{n^2}{n!}$；（2）$\sum_{n=0}^{\infty}(-1)^n\frac{n+1}{(2n+1)!}$．

解 （1）由 $\sum_{n=1}^{\infty}\frac{n^2}{n!}=\sum_{n=1}^{\infty}\frac{n}{(n-1)!}=\sum_{n=0}^{\infty}\frac{n+1}{n!}=\sum_{n=0}^{\infty}\frac{1}{n!}+\sum_{n=1}^{\infty}\frac{1}{(n-1)!}=2\sum_{n=0}^{\infty}\frac{1}{n!}$，而 $\mathrm{e}^x=\sum_{n=0}^{\infty}\frac{x^n}{n!}$，于是 $\mathrm{e}=\sum_{n=0}^{\infty}\frac{1}{n!}$，所以 $\sum_{n=1}^{\infty}\frac{n^2}{n!}=2\mathrm{e}$．

（2）因为级数

$$\sum_{n=0}^{\infty}(-1)^n\frac{n+1}{(2n+1)!}=\frac{1}{2}\sum_{n=0}^{\infty}(-1)^n\frac{(2n+1)+1}{(2n+1)!}=\frac{1}{2}\left[\sum_{n=0}^{\infty}(-1)^n\frac{2n+1}{(2n+1)!}+\sum_{n=0}^{\infty}(-1)^n\frac{1}{(2n+1)!}\right]$$

$$=\frac{1}{2}\left[\sum_{n=0}^{\infty}\frac{(-1)^n}{(2n)!}+\sum_{n=0}^{\infty}\frac{(-1)^n}{(2n+1)!}\right],$$

而 $\sin x=\sum_{n=0}^{\infty}(-1)^n\frac{x^{2n+1}}{(2n+1)!}$，$\cos x=\sum_{n=0}^{\infty}(-1)^n\frac{x^{2n}}{(2n)!}$，所以令 $x=1$ 得 $\sin1=\sum_{n=0}^{\infty}\frac{(-1)^n}{(2n+1)!}$，$\cos1=\sum_{n=0}^{\infty}\frac{(-1)^n}{(2n)!}$，从而 $\sum_{n=0}^{\infty}(-1)^n\frac{n+1}{(2n+1)!}=\frac{\sin1+\cos1}{2}$．

10．将下列各函数展开成 x 的幂级数：（1）$f(x)=\ln\left(x+\sqrt{x^2+1}\right)$；（2）$f(x)=\frac{1}{(2-x)^2}$．

解 （1）由于 $f(x)=\ln\left(x+\sqrt{x^2+1}\right)$，所以 $f'(x)=\left[\ln\left(x+\sqrt{x^2+1}\right)\right]'=\frac{1}{\sqrt{x^2+1}}=\left(x^2+1\right)^{-\frac{1}{2}}$．

又 $(1+x)^{-\frac{1}{2}}=1+\sum_{n=1}^{\infty}(-1)^n\frac{(2n-1)!!}{(2n)!}x^n\ (-1\leqslant x\leqslant1)$，故

$$f'(x)=\left(x^2+1\right)^{-\frac{1}{2}}=1+\sum_{n=1}^{\infty}(-1)^n\frac{(2n-1)!!}{(2n)!!}x^{2n},$$

所以

$$f(x)=f(x)-f(0)=\ln\left(x+\sqrt{x^2+1}\right)=\int_0^x\left[1+\sum_{n=1}^{\infty}(-1)^n\frac{(2n-1)!!}{(2n)!!}t^{2n}\right]\mathrm{d}t$$

$$=x+\sum_{n=1}^{\infty}(-1)^n\frac{(2n-1)!!}{(2n)!!(2n+1)}x^{2n+1}\ (-1\leqslant x\leqslant 1).$$

（2） $f(x)=\dfrac{1}{(2-x)^2}=\left(\dfrac{1}{2-x}\right)'=\dfrac{1}{2}\left(\dfrac{1}{1-\dfrac{x}{2}}\right)'=\dfrac{1}{2}\left[\sum\limits_{n=0}^{\infty}\dfrac{x^n}{2^n}\right]'=\sum\limits_{n=1}^{\infty}\dfrac{nx^{n-1}}{2^{n+1}}\ (-2<x<2).$

11．将函数 $f(x)=\begin{cases}1, & 0\leqslant x\leqslant h,\\ 0, & h<x\leqslant\pi\end{cases}$ 分别展开成正弦级数和余弦级数.

解 首先将函数 $f(x)$ 进行奇延拓，则 $a_n=0\ (n=0,1,2,\cdots)$，

$$b_n=\frac{2}{\pi}\int_0^{\pi}f(x)\sin nx\mathrm{d}x=\frac{2}{\pi}\int_0^{h}\sin nx\mathrm{d}x=\frac{2}{n\pi}\left[-\cos nx\right]_0^h=\frac{2}{n\pi}(1-\cos nh)\ (n=1,2,\cdots),$$

在 $f(x)$ 的不连续点 $x=0,x=h$ 处，$f(x)$ 的傅里叶级数分别收敛于0和 $\dfrac{1}{2}$；在 $f(x)$ 的连续点处，$f(x)$ 的傅里叶级数收敛于 $f(x)$，所以 $f(x)$ 的正弦级数展开式为

$$f(x)=\frac{2}{\pi}\sum_{n=1}^{\infty}\frac{1-\cos nh}{n}\sin nx\ (0<x\leqslant\pi,x\neq h).$$

再将函数 $f(x)$ 进行偶延拓，则 $a_0=\dfrac{2}{\pi}\int_0^{\pi}f(x)\mathrm{d}x=\dfrac{2}{\pi}\int_0^{h}1\mathrm{d}x=\dfrac{2h}{\pi}$，

$$a_n=\frac{2}{\pi}\int_0^{\pi}f(x)\cos nx\mathrm{d}x=\frac{2}{\pi}\int_0^{h}\cos nx\mathrm{d}x=\frac{2\sin nh}{n\pi}\ (n=1,2,\cdots),\ b_n=0\ (n=1,2,\cdots).$$

在 $f(x)$ 的不连续点 $x=h$ 处，$f(x)$ 的傅里叶级数收敛于 $\dfrac{1}{2}$；在 $f(x)$ 的连续点处，$f(x)$ 的傅里叶级数收敛于 $f(x)$，所以 $f(x)$ 的余弦级数展开式为

$$f(x)=\frac{h}{\pi}+\frac{2}{\pi}\sum_{n=1}^{\infty}\frac{\sin nh}{n}\cos nx\ (0\leqslant x\leqslant\pi，x\neq h).$$

第十一章总复习

一、本章重点

1．数项级数的基本概念与性质

数项级数作为无穷级数的理论基础，它的形式就是无穷多项求和，而无穷多项求和是永远加不完的. 因此在引入了级数的部分和数列 $\{s_n\}$ 之后，无穷多项求和的问题就转化成了部分和数列的极限问题，也就是讨论部分和数列的极限是否存在，这是判定级数敛散性的最基本方法. 在很多情况下，经常用几何级数的求和公式，或对通项拆项后能正负项抵

消以及对和 s_n 乘以某常数后相加减等方法求和 s_n .注意，只有级数收敛时，它的和才有意义，其部分和 s_n 才可以作为级数和 s 的近似值.

无穷级数的性质是判定级数敛散性的有力工具. 关于级数收敛的必要条件，要明确这个条件不是充分的. 也就是说，一方面，当 $\lim\limits_{n\to\infty}u_n=0$ 时，级数 $\sum\limits_{n=1}^{\infty}u_n$ 未必收敛，例如调和级数 $\sum\limits_{n=1}^{\infty}\frac{1}{n}$ 是发散的；另一方面，当 $\lim\limits_{n\to\infty}u_n\neq 0$ 时，级数 $\sum\limits_{n=1}^{\infty}u_n$ 一定发散，这是判定级数发散的一个很好的方法.

2．正项级数及其收敛性

正项级数是数项级数中非常重要的一类级数，在级数收敛性的判定方法中，占有非常重要的地位. 判定其敛散性的方法有：比较判别法、比值判别法和根值判别法. 比较判别法需要借助于一个已知其敛散性的级数为标准去判定另一个级数的敛散性，而比较判别法的极限形式在应用时通常更方便. 比值判别法和根值判别法都是根据级数本身的性质来判别敛散性的方法. 当级数的通项为 n 的阶乘或 n 的方幂时，通常用比值法或根值法判定.

3．任意项级数及其收敛性

对任意项级数敛散性的判定，通常是先判定它是否绝对收敛，若是，即可得原级数收敛；若否，则进一步判定它是否条件收敛. 而讨论交错级数的条件收敛性的方法，一般使用莱布尼茨定理. 在这里，收敛的正项级数是绝对收敛的，绝对收敛级数的性质，对条件收敛的级数不一定成立.

4．幂级数

（1）幂级数的收敛半径和收敛域

要求幂级数的收敛半径和收敛域，首先要判别级数是否是幂级数 $\sum\limits_{n=0}^{\infty}a_nx^n$ 的形式，若是，可直接按公式求其收敛半径，否则要对所给级数进行变换或用其他方法（如比值判别法）去求. 在求出级数的收敛半径 R 后，再将 $x=\pm R$ 代入幂级数，对所得的数项级数讨论它的敛散性，最后得出幂级数的收敛域.

（2）幂级数的和函数

要求一个幂级数的和函数，主要是利用幂级数的逐项求导与逐项积分的性质. 一般地，先求幂级数的收敛半径和收敛域，得到和函数的定义域；其次，对所给幂级数进行观察，用逐项求导与逐项积分的性质以及其他方法，去掉 x 幂次前的某些系数，使级数成为能用公式求其和函数的形式，一般用的较多的是等比级数的和函数公式.

5．函数展开成幂级数

泰勒级数是一类特殊形式的幂级数，即只要给定的函数 $f(x)$ 在点 x_0 处具有任意阶导数，就总是可以做出 $f(x)$ 的泰勒级数. 进一步地，$f(x)$ 的泰勒级数除了在 $x=x_0$ 点收敛之外，是否还有其他收敛点，或者收敛时是否收敛于 $f(x)$，都要看当 $n\to\infty$ 时，泰勒公式中的余项 $R_n(x)$ 是否趋于零. 若余项趋于零，说明 $f(x)$ 能够展开成泰勒级数(或麦克劳林级数，此时 $x_0=0$)，这种方法称为直接展开法. 利用已知的一些函数的幂级数展开式进行幂级数的加、减、乘、逐项求导及逐项积分等运算得到所求函数的幂级数的展开式的方法称为间接展开法. 一般地，间接展开法比直接展开法简单得多.

6. 傅里叶级数

傅里叶级数是函数项级数中另一类重要的级数，它建立在三角函数系正交性的基础之上. 一个以2π为周期的函数$f(x)$，如果它在一个周期上可积，那么一定可以做出它的傅里叶级数. 然而，函数$f(x)$的傅里叶级数是否一定收敛？若收敛，又是否一定收敛于$f(x)$？狄利克雷定理给出了这些问题的答案.

二、本章难点

1. 正项级数敛散性的判定. 正项级数敛散性的判定方法较多，要注意比值判别法仅仅是充分性的判定准则，即若存在极限$\lim\limits_{n\to\infty}\dfrac{u_{n+1}}{u_n}=\rho<1$，则级数$\sum\limits_{n=1}^{\infty}u_n$收敛，但正项级数收敛，未必有$\lim\limits_{n\to\infty}\dfrac{u_{n+1}}{u_n}=\rho<1$，有时也可能有$\lim\limits_{n\to\infty}\dfrac{u_{n+1}}{u_n}=\rho=1$或$\lim\limits_{n\to\infty}\dfrac{u_{n+1}}{u_n}$不存在. 因此，当比值判别法失效时，应考虑用比较判别法或级数收敛的定义去判定.

2. 在将已知函数$f(x)$展开成傅里叶级数时，首先应判定$f(x)$是否为一个周期函数，若是，才能应用狄利克雷定理，若是有限区间上的非周期函数，则应先把函数进行延拓，进而展为傅里叶级数.

三、综合练习题

基 础 型

1. 判别下列各级数的收敛性：

(1) $\sum\limits_{n=1}^{\infty}\left(n\sin\dfrac{2}{n}-\cos\dfrac{n^2-3n+1}{n^3}\right)$；(2) $\sum\limits_{n=2}^{\infty}\dfrac{\int_{\mathrm{e}}^{n+2}\frac{\mathrm{d}x}{x\ln x}}{n^p}$ ($p>1, p$为常数)；

(3) $\sum\limits_{n=1}^{\infty}\dfrac{n^{n+1}}{(n+1)^{n+2}}$；(4) $\sum\limits_{n=1}^{\infty}\sin(\pi\sqrt{n^2+1})$；(5) $\sum\limits_{n=1}^{\infty}\dfrac{(-2)^n}{\left[2^n+(-1)^n\right]n}$.

2. 求极限$\lim\limits_{n\to\infty}\dfrac{1}{4^n}\left(1+\dfrac{1}{n}\right)^{n^2}$.

3. 设$\sum\limits_{n=1}^{\infty}a_n(x-1)^n$在$x=-1$处收敛，讨论$\sum\limits_{n=1}^{\infty}na_n(x-1)^{n-1}$在$x=2$处的敛散性.

4. 求幂级数$\sum\limits_{n=1}^{\infty}\left(\dfrac{1}{2^n}-\sin\dfrac{1}{2^n}\right)x^n$的收敛半径.

5. 求 $\sum\limits_{n=1}^{\infty}\dfrac{1}{x^n}\sin\dfrac{\pi}{2^n}$的收敛域.

6. 求 $\lim\limits_{n\to\infty}\left[\dfrac{1}{2}+\dfrac{3}{2^2}+\dfrac{5}{2^3}+\cdots+\dfrac{(2n-1)}{2^n}\right]$.

7．求级数$\sum_{n=1}^{\infty}(-1)^{n-1}\frac{1}{n(2n+1)\cdot 3^n}$的和.

提 高 型

1．设$f(x)$在$x=0$的某邻域内有二阶连续的导数，且$\lim_{x\to 0}\frac{f(x)}{x}=0$，证明级数$\sum_{n=1}^{\infty}f\left(\frac{1}{n}\right)$绝对收敛.

2．设偶函数$f(x)$的二阶导数$f''(x)$在$x=0$的某个邻域内连续，且$f(0)=1$，$f''(0)=2$，证明级数$\sum_{n=1}^{\infty}\left[f\left(\frac{1}{n}\right)-1\right]$收敛.

3．将函数$f(x)=\begin{cases}\dfrac{1+x^2}{x}\arctan x, & x\neq 0,\\ 1, & x=0\end{cases}$在$x_0=0$展开为麦克劳林级数，并求$\sum_{n=1}^{\infty}\frac{(-1)^n}{1-4n^2}$的和.

4．设$f(x)=x^3\mathrm{e}^{-x^2}$，求$f^{(n)}(0)\quad(n=2,3,\cdots)$.

5．将$f(x)=x(1<x<3)$展开成傅里叶级数，并证明$\sum_{n=1}^{\infty}\frac{(-1)^{n-1}}{2n-1}=\frac{\pi}{4}$.

6．证明：当$|x|\leqslant\pi$时，$\frac{\pi^2}{3}+\sum_{n=1}^{\infty}\frac{4}{n^2}\cos nx=\left(\pi-|x|\right)^2$.

四、综合练习题参考答案

基 础 型

1．**解** （1）因为$\lim_{n\to\infty}u_n=2-1=1\neq 0$，所以原级数发散.

（2）因为$u_n=\frac{\left[\ln\ln x\right]_{\mathrm{e}}^{n+2}}{n^p}=\frac{\ln\ln(n+2)}{n^p}$，对于$p>1$，可以取到$1<q<p$，使得$\lim_{n\to\infty}\frac{u_n}{\frac{1}{n^q}}=\lim_{n\to\infty}\frac{\ln\ln(n+2)}{n^{p-q}}=0$，而$\sum_{n=1}^{\infty}\frac{1}{n^q}$收敛，所以原级数收敛.

（3）因为当$n\to\infty$时，$u_n=\frac{n}{n+1}\cdot\frac{1}{n+1}\cdot\frac{1}{\left(1+\frac{1}{n}\right)^n}\sim\frac{1}{(1+n)\mathrm{e}}$，所以原级数发散.

（4）$u_n=\sin(\pi\sqrt{n^2+1})=\sin(\pi\sqrt{n^2+1}-n\pi+n\pi)=(-1)^n\sin\left[\pi\left(\sqrt{n^2+1}-n\right)\right]=(-1)^n\sin\frac{\pi}{\sqrt{n^2+1}+n}$.

令$a_n=\sin\frac{\pi}{\sqrt{n^2+1}+n}$，因为$0<a_{n+1}<a_n$，且$\lim_{n\to\infty}a_n=0$，所以由莱布尼茨判别法可知原级数收敛.

又因为$\lim_{n\to\infty}\frac{|u_n|}{\frac{1}{n}}=\lim_{n\to\infty}\sin\frac{\pi}{\sqrt{n^2+1}+n}\bigg/\frac{1}{n}=\lim_{n\to\infty}\frac{\pi}{\sqrt{n^2+1}+n}\bigg/\frac{1}{n}=\frac{\pi}{2}$，而$\sum_{n=1}^{\infty}\frac{1}{n}$发散，所以$\sum_{n=1}^{\infty}|u_n|$发散，因此原级数条件收敛.

（5）此级数是交错级数，但$u_n=\dfrac{2^n}{\left[2^n+(-1)^n\right]n}$不是单调递减的数列，故不能用莱布尼茨判别法判断. 先考虑是否绝对收敛.

由于$u_n=\dfrac{2^n}{\left[2^n+(-1)^n\right]n}=\dfrac{1}{\left[1+\left(-\dfrac{1}{2}\right)^n\right]n}>\dfrac{1}{2n}$，而$\sum\limits_{n=1}^{\infty}\dfrac{1}{2n}$发散，所以该级数非绝对收敛.

将原级数通项拆为两项$\dfrac{(-2)^n}{\left[2^n+(-1)^n\right]n}=\dfrac{(-1)^n}{n}-\dfrac{1}{\left[2^n+(-1)^n\right]n}$，其中$\sum\limits_{n=1}^{\infty}\dfrac{(-1)^n}{n}$收敛，而$\dfrac{1}{\left[2^n+(-1)^n\right]n}<\dfrac{1}{2^n-1}$，$\lim\limits_{n\to\infty}\dfrac{\frac{1}{2^{n+1}-1}}{\frac{1}{2^n-1}}=\dfrac{1}{2}<1$，所以$\sum\limits_{n=1}^{\infty}\dfrac{1}{\left[2^n+(-1)^n\right]n}$也收敛，因此级数$\sum\limits_{n=1}^{\infty}\dfrac{(-2)^n}{\left[2^n+(-1)^n\right]n}$条件收敛.

2．**解**　级数$\sum\limits_{n=1}^{\infty}\dfrac{1}{4^n}\left(1+\dfrac{1}{n}\right)^{n^2}$为正项级数，设$u_n=\dfrac{1}{4^n}\left(1+\dfrac{1}{n}\right)^{n^2}$，因为

$$\lim_{n\to\infty}\sqrt[n]{u_n}=\lim_{n\to\infty}\sqrt[n]{\frac{1}{4^n}\left(1+\frac{1}{n}\right)^{n^2}}=\frac{1}{4}\lim_{n\to\infty}\left(1+\frac{1}{n}\right)^n=\frac{\mathrm{e}}{4}<1,$$

所以由比值判别法可知级数$\sum\limits_{n=1}^{\infty}\dfrac{1}{4^n}\left(1+\dfrac{1}{n}\right)^{n^2}$收敛，因此$\lim\limits_{n\to\infty}\dfrac{1}{4^n}\left(1+\dfrac{1}{n}\right)^{n^2}=0$.

3．**解**　由阿贝尔定理，$\sum\limits_{n=1}^{\infty}a_n(x-1)^n$在$|x-1|<|-1-1|=2$，即在$(-1,3)$内绝对收敛，而$\sum\limits_{n=1}^{\infty}na_n(x-1)^{n-1}$的收敛半径不变，故它在$x=2\in(-1,3)$处绝对收敛.

4．**解**　因为$\dfrac{1}{2^n}>\sin\dfrac{1}{2^n}$故所给级数的系数均为正数. 利用洛必达法则得

$$\lim_{x\to 0}\frac{\frac{x}{2}-\sin\frac{x}{2}}{x-\sin x}=\lim_{x\to 0}\frac{\frac{1}{2}-\frac{1}{2}\cos\frac{x}{2}}{1-\cos x}=\frac{1}{2}\lim_{x\to 0}\frac{\frac{1}{2}\left(\frac{x}{2}\right)^2}{\frac{x^2}{2}}=\frac{1}{8},$$

所以$\lim\limits_{n\to\infty}\dfrac{\frac{1}{2^{n+1}}-\sin\frac{1}{2^{n+1}}}{\frac{1}{2^n}-\sin\frac{1}{2^n}}=\dfrac{1}{8}$，故所求的收敛半径为$R=8$.

5．**解**　令$y=\dfrac{1}{x}$，则原级数成为$\sum\limits_{n=1}^{\infty}y^n\sin\dfrac{\pi}{2^n}$. $R=\lim\limits_{n\to\infty}\dfrac{\sin\frac{\pi}{2^n}}{\sin\frac{\pi}{2^{n+1}}}=2$，即当$|y|=\left|\dfrac{1}{x}\right|<2$，亦即当$|x|>\dfrac{1}{2}$时级数收敛. 当$x=-\dfrac{1}{2}$时，因为$\lim\limits_{n\to\infty}u_n=\lim\limits_{n\to\infty}(-1)^n2^n\sin\dfrac{\pi}{2^n}$不存在，所以级数发散；当$x=\dfrac{1}{2}$时，因为$\lim\limits_{n\to\infty}u_n=\lim\limits_{n\to\infty}2^n\sin\dfrac{\pi}{2^n}=\pi\neq 0$，级数发散. 故原级数的收敛域为$|x|>\dfrac{1}{2}$.

6．**解**　原式$=\lim\limits_{n\to\infty}\left(\sum\limits_{k=1}^{n}\dfrac{2k-1}{2^k}\right)=\sum\limits_{n=1}^{\infty}\dfrac{2n-1}{2^n}$，令级数和$s=\sum\limits_{n=1}^{\infty}\dfrac{2n-1}{2^n}$.

设$f(x)=\sum\limits_{n=1}^{\infty}x^{2n-1}=\dfrac{x}{1-x^2}\left(|x|<1\right)$，则$f'(x)=\sum\limits_{n=1}^{\infty}(2n-1)x^{2n-2}=\sum\limits_{n=1}^{\infty}(2n-1)x^{2n}\cdot\dfrac{1}{x^2}$. 令$x=\dfrac{1}{\sqrt{2}}\in(-1,1)$，

则 $f'\left(\frac{1}{\sqrt{2}}\right)=\sum_{n=1}^{\infty}\frac{2n-1}{2^n}\cdot 2$，故 $s=\frac{1}{2}f'\left(\frac{1}{\sqrt{2}}\right)$.

又因为 $f'(x)=\frac{1+x^2}{\left(1-x^2\right)^2}$，所以 $f'\left(\frac{1}{\sqrt{2}}\right)=6$，故原极限 $=\frac{1}{2}\times 6=3$.

7．解　因为 $\sum_{n=1}^{\infty}(-1)^{n-1}\frac{1}{n(2n+1)\cdot 3^n}=\sum_{n=1}^{\infty}(-1)^{n-1}\frac{\sqrt{3}}{n(2n+1)}\cdot\left(\frac{1}{\sqrt{3}}\right)^{2n+1}$，而幂级数 $\sum_{n=1}^{\infty}(-1)^{n-1}\frac{1}{n(2n+1)}x^{2n+1}$ 在 $(-1,1)$ 内收敛，记其和函数为 $s(x)$，又 $s(0)=0$，且

$$s'(x)=\sum_{n=1}^{\infty}(-1)^{n-1}\frac{1}{n}x^{2n}=\sum_{n=1}^{\infty}(-1)^{n-1}\frac{1}{n}\left(x^2\right)^n=\ln\left(1+x^2\right),$$

所以 $s(x)=s(0)+\int_0^x\ln\left(1+t^2\right)\mathrm{d}t=\left[t\ln\left(1+t^2\right)\right]_0^x-\int_0^x\frac{2t^2}{1+t^2}\mathrm{d}t=x\ln\left(1+x^2\right)-2x+2\arctan x.$

取 $x=\frac{1}{\sqrt{3}}\in(-1,1)$，则 $\sum_{n=1}^{\infty}(-1)^{n-1}\frac{1}{n(2n+1)3^n}=\sqrt{3}s\left(\frac{1}{\sqrt{3}}\right)=2\ln 2-\ln 3-2+\frac{\sqrt{3}}{3}\pi$.

提　高　型

1．证明　因为 $f(x)$ 在 $x=0$ 的某邻域内有二阶连续的导数，且 $\lim\limits_{x\to 0}\frac{f(x)}{x}=0$，所以 $f(0)=f'(0)=0$. 对任意的 $x\in[-\delta,\delta]$　$(\delta>0)$，由麦克劳林公式得

$$f(x)=f(0)+f'(0)x+\frac{f''(\xi)}{2!}x^2=\frac{f''(\xi)}{2}x^2\quad(\xi\text{ 在 }0\text{ 与 }x\text{ 之间}).$$

因为 $f''(x)$ 在 $[-\delta,\delta]$ 上连续，所以存在 $M>0$，使得 $|f''(x)|\leqslant 2M$，$x\in[-\delta,\delta](\delta>0)$，于是当 n 充分大时，$\frac{1}{n}\in[-\delta,\delta]$，从而 $\left|f\left(\frac{1}{n}\right)\right|\leqslant\frac{1}{2}\cdot 2M\cdot\frac{1}{n^2}=\frac{M}{n^2}$，而 $\sum_{n=1}^{\infty}\frac{M}{n^2}$ 收敛，所以 $\sum_{n=1}^{\infty}f\left(\frac{1}{n}\right)$ 绝对收敛.

2．证明　因为 $f(x)=f(-x)$，所以 $f'(0)=\lim\limits_{x\to 0}\frac{f(x)-f(0)}{x}=\lim\limits_{x\to 0}\frac{f(-x)-f(0)}{x}=-f'(0)$，故 $f'(0)=0$. 由麦克劳林公式得

$$f\left(\frac{1}{n}\right)-1=\frac{1}{2}f''(0)\frac{1}{n^2}+o\left(\frac{1}{n^2}\right)=\frac{1}{n^2}+o\left(\frac{1}{n^2}\right)\sim\frac{1}{n^2}\quad(n\to\infty),$$

而级数 $\sum_{n=1}^{\infty}\frac{1}{n^2}$ 收敛，所以由比较法可知 $\sum_{n=1}^{\infty}\left[f\left(\frac{1}{n}\right)-1\right]$ 收敛.

3．解　因为 $\arctan x=\int_0^x\frac{\mathrm{d}t}{1+t^2}=\int_0^x\sum_{n=0}^{\infty}(-1)^n t^{2n}\mathrm{d}t=\sum_{n=0}^{\infty}\frac{(-1)^n}{2n+1}x^{2n+1}$，$x\in[-1,1]$，所以当 $x\neq 0$ 时，

$$\begin{aligned}f(x)&=\frac{1+x^2}{x}\arctan x=\frac{1+x^2}{x}\sum_{n=0}^{\infty}\frac{(-1)^n}{2n+1}x^{2n+1}\\&=\sum_{n=0}^{\infty}\frac{(-1)^n}{2n+1}x^{2n}+\sum_{n=0}^{\infty}\frac{(-1)^n}{2n+1}x^{2n+2}=1+\sum_{n=1}^{\infty}\frac{(-1)^n}{2n+1}x^{2n}+\sum_{n=1}^{\infty}\frac{(-1)^{n-1}}{2(n-1)+1}x^{2n}\\&=1+\sum_{n=1}^{\infty}\left[\frac{(-1)^n}{2n+1}+\frac{(-1)^{n-1}}{2n-1}\right]x^{2n}=1+\sum_{n=1}^{\infty}\frac{2(-1)^n}{1-4n^2}x^{2n}=1+2\sum_{n=1}^{\infty}\frac{(-1)^n}{1-4n^2}x^{2n}.\end{aligned}$$

当 $x=0$ 时，上述级数收敛于 1，所以 $f(x)=1+2\sum_{n=1}^{\infty}\frac{(-1)^n}{1-4n^2}x^{2n}$，　$x\in[-1,1]$.

当 $x=1$ 时，$\sum\limits_{n=1}^{\infty}\frac{(-1)^n}{1-4n^2}=\frac{1}{2}[f(1)-1]=\frac{1}{2}(2\arctan 1-1)=\frac{1}{2}\left(\frac{\pi}{2}-1\right)$.

4．**解** 因为 $f(x)=x^3\sum\limits_{n=0}^{\infty}\frac{1}{n!}(-x^2)^n=\sum\limits_{n=1}^{\infty}(-1)^{n-1}\frac{1}{(n-1)!}x^{2n+1}$，$x\in(-\infty,+\infty)$，所以

$$f^{(2n)}(0)=0,\quad f^{(2n+1)}(0)=(2n+1)!\frac{(-1)^{n-1}}{(n-1)!},\quad n=1,2,\cdots.$$

5．**解** 将 $f(x)$ 延拓成以 2 为周期的函数，当 $-1<x<1$ 时，$f(x)=f(x+2)=x+2$，于是

$$a_n=\int_{-1}^{1}(x+2)\cos\frac{n\pi x}{1}\mathrm{d}x=\begin{cases}0, & n\geqslant 1,\\ 4, & n=0,\end{cases}\quad b_n=\int_{-1}^{1}(x+2)\sin\frac{n\pi x}{1}\mathrm{d}x=\frac{2(-1)^{n-1}}{n\pi},\quad n=1,2,\cdots,$$

所以 $x+2=2+\frac{2}{\pi}\sum\limits_{n=1}^{\infty}\frac{(-1)^{n-1}}{n}\sin n\pi x(-1<x<1)$. 令 $x=\frac{1}{2}$ 得 $\sum\limits_{n=1}^{\infty}\frac{(-1)^{n-1}}{2n-1}=\frac{\pi}{4}$.

6．**证明** 将 $f(x)=(\pi-|x|)^2\ (|x|\leqslant\pi)$ 展为余弦级数即可.

因为 $f(x)$ 为偶函数，所以

$$b_n=0,n=1,2,\cdots,$$

$$a_n=\frac{2}{\pi}\int_0^{\pi}(\pi-x)^2\cos nx\,\mathrm{d}x=\frac{4}{n^2},\quad n=1,2,\cdots,\quad a_0=\frac{2}{\pi}\int_0^{\pi}(\pi-x)^2\mathrm{d}x=\frac{2}{3}\pi^2,$$

而 $\frac{1}{2}[f(-\pi+0)+f(\pi-0)]=0=f(-\pi)=f(\pi)$，所以 $(\pi-|x|)^2=\frac{\pi^2}{3}+\sum\limits_{n=1}^{\infty}\frac{4}{n^2}\cos nx,\quad |x|\leqslant\pi$.

第十二章　微 分 方 程

第一节　微分方程的基本概念

一、基本要求

1. 了解微分方程、解、通解等概念.
2. 了解微分方程的特解及初始条件等初值问题.

二、答疑解惑

1．微分方程的解有哪些形式？

答　主要有以下三种形式：

（1）显式解——由形如 $y=f(x)$ 或 $x=g(y)$ 的形式给出两个变量 x,y 之间的函数关系；

（2）隐式解——由方程 $\varphi(x,y)=0$ 确定的函数关系；

（3）参数方程式解——由参数方程 $x=x(t), y=y(t)$ 确定的函数关系.

2．所有的微分方程都有通解吗？

答　所谓微分方程的通解，是指含有任意常数且互相独立的任意常数的个数与方程的阶数相等的解，不是所有的微分方程都有通解. 请看下面的两个例子.

（1）$|y'|^2+1=0$；（2）$(y')^2+y^2=0$.

显然，方程（1）无解，方程（2）只有一个解 $y=0$. 可见并非所有的微分方程都有通解.

3．微分方程的通解中包含了方程的全部解码？

答　不一定. 例如，微分方程 $(y')^2+y^2-1=0$ 的通解是 $y=\sin(x+C)$，但 $y=\pm1$ 也是方程的解，后者并不包含在方程的通解中，即无论通解中的任意常数 C 取何值，都不可能得到 $y=\pm1$ 这两个解.

三、经典例题解析

题型　有关微分方程的概念

例 1　验证 $y=C_1\mathrm{e}^x+C_2\mathrm{e}^{2x}+x$ 是微分方程 $y''-3y'+2y=2x-3$ 的解.

解　经计算得 $y'=C_1\mathrm{e}^x+2C_2\mathrm{e}^{2x}+1$，$y''=C_1\mathrm{e}^x+4C_2\mathrm{e}^{2x}$，将它们代入到微分方程中，等式成立，故所要验证的结论成立.

注　事实上，可以验证 $y_1=x$，$y_2=C_1\mathrm{e}^x+x$，$y_3=C_2\mathrm{e}^{2x}+x$ 也都是原方程的解. $y_1=x$ 是特解，其他解都含有任意常数，但只有 $y=C_1\mathrm{e}^x+C_2\mathrm{e}^{2x}+x$ 是原方程的通解.

例 2　求曲线族 $\mathrm{e}^y=Cx(1-y)$（C 为任意常数）所满足的微分方程.

解　在方程 $\mathrm{e}^y=Cx(1-y)$ 的两端对 x 求导数，得 $\mathrm{e}^y y'=C\left[(1-y)-xy'\right]$，从而 $C=\dfrac{\mathrm{e}^y y'}{1-y-xy'}$，再代回到原曲线族方程得 $\mathrm{e}^y=\dfrac{\mathrm{e}^y y'}{1-y-xy'}x(1-y)$，解得 $y'=\dfrac{1-y}{x(2-y)}$.

四、习题选解

1．试说出下列各微分方程的阶数：

（1）$x(y')^2-2yy'+x=0$；（2）$x^2y''-xy'+y=0$；（3）$xy'''+2y''+x^2y=0$；

（4）$(7x-6y)\mathrm{d}x+(x+y)\mathrm{d}y=0$；（5）$L\dfrac{\mathrm{d}^2Q}{\mathrm{d}t^2}+R\dfrac{\mathrm{d}Q}{\mathrm{d}t}+\dfrac{Q}{C}=0$；（6）$\dfrac{\mathrm{d}\rho}{\mathrm{d}\theta}+\rho=\sin^2\theta$.

解　由微分方程阶的定义可知，各方程的阶数分别为（1）一阶；（2）二阶；（3）三阶；（4）一阶；（5）二阶；（6）一阶.

2．指出下列各题中所给函数是否为所给微分方程的解：

（1）$y''=x^2+y^2$，$y=\dfrac{1}{x}$；（2）$y''+y=0$，$y=3\sin x-4\cos x$；

（3）$y''=1+y'^2$，$y=-\ln\cos(x+C_1)+C_2$（C_1 与 C_2 为任意常数）；

（4）$y''-(\lambda_1+\lambda_2)y'+\lambda_1\lambda_2y=0$，$y=C_1\mathrm{e}^{\lambda_1x}+C_2\mathrm{e}^{\lambda_2x}$（$\lambda_1,\lambda_2,C_1$ 与 C_2 为任意常数）.

解　（1）由 $y=\dfrac{1}{x}$，得 $y'=-\dfrac{1}{x^2}$，进而得 $y''=\dfrac{2}{x^3}$，于是 $y''=\dfrac{2}{x^3}\neq x^2+y^2$，故 $y=\dfrac{1}{x}$ 不是所给微分方程的解.

（2）由 $y=3\sin x-4\cos x$，得 $y'=3\cos x+4\sin x$，进而得 $y''=-3\sin x+4\cos x$，于是 $y''+y=(-3\sin x+4\cos x)+(3\sin x-4\cos x)=0$，故 $y=3\sin x-4\cos x$ 是所给微分方程的解.

（3）由 $y=-\ln\cos(x+C_1)+C_2$，得 $y'=\tan(x+C_1)$，进而得 $y''=\sec^2(x+C_1)$，于是 $y''=\sec^2(x+C_1)=1+\tan^2(x+C_1)=1+y'^2$，故 $y=-\ln\cos(x+C_1)+C_2$ 是所给微分方程的解.

（4）由 $y=C_1\mathrm{e}^{\lambda_1x}+C_2\mathrm{e}^{\lambda_2x}$，得 $y'=\lambda_1C_1\mathrm{e}^{\lambda_1x}+\lambda_2C_2\mathrm{e}^{\lambda_2x}$，进而得 $y''=\lambda_1^2C_1\mathrm{e}^{\lambda_1x}+\lambda_2^2C_2\mathrm{e}^{\lambda_2x}$，于是 $y''-(\lambda_1+\lambda_2)y'+\lambda_1\lambda_2y=\lambda_1^2C_1\mathrm{e}^{\lambda_1x}+\lambda_2^2C_2\mathrm{e}^{\lambda_2x}-(\lambda_1+\lambda_2)(\lambda_1C_1\mathrm{e}^{\lambda_1x}+\lambda_2C_2\mathrm{e}^{\lambda_2x})+\lambda_1\lambda_2(C_1\mathrm{e}^{\lambda_1x}+C_2\mathrm{e}^{\lambda_2x})=0$，故 $y=C_1\mathrm{e}^{\lambda_1x}+C_2\mathrm{e}^{\lambda_2x}$ 是所给微分方程的解.

3．在下列各题中，确定函数关系式中 C_1 与 C_2 的值，使得函数满足所给的初始条件：

（1）$y=(C_1+C_2x)\mathrm{e}^{2x}$，$y|_{x=0}=0$，$y'|_{x=0}=1$；

（2）$y=C_1\sin(x-C_2)$，$y|_{x=\pi}=1$，$y'|_{x=\pi}=0$.

解　（1）由 $y=(C_1+C_2x)\mathrm{e}^{2x}$，得 $y'=(C_2+2C_1+2C_2x)\mathrm{e}^{2x}$.

将 $x=0$，$y=0$ 及 $y'=1$ 代入以上两式，得 $\begin{cases}0=C_1,\\1=C_2+2C_1,\end{cases}$ 故 $C_1=0$，$C_2=1$，于是 $y=x\mathrm{e}^{2x}$.

（2）由 $y=C_1\sin(x-C_2)$，得 $y'=C_1\cos(x-C_2)$.

将 $x=\pi$，$y=1$ 及 $y'=0$ 代入以上两式，得

$$\begin{cases}1=C_1\sin(\pi-C_2)=C_1\sin C_2,\\0=C_1\cos(\pi-C_2)=-C_1\cos C_2,\end{cases}$$

解此方程组得 $C_1=\pm1$，$C_2=2k\pi\pm\dfrac{\pi}{2}$，故 $y=\pm\sin\left(x-2k\pi\mp\dfrac{\pi}{2}\right)=-\cos x$.

4．写出分别以下列各函数为通解的微分方程：

（1）$(x-C)^2+y^2=4$；（2）$y=C_1x+C_2x^2$；（3）$y=Ce^{\arcsin x}$.

解　（1）在 $(x-C)^2+y^2=4$ 两端关于 x 求导，得 $x-C+yy'=0$，即 $C=x+yy'$，将其代入 $(x-C)^2+y^2=4$ 中，得所求微分方程为 $y^2\left(y'^2+1\right)=4$.

（2）在 $y=C_1x+C_2x^2$ 两端关于 x 求两次导数，得 $\begin{cases}y'=C_1+2C_2x,\\y''=2C_2.\end{cases}$ 将以上两式看作是以 C_1 与 C_2 为未知量的线性方程组，解得 $C_1=y'-xy''$，$C_2=\dfrac{1}{2}y''$，将它们代入方程 $y=C_1x+C_2x^2$ 中，得 $y=xy'-\dfrac{1}{2}x^2y''$，即所求微分方程为 $y=xy'-\dfrac{x^2}{2}y''$.

（3）在 $y=Ce^{\arcsin x}$ 两端关于 x 求导，得 $y'=Ce^{\arcsin x}\cdot\dfrac{1}{\sqrt{1-x^2}}$，即 $Ce^{\arcsin x}=\sqrt{1-x^2}\cdot y'$，将其代入方程 $y=Ce^{\arcsin x}$ 中，得 $y=\sqrt{1-x^2}\cdot y'$，即所求微分方程为 $y-\sqrt{1-x^2}\,y'=0$.

5．写出由下列各条件所确定的微分方程：

（1）曲线在点 (x,y) 处的切线斜率等于该点的横坐标的平方；

（2）曲线上点 $P(x,y)$ 处的法线与 x 轴的交点为 Q，且线段 PQ 被 y 轴平分.

解　（1）设曲线方程为 $y=y(x)$，它在点 (x,y) 处的切线斜率为 y'，故有 $y'=x^2$，此即为曲线所满足的微分方程.

（2）如图 12-1 所示，设曲线方程为 $y=y(x)$，因它在点 $P(x,y)$ 处的切线斜率为 y'，故该点处法线斜率为 $-\dfrac{1}{y'}$.

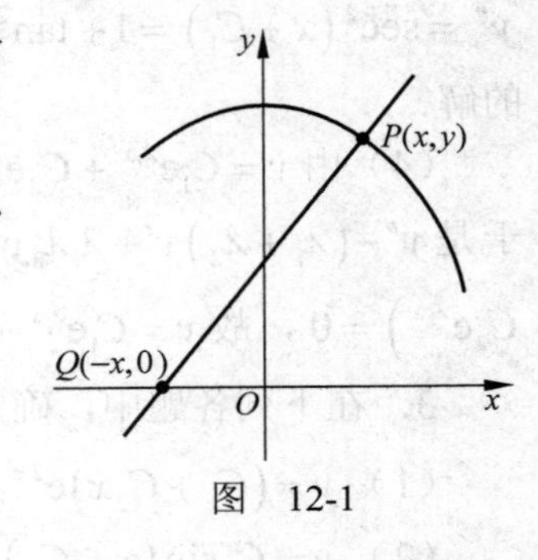

图　12-1

由条件可知 PQ 的中点位于 y 轴上，故点 Q 的坐标是 $(-x,0)$，于是 $\dfrac{y-0}{x-(-x)}=-\dfrac{1}{y'}$，即所求微分方程为 $yy'+2x=0$.

6．用微分方程表示一物理命题：某种气体的气压 P 对于温度 T 的变化率与气压成正比，与温度的平方成反比.

解　由题意知 $\dfrac{dP}{dT}=\dfrac{kP}{T^2}$，其中 k 为比例常数.

第二节　可分离变量的微分方程

一、基本要求

掌握可分离变量微分方程的解法.

二、答疑解惑

1．如何选择微分方程中的未知函数和自变量？

答　因为（常）微分方程是反映两个变量之间关系的等式，再由隐函数存在定理可知，方程中的两个变量哪个作为自变量，哪个作为因变量是相对的. 微分方程中的$\frac{\mathrm{d}y}{\mathrm{d}x}$可以理解为两个微分之商. 由此看来，既可以取$x$作为自变量，也可以取$y$作为自变量，这应视题目本身而定，原则是便于方程的求解.

2．在采用分离变量法求解微分方程时，往往需要将微分方程变形，在这个过程中，会不会使微分方程“失解”或“增解”呢？

答　有这种可能. 先看一个“失解”的例子. $\frac{\mathrm{d}y}{\mathrm{d}x}=2xy$是可分离变量的微分方程，方程的两端同除以$y$，得$\frac{\mathrm{d}y}{y}=2x\,\mathrm{d}x$（这里假定$y\neq 0$），其通解为$\ln|y|=x^2+\ln C_1\ (C_1>0)$. 但事实上$y\equiv 0$也是方程$\frac{\mathrm{d}y}{\mathrm{d}x}=2xy$的解，在分离变量时被“丢失”了. 我们可以这样处理：把$\ln|y|=x^2+\ln C_1\ (C_1>0)$改写成$y=\pm C_1\mathrm{e}^{x^2}=C\mathrm{e}^{x^2}\,(C\neq 0)$，而当$C=0$时，$y=C\mathrm{e}^{x^2}$就是$y\equiv 0$. 于是原方程的通解可以表示为$y=C\mathrm{e}^{x^2}$. 这两个通解的区别仅在于前者比后者少表达了一个解$y\equiv 0$. 由于通解是方程的含有任意常数的解，并非方程的一切解，因此这两个结果都可以认为是方程$\frac{\mathrm{d}y}{\mathrm{d}x}=2xy$的通解.

再看一个“增解”的例子. 求微分方程$yy'+x=0$满足$y|_{x=0}=1$的解. 将方程分离变量后得$y\,\mathrm{d}y=-x\,\mathrm{d}x$，积分得$y^2=-x^2+C$，将$x=0,y=1$代入上式得$C=1$，故特解为$x^2+y^2=1$.

由于这个方程隐含两个不同的可导函数$y=\sqrt{1-x^2}$和$y=-\sqrt{1-x^2}$，方程$yy'+x=0$满足$y|_{x=0}=1$的解是$y=\sqrt{1-x^2}$，这就是说隐式解$x^2+y^2=1$含有“增解”$y=-\sqrt{1-x^2}$.

严格地说，“增解”应当舍去，在本课程中一般不作要求，可以把含有“增解”的等式$\varphi(x,y)=0$称为微分方程的解.

3．对可分离变量微分方程的初值问题，在求解时，可以采用定积分方法吗？

答　可以. 求解初值问题$\begin{cases}g(y)\,\mathrm{d}y=f(x)\,\mathrm{d}x,\\ y|_{x=x_0}=y_0\end{cases}$时，习惯上是用不定积分求出$g(y)$和$f(x)$的原函数$G(y)$和$F(x)$，获得方程$g(y)\,\mathrm{d}y=f(x)\,\mathrm{d}x$的通解$G(y)=F(x)+C$，再代

入初始条件：$x=x_0, y=y_0$，以确定常数 $C=G(y_0)-F(x_0)$，于是所求的特解为 $G(y)-G(y_0)=F(x)-F(x_0)$.

根据牛顿-莱布尼茨公式，上式即为 $\int_{y_0}^{y} g(u)\,\mathrm{d}u=\int_{x_0}^{x} f(t)\,\mathrm{d}t$，这就是可分离变量微分方程的特解的定积分表达式. 有时为了方便起见，常常将积分上限与积分变量用同一字母表示，写成 $\int_{y_0}^{y} g(y)\mathrm{d}y=\int_{x_0}^{x} f(x)\mathrm{d}x$. 注意，这个表达式中左、右两端的积分下限 y_0 和 x_0 分别是初始条件中 y 和 x 的对应值.

4．求微分方程的通解时，如何加上任意常数？

答 （1）积分运算结束时立即添加任意常数；（2）当积分的结果中含有对数函数时，要考虑到函数可能小于零的情况，注意真数加绝对值号；（3）注意常数表示的灵活性. 若积分的结果中含有对数函数，常数也表示成对数的形式，这样有利于化简.

三、经典例题解析

题型 求可分离变量的微分方程的通解

例 1 求微分方程 $\dfrac{\mathrm{d}y}{y+1}=\dfrac{\mathrm{d}x}{2x+1}$ 的通解.

解 此方程是可分离变量的微分方程，两端积分 $\int\dfrac{\mathrm{d}y}{y+1}=\int\dfrac{\mathrm{d}x}{2x+1}$，即方程的通解为

$$\ln|y+1|=\frac{1}{2}\ln|2x+1|+C_1 \quad (C_1 \text{为任意常数}),$$

整理得 $|y+1|=\mathrm{e}^{C_1}\cdot|2x+1|^{\frac{1}{2}}$. 设 $\mathrm{e}^{C_1}=C_2$（C_2 为正任意常数），则方程的通解为 $|y+1|=C_2\cdot|2x+1|^{\frac{1}{2}}$，再整理得 $y+1=\pm C_2\sqrt{|2x+1|}$，于是原方程的通解为 $y+1=C\sqrt{|2x+1|}$，其中 $C=\pm C_2$ 为任意常数.

注 在求解过程中，若方程两端积分后都含有对数时，往往将积分过程简化为 $\ln(y+1)=\dfrac{1}{2}\ln(2x+1)+\ln C$ 或 $\ln|y+1|=\dfrac{1}{2}\ln|2x+1|+\ln|C|$，从而得到原方程的通解 $y+1=C(2x+1)^{\frac{1}{2}}$ 或 $(y+1)^2=C(2x+1)$.

例 2 求微分方程 $\dfrac{\mathrm{d}y}{\mathrm{d}x}=\dfrac{1}{xy}$ 满足初始条件 $y|_{x=-1}=2$ 的特解.

解 将原方程整理为 $y\mathrm{d}y=\dfrac{1}{x}\mathrm{d}x$，两端积分，得 $\int y\mathrm{d}y=\int\dfrac{\mathrm{d}x}{x}$，即方程的通解为 $\dfrac{1}{2}y^2=\ln|x|+C_1$（$C_1$ 为任意常数），整理得 $y^2=2\ln|x|+C$ $(C=2C_1)$. 再由初始条件 $y|_{x=-1}=2$，解得 $C=4$，所以满足初始条件的特解为 $y^2=2\ln|x|+4$.

注 在求解过程中，若方程积分后一端含有对数而另一端不含时，则需要在含有对数的一端加绝对值符号.

例 3　用适当的变换将方程 $y'=\dfrac{1}{x-y}+1$ 化为可分离变量的方程，并求其通解.

解　令 $u=x-y$，则 $y'=1-u'$，于是原方程化为 $1-u'=\dfrac{1}{u}+1$，即 $-\dfrac{\mathrm{d}u}{\mathrm{d}x}=\dfrac{1}{u}$，$\mathrm{d}x+u\mathrm{d}u=0$，两端积分得 $x+\dfrac{u^2}{2}=C_1$，再将 $u=x-y$ 代入上式，得 $(x-y)^2=-2x+C\ (C=2C_1)$，即为原方程的通解.

例 4　将方程 $\dfrac{\mathrm{d}y}{\mathrm{d}x}=\dfrac{y}{2x}+\dfrac{1}{2y}\tan\dfrac{y^2}{x}$ 化为可分离变量的方程，并求其通解.

解　令 $\dfrac{y^2}{x}=u$，在 $y^2=xu$ 的两端对 x 求导，得 $2y\dfrac{\mathrm{d}y}{\mathrm{d}x}=x\dfrac{\mathrm{d}u}{\mathrm{d}x}+u$，于是原方程化为 $x\dfrac{\mathrm{d}u}{\mathrm{d}x}+u=u+\tan u$，分离变量得 $\dfrac{\mathrm{d}u}{\tan u}=\dfrac{\mathrm{d}x}{x}$，两端积分得 $\sin u=Cx$. 因此所求通解为 $\sin\dfrac{y^2}{x}=Cx$，其中 C 为任意常数.

例 5　将方程 $xy'+x+\sin(x+y)=0$ 化为可分离变量的方程，并求其通解，且求该方程在初始条件 $y\big|_{x=\frac{\pi}{2}}=0$ 下的特解.

解　令 $x+y=u$，则 $\dfrac{\mathrm{d}y}{\mathrm{d}x}=\dfrac{\mathrm{d}u}{\mathrm{d}x}-1$，原方程化为 $x\left(\dfrac{\mathrm{d}u}{\mathrm{d}x}-1\right)+x+\sin u=0$. 分离变量得 $\dfrac{\mathrm{d}u}{\sin u}=-\dfrac{\mathrm{d}x}{x}$，两端积分得 $\ln\left|\csc u-\cot u\right|=-\ln|x|+\ln|C_1|=\ln\left|\dfrac{C_1}{x}\right|$，即 $\dfrac{1-\cos u}{\sin u}=\dfrac{C_1}{x}$，亦即 $\dfrac{1-\cos(x+y)}{\sin(x+y)}=\dfrac{C_1}{x}$. 再由初始条件 $y\big|_{x=\frac{\pi}{2}}=0$，解得 $C_1=\dfrac{\pi}{2}$，于是所求特解为 $1-\cos(x+y)=\dfrac{\pi\sin(x+y)}{2x}$.

四、习题选解

1．求下列各微分方程的通解：

（1）$xy'-y\ln y=0$；　（2）$\sec^2 x\tan y\mathrm{d}x+\sec^2 y\tan x\mathrm{d}y=0$；

（3）$\left(\mathrm{e}^{x+y}-\mathrm{e}^x\right)\mathrm{d}x+\left(\mathrm{e}^{x+y}+\mathrm{e}^y\right)\mathrm{d}y=0$；（4）$\cos x\sin y\mathrm{d}x+\sin x\cos y\mathrm{d}y=0$；

（5）$3x^2+5x-5y'=0$；（6）$\sqrt{1-x^2}\,y'=\sqrt{1-y^2}$；（7）$y'-xy'=a\left(y'+y^2\right)$.

解　（1）将原方程分离变量得 $\dfrac{\mathrm{d}y}{y\ln y}=\dfrac{\mathrm{d}x}{x}$，两端积分得 $\ln|\ln y|=\ln|x|+\ln|C|$，即 $\ln y=Cx$，故原方程的通解为 $y=\mathrm{e}^{Cx}$，C 为任意常数.

（2）将原方程分离变量得 $\dfrac{\sec^2 y}{\tan y}\mathrm{d}y=-\dfrac{\sec^2 x}{\tan x}\mathrm{d}x$，两端积分得 $\ln\left|\tan y\right|=-\ln\left|\tan x\right|+\ln\left|C\right|$，

即 $\tan y=\dfrac{C}{\tan x}$，故原方程的通解为 $\tan x\tan y=C$，C 为任意常数.

（3）将原方程分离变量得 $\dfrac{e^y}{e^y-1}dy=-\dfrac{e^x}{e^x+1}dx$，两端积分得 $\ln\left(e^x+1\right)=-\ln\left|e^y-1\right|+\ln|C|$，即 $e^y-1=\dfrac{C}{e^x+1}$，故原方程的通解为 $\left(e^x+1\right)\left(e^y-1\right)=C$，$C$ 为任意常数.

（4）将原方程分离变量得 $\dfrac{\cos y}{\sin y}dy=-\dfrac{\cos x}{\sin x}dx$，两端积分得 $\int\dfrac{\cos y}{\sin y}dy=-\int\dfrac{\cos x}{\sin x}dx$，即 $\ln|\sin y|=-\ln|\sin x|+C_1$，故原方程的通解为 $\sin y\sin x=C$，C 为任意常数.

（5）将原方程分离变量得 $5dy=\left(3x^2+5x\right)dx$，两端积分得 $\int 5dy=\int\left(3x^2+5x\right)dx$，即 $5y=x^3+\dfrac{5x^2}{2}+C_1$，故原方程的通解为 $y=\dfrac{x^2}{2}+\dfrac{x^3}{5}+C$，$C$ 为任意常数.

（6）将原方程分离变量得 $\dfrac{dy}{\sqrt{1-y^2}}=\dfrac{dx}{\sqrt{1-x^2}}$，两端积分得 $\int\dfrac{dy}{\sqrt{1-y^2}}=\int\dfrac{1}{\sqrt{1-x^2}}dx$，即 $\arcsin y=\arcsin x+C$，故原方程的通解为 $y=\sin\left(\arcsin x+C\right)$，$C$ 为任意常数.

（7）将原方程分离变量得 $\dfrac{dy}{ay^2}=\dfrac{dx}{1-x-a}$，两端积分得 $\int\dfrac{dy}{ay^2}=\int\dfrac{dx}{1-x-a}$，即 $-\dfrac{1}{ay}=-\ln|1-x-a|+C_1$，故原方程的通解为 $\dfrac{1}{y}=a\ln|1-x-a|+C$，$C$ 为任意常数.

2．求下列各微分方程满足所给初始条件的特解：

（1）$y'=e^{2x-y}$，$y|_{x=0}=0$；（2）$y'\sin x=y\ln y$，$y|_{x=\frac{\pi}{2}}=e$；

（3）$\cos y dx+\left(1+e^{-x}\right)\sin y dy=0, y|_{x=0}=\dfrac{\pi}{4}$；（4）$xdy+2ydx=0, y|_{x=2}=1$.

解　（1）将原方程分离变量得 $e^y dy=e^{2x}dx$，两端积分得 $e^y=\dfrac{1}{2}e^{2x}+C$．由初始条件 $x=0$，$y=0$，得 $C=\dfrac{1}{2}$，于是所求方程的特解为 $e^y=\dfrac{1}{2}\left(e^{2x}+1\right)$.

（2）将原方程分离变量得 $\dfrac{dy}{y\ln y}=\dfrac{dx}{\sin x}$，于是 $\dfrac{d\ln y}{\ln y}=\dfrac{\sec^2\frac{x}{2}d\frac{x}{2}}{\tan\frac{x}{2}}=\dfrac{d\tan\frac{x}{2}}{\tan\frac{x}{2}}$，两端积分得 $\ln|\ln y|=\ln\left|\tan\dfrac{x}{2}\right|+\ln|C|$，即 $\ln y=C\tan\dfrac{x}{2}$．由初始条件 $x=\dfrac{\pi}{2}$，$y=e$，得 $C=1$，于是所求方程的特解为 $\ln y=\tan\dfrac{x}{2}$.

（3）将原方程分离变量得 $-\dfrac{\sin y dy}{\cos y}=\dfrac{dx}{1+e^{-x}}$，两端积分得 $\ln|\cos y|=\ln\left(1+e^x\right)+\ln|C|$，即 $\cos y=C\left(1+e^x\right)$．由初始条件 $x=0, y=\dfrac{\pi}{4}$，得 $C=\dfrac{\sqrt{2}}{4}$，于是所求方程的特解为

$\cos y=\dfrac{\sqrt{2}}{4}\left(1+\mathrm{e}^{x}\right)$.

（4）将原方程分离变量得 $\dfrac{\mathrm{d}y}{2y}=-\dfrac{\mathrm{d}x}{x}$，两端积分得 $\dfrac{1}{2}\ln|y|=-\ln|x|+\ln|C|$，即 $y=Cx^{-2}$.
由初始条件 $x=2,y=1$，得 $C=4$，于是所求方程的特解为 $y=4x^{-2}$.

3．一曲线通过点 $(2,3)$，它在两个坐标轴间的任一切线段均被切点所平分，求这曲线的方程.

解 设所求曲线的方程为 $y=f(x)$．在曲线上任取一点 $P(x,y)$，依题意，过点 P 的切线与 x 轴的交点为 $M(2x,\ 0)$，与 y 轴的交点为 $N(0,\ 2y)$，于是该曲线所满足的微分方程为 $y'=\dfrac{2y-0}{0-2x}=-\dfrac{y}{x}$，且 $y(2)=3$.

对上面方程分离变量得 $\dfrac{\mathrm{d}y}{y}=-\dfrac{\mathrm{d}x}{x}$，两端积分得 $y=\dfrac{C}{x}$．由初始条件 $y(2)=3$，得 $C=6$，于是所求曲线的方程为 $xy=6$.

4．一曲边梯形的曲边方程为 $y=f(x)$ $(f(x)\geqslant 0)$，底边位于区间 $[0,x]$ 上，其面积与 $f(x)$ 的 $n+1$ 次幂成正比 $(n>0)$，又 $f(0)=0$，$f(1)=1$，求 $f(x)$.

解 依题意，函数 $f(x)$ 满足 $\int_0^x f(t)\mathrm{d}t=kf^{n+1}(x)$，两端求导得 $f(x)=(n+1)kf^{n}(x)f'(x)$，即得如下微分方程的初值问题：

$$y^{n-1}\cdot y'=\frac{1}{k(n+1)},\quad y(0)=0,\quad y(1)=1.$$

分离变量得 $y^{n-1}\mathrm{d}y=\dfrac{\mathrm{d}x}{k(n+1)}$，两边积分得 $\dfrac{1}{n}y^{n}=\dfrac{x}{k(n+1)}+C$.

由初始条件 $y(0)=0$，$y(1)=1$，得 $C=0, k=\dfrac{n}{n+1}$，于是所求的曲边方程为 $x=y^{n}$.

第三节 齐 次 方 程

一、基本要求

会解齐次方程.

二、答疑解惑

1．齐次方程有哪些类型?

答 齐次方程的标准形式有两种，对 $\dfrac{\mathrm{d}y}{\mathrm{d}x}=\varphi\left(\dfrac{y}{x}\right)$，可以作变量代换 $u=\dfrac{y}{x}$，化为可分离变量的微分方程；对 $\dfrac{\mathrm{d}x}{\mathrm{d}y}=\psi\left(\dfrac{x}{y}\right)$，可以作变量代换 $v=\dfrac{x}{y}$ 化为可分离变量的微分方程.

2．如何确定一阶微分方程是齐次的？

答 如果一阶微分方程能够化为

$$\frac{\mathrm{d}y}{\mathrm{d}x}=\frac{a_0x^m+a_1x^{m-1}y+a_2x^{m-2}y^2+\cdots+a_kx^{m-k}y^k+\cdots+a_my^m}{b_0x^m+b_1x^{m-1}y+b_2x^{m-2}y^2+\cdots+b_kx^{m-k}y^k+\cdots+b_my^m}$$

或

$$\frac{\mathrm{d}y}{\mathrm{d}x}=f\left(\frac{a_0x^m+a_1x^{m-1}y+a_2x^{m-2}y^2+\cdots+a_kx^{m-k}y^k+\cdots+a_my^m}{b_0x^m+b_1x^{m-1}y+b_2x^{m-2}y^2+\cdots+b_kx^{m-k}y^k+\cdots+b_my^m}\right),$$

其特点是分式中分子与分母的各项中 x 与 y 的幂次之和无一例外地“整齐”——都是 m，那么，该微分方程就是齐次的. 对于齐次方程，可以通过变换 $u=\frac{y}{x}$ 或 $v=\frac{x}{y}$ 把方程化为可分离变量的微分方程.

三、经典例题解析

题型 求齐次微分方程的通解

例 1 求微分方程 $\left(3x^2+2xy-y^2\right)\mathrm{d}x+\left(x^2-2xy\right)\mathrm{d}y=0$ 的通解.

解 由观察易知 $3x^2+2xy-y^2$ 与 x^2-2xy 中各项 x 与 y 的方幂之和相等，都等于 2，因而上述方程为齐次方程，于是令 $u=\frac{y}{x}$，将 $\frac{\mathrm{d}y}{\mathrm{d}x}=x\frac{\mathrm{d}u}{\mathrm{d}x}+u$ 代入原方程，整理得 $\frac{\mathrm{d}\left(u^2-u-1\right)}{u^2-u-1}=-\frac{3\mathrm{d}x}{x}$，积分得 $\ln\left|u^2-u-1\right|=-3\ln|x|+\ln|C|$，即 $u^2-u-1=Cx^{-3}$. 再将 $u=\frac{y}{x}$ 代入上式，即得所求原方程的通解为 $y^2-xy-x^2=Cx^{-1}$.

例 2 求微分方程 $\left(x+2y\right)y'=y-2x$ 满足初始条件 $y|_{x=1}=1$ 的特解.

解 将原方程变形为 $\frac{\mathrm{d}y}{\mathrm{d}x}=\frac{y-2x}{2y+x}=\frac{\frac{y}{x}-2}{\frac{2y}{x}+1}$，令 $u=\frac{y}{x}$，则 $\frac{\mathrm{d}y}{\mathrm{d}x}=x\frac{\mathrm{d}u}{\mathrm{d}x}+u$，代入原方程，整理可得 $x\frac{\mathrm{d}u}{\mathrm{d}x}+u=\frac{u-2}{2u+1}$，即 $\frac{2u+1}{u^2+1}\mathrm{d}u=-2\frac{\mathrm{d}x}{x}$，$\frac{2u\mathrm{d}u}{u^2+1}+\frac{\mathrm{d}u}{u^2+1}=-2\frac{\mathrm{d}x}{x}$，两边积分得 $\ln(u^2+1)+\arctan u=\ln x^{-2}+C$，从而 $\arctan\frac{y}{x}+\ln\left(x^2+y^2\right)=C$. 将 $y|_{x=1}=1$ 代入得 $C=\ln 2+\frac{\pi}{4}$，因此所求特解为 $\arctan\frac{y}{x}+\ln\left(x^2+y^2\right)=\ln 2+\frac{\pi}{4}$.

例 3 解方程 $x^2+y^2\frac{\mathrm{d}x}{\mathrm{d}y}=xy\frac{\mathrm{d}x}{\mathrm{d}y}$.

解 将原方程变形为 $\frac{\mathrm{d}x}{\mathrm{d}y}=\frac{x^2}{xy-y^2}=\frac{\left(\frac{x}{y}\right)^2}{\frac{x}{y}-1}$，令 $u=\frac{x}{y}$，则 $x=uy$，$\frac{\mathrm{d}x}{\mathrm{d}y}=u+y\frac{\mathrm{d}u}{\mathrm{d}y}$，代

入原方程，整理得$u+y\dfrac{\mathrm{d}u}{\mathrm{d}y}=\dfrac{u^2}{u-1}$，即$y\dfrac{\mathrm{d}u}{\mathrm{d}y}=\dfrac{u}{u-1}$. 分离变量得$\left(1-\dfrac{1}{u}\right)\mathrm{d}u=\dfrac{\mathrm{d}y}{y}$，两端积分得$u-\ln|u|+C=\ln|y|$，或$\ln|yu|=u+C$. 将$u=\dfrac{x}{y}$代入上式整理，得所求方程的通解为$\ln|x|=\dfrac{x}{y}+C$.

四、习题选解

1. 求下列各齐次方程的通解：

（1）$xy'-y-\sqrt{y^2-x^2}=0$；（2）$\left(x^2+y^2\right)\mathrm{d}x-xy\mathrm{d}y=0$；

（3）$\left(x^3+y^3\right)\mathrm{d}x-3xy^2\mathrm{d}y=0$；（4）$\left(1+2\mathrm{e}^{\frac{x}{y}}\right)\mathrm{d}x+2\mathrm{e}^{\frac{x}{y}}\left(1-\dfrac{x}{y}\right)\mathrm{d}y=0$.

解　（1）当$x>0$时，方程两端同除以x得$y'-\dfrac{y}{x}-\sqrt{\left(\dfrac{y}{x}\right)^2-1}=0$.

令$u=\dfrac{y}{x}$，即$y=xu$，$y'=u+xu'$，原方程变形为$xu'-\sqrt{u^2-1}=0$，分离变量得$\dfrac{\mathrm{d}u}{\sqrt{u^2-1}}=\dfrac{\mathrm{d}x}{x}$，两端积分得$\ln\left|u+\sqrt{u^2-1}\right|=\ln|x|+\ln|C|$，即$u+\sqrt{u^2-1}=Cx$.

将$u=\dfrac{y}{x}$代入上式整理，得原方程的通解为$y+\sqrt{y^2-x^2}=Cx^2$，C为任意常数.

（2）方程两端同除以x^2得$\left[1+\left(\dfrac{y}{x}\right)^2\right]\mathrm{d}x-\dfrac{y}{x}\mathrm{d}y=0$.

令$u=\dfrac{y}{x}$，即$y=xu$，$\mathrm{d}y=u\mathrm{d}x+x\mathrm{d}u$，原方程变形为$\left(1+u^2\right)\mathrm{d}x-u\left(u\mathrm{d}x+x\mathrm{d}u\right)=0$，整理得$u\mathrm{d}u=\dfrac{\mathrm{d}x}{x}$，两端积分得$\dfrac{1}{2}u^2=\ln|x|+C_1$，即$u^2=\ln x^2+C\ (C=2C_1)$.

将$u=\dfrac{y}{x}$代入上式整理，得原方程的通解为$y^2=x^2\left(\ln x^2+C\right)$，$C$为任意常数.

（3）方程两端同除以x^3得$\left[1+\left(\dfrac{y}{x}\right)^3\right]\mathrm{d}x-3\left(\dfrac{y}{x}\right)^2\mathrm{d}y=0$.

令$u=\dfrac{y}{x}$，即$y=xu$，$y'=u+xu'$，原方程变形为$(1+u^3)-3u^2\left(u+x\dfrac{\mathrm{d}u}{\mathrm{d}x}\right)=0$，整理得$\dfrac{3u^2\mathrm{d}u}{1-2u^3}=\dfrac{\mathrm{d}x}{x}$，两端积分得$-\dfrac{1}{2}\ln\left|1-2u^3\right|=\ln|x|-\dfrac{1}{2}\ln|C|$，即$x^2\left(1-2u^3\right)=C$.

将$u=\dfrac{y}{x}$代入上式整理，得原方程的通解为$x^3-2y^3=Cx$，C为任意常数.

（4）令 $u=\dfrac{x}{y}$，即 $x=uy$，$\mathrm{d}x=u\mathrm{d}y+y\mathrm{d}u$，原方程变形为 $\left(1+2\mathrm{e}^{u}\right)\left(u\mathrm{d}y+y\mathrm{d}u\right)+2\mathrm{e}^{u}\left(1-u\right)\mathrm{d}y=0$，整理得 $\dfrac{1+2\mathrm{e}^{u}}{u+2\mathrm{e}^{u}}\mathrm{d}u=-\dfrac{\mathrm{d}y}{y}$，两端积分得 $\ln\left|u+2\mathrm{e}^{u}\right|=-\ln|y|+\ln|C|$，即 $u+2\mathrm{e}^{u}=\dfrac{C}{y}$，$C$ 为任意常数.

将 $u=\dfrac{x}{y}$ 代入上式整理，得原方程的通解为 $x+2y\mathrm{e}^{\frac{x}{y}}=C$，$C$ 为任意常数.

2．求下列齐次方程满足所给初始条件的特解：

（1）$\left(y^{2}-3x^{2}\right)\mathrm{d}y+2xy\mathrm{d}x=0$，$y\big|_{x=0}=1$；

（2）$y'=\dfrac{x}{y}+\dfrac{y}{x}$，$y\big|_{x=1}=2$；

（3）$\left(x^{2}+2xy-y^{2}\right)\mathrm{d}x+\left(y^{2}+2xy-x^{2}\right)\mathrm{d}y=0$，$y\big|_{x=1}=1$.

解　（1）方程两端同除以 y^{2} 得 $\left[1-3\left(\dfrac{x}{y}\right)^{2}\right]\mathrm{d}y+2\dfrac{x}{y}\mathrm{d}x=0$．令 $u=\dfrac{x}{y}$，即 $x=uy$，$\mathrm{d}x=y\mathrm{d}u+u\mathrm{d}y$，原方程变形为 $\left(1-3u^{2}\right)\mathrm{d}y+2u\left(y\mathrm{d}u+u\mathrm{d}y\right)=0$，整理得 $\dfrac{2u}{u^{2}-1}\mathrm{d}u=\dfrac{\mathrm{d}y}{y}$，两端积分得 $\ln\left|u^{2}-1\right|=\ln|y|+\ln|C|$，即 $u^{2}-1=Cy$.

将 $u=\dfrac{x}{y}$ 代入上式整理，得所求方程的通解为 $x^{2}-y^{2}=Cy^{3}$，C 为任意常数.

由初始条件 $x=0$，$y=1$，得 $C=-1$，于是所求方程的特解为 $y^{3}=y^{2}-x^{2}$.

（2）令 $u=\dfrac{y}{x}$，即 $y=xu$，$y'=u+xu'$，原方程变形为 $u+xu'=\dfrac{1}{u}+u$，整理得 $u\mathrm{d}u=\dfrac{\mathrm{d}x}{x}$，两端积分得 $u^{2}=2\left(\ln|x|+C\right)$．将 $u=\dfrac{y}{x}$ 代入上式，整理得所求方程的通解为 $y^{2}=2x^{2}\left(\ln|x|+C\right)$，$C$ 为任意常数.

由初始条件 $x=1$，$y=2$，得 $C=2$，于是所求方程的特解为 $y^{2}=2x^{2}\left(\ln|x|+2\right)$.

（3）将原方程变为 $y'=\dfrac{x^{2}+2xy-y^{2}}{x^{2}-2xy-y^{2}}$，即 $y'=\dfrac{1+2\dfrac{y}{x}-\left(\dfrac{y}{x}\right)^{2}}{1-2\dfrac{y}{x}-\left(\dfrac{y}{x}\right)^{2}}$.

令 $u=\dfrac{y}{x}$，即 $y=xu$，$y'=u+xu'$，原方程变形为 $u+xu'=\dfrac{1+2u-u^{2}}{1-2u-u^{2}}$，整理得 $\dfrac{1-2u-u^{2}}{u^{3}+u^{2}+u+1}\mathrm{d}u=\dfrac{\mathrm{d}x}{x}$，因式分解并积分得 $\displaystyle\int\left(\frac{1}{u+1}-\frac{2u}{u^{2}+1}\right)\mathrm{d}u=\int\frac{\mathrm{d}x}{x}$，故

$$\ln|u+1|-\ln\left(u^{2}+1\right)=\ln|x|+\ln|C|，即 \frac{u+1}{u^{2}+1}=Cx.$$

将$u=\dfrac{y}{x}$代入上式，整理得所求方程的通解为$x+y=C\left(y^2+x^2\right)$，$C$为任意常数.

由初始条件$x=1$，$y=1$，得$C=1$，于是所求方程的特解为$x+y=y^2+x^2$.

3．设有连结点$O(0,0)$和$A(1,1)$的一段向上凸的曲线弧$\overset{\frown}{OA}$，对于$\overset{\frown}{OA}$上任一点$P(x,y)$，曲线弧$\overset{\frown}{OP}$与直线段$\overline{OP}$所围图形的面积为x^2，求曲线弧$\overset{\frown}{OA}$的方程.

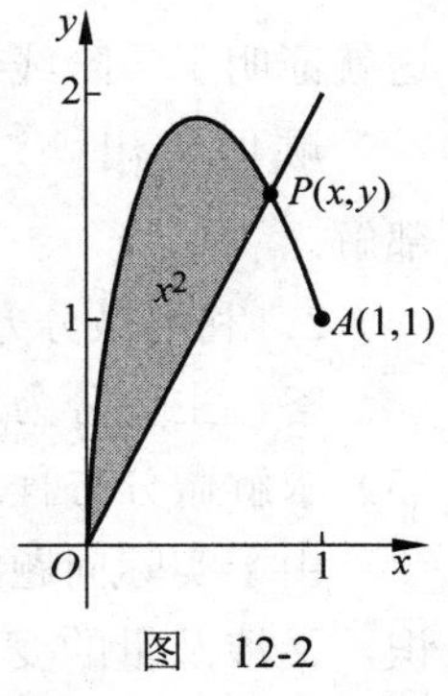

图　12-2

解　如图12-2所示，设曲线弧的方程为$y=y(x)$．依题意，

$$\int_0^x y(t)\mathrm{d}t-\frac{1}{2}xy(x)=x^2,\quad y(1)=1.$$

两端求导得$y(x)-\dfrac{1}{2}y(x)-\dfrac{1}{2}xy'(x)=2x$，即$y'-\dfrac{y}{x}=-4$，此齐次微分方程的通解为$y=Cx-4x\ln x$.

由初始条件$y(1)=1$，得$C=1$，于是所求的曲线弧方程为$y=x(1-4\ln x)\ (0<x\leqslant 1)$.

第四节　一阶线性微分方程

一、基本要求

1. 掌握一阶线性方程的解法.
2. 会解伯努利方程.

二、答疑解惑

1．一阶线性微分方程的通解是否包含了方程的全部解？

答　是. 下面分两步说明这个问题.

（1）对一阶齐次线性方程$y'+P(x)y=0$，用分离变量法可求得通解$y=C\mathrm{e}^{-\int P(x)\mathrm{d}x}$．现在假定$y_1$是方程$y'+P(x)y=0$的解，要证明一定存在某个常数$C_0$，使得$y_1=C_0\mathrm{e}^{-\int P(x)\mathrm{d}x}$.

因为$\left(\dfrac{y_1}{\mathrm{e}^{-\int P(x)\mathrm{d}x}}\right)'=\left(y_1\mathrm{e}^{\int P(x)\mathrm{d}x}\right)'=y_1'\mathrm{e}^{\int P(x)\mathrm{d}x}+y_1\mathrm{e}^{\int P(x)\mathrm{d}x}P(x)=\mathrm{e}^{\int P(x)\mathrm{d}x}[y_1'+P(x)y_1]=0$，其中$y_1'+P(x)y_1=0$是由于$y_1$是方程$y'+P(x)y=0$的解，因此$\dfrac{y_1}{\mathrm{e}^{-\int P(x)\mathrm{d}x}}\equiv C_0$，即$y_1=C_0\mathrm{e}^{-\int P(x)\mathrm{d}x}$.

（2）对一阶非齐次线性方程$y'+P(x)y=Q(x)$，由公式可得其通解是$y=\mathrm{e}^{-\int P(x)\mathrm{d}x}\left[\int Q(x)\mathrm{e}^{\int P(x)\mathrm{d}x}\mathrm{d}x+C\right]$．特别地，$y^*=\mathrm{e}^{-\int P(x)\mathrm{d}x}\cdot\int Q(x)\mathrm{e}^{\int P(x)\mathrm{d}x}\mathrm{d}x$是方程的解．现在假定$y_1$是非齐次方程$y'+P(x)y=Q(x)$的一个解，则函数$y_1-y^*$是齐次方程$y'+P(x)y=0$的解. 这是因为

$$(y_1-y^*)'+P(x)(y_1-y^*)=[y_1'+P(x)y_1]-[y^{*\prime}+P(x)y^*]=Q(x)-Q(x)=0.$$

由（1）的分析可知，存在常数C_0，使得$y_1-y^*=C_0\mathrm{e}^{-\int P(x)\mathrm{d}x}$，即

$$y_1=y^*+C_0\mathrm{e}^{-\int P(x)\mathrm{d}x}=\mathrm{e}^{-\int P(x)\mathrm{d}x}\left[\int Q(x)\mathrm{e}^{\int P(x)\mathrm{d}x}\mathrm{d}x+C_0\right],$$

这就证明了一阶线性微分方程的任何解都包含在通解之中.

顺便指出，二阶线性方程$y''+P(x)y'+Q(x)y=f(x)$的通解也包含了该方程的全部解.

2．利用微分方程解决实际问题的过程是什么？

答　主要分为三个步骤：（1）建立微分方程；（2）确定定解条件，从而确定初值问题；（3）求解微分方程.

由于实际问题的广泛性，在建立微分方程时可能会涉及几何、力学、电学等方面的知识，又涉及量的变化，是有一定难度的. 这与建立数学模型的基本方法有相似之处，即在建立微分方程时，都要首先确定哪些是已知量，哪些是未知量，然后考虑以下两种方法建立微分方程.

方法一　从任一瞬时状态寻求未知量的变化率与各变量和已知量的关系，将变量之间服从的规律用等式表示，这就是含有未知函数的导数的微分方程.

方法二　从局部微小的改变中寻求微分与各个变量及已知量的关系，利用微分概念并根据变量间满足的规律列出方程，这种方法也称为微元法.

方法三　从积分的关系求导数得到函数与其各阶导数之间的关系，这就是微分方程.

三、经典例题解析

题型一　求一阶线性微分方程的通解

例 1　下列方程中，哪些是一阶线性微分方程？

（1）$y'=2x$；　（2）$y'+x^2y=\mathrm{e}^x$；　（3）$y'=y-y^2$；　（4）$y''+xy'+x^2y=\mathrm{e}^{2x}$.

解　（1）和（2）都是一阶线性微分方程，（3）是一阶非线性微分方程，（4）是二阶线性微分方程.

注　“线性”是指微分方程中关于未知函数y，以及它的导数都是一次的方程.

例 2　求微分方程$y'+3y=\mathrm{e}^{2x}$的通解.

解法一（常数变易法）　先用分离变量法求其对应的齐次方程$y'+3y=0$的通解. 分离变量得$\dfrac{\mathrm{d}y}{y}=-3\mathrm{d}x$，两端积分得$\ln|y|=-3x+C_1$，即$y=C\mathrm{e}^{-3x}$.

再用常数变易法求原非齐次方程的通解. 把C换成$C(x)$，即令$y=C(x)\mathrm{e}^{-3x}$为原方程的通解，代入原方程，得$C'(x)\mathrm{e}^{-3x}-3C(x)\mathrm{e}^{-3x}+3C(x)\mathrm{e}^{-3x}=\mathrm{e}^{2x}$，即$C'(x)=\mathrm{e}^{5x}$，故$C(x)=\dfrac{1}{5}\mathrm{e}^{5x}+C$. 于是原方程的通解为$y=\left(\dfrac{1}{5}\mathrm{e}^{5x}+C\right)\mathrm{e}^{-3x}=C\mathrm{e}^{-3x}+\dfrac{1}{5}\mathrm{e}^{2x}$，$C$为任意常数.

解法二（公式法）　可以直接应用公式$y=\mathrm{e}^{-\int P(x)\mathrm{d}x}\left[\int Q(x)\mathrm{e}^{\int P(x)\mathrm{d}x}\mathrm{d}x+C\right]$得到方程的通

解. 这里 $P(x)=3$，$Q(x)=\mathrm{e}^{2x}$，将它们代入公式，可得方程的通解为 $y=C\mathrm{e}^{-3x}+\frac{1}{5}\mathrm{e}^{2x}$，$C$ 为任意常数.

注 用公式法较为简单，因此，在求解一阶线性非齐次微分方程时，可以直接应用此公式求通解，但要注意将原方程化为标准形式.

例 3 求微分方程 $xy'\ln x+y=x(1+\ln x)$ 的通解.

解 将原方程变形为 $\frac{\mathrm{d}y}{\mathrm{d}x}+\frac{1}{x\ln x}y=\frac{1+\ln x}{\ln x}$，将 $P(x)=\frac{1}{x\ln x}$，$Q(x)=\frac{1+\ln x}{\ln x}$ 代入公式，得原方程的通解

$$y=\mathrm{e}^{-\int P(x)\mathrm{d}x}\left[\int Q(x)\mathrm{e}^{\int P(x)\mathrm{d}x}\mathrm{d}x+C\right]=\mathrm{e}^{-\ln|\ln x|}\left[\int\frac{1+\ln x}{\ln x}\mathrm{e}^{\ln|\ln x|}\mathrm{d}x+C\right]$$

$$=\frac{1}{\ln x}\left[\int(1+\ln x)\mathrm{d}x+C\right]=\frac{1}{\ln x}(x+x\ln x-x+C)=x+\frac{C}{\ln x}.$$

题型二 求伯努利方程的通解

例 4 求微分方程 $\frac{1}{x}\frac{\mathrm{d}y}{\mathrm{d}x}+y-x^2y^3=0\ (x>0)$ 的通解.

解 将原方程变形为 $\frac{\mathrm{d}y}{\mathrm{d}x}+xy=x^3y^3$，这是一个伯努利方程. 方程两端同时乘以 y^{-3}，得 $y^{-3}\frac{\mathrm{d}y}{\mathrm{d}x}+xy^{-2}=x^3$. 令 $y^{-2}=z$，则 $y^{-3}\frac{\mathrm{d}y}{\mathrm{d}x}=-\frac{1}{2}\frac{\mathrm{d}z}{\mathrm{d}x}$，于是方程变形为 $\frac{\mathrm{d}z}{\mathrm{d}x}-2xz=-2x^3$. 这是一阶线性非齐次微分方程，此方程的通解为

$$z=\mathrm{e}^{-\int -2x\mathrm{d}x}\left(\int -2x^3\mathrm{e}^{\int -2x\mathrm{d}x}\mathrm{d}x+C\right)=C\mathrm{e}^{x^2}+1+x^2.$$

再将 $z=y^{-2}$ 代入，得原方程的通解为 $y^2=\frac{1}{C\mathrm{e}^{x^2}+1+x^2}$，$x>0$，$C$ 为任意常数.

注 此类型方程求解的关键是将方程化为伯努利方程的标准形式.

例 5 设 $f(x)$ 为连续函数，且 $f(x)=\mathrm{e}^x\left[1-\int_0^x f^2(t)\mathrm{d}t\right]$，求 $f(x)$.

分析 可以通过求导去掉积分号，化为微分方程之后求解.

解 由 $f(x)=\mathrm{e}^x\left[1-\int_0^x f^2(t)\mathrm{d}t\right]$ 得 $f(x)\mathrm{e}^{-x}=1-\int_0^x f^2(t)\mathrm{d}t$，两边对 x 求导得 $f'(x)\mathrm{e}^{-x}-f(x)\mathrm{e}^{-x}=-f^2(x)$，记 $y=f(x)$，得 $y'-y=-y^2\mathrm{e}^x$.这是伯努利方程，化为 $\left(\frac{1}{y}\right)'+\left(\frac{1}{y}\right)=\mathrm{e}^x$，解得 $\frac{1}{y}=\mathrm{e}^{-\int\mathrm{d}x}\left(\int\mathrm{e}^x\mathrm{e}^{\int\mathrm{d}x}\mathrm{d}x+C\right)=\mathrm{e}^{-x}\left(\frac{1}{2}\mathrm{e}^{2x}+C\right)=\frac{1}{2}\mathrm{e}^x+C\mathrm{e}^{-x}$. 又知 $f(0)=1$，所以 $C=\frac{1}{2}$，从而得特解 $\frac{1}{y}=\frac{1}{2}\mathrm{e}^x+\frac{1}{2}\mathrm{e}^{-x}$，即 $y=\frac{2\mathrm{e}^x}{1+\mathrm{e}^{2x}}$

四、习题选解

1．求下列各微分方程的通解：

（1）$\dfrac{dy}{dx}+y=e^{-x}$；（2）$xy'+y=x^2+3x+2$；（3）$y'+y\cos x=e^{-\sin x}$；

（4）$\left(x^2-1\right)y'+2xy-\cos x=0$；（5）$\dfrac{d\rho}{d\theta}+3\rho=2$；（6）$\dfrac{dy}{dx}+2xy=4x$；

（7）$y\ln y dx+\left(x-\ln y\right)dy=0$；（8）$\left(x-2\right)\dfrac{dy}{dx}=y+2\left(x-2\right)^3$.

解 （1）$y=e^{-\int dx}\left(\int e^{-x}\cdot e^{\int dx}dx+C\right)=e^{-x}\left(\int e^{-x}\cdot e^{x}dx+C\right)=e^{-x}\left(x+C\right)$，原方程的通解为 $y=\left(x+C\right)e^{-x}$.

（2）将原方程变形为 $y'+\dfrac{1}{x}y=x+3+\dfrac{2}{x}$，于是

$$y=e^{-\int\frac{1}{x}dx}\left[\int\left(x+3+\frac{2}{x}\right)\cdot e^{\int\frac{1}{x}dx}dx+C\right]=e^{-\ln x}\left[\int\left(x+3+\frac{2}{x}\right)e^{\ln x}dx+C\right]$$

$$=\frac{1}{x}\left[\int\left(x^2+3x+2\right)dx+C\right]=\frac{1}{3}x^2+\frac{3}{2}x+2+\frac{C}{x},$$

原方程的通解为 $y=\dfrac{1}{3}x^2+\dfrac{3}{2}x+2+\dfrac{C}{x}$.

（3）$y=e^{-\int\cos xdx}\left(\int e^{-\sin x}\cdot e^{\int\cos xdx}dx+C\right)=e^{-\sin x}\left(\int e^{-\sin x}\cdot e^{\sin x}dx+C\right)=e^{-\sin x}\left(x+C\right)$，原方程的通解为 $y=(x+C)e^{-\sin x}$.

（4）将原方程变形为 $y'+\dfrac{2x}{x^2-1}y=\dfrac{\cos x}{x^2-1}$，于是

$$y=e^{-\int\frac{2x}{x^2-1}dx}\left(\int\frac{\cos x}{x^2-1}e^{\int\frac{2x}{x^2-1}dx}dx+C\right)=e^{-\ln|x^2-1|}\left[\int\frac{\cos x}{x^2-1}e^{\ln|x^2-1|}dx+C\right]$$

$$=\frac{1}{x^2-1}\left(\int\cos xdx+C\right)=\frac{1}{x^2-1}(\sin x+C),$$

原方程的通解为 $y=\dfrac{1}{x^2-1}(\sin x+C)$.

（5）$\rho=e^{-\int 3d\theta}\left(\int 2\cdot e^{\int 3d\theta}d\theta+C\right)=e^{-3\theta}\left(\int 2\cdot e^{3\theta}d\theta+C\right)=e^{-3\theta}\left(\dfrac{2}{3}e^{3\theta}+C\right)$，原方程的通解为 $\rho=\dfrac{2}{3}+Ce^{-3\theta}$.

（6）$y=e^{-\int 2xdx}\left(\int 4x\cdot e^{\int 2xdx}dx+C\right)=e^{-x^2}\left(\int 4x\cdot e^{x^2}dx+C\right)=e^{-x^2}\left(2e^{x^2}+C\right)=2+Ce^{-x^2}$，原方程的通解为 $y=2+Ce^{-x^2}$.

（7）将原方程变形为 $\dfrac{dx}{dy}+\dfrac{1}{y\ln y}x=\dfrac{1}{y}$，于是

$$x=e^{-\int\frac{1}{y\ln y}dy}\left(\int\frac{1}{y}\cdot e^{\int\frac{1}{y\ln y}dy}dy+C_1\right)=e^{-\ln|\ln y|}\left(\int\frac{1}{y}\cdot e^{\ln|\ln y|}dy+C_1\right)$$

$$=\frac{1}{\ln y}\left(\int\frac{\ln y}{y}dy+C_1\right)=\frac{1}{\ln y}\left(\frac{1}{2}\ln^2 y+C_1\right),$$

原方程的通解为 $2x\ln y=\ln^2 y+C\left(C=2C_1\right)$.

（8）将原方程变形为 $y'-\dfrac{1}{x-2}y=2\left(x-2\right)^2$，于是

$$y=e^{-\int-\frac{1}{x-2}dx}\left[\int 2\left(x-2\right)^2\cdot e^{\int-\frac{1}{x-2}dx}dx+C\right]=e^{\ln|x-2|}\left[\int 2\left(x-2\right)^2 e^{-\ln|x-2|}dx+C\right]$$

$$=\left(x-2\right)\left(\int 2\left(x-2\right)dx+C\right)=\left(x-2\right)^3+C\left(x-2\right),$$

原方程的通解为 $y=\left(x-2\right)^3+C\left(x-2\right)$.

2．求下列各微分方程满足所给初始条件的特解：

（1）$\dfrac{dy}{dx}-y\tan x=\sec x$，$y\big|_{x=0}=0$；（2）$\dfrac{dy}{dx}+\dfrac{y}{x}=\dfrac{\sin x}{x}$，$y\big|_{x=\pi}=1$；

（3）$\dfrac{dy}{dx}+y\cot x=5e^{\cos x}$，$y\big|_{x=\frac{\pi}{2}}=-4$；（4）$\dfrac{dy}{dx}+3y=8$，$y\big|_{x=0}=2$；

（5）$\dfrac{dy}{dx}+\dfrac{2-3x^2}{x^3}y=1$，$y\big|_{x=1}=0$.

解 （1）$y=e^{\int\tan x dx}\left(\int\sec x\cdot e^{\int-\tan x dx}dx+C\right)=\sec x\left(\int\sec x\cos x dx+C\right)=(x+C)\sec x$，

原方程的通解为 $y=(x+C)\sec x$.

由初始条件 $y\big|_{x=0}=0$，得 $C=0$，于是所求方程的特解为 $y=x\sec x$.

（2） $y=e^{-\int\frac{1}{x}dx}\left(\int\dfrac{\sin x}{x}\cdot e^{\int\frac{1}{x}dx}dx+C\right)=e^{-\ln|x|}\left(\int\dfrac{\sin x}{x}\cdot e^{\ln|x|}dx+C\right)=\dfrac{1}{x}\left(\int\sin x dx+C\right)=$

$\dfrac{C}{x}-\dfrac{\cos x}{x}$，原方程的通解为 $y=\dfrac{C}{x}-\dfrac{\cos x}{x}$.

由初始条件 $x=\pi$，$y=1$，得 $C=\pi-1$，于是所求方程的特解为 $y=\dfrac{\pi-1-\cos x}{x}$.

（3）$y=e^{-\int\cot x dx}\left(\int 5e^{\cos x}\cdot e^{\int\cot x dx}dx+C\right)=\csc x\left(\int 5\sin x e^{\cos x}dx+C\right)=\csc x\left(-5e^{\cos x}+C\right)$，

原方程的通解为 $y=\csc x\left(-5e^{\cos x}+C\right)$.

由初始条件 $y\big|_{x=\frac{\pi}{2}}=-4$，得 $C=1$，于是所求方程的特解为 $y=\csc x(-5e^{\cos x}+1)$.

（4）$y=\mathrm{e}^{-\int 3\mathrm{d}x}\left(\int 8\cdot\mathrm{e}^{\int 3\mathrm{d}x}\mathrm{d}x+C\right)=\mathrm{e}^{-3x}\left(\int 8\cdot\mathrm{e}^{3x}\mathrm{d}x+C\right)=\mathrm{e}^{-3x}\left(\frac{8\cdot\mathrm{e}^{3x}}{3}+C\right)=\frac{8}{3}+C\mathrm{e}^{-3x}$，原方程的通解为 $y=\frac{8}{3}+C\mathrm{e}^{-3x}$.

由初始条件 $y\big|_{x=0}=2$，得 $C=-\frac{2}{3}$，于是所求方程的特解为 $y=\frac{8}{3}-\frac{2}{3}\mathrm{e}^{-3x}$.

（5）$y=\mathrm{e}^{-\int\frac{2-3x^2}{x^3}\mathrm{d}x}\left(\int \mathrm{e}^{\int\frac{2-3x^2}{x^3}\mathrm{d}x}\mathrm{d}x+C\right)=\mathrm{e}^{\frac{1}{x^2}+3\ln|x|}\left[\int \mathrm{e}^{-\left(\frac{1}{x^2}+3\ln|x|\right)}\mathrm{d}x+C\right]=x^3\mathrm{e}^{\frac{1}{x^2}}\left(\frac{1}{2}\mathrm{e}^{-\frac{1}{x^2}}+C\right)=\frac{x^3}{2}+Cx^3\mathrm{e}^{\frac{1}{x^2}}$，原方程的通解为 $y=\frac{x^3}{2}+Cx^3\mathrm{e}^{\frac{1}{x^2}}$.

由初始条件 $x=1$，$y=0$，得 $C=-\frac{1}{2\mathrm{e}}$，于是所求方程的特解为 $2y=x^3-x^3\mathrm{e}^{\frac{1}{x^2}-1}$.

3．求一曲线的方程，这曲线通过原点，并且它在点 (x,y) 处的切线斜率等于 $2x+y$.

解 设曲线方程为 $y=y(x)$．依题意，$y'=2x+y$，$y(0)=0$．利用一阶线性微分方程的通解公式，可得 $y=-2x-2+C\mathrm{e}^x$.

由初始条件 $y(0)=0$，得 $C=2$．于是所求的曲线方程为 $y=2\left(\mathrm{e}^x-x-1\right)$.

4．设函数 $f(x)$ 可微且满足关系式 $\int_0^x\left[2f(t)-1\right]\mathrm{d}t=f(x)-1$，求 $f(x)$.

解 由 $0=\int_0^0\left[2f(t)-1\right]\mathrm{d}t=f(0)-1$ 可知 $f(0)=1$.

在所给关系式两端求导得 $2f(x)-1=f'(x)$．设 $y=f(x)$，得如下微分方程的初值问题

$$y'-2y=-1,\quad f(0)=1.$$

解此一阶线性非齐次方程，其通解为 $y=\frac{1}{2}+C\mathrm{e}^{2x}$.

由初始条件 $f(0)=1$，得 $C=\frac{1}{2}$，于是所求函数为 $f(x)=\frac{1}{2}\left(\mathrm{e}^{2x}+1\right)$.

5．设曲线积分 $\int_L yf(x)\mathrm{d}x+\left[2xf(x)-x^2\right]\mathrm{d}y$ 在右半平面（$x>0$）内与路径无关，其中 $f(x)$ 可导，且 $f(1)=1$，求 $f(x)$.

解 因为当 $x>0$ 时，所给积分与路径无关，所以

$$\frac{\partial[yf(x)]}{\partial y}=f(x)=\frac{\partial\left[2xf(x)-x^2\right]}{\partial x}=2f(x)+2xf'(x)-2x,$$

即得 $f(x)+2xf'(x)=2x$，整理得 $f'(x)+\frac{1}{2x}f(x)=1$，解得

$$f(x)=\mathrm{e}^{-\int\frac{1}{2x}\mathrm{d}x}\left(\int \mathrm{e}^{\int\frac{1}{2x}\mathrm{d}x}\mathrm{d}x+C\right)=x^{-\frac{1}{2}}\left(\frac{2}{3}x^{\frac{3}{2}}+C\right)=\frac{2}{3}x+Cx^{-\frac{1}{2}},$$

由 $f(1)=1$，可知 $C=\frac{1}{3}$，故 $f(x)=\frac{1}{3}\left(2x+x^{-\frac{1}{2}}\right)$.

6．求下列各伯努利方程的通解：

（1）$\frac{dy}{dx}+y=y^2\left(\cos x-\sin x\right)$；（2）$\frac{dy}{dx}-3xy=xy^2$；（3）$\frac{dy}{dx}+\frac{y}{3}=\frac{1}{3}\left(1-2x\right)y^4$；

（4）$\frac{dy}{dx}-y=xy^5$；（5）$x\mathrm{d}y-\left[y+xy^3\left(1+\ln x\right)\right]\mathrm{d}x=0$．

解　(1)方程两边同时除以y^2，得$y^{-2}\frac{dy}{dx}+y^{-1}=\cos x-\sin x$．令$z=y^{-1}$，则$\frac{dz}{dx}=-y^{-2}\frac{dy}{dx}$，代入上式整理，得$\frac{dz}{dx}-z=\sin x-\cos x$，利用通解公式，得其通解为$z=C\mathrm{e}^x-\sin x$．

将$z=y^{-1}$代入上式整理，得原方程的通解为$\frac{1}{y}=C\mathrm{e}^x-\sin x$．

（2）方程两边同时除以y^2，得$y^{-2}\frac{dy}{dx}-3xy^{-1}=x$．令$z=y^{-1}$，则$\frac{dz}{dx}=-y^{-2}\frac{dy}{dx}$，代入上式整理，得$\frac{dz}{dx}+3xz=-x$，利用通解公式，得其通解为$z=C_1\mathrm{e}^{-\frac{3}{2}x^2}-\frac{1}{3}$．

将$z=y^{-1}$代入上式整理，得原方程的通解为$\frac{1}{y}=C_1\mathrm{e}^{-\frac{3}{2}x^2}-\frac{1}{3}$，即

$$\frac{3}{2}x^2+\ln\left|1+\frac{3}{y}\right|=C\quad\left(C=\ln 3+\ln C_1\right).$$

（3）方程两边同时除以y^4，得$y^{-4}\frac{dy}{dx}+\frac{y^{-3}}{3}=\frac{1}{3}\left(1-2x\right)$．令$z=y^{-3}$，则$\frac{dz}{dx}=-3y^{-4}\frac{dy}{dx}$，代入上式整理，得$\frac{dz}{dx}-z=2x-1$，利用通解公式，得其通解为$z=C\mathrm{e}^x-2x-1$．

将$z=y^{-3}$代入上式整理，得原方程的通解为$y^{-3}=C\mathrm{e}^x-2x-1$．

（4）方程两边同时除以y^5，得$y^{-4}\frac{dy}{dx}-y^{-5}=x$．令$z=y^{-4}$，则$\frac{dz}{dx}=-4y^{-5}\frac{dy}{dx}$，代入上式整理，得$\frac{dz}{dx}+4z=-4x$，利用通解公式，得其通解为$z=C\mathrm{e}^{-4x}-x+\frac{1}{4}$．

将$z=y^{-4}$代入上式整理，得原方程的通解为$y^{-4}=C\mathrm{e}^{-4x}-x+\frac{1}{4}$．

（5）方程两边同时除以xy^3并整理，得$y^{-3}\frac{dy}{dx}-\frac{1}{x}y^{-2}=1+\ln x$．令$z=y^{-2}$，则$\frac{dz}{dx}=-2y^{-3}\frac{dy}{dx}$，代入上式整理，得$\frac{dz}{dx}+\frac{2}{x}z=-2\left(1+\ln x\right)$，利用通解公式，得其通解为$z=\frac{C}{x^2}-\frac{2}{3}x\ln x-\frac{4}{9}x$．

将$z=y^{-2}$代入上式整理，得原方程的通解为$y^{-2}=\frac{C}{x^2}-\frac{2}{3}x\ln x-\frac{4}{9}x$．

7．验证形如$yf\left(xy\right)\mathrm{d}x+xg\left(xy\right)\mathrm{d}y=0$的微分方程，可经变量代换$v=xy$化为可分离变量的方程，并求其通解．

证明 将原方程变形为$\frac{\mathrm{d}y}{\mathrm{d}x}=-\frac{yf(xy)}{xg(xy)}$,令$v=xy$,则$y=\frac{v}{x}$,则$\frac{\mathrm{d}y}{\mathrm{d}x}=\frac{1}{x}\cdot\frac{\mathrm{d}v}{\mathrm{d}x}-\frac{v}{x^2}=-\frac{vf(v)}{x^2g(v)}$,整理得$\frac{\mathrm{d}v}{\mathrm{d}x}=-\frac{vf(v)}{xg(v)}+\frac{v}{x}=\frac{1}{x}\left[\frac{vg(v)-vf(v)}{g(v)}\right]$,分离变量得$\frac{g(v)\mathrm{d}v}{vg(v)-vf(v)}=\frac{1}{x}\mathrm{d}x$,积分得

$$\int\frac{g(v)}{vg(v)-vf(v)}\mathrm{d}v=\int\frac{1}{x}\mathrm{d}x=\ln|x|+C,$$

于是$\int\frac{g(v)}{vg(v)-vf(v)}\mathrm{d}v=\ln|x|+C$,求出后将$v=xy$代入,即得原方程的通解.

8. 用适当的变量代换将下列方程化为可分离变量的方程,然后求出通解:

(1) $\frac{\mathrm{d}y}{\mathrm{d}x}=(x+y)^2$; (2) $\frac{\mathrm{d}y}{\mathrm{d}x}=\frac{1}{x-y}+1$; (3) $xy'+y=y(\ln x+\ln y)$;

(4) $y'=y^2+2(\sin x-1)y+\sin^2 x-2\sin x-\cos x+1$;

(5) $y(1+xy)\mathrm{d}x+x(1+xy+x^2y^2)\mathrm{d}y=0$.

解 (1) 令$z=x+y$,则$\frac{\mathrm{d}z}{\mathrm{d}x}=1+\frac{\mathrm{d}y}{\mathrm{d}x}$,原方程变形为$\frac{\mathrm{d}z}{\mathrm{d}x}-1=z^2$,分离变量并积分得$\int\frac{\mathrm{d}z}{z^2+1}=\int\mathrm{d}x$,解得$\arctan z=x+C$.

将$z=x+y$代入上式整理,得原方程的通解为$\arctan(x+y)=x+C$,即$x+y=\tan(x+C)$.

(2) 令$z=x-y$,则$\frac{\mathrm{d}z}{\mathrm{d}x}=1-\frac{\mathrm{d}y}{\mathrm{d}x}$,原方程变形为$\frac{\mathrm{d}z}{\mathrm{d}x}=-\frac{1}{z}$,分离变量并积分得$\int z\mathrm{d}z=-\int\mathrm{d}x$,解得$\frac{z^2}{2}=-x+C_1$,即$z^2=-2x+C$.

将$z=x-y$代入上式整理,得原方程的通解为$\frac{(x-y)^2}{2}=-x+C_1$,即$(x-y)^2+2x=C$.

(3) 令$z=xy$,则$\frac{\mathrm{d}z}{\mathrm{d}x}=y+x\frac{\mathrm{d}y}{\mathrm{d}x}$,原方程变形为$\frac{\mathrm{d}z}{\mathrm{d}x}=\frac{z}{x}\ln z$,分离变量并积分得$\int\frac{1}{z\ln z}\mathrm{d}z=\int\frac{1}{x}\mathrm{d}x$,解得$\ln|\ln z|=\ln x+C_1$,即得$\ln z=Cx$,即$z=\mathrm{e}^{Cx}$.

将$z=xy$代入上式整理,得原方程的通解为 $xy=\mathrm{e}^{Cx}$.

(4) 将原方程变形为$y'=(y+\sin x-1)^2-\cos x$,令$z=y+\sin x-1$,则$\frac{\mathrm{d}z}{\mathrm{d}x}=\frac{\mathrm{d}y}{\mathrm{d}x}+\cos x$,原方程变形为$\frac{\mathrm{d}z}{\mathrm{d}x}=z^2$,分离变量并积分得$\int\frac{1}{z^2}\mathrm{d}z=\int\mathrm{d}x$,解得$-\frac{1}{z}=x+C$,即$z=\frac{-1}{x+C}$.

将$z=y+\sin x-1$代入上式整理,得原方程的通解为$y+\sin x-1=\frac{-1}{x+C}$,即$(x+C)(y+\sin x-1)=-1$.

(5) 将原方程变形为$y'=-\frac{y(xy+1)}{x(xy+1+x^2y^2)}$,令$z=xy$,则$\frac{\mathrm{d}z}{\mathrm{d}x}=y+x\frac{\mathrm{d}y}{\mathrm{d}x}$,原方程变形

为$\dfrac{\mathrm{d}z}{\mathrm{d}x}=\dfrac{z^3}{x\left(z^2+z+1\right)}$，分离变量并积分得$\int\dfrac{z^2+z+1}{z^3}\mathrm{d}z=\int\dfrac{1}{x}\mathrm{d}x$，解得$-\dfrac{1}{2z^2}-\dfrac{1}{z}+\ln|z|=\ln|x|+C_1$.

将$z=xy$代入上式整理，得原方程的通解为$-\dfrac{1}{2(xy)^2}-\dfrac{1}{xy}+\ln|xy|=\ln|x|+C_1$，即$2x^2y^2\ln|y|-2xy-1=Cx^2y^2$.

第五节　全微分方程

一、基本要求

会判断并会解全微分方程.

二、答疑解惑

1．如何解全微分方程？

答　首先将方程写成$P(x,y)\,\mathrm{d}x+Q(x,y)\,\mathrm{d}y=0$的形式，然后验证$\dfrac{\partial P}{\partial y}=\dfrac{\partial Q}{\partial x}$成立与否，如果成立，则可以把上式写成$\mathrm{d}u=P(x,y)\,\mathrm{d}x+Q(x,y)\,\mathrm{d}y=0$，而微分方程的通解是$u(x,y)=C$.

求$u(x,y)$常用下列三种方法：

（1）用曲线积分求之.利用积分与路径无关，取$M_0(x_0,y_0)$为起点，则

$$u(x,y)=\int_{x_0}^{x}P(t,y_0)\,\mathrm{d}t+\int_{y_0}^{y}Q(x,s)\,\mathrm{d}s.$$

（2）利用不定积分求之. 在$\dfrac{\partial u}{\partial x}=P(x,y)$中视$y$为常数，则$u(x,y)=\int P(x,y)\,\mathrm{d}x+\varphi(y)$，再视$x$为常数，令$\dfrac{\partial u}{\partial y}=\dfrac{\partial}{\partial y}\int P(x,y)\,\mathrm{d}x+\varphi'(y)=Q(x,y)$，求出$\varphi'(y)$后积分得到$\varphi(y)$，即可得出$u(x,y)$. 这种方法叫做偏积分法.

(3)利用凑微分法求之. 把$P(x,y)\mathrm{d}x+Q(x,y)\mathrm{d}y$拆分成几个易于观察的全微分形式的组合，然后予以合并即得$u(x,y)$.

2．将一个微分方程化为全微分方程时，如何寻找积分因子？

答　对于微分方程$P(x,y)\mathrm{d}x+Q(x,y)\mathrm{d}y=0$，如果$\dfrac{\partial P}{\partial y}\neq\dfrac{\partial Q}{\partial x}$，那么这个微分方程就不是全微分方程. 在这种情况下，或可寻求一个适当的函数$\mu(x,y)$，使得

$$\mu(x,y)P(x,y)\mathrm{d}x+\mu(x,y)Q(x,y)\mathrm{d}y=0$$

成为全微分方程（这时$\dfrac{\partial}{\partial y}(\mu P)=\dfrac{\partial}{\partial x}(\mu Q)$），这个函数$\mu(x,y)$称为积分因子.

这时，就存在函数 $u(x,y)$，使得 $du=\mu(Pdx+Qdy)=0$，于是 $u(x,y)=C$ 便是方程 $P(x,y)dx+Q(x,y)dy=0$ 的通解.

$\mu(x,y)$ 一般并不易求，通常是将方程组合成一个易于观察的全微分形式和另一部分的和，通过观察找到积分因子，把方程化为全微分方程. 熟悉以下全微分式子对寻找积分因子很有帮助：

（1）$ydx+xdy=d(xy)$；（2）$\dfrac{xdy-ydx}{x^2}=d\left(\dfrac{y}{x}\right)$；（3）$\dfrac{xdy-ydx}{y^2}=d\left(-\dfrac{x}{y}\right)$；

（4）$\dfrac{xdy-ydx}{xy}=d\ln\left(\dfrac{y}{x}\right)$；（5）$\dfrac{xdy-ydx}{x^2+y^2}=d\arctan\left(\dfrac{y}{x}\right)$.

三、经典例题解析

题型 求全微分方程的通解

例 1 验证方程 $(x^2+y)dx+(x-2y)dy=0$ 是全微分方程，并求其通解.

证明 方程 $P(x,y)dx+Q(x,y)dy=0$ 为全微分方程的充要条件是 $\dfrac{\partial P}{\partial y}=\dfrac{\partial Q}{\partial x}$. 这里 $P(x,y)=x^2+y,\ Q(x,y)=x-2y$，因为 $\dfrac{\partial P}{\partial y}=\dfrac{\partial Q}{\partial x}=1$，所以原方程为全微分方程.

设原方程的通解为 $u(x,y)=C$，下面用三种解法求 $u(x,y)$.

解法一 用曲线积分法求之. 因为 $\dfrac{\partial P}{\partial y}=\dfrac{\partial Q}{\partial x}$，所以曲线积分与路径无关. 由公式 $u(x,y)=\int_{x_0}^{x}P(x,y_0)dx+\int_{y_0}^{y}Q(x,y)dy$，这里取 $x_0=y_0=0$，可得

$$u(x,y)=\int_0^x(x^2+0)dx+\int_0^y(x-2y)dy=\frac{1}{3}x^3+xy-y^2,$$

故 $u(x,y)=\dfrac{1}{3}x^3+xy-y^2$.

解法二 用不定积分法求之. 在 $\dfrac{\partial u}{\partial x}=P(x,y)=x^2+y$ 两边积分得

$$u(x,y)=\int(x^2+y)dx+\varphi(y)=\frac{1}{3}x^3+xy+\varphi(y).$$

两端再对 y 求偏导数，得 $\dfrac{\partial u}{\partial y}=x+\varphi'(y)$，注意到已知条件 $\dfrac{\partial u}{\partial y}=Q(x,y)=x-2y$，故 $x+\varphi'(y)=x-2y$，解得 $\varphi(y)=-y^2$，所以 $u(x,y)=\dfrac{1}{3}x^3+xy-y^2$.

解法三 用凑微分法求之. 将方程的左端重新分项组合得

$$(x^2+y)dx+(x-2y)dy=x^2dx-2ydy+(ydx+xdy)=d\left(\frac{1}{3}x^3-y^2+xy\right),$$

故 $u(x,y)=\dfrac{1}{3}x^3+xy-y^2$.

注 对于比较简单的全微分方程，用解法三求函数$u(x,y)$比较方便. 求出$u(x,y)$后，可得原方程的通解为$u(x,y)=C$（C为任意常数).

例 2 用凑微分法求方程$x\mathrm{d}y-y\mathrm{d}x=x\sqrt{x^2-y^2}\mathrm{d}y$的通解.

解 这里$P(x,y)=-y$，$Q(x,y)=x-x\sqrt{x^2+y^2}$，注意到$\dfrac{\partial P}{\partial y}\neq\dfrac{\partial Q}{\partial x}$，该方程不是全微分方程. 若以$\mu(x,y)=\dfrac{1}{x^2}$乘以方程的两端，可得$\dfrac{x\mathrm{d}y-y\mathrm{d}x}{x^2}=\dfrac{\sqrt{x^2-y^2}\mathrm{d}y}{x}$，即$\mathrm{d}\left(\dfrac{y}{x}\right)=\sqrt{1-\left(\dfrac{y}{x}\right)^2}\mathrm{d}y$，$\dfrac{\mathrm{d}(y/x)}{\sqrt{1-(y/x)^2}}=\mathrm{d}y$，所以原方程的通解为$\arcsin\dfrac{y}{x}=y+C$（$C$为任意常数).

注 凑微分法就是通过观察，在方程的两端同时除以或乘以适当的函数，即积分因子，使新的微分方程成为全微分方程.

四、习题选解

1．判断下列各方程中哪些是全微分方程，并求全微分方程的通解：

（1）$\left(3x^2+6xy^2\right)\mathrm{d}x+\left(6x^2y+4y^2\right)\mathrm{d}y=0$；（2）$\left(a^2-2xy-y^2\right)\mathrm{d}x-(x+y)^2\mathrm{d}y=0$；

（3）$\mathrm{e}^y\mathrm{d}x+\left(x\mathrm{e}^y-2y\right)\mathrm{d}y=0$；（4）$\left(x\cos y+\cos x\right)y'-y\sin x+\sin y=0$；

（5）$\left(x^2-y\right)\mathrm{d}x-x\mathrm{d}y=0$；（6）$\left(1+\mathrm{e}^{2\theta}\right)\mathrm{d}\rho+2\rho\mathrm{e}^{2\theta}\mathrm{d}\theta=0$.

解 （1）因为$\dfrac{\partial P}{\partial y}=12xy$，$\dfrac{\partial Q}{\partial x}=12xy$，所以原方程是全微分方程.

$$u(x,y)=\int_0^x 3x^2\mathrm{d}x+\int_0^y\left(6x^2y+4y^2\right)\mathrm{d}y=x^3+3x^2y^2+\frac{4}{3}y^3,$$

故原方程的通解为$x^3+3x^2y^2+\dfrac{4}{3}y^3=C$.

（2）因为$\dfrac{\partial P}{\partial y}=-2x-2y$，$\dfrac{\partial Q}{\partial x}=-2(x+y)$，所以原方程是全微分方程.

$$u(x,y)=\int_0^x a^2\mathrm{d}x+\int_0^y-(x+y)^2\mathrm{d}y=a^2x-\frac{(x+y)^3}{3}+\frac{x^3}{3}=a^2x-\frac{y^3}{3}-xy(x+y),$$

故原方程的通解为$a^2x-\dfrac{y^3}{3}-xy(x+y)=C$.

（3）因为$\dfrac{\partial P}{\partial y}=\mathrm{e}^y$，$\dfrac{\partial Q}{\partial x}=\mathrm{e}^y$，所以原方程是全微分方程.

$$u(x,y)=\int_0^x\mathrm{e}^0\mathrm{d}x+\int_0^y\left(x\mathrm{e}^y-2y\right)\mathrm{d}y=x+x\mathrm{e}^y-x-y^2=x\mathrm{e}^y-y^2,$$

故原方程的通解为$x\mathrm{e}^y-y^2=C$.

（4）因为 $\dfrac{\partial P}{\partial y}=-\sin x+\cos y$，$\dfrac{\partial Q}{\partial x}=\cos y-\sin x$，所以原方程是全微分方程.

$$u(x,y)=\int_0^x 0\mathrm{d}x+\int_0^y(x\cos y+\cos x)\mathrm{d}y=x\sin y+y\cos x,$$

故原方程的通解为 $x\sin y+y\cos x=C$.

（5）因为 $\dfrac{\partial P}{\partial y}=-1$，$\dfrac{\partial Q}{\partial x}=-1$，所以原方程是全微分方程.

$$u(x,y)=\int_0^x x^2\mathrm{d}x+\int_0^y -x\mathrm{d}y=\frac{x^3}{3}-xy,$$

故原方程的通解为 $\dfrac{x^3}{3}-xy=C$.

（6）因为 $\dfrac{\partial P}{\partial \rho}=2\mathrm{e}^{2\theta}$，$\dfrac{\partial Q}{\partial \theta}=2\mathrm{e}^{2\theta}$，所以原方程是全微分方程.

$$u(\theta,\rho)=\int_0^\theta 0\mathrm{d}\theta+\int_0^\rho\left(1+\mathrm{e}^{2\theta}\right)\mathrm{d}\rho=\rho\left(1+\mathrm{e}^{2\theta}\right),$$

故原方程的通解为 $\rho\left(1+\mathrm{e}^{2\theta}\right)=C$.

2．利用观察法求出下列各方程的积分因子，并求其通解：

（1）$(x+y)(\mathrm{d}x-\mathrm{d}y)=\mathrm{d}x+\mathrm{d}y$；　（2）$y\mathrm{d}x-x\mathrm{d}y+y^2x\mathrm{d}x=0$；

（3）$x\mathrm{d}x+y\mathrm{d}y=\left(x^2+y^2\right)\mathrm{d}x$；　（4）$\left(x-y^2\right)\mathrm{d}x+2xy\mathrm{d}y=0$.

解　（1）方程两边同时乘以 $\dfrac{1}{x+y}$，得 $\mathrm{d}x-\mathrm{d}y=\dfrac{\mathrm{d}x+\mathrm{d}y}{x+y}$，即 $\mathrm{d}(x-y)=\mathrm{d}\ln|x+y|$，因此 $\dfrac{1}{x+y}$ 为原方程的一个积分因子，并且原方程的通解为 $x-y-\ln|x+y|=C$.

（2）方程两边同时乘以 $\dfrac{1}{y^2}$，得 $\dfrac{y\mathrm{d}x-x\mathrm{d}y}{y^2}+x\mathrm{d}x=0$，即 $\mathrm{d}\left(\dfrac{x}{y}\right)+\mathrm{d}\left(\dfrac{x^2}{2}\right)=0$，因此 $\dfrac{1}{y^2}$ 为原方程的一个积分因子，并且原方程的通解为 $\dfrac{x}{y}+\dfrac{x^2}{2}=C$.

（3）方程两边同时乘以 $\dfrac{1}{x^2+y^2}$，得 $\dfrac{x\mathrm{d}x+y\mathrm{d}y}{x^2+y^2}=\mathrm{d}x$，整理得 $\dfrac{1}{2}\mathrm{d}\ln\left(x^2+y^2\right)=\mathrm{d}x$，即 $\mathrm{d}\left[\dfrac{1}{2}\ln\left(x^2+y^2\right)-x\right]=0$，因此 $\dfrac{1}{x^2+y^2}$ 为原方程的一个积分因子，并且原方程的通解为 $\dfrac{1}{2}\ln\left(x^2+y^2\right)-x=C_1$，即 $x^2+y^2=C\mathrm{e}^{2x}$.

（4）方程两边同时乘以 $\dfrac{1}{x^2}$，得 $\dfrac{1}{x}\mathrm{d}x-\dfrac{y^2}{x^2}\mathrm{d}x+\dfrac{2y}{x}\mathrm{d}y=0$，整理得 $\dfrac{1}{x}\mathrm{d}x+y^2\mathrm{d}\left(\dfrac{1}{x}\right)+\dfrac{1}{x}\mathrm{d}y^2=0$，即 $\mathrm{d}\ln|x|+\mathrm{d}\left(\dfrac{y^2}{x}\right)=0$，因此 $\dfrac{1}{x^2}$ 为原方程的一个积分因子，并且原方程的通解为 $\ln|x|+\dfrac{y^2}{x}=C$.

第六节　可降阶的高阶微分方程

一、基本要求

1. 会用降阶法解形如 $y^{(n)}=f(x)$ 的方程.
2. 会用降阶法解形如 $y''=f(x,y')$ 的方程.
3. 会用降阶法解形如 $y''=f(y,y')$ 的方程.

二、答疑解惑

1．对于可降阶的高阶微分方程 $y''=f(y,y')$，方程的特点是不显含自变量 x，为什么令 $y'=p$，用 $y''=p\dfrac{\mathrm{d}p}{\mathrm{d}y}$ 而不是用 $y''=p'$？

答　因为 $y''=f(y,y')$ 中不显含 x，若令 $y'=p$，则 $y''=p\dfrac{\mathrm{d}p}{\mathrm{d}y}$，代入原方程，可以将方程化为一个含有 p 与 y 的一阶方程 $p\dfrac{\mathrm{d}p}{\mathrm{d}y}=f(y,p)$，从而达到降阶求解的目的. 如果用 $y''=p'$ 代换，将得到方程 $\dfrac{\mathrm{d}p}{\mathrm{d}x}=f(y,p)$，虽然达到了降阶的目的，但是出现三个变量 x,y,p，不利于求解.

2．二阶方程 $y''=f(x,y')$ 与 $y''=f(y,y')$ 的求解方法有何异同？

答　相同之处都是用降阶的方法求解. 因为方程 $y''=f(x,y')$ 的特点是不显含 y，所以降阶时设 $p=y'$，则 $y''=\dfrac{\mathrm{d}p}{\mathrm{d}x}$，原方程就化成了以 p 为未知函数，x 为自变量的一阶方程 $\dfrac{\mathrm{d}p}{\mathrm{d}x}=f(x,p)$. 设其通解是 $p=\varphi(x,C_1)$，由 $\dfrac{\mathrm{d}y}{\mathrm{d}x}=\varphi(x,C_1)$ 进行积分求得原方程的通解是 $y=\int\varphi(x,C_1)\mathrm{d}x+C_2$.

方程 $y''=f(y,y')$ 中不显含 x，可令 $p=y'$，并利用复合函数的求导法则把 y'' 化为对 y 的导数，即 $y''=p\dfrac{\mathrm{d}p}{\mathrm{d}y}$，这样，原方程就化成了以 y 为自变量的一阶方程 $p\dfrac{\mathrm{d}p}{\mathrm{d}y}=f(y,p)$. 设它的通解是 $p=\varphi(y,C_1)$，由 $\dfrac{\mathrm{d}y}{\mathrm{d}x}=\varphi(y,C_1)$ 分离变量并积分得原方程的通解为 $\displaystyle\int\frac{\mathrm{d}y}{\varphi(y,C_1)}=x+C_2$.

3．用降阶法还可以试解哪些类型的高阶微分方程？

答　使用类似于对方程 $y''=f(x,y')$ 和 $y''=f(y,y')$ 所采用的降阶法，可以解如下类型的高阶微分方程：

（1）$y^{(n)}=f(x,y^{(n-1)})$，其特点是不显含 y 及 y 的其他阶导数.

具体解法是令 $p=y^{(n-1)}$，则将原方程降阶为 $\dfrac{\mathrm{d}p}{\mathrm{d}x}=f(x,p)$.

（2） $y^{(n)}=f(y^{(n-2)})$,其特点是不显含 x、y 及 y 的其他阶导数.

具体解法是令 $p=y^{(n-2)}$，则将原方程降阶为 $\dfrac{\mathrm{d}^2p}{\mathrm{d}x^2}=f(p)$.

应当指出，将方程降阶后，尚需进一步考查降阶后的方程是否能够解出. 因此只能说，对上述类型的高阶微分方程可用降阶法来“试解”.

三、经典例题解析

题型　求可降阶的高阶微分方程的通解

例 1　求微分方程 $y''+y'=x^2$ 满足初始条件 $y|_{x=0}=0$，$y'|_{x=0}=0$ 的特解.

解　所给方程不显含 y. 令 $y'=p$，则 $y''=p'$，于是原方程变形为 $p'+p=x^2$. 这是一阶线性非齐次微分方程. 利用公式法，可求得通解为

$p=\mathrm{e}^{-\int\mathrm{d}x}\left(\int x^2\mathrm{e}^{\int\mathrm{d}x}\mathrm{d}x+C_1\right)=\mathrm{e}^{-x}\left(x^2\mathrm{e}^x-2x\mathrm{e}^x+2\mathrm{e}^x+C_1\right)=x^2-2x+2+C_1\mathrm{e}^{-x}$，即 $y'=x^2-2x+2+C_1\mathrm{e}^{-x}$. 由条件 $y'|_{x=0}=0$ 得 $C_1=-2$，于是 $y'=x^2-2x+2-2\mathrm{e}^{-x}$，再次积分得 $y=\dfrac{1}{3}x^3-x^2+2x+2\mathrm{e}^{-x}+C_2$，由条件 $y|_{x=0}=0$ 得 $C_2=-2$. 故所求的特解为 $y=\dfrac{1}{3}x^3-x^2+2x+2\mathrm{e}^{-x}-2$.

注　此方程为 $y''=f(x,y')$ 型方程，可用变量代换 $y'=p$ 的方法降阶. 在求解过程中，每次积分后都要及时代入相应的初始条件，以确定任意常数，这样做要比求出通解后再利用初始条件确定通解中的任意常数方便得多.

例 2　设 $y(x)$ 是 $[0,+\infty)$ 上的连续可微函数，且满足 $y(x)=-1+x+2\int_0^x(x-t)y(t)y'(t)\mathrm{d}t$，求 $y(x)$.

分析　在所给等式的两边两次对 x 求导，得到一个可降阶的二阶微分方程.

解　先将所给的积分方程变形为 $y(x)=-1+x+2x\int_0^x y(t)y'(t)\mathrm{d}t-2\int_0^x ty(t)y'(t)\mathrm{d}t$，两边对 x 求导得 $y'(x)=1+2\int_0^x y(t)y'(t)\mathrm{d}t$，两边再对 x 求导得 $y''=2yy'$，同时满足初始条件 $y(0)=-1, y'(0)=1$.

令 $y'=p(y)$，则 $y''=p\dfrac{\mathrm{d}p}{\mathrm{d}y}$，于是 $p\dfrac{\mathrm{d}p}{\mathrm{d}y}=2yp$. 由于 $y'(0)=1$，所以 $p=0$ 不是解，故 $p\neq0$，从而 $\dfrac{\mathrm{d}p}{\mathrm{d}y}=2y$，解得 $p=y^2+C_1$. 因为 $y(0)=-1, y'(0)=p(0)=1$，所以 $C_1=0$，于是 $p=y^2$，即 $\dfrac{\mathrm{d}y}{\mathrm{d}x}=y^2$，通解为 $-\dfrac{1}{y}=x+C_2$，由 $y(0)=-1$ 得 $C_2=1$，所以 $y=-\dfrac{1}{x+1}$.

例 3　设 $f(x)$ 具有二阶连续导数，且满足 $\oint_c y\left[\frac{\ln x}{x}-\frac{1}{x}f'(x)\right]\mathrm{d}x+f'(x)\mathrm{d}y=0$，其中 c 为 xOy 坐标面上第一象限内的任意一条闭曲线，$f(1)=f'(1)=0$，求 $f(x)$.

解　由已知可得，在 xOy 坐标面上第一象限内曲线积分与路径无关，注意到 $P=y\left[\frac{\ln x}{x}-\frac{1}{x}f'(x)\right]$，$Q=f'(x)$，于是 $\frac{\partial P}{\partial y}=\frac{\partial Q}{\partial x}$，即 $\frac{\ln x}{x}-\frac{1}{x}f'(x)=f''(x)$. 由此可得微分方程为 $f''(x)+\frac{1}{x}f'(x)=\frac{\ln x}{x}$. 令 $f'(x)=p$，则 $f''(x)=p'$，原方程变形为 $p'+\frac{1}{x}p=\frac{\ln x}{x}$. 这是一阶线性非齐次微分方程，利用公式法，可求得通解为

$$p=\mathrm{e}^{-\int\frac{1}{x}\mathrm{d}x}\left(\int\frac{\ln x}{x}\mathrm{e}^{\int\frac{1}{x}\mathrm{d}x}\mathrm{d}x+C_1\right)=\ln x-1+\frac{C_1}{x}.$$

由条件 $f'(1)=0$，得 $C_1=1$，于是 $f'(x)=p=\ln x-1+\frac{1}{x}$. 再积分，得

$$f(x)=\int\left(\ln x-1+\frac{1}{x}\right)\mathrm{d}x=(x+1)\ln x-2x+C_2.$$

又由 $f(1)=0$，得 $C_2=2$，故 $f(x)=(x+1)\ln x-2x+2$.

四、习题选解

1. 求下列各微分方程的通解：

（1）$y''=x+\sin x$；　（2）$y'''=x\mathrm{e}^x$；　（3）$y''=\frac{1}{1+x^2}$；

（4）$y''=1+y'^2$；　（5）$y''=y'+x$；　（6）$xy''+y'=0$.

解　（1）$y'=\int(x+\sin x)\mathrm{d}x=\frac{1}{2}x^2-\cos x+C_1$，$y=\int\left(\frac{1}{2}x^2-\cos x+C_1\right)\mathrm{d}x=\frac{1}{6}x^3-\sin x+C_1x+C_2$，故原方程的通解为 $y=\frac{1}{6}x^3-\sin x+C_1x+C_2$.

（2）$y''=\int x\mathrm{e}^x\mathrm{d}x=x\mathrm{e}^x-\mathrm{e}^x+C_1'$，$y'=\int\left(x\mathrm{e}^x-\mathrm{e}^x+C_1'\right)\mathrm{d}x=x\mathrm{e}^x-2\mathrm{e}^x+C_1'x+C_2$，

$$y=\int\left(x\mathrm{e}^x-2\mathrm{e}^x+C_1'x+C_2\right)\mathrm{d}x=x\mathrm{e}^x-3\mathrm{e}^x+\frac{1}{2}C_1'x^2+C_2x+C_3,$$

故原方程的通解为 $y=(x-3)\mathrm{e}^x+C_1x^2+C_2x+C_3\quad(2C_1=C_1')$.

（3）$y'=\int\frac{1}{1+x^2}\mathrm{d}x=\arctan x+C_1$，$y=\int(\arctan x+C_1)\mathrm{d}x=x\arctan x-\frac{1}{2}\ln\left(x^2+1\right)+C_1x+C_2$，故原方程的通解为 $y=\int(\arctan x+C_1)\mathrm{d}x=x\arctan x-\frac{1}{2}\ln\left(x^2+1\right)+C_1x+C_2$.

（4）令 $y'=p$，则 $y''=p'$，原方程变形为 $p'=1+p^2$. 分离变量得 $\frac{\mathrm{d}p}{1+p^2}=\mathrm{d}x$，两边积分得 $\arctan p=x+C_1$，即 $y'=p=\tan(x+C_1)$. 两边再积分得 $y=\int\tan(x+C_1)\mathrm{d}x=-\ln|\cos(x+C_1)|+C_2$，故原方程的通解为 $y=-\ln|\cos(x+C_1)|+C_2$.

（5）令 $y'=p$，则 $y''=p'$，原方程变形为 $p'-p=x$．利用一阶线性微分方程通解公式，得

$$p=\mathrm{e}^{\int\mathrm{d}x}\left(\int x\mathrm{e}^{-\int\mathrm{d}x}\mathrm{d}x+C_1\right)=\mathrm{e}^x\left(\int x\mathrm{e}^{-x}\mathrm{d}x+C_1\right)=\mathrm{e}^x(-x\mathrm{e}^{-x}-\mathrm{e}^{-x}+C_1)=-x-1+C_1\mathrm{e}^x,$$

即 $y'=p=-x-1+C_1\mathrm{e}^x$．两边再积分，得原方程的通解为 $y=C_1\mathrm{e}^x-\dfrac{x^2}{2}-x+C_2$．

（6）令 $y'=p$，则 $y''=p'$，原方程变形为 $xp'+p=0$．分离变量得 $\dfrac{\mathrm{d}p}{p}=-\dfrac{\mathrm{d}x}{x}$，两边积分得 $y'=p=\dfrac{C_1}{x}$．两边再积分，得原方程的通解为 $y=C_1\ln|x|+C_2$．

2．求下列各微分方程满足所给初始条件的特解：

（1）$y''-ay'^2=0$，$y|_{x=0}=0$，$y'|_{x=0}=-1$；　　（2）$y'''=\mathrm{e}^{ax}$，$y|_{x=1}=y'|_{x=1}=y''|_{x=1}=0$；

（3）$y''=\mathrm{e}^{2y}$，$y|_{x=0}=y'|_{x=0}=0$；　　（4）$y''=3\sqrt{y}$，$y|_{x=0}=1$，$y'|_{x=0}=2$；

（5）$y''+y'^2=1$，$y|_{x=0}=y'|_{x=0}=0$．

解　（1）令 $y'=p$，则 $y''=p'$，原方程变形为 $p'-ap^2=0$．分离变量，得 $\dfrac{\mathrm{d}p}{p^2}=a\mathrm{d}x$，两边积分得 $-\dfrac{1}{p}=ax+C_1$．由初始条件 $x=0$，$y'=p=-1$，得 $C_1=1$，于是 $y'=p=-\dfrac{1}{ax+1}$．两边再积分，得 $y=-\dfrac{1}{a}\ln|ax+1|+C_2$．由初始条件 $x=0$，$y=0$，得 $C_2=0$，于是所求方程的特解为 $y=-\dfrac{1}{a}\ln|ax+1|$．

（2）两边积分得 $y''=\int\mathrm{e}^{ax}\mathrm{d}x=\dfrac{1}{a}\mathrm{e}^{ax}+C_1$，由 $y''|_{x=1}=0$，得 $C_1=-\dfrac{1}{a}\mathrm{e}^a$，$y''=\dfrac{1}{a}\mathrm{e}^{ax}-\dfrac{1}{a}\mathrm{e}^a$，于是 $y'=\int\left(\dfrac{1}{a}\mathrm{e}^{ax}-\dfrac{1}{a}\mathrm{e}^a\right)\mathrm{d}x=\dfrac{1}{a^2}\mathrm{e}^{ax}-\dfrac{1}{a}\mathrm{e}^a x+C_2$，由 $y'|_{x=1}=0$，得 $C_2=-\dfrac{1}{a^2}\mathrm{e}^a+\dfrac{1}{a}\mathrm{e}^a=\dfrac{1}{a}\mathrm{e}^a\left(1-\dfrac{1}{a}\right)$，于是 $y'=\dfrac{1}{a^2}\mathrm{e}^{ax}-\dfrac{1}{a}\mathrm{e}^a x+\dfrac{1}{a}\mathrm{e}^a\left(1-\dfrac{1}{a}\right)$，积分得 $y=\int\left[\dfrac{1}{a^2}\mathrm{e}^{ax}-\dfrac{1}{a}\mathrm{e}^a x+\dfrac{1}{a}\mathrm{e}^a\left(1-\dfrac{1}{a}\right)\right]\mathrm{d}x=\dfrac{1}{a^3}\mathrm{e}^{ax}-\dfrac{1}{2a}\mathrm{e}^a x^2+\dfrac{1}{a}\mathrm{e}^a\left(1-\dfrac{1}{a}\right)x+C_3$，由 $y|_{x=1}=0$ 得 $C_3=-\dfrac{1}{a}\mathrm{e}^a\left(\dfrac{1}{a^2}-\dfrac{1}{a}+\dfrac{1}{2}\right)$，于是所求方程的特解为 $y=\dfrac{\mathrm{e}^{ax}}{a^3}-\dfrac{\mathrm{e}^a}{2a}x^2+\dfrac{\mathrm{e}^a}{a^2}(a-1)x+\dfrac{\mathrm{e}^a}{2a^3}(2a-a^2-2)$．

（3）令 $y'=p$，则 $y''=p\dfrac{\mathrm{d}p}{\mathrm{d}y}$，原方程化为 $p\dfrac{\mathrm{d}p}{\mathrm{d}y}=\mathrm{e}^{2y}$，分离变量得 $2p\mathrm{d}p=2\mathrm{e}^{2y}\mathrm{d}y$，两边积分得 $p^2=\mathrm{e}^{2y}+C_1$．

由初始条件 $y=0$，$y'=p=0$，得 $C_1=-1$，于是 $p^2=\mathrm{e}^{2y}-1$，即 $\dfrac{\mathrm{d}y}{\mathrm{d}x}=p=\pm\sqrt{\mathrm{e}^{2y}-1}$．

再次分离变量，得 $\dfrac{\mathrm{d}y}{\sqrt{\mathrm{e}^{2y}-1}}=\pm\mathrm{d}x$，两边积分得 $-\arcsin\mathrm{e}^{-y}=\pm x+C_2$．

由初始条件 $x=0$， $y=0$，得 $C_2=-\dfrac{\pi}{2}$，于是 $\arcsin \mathrm{e}^{-y}=\mp x+\dfrac{\pi}{2}$，于是所求方程的特解为 $y=-\ln\cos x=\ln\sec x$．

（4）令 $y'=p$，则 $y''=p\dfrac{\mathrm{d}p}{\mathrm{d}y}$，原方程变形为 $p\dfrac{\mathrm{d}p}{\mathrm{d}y}=3\sqrt{y}$．分离变量得 $p\mathrm{d}p=3\sqrt{y}\mathrm{d}y$，两边积分得 $p^2=4y^{\frac{3}{2}}+C_1$．

由初始条件 $y=1$， $y'=p=2$，得 $C_1=0$，于是 $p^2=4y^{\frac{3}{2}}$，即 $\dfrac{\mathrm{d}y}{\mathrm{d}x}=p=2y^{\frac{3}{4}}$．

再次分离变量得 $y^{-\frac{3}{4}}\mathrm{d}y=2\mathrm{d}x$，两边积分得 $y=\left(\dfrac{x}{2}+C_2\right)^4$．

由初始条件 $x=0$， $y=1$，得 $C_2=1$，于是所求方程的特解为 $y=\left(\dfrac{1}{2}x+1\right)^4$．

（5）令 $y'=p$，则 $y''=p'$，原方程变形为 $p'+p^2=1$．分离变量并积分得 $\int\dfrac{\mathrm{d}p}{1-p^2}=\int\mathrm{d}x$，两边积分得 $\ln\left|\dfrac{p+1}{p-1}\right|=2x+C_1'$，即 $y'=p=\dfrac{2}{C_1\mathrm{e}^{2x}-1}+1$，由 $y'|_{x=0}=0$，得 $C_1=-1$，即 $y'=\dfrac{2}{-\mathrm{e}^{2x}-1}+1$．两边再积分，得 $y=\int\left(\dfrac{2}{-\mathrm{e}^{2x}-1}+1\right)\mathrm{d}x=-\int\dfrac{2\mathrm{e}^{2x}}{\left(\mathrm{e}^{2x}+1\right)\mathrm{e}^{2x}}\mathrm{d}x+x=$
$-\int\left(\dfrac{1}{\mathrm{e}^{2x}}-\dfrac{1}{\mathrm{e}^{2x}+1}\right)\mathrm{d}\mathrm{e}^{2x}+x=x-\ln\dfrac{\mathrm{e}^{2x}}{\mathrm{e}^{2x}+1}+C_2=-x+\ln\left(\mathrm{e}^{2x}+1\right)+C_2$．

由 $y|_{x=0}=0$，得 $C_2=-\ln 2$，于是所求方程的特解为 $y=-x+\ln\dfrac{\mathrm{e}^{2x}+1}{2}$．

3．试求 $y''=x$ 的经过点 $M(0,1)$ 且在此点与直线 $y=\dfrac{x}{2}+1$ 相切的积分曲线方程．

解　依题意，求积分曲线方程，即求如下初值问题 $y''=x$， $y|_{x=0}=1$， $y'|_{x=0}=\dfrac{1}{2}$．

对方程两端积分，得 $y'=\dfrac{1}{2}x^2+C_1$．由初始条件 $x=0$， $y'=\dfrac{1}{2}$，得 $C_1=\dfrac{1}{2}$，即 $y'=\dfrac{1}{2}x^2+\dfrac{1}{2}$．再对方程两端积分，得 $y=\dfrac{1}{6}x^3+\dfrac{1}{2}x+C_2$．由初始条件 $x=0$， $y=1$，得 $C_2=1$．故所求积分曲线为 $y=\dfrac{1}{6}x^3+\dfrac{1}{2}x+1$．

第七节　高阶线性微分方程

一、基本要求

理解二阶和高阶线性微分方程解的结构.

二、答疑解惑

1．在二阶线性齐次微分方程解的结构定理中，如果 y_1 与 y_2 是方程 $y''+P(x)y'+Q(x)y=0$ 的两个线性无关的特解，那么 $y=C_1y_1+C_2y_2$ 为该齐次方程的通解. 这里 y_1 与 y_2 “线性无关”这个条件是否可以去掉？为什么？

答 y_1 与 y_2 “线性无关”这个条件不能去掉. $y=C_1y_1+C_2y_2$ 是齐次方程 $y''+P(x)y'+Q(x)y=0$ 的解，这一性质被称为齐次线性微分方程符合解的叠加原理，但 $y=C_1y_1+C_2y_2$ 不一定是方程的通解. 虽然这里有两个常数，当 y_1 与 y_2 线性相关时，这两个常数可以合并为一个任意常数，这时 $y=C_1y_1+C_2y_2$ 就不是方程的通解了. 只有当 y_1 与 y_2 线性无关时，$y=C_1y_1+C_2y_2$ 才是方程的通解.

2．设 y_1^*,y_2^*,y_3^* 是二阶线性非齐次微分方程 $y''+P(x)y'+Q(x)y=f(x)$ 的三个特解，在什么条件下我们可以得到这个方程的通解？

答 不难验证，这三个特解 y_1^*,y_2^*,y_3^* 中任意两个之差都是与非齐次线性方程对应的齐次方程的解，假如它们的差中有两个线性无关，不妨设 $Y_1=y_1^*-y_3^*$ 与 $Y_2=y_2^*-y_3^*$ 线性无关，那么 Y_1,Y_2 就是与非齐次方程对应的齐次方程的两个线性无关的解，于是齐次方程的通解为 $Y=C_1Y_1+C_2Y_2$，有了齐次方程的通解，再加上一个非齐次方程的特解，即可得到非齐次方程的通解.

三、经典例题解析

题型 有关高阶线性微分方程解的结构问题

例 1 若 $y_1=\left(1+x^2\right)^2-\sqrt{1+x^2}$，$y_2=\left(1+x^2\right)^2+\sqrt{1+x^2}$ 是微分方程 $y'+p(x)y=q(x)$ 的两个解，则 $q(x)=$（ ）.

（A）$3x\left(1+x^2\right)$ （B）$-3x\left(1+x^2\right)$ （C）$\dfrac{x}{1+x^2}$ （D）$-\dfrac{x}{1+x^2}$

分析 先根据对应齐次方程的解求出 $p(x)$，再由非齐次方程的解求出 $q(x)$.

解 由 $y_1=\left(1+x^2\right)^2-\sqrt{1+x^2}$，$y_2=\left(1+x^2\right)^2+\sqrt{1+x^2}$ 是微分方程 $y'+p(x)y=q(x)$ 的两个解，可知 $\dfrac{y_2-y_1}{2}=\sqrt{1+x^2}$ 是对应齐次方程 $y'+p(x)y=0$ 的解，即 $\dfrac{x}{\sqrt{1+x^2}}+p(x)\sqrt{1+x^2}=0$，所以 $p(x)=-\dfrac{x}{1+x^2}$.

又 $\dfrac{y_2+y_1}{2}=\left(1+x^2\right)^2$ 是微分方程 $y'-\dfrac{x}{1+x^2}y=q(x)$ 的解，代入微分方程有 $4x\left(1+x^2\right)-\dfrac{x}{1+x^2}\cdot\left(1+x^2\right)^2=q(x)$，所以 $q(x)=3x\left(1+x^2\right)$. 因此应选（A）.

注 1 若 y_1,y_2 都是 $y'+P(x)y=Q(x)$ 的解，则 $y=y_1-y_2$ 是对应齐次线性微分方程 $y'+P(x)y=0$ 的解，且 $y=k\left(y_1-y_2\right)$（k 为任意常数）也是 $y'+P(x)y=0$ 的解，例如本题中选择 $y=\dfrac{1}{2}\left(y_1-y_2\right)$.

注 2 若 y_1, y_2 都是 $y'+P(x)y=Q(x)$ 的解，则当 $\lambda_1+\lambda_2=1$ 时，$y=\lambda_1 y_1+\lambda_2 y_2$ 也是 $y'+P(x)y=Q(x)$ 的解，例如本题中选择 $y=\frac{1}{2}(y_1+y_2)$.

注 3 上述规律可以推广到高阶线性微分方程.

例 2 设线性无关的函数 $y_1(x)$, $y_2(x)$, $y_3(x)$ 均是二阶线性非齐次方程 $y''+P(x)y'+Q(x)y=f(x)$ 的解，C_1, C_2 为任意常数，则该非齐次方程的通解是（ ）.

（A）$C_1y_1+C_2y_2+y_3$ （B）$C_1y_1+C_2y_2-(C_1+C_2)y_3$

（C）$C_1y_1+C_2y_2-(1-C_1-C_2)y_3$ （D）$C_1y_1+C_2y_2+(1-C_1-C_2)y_3$

解 选项（D）正确. 由于函数 y_1, y_2, y_3 线性无关，所以函数 y_1-y_3 与 y_2-y_3 线性无关，而 $C_1y_1+C_2y_2+(1-C_1-C_2)y_3=C_1(y_1-y_3)+C_2(y_2-y_3)+y_3$，其中 $C_1(y_1-y_3)+C_2(y_2-y_3)$ 为对应的齐次方程的通解，y_3 是非齐次方程的特解，由解的结构定理可知，选项（D）正确.（A）错误. 因为 $C_1y_1+C_2y_2$ 不是对应的齐次方程的通解，所以 $C_1y_1+C_2y_2+y_3$ 不是该非齐次方程的通解.（B）错误. 虽然 $C_1y_1+C_2y_2-(C_1+C_2)y_3=C_1(y_1-y_3)+C_2(y_2-y_3)$ 是对应的齐次方程的通解，但是缺少非齐次方程的特解，故不是非齐次方程的通解.（C）错误. 因为 $C_1y_1+C_2y_2-(1-C_1-C_2)y_3=C_1(y_1+y_3)+C_2(y_2+y_3)-y_3$ 也不是该非齐次方程的通解.

注 非齐次线性微分方程的通解由两部分构成：一部分是对应的齐次方程的通解，另一部分是非齐次方程本身的一个特解. 这种性质对一阶、二阶及更高阶的非齐次线性微分方程都成立.

例 3 设方程 $y''+P(x)y'+Q(x)y=f(x)$ 的三个特解是 $y_1=1$，$y_2(x)=x$，$y_3=x^2$，求此方程的通解，并求出此方程.

分析 先构造对应的齐次方程的通解，即先找出两个线性无关的解.

解 由解的性质，$y_2-y_1=x-1$，$y_3-y_1=x^2-1$ 都是对应的齐次方程的解，且 $\frac{x^2-1}{x-1}=x+1\neq$ 常数，故 x^2-1 与 $x-1$ 线性无关，所以原方程的通解为 $y=C_1(x-1)+C_2(x^2-1)+1$. 对其分别求出 y', y''，可得 $y'=C_1+2C_2x$，$y''=2C_2$，解得 $C_1=y'-xy''$，$C_2=\frac{1}{2}y''$. 将 C_1, C_2 代入通解，化简得 $(x-1)^2y''-2(x-1)y'+2y=2$，故所求微分方程为 $y''-\frac{2}{x-1}y'+\frac{2}{(x-1)^2}y=\frac{2}{(x-1)^2}$.

例 4 设 $y_1(x)$, $y_2(x)$ 是二阶非齐次线性方程 $y''+P(x)y'+Q(x)y=f(x)$ 的两个不同的特解. 证明：（1）$y_1(x)$, $y_2(x)$ 是线性无关的；（2）对任意实数 λ，$y=\lambda y_1+(1-\lambda)y_2$ 也是方程 $y''+P(x)y'+Q(x)y=f(x)$ 的解.

证明 （1）反证法. 若 $y_1(x)$, $y_2(x)$ 线性相关，则存在不全为零的常数 k_1, k_2，使得 $k_1y_1+k_2y_2=0$，因而 $(k_1y_1+k_2y_2)'=0$，$(k_1y_1+k_2y_2)''=0$，这样

$$\left(k_1y_1+k_2y_2\right)''+P(x)\left(k_1y_1+k_2y_2\right)'+Q(x)\left(k_1y_1+k_2y_2\right)=0,$$

$$k_1\left[y_1''+P(x)y_1'+Q(x)y_1\right]+k_2\left[y_2''+P(x)y_2'+Q(x)y_2\right]=0,$$

而 y_1，y_2 为方程 $y''+P(x)y'+Q(x)y=f(x)$ 的解，故 $k_1f(x)+k_2f(x)=(k_1+k_2)f(x)=0$．又 $f(x)\neq 0$，只有 $k_1+k_2=0$．再由 $k_1y_1+k_2y_2=0$，可得 $k_1y_1+k_2y_2=k_1y_1-k_1y_2=k_1(y_1-y_2)=0$，因为 $k_1\neq 0$，可得 $y_1=y_2$，这与已知矛盾，故 y_1 与 y_2 线性无关.

（2）因为 y_1，y_2 为方程 $y''+P(x)y'+Q(x)y=f(x)$ 的解，故 y_1-y_2 是其对应的齐次方程的解，从而 $\lambda(y_1-y_2)$ 也是齐次方程的解，于是 $\lambda(y_1-y_2)+y_2$ 就是方程 $y''+P(x)y'+Q(x)y=f(x)$ 的解，注意这里不是通解．变形 $\lambda(y_1-y_2)+y_2=\lambda y_1+(1-\lambda)y_2$，即 $y=\lambda y_1+(1-\lambda)y_2$ 是方程 $y''+P(x)y'+Q(x)y=f(x)$ 的解.

四、习题选解

1．判断下列各组函数是否线性相关：

（1）e^{2x}，$3e^{2x}$；（2）e^{-x}，e^{x}；（3）$\sin 2x$，$\cos x\sin x$；（4）e^{x}，$\sin x$；（5）x，$x+3$．

解　对于两个函数构成的函数组，若它们的比为常数，则线性相关，否则线性无关.

由于 $\dfrac{e^{2x}}{3e^{2x}}=\dfrac{1}{3}$，$\dfrac{\sin 2x}{\cos x\sin x}=2$ 为常数，所以（1），（3）线性相关；而 $\dfrac{e^{-x}}{e^{x}}=e^{-2x}$，$\dfrac{e^{x}}{\sin x}$，$\dfrac{x}{x+3}$ 不是常数，所以（2），（4），（5）线性无关.

2．验证 $y_1=\cos\omega x$ 及 $y_2=\sin\omega x$ 都是方程 $y''+\omega^2y=0$ 的解，并写出该方程的通解.

解　由 $y_1=\cos\omega x$，得 $y_1'=-\omega\sin\omega x$，$y_1''=-\omega^2\cos\omega x$，将其代入方程可知 $y_1''+\omega^2y_1\equiv 0$；同理，由 $y_2=\sin\omega x$，得 $y_2'=\omega\cos\omega x$，$y_2''=-\omega^2\sin\omega x$，将其代入方程可知 $y_2''+\omega^2y_2\equiv 0$，故 y_1，y_2 都是方程的解.

又由于 $\dfrac{y_1}{y_2}=\cot\omega x\neq$ 常数，故 y_1 与 y_2 线性无关，于是方程的通解为

$$y=C_1y_1+C_2y_2=C_1\cos\omega x+C_2\sin\omega x.$$

3．验证 $y_1=e^{x^2}$ 及 $y_2=xe^{x^2}$ 都是方程 $y''-4xy'+\left(4x^2-2\right)y=0$ 的解，并写出该方程的通解.

解　由 $y_1=e^{x^2}$，得 $y_1'=2xe^{x^2}$，$y_1''=\left(4x^2+2\right)e^{x^2}$，将其代入方程可知 $y_1''-4xy_1'+(4x^2-2)y_1\equiv 0$；同理，由 $y_2=xe^{x^2}$，得 $y_2'=(2x^2+1)e^{x^2}$，$y_2''=(4x^3+6x)e^{x^2}$，将其代入方程可知 $y_2''-4xy_2'+\left(4x^2-2\right)y_2\equiv 0$，故 y_1，y_2 都是方程的解.

又由于 $\dfrac{y_1}{y_2}=\dfrac{1}{x}\neq$ 常数，故 y_1 与 y_2 线性无关，于是方程的通解为 $y=C_1y_1+C_2y_2=C_1e^{x^2}+C_2xe^{x^2}$．

第八节　二阶常系数齐次线性微分方程

一、基本要求

掌握二阶常系数齐次线性微分方程的解法.

二、答疑解惑

求二阶常系数齐次线性微分方程 $y''+py'+q=0$ 通解的步骤是什么？

答　（1）写出与微分方程对应的特征方程 $r^2+pr+q=0$，并求出它的两个特征根 r_1 和 r_2；（2）根据特征根的不同情况写出微分方程的通解.

三、经典例题解析

题型　求二阶常系数齐次线性微分方程的通解

例 1　求微分方程 $y''-7y'+12y=0$ 的通解.

解　特征方程为 $r^2-7r+12=0$，解得特征根为 $r_1=3,\ r_2=4$，故所求通解为 $y=C_1\mathrm{e}^{3x}+C_2\mathrm{e}^{4x}$.

例 2　求微分方程 $y''+10y'+25y=0$ 的通解.

解　特征方程为 $r^2+10r+25=0$，解得特征根为 $r_1=r_2=-5$，故所求通解为 $y=\left(C_1+C_2x\right)\mathrm{e}^{-5x}$.

例 3　求微分方程 $y''+y'+y=0$ 的通解.

解　特征方程为 $r^2+r+1=0$，解得特征根为 $r_{1,2}=-\frac{1}{2}\pm\frac{\sqrt{3}}{2}\mathrm{i}$，故所求通解为

$$y=\mathrm{e}^{-\frac{x}{2}}\left(C_1\cos\frac{\sqrt{3}}{2}x+C_2\sin\frac{\sqrt{3}}{2}x\right).$$

例 4　求微分方程 $y'''+8y''+16y'=0$ 的通解.

分析　对于高于二阶的常系数齐次线性微分方程，求其通解时，也是先写出相应的特征方程，求出特征根，然后按特征根的不同情况写出相应的通解.

解　特征方程为 $r^3+8r^2+16r=0$，即 $r(r+4)^2=0$，解得特征根为 $r_1=0,\ r_2=r_3=-4$，故所求通解为 $y=C_1+\left(C_2+C_3x\right)\mathrm{e}^{-4x}$.

例 5　求微分方程 $y'''-3y''+3y'-y=0$ 的通解.

解　特征方程为 $r^3-3r^2+3r-1=0$，即 $(r-1)^3=0$，解得特征根为 $r_1=r_2=r_3=1$，故所求通解为 $y=\left(C_1+C_2x+C_3x^2\right)\mathrm{e}^x$.

例 6　求微分方程 $y^{(4)}-y''-2y=0$ 的通解.

解　特征方程为 $r^4-r^2-2=0$，即 $(r^2+1)(r^2-2)=0$，解得特征根为 $r_{1,2}=\pm\mathrm{i}$，$r_{3,4}=\pm\sqrt{2}$，故所求通解为 $y=C_1\cos x+C_2\sin x+C_3\mathrm{e}^{\sqrt{2}x}+C_4\mathrm{e}^{-\sqrt{2}x}$.

四、习题选解

1．求下列各微分方程的通解：

（1）$y''+y'-2y=0$；（2）$y''-4y'=0$；（3）$y''+y=0$；（4）$y''+6y'+13y=0$；

（5）$4x''(t)-20x'(t)+25x(t)=0$；（6）$y''-4y'+5y=0$；（7）$y^{(4)}-y=0$；

（8）$y^{(4)}+2y''+y=0$；（9）$y^{(4)}-2y'''+y''=0$；（10）$y^{(4)}+5y''-36y=0$．

解 （1）所给微分方程的特征方程为$r^2+r-2=0$，它有两个不相等的实根$r_1=1$，$r_2=-2$，故所求通解为$y=C_1\mathrm{e}^x+C_2\mathrm{e}^{-2x}$．

（2）所给微分方程的特征方程为$r^2-4r=0$，它有两个不相等的实根$r_1=0$，$r_2=4$，故所求通解为$y=C_1+C_2\mathrm{e}^{4x}$．

（3）所给微分方程的特征方程为$r^2+1=0$，它有一对共轭复根$r_1=\mathrm{i}$，$r_2=-\mathrm{i}$，故所求通解为$y=C_1\cos x+C_2\sin x$．

（4）所给微分方程的特征方程为$r^2+6r+13=0$，它有一对共轭复根$r_1=-3+2\mathrm{i}$，$r_2=-3-2\mathrm{i}$，故所求通解为$y=\mathrm{e}^{-3x}\left(C_1\cos 2x+C_2\sin 2x\right)$．

（5）所给微分方程的特征方程为$4r^2-20r+25=0$，它有两个相等的实根$r_1=r_2=\dfrac{5}{2}$，故所求通解为$x=\left(C_1+C_2t\right)\mathrm{e}^{\frac{5}{2}t}$．

（6）所给微分方程的特征方程为$r^2-4r+5=0$，它有一对共轭复根$r_1=2+\mathrm{i}$，$r_2=2-\mathrm{i}$，故所求通解为$y=\mathrm{e}^{2x}\left(C_1\cos x+C_2\sin x\right)$．

（7）所给微分方程的特征方程为$r^4-1=0$，它有四个根$r_1=1$，$r_2=-1$，$r_3=\mathrm{i}$，$r_4=-\mathrm{i}$，故所求通解为$y=C_1\mathrm{e}^x+C_2\mathrm{e}^{-x}+C_3\cos x+C_4\sin x$．

（8）所给微分方程的特征方程为$r^4+2r^2+1=0$，它有四个复根$r_1=r_2=\mathrm{i}$，$r_3=r_4=-\mathrm{i}$，故所求通解为$y=\left(C_1+C_2x\right)\cos x+\left(C_3+C_4x\right)\sin x$．

（9）所给微分方程的特征方程为$r^4-2r^3+r^2=0$，它有四个实根$r_1=r_2=0$，$r_3=r_4=1$，故所求通解为$y=C_1+C_2x+\left(C_3+C_4x\right)\mathrm{e}^x$．

（10）所给微分方程的特征方程为$r^4+5r^2-36=0$，它有四个根$r_1=2, r_2=-2$，$r_3=3\mathrm{i}$，$r_4=-3\mathrm{i}$，故所求通解为$y=C_1\mathrm{e}^{2x}+C_2\mathrm{e}^{-2x}+C_3\cos 3x+C_4\sin 3x$．

2．求下列各微分方程满足所给初始条件的特解：

（1）$y''-4y'+3y=0$，$y\big|_{x=0}=6$，$y'\big|_{x=0}=10$；

（2）$4y''+4y'+y=0$，$y\big|_{x=0}=2$，$y'\big|_{x=0}=0$；

（3）$y''+4y'+29y=0$，$y\big|_{x=0}=0$，$y'\big|_{x=0}=15$；

（4）$y''+25y=0$，$y\big|_{x=0}=2$，$y'\big|_{x=0}=5$．

解 （1）其特征方程为$r^2-4r+3=0$，它有两个不相等的实根$r_1=1$，$r_2=3$，故所求通解为$y=C_1\mathrm{e}^x+C_2\mathrm{e}^{3x}$，且$y'=C_1\mathrm{e}^x+3C_2\mathrm{e}^{3x}$．

由初始条件 $x=0$，$y=6$，$y'=10$，得 $\begin{cases}C_1+C_2=6,\\ C_1+3C_2=10,\end{cases}$ 即 $C_1=4$，$C_2=2$，于是所求方程的特解为 $y=4\mathrm{e}^x+2\mathrm{e}^{3x}$．

（2）其特征方程为 $4r^2+4r+1=0$，它有两个相等的实根 $r_1=r_2=-\dfrac{1}{2}$，故所求通解为 $y=(C_1+C_2x)\mathrm{e}^{-\frac{x}{2}}$，且 $y'=-\dfrac{1}{2}C_1\mathrm{e}^{-\frac{x}{2}}+C_2\mathrm{e}^{-\frac{x}{2}}-\dfrac{C_2}{2}x\mathrm{e}^{-\frac{x}{2}}$．

由初始条件 $x=0$，$y=2$，$y'=0$，得 $\begin{cases}C_1=2,\\ -\dfrac{C_1}{2}+C_2=0,\end{cases}$ 即 $C_1=2$，$C_2=1$，于是所求方程的特解为 $y=(2+x)\mathrm{e}^{-\frac{x}{2}}$．

（3）其特征方程为 $r^2+4r+29=0$，它有一对共轭复根 $r_1=-2+5\mathrm{i}$，$r_2=-2-5\mathrm{i}$，故所求通解为 $y=\mathrm{e}^{-2x}(C_1\cos 5x+C_2\sin 5x)$，且

$$y'=-2\mathrm{e}^{-2x}(C_1\cos 5x+C_2\sin 5x)+5\mathrm{e}^{-2x}(-C_1\sin 5x+C_2\cos 5x).$$

由初始条件 $x=0$，$y=0$，$y'=15$，得 $\begin{cases}C_1=0,\\ -2C_1+5C_2=15,\end{cases}$ 即 $C_1=0$，$C_2=3$，于是所求方程的特解为 $y=3\mathrm{e}^{-2x}\sin 5x$．

（4）其特征方程为 $r^2+25=0$，它有一对共轭复根 $r_1=5\mathrm{i}$，$r_2=-5\mathrm{i}$，故所求通解为 $y=C_1\cos 5x+C_2\sin 5x$，且 $y'=-5C_1\sin 5x+5C_2\cos 5x$．

由初始条件 $x=0$，$y=2$，$y'=5$，得 $\begin{cases}C_1=2,\\ 5C_2=5,\end{cases}$ 即 $C_1=2$，$C_2=1$，于是所求方程的特解为 $y=2\cos 5x+\sin 5x$．

第九节　二阶常系数非齐次线性微分方程

一、基本要求

1. 掌握二阶常系数非齐次线性微分方程解的结构．

2. 会求自由项形如 $P_n(x)\mathrm{e}^{\alpha x}$ 或 $\mathrm{e}^{\alpha x}(A\cos\beta x+B\sin\beta x)$ 的二阶常系数非齐次线性微分方程的特解及通解．

3. 了解高阶常系数非齐次线性微分方程解的解法．

4. 会通过建立微分方程模型，解决一些简单的实际问题．

二、答疑解惑

1．微分方程 $y''+y=\mathrm{e}^x+x\cos 2x$ 的特解应当怎样设？

答　由叠加原理，若 y_1^* 和 y_2^* 分别是线性微分方程 $y''+P(x)y'+Q(x)y=f_1(x)$ 和 $y''+P(x)y'+Q(x)y=f_2(x)$ 的解，则 $y^*=y_1^*+y_2^*$ 便是 $y''+P(x)y'+Q(x)y=f_1(x)+f_2(x)$ 的解．这里，方程 $y''+y=\mathrm{e}^x+x\cos 2x$ 对应的齐次方程是 $y''+y=0$，其特征方程为 $r^2+1=0$，

特征根 $r_{1,2}=\pm\mathrm{i}$，故应设 $y_1^*=A\mathrm{e}^x$ 是方程 $y''+y=\mathrm{e}^x$ 的一个特解，$y_2^*=(ax+b)\cos 2x+(cx+d)\sin 2x$ 是方程 $y''+y=x\cos 2x$ 的一个特解，于是，$y^*=y_1^*+y_2^*$ 就是方程 $y''+y=\mathrm{e}^x+x\cos 2x$ 的特解.

2．在求解二阶常系数非齐次线性微分方程的初值问题时，应该注意什么？

答　因为初值条件是非齐次方程所满足的条件，所以确定特解时要将其代入到非齐次方程的通解中，以确定常数 C_1，C_2，再写出所求特解. 由于对应的齐次方程通解中也含有 C_1，C_2，如果把初值条件代入到齐次方程的通解中去，就会得到错误的结果.

三、经典例题解析

题型　求二阶常系数非齐次线性微分方程的通解

例 1　求微分方程 $y''-5y'+4y=x^2-2x+1$ 的通解.

解　这是二阶常系数非齐次线性微分方程，$f(x)$ 是 $P_m(x)\mathrm{e}^{\lambda x}$ 型, 这里 $P_m(x)=x^2-2x+1$，$\lambda=0$，所给方程对应的齐次方程 $y''-5y'+4y=0$ 的特征方程为 $r^2-5r+4=0$，故特征根为 $r_1=1$，$r_2=4$. 所以齐次方程的通解为 $Y=C_1\mathrm{e}^x+C_2\mathrm{e}^{4x}$.

因为 $\lambda=0$ 不是特征方程的特征根，所以原方程有形如 $y^*=ax^2+bx+c$ 的特解. 将 $y^*=ax^2+bx+c$ 代入原方程得 $2a-5(2ax+b)+4(ax^2+bx+c)=x^2-2x+1$，比较等式两端 x 的同次幂的系数得 $4a=1,\ 4b-10a=-2,\ 4c-5b+2a=1$，解得 $a=\dfrac{1}{4}$，$b=\dfrac{1}{8}$，$c=\dfrac{9}{32}$，所以原方程的通解为 $y=C_1\mathrm{e}^x+C_2\mathrm{e}^{4x}+\dfrac{1}{4}x^2+\dfrac{1}{8}x+\dfrac{9}{32}$.

例 2　设函数 $y=y(x)$ 满足微分方程 $y''-3y'+2y=2\mathrm{e}^x$，且其图形在点 $(0,1)$ 处的切线与曲线 $y=x^2-x+1$ 在该点的切线重合，求函数 $y=y(x)$.

解　特征方程为 $r^2-3r+2=0$，特征根为 $r_1=1,r_2=2$，对应齐次方程的通解为 $y=C_1\mathrm{e}^x+C_2\mathrm{e}^{2x}$.

设非齐次方程的特解为 $y^*=Ax\mathrm{e}^x$，代入原方程得 $A=-2$，于是原方程的通解为 $y=C_1\mathrm{e}^x+C_2\mathrm{e}^{2x}-2x\mathrm{e}^x$. 由所给条件得 $y(0)=1,y'(0)=-1$，代入通解得 $C_1=1,C_2=0$，所以 $y=(1-2x)\mathrm{e}^x$.

注　根据已知条件的几何意义给出方程的初始条件.

例 3　求微分方程 $y''-2y'+y=(x-1)\mathrm{e}^x$ 的一个特解.

解　这是二阶常系数非齐次线性微分方程，$f(x)$ 是 $P_m(x)\mathrm{e}^{\lambda x}$ 型, 这里 $P_m(x)=x-1$，$\lambda=1$. 所给方程对应的齐次方程的特征方程为 $r^2-2r+1=0$，故特征根为 $r_1=r_2=1$.

因为 $\lambda=1$ 是特征方程的二重根, 所以原方程有形如 $y^*=x^2(ax+b)\mathrm{e}^x$ 的特解. 将它代入原方程，得 $6ax+2b=x-1$，比较等式两端 x 的同次幂的系数得 $a=\dfrac{1}{6}$，$b=-\dfrac{1}{2}$，于是所求方程的特解为 $y^*=x^2\left(\dfrac{x}{6}-\dfrac{1}{2}\right)\mathrm{e}^x$.

例 4　求微分方程 $y''+4y'+4y=\cos 2x$ 的一个特解.

解　这是二阶常系数非齐次线性微分方程，$f(x)$ 是 $e^{\lambda x}[P_l(x)\cos\omega x+P_n(x)\sin\omega x]$ 型，这里 $\lambda=0$，$\omega=2$，$P_l(x)=1$，$P_n(x)=0$．所给方程对应的齐次方程的特征方程为 $r^2+4r+4=0$，故特征根为 $r_1=r_2=-2$．

因为 $\lambda\pm\omega i=\pm2i$ 不是特征方程的根，所以原方程有形如 $y^*=a\cos2x+b\sin2x$ 的特解．于是 $y^{*\prime}=-2a\sin2x+2b\cos2x$，$y^{*\prime\prime}=-4a\cos2x-4b\sin2x$．将它们代入原方程，再比较方程两端同类项的系数得 $a=0$，$b=\frac{1}{8}$，因此原方程的一个特解为 $y^*=\frac{1}{8}\sin2x$．

例 5　求微分方程 $y''+\frac{1}{4}y=6\sin\frac{x}{2}$ 的一个特解.

解　这是二阶常系数非齐次线性微分方程，$f(x)$ 是 $e^{\lambda x}[P_l(x)\cos\omega x+P_n(x)\sin\omega x]$ 型，这里 $\lambda=0$，$\omega=\frac{1}{2}$，$P_l(x)=0$，$P_n(x)=6$．所给方程对应的齐次方程的特征方程为 $r^2+\frac{1}{4}=0$，故特征根为 $r_{1,2}=\pm\frac{1}{2}i$．

因为 $\lambda\pm\omega i=\pm\frac{1}{2}i$ 是特征方程的根，所以原方程有形如 $y^*=x\left(a\cos\frac{x}{2}+b\sin\frac{x}{2}\right)$ 的特解. 将它们代入原方程，再比较方程两端同类项的系数得 $a=-6$，$b=0$，因此原方程的一个特解为 $y^*=-6x\cos\frac{x}{2}$．

例 6　求方程 $y''-2y'-3y=e^{3x}+\cos x$ 的通解.

解　先求对应的齐次方程的通解 Y．对应的齐次方程的特征方程为 $r^2-2r-3=0$，特征根为 $r_1=-1$，$r_2=3$，于是对应的齐次方程的通解为 $Y=C_1e^{-x}+C_2e^{3x}$．

再求非齐次方程的一个特解 y^*.

由于 $f(x)=e^{3x}+\cos x$，所以可求出方程对应的自由项分别为 $f_1(x)=e^{3x}$ 和 $f_2(x)=\cos x$ 的特解 y_1^* 和 y_2^*，则 $y^*=y_1^*+y_2^*$ 就是原方程的一个特解.

对于 $f_1(x)=e^{3x}$，由于 $\lambda_1=3$ 是特征根，故可设特解为 $y_1^*=axe^{3x}$．对于 $f_2(x)=\cos x$，由于 $\lambda_2=\pm i$ 不是特征根，故可设特解 $y_2{}^*=b\cos x+c\sin x$．于是 $y^*=axe^{3x}+b\cos x+c\sin x$，代入原方程，可解得 $a=\frac{1}{4}$, $b=-\frac{1}{5}$, $c=-\frac{1}{10}$．于是所给方程的一个特解为 $y^*=\frac{1}{4}xe^{3x}-\frac{1}{5}\cos x-\frac{1}{10}\sin x$，通解为 $y=Y+y^*=C_1e^{-x}+C_2e^{3x}+\frac{1}{4}xe^{3x}-\frac{1}{5}\cos x-\frac{1}{10}\sin x$.

四、习题选解

1．求下列各微分方程的通解：

（1）$2y''+y'-y=2e^x$；　（2）$y''+a^2y=e^x$；　（3）$2y''+5y'=5x^2-2x-1$；

（4）$y''+3y'+2y=3xe^{-x}$；（5）$y''-2y'+5y=e^x\sin2x$；（6）$y''+5y'+4y=3-2x$；

（7）$y''+4y=x\cos x$；　（8）$y''+y=e^x+\cos x$；　（9）$y''-y=\sin^2x$．

解　（1）对应的齐次方程的特征方程为 $2r^2+r-1=0$，特征根为 $r_1=-1$，$r_2=\frac{1}{2}$，于是对应的齐次方程的通解为 $Y=C_1\mathrm{e}^{-x}+C_2\mathrm{e}^{\frac{x}{2}}$.

由于 $\lambda=1$ 不是特征方程的根，所以可设特解形式为 $y^*=a\mathrm{e}^x$，代入原方程并化简，得 $a=1$，于是方程的一个特解为 $y^*=\mathrm{e}^x$，从而所求方程的通解为 $y=C_1\mathrm{e}^{-x}+C_2\mathrm{e}^{\frac{x}{2}}+\mathrm{e}^x$.

（2）对应的齐次方程的特征方程为 $r^2+a^2=0$，有一对共轭复根 $r_{1,2}=\pm a\mathrm{i}$，所以对应齐次方程的通解为 $Y=C_1\cos ax+C_2\sin ax$.

由于 $\lambda=1$ 不是特征根，故可设特解的形式为 $y^*=A\mathrm{e}^x$，将 y^* 代入原方程，得 $A=\frac{1}{a^2+1}$，所以 $y^*=\frac{1}{a^2+1}\mathrm{e}^x$，于是原方程的通解为 $y=C_1\cos ax+C_2\sin ax+\frac{1}{a^2+1}\mathrm{e}^x$.

（3）对应的齐次方程的特征方程为 $2r^2+5r=0$，特征根为 $r_1=0$，$r_2=-\frac{5}{2}$，于是对应的齐次方程的通解为 $Y=C_1+C_2\mathrm{e}^{-\frac{5}{2}x}$.

由于 $\lambda=0$ 是特征根，所以可设特解形式为 $y^*=x\left(b_2x^2+b_1x+b_0\right)$，代入原方程并化简，得 $15b_2x^2+\left(12b_2+10b_1\right)x+\left(4b_1+5b_0\right)=5x^2-2x-1$，比较系数，得 $b_0=\frac{7}{25}$，$b_1=-\frac{3}{5}$，$b_2=\frac{1}{3}$. 于是方程的一个特解为 $y^*=x\left(\frac{1}{3}x^2-\frac{3}{5}x+\frac{7}{25}\right)$，从而所求方程的通解为 $y=C_1+C_2\mathrm{e}^{-\frac{5}{2}x}+\left(\frac{x^3}{3}-\frac{3x^2}{5}+\frac{7}{25}x\right)$.

（4）对应的齐次方程的特征方程为 $r^2+3r+2=0$，特征根为 $r_1=-1$，$r_2=-2$，于是对应的齐次方程的通解为 $Y=C_1\mathrm{e}^{-x}+C_2\mathrm{e}^{-2x}$.

由于 $\lambda=-1$ 是特征方程的单根，所以可设特解形式为 $y^*=x(ax+b)\mathrm{e}^{-x}$，代入原方程并化简，得 $a=\frac{3}{2},b=-3$，于是方程的一个特解为 $y^*=x\left(\frac{3}{2}x-3\right)\mathrm{e}^{-x}$，从而所求方程的通解为 $y=C_1\mathrm{e}^{-x}+C_2\mathrm{e}^{-2x}+\left(\frac{3}{2}x^2-3x\right)\mathrm{e}^{-x}$.

（5）对应的齐次方程的特征方程为 $r^2-2r+5=0$，有一对共轭复根 $r_{1,2}=1\pm 2\mathrm{i}$，所以对应齐次方程的通解为 $Y=\mathrm{e}^x\left(C_1\cos 2x+C_2\sin 2x\right)$.

由于 $\lambda+\omega\mathrm{i}=1+2\mathrm{i}$ 是特征单根，故可设特解形式为 $y^*=x\mathrm{e}^x(A\cos 2x+B\sin 2x)$. 将

$$y^*=x\mathrm{e}^x\left(A\cos 2x+B\sin 2x\right),\quad y^{*\prime}=\mathrm{e}^x\left[(2Bx+Ax+A)\cos 2x+(-2Ax+Bx+B)\sin 2x\right],$$

$$y^{*\prime\prime}=\mathrm{e}^x\left[(2A+4B+4Bx-3Ax)\cos 2x+(2B-4A-4Ax-3Bx)\sin 2x\right]$$

一起代入原方程，得 $\mathrm{e}^x\left(4B\cos 2x-4A\sin 2x\right)=\mathrm{e}^x\sin 2x$，比较系数，得 $4B=0$，$-4A=1$，解得 $A=-\frac{1}{4}$，$B=0$，所以 $y^*=-\frac{1}{4}x\mathrm{e}^x\cos 2x$，于是原方程的通解为 $y=\mathrm{e}^x(C_1\cos 2x+C_2\sin 2x)-\frac{1}{4}x\mathrm{e}^x\cos 2x$.

（6）对应的齐次方程的特征方程为$r^2+5r+4=0$，特征根为$r_1=-1$，$r_2=-4$，于是对应的齐次方程的通解为$Y=C_1\mathrm{e}^{-x}+C_2\mathrm{e}^{-4x}$.

由于$\lambda=0$不是特征根，所以可设特解形式为$y^*=b_1x+b_0$，代入原方程并化简，得$5b_1+4(b_1x+b_0)=3-2x$，比较系数，得$b_0=\dfrac{11}{8}$，$b_1=-\dfrac{1}{2}$，于是方程的一个特解为$y^*=\dfrac{11}{8}-\dfrac{1}{2}x$，从而所求方程的通解为$y=C_1\mathrm{e}^{-x}+C_2\mathrm{e}^{-4x}+\dfrac{11}{8}-\dfrac{1}{2}x$.

（7）对应的齐次方程的特征方程为$r^2+4=0$，有一对共轭复根$r=\pm 2\mathrm{i}$，所以对应的齐次方程的通解为$Y=C_1\cos 2x+C_2\sin 2x$．对应于方程$y''+4y=x\cos x$，$\lambda+\omega\mathrm{i}=\mathrm{i}$不是特征根，可设特解形式为$y^*=(ax+b)\cos x+(cx+d)\sin x$．代入原方程，比较同类项的系数，得$a=\dfrac{1}{3}$，$b=0$，$c=0,d=\dfrac{2}{9}$，所以$y^*=\dfrac{1}{3}x\cos x+\dfrac{2}{9}\sin x$，于是原方程的通解为$y=C_1\cos 2x+C_2\sin 2x+\dfrac{1}{3}x\cos x+\dfrac{2}{9}\sin x$.

（8）对应的齐次方程的特征方程为$r^2+1=0$，有一对共轭复根$r_{1,2}=\pm\mathrm{i}$，所以对应齐次方程的通解为$Y=C_1\cos x+C_2\sin x$.

对应于方程$y''+y=\mathrm{e}^x$，$\lambda_1=1$不是特征根，可设特解形式为$y_1^*=A\mathrm{e}^x$；对应于方程$y''+y=\cos x$，$\lambda_2+\omega\mathrm{i}=\mathrm{i}$是特征单根，可设特解形式为$y_2^*=x(B\cos x+C\sin x)$.

由二阶非齐次线性微分方程解的叠加原理，原方程的特解可设为$y^*=A\mathrm{e}^x+x(B\cos x+C\sin x)$，代入原方程，得$2A\mathrm{e}^x+2C\cos x-2B\sin x=\mathrm{e}^x+\cos x$，比较系数，得$A=\dfrac{1}{2}$，$B=0$，$C=\dfrac{1}{2}$，所以$y^*=\dfrac{\mathrm{e}^x}{2}+\dfrac{x}{2}\sin x$，于是原方程的通解为$y=C_1\cos x+C_2\sin x+\dfrac{\mathrm{e}^x}{2}+\dfrac{x}{2}\sin x$.

（9）对应的齐次方程的特征方程为$r^2-1=0$，特征根为$r_1=-1$，$r_2=1$，于是对应的齐次方程的通解为$Y=C_1\mathrm{e}^{-x}+C_2\mathrm{e}^x$.

又因为$f(x)=\sin^2 x=\dfrac{1}{2}-\dfrac{1}{2}\cos 2x$，显然$y_1^*=-\dfrac{1}{2}$是方程$y''-y=\dfrac{1}{2}$的一个特解，方程$y''-y=-\dfrac{1}{2}\cos 2x$中，$\pm 2\mathrm{i}$不是其特征根，所以设其特解形式为$y_2^*=A\cos 2x+B\sin 2x$，代入方程$y''-y=-\dfrac{1}{2}\cos 2x$，求得$A=\dfrac{1}{10},B=0$，即得$y_2^*=\dfrac{1}{10}\cos 2x$．从而所求方程的通解为$y=C_1\mathrm{e}^{-x}+C_2\mathrm{e}^x+\dfrac{1}{10}\cos 2x-\dfrac{1}{2}$.

2．求下列各微分方程满足所给初始条件的特解：

（1）$y''+y+\sin 2x=0$，$y|_{x=\pi}=1$，$y'|_{x=\pi}=1$；（2）$y''-3y'+2y=5$，$y|_{x=0}=1,y'|_{x=0}=2$；

（3）$y''-10y'+9y=\mathrm{e}^{2x}$，$y|_{x=0}=\dfrac{6}{7},y'|_{x=0}=\dfrac{33}{7}$；（4）$y''-y=4x\mathrm{e}^x$，$y|_{x=0}=0$，$y'|_{x=0}=1$；

（5）$y''-4y'=5,y|_{x=0}=1,y'|_{x=0}=0$.

解 （1）对应的齐次方程的特征方程为$r^2+1=0$，有一对共轭复根$r_{1,2}=\pm\mathrm{i}$，所以对应齐次方程的通解为$Y=C_1\cos x+C_2\sin x$．

由于$\lambda+\omega\mathrm{i}=2\mathrm{i}$不是特征根，可设特解形式为$y^*=A\cos 2x+B\sin 2x$．代入原方程，得$-3A\cos 2x-3B\sin 2x=-\sin 2x$，比较系数，得$A=0$，$B=\dfrac{1}{3}$，所以$y^*=\dfrac{1}{3}\sin 2x$，于是原方程的通解为$y=C_1\cos x+C_2\sin x+\dfrac{1}{3}\sin 2x$，且$y'=-C_1\sin x+C_2\cos x+\dfrac{2}{3}\cos 2x$．

由初始条件$x=\pi$，$y=1$，$y'=1$，得$\begin{cases}-C_1=1,\\ -C_2+\dfrac{2}{3}=1,\end{cases}$即$C_1=-1$，$C_2=-\dfrac{1}{3}$，于是所求方程的特解为$y=-\cos x-\dfrac{1}{3}\sin x+\dfrac{1}{3}\sin 2x$．

（2）对应的齐次方程的特征方程为$r^2-3r+2=0$，特征根为$r_1=1$，$r_2=2$，于是对应的齐次方程的通解为$Y=C_1\mathrm{e}^x+C_2\mathrm{e}^{2x}$．

由于$\lambda=0$不是特征方程的根，所以可设特解形式为$y^*=a$，代入原方程并化简，得$a=\dfrac{5}{2}$，于是方程的一个特解为$y^*=\dfrac{5}{2}$，从而所求方程的通解为$y=C_1\mathrm{e}^x+C_2\mathrm{e}^{2x}+\dfrac{5}{2}$．

因为$y'=C_1\mathrm{e}^x+2C_2\mathrm{e}^{2x}$，由初始条件$y|_{x=0}=1,y'|_{x=0}=2$，得$\begin{cases}C_1+C_2=-\dfrac{3}{2},\\ C_1+2C_2=2,\end{cases}$即$\begin{cases}C_1=-5,\\ C_2=\dfrac{7}{2},\end{cases}$

于是所求方程的特解为$y=-5\mathrm{e}^x+\dfrac{7}{2}\mathrm{e}^{2x}+\dfrac{5}{2}$．

（3）对应的齐次方程的特征方程为$r^2-10r+9=0$，特征根为$r_1=1$，$r_2=9$，于是对应的齐次方程的通解为$Y=C_1\mathrm{e}^x+C_2\mathrm{e}^{9x}$．

由于$\lambda=2$不是特征方程的根，所以可设特解形式为$y^*=a\mathrm{e}^{2x}$，代入原方程并化简，得$a=-\dfrac{1}{7}$，于是方程的一个特解为$y^*=-\dfrac{1}{7}\mathrm{e}^{2x}$，从而所求方程的通解为$y=C_1\mathrm{e}^x+C_2\mathrm{e}^{9x}-\dfrac{1}{7}\mathrm{e}^{2x}$．

因为$y'=C_1\mathrm{e}^x+9C_2\mathrm{e}^{9x}-\dfrac{2}{7}\mathrm{e}^{2x}$，由初始条件$y|_{x=0}=\dfrac{6}{7},y'|_{x=0}=\dfrac{33}{7}$，得$\begin{cases}C_1+C_2=1,\\ C_1+9C_2=5,\end{cases}$即$C_1=C_2=\dfrac{1}{2}$，于是所求方程的特解为$y=\dfrac{1}{2}\mathrm{e}^x+\dfrac{1}{2}\mathrm{e}^{9x}-\dfrac{1}{7}\mathrm{e}^{2x}$．

（4）对应的齐次方程的特征方程为$r^2-1=0$，特征根为 $r_1=1$，$r_2=-1$，于是对应的齐次方程的通解为$Y=C_1\mathrm{e}^x+C_2\mathrm{e}^{-x}$．

由于$\lambda=1$是特征单根，所以可设特解形式为$y^*=x(b_1x+b_0)\mathrm{e}^x$，代入原方程并化简，得$4b_1x+2b_1+2b_0=4x$，比较系数，得$b_0=-1$，$b_1=1$，于是方程的一个特解为$y^*=\mathrm{e}^x(x^2-x)$，从而所求方程的通解为$y=C_1\mathrm{e}^x+C_2\mathrm{e}^{-x}+\mathrm{e}^x(x^2-x)$，且$y'=C_1\mathrm{e}^x-C_2\mathrm{e}^{-x}+\mathrm{e}^x(x^2+x-1)$．

由初始条件$x=0$，$y=0$，$y'=1$，得$\begin{cases}C_1+C_2=0,\\ C_1-C_2-1=1,\end{cases}$即$C_1=1$，$C_2=-1$，于是所求

方程的特解为 $y=\mathrm{e}^x-\mathrm{e}^{-x}+\mathrm{e}^x\left(x^2-x\right)$.

（5）对应的齐次方程的特征方程为 $r^2-4r=0$，特征根为 $r_1=0$，$r_2=4$，于是对应的齐次方程的通解为 $Y=C_1+C_2\mathrm{e}^{4x}$.

由于 $\lambda=0$ 是特征方程的一个单根，所以可设特解形式为 $y^*=ax$，代入原方程并化简，得 $a=-\frac{5}{4}$，于是方程的一个特解为 $y^*=-\frac{5}{4}x$，从而所求方程的通解为 $y=C_1+C_2\mathrm{e}^{4x}-\frac{5}{4}x$.

因为 $y'=4C_2\mathrm{e}^{4x}-\frac{5}{4}$，由初始条件 $y\big|_{x=0}=1, y'\big|_{x=0}=0$，得 $\begin{cases}C_1+C_2=1,\\4C_2-\frac{5}{4}=0,\end{cases}$ 即 $C_1=\frac{11}{16}$，$C_2=\frac{5}{16}$，于是所求方程的特解为 $y=\frac{11}{16}+\frac{5}{16}\mathrm{e}^{4x}-\frac{5}{4}x$.

3．设函数 $\varphi(x)$ 连续，且满足 $\varphi(x)=\mathrm{e}^x+\int_0^x t\varphi(t)\mathrm{d}t-x\int_0^x\varphi(t)\mathrm{d}t$，求 $\varphi(x)$.

解 易知 $\varphi(0)=1$. 方程两端分别对 x 求导，得 $\varphi'(x)=\mathrm{e}^x-\int_0^x\varphi(t)dt$，且 $\varphi'(0)=1$.

再对上式两端求导，得 $\varphi''(x)=\mathrm{e}^x-\varphi(x)$.

令 $y=\varphi(x)$，则求 $\varphi(x)$ 对应于求如下初值问题 $y''+y=\mathrm{e}^x$，$y\big|_{x=0}=1$，$y'\big|_{x=0}=1$.

其对应的齐次方程的特征方程为 $r^2+1=0$，得特征根为 $r_{1,2}=\pm\mathrm{i}$，所以对应齐次方程的通解为 $Y=C_1\cos x+C_2\sin x$.

由于 $\lambda=1$ 不是特征根，可设特解形式为 $y^*=A\mathrm{e}^x$. 代入原方程，得 $2A\mathrm{e}^x=\mathrm{e}^x$，比较系数，得 $A=\frac{1}{2}$，所以 $y^*=\frac{1}{2}\mathrm{e}^x$，于是原方程的通解为 $y=C_1\cos x+C_2\sin x+\frac{1}{2}\mathrm{e}^x$，且 $y'=-C_1\sin x+C_2\cos x+\frac{1}{2}\mathrm{e}^x$.

由初始条件 $x=0$，$y=1$，$y'=1$，得 $C_1+\frac{1}{2}=1, C_2+\frac{1}{2}=1$，即 $C_1=C_2=\frac{1}{2}$，于是所求函数 $\varphi(x)=\frac{1}{2}\left(\cos x+\sin x+\mathrm{e}^x\right)$.

总习题十二选解

1．求以 $\left(x+C\right)^2+y^2=1$ 为通解的微分方程（其中 C 为任意常数）.

解 将 $\left(x+C\right)^2+y^2=1$ 两端关于 x 求导得 $x+C+yy'=0$，即 $x+C=-yy'$，将其代入 $\left(x+C\right)^2+y^2=1$ 中，得所求微分方程为 $y^2\left(y'^2+1\right)=1$.

2．求以 $y=C_1\mathrm{e}^x+C_2\mathrm{e}^{2x}$ 为通解的微分方程（其中 C_1，C_2 为任意常数）.

解 将 $y=C_1\mathrm{e}^x+C_2\mathrm{e}^{2x}$ 两端关于 x 求导得 $y'=C_1\mathrm{e}^x+2C_2\mathrm{e}^{2x}$，再求导得 $y''=C_1\mathrm{e}^x+4C_2\mathrm{e}^{2x}$，两式相减得 $y''-y'=2C_2\mathrm{e}^{2x}$，从而 $C_1\mathrm{e}^x=2y'-y''$，将其代入 $y=C_1\mathrm{e}^x+C_2\mathrm{e}^{2x}$ 中，得所求微分方程为 $y''-3y'+2y=0$.

3．求下列各微分方程的通解：

（1）$xy'+y=2\sqrt{xy}$；　（2）$\dfrac{\mathrm{d}y}{\mathrm{d}x}=\dfrac{y}{2(\ln y-x)}$；　（3）$yy''-y'^2-1=0$；

（4）$y''+2y'+5y=\sin 2x$；　（5）$y'''+y''-2y'=x\left(\mathrm{e}^x+4\right)$；（6）$xy\mathrm{d}x+\left(y^4-3x^2\right)\mathrm{d}y=0$．

解　（1）将原方程变形为$\dfrac{\mathrm{d}y}{\mathrm{d}x}+\dfrac{y}{x}=2\dfrac{\sqrt{y}}{\sqrt{x}}$，这是一个伯努利方程，两边同除以$2\sqrt{y}$并整理得$\dfrac{\mathrm{d}\sqrt{y}}{\mathrm{d}x}+\dfrac{\sqrt{y}}{2x}=x^{-\frac{1}{2}}$，于是$\sqrt{y}=\mathrm{e}^{-\int\frac{1}{2x}\mathrm{d}x}\left(\int x^{-\frac{1}{2}}\cdot\mathrm{e}^{\int\frac{1}{2x}\mathrm{d}x}\mathrm{d}x+C\right)=\mathrm{e}^{-\frac{1}{2}\ln x}\left(\int x^{-\frac{1}{2}}\cdot x^{\frac{1}{2}}\mathrm{d}x+C\right)=x^{-\frac{1}{2}}(x+C)$．所求微分方程的通解为$y=x^{-1}(x+C)^2$（$C$为任意常数）．

注　此方程也是齐次方程．若令$u=xy$，则方程化为可分离变量的方程$u'=2\sqrt{u}$，读者可以自行练习．

（2）将原方程变形为$\dfrac{\mathrm{d}x}{\mathrm{d}y}+\dfrac{2x}{y}=\dfrac{2\ln y}{y}$，这是一个一阶线性微分方程，于是

$$x=\mathrm{e}^{-\int\frac{2}{y}\mathrm{d}y}\left(\int\frac{2\ln y}{y}\mathrm{e}^{\int\frac{2}{y}\mathrm{d}y}\mathrm{d}y+C\right)=\mathrm{e}^{-2\ln y}\left(\int\frac{2\ln y}{y}\mathrm{e}^{2\ln y}\mathrm{d}y+C\right)=y^{-2}\left(\int 2y\ln y\mathrm{d}y+C\right)$$
$$=y^{-2}\left(y^2\ln y-\frac{y^2}{2}+C\right)=\ln y-\frac{1}{2}+Cy^{-2},$$

所求微分方程的通解为$x=\ln y-\dfrac{1}{2}+Cy^{-2}$（$C$为任意常数）．

（3）令$y'=p$，则$y''=p\dfrac{\mathrm{d}p}{\mathrm{d}y}$，原方程化为$yp\dfrac{\mathrm{d}p}{\mathrm{d}y}-1=p^2$，分离变量并积分得$\dfrac{1}{2}\ln\left(p^2+1\right)=\ln|y|+\ln|C_1|$，即$p^2+1=C_1^2y^2$，亦即$p=y'=\pm\sqrt{C_1^2y^2-1}$，分离变量并积分得$\displaystyle\int\frac{\mathrm{d}y}{\sqrt{C_1^2y^2-1}}=\int\pm\mathrm{d}x$．当$y'>0$时，解为$y=\dfrac{1}{C_1}\mathrm{ch}(C_1x+C_2)$；当$y'<0$时，解为$y=-\dfrac{1}{C_1}\mathrm{ch}(C_1x+C_2)$，所以原微分方程的通解为$y=\dfrac{1}{C_1}\mathrm{ch}(C_1x+C_2)$（$C_1$，$C_2$为任意常数）．

（4）对应的齐次方程的特征方程为$r^2+2r+5=0$，它有两个共轭复根$r_{1,2}=-1\pm 2\mathrm{i}$，所以对应齐次方程的通解为$Y=\mathrm{e}^{-x}(C_1\cos 2x+C_2\sin 2x)$．

由于$\lambda+\omega\mathrm{i}=2\mathrm{i}$不是特征根，故可设非齐次方程特解的形式为$y^*=A\cos 2x+B\sin 2x$．

将$y^{*\prime}=-2A\sin 2x+2B\cos 2x$，$y^{*\prime\prime}=-4A\cos 2x-4B\sin 2x$一起代入原方程，得$(A+4B)\cos 2x+(B-4A)\sin 2x=\sin 2x$，比较等式两边同类项的系数，得$A+4B=0$，$B-4A=1$，解得$A=-\dfrac{4}{17}$，$B=\dfrac{1}{17}$，所以$y^*=-\dfrac{4}{17}\cos 2x+\dfrac{1}{17}\sin 2x$，于是原方程的通解为$y=\mathrm{e}^{-x}(C_1\cos 2x+C_2\sin 2x)-\dfrac{4}{17}\cos 2x+\dfrac{1}{17}\sin 2x$；

（5）对应的齐次方程的特征方程为 $r^3+r^2-2r=0$，它有三个实根 $r_1=1$，$r_2=-2$，$r_3=0$，故对应的齐次方程的通解为 $Y=C_1\mathrm{e}^x+C_2\mathrm{e}^{-2x}+C_3$.

对应于方程 $y'''+y''-2y'=4x$，$\lambda_1=0$ 是特征单根，可设非齐次方程的特解为 $y_1^*=x(a_1x+b_1)$，代入方程 $y'''+y''-2y'=4x$，比较等式两边同类项的系数得 $a_1=b_1=-1$，所以 $y_1^*=-x(x+1)$；

对应于方程 $y'''+y''-2y'=x\mathrm{e}^x$，$\lambda_2=1$ 是特征单根，可设非齐次方程特解为 $y_2^*=x(a_2x+b_2)\mathrm{e}^x$，代入方程 $y'''+y''-2y'=x\mathrm{e}^x$，比较等式两边同类项的系数得 $a_2=\dfrac{1}{6},b_2=-\dfrac{4}{9}$，所以 $y_2^*=x\left(\dfrac{1}{6}x-\dfrac{4}{9}\right)\mathrm{e}^x$，于是原方程的通解为 $y=C_1\mathrm{e}^x+C_2\mathrm{e}^{-2x}+C_3-x(x+1)+x\left(\dfrac{1}{6}x-\dfrac{4}{9}\right)\mathrm{e}^x$.

（6）将原方程化为 $\dfrac{2x\mathrm{d}x}{\mathrm{d}y}-\dfrac{6x^2}{y}=-2y^3$，即 $\dfrac{\mathrm{d}x^2}{\mathrm{d}y}-\dfrac{6x^2}{y}=-2y^3$，这是一个伯努利方程，于是

$$x^2=\mathrm{e}^{\int\frac{6}{y}\mathrm{d}y}\left[\int(-2y^3)\cdot\mathrm{e}^{-\int\frac{6}{y}\mathrm{d}y}\mathrm{d}y+C\right]=y^6\left(\int-2y^{-3}\mathrm{d}y+C\right)=y^4+Cy^6,$$

所求微分方程的通解为 $x^2=y^4+Cy^6$（C 为任意常数）.

4．求下列各微分方程满足所给初始条件的特解：

（1）$y^3\mathrm{d}x+2(x^2-xy^2)\mathrm{d}y=0$，$y|_{x=1}=1$；

（2）$2y''-\sin 2y=0$，$y|_{x=0}=\dfrac{\pi}{2}$，$y'|_{x=0}=1$；

（3）$y''+2y'+y=\cos x$，$y|_{x=0}=0$，$y'|_{x=0}=\dfrac{3}{2}$.

解 （1）将原方程变形为 $\dfrac{\mathrm{d}x}{\mathrm{d}y}-\dfrac{2x}{y}=-2y^{-3}x^2$，即 $\dfrac{\mathrm{d}x^{-1}}{\mathrm{d}y}+\dfrac{2x^{-1}}{y}=2y^{-3}$，这是一个伯努利方程，于是

$$x^{-1}=\mathrm{e}^{-\int\frac{2}{y}\mathrm{d}y}\left[\int(2y^{-3})\cdot\mathrm{e}^{\int\frac{2}{y}\mathrm{d}y}\mathrm{d}y+C\right]=y^{-2}\left(\int 2y^{-1}\mathrm{d}y+C\right)=y^{-2}(2\ln|y|+C),$$

原方程的通解为 $y^2=x(2\ln|y|+C)$（C 为任意常数）.

由 $y|_{x=1}=1$，得 $C=1$，所以原方程的特解为 $y^2=x(2\ln|y|+1)$.

（2）令 $y'=p$，则 $y''=p\dfrac{\mathrm{d}p}{\mathrm{d}y}$，原方程变形为 $2p\dfrac{\mathrm{d}p}{\mathrm{d}y}=\sin 2y$．分离变量并积分得 $2\int p\mathrm{d}p=\int\sin 2y\mathrm{d}y$，两边积分得 $p^2=-\dfrac{1}{2}\cos 2y+C_1$.

由 $y|_{x=0}=\dfrac{\pi}{2}$，$y'|_{x=0}=1$ 得 $C_1=\dfrac{1}{2}$，于是 $p^2=-\dfrac{1}{2}\cos 2y+\dfrac{1}{2}=\sin^2 y$，即 $\dfrac{\mathrm{d}y}{\mathrm{d}x}=p=\sin y$.

再次分离变量并积分得 $\int\csc y\mathrm{d}y=\int\mathrm{d}x$，解得 $\ln\left|\tan\dfrac{y}{2}\right|=x+C_2$.

由 $y|_{x=0}=\dfrac{\pi}{2}$，得 $C_2=0$，所以原方程的特解为 $y=2\arctan e^x$.

（3）对应的齐次方程的特征方程为 $r^2+2r+1=0$，它有二重根 $r_{1,2}=-1$，所以对应齐次方程的通解为 $Y=e^{-x}(C_1+C_2x)$.

对应于非齐次方程 $y''+2y'+y=\cos x$，$\lambda+\omega i=i$ 不是特征根，可设其特解为 $y^*=A\cos x+B\sin x$. 代入原方程，得 $-2A\sin x+2B\cos x=\cos x$，比较等式两边同类项的系数，得 $A=0$，$B=\dfrac{1}{2}$，所以 $y^*=\dfrac{1}{2}\sin x$，于是原方程的通解为 $y=e^{-x}(C_1+C_2x)+\dfrac{1}{2}\sin x$.

因为 $y'=e^{-x}(C_2-C_1-C_2x)+\dfrac{1}{2}\cos x$，将初始条件 $y|_{x=0}=0$，$y'|_{x=0}=\dfrac{3}{2}$ 代入得 $C_1=0$，$C_2=1$，于是所求方程的特解为 $y=xe^{-x}+\dfrac{1}{2}\sin x$.

5．已知某曲线经过点 $(1,1)$，它的切线在纵轴上的截距等于切点的横坐标，求它的方程.

解 设曲线方程为 $y=y(x)$，它在切点 (x_0,y_0) 处的切线斜率为 $y'(x_0)$，则切线方程为 $y-y_0=y'(x_0)(x-x_0)$. 该切线在纵轴上的截距为 $y=y_0-x_0y'(x_0)$，由题意可知 $y_0-x_0y'(x_0)=x_0$，令 $x=x_0$，则 $y-xy'=x$，整理得 $y'-\dfrac{1}{x}y=-1$，且

$$y=e^{\int\frac{1}{x}dx}\left[\int(-1)\cdot e^{\int-\frac{1}{x}dx}dx+C\right]=|x|\left(\int-\frac{1}{|x|}dx+C\right)=x(-\ln x+C).$$

由初始条件 $x=1$，$y=1$，得 $C=1$，于是所求曲线方程为 $y=x(1-\ln x)$.

6．设可导函数 $\varphi(x)$ 满足 $\varphi(x)\cos x+2\int_0^x\varphi(t)\sin t\,dt=x+1$，求 $\varphi(x)$.

解 易知 $\varphi(0)=1$. 方程两端分别对 x 求导，得 $\varphi'(x)\cos x-\varphi(x)\sin x+2\varphi(x)\sin x=1$，即 $\varphi'(x)+\varphi(x)\tan x=\sec x$，于是

$$\varphi(x)=e^{-\int\tan x dx}\left(\int\sec x\cdot e^{\int\tan x dx}dx+C\right)=\cos x\left(\int\sec^2 x dx+C\right)=\cos x(\tan x+C)=C\cos x+\sin x,$$

所求微分方程的通解为 $\varphi(x)=C\cos x+\sin x$.

由初始条件 $\varphi(0)=1$，得 $C=1$，于是所求方程的特解为 $\varphi(x)=\cos x+\sin x$.

第十二章总复习

一、本章重点

求微分方程的解时，首先应判断方程的类型. 一般而言，不同类型的方程有不同的解法，而同一个方程，可能属于多种不同的类型，要选择较易求解的方法. 对于一阶方程，通常按可分离变量的方程、齐次方程、一阶线性方程、伯努利方程和全微分方程进行分类，特别是一阶线性方程和伯努利方程还应注意到有时可以 x 为因变量，y 为自变量进行求解. 其次，在求解微分方程时，特别是用公式法求解时，要化成方程的标准形式. 对于线性方程，要注意方程解的结构以及常系数齐次线性方程的特征方程及常系数非齐次线性方程的特解形式.

二、本章难点

1．求解齐次方程时，利用变量代换将原方程化为可分离变量的微分方程.

2．对于二阶常系数非齐次线性微分方程，当自由项为多项式、指数函数、正弦函数、余弦函数以及它们的和与积的方程的求解.

3．根据实际问题，建立微分方程并求解. 这涉及实际问题的背景，如物理意义和几何意义以及相关知识等.

三、综合练习题

基 础 型

1．求微分方程 $y''-y=e^{|x|}$ 的通解.

2.（1）确定以 $y=4e^{3x}\cos 2x$ 为特解的二阶常系数线性齐次微分方程；（2）确定以 $y_1=e^x$，$y_2=xe^x$，$y_3=3\sin x$，$y_4=2\cos x$ 为特解的四阶常系数线性齐次微分方程，并求通解.

3．设 $y_1=e^x$，$y_2=x^2$ 为某二阶线性齐次微分方程的两个特解，求该微分方程表达式.

4. 设 $f(x)$在$(-\infty,+\infty)$内可导，且其反函数为 $g(x)$，若满足条件 $\int_0^{f(x)}g(t)dt+\int_0^x f(t)dt=xe^x-e^x+1$，求 $f(x)$.

5．设曲线积分 $\int_L yf(x)dx+[f(x)+x^2]dy$ 与路径无关，其中 $f(x)$ 可导，求 $f(x)$.

提 高 型

1．设 L 是一条平面曲线，其上任意一点 $P(x,y)\ (x>0)$ 到坐标原点的距离，恒等于该点处的切线在 y 轴上的截距，且 L 经过点 $\left(\dfrac{1}{2},0\right)$.（1）试求曲线 L 的方程；（2）求 L 位于第一象限部分的一条切线，使该切线与 L 以及两坐标轴所围图形的面积最小.

2．求微分方程 $(x-2y)dx+xdy=0$ 的一个解 $y=y(x)$，使得由曲线 $y=y(x)$ 与直线 $x=1$，$x=2$ 以及 x 轴所围成的平面图形绕 x 轴旋转一周的旋转体体积最小.

3．设 $f(x)$ 在 $(-\infty,+\infty)$ 内具有连续的导数，且满足

$$f(t)=2\iint_{x^2+y^2\leqslant t^2}\left(x^2+y^2\right)\cdot f\left(\sqrt{x^2+y^2}\right)dxdy+t^4,$$

求 $f(x)$.

4．设方程 $x^n+nx-1=0$，其中 n 为正整数,证明此方程存在唯一正实根 x_n，并证明当 $\alpha>1$时，级数 $\sum\limits_{n=1}^{\infty}x_n^{\alpha}$ 收敛.

5．设对于 $x>0$ 内任意的有向光滑封闭曲面 Σ，都有

$$\oiint_{\Sigma} xf(x)dydz-xyf(x)dzdx-e^{2x}z\,dxdy=0,$$

其中函数 $f(x)$ 在 $(0,+\infty)$ 内具有连续的一阶导数，且 $\lim\limits_{x\to 0+0}f(x)=1$，求 $f(x)$.

四、综合练习题参考答案

基　础　型

1. **解**　当 $x \geqslant 0$ 时，方程为 $y'' - y = \mathrm{e}^x$，其通解为 $y = C_1\mathrm{e}^x + C_2\mathrm{e}^{-x} + \frac{1}{2}x\mathrm{e}^x$.

当 $x < 0$ 时，方程为 $y'' - y = \mathrm{e}^{-x}$，其通解为 $y = C_3\mathrm{e}^x + C_4\mathrm{e}^{-x} - \frac{1}{2}x\mathrm{e}^{-x}$.

因为原方程的解 $y(x)$ 在点 $x=0$ 处连续，且 $y'(x)$ 在点 $x=0$ 处也连续，所以 $\begin{cases} C_1 + C_2 = C_3 + C_4, \\ C_1 - C_2 + \frac{1}{2} = C_3 - C_4 - \frac{1}{2}, \end{cases}$

解得 $C_3 = C_1 + \frac{1}{2}, C_4 = C_2 - \frac{1}{2}$，于是原方程的通解为 $y = \begin{cases} C_1\mathrm{e}^x + C_2\mathrm{e}^{-x} + \frac{1}{2}x\mathrm{e}^x, & x \geqslant 0, \\ \left(C_1 + \frac{1}{2}\right)\mathrm{e}^x + \left(C_2 - \frac{1}{2}\right)\mathrm{e}^{-x} - \frac{1}{2}x\mathrm{e}^{-x}, & x < 0. \end{cases}$

2. **解**　（1）先写出特征根，再写出特征方程，最后写出对应的齐次微分方程.

由 $y = 4\mathrm{e}^{3x}\cos 2x$ 可知 $\lambda = 3, \omega = 2$, 特征根为 $r_1 = 3 + 2\mathrm{i}$, 从而另一个特征根为 $r_2 = 3 - 2\mathrm{i}$, 则特征方程为 $[r - (3+2\mathrm{i})][r - (3-2\mathrm{i})] = 0$，化简得 $r^2 - 6r + 13 = 0$, 故所对应的微分方程为 $y'' - 6y' + 13y = 0$.

（2）因为 $y_1 = \mathrm{e}^x$ 与 $y_2 = x\mathrm{e}^x$ 为特解，所以 $r_1 = r_2 = 1$ 为二重根. 又因为 $y_3 = 3\sin x$ 与 $y_4 = 2\cos x$ 为特解，故 $r_{3,4} = \pm\mathrm{i}$ 为一对共轭复根. 所以特征方程为 $(r-1)^2(r^2+1) = 0$，即 $r^4 - 2r^3 + 2r^2 - 2r + 1 = 0$，对应的微分方程为 $y^{(4)} - 2y^{(3)} + 2y'' - 2y' + y = 0$，其通解为 $y = (C_1 + C_2x)\mathrm{e}^x + C_3\cos x + C_4\sin x$.

3. **解法一**　设所求微分方程为 $y'' + p(x)y' + q(x)y = 0$, 分别将 $y_1 = \mathrm{e}^x$，$y_2 = x^2$ 代入得

$$\begin{cases} \mathrm{e}^x + p(x)\mathrm{e}^x + q(x)\mathrm{e}^x = 0, \\ 2 + 2xp(x) + x^2q(x) = 0, \end{cases}$$

解得 $p(x) = \frac{-x^2+2}{x^2-2x}$，$q(x) = \frac{2x-2}{x^2-2x}$，于是所求微分方程为

$$y'' + \frac{-x^2+2}{x^2-2x}y' + \frac{2x-2}{x^2-2x}y = 0.$$

解法二　因为 y_1, y_2 线性无关，故该二阶线性齐次微分方程的通解为 $y = C_1\mathrm{e}^x + C_2x^2$，于是 $y' = C_1\mathrm{e}^x + 2C_2x, y'' = C_1\mathrm{e}^x + 2C_2$，由以上三个方程消去 C_1，C_2 即得所求方程

$$y'' + \frac{-x^2+2}{x^2-2x}y' + \frac{2x-2}{x^2-2x}y = 0.$$

4. **解**　在所给方程两边对 x 求导得 $g[f(x)]f'(x) + f(x) = x\mathrm{e}^x$. 因为 $g[f(x)] = x$，所以

$$xf'(x) + f(x) = x\mathrm{e}^x.$$

将 $x=0$ 代入上式得 $f(0) = 0$.当 $x \neq 0$ 时，$f'(x) + \frac{1}{x}f(x) = \mathrm{e}^x$，解得 $f(x) = \mathrm{e}^x + \frac{C - \mathrm{e}^x}{x}$.

因为 $f(x)$ 在 $x=0$ 处可导，所以连续，于是 $0 = f(0) = 1 + \lim\limits_{x\to 0}\frac{C-\mathrm{e}^x}{x}$，即 $\lim\limits_{x\to 0}\frac{C-\mathrm{e}^x}{x} = -1$，所以 $C = 1$，

从而 $f(x) = \begin{cases} \mathrm{e}^x + \frac{1-\mathrm{e}^x}{x}, & x \neq 0, \\ 0, & x = 0. \end{cases}$

5．**解** 由题意可知$\frac{\partial}{\partial y}\left[yf(x)\right]=\frac{\partial}{\partial x}\left[f(x)+x^2\right]$，即$f(x)=f'(x)+2x$，亦即$f'(x)-f(x)=-2x$，为一阶线性非齐次方程，其通解为$f(x)=Ce^x+2(x+1)$.

提 高 型

1．**解**（1）设曲线L的方程为$y=y(x)$，则曲线L过点$P(x,y)$的切线方程为$Y-y=y'(X-x)$，令$X=0$，则该切线在y轴上的截距为$y-xy'$，由题意可知$\sqrt{x^2+y^2}=y-xy'$，这是齐次方程.

令$u=\frac{y}{x}$，则$\frac{\mathrm{d}u}{\sqrt{1+u^2}}=-\frac{\mathrm{d}x}{x}$，解得$y+\sqrt{x^2+y^2}=C$.

因曲线L经过点$\left(\frac{1}{2},0\right)$，所以$C=\frac{1}{2}$，于是曲线$L$的方程为$y+\sqrt{x^2+y^2}=\frac{1}{2}$，即$y=\frac{1}{4}-x^2$.

（2）设第一象限内曲线$y=\frac{1}{4}-x^2$在点$P(x,y)\ (x>0)$处的切线方程为$Y-\left(\frac{1}{4}-x^2\right)=-2x(X-x)$，化简得$Y=-2xX+x^2+\frac{1}{4}\quad\left(0<x<\frac{1}{2}\right)$. 它与$x$轴及$y$轴的交点分别为$\left(\frac{x^2+\frac{1}{4}}{2x},0\right)$与$\left(0,x^2+\frac{1}{4}\right)$，所围成图形的面积为

$$S(x)=\frac{1}{2}\cdot\frac{x^2+\frac{1}{4}}{2x}\cdot\left(x^2+\frac{1}{4}\right)-\int_0^{\frac{1}{2}}\left(\frac{1}{4}-x^2\right)\mathrm{d}x,$$

$$S'(x)=\frac{1}{4}\cdot\frac{4x^2\left(x^2+\frac{1}{4}\right)-\left(x^2+\frac{1}{4}\right)^2}{x^2}=\frac{1}{4x^2}\left(x^2+\frac{1}{4}\right)\left(3x^2-\frac{1}{4}\right),$$

令$S'(x)=0$，得$x=\frac{\sqrt{3}}{6}$，$x=-\frac{\sqrt{3}}{6}$（舍去）. 当$0<x<\frac{\sqrt{3}}{6}$时，$S'(x)<0$；当$\frac{\sqrt{3}}{6}<x<\frac{1}{2}$时，$S'(x)>0$，所以$S(x)$在$x=\frac{\sqrt{3}}{6}$取得极小值. 又因为$S(x)$在$\left(0,\frac{1}{2}\right)$内驻点唯一，所以$S(x)$在$x=\frac{\sqrt{3}}{6}$处取得最小值，所求切线方程为$Y=-\frac{\sqrt{3}}{3}X+\frac{1}{3}$.

2．**解** 原方程可化为$\frac{\mathrm{d}y}{\mathrm{d}x}-\frac{2}{x}y=-1$，其通解为

$$y=e^{\int\frac{2}{x}\mathrm{d}x}\left(\int -e^{-\int\frac{2}{x}\mathrm{d}x}\mathrm{d}x+C\right)=x^2\left(-\int\frac{1}{x^2}\mathrm{d}x+C\right)=Cx^2+x.$$

由$y=Cx^2+x$，$x=1$，$x=2$，$y=0$所围平面图形绕x轴旋转一周的旋转体体积为

$$V(C)=\int_1^2\pi\left(Cx^2+x\right)^2\mathrm{d}x=\pi\left(\frac{31}{5}C^2+\frac{15}{2}C+\frac{7}{3}\right).$$

令$\frac{\mathrm{d}V(C)}{\mathrm{d}C}=\pi\left(\frac{62}{5}C+\frac{15}{2}\right)=0$，得唯一驻点$C=-\frac{75}{124}$，由$V''(C)=\frac{62}{5}\pi>0$可知$C=-\frac{75}{124}$是极小值点，因此也就是最小值点，故所求曲线为$y=-\frac{75}{124}x^2+x$.

3．**解** 因为$f(0)=0$，且$f(x)$为偶函数，所以只讨论$t>0$的情况. 当$t>0$时，

$$f(t)=2\int_0^{2\pi}\mathrm{d}\theta\int_0^t r^3 f(r)\mathrm{d}r+t^4=4\pi\int_0^t r^3 f(r)\mathrm{d}r+t^4,\ f'(t)=4\pi t^3 f(t)+4t^3,$$

这是一阶线性常微分方程，解之并由 $f(0)=0$ 得 $f(t)=\frac{1}{\pi}\left(\mathrm{e}^{\pi t^4}-1\right)$，$t\geqslant 0$. 而 $f(x)$ 为偶函数，所以在 $(-\infty,+\infty)$ 内，$f(x)=\frac{1}{\pi}\left(\mathrm{e}^{\pi x^4}-1\right)$.

4．**证明** 设 $f(x)=x^n+nx-1$，则 $f(0)=-1, f(1)=n>0$，由连续函数的零点定理可知，在 $(0,1)$ 内方程 $x^n+nx-1=0$ 至少存在一个正实根 x_n. 又因为当 $x>0$ 时，$f'(x)=nx^{n-1}+n>0$，所以 $f(x)$ 在 $(0,+\infty)$ 内单调增加，故方程 $x^n+nx-1=0$ 的正实根 x_n 是唯一的.

由 $x_n^n+nx_n-1=0$ 与 $x_n>0$ 可知 $0<x_n=\frac{1-x_n^n}{n}<\frac{1}{n}$，故当 $\alpha>1$ 时，$0<x_n^\alpha<\left(\frac{1}{n}\right)^\alpha$，而此时级数 $\sum\limits_{n=1}^{\infty}\left(\frac{1}{n}\right)^\alpha$ 是收敛的，所以当 $\alpha>1$ 时，级数 $\sum\limits_{n=1}^{\infty}x_n^\alpha$ 收敛.

5．**解** 不妨设曲面 Σ 取外侧，由高斯公式得

$$0=\oint\!\!\!\oint_\Sigma xf(x)\mathrm{d}y\mathrm{d}z-xyf(x)\mathrm{d}z\mathrm{d}x-\mathrm{e}^{2x}z\,\mathrm{d}x\mathrm{d}y=\iiint_\Omega\left[xf'(x)+f(x)-xf(x)-\mathrm{e}^{2x}\right]\mathrm{d}x\mathrm{d}y\mathrm{d}z,$$

因为曲面 Σ 是任意的，所以 $xf'(x)+f(x)-xf(x)-\mathrm{e}^{2x}=0$，即 $f'(x)+\left(\frac{1}{x}-1\right)f(x)=\frac{1}{x}\mathrm{e}^{2x}$，其通解为 $f(x)=\frac{\mathrm{e}^x}{x}\left(\mathrm{e}^x+C\right)$.

因为 $\lim\limits_{x\to 0+0}f(x)=\lim\limits_{x\to 0+0}\frac{\mathrm{e}^x}{x}\left(\mathrm{e}^x+C\right)=1$，所以 $\lim\limits_{x\to 0+0}\left(\mathrm{e}^{2x}+C\mathrm{e}^x\right)=0$，即 $C+1=0$，解得 $C=-1$，故 $f(x)=\frac{\mathrm{e}^x}{x}\left(\mathrm{e}^x-1\right)$.

附录 C 《高等数学》（下册）期末考试模拟试卷及参考答案

模拟试卷一

一、填空题（每小题 3 分，共 15 分）

1．当 $A=$_______时，平面 $Ax-y-z+4=0$ 与平面 $x+y+2z-7=0$ 垂直.

2．设 $z=\mathrm{e}^{\sin(xy)}$，则 $\mathrm{d}z=$__________________.

3．函数 $z=x^3+y^3-3x^2-3y^2$ 在点 $(2,2)$ 处取得极____值.

4．设 $f(x)=\int_x^1 \mathrm{e}^{\frac{x}{y}}\mathrm{d}y$，则 $\int_0^1 f(x)\mathrm{d}x=$_________.

5．微分方程 $y''-3y'+2y=4\mathrm{e}^x$ 的特解可设为__________________.

二、选择题（每小题 3 分，共 15 分）

1．二次积分 $\int_0^2 \mathrm{d}x\int_0^{x^2} f(x,y)\mathrm{d}y$ 的另一个积分次序是（　　）.

（A）$\int_0^4 \mathrm{d}y\int_{\sqrt{y}}^2 f(x,y)\mathrm{d}x$　　（B）$\int_0^4 \mathrm{d}y\int_0^{\sqrt{y}} f(x,y)\mathrm{d}x$

（C）$\int_0^4 \mathrm{d}y\int_{x^2}^2 f(x,y)\mathrm{d}x$　　（D）$\int_0^4 \mathrm{d}y\int_2^{\sqrt{y}} f(x,y)\mathrm{d}x$

2．设 L 是圆心在原点，半径为 R 的圆周，则曲线积分 $\oint_L (x^2+y^2)\mathrm{d}s$ 的值是（　　）.

（A）$2\pi R^2$　（B）πR^3　（C）$4\pi R^3$　（D）$2\pi R^3$

3．若级数 $\sum_{n=1}^{\infty}(a_n+b_n)$ 收敛，则必有（　　）.

（A）$\sum_{n=1}^{\infty}a_n$，$\sum_{n=1}^{\infty}b_n$中至少有一个收敛　　（B）$\sum_{n=1}^{\infty}a_n$，$\sum_{n=1}^{\infty}b_n$ 均收敛

（C）$\sum_{n=1}^{\infty}a_n$，$\sum_{n=1}^{\infty}b_n$要么都收敛，要么都发散　　（D）$\sum_{n=1}^{\infty}|a_n+b_n|$ 收敛

4．下列级数中条件收敛的是（　　）.

（A）$\sum_{n=1}^{\infty}\cos\frac{\pi}{n}$　（B）$\sum_{n=1}^{\infty}(-1)^n\frac{n}{n^2+1}$　（C）$\sum_{n=1}^{\infty}(-1)^n\frac{1}{n(n+1)}$　（D）$\sum_{n=1}^{\infty}(-1)^n\frac{1}{\sqrt{n^3}}$

5．微分方程 $y''+2y'+y=0$ 的通解是（　　）.

（A）$y=(C_1+C_2x)\mathrm{e}^{-x}$　　（B）$y=C_1\mathrm{e}^{-x}+C_2x\mathrm{e}^{x}$

（C）$y=C_1\mathrm{e}^{-x}+C_2\mathrm{e}^{x}$　　（D）$y=C_1\mathrm{e}^{-x}+C_2\mathrm{e}^{-x}$

三、解答题（每小题 7 分，共 21 分）

1．求曲面 $x^2+2y^2+3z^2=12$ 在点 $(1,-2,1)$ 处的切平面方程及法线方程.

2．设 $z=f\left(2x-y,\dfrac{x}{y}\right)$，$f(u,v)$ 具有二阶连续的偏导数，求 $\dfrac{\partial z}{\partial x}$，$\dfrac{\partial^2 z}{\partial x\partial y}$.

3．设函数 $z=z(x,y)$ 由方程 $xy=\mathrm{e}^z+z$ 所确定，求 $\dfrac{\partial^2 z}{\partial x\partial y}$.

四、计算下列各题（每小题 7 分，共 28 分）

1．计算二重积分 $\iint\limits_D \dfrac{xy}{x^2+y^2}\mathrm{d}x\mathrm{d}y$，其中 D 是由 $x^2+y^2=1,\ x^2+y^2=2$ 及直线 $x=0,\ y=x$ 所围成的在第一象限的闭区域.

2．计算三重积分 $I=\iiint\limits_\Omega x^2 z\mathrm{d}v$，其中 Ω 是由平面 $z=0,\ z=y,\ y=1$ 及柱面 $y=x^2$ 所围成的闭区域.

3．利用格林公式计算曲线积分 $\int_L (x^2+1-\mathrm{e}^y\sin x)\mathrm{d}y-\mathrm{e}^y\cos x\mathrm{d}x$，其中 L 是半圆 $x=\sqrt{1-y^2}$ 上由 $A(0,-1)$ 到 $B(0,1)$ 的一段弧.

4．计算曲面积分 $I=\iint\limits_\Sigma (8z+1)\mathrm{d}y\mathrm{d}z-4yz\mathrm{d}z\mathrm{d}x+2(1-z^2)\mathrm{d}x\mathrm{d}y$，其中 Σ 是曲面 $z=1+x^2+y^2$ 被平面 $z=3$ 所截下部分的下侧.

五、解答题（每小题 7 分，共 14 分）

1．求幂级数 $\sum\limits_{n=2}^{\infty}\dfrac{x^n}{n-1}$ 的收敛域及和函数.

2．求微分方程 $(x^2-1)\mathrm{d}y+(2xy-\cos x)\mathrm{d}x=0$ 满足条件 $y(0)=1$ 的解.

六、解答题（7 分）

设函数 $Q(x,y)$ 在 xOy 坐标面内具有一阶连续的偏导数，曲线积分 $\int_L 2xy\mathrm{d}x+Q(x,y)\mathrm{d}y$ 与路径无关，且对任意的 t 恒有

$$\int_{(0,0)}^{(t,1)} 2xy\mathrm{d}x+Q(x,y)\mathrm{d}y=\int_{(0,0)}^{(1,t)} 2xy\mathrm{d}x+Q(x,y)\mathrm{d}y,$$

求 $Q(x,y)$.

模拟试卷二

一、单项选择题（每小题3分，共15分）

1．下列级数收敛的是（　　）.

（A）$\sum\limits_{n=2}^{\infty}\frac{1}{n\ln 10}$　（B）$\sum\limits_{n=1}^{\infty}\left(\sqrt{n+1}-\sqrt{n}\right)$　（C）$\sum\limits_{n=1}^{\infty}\left(-\frac{8}{9}\right)^n$　（D）$\sum\limits_{n=1}^{\infty}\sin\frac{n}{n+1}$

2．下面说法正确的是（　　）.

（A）若函数 $f(x,y)$ 在点 $P_0(x_0,y_0)$ 处连续，则 $f_x(x_0,y_0)$，$f_y(x_0,y_0)$ 存在

（B）若 $f(x,y)$ 在点 $P_0(x_0,y_0)$ 处可微，则 $f_x(x,y)$，$f_y(x,y)$ 在点 P_0 处连续

（C）若 $f_x(x_0,y_0)$，$f_y(x_0,y_0)$ 存在，则 $f(x,y)$ 在点 $P_0(x_0,y_0)$ 处连续

（D）若 $f(x,y)$ 在点 $P_0(x_0,y_0)$ 处可微，则 $f(x,y)$ 在点 P_0 处连续

3．微分方程 $y''+3y'+2y=3x\mathrm{e}^{-x}$ 的特解的形式可设为（　　）.

（A）$x(ax+b)\mathrm{e}^{-x}$　（B）$x^2(ax+b)\mathrm{e}^{-x}$　（C）$ax\mathrm{e}^{-x}$　（D）$ax^2\mathrm{e}^{-x}$

4．空间曲线 $x=\int_0^t \mathrm{e}^u\cos u\mathrm{d}u$，$y=2\sin t+\cos t$，$z=1+\mathrm{e}^{3t}$ 在 $t=0$ 处的切线方程为（　　）.

（A）$\frac{x}{2}=y-1=\frac{z-2}{3}$　　（B）$x=\frac{y-1}{2}=\frac{z-2}{3}$

（C）$x=\frac{y-1}{2}=z-2$　　（D）$x=y-1=z-2$

5．当 $|x|<1$ 时，幂级数 $\sum\limits_{n=1}^{\infty}(-1)^{n+1}x^n$ 的和函数 $s(x)$ 等于（　　）.

（A）$\frac{1}{1-x}$　（B）$\frac{1}{1+x}$　（C）$\frac{x}{1+x}$　（D）$\frac{x}{1-x}$

二、填空题（每小题3分，共15分）

1．设 D 为区域 $x^2+y^2\leqslant 1$，则 $\iint\limits_D\sqrt{x^2+y^2}\mathrm{d}\sigma=$__________.

2．微分方程 $y''+2y'=0$ 的通解为__________.

3．将 yOz 坐标面上的曲线 $z=\mathrm{e}^y$ 绕着 z 轴旋转一周而成的旋转曲面的方程为______.

4．设平面曲线 L 为上半圆周 $y=\sqrt{a^2-x^2}$，则曲线积分 $\int_L(x^2+y^2)\mathrm{d}s=$__________.

5．若直线 $\frac{x}{2}=\frac{y+2}{-3}=z-4$ 与平面 $2x-3y+\lambda z-4=0$ 垂直，则 $\lambda=$__________.

三、解答题（每小题8分，共32分）

1．计算 $\iint\limits_D\left|y-x^2\right|\mathrm{d}x\mathrm{d}y$，其中 D 是由 $x=-1$，$x=1$，$y=0$，$y=1$ 所围成的闭区域.

2．设 $f(x,y)=\begin{cases}\frac{2xy}{x^2+y^2}, & x^2+y^2\neq 0,\\ 0, & x^2+y^2=0,\end{cases}$（1）计算 $f_x(0,0)$ 和 $f_y(0,0)$ 的值；（2）讨论

$f_{xy}(0,0)$是否存在？

3．求微分方程$\dfrac{\mathrm{d}y}{\mathrm{d}x}-\dfrac{2y}{x+1}=(x+1)^{\frac{5}{2}}$的通解.

4．求幂级数$\sum\limits_{n=1}^{\infty}\dfrac{(x-5)^n}{\sqrt{n}}$的收敛半径，并指出此幂级数的收敛范围.

四、计算下列各题（每小题8分，共32分）

1．求旋转椭球面$3x^2+y^2+z^2=16$上点$(-1,-2,3)$处的切平面与xOy坐标面的夹角.

2．计算曲线积分$I=\int_L\left[\mathrm{e}^x\sin y-2(x+y)\right]\mathrm{d}x+(\mathrm{e}^x\cos y-x)\mathrm{d}y$，其中$L$为从点$A(2,0)$沿着曲线$y=\sqrt{2x-x^2}$到点$O(0,0)$的有向弧段.

3．利用高斯公式计算曲面积分$\oiint\limits_{\Sigma}(x-y)\mathrm{d}x\mathrm{d}y+(y-z)x\mathrm{d}y\mathrm{d}z$，其中$\Sigma$为柱面$x^2+y^2=1$及平面$z=0,\ z=3$所围成的空间闭区域$\Omega$的整个边界曲面的外侧.

4．计算曲线积分$\oint_L(x+y)\,\mathrm{d}s$，其中$L$是以$O(0,0)$，$A(1,0)$，$B(0,1)$为顶点的三角形折线.

五、解答题（6分）

设函数$f(x)$在$(-\infty,+\infty)$内具有一阶连续的导数，L是上半平面($y>0$)内的有向分段光滑曲线，记

$$I=\int_L\frac{1}{y}\left[1+y^2f(xy)\right]\mathrm{d}x+\frac{x}{y^2}\left[y^2f(xy)-1\right]\mathrm{d}y,$$

试讨论曲线积分I与路径L是否有关?

模拟试卷三

一、填空题（每小题 3 分，共 12 分）

1．将二次积分 $\int_0^2 dy \int_{y^2}^{2y} f(x,y)dx$ 交换积分次序，得__________.

2．函数 $z=(1+xy)^y$ 在点 $(2,1)$ 处的全微分 $dz=$__________.

3．设 $f(x)=\begin{cases}-x, & -\pi \leqslant x<0, \\ x, & 0 \leqslant x \leqslant \pi,\end{cases}$ 且 $f(x)=\sum_{n=0}^{\infty} a_n \cos nx$，$-\pi \leqslant x \leqslant \pi$，则 $a_1=$________.

4．设 $F(x,y,z)=0$ 满足隐函数存在定理的条件，则 $\frac{\partial x}{\partial y} \cdot \frac{\partial y}{\partial z} \cdot \frac{\partial z}{\partial x}=$__________.

二、单项选择题（每小题 3 分，共 12 分）

1．函数 $f(x,y)=\begin{cases}\frac{xy}{x^2+y^2}, & (x,y) \neq 0, \\ 0, & (x,y)=0\end{cases}$ 在点 $(0,0)$ 处（　　）.

（A）有二重极限但不连续　　（B）不连续但偏导数存在

（C）连续但偏导数不存在　　（D）连续且偏导数存在

2．下列级数必收敛的是（　　）.

（A）$\sum_{n=1}^{\infty} \sin \frac{n}{n+1}$　（B）$\sum_{n=1}^{\infty} \frac{1}{3n}$　（C）$\sum_{n=1}^{\infty} \frac{n^2+1}{n^3+1}$　（D）$\sum_{n=1}^{\infty}\left(\frac{1}{2^n}+\frac{1}{3^n}\right)$

3．下面结论正确的是（　　）.

（A）若 $\boldsymbol{a} \cdot \boldsymbol{b}=0$，则 $\boldsymbol{a}=\boldsymbol{0}$ 或 $\boldsymbol{b}=\boldsymbol{0}$

（B）若 $\boldsymbol{a} \cdot \boldsymbol{b}=\boldsymbol{a} \cdot \boldsymbol{c}$，则 $\boldsymbol{b}=\boldsymbol{c}$

（C）若 $\boldsymbol{a},\boldsymbol{b},\boldsymbol{c}$ 均为非零向量，且 $\boldsymbol{a}=\boldsymbol{b} \times \boldsymbol{c}$，$\boldsymbol{b}=\boldsymbol{c} \times \boldsymbol{a}$，$\boldsymbol{c}=\boldsymbol{a} \times \boldsymbol{b}$，则 $\boldsymbol{a},\boldsymbol{b},\boldsymbol{c}$ 相互垂直

（D）若 $\boldsymbol{a}^0,\boldsymbol{b}^0$ 均为单位向量，则 $\boldsymbol{a}^0 \times \boldsymbol{b}^0$ 亦为单位向量

4．若 $\int_L P(x,y)dx+Q(x,y)dy=\int_L [kP(x,y)+(1/\sqrt{2})Q(x,y)]ds$，其中 L 为 xOy 坐标面内沿着从点 $O(0,0)$ 到点 $A(1,1)$ 的直线段，$P(x,y)$, $Q(x,y)$ 在 L 上连续，则 $k=$（　　）.

（A）$\sqrt{2}/2$　（B）$\sqrt{3}/2$　（C）$\sqrt{3}$　（D）$\sqrt{3}/3$

三、计算下列各题（每小题 6 分，共 60 分）

1．求曲线 $\begin{cases}x=\int_0^t e^u \cos u\,du, \\ y=2\sin t+\cos t, \\ z=1+e^{3t}\end{cases}$ 在 $t=0$ 处的切线方程与法平面方程.

2．设函数 $z=yf(x+y)+\frac{1}{x}g(xy)$，其中 f,g 具有二阶连续的导数，求 $\frac{\partial^2 z}{\partial x \partial y}$.

3．将函数 $f(x)=\frac{1}{x^2-x-2}$ 展开成 x 的幂级数.

4．设曲线 L 的方程为 $y=|x|-1(-1\leqslant x\leqslant 1)$，起点为 $A(-1,0)$，终点为 $B(1,0)$，计算积分 $\int_L y^2\mathrm{d}x+xy\mathrm{d}y$.

5．计算曲面积分 $\oint\!\!\oint_{\Sigma} 2xz\mathrm{d}y\mathrm{d}z+y\mathrm{d}z\mathrm{d}x-z^2\mathrm{d}x\mathrm{d}y$，其中 Σ 是由曲面 $z=\sqrt{x^2+y^2}$ 和 $z=2$ 所围立体表面的外侧.

6．设 y_1，y_2 是一阶非齐次线性微分方程 $y'+P(x)y=Q(x)$ 的两个特解，若常数 λ, μ 使得 $y=\lambda y_1+\mu y_2$ 是该方程的解，$y=\lambda y_1-\mu y_2$ 是该方程对应的齐次方程的解，求 λ, μ 的值.

7．计算曲面积分 $\iint_{\Sigma}\sqrt{a^2-x^2-y^2}\,\mathrm{d}S$，其中 Σ 是球面 $x^2+y^2+z^2=a^2$ 在 xOy 坐标面上方的部分.

8．计算积分 $I=\iiint_{\Omega}(x^2+y^2)\mathrm{d}v$，其中 Ω 是由平面曲线 $\begin{cases}y^2=2z,\\x=0\end{cases}$ 绕着 z 轴旋转一周而生成的曲面与两平面 $z=2$，$z=8$ 所围成的立体.

9．在球面 $x^2+y^2+z^2=9$ 上求一点，使得函数 $f(x,y,z)=x-2y+2z$ 在该点达到最大，并求最大值.

10．求幂级数 $\sum\limits_{n=1}^{\infty}\dfrac{(x-1)^{2n}}{n-3^{2n}}$ 的收敛区间.

四、证明题（6 分）

设 $z=\ln\left(\sqrt{x}+\sqrt{y}\right)$，证明 $x\dfrac{\partial z}{\partial x}+y\dfrac{\partial z}{\partial y}=\dfrac{1}{2}$.

五、解答题（10 分）

验证函数 $y(x)=\sum\limits_{n=0}^{\infty}\dfrac{x^{3n}}{(3n)!}(-\infty<x<\infty)$ 满足微分方程 $y''+y'+y=\mathrm{e}^x$，并利用上面的结果，求幂级数 $\sum\limits_{n=0}^{\infty}\dfrac{x^{3n}}{(3n)!}$ 的和函数.

模拟试卷一参考答案

一、填空题（每小题 3 分，共 15 分）

1．3； 2． $\mathrm{d}z=\cos(xy)\mathrm{e}^{\sin(xy)}(y\mathrm{d}x+x\mathrm{d}y)$； 3．极小值； 4． $\dfrac{\mathrm{e}-1}{2}$； 5． $y^*=Ax\mathrm{e}^x$.

二、选择题（每小题 3 分，共 15 分）

1．A； 2．D； 3．C； 4．B； 5．A.

三、解答题（每小题 7 分，共 21 分）

1．**解** 设 $F(x,y,z)=x^2+2y^2+3z^2-12$, 则 $F_x=2x,\ F_y=4y,\ F_z=6z$. 在点 $(1,-2,1)$ 处，曲面的法向量 $\boldsymbol{n}=\{2,-8,6\}$ 或取 $\boldsymbol{n}=\{1,-4,3\}$，于是切平面方程为 $(x-1)-4(y+2)+3(z-1)=0$, 即 $x-4y+3z=12$. 法线方程为 $\dfrac{x-1}{1}=\dfrac{y+2}{-4}=\dfrac{z-1}{3}$.

2．**解** $\dfrac{\partial z}{\partial x}=2f_1'+\dfrac{1}{y}f_2'$,

$$\frac{\partial^2 z}{\partial x\partial y}=\frac{\partial}{\partial y}\left(2f_1'+\frac{1}{y}f_2'\right)=2\left[-f_{11}''+f_{12}''\left(-\frac{x}{y^2}\right)\right]-\frac{1}{y^2}f_2'+\frac{1}{y}\left[f_{21}''(-1)+f_{22}''\left(-\frac{x}{y^2}\right)\right]$$

$$=-2f_{11}''-\left(\frac{2x}{y^2}+\frac{1}{y}\right)f_{12}''-\frac{1}{y^2}f_2'-\frac{x}{y^3}f_{22}''.$$

3．**解** 设 $F=\mathrm{e}^z+z-xy,\ F_x=-y,\ F_y=-x,\ F_z=\mathrm{e}^z+1$，则 $\dfrac{\partial z}{\partial x}=-\dfrac{F_x}{F_z}=\dfrac{y}{\mathrm{e}^z+1},\ \dfrac{\partial z}{\partial y}=-\dfrac{F_y}{F_z}=\dfrac{x}{\mathrm{e}^z+1}$,

$$\frac{\partial^2 z}{\partial x\partial y}=\frac{(\mathrm{e}^z+1)-y\mathrm{e}^z\dfrac{\partial z}{\partial y}}{(\mathrm{e}^z+1)^2}=\frac{(\mathrm{e}^z+1)-y\mathrm{e}^z\dfrac{x}{(\mathrm{e}^z+1)}}{(\mathrm{e}^z+1)^2}=\frac{(\mathrm{e}^z+1)^2-xy\mathrm{e}^z}{(\mathrm{e}^z+1)^3}.$$

四、计算下列各题（每小题 7 分，共 28 分）

1．**解** 取极坐标系计算.

$$\iint_D\frac{xy}{x^2+y^2}\mathrm{d}x\mathrm{d}y=\int_{\frac{\pi}{4}}^{\frac{\pi}{2}}\mathrm{d}\theta\int_1^{\sqrt{2}}\frac{r^2\sin\theta\cos\theta}{r^2}r\mathrm{d}r=\int_{\frac{\pi}{4}}^{\frac{\pi}{2}}\sin\theta\cos\theta\mathrm{d}\theta\int_1^{\sqrt{2}}r\mathrm{d}r$$

$$=\frac{1}{2}\int_{\frac{\pi}{4}}^{\frac{\pi}{2}}\sin\theta\cos\theta\mathrm{d}\theta=\frac{1}{4}\left[\sin^2\theta\right]_{\frac{\pi}{4}}^{\frac{\pi}{2}}=\frac{1}{8}.$$

2．**解** $I=\iiint_\Omega x^2z\mathrm{d}v=2\int_0^1x^2\mathrm{d}x\int_{x^2}^1\mathrm{d}y\int_0^y z\mathrm{d}z=2\int_0^1x^2\mathrm{d}x\int_{x^2}^1\frac{1}{2}y^2\mathrm{d}y=\frac{1}{3}\int_0^1x^2(1-x^6)\mathrm{d}x=\frac{2}{27}.$

3．**解** 作辅助线段 $\overrightarrow{BA}$，利用格林公式计算. $\dfrac{\partial P}{\partial y}=-\mathrm{e}^y\cos x,\ \dfrac{\partial Q}{\partial x}=2x-\mathrm{e}^y\cos x,\ \dfrac{\partial Q}{\partial x}-\dfrac{\partial P}{\partial y}=2x.$

$$\int_L(x^2+1-\mathrm{e}^y\sin x)\mathrm{d}y-\mathrm{e}^y\cos x\mathrm{d}x=\oint_{L+\overrightarrow{BA}}(x^2+1-\mathrm{e}^y\sin x)\mathrm{d}y-\mathrm{e}^y\cos x\mathrm{d}x-$$

$$\int_{\overrightarrow{BA}}(x^2+1-\mathrm{e}^y\sin x)\mathrm{d}y-\mathrm{e}^y\cos x\mathrm{d}x$$

$$=\iint_D2x\mathrm{d}x\mathrm{d}y-\int_{\overrightarrow{BA}}(x^2+1-\mathrm{e}^y\sin x)\mathrm{d}y-\mathrm{e}^y\cos x\mathrm{d}x$$

$$=2\int_{-\frac{\pi}{2}}^{\frac{\pi}{2}}\mathrm{d}\theta\int_0^1r^2\cos\theta\mathrm{d}r-\int_1^{-1}\mathrm{d}y=\frac{2}{3}\int_{-\frac{\pi}{2}}^{\frac{\pi}{2}}\cos\theta\mathrm{d}\theta+2=\frac{4}{3}\left[\sin\theta\right]_0^{\frac{\pi}{2}}+2=\frac{10}{3}.$$

4．**解** 作平面 $\Sigma': z=3, x^2+y^2\leqslant 2$，取上侧，且 $\dfrac{\partial P}{\partial x}+\dfrac{\partial Q}{\partial y}+\dfrac{\partial R}{\partial z}=-8z$，利用高斯公式得

$$\iint_{\Sigma}(8z+1)\mathrm{d}y\mathrm{d}z-4yz\mathrm{d}z\mathrm{d}x+2(1-z^2)\mathrm{d}x\mathrm{d}y$$

$$=\oint\!\!\!\oint_{\Sigma+\Sigma'}(8z+1)\mathrm{d}y\mathrm{d}z-4yz\mathrm{d}z\mathrm{d}x+2(1-z^2)\mathrm{d}x\mathrm{d}y-\iint_{\Sigma'}(8z+1)\mathrm{d}y\mathrm{d}z-4yz\mathrm{d}z\mathrm{d}x+2(1-z^2)\mathrm{d}x\mathrm{d}y$$

$$=-8\iiint_{\Omega}z\mathrm{d}v-\iint_{\Sigma'}(8z+1)\mathrm{d}y\mathrm{d}z-4yz\mathrm{d}z\mathrm{d}x+2(1-z^2)\mathrm{d}x\mathrm{d}y=-8\iiint_{\Omega}z\mathrm{d}v-2\iint_{\Sigma'}(1-z^2)\mathrm{d}x\mathrm{d}y$$

$$=-8\times\frac{14}{3}\pi+32\pi=-\frac{16}{3}\pi.$$

注 $\iiint_{\Omega}z\mathrm{d}v=\int_0^{2\pi}\mathrm{d}\theta\int_0^{\sqrt{2}}r\mathrm{d}r\int_{1+r^2}^{3}z\mathrm{d}z=\pi\int_0^{\sqrt{2}}(8r-2r^3-r^5)\mathrm{d}r=\dfrac{14}{3}\pi$，或

$$\iiint_{\Omega}z\mathrm{d}v=\int_1^3 z\mathrm{d}z\iint_{D_z}\mathrm{d}x\mathrm{d}y=\int_1^3 z\pi(z-1)\mathrm{d}z=\pi\int_1^3(z^2-z)\mathrm{d}z=\frac{14}{3}\pi.$$

$$\iint_{\Sigma'}(1-z^2)\mathrm{d}x\mathrm{d}y=-8\iint_{\Sigma'}\mathrm{d}x\mathrm{d}y=-8\iint_{D_{xy}}\mathrm{d}x\mathrm{d}y=-16\pi.$$

五、解答题（每小题 7 分，共 14 分）

1．**解** 收敛半径 $R=\lim\limits_{n\to\infty}\dfrac{\frac{1}{n-1}}{\frac{1}{n}}=\lim\limits_{n\to\infty}\dfrac{n}{n-1}=1.$

当 $x=-1$ 时，级数 $\sum\limits_{n=2}^{\infty}\dfrac{(-1)^n}{n-1}$ 收敛；当 $x=1$ 时，级数 $\sum\limits_{n=2}^{\infty}\dfrac{1}{n-1}$ 发散．级数的收敛域是 $[-1,1)$.

设 $S(x)=\sum\limits_{n=2}^{\infty}\dfrac{x^n}{n-1}=x\sum\limits_{n=2}^{\infty}\dfrac{x^{n-1}}{n-1},\ x\in[-1,1)$，记 $S_1(x)=\sum\limits_{n=2}^{\infty}\dfrac{x^{n-1}}{n-1}$，则 $S_1'(x)=\sum\limits_{n=2}^{\infty}x^{n-2}=\dfrac{1}{1-x}$，

$S_1(x)=\int_0^x\dfrac{1}{1-t}\mathrm{d}t=-\ln(1-x)$，于是 $S(x)=xS_1(x)=-x\ln(1-x),\ x\in[-1,1)$.

2．将原方程化为 $\dfrac{\mathrm{d}y}{\mathrm{d}x}+\dfrac{2x}{x^2-1}y=\dfrac{\cos x}{x^2-1}$，则方程的通解为

$$y=\mathrm{e}^{-\int\frac{2x}{x^2-1}\mathrm{d}x}\left(\int\frac{\cos x}{x^2-1}\mathrm{e}^{\int\frac{2x}{x^2-1}\mathrm{d}x}\mathrm{d}x+C\right)=\mathrm{e}^{-\ln(x^2-1)}\left[\int\frac{\cos x}{x^2-1}\mathrm{e}^{\ln(x^2-1)}\mathrm{d}x+C\right]=\frac{1}{x^2-1}(\sin x+C).$$

将 $y(0)=1$ 代入方程的通解，得 $C=-1$，所以 $y=\dfrac{1}{x^2-1}(\sin x-1)$ 即为所求特解.

六、解答题（7 分）

解 由于曲线积分 $\int_L 2xy\mathrm{d}x+Q(x,y)\mathrm{d}y$ 与路径无关，所以 $\dfrac{\partial P}{\partial y}=\dfrac{\partial Q}{\partial x}$，即 $\dfrac{\partial Q}{\partial x}=2x$.

设 $Q(x,y)=x^2+\varphi(y)$，则 $\int_{(0,0)}^{(t,1)}2xy\mathrm{d}x+Q(x,y)\mathrm{d}y=\int_0^1 Q(t,y)\mathrm{d}y=\int_0^1\left[t^2+\varphi(y)\right]\mathrm{d}y=t^2+\int_0^1\varphi(y)\mathrm{d}y$，

又 $\int_{(0,0)}^{(1,t)}2xy\mathrm{d}x+Q(x,y)\mathrm{d}y=\int_0^t Q(1,y)\mathrm{d}y=\int_0^t\left[1+\varphi(y)\right]\mathrm{d}y=t+\int_0^t\varphi(y)\mathrm{d}y$，从而 $t^2+\int_0^1\varphi(y)\mathrm{d}y=t+\int_0^t\varphi(y)\mathrm{d}y$.

上式两端对 t 求导得 $2t=1+\varphi(t)$，于是 $\varphi(t)=2t-1$，所以 $Q(x,y)=x^2+2y-1$.

模拟试卷二参考答案

一、选择题（每小题 3 分，共 15 分）

1. C；　2. D；　3. A；　4. B；　5. C.

二、填空题（每小题 3 分，共 15 分）

1. $\dfrac{2\pi}{3}$；　2. $y=C_1+C_2\mathrm{e}^{-2x}$；　3. $z=\mathrm{e}^{\pm\sqrt{x^2+y^2}}$；　4. πa^3；　5. 1.

三、计算下列各题（每小题 8 分，共 32 分）

1．**解**　$\displaystyle\iint_D\left|y-x^2\right|\mathrm{d}x\mathrm{d}y=\int_{-1}^{1}\mathrm{d}x\int_0^{x^2}\left(x^2-y\right)\mathrm{d}y+\int_{-1}^{1}\mathrm{d}x\int_{x^2}^{1}\left(y-x^2\right)\mathrm{d}y$

$$=\int_{-1}^{1}\left[x^2y-\frac{y^2}{2}\right]_0^{x^2}\mathrm{d}x+\int_{-1}^{1}\left[\frac{1}{2}y^2-x^2y\right]_{x^2}^{1}\mathrm{d}x$$

$$=\int_{-1}^{1}\left(x^4-\frac{x^4}{2}\right)\mathrm{d}x+\int_{-1}^{1}\left[\frac{1}{2}\left(1-x^4\right)-x^2\left(1-x^2\right)\right]\mathrm{d}x=2\int_0^1\left(x^4-x^2+\frac{1}{2}\right)\mathrm{d}x=\frac{11}{15}.$$

2．**解**　（1）$f_x(0,0)=\lim\limits_{x\to0}\dfrac{f(x,0)-f(0,0)}{x}=0$，$f_y(0,0)=\lim\limits_{y\to0}\dfrac{f(0,y)-f(0,0)}{y}=0$；

（2）因为当 $x^2+y^2\neq0$ 时，$f_x(x,y)=\dfrac{2y(y^2-x^2)}{(x^2+y^2)^2}$，于是

$$f_{xy}(0,0)=\lim_{y\to0}\frac{f_x'(0,y)-f_x'(0,0)}{y}=\lim_{y\to0}\frac{\frac{2y^3}{y^4}-0}{y}=\lim_{y\to0}\frac{2}{y^2}=\infty,$$

所以 $f_{xy}(0,0)$ 不存在.

3．**解**　$y=\mathrm{e}^{\int\frac{2}{1+x}\mathrm{d}x}\left(\displaystyle\int(1+x)^{\frac{5}{2}}\cdot\mathrm{e}^{-\int\frac{2}{1+x}\mathrm{d}x}\mathrm{d}x+C\right)=\mathrm{e}^{2\ln|1+x|}\left(\displaystyle\int(1+x)^{\frac{5}{2}}\cdot\mathrm{e}^{-2\ln|1+x|}\mathrm{d}x+C\right)$

$$=(1+x)^2\left(\int\sqrt{1+x}\,\mathrm{d}x+C\right)=(1+x)^2\left[\frac{2}{3}(1+x)^{\frac{3}{2}}+C\right].$$

4．**解**　令 $x-5=t$，则原级数化为 $\displaystyle\sum_{n=1}^{\infty}\frac{t^n}{\sqrt{n}}$，此时 $\rho=\lim\limits_{n\to\infty}\left|\dfrac{a_{n+1}}{a_n}\right|=\lim\limits_{n\to\infty}\dfrac{\frac{1}{\sqrt{n+1}}}{\frac{1}{\sqrt{n}}}=1$，所以幂级数 $\displaystyle\sum_{n=1}^{\infty}\frac{t^n}{\sqrt{n}}$ 的收敛半径 $R=1$.

当 $t=-1$ 时，级数成为 $\displaystyle\sum_{n=1}^{\infty}\frac{(-1)^n}{\sqrt{n}}$，级数收敛；当 $t=1$ 时，级数成为 $\displaystyle\sum_{n=1}^{\infty}\frac{1}{\sqrt{n}}$，级数发散，因此原级数的收敛范围是 $[4,6)$.

四、解答题（每小题 8 分，共 32 分）

1．**解**　切平面的法向量为 $\left.\{6x,2y,2z\}\right|_{(-1,-2,3)}=\{-6,-4,6\}$. 若取 xOy 坐标面的法向量为 $\boldsymbol{k}=\{0,0,1\}$，则由夹角余弦公式，得 $\cos\theta=\dfrac{|\boldsymbol{n}_1\cdot\boldsymbol{n}_2|}{|\boldsymbol{n}_1||\boldsymbol{n}_2|}=\dfrac{6}{\sqrt{6^2+4^2+6^2}\times1}=\dfrac{3}{\sqrt{22}}$，所以 $\theta=\arccos\dfrac{3}{\sqrt{22}}$.

2．**解** 设连结点 $O(0,0)$ 与点 A $(2,0)$ 的直线为 L_1，其方程为 $y=0$，L 与 L_1 围成的闭区域为 D，则

$$P=\mathrm{e}^x\sin y-2(x+y), Q=\mathrm{e}^x\cos y-x，\frac{\partial P}{\partial y}=\mathrm{e}^x\cos y-2, \frac{\partial Q}{\partial x}=\mathrm{e}^x\cos y-1,$$

由格林公式得

$$\oint_{L+L_1}\left[\mathrm{e}^x\sin y-2(x+y)\right]\mathrm{d}x+\left(\mathrm{e}^x\cos y-x\right)\mathrm{d}y=\iint_D\left(\frac{\partial Q}{\partial x}-\frac{\partial P}{\partial y}\right)\mathrm{d}x\mathrm{d}y=\iint_D\mathrm{d}x\mathrm{d}y=\frac{\pi}{2}，$$

从而

$$\begin{aligned}\int_L\left[\mathrm{e}^x\sin y-2(x+y)\right]\mathrm{d}x+\left(\mathrm{e}^x\cos y-x\right)\mathrm{d}y&=\frac{\pi}{2}-\int_{L_1}\left[\mathrm{e}^x\sin y-2(x+y)\right]\mathrm{d}x+\left(\mathrm{e}^x\cos y-x\right)\mathrm{d}y\\&=\frac{\pi}{2}-\int_0^2(-2x)\mathrm{d}x=4+\frac{\pi}{2}.\end{aligned}$$

3．**解** 因为 $\frac{\partial P}{\partial x}=y-z,\ \frac{\partial Q}{\partial y}=0,\ \frac{\partial R}{\partial z}=0,$ 所以

$$\begin{aligned}\oiint_\Sigma(x-y)\mathrm{d}x\mathrm{d}y+(y-z)x\mathrm{d}y\mathrm{d}z&=\iiint_\Omega(y-z)\mathrm{d}x\mathrm{d}y\mathrm{d}z=\iiint_\Omega(r\sin\theta-z)r\mathrm{d}r\mathrm{d}\theta\mathrm{d}z\\&=\int_0^{2\pi}\mathrm{d}\theta\int_0^1 r\mathrm{d}r\int_0^3(r\sin\theta-z)\mathrm{d}z=-\frac{9\pi}{2}.\end{aligned}$$

4．**解**
$$\begin{aligned}I=\int_L(x+y)\mathrm{d}s&=\int_{OA}(x+y)\mathrm{d}s+\int_{OB}(x+y)\mathrm{d}s+\int_{BA}(x+y)\mathrm{d}s\\&=\int_0^1x\mathrm{d}x+\int_0^1y\mathrm{d}y+\sqrt{2}\int_0^1(x+1-x)\mathrm{d}x=1+\sqrt{2}.\end{aligned}$$

五、解答题（6 分）

解 由已知，$P(x,y)=\frac{1}{y}\left[1+y^2f(xy)\right]$，$Q(x,y)=\frac{x}{y^2}\left[y^2f(xy)-1\right]$，因为

$$\frac{\partial P}{\partial y}=-\frac{1}{y^2}+f(xy)+xyf'(xy)，\quad \frac{\partial Q}{\partial x}=-\frac{1}{y^2}+f(xy)+xyf'(xy)，$$

所以曲线积分与路径无关.

模拟试卷三参考答案

一、填空题（每小题 3 分，共 12 分）

1．$\int_0^4\mathrm{d}x\int_{\frac{x}{2}}^{\sqrt{x}}f(x,y)\mathrm{d}y$；　2．$\mathrm{d}x+(2+3\ln 3)\mathrm{d}y$；　3．$-4/\pi$；　4．$-1$.

二、单项选择题（每小题 3 分，共 12 分）

1．B；　2．D；　3．C；　4．A.

三、计算下列各题（每小题 6 分，共 60 分）

1．**解** $t=0$ 对应于点 $M(0,1,2)$. 因为 $x_t'=\mathrm{e}^t\cos t$，$y_t'=2\cos t-\sin t$，$z_t'=3\mathrm{e}^{3t}$，所以点 M 处的切向量 $\boldsymbol{T}\big|_{t=0}=\{1,2,3\}$，于是所求切线方程为 $\frac{x-0}{1}=\frac{y-1}{2}=\frac{z-2}{3}$，法平面方程为 $x+2(y-1)+3(z-2)=0$，即 $x+2y+3z-8=0$.

2．**解** $\frac{\partial z}{\partial x}=yf'(x+y)-\frac{1}{x^2}g(xy)+\frac{y}{x}g'(xy)$，$\frac{\partial^2 z}{\partial x\partial y}=f'(x+y)+yf''(x+y)+yg''(xy)$.

3．**解** $\dfrac{1}{x^2-x-2}=\dfrac{1}{3}\left(\dfrac{1}{x-2}-\dfrac{1}{x+1}\right)=\dfrac{1}{3}\left[\dfrac{1}{-2(1-x/2)}-\dfrac{1}{x+1}\right]$

$$=-\frac{1}{3}\left[\frac{1}{2}\sum_{n=0}^{\infty}\left(\frac{x}{2}\right)^n+\sum_{n=0}^{\infty}(-1)^n x^n\right]=-\frac{1}{3}\left[\sum_{n=0}^{\infty}\left((-1)^n+\frac{1}{2^{n+1}}\right)x^n\right],\ -1<x<1.$$

4．**解** $\int_L y^2\mathrm{d}x+xy\mathrm{d}y=\int_{L+\overline{BA}}y^2\mathrm{d}x+xy\mathrm{d}y-\int_{\overline{BA}}y^2\mathrm{d}x+xy\mathrm{d}y=-\iint\limits_D y\mathrm{d}x\mathrm{d}y=-\int_{-1}^{0}\int_{-1-y}^{1+y}y\mathrm{d}x=\dfrac{1}{3}$.

5．**解** 由高斯公式，得 $\oiint\limits_{\Sigma}2xz\mathrm{d}y\mathrm{d}z+yz\mathrm{d}z\mathrm{d}x-z^2\mathrm{d}x\mathrm{d}y=\iiint\limits_{\Omega}\mathrm{d}v=\dfrac{8\pi}{3}$.

6．**解** 将 $y=\lambda y_1+\mu y_2$ 和 $y=\lambda y_1-\mu y_2$ 分别代入微分方程及其对应的齐次微分方程中，得 $\lambda y_1'+\mu y_2'+P(x)\lambda y_1+P(x)\mu y_2=Q(x)$，$\lambda y_1'-\mu y_2'+P(x)\lambda y_1+P(x)\mu y_2=0$，

由上述两式相加得 $2\lambda y_1'+2\lambda P(x)y_1=Q(x)$，于是 $\lambda=\dfrac{1}{2}$. 由上述两式相减得 $2\mu y_2'+2\mu P(x)y_2=Q(x)$，于是 $\mu=\dfrac{1}{2}$.

7．**解** 因为 $z=\sqrt{a^2-x^2-y^2}$，$z_x=\dfrac{-x}{\sqrt{a^2-x^2-y^2}}$，$z_y=\dfrac{-y}{\sqrt{a^2-x^2-y^2}}$，所以 $\mathrm{d}S=\sqrt{1+(z_x)^2+(z_y)^2}=\dfrac{a}{\sqrt{a^2-x^2-y^2}}$，令 D: $x^2+y^2\leqslant a^2$，于是

$$\iint\limits_{\Sigma}\sqrt{a^2-x^2-y^2}\mathrm{d}S=\iint\limits_{D}\sqrt{a^2-x^2-y^2}\sqrt{1+{z_x}^2+{z_y}^2}\mathrm{d}\sigma=\iint\limits_{D}a\mathrm{d}\sigma=\pi a^3.$$

8．**解** 旋转抛物面的方程为 $x^2+y^2=2z$，在柱面坐标系下计算得

$$I=\int_0^{2\pi}\mathrm{d}\theta\int_0^2 r\mathrm{d}r\int_2^8 r^2\mathrm{d}z+\int_0^{2\pi}\mathrm{d}\theta\int_2^4 r\mathrm{d}r\int_{\frac{r^2}{2}}^{8}r^2\mathrm{d}z=2\pi\int_0^2 6r^3\mathrm{d}r+2\pi\int_2^4 r^3\left(8-\frac{r^2}{2}\right)\mathrm{d}r=336\pi.$$

9．**解** 设球面上的点为 (x,y,z)，设 $F=x-2y+2z+\lambda(x^2+y^2+z^2-9)$，令 $\begin{cases}F_x=1+2\lambda x=0,\\F_y=-2+2\lambda y=0,\\F_z=2+2\lambda z=0,\\x^2+y^2+z^2=9,\end{cases}$ 当 $\lambda=-\dfrac{1}{2}$ 时，$x=1$，$y=-2$，$z=2$，得唯一可能的极值点 $(1,-2,2)$.

由所讨论问题的性质可知，函数 $f(x,y,z)$ 的最大值一定存在，并在点 $(1,-2,2)$ 处达取得，最大值为 9.

10．**解** $\rho(x)=\lim\limits_{n\to\infty}\left|\dfrac{(x-1)^{2(n+1)}}{n+1-3^{2(n+1)}}:\dfrac{n-3^{2n}}{(x-1)^{2n}}\right|=\dfrac{1}{9}\left|(x-1)^2\right|$，当 $\dfrac{1}{9}\left|(x-1)^2\right|<1$，即 $|x-1|<3$，亦即 $-2<x<4$ 时，级数绝对收敛；当 $x=-2$ 及 $x=4$ 时，$\lim\limits_{n\to\infty}\dfrac{3^{2n}}{n-3^{2n}}=-1\neq 0$，级数发散，所以原级数的收敛区间是 $(-2,4)$.

四、证明题（6分）

证明 因为 $\dfrac{\partial z}{\partial x}=\dfrac{1}{2\sqrt{x}\left(\sqrt{x}+\sqrt{y}\right)}$，$\dfrac{\partial z}{\partial y}=\dfrac{1}{2\sqrt{y}\left(\sqrt{x}+\sqrt{y}\right)}$，所以 $x\dfrac{\partial z}{\partial x}+y\dfrac{\partial z}{\partial y}=\dfrac{1}{2}$.

五、解答题（10分）

解 分别将 $y(x)=1+\dfrac{x^3}{3!}+\dfrac{x^6}{6!}+\dfrac{x^9}{9!}+\cdots+\dfrac{x^{3n}}{(3n)!}+\cdots$，$y'(x)=\dfrac{x^2}{2!}+\dfrac{x^5}{5!}+\dfrac{x^8}{8!}+\cdots$，$y''(x)=x+\dfrac{x^4}{4!}+\dfrac{x^7}{7!}+\cdots$，

代入微分方程 $y''+y'+y=\mathrm{e}^x$ 的两端，等式成立.

由 $y(x)=\sum\limits_{n=0}^{\infty}\dfrac{x^{3n}}{(3n)!}$，只要解上面微分方程即可. 特征方程为 $r^2+r+1=0$，其解为 $\dfrac{-1\pm\sqrt{3}\mathrm{i}}{2}$，因此 $y''+y'+y=0$ 的通解为 $Y=\mathrm{e}^{-\frac{1}{2}x}\left(C_1\cos\dfrac{\sqrt{3}}{2}x+C_2\sin\dfrac{\sqrt{3}}{2}x\right)$.

又设微分方程的特解为 $y^*=a\mathrm{e}^x$，代入 $y''+y'+y=\mathrm{e}^x$ 中，得 $a=\dfrac{1}{3}$. 所以微分方程的通解为

$$y=\mathrm{e}^{-\frac{1}{2}x}\left(C_1\cos\frac{\sqrt{3}}{2}x+C_2\sin\frac{\sqrt{3}}{2}x\right)+\frac{1}{3}\mathrm{e}^x.$$

将 $y(0)=1,\ y'(0)=0$ 代入通解中，得 $C_1=\dfrac{2}{3},\ C_2=0$，所以 $y=\dfrac{2}{3}\mathrm{e}^{-\frac{1}{2}x}\cos\dfrac{\sqrt{3}}{2}x+\dfrac{1}{3}\mathrm{e}^x$.

附录 D　河北科技大学数学竞赛试卷及参考答案

数学竞赛试卷一

注意：答题时间为 150 分钟，满分为 150 分.

一、填空题（每小题 5 分，共 20 分）

1．已知向量 $\boldsymbol{a}=3\boldsymbol{i}+\boldsymbol{j}+\boldsymbol{k}$ 与向量 $\boldsymbol{b}=2\boldsymbol{i}+\lambda\boldsymbol{j}-\boldsymbol{k}$ 垂直，则 $\lambda=$______.

2．定积分 $\int_{-2}^{2}\left(\sqrt{4-x^2}-x\cos^2 x\right)\mathrm{d}x=$ ______.

3．已知 $\int f(x)\mathrm{d}x=\mathrm{e}^{-3x}+C$，则 $f'(x)=$______.

4．设 $y=\ln\left(x+\sqrt{1+x^2}\right)$，则 $\mathrm{d}y=$______.

二、选择题（每小题 5 分，共 30 分）

1．设 $f(x)$ 满足 $\lim\limits_{x\to 0}\dfrac{f(x)}{x^2}=-1$，且当 $x\to 0$ 时，$\ln\cos x^2$ 是比 $x^n f(x)$ 高阶的无穷小，而 $x^n f(x)$ 是比 $\mathrm{e}^{\sin^2 x}-1$ 高阶的无穷小，则正整数 n 等于（　　）.

（A）1　　（B）2　　（C）3　　（D）4

2．设 $f(x)$ 有二阶连续的导数，且 $f'(0)=0$，$\lim\limits_{x\to 0}\dfrac{f''(x)}{|x|}=1$，则（　　）.

（A）$f(0)$ 不是 $f(x)$ 的极值，$(0,f(0))$ 不是曲线 $y=f(x)$ 的拐点

（B）$f(0)$ 是 $f(x)$ 的极小值

（C）$(0,f(0))$ 是曲线 $y=f(x)$ 的拐点

（D）$f(0)$ 是 $f(x)$ 的极大值

3．设 $f(x,y)=\begin{cases}\dfrac{1}{xy}\sin(x^2y), & xy\neq 0,\\ 0, & xy=0,\end{cases}$ 则 $f_x(0,1)$ 等于（　　）.

（A）1/2　　（B）0　　（C）$\sqrt{3}$　　（D）1

4．极限 $\lim\limits_{x\to 0}\dfrac{\int_0^x(\mathrm{e}^t-t-1)\mathrm{d}t}{x^3}$ 的值等于（　　）.

（A）1　　（B）$\dfrac{1}{6}$　　（C）3　　（D）4

5．设平面曲线 L 为下半圆 $y=-\sqrt{1-x^2}$，则曲线积分 $I=\int_L(x^2+y^2)\mathrm{d}s$ 的值为（　　）.

（A）$I=\dfrac{\pi}{2}$　　（B）$I=\dfrac{3\pi}{2}$　　（C）$I=\pi$　　（D）$I=0$

6．$x=0$ 是函数 $f(x)=\begin{cases}\dfrac{\sin x}{x}, & x\neq 0,\\ x^2-1, & x=0\end{cases}$ 的（　　）．

（A）连续点　　（B）无穷型间断点

（C）第一类间断点　　（D）第二类间断点

三、解答题（每小题 11 分，共 77 分）

1．设 $y=y(x)$ 由方程 $e^y+6xy+x^2-1=0$ 所确定，求 $y''(0)$．

2．设 P 为曲线 $\begin{cases}x=\cos t,\\ y=2\sin^2 t\end{cases}\left(0\leqslant t\leqslant\dfrac{\pi}{2}\right)$ 上的一点，此曲线与直线 OP 及 x 轴所围图形的面积为 S，求 $\dfrac{dS}{dt}$ 取最大值时点 P 的坐标．

3．求曲面积分 $I=\iint\limits_{\Sigma}\left(2x+\dfrac{4}{3}y+z\right)dS$，其中 Σ 为平面 $\dfrac{x}{2}+\dfrac{y}{3}+\dfrac{z}{4}=1$ 在第一卦限的部分．

4．计算曲面积分 $I=\iint\limits_{\Sigma}(8y+1)x\,dy\,dz+2(1-y^2)\,dz\,dx-4yz\,dx\,dy$，其中 Σ 是曲线 $\begin{cases}z=\sqrt{y-1},\\ x=0\end{cases}(1\leqslant y\leqslant 3)$ 绕着 y 轴旋转一周形所成的曲面，它的法向量与 y 轴正向的夹角恒大于 $\dfrac{\pi}{2}$．

5．设 $z=f\left(e^x\sin y, x^2+y^2\right)$，其中 f 具有连续的二阶偏导数，求 $\dfrac{\partial^2 z}{\partial x\partial y}$．

6．计算 $I=\int_L(x^2-y^2)\,dx-2xy\,dy$，其中 L 为由 $O(0,0)$ 沿直线 $y=x$ 到 $A\left(\dfrac{\sqrt{2}}{2},\dfrac{\sqrt{2}}{2}\right)$，再沿圆周 $y=\sqrt{1-x^2}$ 到 $B(0,1)$ 的有向曲线弧．

7．求过直线 $L:\begin{cases}x+2y+z-1=0,\\ x-y-2z+3=0\end{cases}$ 且与曲线 $\Gamma:\begin{cases}x^2+y^2=\dfrac{1}{2}z^2,\\ x+y+2z=4\end{cases}$ 在点 $P(1,-1,2)$ 处的切线平行的平面方程．

四、证明题（第 1 小题 11 分，第 2 小题 12 分，共 23 分）

1．利用积分中值定理和极限存在准则证明 $\lim\limits_{n\to\infty}\int_{n^2}^{n^2+n}\dfrac{1}{\sqrt{x}}e^{-\frac{1}{x}}\,dx=1$．

2．设 $y=f(x)$ 是区间 $[0,1]$ 上的任一非负连续函数，证明至少存在一点 $x_0\in(0,1)$，使得在区间 $[0,x_0]$ 上以 $f(x_0)$ 为高的矩形面积，等于在区间 $[x_0,1]$ 上以 $y=f(x)$ 为曲边的曲边梯形的面积．

数学竞赛试卷二

注意: 答题时间为 120 分钟，满分为 100 分.

一、填空题（每小题 5 分，共 15 分）

1．设 $\lim\limits_{x\to 0}\dfrac{x}{f(4x)}=3$, 则 $\lim\limits_{x\to 0}\dfrac{f(6x)}{x}=$____________.

2．设 $z=\int_0^{xy}\mathrm{e}^{-t^2}\mathrm{d}t$, 则 $\mathrm{d}z=$ ____________.

3．设 D 是由 $y=1-x^2$ 及 $y=0$ 所围成的平面区域，则二重积分 $\iint\limits_D x\mathrm{d}\sigma=$________.

二、选择题（每小题 5 分，共 15 分）

1．设 $f(x)=\begin{cases}x^2-1, & -1\leqslant x<0,\\ x, & 0\leqslant x<1,\\ 2-x, & 1\leqslant x\leqslant 2,\end{cases}$ 则下列结论正确的是（　　）.

（A）$f(x)$ 在 $x=0$, $x=1$ 间断　　（B）$f(x)$ 在 $x=0$, $x=1$ 连续

（C）$f(x)$ 在 $x=0$ 间断，在 $x=1$ 连续　　（D）$f(x)$ 在 $x=0$ 连续，在 $x=1$ 间断

2．极限 $\lim\limits_{x\to+\infty}\dfrac{\int_0^x|\sin x|\mathrm{d}x}{x}$ 的值为（　　）.

（A）π　　（B）$\dfrac{2}{\pi}$　　（C）2　　（D）$\dfrac{\pi}{2}$

3．若曲线 $L: x^2+(y+1)^2=2$ 取逆时针方向，则 $\oint_L\dfrac{x\mathrm{d}y-y\mathrm{d}x}{x^2+(y+1)^2}$ 等于（　　）.

（A）π　　（B）2π　　（C）π^2　　（D）不存在

三、解答题（每小题 10 分，共 70 分）

1．已知两条曲线 $y=f(x)$ 与 $y=\int_0^{\arctan x}\mathrm{e}^{-t^2}\,\mathrm{d}t$ 在点 $(0,0)$ 处的切线相同，写出此切线方程，并求极限 $\lim\limits_{n\to\infty}nf\left(\dfrac{2}{n}\right)$.

2. 设 $f(x)$ 在 $x=0$ 的某邻域内二阶可导，且 $f''(0)\neq 0$, $\lim\limits_{x\to 0}\dfrac{f(x)}{x}=0$, $\lim\limits_{x\to 0^+}\dfrac{\int_0^x f(t)\mathrm{d}t}{x^\alpha-\sin x}=\beta\neq 0$, 求 α 与 β.

3. 已知 $\mathrm{d}z=(4-2x)\mathrm{d}x-(4+2y)\mathrm{d}y$, $z(0,0)=0$，求 $z=f(x,y)$ 在区域 $D: x^2+y^2\leqslant 18$ 上的最大值与最小值.

4．设 $f(x)=\int_0^x\mathrm{d}t\int_0^t t\ln(1+u^2)\mathrm{d}u$, $g(x)=\int_0^{\sin x^2}(1-\cos t)\mathrm{d}t$, 证明当 $x\to 0$ 时，$g(x)=o(f(x))$.

5．求$I=\iiint\limits_{\Omega}(x\sin y^2 z+y^3\mathrm{e}^{x^2+y^2}+2)\mathrm{d}v$，其中$\Omega:x^2+y^2+z^2\leqslant 2$.

6．设函数$f(x)$有连续的一阶导数，且$\int_0^3 f(x)\mathrm{d}x=A$，求$I=\int_{(0,0)}^{(1,2)} f(x+y)\mathrm{d}x+f(x+y)\mathrm{d}y$.

7．设$f(x)$在$[a,b]$上连续，在(a,b)内可导，且$\int_a^b f(x)\mathrm{d}x=\int_a^b xf(x)\mathrm{d}x=0$，证明：（1）函数$f(x)$在$(a,b)$内至少有两个零点；（2）至少存在一点$\xi\in(a,b)$，使得$f^2(\xi)=f'(\xi)\int_\xi^b f(x)\mathrm{d}x$.

数学竞赛试卷三

注意：答题时间为120分钟，满分为100分.

一、填空题（每小题5分，共15分）

1．若$f(x)$有一个原函数$\dfrac{\sin x}{x}$，则$\int xf'(x)\mathrm{d}x=$____________.

2．若$z=\dfrac{\sin(xy)\cos\sqrt{y+2}-(y-1)\cos x}{1+\sin x+\sin(y-1)}$，则$\left.\dfrac{\partial z}{\partial y}\right|_{(0,1)}=$____________.

3．设L为上半圆周$(x-a)^2+y^2=a^2\ (y\geqslant 0)$沿逆时针方向，则

$\int_L(\mathrm{e}^x\sin y-2y)\mathrm{d}x+(\mathrm{e}^x\cos y-2)\mathrm{d}y=$____________.

二、选择题（每小题5分，共15分）

1．设$f(0)=0$，则函数$f(x)$在$x=0$处可导的充要条件是（　　）.

（A）$\lim\limits_{h\to 0}\dfrac{1}{h^2}f(1-\cos h)$存在　　（B）$\lim\limits_{h\to 0}\dfrac{1}{h}f(1-\mathrm{e}^h)$存在

（C）$\lim\limits_{h\to 0}\dfrac{1}{h^2}f(h-\sin h)$存在　　（D）$\lim\limits_{h\to 0}\dfrac{1}{h}[f(2h)-f(h)]$存在

2．积分$I=\int_{-1}^1\left(x-\sqrt{1-x^2}\right)^2\mathrm{d}x$的值为（　　）.

（A）π　　（B）$\dfrac{2}{\pi}$　　（C）2　　（D）$\dfrac{\pi}{2}$

3．函数$f(x,y)=\begin{cases} xy\sin\dfrac{1}{\sqrt{x^2+y^2}}, & x^2+y^2\neq 0,\\ 0, & x^2+y^2=0\end{cases}$在点(0,0)处（　　）.

（A）不连续、偏导数存在且可微　　（B）连续、偏导数不存在但可微

（C）连续、偏导数存在且可微　　（D）不连续、偏导数存在但不可微

三、解答题（每小题 10 分，共 70 分）

1．设 $f(x)$ 为有界函数，$f(0)=1$，$\lim\limits_{x\to 0}\dfrac{\ln(1-x)+f(x)\sin x}{e^{x^2}-1}=0$，证明函数 $f(x)$ 在点 $x=0$ 处可导，并求 $f'(0)$.

2．已知 $y=e^{ty}+x$，而 t 是由方程 $y^2+t^2-x^2=1$ 所确定的 x，y 的函数，求 $\dfrac{dy}{dx}$.

3．设 $x\geqslant -1$，求 $\int_{-1}^{x}(1-|t|)dt$.

4．设当 $x>0$ 时，方程 $kx+\dfrac{1}{x^2}=1$ 有且仅有一个实根，试求 k 的取值范围.

5．计算曲面积分 $I=\iint\limits_{\Sigma}[f(x,y,z)+x]dydz+[2f(x,y,z)+y]dzdx+[f(x,y,z)+z]dxdy$，其中 $f(x,y,z)$ 为连续函数，Σ 为 $x-y+z=1$ 在第四卦限部分的上侧.

6．在变力 $\boldsymbol{F}=\{yz,xz,xy\}$ 的作用下，一质点由坐标原点沿直线运动到椭球面 $x^2+2y^2+3z^2=1$ 上的点 $P(a,b,c)(a,b,c>0)$ 处，问 a,b,c 取何值时，力 $\boldsymbol{F}$ 所作的功最大，并求最大值.

7．设 L 为曲线 $y=\sin x, x\in[0,\pi]$，证明 $\dfrac{3\sqrt{2}}{8}\pi^2\leqslant\int_L x ds\leqslant\dfrac{\sqrt{2}}{2}\pi^2$.

数学竞赛试卷一参考答案

一、填空题（每小题 5 分，共 20 分）

1．$\lambda=-5$；　2．2π；　3．$9\mathrm{e}^{-3x}$；　4．$\dfrac{1}{\sqrt{1+x^2}}\mathrm{d}x$．

二、选择题（每小题 5 分，共 30 分）

1．A；2．B；3．D；4．B；5．C；6．C．

三、解答题（每小题 11 分，共 77 分）

1．**解**　当 $x=0$ 时，$y=0$．方程两边对 x 求导得

$$\mathrm{e}^y y'+6y+6xy'+2x=0, \tag{①}$$

将 $x=0$，$y=0$ 代入①式得 $y'(0)=0$．①式两边再对 x 求导得

$$\mathrm{e}^y y'^2+\mathrm{e}^y y''+6y'+6y'+6xy''+2=0, \tag{②}$$

将 $x=0$，$y=0$ 及 $y'(0)=0$ 代入②式得 $y''(0)=-2$．

2．**解**　过 P 点作 x 轴的垂线，垂足为 N，曲线与 x 轴的交点为 Q，则 S 分为两部分，直角三角形 OPN 的面积 S_1 和由曲线及 x 轴和直线 $x=\cos t$ 所围曲边三角形 NPQ 的面积 S_2，且

$$S_1=\frac{1}{2}\cos t(2\sin^2 t)=\sin^2 t\cos t,\quad S_2=\int_{\cos t}^{1}y\,\mathrm{d}x=\int_{\cos t}^{1}2(1-x^2)\,\mathrm{d}x,$$

于是 $S=S_1+S_2$.

$$S'=\frac{\mathrm{d}S}{\mathrm{d}t}=\frac{\mathrm{d}S_1}{\mathrm{d}t}+\frac{\mathrm{d}S_2}{\mathrm{d}t}=2\sin t\cos^2 t-\sin^3 t+2(1-\cos^2 t)\sin t=2\sin t-\sin^3 t.$$

令 $\dfrac{\mathrm{d}S'}{\mathrm{d}t}=\dfrac{\mathrm{d}^2 S}{\mathrm{d}t^2}=2\cos t-3\sin^2 t\cos t=0$，得 $t_1=\dfrac{\pi}{2},\ t_2=\arcsin\sqrt{\dfrac{2}{3}}$．又

$$\left.\frac{\mathrm{d}S}{\mathrm{d}t}\right|_{t=0}=0,\quad \left.\frac{\mathrm{d}S}{\mathrm{d}t}\right|_{t=\frac{\pi}{2}}=1,\quad \left.\frac{\mathrm{d}S}{\mathrm{d}t}\right|_{t=\arcsin\sqrt{\frac{2}{3}}}=\frac{4}{3}\sqrt{\frac{2}{3}},$$

所以当 $t=\arcsin\sqrt{\dfrac{2}{3}}$ 时，$\dfrac{\mathrm{d}S}{\mathrm{d}t}$ 取最大值，此时 P 点的坐标为 $\left(\dfrac{\sqrt{3}}{3},\dfrac{4}{3}\right)$.

3．**解**　将 Σ 的方程代入被积函数化简为 $I=\displaystyle\iint_{\Sigma}4\mathrm{d}S$，$\mathrm{d}S=\dfrac{\sqrt{61}}{3}\mathrm{d}x\mathrm{d}y$，　于是

$$I=\iint_{D}4\cdot\frac{\sqrt{61}}{3}\mathrm{d}x\mathrm{d}y=\frac{4}{3}\sqrt{61}\times\frac{1}{2}\times2\times3=4\sqrt{61}.$$

4．**解**　Σ 的方程为 $y-1=z^2+x^2$，补上曲面 $\Sigma_1:\begin{cases}x^2+z^2\leqslant 2,\\ y=3,\end{cases}$ 其法向量与 y 轴正向相同，于是

$$I=\iiint_{\Omega}\mathrm{d}x\mathrm{d}y\mathrm{d}z-2\iint_{D_{zx}}(1-3^2)\mathrm{d}z\mathrm{d}x=\int_0^{2\pi}\mathrm{d}\theta\int_0^{\sqrt{2}}r\,\mathrm{d}r\int_{1+r^2}^{3}\mathrm{d}y+32\pi=34\pi.$$

5．**解**　$\dfrac{\partial z}{\partial x}=f_1'\cdot\mathrm{e}^x\sin y+f_2'\cdot 2x$,

$$\frac{\partial^2 z}{\partial x\partial y}=\frac{\partial z}{\partial y}\left(f_1'\cdot\mathrm{e}^x\sin y+f_2'\cdot 2x\right)=\left(f_{11}''\mathrm{e}^x\cos y+f_{12}''2y\right)\mathrm{e}^x\sin y+f_1'\mathrm{e}^x\cos y+\left(f_{21}''\mathrm{e}^x\cos y+f_{22}''2y\right)2x$$

$$=f_{11}''\mathrm{e}^{2x}\sin y\cos y+2f_{12}''\cdot\mathrm{e}^x(y\sin y+x\cos y)+4f_{22}''\cdot xy+f_1'\cdot\mathrm{e}^x\cos y.$$

6．**解** 因为在 xOy 坐标面上均有 $\dfrac{\partial P}{\partial y}=-2y\equiv\dfrac{\partial Q}{\partial x}$，所以所求曲线积分与路径无关. 改变积分路径为直线段 $\overline{OB}$，于是 $I=\int_{OB}\left(x^2-y^2\right)\mathrm{d}x-2xy\,\mathrm{d}y=\int_0^1 0\,\mathrm{d}y=0$.

7．**解** 过已知直线 L 的平面束方程为 $x+2y+z-1+\lambda(x-y-2z+3)=0$，即 $(1+\lambda)x+(2-\lambda)y+(1-2\lambda)z+3\lambda-1=0$，此平面的法向量为 $\boldsymbol{n}=\{1+\lambda,2-\lambda,1-2\lambda\}$.

在曲线 Γ 的方程两边分别对 x 求导得 $\begin{cases}2x+2y\cdot\dfrac{\mathrm{d}y}{\mathrm{d}x}=z\cdot\dfrac{\mathrm{d}z}{\mathrm{d}x},\\ 1+\dfrac{\mathrm{d}y}{\mathrm{d}x}+2\dfrac{\mathrm{d}z}{\mathrm{d}x}=0,\end{cases}$ 解得 $\left.\dfrac{\mathrm{d}y}{\mathrm{d}x}\right|_{(1,-1,2)}=3$，$\left.\dfrac{\mathrm{d}z}{\mathrm{d}x}\right|_{(1,-1,2)}=-2$，故曲线 Γ 在点 $P(1,-1,2)$ 处的切向量 $\boldsymbol{s}=\{1,3,-2\}$.

由题设知 $\boldsymbol{n}\perp\boldsymbol{s}$，即 $\boldsymbol{n}\cdot\boldsymbol{s}=0$，故 $\lambda=-\dfrac{5}{2}$，所求平面方程为 $3x-9y-12z+17=0$.

四、证明题（第 1 小题 11 分，第 2 小题 12 分，共 23 分）

1．**证明** 由积分中值定理得 $\int_{n^2}^{n^2+n}\dfrac{1}{\sqrt{x}}\mathrm{e}^{-\frac{1}{x}}\mathrm{d}x=\dfrac{1}{\sqrt{\xi_n}}\mathrm{e}^{-\frac{1}{\xi_n}}n$，$\xi_n\in[n^2,n^2+n]$.

当 $x>2$ 时，因为函数 $\dfrac{1}{\sqrt{x}}\mathrm{e}^{-\frac{1}{x}}$ 严格单调递减，所以 $\dfrac{n}{\sqrt{n^2+n}}\mathrm{e}^{-\frac{1}{n^2+n}}\leqslant\dfrac{n}{\sqrt{\xi_n}}\mathrm{e}^{-\frac{1}{\xi_n}}n\leqslant\dfrac{n}{\sqrt{n^2}}\mathrm{e}^{-\frac{1}{n^2}}$，由 $\lim\limits_{n\to\infty}\dfrac{n}{\sqrt{n^2+n}}\mathrm{e}^{-\frac{1}{n^2+n}}=\lim\limits_{n\to\infty}\dfrac{n}{\sqrt{n^2}}\mathrm{e}^{-\frac{1}{n^2}}=1$ 及夹边定理可知 $\lim\limits_{n\to\infty}\int_{n^2}^{n^2+n}\dfrac{1}{\sqrt{x}}\mathrm{e}^{-\frac{1}{x}}\mathrm{d}x=1$.

2．**证明** 本题相当于要证明存在 $x_0\in(0,1)$，使得 $x_0f(x_0)=\int_{x_0}^1 f(t)\mathrm{d}t$.

将 x_0 换为 x，移项得 $xf(x)-\int_x^1 f(t)\mathrm{d}t=0$，即 $\left(x\int_x^1 f(t)\mathrm{d}t\right)'=0$，两边积分得 $x\int_x^1 f(t)\mathrm{d}t=C$. 令 $F(x)=x\int_x^1 f(t)\mathrm{d}t$，则 $F(x)$ 在 $[0,1]$ 上连续，在 $(0,1)$ 内可导，且 $F(0)=F(1)=0$，由罗尔定理可知，至少存在一点 $x_0\in(0,1)$，使得 $F'(x_0)=\int_{x_0}^1 f(t)\mathrm{d}t-x_0f(x_0)=0$，即 $x_0f(x_0)=\int_{x_0}^1 f(t)\mathrm{d}t$.

数学竞赛试卷二参考答案

一、填空题（每小题 5 分，共 15 分）

1．$\dfrac{1}{2}$； 2．$y\mathrm{e}^{-x^2y^2}\mathrm{d}x+x\mathrm{e}^{-x^2y^2}\mathrm{d}y$； 3．0.

二、选择题（每小题 5 分，共 15 分）

1．C； 2．B； 3．B.

三、解答题（每小题 10 分，共 70 分）

1．**解** 因为两条曲线在原点 $(0,0)$ 相切，所以 $f(0)=y|_{x=0}=\int_0^{\arctan 0}\mathrm{e}^{-t^2}\,dt=0$,

$$f'(0)=y'|_{x=0}=\frac{\mathrm{d}}{\mathrm{d}x}\int_0^{\arctan x}\mathrm{e}^{-t^2}\,\mathrm{d}t\bigg|_{x=0}=\mathrm{e}^{-(\arctan x)^2}\cdot\frac{1}{1+x^2}\bigg|_{x=0}=1,$$

故切线方程为 $y=x$.

因为 $f'(0)=1$，$f(0)=0$，所以 $\lim\limits_{n\to\infty}nf\left(\dfrac{2}{n}\right)=\lim\limits_{n\to\infty}\dfrac{f\left(\dfrac{2}{n}\right)-f(0)}{\dfrac{2}{n}}\cdot 2=2f'(0)=2$.

2．**解** 由 $f(x)$ 在 $x=0$ 的某邻域内二阶可导及 $\lim\limits_{x\to 0}\dfrac{f(x)}{x}=0$ 可知 $f(0)=0, f'(0)=0$．

由题设可知 $\alpha>0$．由 $\lim\limits_{x\to 0^+}\dfrac{\int_0^x f(t)\mathrm{d}t}{x^\alpha-\sin x}=\lim\limits_{x\to 0^+}\dfrac{f(x)}{\alpha x^{\alpha-1}-\cos x}=\beta\neq 0$, 可知 $\alpha=1$．于是

$$\lim_{x\to 0^+}\frac{\int_0^x f(t)\mathrm{d}t}{x^\alpha-\sin x}=\lim_{x\to 0^+}\frac{f(x)}{1-\cos x}=\lim_{x\to 0^+}\frac{f(x)}{\frac{1}{2}x^2}=\lim_{x\to 0^+}\frac{f'(x)}{x}=f''(0)=\beta.$$

3．**解** 由题意可知，$\dfrac{\partial z}{\partial x}=4-2x$，① $\dfrac{\partial z}{\partial y}=-4-2y$．②

①式两边对 x 积分得 $z=4x-x^2+\varphi(y)$．③

③式两边对 y 求偏导数得 $\dfrac{\partial z}{\partial y}=\varphi'(y)$，与②式比较得 $\varphi'(y)=-4-2y$，两边积分得 $\varphi(y)=-4y-y^2+C$，代入③式得 $z=4x-x^2-4y-y^2+C$．由 $z(0,0)=0$ 得 $C=0$，于是 $z=f(x,y)=4x-x^2-4y-y^2$．

解方程组 $\begin{cases}\dfrac{\partial z}{\partial x}=4-2x=0,\\ \dfrac{\partial z}{\partial y}=-4-2y=0\end{cases}$ 得 $z=f(x,y)$ 在 D 的内部的驻点 $(2,-2)$．

设 $F(x,y,\lambda)=4x-x^2-4y-y^2+\lambda(x^2+y^2-18)$，由 $\begin{cases}F_x=4-2x+2\lambda x=0,\\ F_y=-4-2y+2\lambda y=0,\\ F_\lambda=x^2+y^2-18=0\end{cases}$ 得可能的极值点 $(3,-3)$, $(-3,3)$，而 $f(2,-2)=8,\ f(3,-3)=6,\ f(-3,3)=-42$，所以 $z=f(x,y)$ 在区域 $D: x^2+y^2\leqslant 18$ 上的最大值为 8，最小值为 -42．

4．**解** 因为

$$\lim_{x\to 0}\frac{g(x)}{f(x)}=\lim_{x\to 0}\frac{\int_0^{\sin x^2}(1-\cos t)\mathrm{d}t}{\int_0^x \mathrm{d}t\int_0^t t\ln(1+u^2)\mathrm{d}u}=\lim_{x\to 0}\frac{\left[1-\cos(\sin x^2)\right]2x\cos x^2}{\int_0^x x\ln(1+u^2)\mathrm{d}u}=\lim_{x\to 0}\frac{2\left[1-\cos(\sin x^2)\right]}{\int_0^x \ln(1+u^2)\mathrm{d}u}$$

$$=\lim_{x\to 0}\frac{\sin^2 x^2}{\int_0^x \ln(1+u^2)\mathrm{d}u}=\lim_{x\to 0}\frac{x^4}{\int_0^x \ln(1+u^2)\mathrm{d}u}=\lim_{x\to 0}\frac{4x^3}{\ln(1+x^2)}=\lim_{x\to 0}\frac{4x^3}{x^2}=0,$$

所以当 $x\to 0$ 时，$g(x)=o(f(x))$．

5．**解** 由被积函数的奇偶性和积分区域的对称性可知 $\iiint\limits_\Omega x\sin y^2 z\,\mathrm{d}v=0, \iiint\limits_\Omega y^3\mathrm{e}^{x^2+y^2}\,\mathrm{d}v=0$, 于是

$$I=\iiint_\Omega(x\sin y^2 z+y^3\mathrm{e}^{x^2+y^2}+2)\mathrm{d}v=\iiint_\Omega 2\mathrm{d}v=2\times\frac{4}{3}\pi\left(\sqrt{2}\right)^3=\frac{16}{3}\sqrt{2}\pi.$$

6．**解** 因为 $P(x,y)=Q(x,y)=f(x+y)$, 而函数 $f(x)$ 有连续的一阶导数, 所以 $P(x,y)$, $Q(x,y)$ 具有连续的一阶偏导数. 又因为 $\dfrac{\partial Q}{\partial x}=\dfrac{\partial P}{\partial y}=f'(x+y)$, 所以曲线积分与路径无关, 故

$$\int_{(0,0)}^{(1,2)} f(x+y)\mathrm{d}x+f(x+y)\mathrm{d}y=\int_0^1 f(x)\mathrm{d}x+\int_0^2 f(1+y)\mathrm{d}y.$$

令 $u=1+y$，则 $\int_0^2 f(1+y)\mathrm{d}y=\int_1^3 f(u)\mathrm{d}u=\int_1^3 f(x)\mathrm{d}x$, 所以

$$\text{原式}=\int_0^1 f(x)\mathrm{d}x+\int_1^3 f(x)\mathrm{d}x=\int_0^3 f(x)\mathrm{d}x=A.$$

7. **证明** （1）由积分中值定理可知，存在$c\in(a,b)$，使得$0=\int_a^b f(x)\mathrm{d}x=f(c)(b-a)$，所以$f(c)=0$.

如果$f(x)$在(a,b)内只有一个零点$x=c$，则由$f(x)$的连续性及$\int_a^b f(x)\mathrm{d}x=0$可知，$f(x)$在$(a,c)$和$(c,b)$上分别保持恒定的正、负号，且这两个区间上正、负号相反，于是$\int_a^b(x-c)f(x)\mathrm{d}x\neq 0$. 但$\int_a^b(x-c)f(x)\mathrm{d}x=\int_a^b xf(x)\mathrm{d}x-c\int_a^b f(x)\mathrm{d}x=0$，矛盾，于是$f(x)$在$(a,b)$内至少有两个零点.

（2）设$f(x)$在(a,b)内的两个零点分别为$\alpha,\beta(\alpha<\beta)$，令$F(x)=f(x)\int_x^b f(t)\mathrm{d}t$，则$F(\alpha)=F(\beta)=0$，由罗尔定理可知，至少存在一点$\xi\in(\alpha,\beta)\subset(a,b)$，使得$F'(\xi)=0$，即$f'(\xi)\int_\xi^b f(t)\mathrm{d}t-f^2(\xi)=0$，故$f^2(\xi)=f'(\xi)\int_\xi^b f(t)\mathrm{d}t$.

数学竞赛试卷三参考答案

一、填空题（每小题5分，共15分）

1. $\cos x-\dfrac{2\sin x}{x}+C$；　2. -1；　3. πa^2.

二、选择题（每小题5分，共15分）

1. B；　2. C；　3. C.

三、解答题（每小题10分，共70分）

1. **解** 由已知条件可得

$$0=\lim_{x\to 0}\frac{\ln(1-x)+f(x)\sin x}{\mathrm{e}^{x^2}-1}=\lim_{x\to 0}\frac{\left[\ln(1-x)+x\right]+\sin x\cdot\left[f(x)-1\right]+(\sin x-x)}{x^2},$$

其中$\lim\limits_{x\to 0}\dfrac{\ln(1-x)+x}{x^2}=-\dfrac{1}{2}$，$\lim\limits_{x\to 0}\dfrac{\sin x-x}{x^2}=0$，$\lim\limits_{x\to 0}\dfrac{\sin x\cdot\left[f(x)-1\right]}{x^2}=\lim\limits_{x\to 0}\dfrac{f(x)-1}{x}$，所以$\lim\limits_{x\to 0}\dfrac{f(x)-1}{x}=\dfrac{1}{2}$，即$\lim\limits_{x\to 0}\dfrac{f(x)-f(0)}{x}=f'(0)=\dfrac{1}{2}$.

2. **解** 依题意，方程$y^2+t^2-x^2=1$确定了函数$t=t(x,y)$，因此$y=\mathrm{e}^{t(x,y)y}+x$，所以

$$\frac{\mathrm{d}y}{\mathrm{d}x}=\mathrm{e}^{ty}\left[\left(\frac{\partial t}{\partial x}+\frac{\partial t}{\partial y}\cdot\frac{\mathrm{d}y}{\mathrm{d}x}\right)y+t\frac{\mathrm{d}y}{\mathrm{d}x}\right]+1.$$

在方程$y^2+t^2-x^2=1$两边分别对x,y求偏导数得$2t\dfrac{\partial t}{\partial x}-2x=0$，$2y+2t\dfrac{\partial t}{\partial y}=0$，解得$\dfrac{\partial t}{\partial x}=\dfrac{x}{t}$，$\dfrac{\partial t}{\partial y}=-\dfrac{y}{t}$，于是$\dfrac{\mathrm{d}y}{\mathrm{d}x}=\mathrm{e}^{ty}\left[\left(\dfrac{x}{t}-\dfrac{y}{t}\dfrac{\mathrm{d}y}{\mathrm{d}x}\right)y+t\dfrac{\mathrm{d}y}{\mathrm{d}x}\right]+1$，解得$\dfrac{\mathrm{d}y}{\mathrm{d}x}=\dfrac{t+xy\mathrm{e}^{ty}}{t+(y^2-t^2)\mathrm{e}^{ty}}$.

3. **解** 当$-1\leqslant x\leqslant 0$时，$\int_{-1}^x(1-|t|)\mathrm{d}t=\int_{-1}^x(1+t)\mathrm{d}t=\dfrac{1}{2}(1+x)^2$；

当$x>0$时，$\int_{-1}^x(1-|t|)\mathrm{d}t=\int_{-1}^0(1+t)\mathrm{d}t+\int_0^x(1-t)\mathrm{d}t=1-\dfrac{1}{2}(1-x)^2$，因此

$$\int_{-1}^x(1-|t|)\mathrm{d}t=\begin{cases}\dfrac{1}{2}(1+x)^2, & -1\leqslant x\leqslant 0,\\ 1-\dfrac{1}{2}(1-x)^2, & x>0.\end{cases}$$

4．**解** 将原方程变形为 $k=\frac{1}{x}-\frac{1}{x^3}(x>0)$.

设 $f(x)=\frac{1}{x}-\frac{1}{x^3}$，则 $f'(x)=-\frac{1}{x^2}+\frac{3}{x^4}=\frac{3-x^2}{x^4}$，令 $f'(x)=0$，得 $x=\sqrt{3}$.

当 $x\in(0,\sqrt{3})$ 时，$f'(x)>0$，函数 $f(x)$ 单调递增；当 $x\in(\sqrt{3},+\infty)$ 时，$f'(x)<0$，函数 $f(x)$ 单调递减. 又因为 $f(\sqrt{3})=\frac{2\sqrt{3}}{9}$，$\lim\limits_{x\to 0+0}f(x)=\lim\limits_{x\to 0+0}\frac{x^2-1}{x^3}=-\infty$，$\lim\limits_{x\to+\infty}f(x)=0$，所以若原方程有且仅有一个实根，须 $k=\frac{2\sqrt{3}}{9}$ 或 $k\leqslant 0$.

5．**解** Σ 的法向量(指向上侧)为 $\boldsymbol{n}=\{1,-1,1\}$，$\cos\alpha=\frac{1}{\sqrt{3}}$，$\cos\beta=-\frac{1}{\sqrt{3}}$，$\cos\gamma=\frac{1}{\sqrt{3}}$.

根据两类曲面积分之间的关系得

$$I=\iint_{\Sigma}\left\{\frac{1}{\sqrt{3}}[f(x,y,z)+x]-\frac{1}{\sqrt{3}}[2f(x,y,z)+y]+\frac{1}{\sqrt{3}}[f(x,y,z)+z]\right\}\mathrm{d}S$$

$$=\frac{1}{\sqrt{3}}\iint_{\Sigma}(x-y+z)\mathrm{d}S=\frac{1}{\sqrt{3}}\iint_{\Sigma}\mathrm{d}S=\frac{1}{\sqrt{3}}\iint_{D_{xy}}\sqrt{1+(-1)^2+1^2}\,\mathrm{d}x\mathrm{d}y=\frac{1}{2}.$$

6．**解** 直线的参数方程为 $x=at$，$y=bt$，$z=ct$，$0\leqslant t\leqslant 1$，则

$$W=\int_{\overline{OP}}yz\mathrm{d}x+xz\mathrm{d}y+xy\mathrm{d}z=\int_0^1 3abct^2\,\mathrm{d}t=abc.$$

因为点 $P(a,b,c)$ 在椭球面上，所以 $a^2+2b^2+3c^2=1$. 作辅助函数 $F(a,b,c)=abc+\lambda(a^2+2b^2+3c^2-1)$.

解方程组 $\begin{cases}F_a=bc+2\lambda a=0,\\ F_b=ac+4\lambda b=0,\\ F_c=ab+6\lambda c=0,\\ F_\lambda=a^2+2b^2+3c^2-1=0\end{cases}$ 得唯一可能的极值点 $\left(\frac{1}{\sqrt{3}},\frac{1}{\sqrt{6}},\frac{1}{3}\right)$.

由实际意义，唯一可能的极值点 $\left(\frac{1}{\sqrt{3}},\frac{1}{\sqrt{6}},\frac{1}{3}\right)$ 即为 W 取得最大值的点，最大值为 $W=\frac{1}{\sqrt{3}}\times\frac{1}{\sqrt{6}}\times\frac{1}{3}=\frac{\sqrt{2}}{18}$.

7．**证明** 由公式 $\int_0^\pi xf(\sin x)\mathrm{d}x=\frac{\pi}{2}\int_0^\pi f(\sin x)\mathrm{d}x$ 可得

$$I=\int_L x\mathrm{d}s=\int_0^\pi x\sqrt{1+\cos^2 x}\mathrm{d}x=\frac{\pi}{2}\int_0^\pi\sqrt{1+\cos^2 x}\mathrm{d}x$$

$$=\frac{\pi}{2}\int_0^\pi\sqrt{2-\sin^2 x}\mathrm{d}x=\frac{\pi}{2}\int_0^\pi\sqrt{(\sqrt{2}-\sin x)(\sqrt{2}+\sin x)}\mathrm{d}x.$$

令 $a=\sqrt{2}-\sin x>0,b=\sqrt{2}+\sin x>0$，由 $\frac{2ab}{a+b}\leqslant\sqrt{ab}\leqslant\frac{1}{2}(a+b)$ 可得

$$\frac{\sqrt{2}}{2}(1+\cos^2 x)\leqslant\sqrt{1+\cos^2 x}\leqslant\sqrt{2},$$

而 $\frac{\sqrt{2}}{2}\int_0^\pi(1+\cos^2 x)\mathrm{d}x=\frac{3}{4}\sqrt{2}\pi$，所以 $\frac{3\sqrt{2}}{8}\pi^2\leqslant\int_L x\mathrm{d}s\leqslant\frac{\sqrt{2}}{2}\pi^2$.